U0544145

长江上游生态与环境系列

西南喀斯特区域石漠化治理与生态系统服务提升

王克林　岳跃民　陈洪松　等　著

科学出版社
北　京

内 容 简 介

本书系统探讨喀斯特地貌特征及其自然地域优化分区方法，阐明近20年来石漠化动态演变特征与驱动机制，解析典型喀斯特地貌类型区（峰丛洼地、断陷盆地、喀斯特高原、喀斯特槽谷）的水土过程机理，提出适应性石漠化综合治理技术与模式。在此基础上，量化评估区域尺度喀斯特生态修复与石漠化综合治理的生态与社会经济综合效益，识别当前石漠化治理存在的主要问题，基于社会-生态视角提出我国西南喀斯特地区水土流失及石漠化治理的新见解，明确石漠化治理与生态系统服务提升的实现途径。

本书可供从事喀斯特地球系统科学、区域生态学、景观生态学、自然地理学、环境科学和遥感应用等领域的科研、教学、工程技术人员借鉴使用，也可供林草、生态、资源、环境等行业的管理人员和生态保护修复决策者参考。

审图号：GS 川（2024）344 号

图书在版编目(CIP)数据

西南喀斯特区域石漠化治理与生态系统服务提升 / 王克林等著. —北京：科学出版社，2025.3
（长江上游生态与环境系列）
ISBN 978-7-03-075900-9

Ⅰ. ①西… Ⅱ. ①王… Ⅲ. ①喀斯特地区－沙漠化－沙漠治理－研究－西南地区 Ⅳ. ①P942.707.3

中国国家版本馆 CIP 数据核字（2023）第 109670 号

责任编辑：郑述方　李小锐 / 责任校对：彭　映
责任印制：罗　科 / 封面设计：墨创文化

科学出版社 出版
北京东黄城根北街 16 号
邮政编码：100717
http://www.sciencep.com
四川煤田地质制图印务有限责任公司印刷
科学出版社发行　各地新华书店经销

*

2025 年 3 月第　一　版　　开本：787×1092　1/16
2025 年 3 月第一次印刷　　印张：27 1/4
字数：652 000

定价：448.00 元
（如有印装质量问题，我社负责调换）

"长江上游生态与环境系列"编委会

总 顾 问　陈宜瑜

总 主 编　秦大河

执行主编　刘　庆　郭劲松　朱　波　蔡庆华

编　　委（按姓氏拼音排序）

蔡庆华　常剑波　丁永建　高　博　郭劲松　黄应平
李　嘉　李克锋　李新荣　李跃清　刘　庆　刘德富
田　昆　王昌全　王定勇　王海燕　王世杰　魏朝富
吴　彦　吴艳宏　许全喜　杨复沫　杨万勤　曾　波
张全发　周培疆　朱　波

《西南喀斯特区域石漠化治理与生态系统服务提升》
著者名单
(按姓氏汉语拼音排序)

白晓永	曹建华	常静怡	陈洪松	陈起伟	但新球
杜 虎	付智勇	何丙辉	何师意	何寻阳	胡 涛
姜 虹	蒋勇军	李 倩	李 强	李 渊	李德军
廖楚杰	刘 伟	刘清华	刘秀明	罗为群	聂云鹏
宁小斌	彭 建	彭 韬	祁向坤	邱思静	任 兵
唐家良	田 璐	王 璐	王 宇	王克林	王秀茹
吴协保	吴照柏	谢建平	熊康宁	杨 慧	杨 宁
岳跃民	翟 璐	张 伟	张明阳	张信宝	赵 杰
朱大运	曾馥平	左长清			

丛 书 序

长江发源于青藏高原的唐古拉山脉，自西向东奔腾，流经青海、四川、西藏、云南、重庆、湖北、湖南、江西、安徽、江苏、上海等11个省（自治区、直辖市），在崇明岛附近注入东海，全长6300余千米。其中，宜昌以上为上游，宜昌至湖口为中游，湖口以下为下游。长江流域总面积达180万km^2，2019年长江经济带总人口约6亿，地区生产总值占全国的42%以上。长江是我们的母亲河，镌刻着中华民族五千年历史的精神图腾，支撑着华夏文明的孕育、传承和发展，其地位和作用无可替代。

宜昌以上的长江上游地区是整个长江流域重要的生态屏障。三峡工程的建设及上游梯级水库开发的推进，对生态环境的影响日益显现。上游地区生态环境结构与功能的优劣及其所铸就的生态环境的整体状态，直接关系着整个长江流域尤其是中下游地区可持续发展的大局，尤为重要。

2014年国务院正式发布了《关于依托黄金水道推动长江经济带发展的指导意见》，确定长江经济带为"生态文明建设的先行示范带"。2016年1月5日，习近平总书记在重庆召开的推动长江经济带发展座谈会上指出，"当前和今后相当长一个时期，要把修复长江生态环境摆在压倒性位置，共抓大保护，不搞大开发""要在生态环境容量上过紧日子的前提下，依托长江水道，统筹岸上水上，正确处理防洪、通航、发电的矛盾"。因此，科学反映长江上游地区真实的生态环境情况，客观评估20世纪80年代以来人类活跃的经济活动对这一区域生态环境产生的深远影响，并对其可能的不利影响采取防控、减缓、修复等对策和措施，都亟须可靠、系统、规范科学数据和科学知识的支撑。

长江上游独特而复杂的地理、气候、植被、水文等生态环境系统和丰富多样的社会经济形态特征，历来都是科研工作者的研究热点。近20年来，国家资助了一大批科技和保护项目，在广大科技工作者的努力下，长江上游生态环境问题的研究、保护和建设取得了显著进展，其中最重要的就是对生态环境的研究已经从传统的只关注生态环境自身的特征、过程、机理和变化，转变为对生态环境组成的各要素之间及各圈层之间的相互作用关系、自然生态系统与社会生态系统之间的相互作用关系，以及流域整体与区域局地单元之间的相互作用关系等方面的创新性研究。

为总结过去，指导未来，科学出版社依托本领域具有深厚学术影响力的20多位专家策划组织了"长江上游生态与环境系列"丛书，围绕生态、环境、特色三个方面，将水、土、气、冰冻圈和森林、草地、湿地、农田以及人文生态等与长江上游生态环境相关的国家重要科研项目的优秀成果组织起来，全面、系统地反映长江上游地区的生态环境现状及未来发展趋势，为长江经济带国家战略实施，以及生态文明时代社会与环境问题的治理提供可靠的智力支持。

丛书编委会成员阵容强大、学术水平高。相信在编委会的组织下，本系列将为长江上游生态环境的持续综合研究提供可靠、系统、规范的科学基础支持，并推动长江上游生态环境领域的研究向纵深发展，充分展示其学术价值、文化价值和社会服务价值。

中国科学院院士

2020 年 10 月

本 书 序

  石漠化是发生在湿润、半湿润气候条件和喀斯特发育的自然背景下，受人为活动干扰，地表植被遭受破坏，土壤侵蚀严重，基岩大面积裸露的一种土地退化形式。在美国东部、欧洲地中海沿岸等全球喀斯特主要分布区，由于人口压力小，喀斯特生态系统以保护为主；而我国西南喀斯特地区主要处于长江和珠江流域的上游，承载人口超过2亿，人地矛盾尖锐，社会经济发展水平较低，加之长期高强度耕作扰动影响，石漠化土地退化严重，在国际上缺乏可借鉴的科学治理经验与技术。自2000年以来，我国政府实施了全球规模最大的喀斯特地区石漠化综合治理与脱贫工程，取得了良好的生态和经济效益，使西南喀斯特地区成为近20年来全球植被覆盖"变绿"的热点区之一，成为喀斯特生态治理的全球典范。

  石漠化综合治理作为我国西南喀斯特地区最大的生态工程，创建了哪些成功治理技术与模式？实施近20年来综合效益如何？存在哪些风险与问题？如何辨识能增强工程积极效应的干预措施、甄别影响恢复可持续性的关键因素？这一系列问题正是石漠化治理工程实施过程中亟须回答的关键科学问题。面向《全国重要生态系统保护和修复重大工程总体规划（2021—2035年）》、乡村振兴及筑牢西南生态安全屏障等迫切需求，王克林研究员团队完成的《西南喀斯特区域石漠化治理与生态系统服务提升》一书针对我国西南喀斯特地区石漠化过程机理不清、治理技术与模式区域针对性不足、工程建设成效缺乏科学评估等问题，系统探讨了喀斯特地貌特征及其自然地域优化分区方法，阐明了石漠化动态演变特征与驱动机制，突破了喀斯特水资源高效利用、水土流失/漏失阻控与肥力提升、石质生境植被适应性修复等石漠化治理技术体系，解析了喀斯特地区水土过程机理及植被适应机制，提出了适应性石漠化综合治理技术与模式；量化评估了区域尺度喀斯特生态修复与石漠化综合治理的生态与社会经济综合效益，识别了当前石漠化治理存在的主要问题，基于社会-生态视角提出了石漠化地区生态系统服务提升的实现途径与机制。该书为石漠化治理工程实施提供了理论与技术基础，也为西南喀斯特地区乡村振兴及生态安全屏障建设提供了重要科技支撑。

  该书的主要内容依托"十三五"国家重点研发计划"典型脆弱生态恢复与保护研究"重点专项"喀斯特峰丛洼地、喀斯特高原、喀斯特断陷盆地、喀斯特槽谷"石漠化综合治理技术项目及"十四五"国家重点研发计划"典型脆弱生态系统保护与修复"重点专项"石漠化地区生态服务提升技术与模式"项目，是上述项目研究成果的系统总结，也是国内从事喀斯特生态修复与石漠化治理研究优势单位相关科技工作者多年研究成果的凝练与集成。我有幸作为咨询专家长期关注与跟踪了上述项目的实施过程，深知该书作者在研究过程中所付出的努力与艰辛。在该书即将面世之际，我谨向作者表示衷心祝贺，希望该书的出版能够有力推动区域可持续生态学的发展，为我国西南喀斯特地区生态文明建设和乡村振兴作出应有贡献。

中国科学院院士　傅伯杰

2025 年 1 月

前　言

全球喀斯特面积约 2200 万 km²，约占全球陆地总面积的 15%，喀斯特地貌分布面积超 5 万 km² 或占总面积 20%以上的国家有 88 个，"一带一路"共建国家/地区喀斯特分布占近 2/3。以滇桂黔为中心的我国西南喀斯特地区是全球三大喀斯特分布区（美国东部、欧洲地中海沿岸、中国西南部）中面积最大、最集中连片分布区（约 54 万 km²），也是长江和珠江上游生态和水资源安全屏障。我国喀斯特发育最为典型、地貌类型齐全，主要包括喀斯特峰丛洼地、断陷盆地、喀斯特高原、喀斯特槽谷等。从全球角度来看，我国西南喀斯特地区由于碳酸盐岩古老坚硬、受季风气候的水热配套等影响，加上人类活动强度高，具有显著的生态脆弱性，社会经济发展水平低，也曾是全国最大面积的集中连片贫困区，高强度人口压力下石漠化与贫困高度重叠。

我国政府长期重视石漠化治理，"九五"以来，在科学技术部、国家自然科学基金委员会等部门和地方政府的科研项目支持下，特别是"十三五"国家重点研发计划喀斯特峰丛洼地、断陷盆地、高原、槽谷石漠化综合治理等科技项目支持下，在喀斯特生物地球化学循环、岩溶风化成土过程、水土流失/漏失、地表-地下水文过程、岩溶碳循环等理论研究基础上，突破了表层岩溶带水资源高效利用、土壤流失/漏失阻控、耐旱植被群落优化、植被复合经营等技术体系，培育了替代型草食畜牧业、特色经济林果、林下中草药等生态衍生产业，提出了石漠化治理与生态产业扶贫的协同发展模式，建立了喀斯特峰丛洼地、断陷盆地、高原、槽谷等石漠化治理示范基地，形成了喀斯特生态治理的全球典范，为石漠化治理提供了科技支撑。大规模石漠化综合治理背景下，也取得了石漠化面积持续净减少与程度显著改善的阶段性成果。然而，受碳酸盐岩地质背景制约（地上-地下二元水文地质结构，成土缓慢、土层浅薄，降水渗漏迅速，植被石生旱生、对人类活动响应极为敏感等）、气候变化背景下极端气候事件频发及生态修复长期性和复杂性的影响，石漠化防治任务依然艰巨，截至 2021 年，西南八省（区、市）喀斯特地区石漠化土地面积仍有 7.22 万 km²，且主要集中分布于长江、珠江上游（占 93.6%），严重影响两江生态与水资源安全；潜在石漠化土地面积达 17.68 万 km²，石漠化发生逆转的风险仍较高。

石漠化治理是一项系统工程，在国家《岩溶地区石漠化综合治理规划大纲》（2006—2015 年）和《岩溶地区石漠化综合治理工程"十三五"建设规划》实施基础上，《全国重要生态系统保护和修复重大工程总体规划》（2021—2035 年）明确了长江上中游和滇桂黔喀斯特地区石漠化治理任务。在实现初步"变绿"基础上，面临脆弱地质背景制约下生态恢复稳定性与持续性提升的问题，需要权衡自然恢复和人工修复，特别是由于自然恢复的局限和极限，对石漠化地区人工修复提出了更高的要求，亟须统筹考虑喀斯特地质背景的特殊性、环境要素的复杂性、生态系统的完整性、自然地理单元的连续性、经济社会发展的可持续性，持续推进石漠化综合治理。本书将在系统梳理总结我国西南喀斯特区域背景及喀斯特地貌与自然地域分异特征基础上，阐明西南喀斯特地区石漠化演变与驱动机制，系统揭示喀斯特峰丛洼地、高原、断陷盆地、槽谷等不同喀斯特类型区水土过程机理及适应性石漠化治理技术与模式，量化评估石漠化治理成效，基于社会-生态视角提出未来石漠化问题的新见解及生态系统服务提升的实现途径与机制。

本书共11章。第1章绪论，阐述我国西南喀斯特地区的自然地理概况、社会经济状况及喀斯特地区生态保护与修复现状；第2章介绍喀斯特关键带结构与地貌类型，开展西南喀斯特地貌分区；第3章在石漠化监测技术标准基础上，阐明西南喀斯特石漠化演变及其驱动机制；第4章揭示喀斯特峰丛洼地水土过程机理与石漠化综合治理技术与模式；第5章阐明喀斯特高原石漠化降水侵蚀与土壤水文过程，提出喀斯特高原石漠化治理生态产业扶贫模式与关键技术；第6章揭示喀斯特断陷盆地地质-气候-水文对水土资源及生态环境的影响机理，提出断陷盆地石漠化综合治理技术；第7章阐明喀斯特槽谷坡面水土流失及漏失的过程与机理，提出了槽谷石漠化综合治理技术；第8章系统评估了石漠化治理的生态与社会经济效益，揭示了我国石漠化综合治理工程对全球气候变化缓解及荒漠化防治的贡献；第9章针对当前石漠化治理存在问题及喀斯特水土流失特点，提出了石漠化治理的新见解；第10章揭示了西南喀斯特地区植被恢复及生态系统服务变化的社会-生态驱动要素与挑战；第11章针对国家巩固脱贫攻坚成效及乡村振兴重大需求，探讨了未来石漠化治理与生态系统服务提升的实现途径与机制。

本书得到"十三五"国家重点研发计划项目"喀斯特槽谷区土地石漠化过程及综合治理技术研发与示范（2016YFC0502306）""喀斯特峰丛洼地石漠化综合治理与生态服务功能提升技术研究示范（2016YFC0502400）""喀斯特断陷盆地石漠化演变及综合治理技术与示范（2016YFC0502500）""喀斯特高原石漠化综合治理生态产业技术与示范（2016YFC0502600）"，"十四五"国家重点研发计划项目"喀斯特峰丛洼地石漠化地区生态服务提升技术与模式（2022YFF1300700）"，国家自然科学基金重点项目"人为干扰变化下喀斯特生态系统结构与功能响应机理（41930652）""人类扰动下喀斯特森林长时间序列动态变化及驱动机制（U20A2048）"以及广西八桂学者（第六批）等资助，也得到中国喀斯特生态系统野外观测研究站联盟的支持。全书由王克林主持编写，其负责编写大纲、目录制订、书稿修改。第1章由王克林主笔，岳跃民、陈洪松、张明阳、祁向坤、张伟、赵杰参与；第2章由张信宝主笔，任兵、祁向坤、彭韬参与；第3章由吴协保主笔，但新球、杨宁、吴照柏、宁小斌、刘伟、岳跃民参与；第4章由王克林主笔，陈洪松、赵杰、罗为群、李德军、杜虎、付智勇、何寻阳、聂云鹏参与；第5章由熊康宁主笔，朱大运、李渊、陈起伟参与；第6章由曹建华主笔，杨慧、李强、王宇、左长清、王秀茹、曾馥平参与；第7章由蒋勇军主笔，刘秀明、何师意、何丙辉、谢建平、白晓永参与；第8章由岳跃民主笔，祁向坤、张明阳、李倩、翟璐、常静怡、廖楚杰参与；第9章由张信宝主笔，任兵、唐家良参与；第10章由彭建主笔，刘清华、姜虹、邱思静、田璐、胡涛参与；第11章由王克林主笔，岳跃民、陈洪松、曾馥平、王璐参与。王克林、岳跃民、陈洪松负责全书的组织、整理和统稿。

"长江上游生态与环境系列"之《西南喀斯特区域石漠化治理与生态系统服务提升》在喀斯特石漠化治理研究从侧重自然生态系统转向重视社会-生态系统的整体性视

前　言

角下成稿，是作者长期开展喀斯特区域生态系统观测、研究、示范及服务工作的总结，也是对已有喀斯特石漠化治理及生态系统服务研究成果的较为系统集成。在此，我们由衷感谢长期坚守在我国西南喀斯特地区开展喀斯特生态修复与石漠化治理研究的科研人员的艰苦付出和默默奉献，也希望更多的专家学者和青年学生关注中国石漠化问题、参与到西南喀斯特生态建设研究中来，服务支撑国家生态文明建设与喀斯特区域可持续发展。

由于作者水平有限，喀斯特区域生态系统研究尚待深入，书中疏漏、不足之处在所难免，敬请读者批评指正！

王克林

2025 年 1 月

目 录

第1章 绪论 ··· 1
  1.1 自然地理概况 ·· 6
    1.1.1 地质地貌 ·· 6
    1.1.2 气候 ·· 8
    1.1.3 土壤 ·· 8
    1.1.4 水资源 ·· 10
    1.1.5 植被 ··· 11
    1.1.6 喀斯特关键带结构与功能 ··· 12
  1.2 社会经济状况 ·· 14
    1.2.1 人口 ··· 14
    1.2.2 区域经济发展 ··· 15
  1.3 喀斯特地区生态保护与修复概况 ·· 17
    1.3.1 喀斯特地区重大生态工程 ··· 17
    1.3.2 喀斯特生态修复与石漠化治理面临的主要问题与挑战 ································· 22
  参考文献 ··· 24

第2章 西南喀斯特地貌分区与自然地域分区 ·· 25
  2.1 喀斯特关键带结构与地貌类型 ··· 25
    2.1.1 喀斯特关键带 ··· 25
    2.1.2 岩溶丘陵地貌形态类型 ·· 25
    2.1.3 喀斯特丘陵形态的形成机制 ·· 28
  2.2 西南喀斯特地貌分区 ··· 29
    2.2.1 喀斯特地貌的区域分异 ·· 31
    2.2.2 地貌区域分异主控因子 ·· 32
    2.2.3 南方喀斯特地貌分区 ··· 36
  参考文献 ··· 42

第3章 西南喀斯特石漠化演变及其驱动机制 ·· 43
  3.1 石漠化动态监测 ·· 43
    3.1.1 监测内容与时限 ·· 43
    3.1.2 监测技术方法 ··· 43
    3.1.3 监测组织与实施 ·· 47
  3.2 石漠化土地现状 ·· 50
    3.2.1 石漠化状况 ·· 50

| 3.2.2 石漠化程度 ··· 55
| 3.3 石漠化土地总体变化状况 ··· 61
| 3.3.1 石漠化土地转移状况 ·· 62
| 3.3.2 石漠化土地变化状况 ·· 62
| 3.4 石漠化演变类型状况 ··· 67
| 3.4.1 分省（区、市）演变状况 ·· 67
| 3.4.2 分流域演变状况 ·· 68
| 3.5 石漠化动态变化趋势与特征 ··· 68
| 3.6 潜在石漠化土地变化状况 ··· 75
| 3.7 石漠化治理面临的主要问题与挑战 ··· 79
| 3.8 石漠化演变驱动机制 ··· 82
| 参考文献 ··· 84

第 4 章　喀斯特峰丛洼地水土过程机理与石漠化综合治理 ······························· 85
| 4.1 峰丛洼地水循环关键过程与地表-地下水资源综合调控利用 ················ 85
| 4.1.1 峰丛洼地区水循环过程 ·· 85
| 4.1.2 水资源综合调控与高效利用技术 ·· 90
| 4.2 峰丛洼地水土流失/漏失关键过程机理与阻控 ······································· 98
| 4.2.1 水土流失/漏失监测方法 ·· 98
| 4.2.2 水土流失/漏失过程机理 ···100
| 4.2.3 水土流失/漏失阻控技术 ···109
| 4.3 峰丛洼地土壤养分循环关键过程机理与肥力提升技术机制 ················112
| 4.3.1 碳循环关键过程 ··112
| 4.3.2 氮循环关键过程 ··116
| 4.3.3 土壤肥力提升技术 ··121
| 4.4 生态服务提升与民生改善的峰丛洼地石漠化治理模式技术集成 ········126
| 4.4.1 就地修复与替代型草食畜牧业发展模式 ··126
| 4.4.2 峰丛洼地复合型立体生态农业发展模式 ··128
| 4.4.3 肯福生态移民异地开发模式 ···130
| 4.4.4 喀斯特石漠化地区澳洲坚果种植技术 ··131
| 4.4.5 喀斯特地区林果药立体复合种植技术 ··132
| 参考文献 ··· 134

第 5 章　喀斯特高原水土过程机理与石漠化综合治理 ······································· 135
| 5.1 喀斯特高原降水侵蚀强度 ··· 135
| 5.1.1 降水侵蚀动态演变特征 ···135
| 5.1.2 降水侵蚀重心迁移 ··138
| 5.1.3 降水侵蚀力演变成因分析 ···139
| 5.2 喀斯特石漠化坡面土壤水文过程 ··· 140
| 5.2.1 坡面土壤水分分布与时空动态 ···140

5.2.2　降水对坡面产流产沙的影响 ···144
　　　5.2.3　坡面土壤水文过程 ···147
　5.3　喀斯特石漠化流域水文过程 ··151
　　　5.3.1　流域地貌水文结构特征 ···151
　　　5.3.2　流域气象水文特征 ···153
　　　5.3.3　降水期间流域产流特征 ···154
　　　5.3.4　流域产流来源辨析 ···158
　　　5.3.5　流域水文过程 ··165
　5.4　喀斯特高原石漠化综合治理与生态产业扶贫 ··169
　　　5.4.1　石漠化治理生态产业扶贫模式与关键技术 ·······························169
　　　5.4.2　石漠化治理生态产业面临挑战与发展趋势 ·······························172
　参考文献 ··176

第6章　喀斯特断陷盆地水土过程机理与石漠化综合治理 ································182
　6.1　断陷盆地地质-气候-水文对水土资源及生态环境影响 ································182
　　　6.1.1　断陷盆地盆-山结构对水文地质结构、水循环的影响 ···················182
　　　6.1.2　断陷盆地盆-山结构对土壤属性、土壤漏失的影响 ······················202
　6.2　断陷盆地石漠化综合治理技术 ··217
　　　6.2.1　断陷盆地地表-地下水资源优化调控、高效利用的技术研发 ··········217
　　　6.2.2　断陷盆地土壤保育、定向改良利用技术研发 ······························220
　　　6.2.3　断陷盆地生态修复优势植物物种筛选、培育技术 ·······················223
　　　6.2.4　生物资源利用提升与生态衍生产业培育 ···································227
　参考文献 ··229

第7章　喀斯特槽谷水土过程机理与石漠化综合治理 ······································230
　7.1　喀斯特槽谷水资源的时空分布格局及形成原因 ··230
　　　7.1.1　背斜槽谷水资源的时空分布格局及形成原因 ······························231
　　　7.1.2　向斜槽谷水资源的时空分布格局及形成原因 ······························237
　7.2　喀斯特槽谷坡面水土流失及漏失的过程与机理 ··242
　　　7.2.1　顺层坡水土流失的过程与机理 ···244
　　　7.2.2　逆层坡水土漏失的过程与机理 ···251
　7.3　喀斯特槽谷石漠化综合治理技术与模式 ···259
　　　7.3.1　水资源高效利用技术 ···259
　　　7.3.2　坡面水土流失与漏失防治技术 ···261
　　　7.3.3　经果林早衰防控技术 ···264
　　　7.3.4　综合治理模式示范 ···269
　参考文献 ··278

第8章　西南喀斯特石漠化治理成效综合评估 ···279
　8.1　喀斯特地区总体恢复概况 ··279
　　　8.1.1　数据源与分析方法 ···279

8.1.2　植被恢复总体趋势 281
　　　8.1.3　植被覆盖度与恢复速率变化趋势 286
　　　8.1.4　工程区和非工程区恢复差异 290
　8.2　工程生态效益评估 294
　　　8.2.1　区域生态格局变化 294
　　　8.2.2　主要生态服务功能变化 298
　　　8.2.3　基于利益相关者感知的工程效益评估 311
　8.3　工程社会经济效益评估 313
　　　8.3.1　石漠化治理促进农村剩余劳动力转移 313
　　　8.3.2　石漠化治理助推生态衍生产业发展 315
　　　8.3.3　石漠化治理拓展中国南方喀斯特世界自然遗产地保护 316
　8.4　中国石漠化综合治理工程的全球效应评估 318
　　　8.4.1　中国石漠化治理对缓解全球气候变化的贡献 318
　　　8.4.2　石漠化治理对中国履行荒漠化防治公约的贡献 323
　8.5　石漠化综合治理工程可行性评估 326
　　　8.5.1　石漠化治理取得的突出成就 326
　　　8.5.2　石漠化治理存在的主要问题 326
　　　8.5.3　面向2035年石漠化治理工程规划建议 328
　参考文献 330
第9章　西南喀斯特水土流失特点及有关石漠化问题的新见解 332
　9.1　喀斯特坡地岩土组构与土壤特点 332
　　　9.1.1　岩土组构 332
　　　9.1.2　土壤特点 333
　9.2　水土流失特点 334
　　　9.2.1　地表流失与地下漏失叠加 334
　　　9.2.2　坡地径流系数低 336
　　　9.2.3　坡地侵蚀模数低 338
　　　9.2.4　森林破坏前后喀斯特小流域水土流失强度的变化 341
　　　9.2.5　地下漏失土壤的去向 341
　　　9.2.6　地下漏失贡献率与河流泥沙来源 342
　　　9.2.7　成土速率与容许流失量 343
　9.3　有关石漠化问题的一些认识 344
　　　9.3.1　地面物质组成与裸岩率叠加的石漠化分类 344
　　　9.3.2　USLE和RUSLE用于计算喀斯特坡地的土壤流失量 345
　　　9.3.3　^{137}Cs土壤剖面法不适用于喀斯特坡地土壤流失量的测定 347
　　　9.3.4　矿质养分、土壤丰量与植被生产力 349
　　　9.3.5　石漠化治理垂直分带模式和石漠化治理率远期目标（阈值） 350
　　　9.3.6　石漠化治理历程 351

	9.3.7 路池工程解决旱坡地农田干旱缺水 ·· 353
	9.3.8 喀斯特洼地、谷地修建小型蓄水工程要重视地下渗漏问题 ···················· 354
	9.3.9 瞄准市场需求，利用当地的气候资源优势，发展特色林牧业 ·················· 355
	9.3.10 利用洼地沉积物赋存信息，反演流域环境变化 ······································ 356
	9.3.11 河流泥沙输移过程中岩溶碳汇效应 ·· 358
参考文献 ··· 361

第 10 章 基于社会-生态视角的喀斯特生态修复与石漠化治理 ························· 363

10.1 植被动态社会-生态驱动 ··· 363
   10.1.1 植被动态社会-生态驱动因素 ··· 363
   10.1.2 植被动态社会-生态驱动路径 ··· 370

10.2 生态系统服务社会-生态驱动 ··· 371
   10.2.1 生态系统服务社会-生态驱动因素 ··· 371
   10.2.2 生态系统服务变化社会-生态主导因素 ·· 374

10.3 生态修复的社会-生态途径与挑战 ··· 383
   10.3.1 生态修复的社会-生态途径 ·· 383
   10.3.2 生态修复的社会-生态响应 ·· 384
   10.3.3 生态修复的社会-生态挑战 ·· 388

参考文献 ··· 390

第 11 章 石漠化治理与生态系统服务提升的实现途径与机制 ·························· 398

11.1 石漠化治理与扶贫开发有机结合的实践 ·· 399
   11.1.1 喀斯特地区环境移民易地扶贫示范 ·· 399
   11.1.2 生态衍生产业发展与生态系统服务提升 ··· 401
   11.1.3 精准扶贫促进喀斯特生态科技创新 ·· 403

11.2 科技帮扶与生态系统服务提升融合的实现途径 ··· 410

参考文献 ··· 413

第 1 章 绪　　论

喀斯特也称作岩溶，是指水对可溶性岩石（以白云岩和石灰岩为主）以化学溶蚀作用为主，流水冲蚀、潜蚀和崩塌等机械作用为辅的地质作用所产生的现象总称，由喀斯特作用所形成的地貌则被称为喀斯特地貌（岩溶地貌）。全球喀斯特面积约 2200 万 km^2，约占全球陆地面积的 15%，其中，美国东部、欧洲地中海沿岸及中国西南部是全球三大喀斯特集中分布区，喀斯特分布面积大于 5 万 km^2 或面积比例大于 20%的国家有 88 个，"一带一路"共建国家/地区喀斯特分布占近 2/3（图 1-1）。国外喀斯特地区人口压力相对舒缓，以保护生态环境为主，相关研究主要侧重喀斯特水文地质、地下水资源与利用、洞穴及古气候记录、地质灾害防治等。欧洲国家在喀斯特方面的研究较为前沿，例如，意大利、西班牙、斯洛文尼亚、奥地利和瑞士等发达国家偏向于地理地质的综合研究，在洞穴、地貌演化、水文水资源等领域较先进。但东南亚和中亚等地区发展中国家，则主要根据当地喀斯特区域特点与社会影响开展针对性的研究，因经济水平相对不高，喀斯特研究主要偏向于土地开发利用。例如，泰国偏向于岩溶塌陷治理与洞穴开发，而伊朗和土耳其等则在喀斯特干旱研究方面具有特色。

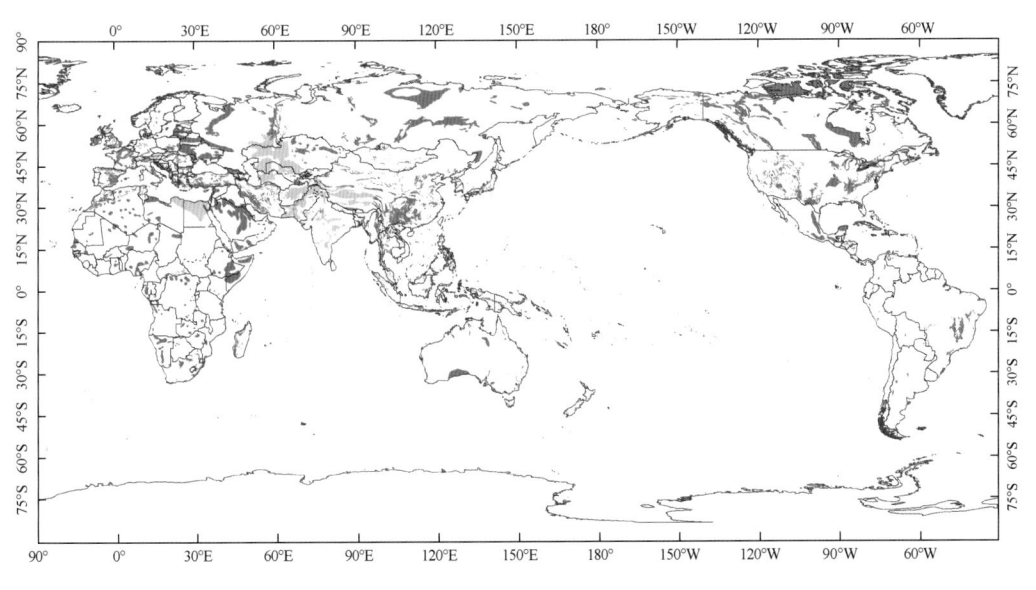

图 1-1　全球喀斯特分布示意图（颜色深度代表碳酸盐岩分布程度）

中国是喀斯特面积最大、分布最广的国家，喀斯特面积约占我国陆地面积的 1/3，其中，以滇桂黔为中心的西南喀斯特地区是世界上面积最大的集中连片分布区（约 54 万 km^2），也是我国四大生态环境脆弱区（喀斯特、黄土、沙漠、高寒）之一，涉及贵州省、云南省、广西壮族自治区、湖南省、湖北省、重庆市、四川省、广东省八个省（区、市）。西南喀斯特地区横跨中国地势三级阶梯，绝大部分区域处于第二级阶梯的云贵高原，地势总体由西北向东南降低，位于长江和珠江流域的上游，是"两江"流域重要的生态和水资源安全屏障（图 1-2）。与全球其他喀斯特地区相比，中国喀斯特地区具有人口压力大、承担着生态保护与社会经济发展的双重使命的显著特点，区域以高强度农业活动为主，承载着 2.29 亿人口，与其他喀斯特地区同样受碳酸盐岩地质背景制约，碳酸盐岩风化成土速率极其缓慢，致使喀斯特地区土壤瘠薄、资源环境承载力低、区域经济发展整体水平较低，最终导致人地矛盾极为突出，成为我国最主要的石漠化土地退化区。在国家科技计划项目等的持续支持下，我国围绕喀斯特地区生态修复与石漠化治理，系统开展了喀斯特生态保护与修复基础理论、技术研发、产业示范等研究，在喀斯特生态系统退化机理、石漠化治理技术与模式、生态治理助力乡村振兴、喀斯特景观资源保护、喀斯特国际合作等方面取得突出进展，引领了国际喀斯特学科发展。

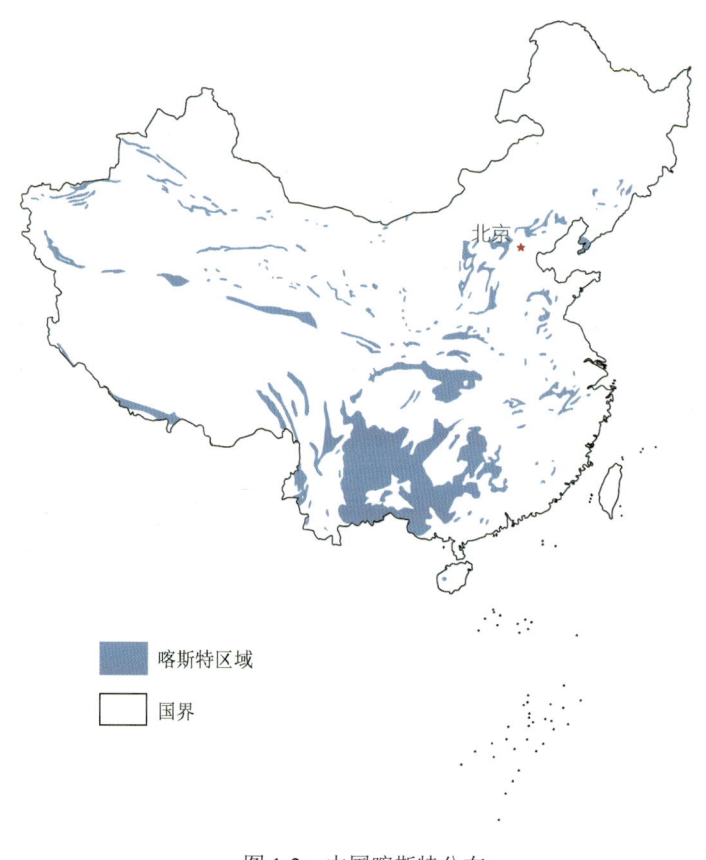

图 1-2 中国喀斯特分布

相比干旱、半干旱地区的荒漠化，石漠化是发生在湿润、半湿润地区的土地退化过程，是一种特殊的荒漠化类型，指在热带、亚热带湿润、半湿润气候条件和岩溶极其发育的自然背景下，受人为活动干扰，地表植被遭受破坏，造成土壤侵蚀程度严重，基岩大面积裸露,土地退化的表现形式。石漠化土地的形成是特殊的自然因素与人为因素综合作用的结果,人为因素起主导作用。

(1) 自然因素:碳酸盐岩具有易溶蚀、成土慢、土壤易流失的特点,为石漠化形成提供了物质条件;喀斯特地区绝大多数地区年均气温处于 15~20℃,山高坡陡,降水丰沛集中,为石漠化形成提供了侵蚀动力和溶蚀条件。

(2) 人为因素:当地人口密度大,平均人口密度达 210 人/km^2,超出了区域资源环境的承载能力。但是,为了生存和发展,人们不惜过度开发土地资源,形成"人增—耕进—林草退—石漠化"的恶性循环。主要表现为陡坡开垦、过度樵采、过度放牧、不合理开发建设等。

喀斯特区地带性植被为常绿阔叶林和季节性雨林,但在土层较薄的石灰岩和白云岩基质上发育的主要是常绿与落叶阔叶混交林和含有较多落叶成分的季节性雨林,受人为干扰影响,大部分地区为次生矮林和灌草丛,其中有相当部分已退化为石漠化山地(图 1-3)。

图 1-3 喀斯特森林与严重石漠化

为加快石漠化治理,中国自 20 世纪 90 年代批复并实施了大量生态恢复项目。《岩溶地区石漠化综合治理规划大纲》(2006—2015 年)将贵州、云南、广西、湖南、湖北、重庆、四川、广东八省(区、市)的视为石漠化治理范围,根据国家第一、二、三、四次岩溶地区石漠化状况公报,岩溶地区石漠化扩展趋势得到全面遏制[石漠化面积 2005 年底约

12.96万km^2，2011年底约12万km^2，2016年底约为10万km^2，2021年底7.22万km^2（图1-4）］。截至2021年底，国家已投入专项资金119亿元，整合资金1300多亿元。

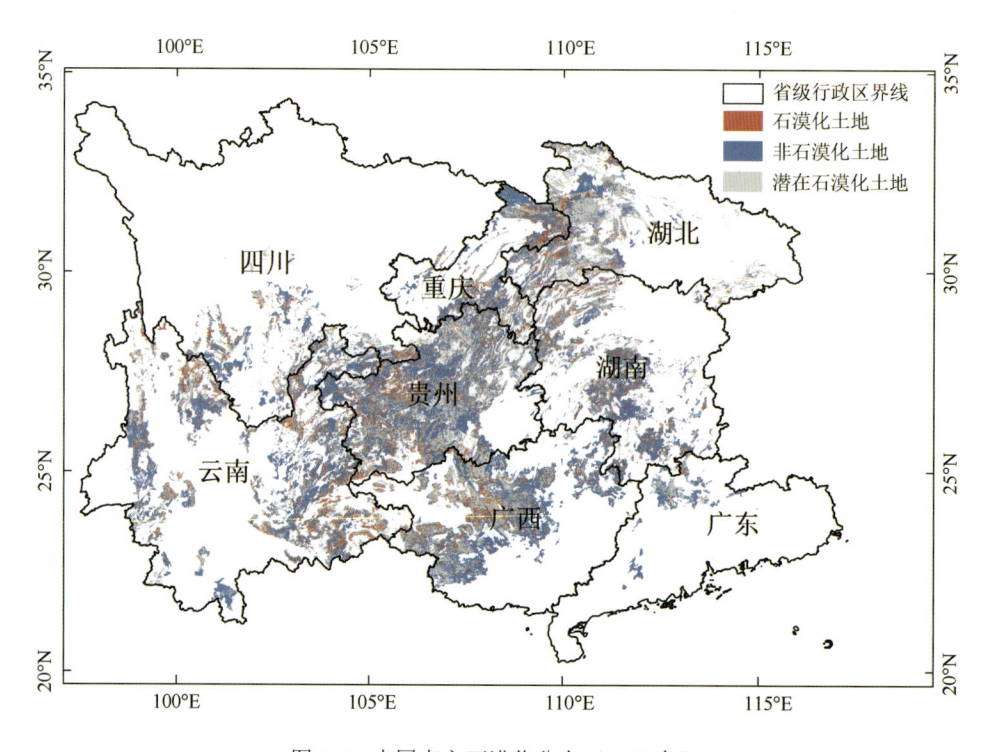

图1-4 中国南方石漠化分布（2021年）

为构建经济带生态屏障以及推进脱贫攻坚，国家发展改革委会同国家相关各部委在总结前期治理工作经验的基础上，印发了《岩溶地区石漠化综合治理工程"十三五"建设规划》（以下简称《规划》），明确：一是重点对长江经济带、滇桂黔等区域的集中连片特殊困难地区为主体的200个石漠化县（市、区）实施综合治理；二是遵循喀斯特自然规律，合理布局造种草畜牧业与水利水保建设内容；三是利用喀斯特地貌景观优势，大力发展草食畜牧业、特色林果、生态旅游等绿色可持续产业，实现"治石"生态保护与"治贫"经济发展相结合。200个重点县（市、区）包括贵州50个、云南45个、广西43个、湖南22个、湖北20个、重庆10个、四川10个（图1-5），石漠化面积为9.98万km^2，总人口10222万人。

针对西南喀斯特地区石漠化问题，在科技部等部门和地方政府的科研项目支持下，开展了石漠化治理科技攻关项目，研究成果和治理成效显著，有效支撑了我国西南喀斯特地区的可持续发展。面对石漠化治理过程中产生的治理成效巩固困难、缺乏可持续性等新问题，党的十八大首次把生态文明建设提到中国特色社会主义建设"五位一体"总体布局的战略高度；党的十九大提出"树立和践行绿水青山就是金山银山的理念，形成人与自然和谐发展的新格局，满足人民日益增长的优美生态环境需要"；党的二十大报告指出"提升生态系统多样性、稳定性、持续性。……加快实施重要生态系统保护和修复重大工程。……人与自然是生命共同体"；第十三届全国人民代表大会将建设美丽中国和生态文明写入宪法，生态文明建设被提高到空前的历史高度和战略地位。

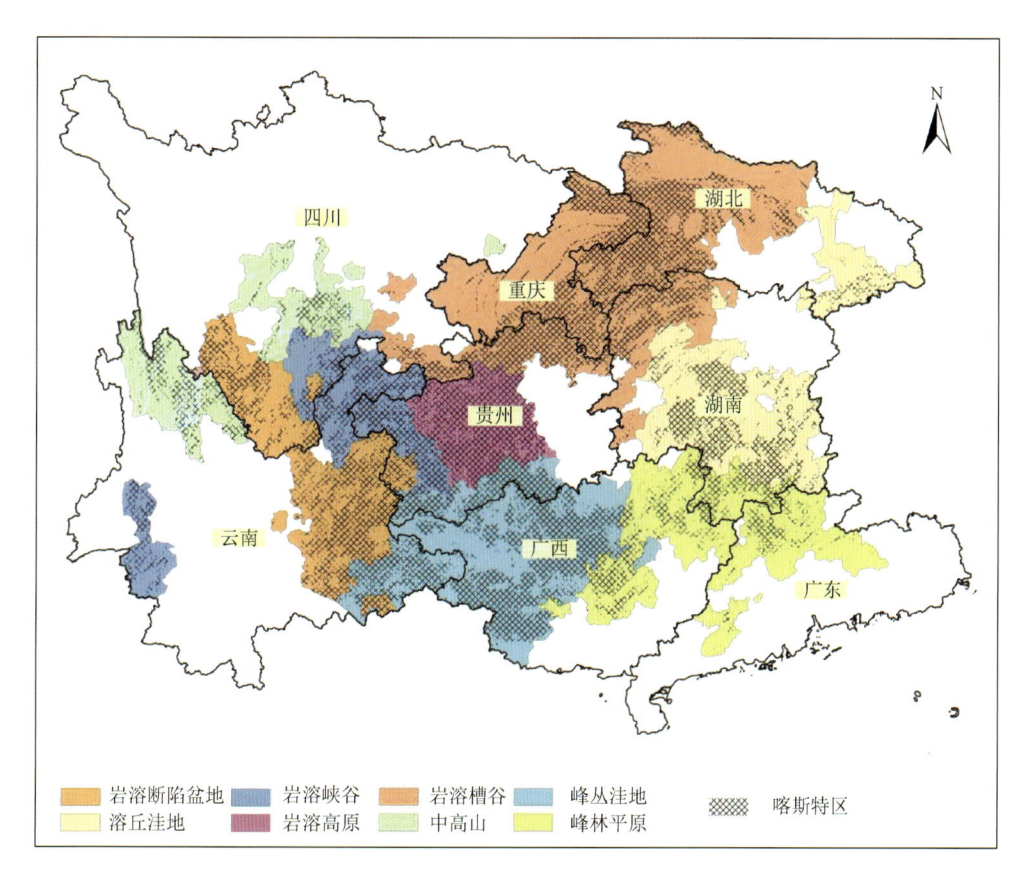

图 1-5 石漠化综合治理工程分区

新形势下，亟须梳理我国喀斯特生态保护与修复主要研究进展，剖析我国喀斯特生态修复与石漠化治理存在的主要问题及其未来研究重点，为我国西南喀斯特地区生态文明建设和可持续发展提供科技支撑。未来喀斯特生态保护与修复研究应以增强生态治理的可持续性为导向，加强生态恢复过程机理与机制研究，提升喀斯特生态系统服务、提高生态恢复质量、巩固扶贫成果，实现石漠化治理的提质与增效，为"美丽中国"战略的贯彻实施及全球喀斯特地貌分布区所属国家的生态治理提供"中国方案"。

石漠化是特殊的自然条件与人为因素综合作用而形成的，在人为因素占据主要影响因素的地区，人为因素也必定是石漠化治理的出发点（刘鸿雁等，2019）。为了更好地开展西南地区石漠化治理工作，有必要系统了解西南喀斯特地区的自然地理概况和社会经济概况以及区域生态保护与修复现状，为揭示喀斯特生态修复与石漠化综合治理的生态-社会经济效益及当前石漠化治理存在的主要问题，识别喀斯特生态系统格局-过程-服务与提出石漠化治理生态系统服务提升的调控实现途径，以及生态保护与经济发展的协同提升可持续发展奠定基础。

1.1 自然地理概况

西南喀斯特地区碳酸盐岩广泛分布，主要地貌类型为山地、平原及低海拔盆地、丘陵、中山和亚高山。普遍表现出高山与河谷之间相互交错，甚至相切，总体相对高差大。气候以湿润多雨的亚热带气候为主，水热条件相对较好，但降水空间分布不均，年内年际差异大，干旱和内涝灾害交替发生。气温和降水量及海拔之间存在显著的相关关系，具有明显的山地垂直气候特征。土壤成土速度极为缓慢，土层浅薄，土被不连续，成土基岩主要为石灰岩等碳酸盐岩，山地陡坡使得土壤难以在坡面沉积积累，极易造成水土流失。水资源总量丰富，人均水资源超过全国平均水平。但由于特殊的地质结构，地下水资源埋藏较深，可利用率低，局部地区季节性缺水问题突出。同时，由于碳酸盐岩古老坚硬、受季风气候的水热配套等影响，加上人类活动强度高，具有显著生态脆弱性。而且，由于碳酸盐岩的可溶性，形成地表地下二元水文地质结构，水资源难利用；植被类型丰富，种质资源丰富，生物多样性指数较高，珍稀种类众多。碳酸盐岩成土物质先天不足，土壤富钙而偏碱性，土壤总量少，限制了喀斯特山地植被生产力。

1.1.1 地质地貌

西南喀斯特地区地层出露可追溯至三叠系至前寒武系，喀斯特形态挺立，与主要基于古近纪-新近纪松软与高孔隙度碳酸盐岩形成的中美洲喀斯特有着显著区别。西南喀斯特是在经历了许多次的构造运动后而形成的，早期在太古宙和早震旦世的晋宁运动经扬子地台产生裂陷，接着在加里东期对接华夏地块与扬子地块，且在志留纪运动下闭合华南褶皱带，通过海西期新生的华南地台进入裂陷阶段，自北向南充分发育的燕山期褶皱系塑造华南褶皱系与扬子地台（蒋忠诚等，2021）。构造运动的作用下，叠加因而形成了系列断裂、褶皱、节理与构造裂隙，在西南喀斯特地区主要走向表现为东西向、北东向、南北向、北西向等。岩层完整性的严重破坏，为喀斯特地下水流动提供了通道，促进了喀斯特作用的发展。在西南喀斯特地貌整个发展过程中，震旦纪晚期至中生代为碳酸盐岩系发育的主要时期，而且按照时代可以细分为三个地层组：下古生界、上古生界和中生界。其中，上古生界华南褶皱分布广且形成连续均匀的碳酸盐岩沉积（刘丛强等，2009），泥盆系至二叠系剖面厚度达 3000～5000m。中生界主要分布区为扬子准地台，普遍分布于贵州西部和四川及云南相邻地区，绝大多数为断续状沉积或互层状，在贵州西部与云南东部交界地带，三叠系的厚度可达 3500～4500m。

受地质构造影响，西南喀斯特地区的碳酸盐岩年代悠久，质地较硬，杂质较少，基岩主要为碳酸盐岩（石灰石或白云石），石灰岩和白云岩分布最为广泛。石灰岩和白云岩的物化性质差异明显，具体表现在土层厚度、裂隙发育、风化方式、风化壳持水性等方面（图1-6）。总的来说，白云岩风化作用比较明显，其地表经常分布着均匀的溶蚀残余物质，而石灰岩的差异性风化作用特别明显，表现出裂隙与地下空隙发达以及土粒容易聚集等显著特色。

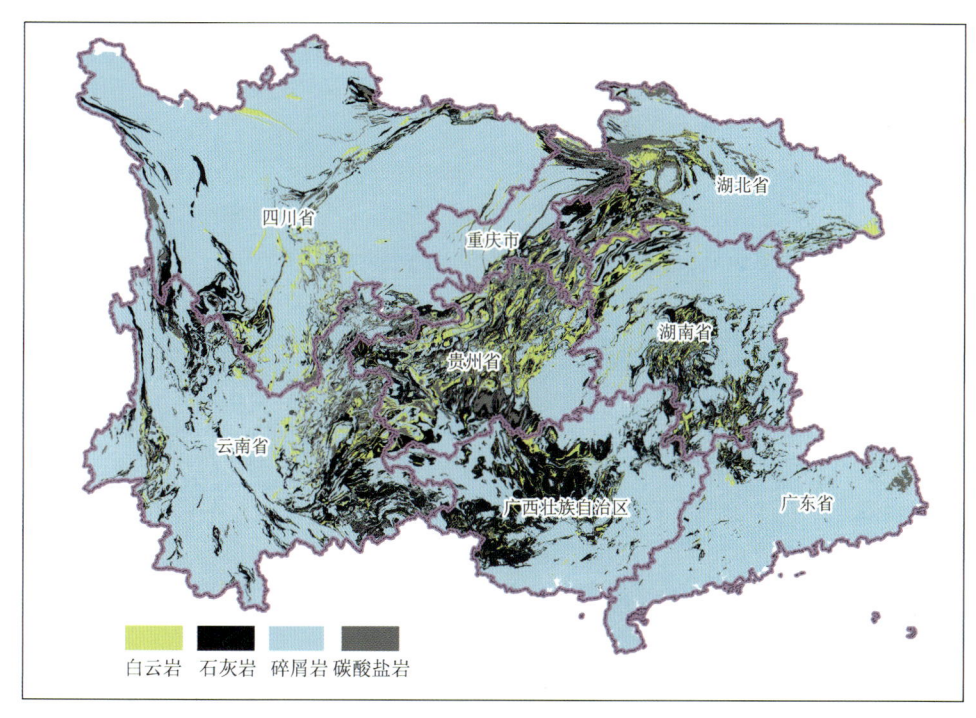

图 1-6　中国西南喀斯特区岩性分布

西南喀斯特地貌发育最为典型，喀斯特地区千沟万壑、崎岖起伏，地势地貌错综复杂，地貌类型齐全，主要包括喀斯特峰丛洼地、喀斯特高原、断陷盆地、喀斯特峡谷、溶丘洼地、喀斯特槽谷峰林平原、中高山等。因为西南喀斯特地区未受到末次冰期大陆冰盖刨蚀，幸运地完整保存了喀斯特形态，尤其是地表形态，可以说成为世界上天然的珍贵的喀斯特博物馆。碳酸盐岩是喀斯特地貌发育的物质基础，其中，峰丛、峰林跟周边地形相比，表现出向上凸出而为正地形，其比较容易直接受到风力与水力的侵蚀，因而以碳酸盐岩为主的岩层外露地貌一旦受到破坏，土壤则难以保持；而谷地和洼地由于其地势低于周围地区，在该处形成负地形，正地形在该区起到了阻挡作用，使得该地区风速低且受到雨水的直接冲刷的概率较小，土壤在此处容易积累，故土壤相对肥沃，是人们生产生活场所的最佳选址。因而，由特殊地形及生态系统组成，经以石灰岩为主的可溶性岩石溶蚀、潜蚀以及坍陷等作用而形成西南喀斯特地区地貌。

西南喀斯特地区的山区主体位于云贵高原东部，总体地势特征为西高东低，东侧为地势较低的长江中游山地丘陵。东部高原海拔大多数均超过 2000m，其中海拔超出 3000m 的山峰所占比例较大。西部山脉的峰顶海拔则仅有 1000～1500m。从南北方向看，长江和珠江两大水系的分水岭地带主要位于西南喀斯特地区的中部地区，即贵州省，因此导致了西南喀斯特地区的地势总体上由中部向南北倾斜。随着不断的地表侵蚀以及喀斯特溶蚀作用，便形成峰丛、峰林和丘峰等单体喀斯特正地形，同时相应地产生洼地、溶盆和溶原等负地形，单体喀斯特形态在地势和岩石性等差异影响下组合成喀斯特复杂地貌类型。

同时，由于气候环境的不同，西南不同地区的喀斯特地貌类型也有一定的差异，例如，广西主要为热带-亚热带喀斯特地貌类型，而贵州和云南主要为高原喀斯特地貌类型。而且，西南喀斯特地区在特殊的地质条件与气候背景以及人类干扰的制约下，喀斯特地貌类型逐渐演化成石面、土面、石土面、石坑、石沟、石洞、石缝等种类多样并各具特色的小生境类型。围绕喀斯特生态修复与石漠化治理，本书在喀斯特生态保护与修复基础理论方面已开展了系统研究，阐明了我国喀斯特区的特殊性及生态脆弱性，发现了喀斯特地上-地下双层水文地质结构及水土运移过程的特殊性，揭示了岩溶水土流失/漏失机制、地表-地下水文过程、喀斯特生境植被适应机制、西南生态安全维持机制等。

1.1.2 气候

西南喀斯特地区主要位于北回归线附近，因而在副热带高压控制范围内，气候类型为湿润多雨的亚热带季风气候。其中，夏季主要受太平洋东南季风和印度洋西南季风的影响，冬季则主要受西伯利亚冷空气高压的影响，从而形成西北季风和东北季风。因而，西南喀斯特区域气候整体以湿润多雨的亚热带气候为主，温暖而湿润，水热条件好。但是，降水在空间与年内年际时空分布上不均，同时叠加喀斯特地上地下二元水文地质结构，极易导致干旱和内涝频繁发生。

从气温上来看，大部分地区年均气温处于14~24℃，年均气温从西北到东南依次由8~10℃递升到20~22℃，热量充足，大部分地区冬季温暖而夏季炎热。同时，在地形与地势的影响下，不同地区的微气候特征差异大，同经纬度地区，如高地势则温度低。从降水上来看，年降水量在800~1800mm，绝大部分地区的降水量介于1000~1400mm。5~9月为西南喀斯特地区的降水季节，该期间的降水量约占全年总降水量的70%。因为水汽来源主要是季风，因此年降水量呈现"东多西少"的特征，表现为年均降水量从西北到东南由700~1000mm递升到2000~2200mm。在复杂地理环境与季风环流背景下，区域整体表现为雨热同季但时空差异大，是中国降水局部差异最大的地区之一。

西南喀斯特地区位于北热带气候、南亚热带气候、中亚热带气候、北亚热带气候和高原气候区，且不同区域差异显著及具有明显的山地垂直气候特征。其主要原因如下：第一，西北部地区为青藏高原的东缘，使得西北部有大片高寒气候区，高原气候占据重要位置。第二，周边出现北热带，最北界线比中国大陆沿海（不包括沿海岛屿）北热带北移约两个纬度。由于处于这一冷一热两个气候区，该地区气候的区域差异明显。西南地区主要有湿润、亚湿润、亚干旱、干旱等年干燥度类型，表现出干中有湿、湿中有干的气候特征，降水量的空间分布趋势大体呈现出由东南向西北减少。第三，由于地理位置和海拔地形的不同，区域各地降水空间分布普遍有着较大差异。例如，四川东部盆地的降水量大于其西部高原地区，贵州南部地区的降水量大于其北部地区，云南地区东部、南部和西部边缘的降水量大于中部、北部地区。云南省的西南部、四川盆地的西部以及贵州省的南部为西南喀斯特地区的三大多雨区，但四川西部高原则为少雨区。

1.1.3 土壤

西南喀斯特地区土壤常呈现数量少、质量贫瘠和干旱的状态。因为西南喀斯特地区土壤成土速度极为缓慢,形成 1cm 厚土层,至少需 4 万年。成土基岩主要为石灰岩等碳酸盐岩,其酸性不溶物低于碳酸盐岩总物质量的 10%,远低于可溶性矿物数量,造成最终成土物质量较少。碳酸盐岩风化形成的土壤,与地带性土壤具有显著差别,主要表现为富钙与偏碱性、有效营养元素不足以及质地黏重。由于喀斯特地区特殊的地貌条件,其发育的土壤物理结构较差,具有石砾含量高、土壤淋溶强烈、土壤蓄水保肥能力弱、土壤团聚体结构稳定性差等特点。喀斯特土壤成土母质中酸性不溶解物含量低,呈弱碱性,这容易造成喀斯特土壤中养分缺乏,导致土壤天然的有机质来源较少,土壤有机质和大量营养元素的含量低,植物生长所需要的微量元素含量也较低,在降水的淋溶作用下,土壤中的营养元素进一步流失,土壤变得更加贫瘠。

同时,喀斯特地区生境具独特性,即水平空间的高度异质性与垂直坡面上的多层次性,导致土壤有效水分含量偏低且具有高度的时空异质性。碳酸盐岩成土速率缓慢与土层薄,土壤易侵蚀,且岩溶山区土壤与母岩之间界面明显,缺乏过渡层,结合力差,加上在西南地区降水集中的气候条件的作用,导致喀斯特地区易发生水土流失。并且,喀斯特地区地势普遍陡峭,地表缺乏大量的土壤覆盖,即使雨量充沛,该地区的雨水在降落至地面后仍然难以保存,顺着地表径流流失或者沿着岩石的裂缝下渗,导致该区出现土壤干旱的现象。

从土壤的空间分布看,总体呈现多样化的特征,即不同地区不尽相同。喀斯特山区存在着气候、地形、土壤、地质、海拔、坡向等条件的差异,从而形成不同的喀斯特生态系统及生境类型。例如,山区的土壤呈集群分布特征,并且受控于裂隙的空间展布和地貌部位;而在石沟与石缝生境,土壤呈现出随机或者均匀分布。微地貌土壤差异离不开岩溶生境异质性的影响,由于喀斯特山区土层浅薄且土壤分布不连续,土壤与岩面、岩洞与岩缝等组合形成多种小生境类型。小生境类型多,组合多样,导致组成群落的物种十分复杂。同时,土壤与岩石交错,显著改变水循环和土壤流水过程,促进宝贵土壤资源的再分配,从而使得土壤斑块增多及其异质性增高,并最终导致土壤水分养分表现出显著的空间差异。

在不同土地利用类型转变的影响下,喀斯特地区的土壤理化性质发生着十分明显的变化。首先,对土壤水分变异的研究通过野外采样和室内分析得出,喀斯特地区受到土地利用方式、人为活动等诸多因素的影响,其土壤稳定入渗率、近饱和导水率及土壤水分的变异程度整体处于中度及以上水平。随着石漠化程度的不断加深,水分流失更加严重,导致土壤表层的含水量不断下降。喀斯特山区水文地质不同于其他地区,其同时具有地表结构和地下结构,导致不同部位的水资源相互联系密切,地表的水资源容易流失到地下。与此同时,极端事件对喀斯特地区土壤水分状况有着重要影响,如贵州高原区在特大旱年期间,表现出次生林中 20~40cm 的土层含水量可达极低值状态。

其次,在石漠化发生发展及消失的演变过程与人类活动的干扰中,喀斯特地区的土壤性质及其空间分布状况发生着明显变化。随着石漠化程度的改变,石漠化土地的土壤机械组成发生变化。其中,最为明显的是土壤的砂粒含量下降,导致土壤团粒结构形成困难;表层土壤的团聚体稳定性不断变差,使得植物的生长发育受到影响。除此之外,由于喀斯特地区特殊的地质水文背景和土壤母岩特点,受到自然环境的影响,土壤的养分状况也易发生改变,加上人为干扰,其土壤养分及微生物生物量 C、N、P 等都呈现出非常明显的退化。例如，不同土壤以及植被类型下，喀斯特地区的土壤有机质中稳定碳同位素的变化范围差距很大，并且随着石漠化程度的加深，土壤活性有机碳以及养分也不断下降，土壤pH也逐渐变小，土壤酸性不断增强。土地利用变化对喀斯特地区土壤理化性质的影响很大，远远超过其他地区。喀斯特地区的土壤受到外界干扰后要想恢复到从前所经历的时间十分漫长。其中值得一提的是，随着石漠化程度的加深，土壤理化性质并不是不断地退化，而是先退化再逐渐稳定。

1.1.4 水资源

西南喀斯特区水资源十分丰富，总量约为全国平均降水量的两倍。它处于我国的长江、珠江、澜沧江、红河等大江大河的中上游地区，是珠江的源头与中上游地区，又是长江的重要水源补给区，水资源达 14702 亿 m^3，人均拥有水资源量 $6425m^3/a$，为全国平均水平的 2.9 倍。水资源主要由降水、地表水和地下水组成，它们之间在时间和空间相互转换和影响，且在时空分布上不均，显著的季节性水动力学波动特征也为岩溶塌陷提供重要条件。

水资源在空间分布上极具特色，具有独特的地表-地下二元水文地质结构。在遍布的地下空间水系网络影响下，地表水系区域空间尺度发育不完整，甚至不发育，从而形成封闭洼地、落水洞和漏斗形态，并导致地表水与地下水面不一致，甚至与地形坡度也不一致。由于喀斯特地区碳酸盐岩的可溶性，其形成的含水介质普遍为多孔隙介质，因而绝大部分降水将迅速渗入地下，入渗系数为 0.3~0.6，有的甚至高达 0.8。而且，由于喀斯特地区具有强烈的化学溶蚀作用，在碳酸岩孔隙与溶洞成熟发育的坡地，地表径流也同样易于入渗而转化为地下径流，且壤中流极易通过"筛孔"渗入表层岩溶带，最终都进入地下暗河系统。地表-地下二元水文地质结构，使很大一部分随水流失的土壤进入地下，使得水土流失具有隐蔽性。因此，喀斯特地区的地下水主要为岩溶溶洞-导管型和岩溶裂隙-岩溶间隙型，它们通常相互交织，形成一个复杂的系统。地下排水系统的分布和结构异常不均匀，地下水在水力连接中表现出各向异性。

西南喀斯特区尽管水资源丰富，但它却是全国著名的特殊干旱缺水区。很多专家及当地居民用"地高水低、雨多地漏"来形容西南喀斯特地质性干旱缺水。这主要基于两方面的原因：一方面，地表的干旱是地表-地下二元水文结构使地表径流下渗而造成的；另一方面，不同地段的地下空间和排水网发育程度不同，通畅性差异很大，导致一遇强降水十分容易在地势较低的地方形成局部洪涝灾害。地下水从补给区至排泄区过程通常很短，地下水的流动速度快、体积大、水力梯度大、腐蚀性大、动力强。目前，喀斯特地区地下水资源的开采量仅为可开采量的 10%左右，正如当地居民所说的"地表水贵如油、地下水滚滚流"。

正因为西南喀斯特地区的水资源具有如上特征，西南喀斯特地区水资源、水环境和水生态在收集储存、保护和利用方面都有一定的困难，最终导致该地区的工程性、水质性和季节性缺水。同时，西南喀斯特地区水资源、水环境和水生态与其他地区存在显著差异，水生态和水环境中藻类暴发的风险大。而且，该地区降水、地表水和地下水转换频繁，污染物迁移路径复杂，导致污染物溯源困难。另外，岩石以碳酸盐岩为主，在风化过程中易形成溶解无机碳，对藻类的生长形成施肥效应，导致藻类暴发风险更大。因此，西南喀斯特地区的水环境治理，应结合喀斯特地区的地质水文条件特征，强调因地制宜、精准施策，关注水生态健康，解决资源性缺水。

1.1.5 植被

西南喀斯特地区的植被，绝大多数直接发育在碳酸盐岩类岩石风化壳上或者在由风化壳形成的土壤上，具有旱生与石生的显著特性。主要形成了常绿与落叶阔叶混交林和季节性雨林，包括亚热带常绿阔叶林、常绿落叶阔叶混交林、落叶阔叶林、温带暗针叶林、暖性针叶林、竹林、灌木林、灌丛和热性草丛草地、热性灌草丛草地、暖性草丛草地、暖性灌草丛草地、低地草地、灌草丛草地和高山草甸。同时，因强石质化地表和较低的土壤水分与养分调蓄能力，植被生态系统具有脆弱性以及较低生产力的不足。尤其在受到不合理人类活动的干扰破坏后，原生植被易退化为次生林、灌丛和灌草丛，植被正向演替或恢复速率相对缓慢。而且植被类型虽然较为复杂，但其空间分布格局主要受气候与海拔综合影响。

西南喀斯特地区植被不仅类型复杂，而且其空间分布格局表现出明显的纬度地带性与经度地带性特征。首先，在纬度上，随着由南到北热量的递减，植被类型从雨林转变为混交林。其中，位于西南喀斯特地区南部的北热带的主要群系类型有蚬木林、肥牛树林、尾叶木橄榄林、东京桐林、番龙眼林、刺桑林、望天树林、轮叶戟林等；位于中部的南亚热带则主要分布着常绿与落叶阔叶混交林，常见类型有仪花+青冈+海红豆林、榕树+青冈+华南皂荚林、仪花+黄连林、青冈+海红豆林、榕树+黄梨木林、海南锥+菜豆树林、青冈+金丝李+菜豆树林等；而位于西南喀斯特地区北部的中亚热带，则主要以樟属、青冈属、柯属、润楠属、锥属、鼠刺属等常绿树种，以及以化香树属、朴属、鹅耳枥属、黄梨木属、栎属等落叶树种为优势的树种，还有青冈+翅荚香槐林、窄叶柯+圆果化香树林、猴樟+白栎林、青冈+朴树林、鱼骨木+黄梨木林等。其次，在经度上，随着从东到西降水量的不断下降与海拔的不断升高，植被负向演替变化。例如，西部半湿润区的滇青冈与落叶阔叶树的混交林替代了东部湿润区的青冈与落叶阔叶树的混交林，鱼骨木+黄梨木林在东部有分布，但其在西部几乎没有分布；分布在西部的滇鼠刺+圆果化香树林，在西南喀斯特地区的东部区一般也没有分布。最后，不同海拔导致植被分布不同。例如，北热带区海拔800m以下为季节性雨林，海拔800~1200m为常绿与落叶阔叶混交林，1200m以上主要分布着常绿与落叶阔叶混交林，1000m以上的山顶或山脊则普遍分布着山顶针叶林；南亚热区则呈现为海拔700m以下主要分布着常绿与落叶阔叶混交林，海拔700m以上则遍布常绿与落叶阔叶混交林。

植被的空间分异特征与类型演替、岩性、土壤、坡向、植物的适应特性以及人类活动等因素密切相关。在西南喀斯特地区的北热带地区，季节性雨林破坏后通常形成次生季雨林，如常见的任豆、翻白叶、木棉，或番石榴灌丛、剑叶龙血树灌丛、余甘子灌丛等。在西南喀斯特地区的亚热带区域，常绿与落叶阔叶混交林被破坏后，则主要形成暖性落叶阔叶林，如圆果化香树林、朴树林、翅荚香槐林等，以及红背山麻杆灌丛、小果蔷薇灌丛、牡荆灌丛、滇鼠刺灌丛、龙须藤灌丛等。在石灰岩基质发育较纯的黔中高原，则土壤浅薄，土被常不连续，以窄叶柯、滇鼠刺、青冈、小果润楠等常绿树种为主以及圆果化香树、翅荚香槐、朴树、云贵鹅耳枥等落叶树种为优势的常绿与落叶阔叶混交林；在土壤条件较好的泥灰岩基质上，则以贵州石楠、猴樟、女贞等常绿树种以及白栎、响叶杨、刺楸、栓皮栎等落叶树种为优势的常绿与落叶阔叶混交林。植被类型随坡向的变化具有较明显的差异性：在阴凉湿润的阴坡常绿树种的优势度较高，可形成窄叶柯林、青冈林、狭叶润楠林等常绿阔叶林；而生境干燥、土壤贫瘠的阳坡，具有较高优势度的则是落叶树种，形成以圆果化香树林、翅荚香槐林、云贵鹅耳枥林等为主的落叶阔叶林。在受到人类持续干扰后的植被恢复中，石灰岩上易形成矮林状的灌丛，白云岩上易形成以火棘、珍珠荚蒾、小果蔷薇、竹叶花椒等为优势的藤刺灌丛和以黄背草、黄茅为主的灌草丛。在植被恢复的人工林中，主要是柏木林、干香柏林等常绿针叶林。

1.1.6 喀斯特关键带结构与功能

1. 喀斯特关键带结构

地球关键带指从陆地表面植被冠层到地下含水层的地球表层系统，是21世纪地球表层系统研究的热点，而喀斯特关键带是地球关键带的重要组成。喀斯特关键带具有地表-地下二元结构，土壤和表层岩溶带的共同演化使得其关键带成为一个由植物根系、土壤填充物、岩溶裂隙管道和碳酸盐岩基质共同耦合交织的复杂三维网络结构，这种复杂网络结构是喀斯特关键带区别于非喀斯特关键带的最主要特征。同时，喀斯特关键带纬度、经度地带性的水、热、物质连续分布被地质构造和岩性差异打破，风化层和土壤的侵蚀程度受化学和水力作用的强烈调控，出现地带性土壤与非地带性土壤交错分布，不同类型及厚度的土壤垂直镶嵌分布，形成喀斯特地表和风化壳的三维高度时空异质性。在水平方向岩石露头，土壤不连续分布以及在垂直方向土壤、岩石、植被比例各不相同，这些结构特点均增加了喀斯特表层地球系统科学研究的难度。

2. 喀斯特关键带生态过程与功能

喀斯特关键带是与人类联系最为密切的地球圈层之一，决定着人类社会发展所需的资源供应。在关键带视角下，纵向上由地表植物冠层向下至地下含水层基岩，更加完整地表述了人类社会发展所在的资源环境带。其中土壤生态功能是地球关键带的核心，关键带结构的稳定性和服务功能的可持续性直接影响人类福祉。喀斯特关键带中的网络通道概念不仅包括岩石在自然条件下形成的裂纹和缝隙，以及石灰岩被腐蚀形成的大孔隙（竖井、漏斗），还涵盖生物维管通道。喀斯特关键带生物地球化学过程主要通过裂隙管道等网络通道传输、交换、转移，岩石-土壤-水-生物-大气在其中发生着复杂的相互作用，使岩石圈、水圈、生物圈和大气圈四个看似相对独立的圈层紧密联系起来。

喀斯特地区植被与岩石在长期地质时期演化中达到相对稳定的平衡状态，物质和能量通过网络通道流动，在植物-大气界面过程中，形成光合作用-气孔行为-蒸腾作用之间的相互作用和反馈机制，气孔主导的光合-蒸腾作用的平衡关系对土壤有效水分十分敏感。土壤-植物根系界面，是植物获取养分和水分的主要通道，根际微生物依赖根际分泌物等获取碳源，同时分解有机质供植物吸收利用。土壤的孔隙系统、微生物系统和植物根茎叶维管系统相互作用形成连续的水分和养分运输通道相当程度上决定着关键带物理结构和生物功能的匹配。另外，网络通道还是连接喀斯特关键带各圈层的高速通道，是各种生物、化学、物理过程的热点区域，这一特点使得喀斯特水土和生物地球化学过程更为迅速，对全球变化和人类活动的响应也更为敏感，也是人们理解生态系统结构和功能演化的基础。

中国西南喀斯特地区岩石以石灰岩和白云岩为主，而不同岩性（石灰岩和白云岩）喀斯特系统在岩石裂隙发育程度、风化作用方式、土层厚度、碎石（>2mm）含量及风化壳持水性能等方面都有较大差异。与石灰岩相比，白云岩的风化深度和程度较大，岩石渗漏性较弱，二元水文结构不发育，其溶蚀残余物质相对均匀地分布地表，土层较厚但多含碎石。岩石与浅薄且不连续土层的相互镶嵌，即土壤与石面、石缝、石沟、石洞、石槽、溶洞等组合形成多种小生境类型，显著地改变了小尺度范围内的水文循环和土壤侵蚀过程，是导致生境高度异质性和土壤水文生态功能差异的重要原因。即使在地表生境相似情况下，地下裂隙、管道的发育程度、形态也有很大差别，进而导致流域水文过程和物质循环存在差异。喀斯特岩性背景也是主导植被演替和土壤碳氮养分循环的重要因子，石灰岩地质背景植被恢复速率和土壤碳氮固定速率均显著高于白云岩。可见，喀斯特关键带复杂的三维结构及其地表、地下过程的交互作用直接影响生态系统服务，而在喀斯特关键带框架中土壤是立体空间结构，需要在风化壳、覆盖植被、基岩或沉积物以及地下水相互作用的三维结构中对其进行研究，地上部分的生命活动显著影响土壤的生物地球化学循环及生态系统服务功能。此外，喀斯特关键带研究表明，土壤碳循环与水循环、养分循环有着密切的耦合关系，生态恢复和土地利用方式的改变可显著增强喀斯特地区的碳汇，基于喀斯特关键带的碳汇研究能为恢复该地区生态系统服务和功能做出重要贡献（图 1-7）。

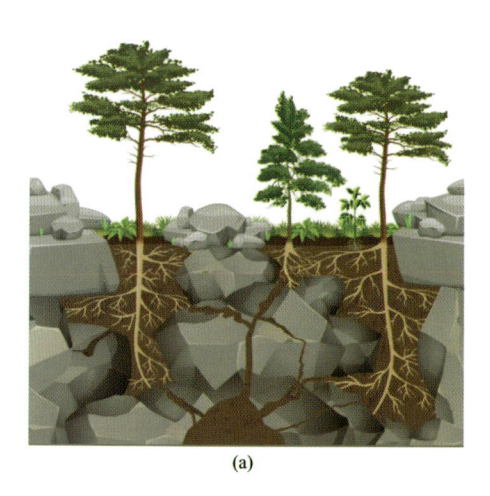

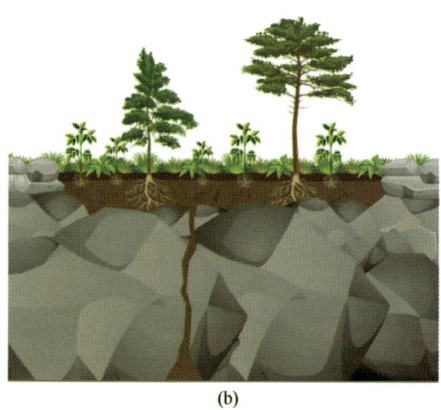

图 1-7 喀斯特关键带岩石-土壤-植被系统示意图

（a）石灰岩，其关键带地下裂隙、管道网络结构发育，植物可利用岩溶地下空间水分、养分来保证正常生长；（b）白云岩，其关键带地下裂隙、管道网络不发育，植物难以利用表层岩溶带水分、养分，不适合深根系树木生长，植被生物量低于石灰岩地区

1.2 社会经济状况

西南喀斯特地区既是典型的生态环境脆弱区，也曾是典型连片贫困集中区，贫困与石漠化在空间分布上具有高度的重叠与轻重一致性特征。在 2014 年，西南喀斯特地区集中连片特殊困难县和国家扶贫开发工作重点县共有 232 个（云南 73 个，贵州 50 个，四川 36 个，广西 28 个，湖北 25 个，湖南 20 个），占全国 592 个贫困县的 39.19%。但随着国家脱贫攻坚战的持续开展，截至 2019 年，西南喀斯特地区的国家级贫困县仅剩 33 个（云南 9 个，贵州 9 个，广西 8 个，四川 7 个；全国仅 52 个），贫困县数占全国总贫困县的比例却高达 63.46%。西南八省（区、市）总贫困人口约 3000 万人，当地农村居民人均可支配收入仅相当于全国农村居民人均可支配收入的 78%。土地面积 105.45 万 km²，其中耕地占 18.27%，仅 19.27 万 km²。地区生产总值为 60836.7 亿元，人均地区生产总值为 26586 元。2020 年 11 月 23 日，随着贵州宣布最后 9 个深度贫困县退出贫困县序列，标志着西南喀斯特区再无贫困县，全国国家级贫困县也全部脱贫摘帽。

1.2.1 人口

西南喀斯特地区涉及八个省（区、市），包括湖北省、湖南省、广东省、广西壮族自治区、贵州省、重庆市、四川省和云南省。截至 2020 年底（第七次全国人口普查），八个省（区、市）总共约 5.02 亿人，占全国人口的 35.54%。

为更好地开展石漠化治理工作，国家发展和改革委员会"十三五"规划中涉及西南八省（区、市）共 455 个石漠化治理县（市、区），总人口 22883 万人，其中农业人口 16361.28 万人，农村劳动力转移就业的人数达到 3311 万人，有自治县 198 个，少数民族人口达 5190 万人，主要有壮族、苗族、瑶族等 50 个少数民族。经过一系列石漠化治理措施实施后，石漠化治理取得显著效果，在"十四五"规划中仅涉及 200 个石漠化治理重点县（市、区），其中喀斯特总面积 32.85 万 km²，石漠化土地面积为 9.98 万 km²，包括总人口 10222 万人，占全国石漠化区域人口的 45%，人口密度为 179 人/km²，地区生产总值为 19076.8 亿元，其中第一、第二和第三产业增加值分别增加 8243.4 亿元、3832.8 亿元和 7000.6 亿元。

西南喀斯特地区虽然人口数多，但受自然、经济等因素的影响，人口分布呈现不均衡的特点。不同自然条件与不同社会经济发展区域中呈现出各不相同的显著特点。其中，某些地区人口集聚。

造成西南喀斯特地区人口分布严重不均衡的原因有很多，主要有以下几点：第一，地质地貌。中国的绝大多数喀斯特地貌均分布于西南地区，广泛分布的喀斯特地貌加上该地区独特的水热条件，使得该地区产生了多样性的生物气候，再加上易受干旱和各种外界干扰的影响，增加了该地区生态环境的复杂性、多样性以及脆弱性，由此导致西南地区人口分布不同于其他地区，主要表现在两方面：一方面，受海拔的影响而产生的一系列人口垂直分布特征。西南不少地区山高谷深，地形地貌复杂，其中贵州省是典型。

另一方面,西南喀斯特地区由于存在地表-地下二元水文结构及植被恢复速率缓慢的特征,因而区域土地的人口承载力不高,人口分布的不均衡性也随之扩大。喀斯特特殊地貌已经成为西南地区人口迁移的主要限制因素。第二,经济因素。人口的分布一定程度上反映了社会经济发展状况,其受到经济和社会发展的影响巨大。

西南喀斯特地区人口分布不均,其实是自然因素和社会经济条件的综合反映,消除地区人口不均衡问题可以从以下方面出发:首先,对生态较为脆弱的地区规划生态移民。评估生态环境及划定出生态较为脆弱的地区并进行分类管理。生态环境较为良好的地区,将环境保护和经济发展相结合,建立自然保护区,促进生态建设和农业发展相辅相成,使得生态建设与乡村振兴相结合,保障经济发展与巩固脱贫成果。对于生态环境较差地区,首先是实施生态移民,政府采取经济手段将该地区的人口迁移到其他环境较为良好的地区,并在这些生态脆弱的地区加强生态建设,使得该地区环境得以保护。其次,确立西南喀斯特地区经济发展战略所要解决的核心问题,尝试以经济动因来推动人口的合理分布,甚至可以说加快经济增长是核心问题。西南喀斯特地区独特的高原风光、热带雨林、高山峡谷、奇山异水、丰富的自然景观资源,少数民族丰富的文化资源可促使生态旅游业发展,从而形成新的经济增长点与创新经济发展模式。

西南喀斯特地区少数民族较多,在各省区市分布较为集中。云南省少数民族有 25 个,分别是阿昌族、布朗族、白族、傣族、布依族、独龙族、德昂族、回族、哈尼族、基诺族、景颇族、满族、拉祜族、蒙古族、苗族、怒族、纳西族、藏族、水族、佤族、彝族、瑶族、普米族、壮族、傈僳族。贵州省少数民族有 17 个,分别是苗族、侗族、布依族、彝族、土家族、水族、仡佬族、白族、回族、壮族、瑶族、毛南族、畲族、蒙古族、满族、羌族、仫佬族。广西壮族自治区少数民族有 11 个,分别是壮族、苗族、瑶族、彝族、京族、侗族、水族、毛南族、仫佬族、仡佬族、回族。湖南省少数民族有 11 个,分别为苗族、壮族、土族、维吾尔族、白族、瑶族、侗族、满族、回族、蒙古族和畲族。分布于广东省的少数民族则仅有 5 个,分别为壮族、畲族、瑶族、满族、回族。

西南喀斯特地区不同省区市少数民族人口分布各具特点。例如,贵州省的少数民族总人口及其在全省人口所占比例均出现减少趋势;云南省的少数民族人口分布呈现出高度的空间集聚性以及自西南部向东北部的阶梯递减特征;湖南省少数民族的主要聚集地在湘西、湘南及东部等地区,特别是湘西土家族苗族自治州。

西南地区少数民族人口在历史和地理因素的影响下,主要呈现出以下三个特点:第一,少数民族人口分布复杂且较为集中。西南的八个省区市少数民族都较多,其中贵州和广西的少数民族人口占全省区总人口的比例高达 36.44%和 37.52%。第二,少数民族经济水平越低的分布特征。西南喀斯特地区经济不发达地区仍然比较普遍,其中民族经济不发达问题尤其严重。第三,对大部分区域而言,少数民族受教育程度普遍低于汉族。

1.2.2 区域经济发展

经济发展不仅是指一个国家或一个地区的总产出或人均总产出增加,还包括一个国家或一个地区经济结构不断得到优化,经济发展水平相对偏低、制度约束等问题不断得到改善。因此，经济发展不仅表现为当地经济增长效益的提高、结构的协调、功能的完善，还表现为区域整体社会的和谐，即区域经济与社会两大系统的平衡与互动优化提升。

2020年11月23日，国家已宣布全面脱贫，但西南喀斯特地区的经济发展水平相对其他地区依然滞后。2020年，西南八个省（区、市）地区生产总值分别为：湖北省43443.46亿元，湖南省41781.49亿元，广东省110760.94亿元，广西壮族自治区22156.69亿元，重庆市25002.79亿元，四川省48598.76亿元，贵州省17826.56亿元，云南省24521.90亿元。其中，广东省地区生产总值最高，而贵州省最低。2020年，八个省（区、市）的人均地区生产总值分别为：湖北省74440元，湖南省62900元，广东省88210元，广西壮族自治区44309元，重庆市78170元，四川省58126元，贵州省46267元，云南省51975元。由此可见，西南喀斯特地区人均地区生产总值最高的省份为广东省，而人均地区生产总值最低的为广西壮族自治区，西南八省（区、市）经济较发达的地区主要分布于珠江三角洲地区和成渝地区。

西南喀斯特地区的经济发展相对落后，根据自然环境与社会发展状况，可以将喀斯特地区的经济发展相对滞后的原因分为五大类：第一类，石漠化。石漠化是喀斯特地区人地关系不和谐的产物，指地质背景制约下，叠加人类不合理的活动，导致土壤遭到严重的侵蚀，基岩大面积出露，土地生产力严重下降，出现类似于荒漠景观的土地退化现象（刘鸿雁等，2019）。发生石漠化的土地，土地生产力会严重下降，农业产出不高。第二类，保护与生存冲突。为改善人居环境和自然环境，西南喀斯特地区实施了大量的生态工程，包括退耕还林、自然保护区建立、封山育林等活动。但土壤浅薄使农业发展对资源、土地有着严重的依赖性，导致自然保护和生存需求间出现矛盾与冲突，承载力较低的喀斯特地区，冲突更加严重。第三类，水资源缺乏。经济的发展离不开水资源，水资源的短缺会使得当地经济发展受到较大程度影响。西南喀斯特地区虽位于亚热带季风区，降水充沛，但由于喀斯特地貌与二元水文结构的广泛存在，降水到达地面后难以保存，而地下水埋藏深，利用难度大，使得部分地区水资源相对匮乏。此外，人地矛盾激化导致生态环境遭到严重的破坏，地表植被覆盖减少，水土流失问题更加严重，土壤涵养水源的能力下降。同时，水利工程投入较少，导致综合性缺水问题突出。第四类，频发的自然灾害。自然灾害的频繁发生对该地区人民的生产生活造成了很大的影响，给农业生产和人民生命财产造成了很大损失。在喀斯特地区，土壤涵养水源的能力较差，同时水资源的季节分配不均，导致在雨季经常发生涝灾，而在干季常常形成旱灾。由于地表崎岖不平，喀斯特地区也多发生地震、滑坡、泥石流等地质灾害。自然灾害的频繁发生，不仅削弱了喀斯特地区来之不易的减贫效果，也成为阻碍喀斯特地区经济快速发展的重要因素。

综上可知，喀斯特地区人口处于脆弱与抗干扰能力弱的自然地理环境，面临着石漠化、保护与生态冲突、水资源短缺、自然灾害频发等一系列问题，这些问题进一步导致人地关系失调，激化人地矛盾，影响经济发展。

西南喀斯特地区经济发展虽然在改革开放以来取得了巨大成就，但受自然、历史、体制、观念等多重因素的影响，除广东省外其他省区市人口分布及经济发展呈现以下几个显著特征：第一，低收入人口比例高，占总人口的比例大，尤其是黔南布依族苗族自治州（简称黔南州）和黔西南布依族苗族自治州（简称黔西南州），其显著特征为自然条件恶劣与农业基础薄弱，且抗御灾害能力弱（王克林等，2015；王世杰等，2020）。第二，养老压力大，由于西南地区传统产业占比高、社会保障水平低，该区传统低收入群体有扩大的趋势。第三，较低收入人口整体分布分散但局部集中，集中分布于云南东南部和西北山区、贵州苗岭和大娄山地区、四川南部山地与西部高原区。同时，还零星分散在广大农村地区、石山、深山、少数民族聚居和高寒区，表现为大杂居、小聚居的特征。

西南喀斯特地区较低人口数量及其空间分布根源主要有以下几方面：第一，脆弱的生态环境，喀斯特生态易受外界干扰，十分脆弱，经济发展受到限制。第二，地方病导致当地部分居民部分或完全丧失工作能力，并可能导致失业。第三，基础设施落后，难以吸引外来人才。由于西南地区特殊的地理环境，各项基础设施落后，工作难以落实，生活水平难以稳定提高。第四，农村产业结构单一影响了农民的收入，限制了经济发展。支柱产业主要为农牧业。由于牧区大多分布在海拔和纬度均较高的地区，自然灾害频繁发生。同时，长期粗放式的放牧方式导致西南地区的牧区草原退化不断加重。牧民过着放牧和半放牧的生活，即使在脱贫情况下，抵御灾害和疾病能力依然很弱。

鉴于西南喀斯特地区的人口分布及其经济发展特征，提升当地经济发展水平的关键是处理好低收入群体面广、人口占比大、社会救助能力弱的矛盾。首先，应重视该地区经济发展，提高居民的收入、抗风险能力。所以，应从根本上出发，发展西南地区的经济（王克林等，2020）。其次，通过完善社会福利制度，改善社会保障制度，严格筛选真正的救助对象。同时，进一步完善保障体系，使得救助的形式多样，使全社会都积极参与到救助活动中。建议通过转移支付制度共同提供安全资金，上级政府财政向下级政府财政倾斜，真正让较低收入群体受惠。

1.3 喀斯特地区生态保护与修复概况

1.3.1 喀斯特地区重大生态工程

我国西南岩溶地区以石漠化为特征的土地退化现象严重，国家先后在岩溶地区实施了天然林保护、退耕还林、坡耕地水土流失综合治理、石漠化综合治理、易地扶贫搬迁、珠江防护林工程等一系列国家重大工程，从不同角度对岩溶地区的石漠化及水土流失进行治理，取得了一定的成效，积累了一些经验。

截至 2020 年底，西南岩溶地区积极开展退耕还林、天然林保护、长江防护林、珠江防护林、农业综合开发、土地整治等石漠化综合治理措施，已完成人工造林（草）面积 80.39 万 hm^2，封山育林面积 261.46 万 hm^2。通过重大生态工程的实施，岩溶地区林草植被覆盖度有所提高，水土流失减少，石漠化得到有效遏制，生态状况得到一定改善，对减轻自然灾害、提高土地综合生产能力、改善岩溶地区人民群众生产生活条件、促进区域经济和社会的可持续发展发挥了重要作用。

1. 天然林保护工程

1998年长江流域特大洪灾后，党中央、国务院决定在云南、四川等12个省（区、市）国有林区开展天然林资源保护工程（简称"天保工程"）试点。2000年国务院批准了《长江上游、黄河上中游地区天然林资源保护工程实施方案》，天保工程全面实施。工程实施范围为长江上游地区（以三峡库区为界）的青海、云南、四川、贵州、重庆、湖北、西藏等省（区、市）和黄河上中游地区（以小浪底库区为界）的陕西、甘肃、青海、四川、宁夏、内蒙古、山西、河南等省（区），共734个县（市、区）、61个森工局（场），实施期为2000～2010年。天保工程一期长江上游、黄河上中游地区累计投入598亿元，其中，中央投入560亿元，占93.6%；地方配套38亿元，占6.4%。

主要成效：①天然林得到有效保护，森林资源呈现恢复性增长。通过十多年的有效保护和公益林建设，工程区长期过量消耗森林资源的势头得到有效遏制，森林资源总量不断增加，呈现恢复性增长的良好态势。通过人工造林、封山育林、飞播造林等生态恢复措施，森林面积净增1.26亿亩（1亩≈666.67m^2），森林蓄积净增4.52亿m^3，长江上游地区森林覆盖率由33.8%增加到40.2%。②生物多样性得到有效保护，生态状况明显好转。随着工程区森林植被不断增加，森林生态系统功能逐步恢复，局部地区生态状况明显改善。据《中国水土保持公报》（2018），2007年三峡库区水土流失总面积比2000年减少1312.39km^2；野生动植物生存环境不断改善，生物多样性得到有效恢复。

2. 退耕还林工程

试点阶段。退耕还林试点工程于2000年在17个省（区、市）的188个县（市、区）正式启动。当年共完成退耕地还林核实面积38.2万hm^2，宜林荒山荒地造林种草核实面积44.9万hm^2。2001年，新增江西、广西、辽宁3省区，至此，退耕还林试点工程在中西部地区20个省（区、市）和新疆生产建设兵团的224个县（市、区）展开。当年完成退耕地还林还草39.9万hm^2、宜林荒山荒地造林种草48.6万hm^2。退耕还林工程试点3年，累计完成退耕地还林116.2万hm^2、宜林荒山荒地造林100.1万hm^2，共涉及20个省（区、市），400个县（旗、市、区），5700个乡镇，27000个村，410万户农户，1600万农民。

建设阶段。工程建设期限为2001～2010年，分两个阶段进行：第一阶段2001～2005年，治理666.7万hm^2；第二阶段2006～2010年，完成800万hm^{2}治理任务。2002年1月退耕还林工作电视电话会议宣布，在试点基础上，2002年全面启动退耕还林工程，当年新增退耕地还林任务226.7万hm^2，宜林荒山荒地造林任务266.2万hm^2，退耕还林工程建设范围包括已开展试点的河北、山西、内蒙古、辽宁、吉林、黑龙江、江西、河南、湖北、湖南、广西、重庆、四川、贵州、云南、陕西、甘肃、青海、宁夏、新疆20个省（区、市）及新疆生产建设兵团，共计30个省（区、市）及新疆生产建设兵团的1600个县（市、区）。通过10年建设，共退耕还林1466.7万hm^2，其中25°以上的陡坡耕地基本上全部还林还草，沙化耕地退耕还林266.7万hm^2，占当时沙化耕地面积的38.9%；完成宜林荒山荒地造林种草1733.3万hm^2。新增林草植被面积3200万hm^2，工程区林草覆被率增加5.0%；控制水土流失面积 8666.7 万 hm^2，防风固沙控制面积 10266.7 万 hm^2。退耕还林工程的实施，使我国造林面积由以前的每年 400 万～500 万 hm^2 增加到连续 3 年超过 667 万 hm^2，2002 年、2003 年和 2004 年退耕还林工程造林分别占全国造林总面积的 58%、68% 和 54%，西部一些省（区、市）占到 90% 以上。退耕还林调整了人与自然的关系，改变了农民广种薄收的传统习惯，工程实施大大加快了水土流失和土地沙化治理的步伐，生态状况得到明显改善。

新一轮退耕还林。2014 年，新一轮退耕还林工作正式启动，到 2020 年，将全国具备条件的坡耕地和严重沙化耕地约 4240 万亩退耕还林还草。其中包括：25°以上坡耕地 2173 万亩，严重沙化耕地 1700 万亩。对已划入基本农田的 25°以上坡耕地，要本着实事求是的原则，在确保省（区、市）域内规划基本农田保护面积不减少的前提下，依法定程序调整为非基本农田后，方可纳入退耕还林还草范围。严重沙化耕地、重要水源地的 15°～25°坡耕地，划定范围、实施退耕还林还草。

自 2001 年启动至 2013 年，广西累计完成建设任务 1452 万亩，其中，退耕地还林 349 万亩，荒山荒地造林 950.5 万亩，封山育林 152.5 万亩。退耕还林工程的实施，使广西直接增加了森林面积（已成林面积）1320 万亩，使广西森林覆盖率提高了 3.7 个百分点；有效减少了水土流失，全区每年减少泥沙流失 2500 万 t，使大石山区的石漠化发展趋势得到了有效遏制。2015 年底，全区森林面积达 1466.7 万 hm^2，居全国第六位；森林蓄积量达 7.4 亿 m^3，居全国第四位；森林覆盖率达 62.2%，居全国第三位、西部地区第一位。水土流失趋势得到初步遏制，石漠化土地减少 45.27 万 hm^2，岩溶区森林覆盖显著提高。

自 2000 年启动至 2014 年，贵州省累计完成工程造林 2080 万亩，其中，退耕地造林 727 万亩、荒山造林 1130 万亩、封山育林 223 万亩，完成中央投资 220.4 亿元。据测算，退耕还林工程为全省增加森林覆盖率近 7 个百分点，2014 年底，全省森林覆盖率达到 49%。

自 2001 年启动至 2013 年，云南省累计完成国家下达的退耕还林工程建设任务 1802.6 万亩，完成投资 121.04 亿元，涉及退耕农户 500 多万。全省陡坡耕作面积明显减少，林地面积大幅增加，共退耕地还林 533.1 万亩，荒山荒地造林 1049 万亩，封山育林 220.5 万亩，增加林地面积 1565.1 万亩。工程区水土流失量大幅下降，退耕地块径流量下降 82%，径流泥沙含量下降 98%，生态环境逐渐好转。

3. 坡耕地水土流失综合治理工程

坡耕地是水土流失的主要策源地，全国现有坡耕地 3.59 亿亩，年均土壤侵蚀量占到全国总侵蚀量的近 1/3。因地制宜加强坡耕地水土流失综合治理，对减少水土流失、改善山丘区农业生产条件和生态环境、促进农村产业结构调整和农民增收、巩固退耕还林成果、保障国家粮食安全具有重要意义。2010 年在西北黄土高原区、北方土石山区、东北黑土区、西南土石山区、南方红壤区 5 个水土流失类型区 16 个省（区、市）的 50 个县（市、区）开展试点，其中位于岩溶区试点县（市、区）占近一半。

试点工程建设以控制坡耕地水土流失、有效保护水土资源、加强农业基础设施建设为目标，治理措施以保土、蓄水、节水措施为主，建设内容主要包括坡改梯、蓄水池、灌排沟渠等，通过试点工程建设，进一步探索坡耕地水土流失综合治理的技术路线及管理模式，为全面科学推进坡耕地水土流失综合治理积累经验。

4. 石漠化综合治理规划大纲

国务院于 2008 年 2 月批复了《岩溶地区石漠化综合治理规划大纲》（2006～2015 年）（以下简称《规划大纲》）。《规划大纲》明确了石漠化综合治理工程建设目标、任务和保障措施，确定了"以点带面、点面结合、滚动推进"的工作思路。

试点阶段：2008～2010 年，国家安排专项资金在 100 个石漠化县（市、区）开展岩溶地区石漠化综合治理试点工程，取得了明显成效，并为全面推进石漠化综合治理奠定了坚实的基础。2008～2010 年，国家累计安排中央预算内专项投资 22 亿元，整合了其他中央专项投资及地方投资上百亿元，明显加大了投入力度。截至 2010 年底，试点工程区累计完成林草植被建设 41 万 hm^2，坡改梯 10 万亩，棚圈建设 57 万 m^3，青贮窖 16 万 m^3，排灌沟渠 1.9 万 km，蓄水池 1.2 万口，各项建设任务完成率大部分在 90% 以上。各项治理措施基本符合要求，整体防治工作也顺利推进。

经过三年的奋斗，100 个试点县（市、区）实施石漠化综合治理 1.6 万 km^2 以上，451 个县（市、区）初步完成 3.03 万 km^2 的石漠化治理任务，实现了《规划大纲》确定的到 2010 年的阶段性目标。试点县（市、区）治理工作以潜在石漠化土地为重点，采取综合措施，大大减缓了石漠化扩展的速度。以我国石漠化最为严重的贵州省为例，当时贵州省试点县（市、区）及全省初步遏制了石漠化拓展的势头，生态环境明显改善。国家林业和草原局对 100 个试点县（市、区）监测显示，2010 年与 2007 年相比，试点工程区林草植被盖度平均提高了 16 个百分点；生物量明显增加，群落结构进一步优化，植被生物量比治理前净增 115 万 t，群落植物丰富度提高；土壤侵蚀量减少，水土流失总量从治理前的 511 万 t 减少到 170 万 t，减幅达 67%。规划区 451 个县（市、区）林草植被覆盖率比治理前提高了 3.8 个百分点，土壤侵蚀量减少近 6000 万 t。

推广阶段：2011 年，石漠化综合治理工程正式实施，工程规模由"十一五"期间的 100 个县（市、区）扩大到 200 个石漠化治理重点县（市、区），2012 年扩大至 300 个县（市、区），2014 年已扩大至 316 个县（市、区），占到全国 455 个石漠化县（市、区）的 69.5%。截至 2015 年底，重点工程县（市、区）投入中央预算内专项资金 119 亿元，完成林草植被建设面积 222.09 万 hm^2，坡改梯面积 2.18 万 hm^2，排灌沟渠/引水渠长度 1.08 万 km，棚圈建设面积 280.59 万 m^2。实现了我国石漠化土地面积由持续增加转向净减少的重大转变。

5. 易地扶贫搬迁工程

从 2001 年开始，国家发展和改革委员会安排专项资金，在全国范围内陆续组织开展了易地扶贫搬迁工程。截至 2015 年底，已累计安排易地扶贫搬迁中央补助投资 363 亿元，搬迁贫困人口 680 多万人。"十二五"时期，国家发展和改革委员会加大了易地扶贫搬迁工程投入力度，搬迁成效更加明显，累计安排中央预算内投资 231 亿元，是前 10 年投入的1.75倍；累计搬迁贫困人口394万人，是前10年的1.37倍。同时，带动其他中央部门资金、地方投资和群众自筹资金近800亿元。通过实施易地扶贫搬迁工程，建设了一大批安置住房和安置区水、电、路、气、网等基础设施，以及教育、卫生、文化等公共服务设施，大幅改善了贫困地区生产生活条件，有力推动了贫困地区人口、产业集聚和城镇化进程；引导搬迁对象发展现代农业和劳务经济，大幅提高了其收入水平，加快了脱贫致富步伐；改变了搬迁对象"越穷越垦、越垦越穷"的生产状况，有效遏制了迁出区生态恶化趋势，实现了脱贫致富与生态保护"双赢"。

"十二五"时期，广西全区农村贫困人口由2010年的1012万人减至2015年底的452万人，贫困发生率由23.9%下降到10.5%，完成易地扶贫搬迁309888人，完成投资84.06亿元。结合荒山造林工程，通过对居住在水源涵养区、天然林保护区、生态脆弱区内的贫困农民实施易地扶贫搬迁工程，迁出区随即封山育林，有效地促进了迁出区域的生态恢复，对生态建设起到了积极的助推作用。

6. 珠江防护林工程

珠江防护林工程涉及云南、贵州、广西、湖南、广东、江西6省（区）187个县（市、区），1996～2010年，实施珠江防护林体系建设一、二期工程，2013年7月10日，国家林业和草原局正式启动珠江流域防护林体系建设三期工程。

二期工程中6省（区）累计完成营造林121.16万hm^2，完成低效林改造105.87万hm^2，工程区森林覆盖率由2000年的44%提高到2010年的51.5%，森林面积由2558万hm^{2}增加到2970万hm^2。广东省工程区森林覆盖率由2005年的62.0%提高到2010年的65.5%，云南省森林覆盖率提高了10.6个百分点，贵州省黔西南州8个珠江防护林工程县（市、区）森林覆盖率增加了5.82个百分点，黔南州6个珠江防护林工程县（市、区）森林覆盖率增加了5.22个百分点，广西工程区森林覆盖率增加了5.64个百分点。森林蓄积量持续增长，为珠江流域林业发展奠定了基础。截至2010年工程区森林总蓄积量已达到13.1亿m^3，比工程实施前增加了3.25亿m^3。云南省防护林工程建成后，新增加活立木储备893.98万m^3，林木价按150元/m^{3}计算，新增林地的活立木储备效益为13.41亿元。按此计算，广西为70.8亿元，湖南为23亿元。流域内保持水土效果明显。森林能有效减少水土流失。有研究表明，每公顷森林比无林地平均多蓄水3.75m^3。以此推算，仅是云南省珠江防护林二期工程营造林面积17.5万hm^2，就可增加森林蓄水量65.63万m^3，减少土壤流失量52.46万t。

占珠江流域近半面积的广西，纳入工程范围的县（市、区）数、建设任务、重点项目任务均居第一位。广西从1996年开始实施珠江防护林工程，截至2010年，15年间共分两期建设防护林工程，完成人工造林23.05万hm^2，封山育林23.11万hm^2，低效林改造2.94万hm^2。实施珠江防护林工程建设后，工程建设区森林覆盖率（含灌木林）由2000年的53.96%提高到2010年的59.6%，增加了5.64个百分点。特别是石山地区的灌木林面积由244.8万hm^{2}增加到354.3万hm^2，增加了109.5万hm^2，扭转了岩溶石山地区生态恶化的趋势，生态环境逐步改善。

1.3.2 喀斯特生态修复与石漠化治理面临的主要问题与挑战

党的二十大报告提出"推进美丽中国建设，坚持山水林田湖草沙一体化保护和系统治理……提升生态系统多样性、稳定性、持续性，加快实施重要生态系统保护和修复重大工程"，明确了新时期喀斯特石漠化区域生态文明建设的总体要求。当前，生态文明建设已进入提供更多优质生态产品以满足人民日益增长的优美生态环境需要的攻坚期，也到了解决生态环境突出问题的窗口期。石漠化治理取得了面积持续减少与程度显著改善的阶段性成果，但也面临生态系统质量低与稳定性差、治理投入与分区较为粗放、治理技术与模式缺乏可持续性、忽视社会系统与生态系统的协同等新问题。因此，在石漠化初步"变绿"及以小流域为核心的治理与示范基础上，需重点关注区域生态恢复的系统性与整体性，实现喀斯特区域整体保护、系统修复与综合治理。

"良好生态环境是最普惠的民生福祉"，在石漠化初步"变绿"基础上，进一步提高生态恢复的质量和可持续性、提升生态系统服务能力，才能为喀斯特绿水青山提供更多优质的生态产品。因此，围绕石漠化治理提高生态恢复质量、统筹山水林田湖草沙一体化保护与修复的重大需求，在未来石漠化治理提质增效与区域生态高质量建设中亟须重点关注以下问题。

（1）探索石漠化治理转型的解决方案。当前石漠化发展的趋势已发生逆转，石漠化治理已取得面积持续减少与程度显著改善的阶段性成果，石漠化治理应进入巩固（加强监管、补短板）、提升（提升生态服务功能、提高社会经济效益）阶段，石漠化治理面临转型。亟须从主要追求植被覆盖的"绿化"转向提升生态系统服务与质量，从比较粗放的治理措施转向精细化分区治理与保护，从典型生态系统的要素修复与示范转向区域整体治理与绿色高质量发展，提出石漠化治理提质增效和可持续生态恢复的系统方案。在石漠化综合治理工程建设内容方面，在石漠化治理以小流域为核心的基础上，要重视区域整体治理与绿色发展，开展大规模低效人工林改造与重建、喀斯特石山坡麓灌木林提质改造、林冠下造林、生态经济型林草筛选、林下经济及特色经济林果药等生态衍生产业发展和国家石漠公园建设，拓展石漠化区域极为有限土地资源可持续利用与喀斯特景观资源保育的途径，推动喀斯特石漠化地区山水林田湖草沙一体化保护与修复。

（2）提升生态治理与社区发展的协同性。喀斯特石漠化区域生态恢复除受国家生态保护与建设的积极作用外，外出务工、城镇化发展等社会共同治理模式，也缓解了高强度的人口压力，减轻了对土地的直接依赖，促进了区域生态恢复。但是，由于大规模人口迁徙与流动，石漠化区域常住人口大量减少，社区发展面临着农村空心化，甚至荒废化，农村劳动力非农化问题突出、老弱化严重，石漠化治理与社区发展的矛盾突出等问题。在高强度农业耕作向大规模自然恢复与人工造林转变背景下，亟须从侧重自然生态系统研究转向自然-社会经济系统的耦合与反馈，明晰区域恢复的主要社会-生态过程及其耦合机理，识别关键社会人文过程并厘定其促进区域恢复的相对贡献，提出适度发展与生态保护有机结合的石漠化区域可持续发展的社会-生态系统综合解决方案，提升生态治理与社区发展的协同性，为喀斯特地区向高质量绿色发展转变与生态系统服务稳定提升、切实推进南方生态屏障带建设提供科技支撑。

(3) 开展石漠化综合治理成效系统评估。国内外开展了系列生态系统评估，为全球、国家及区域尺度生态保护与建设工程的布局和管理提供了重要科学依据。然而，不同于一般以林草植被建设为核心的生态工程，石漠化治理以保土集水为核心，除了传统林草恢复措施外，还包括以土地整治、土壤流失/漏失阻控、集水蓄水等为核心的工程措施。加上喀斯特地貌类型多样及碳酸盐岩特殊地质背景的制约，现有侧重林草植被变化的生态成效评估体系不能直接应用于石漠化综合治理工程（2006~2020年）成效评估，也忽略了不同区域的地质本底差异。同时，石漠化综合治理工程以小流域为核心实施，且与其他生态工程可能存在一定的叠加，容易混淆区域生态状况的自然演变和工程产生的生态效应。另外，目前国家石漠化监测主要侧重石漠化面积及强度的变化，对工程产生的区域生态-社会经济效应关注不足，需辨析不同恢复阶段、不同治理措施的生态系统结构与功能演变规律及其对生态系统连通性与稳定性的影响，明确喀斯特不同类型区石漠化治理的生态风险及存在的主要问题，进一步提升石漠化治理效益。

(4) 建设喀斯特山水林田湖草沙一体化保护与修复的先行试验区。将山水林田湖草沙作为生命共同体，以提升生态系统的质量和稳定性为目标，提出美丽中国建设的系统性解决方案，成为新时期国家生态文明建设战略迫切的科技需求。统筹山水林田湖草的一体化保护与修复，强化治理的系统性和整体性，亟须从典型生态系统的要素修复示范转向不同生态系统的关联及区域整体治理，研发集成具有不同喀斯特类型区针对性与适宜性的石漠化综合治理技术，强化不同石漠化治理措施的合理搭配、地质背景制约下不同类型区的林草空间配置，提升石漠化治理技术与模式的稳定性与可持续性。同时，进一步拓展示范应用的规模，由原有典型小流域治理示范向条带-网络布局的区域整体治理与系统修复转变，并注重与区域可持续发展、乡村振兴的有机结合，进一步强化石漠化治理与生态产业发展的协同，建设喀斯特地区山水林田湖草沙一体化保护与修复的先行试验区。

因此，针对当前我国喀斯特生态修复与石漠化治理面临的主要问题与挑战，本书聚焦我国西南喀斯特地区面临的石漠化防治任务依然艰巨、石漠化过程机理不清、治理分区较为粗放、治理技术与模式区域针对性与可持续差等问题，以喀斯特生态系统格局-过程-服务-可持续调控为主线，系统总结了喀斯特地貌特征与自然地域分区方法、石漠化动态演变（2005~2020年）与驱动机制、典型喀斯特类型区（峰丛洼地、断陷盆地、高原、槽谷）的水土过程机理及适应性石漠化综合治理技术与模式，揭示了区域尺度喀斯特生态修复与石漠化综合治理的生态-社会经济效益及当前石漠化治理存在的主要问题。

未来，在喀斯特地区初步实现"变绿"基础上，将山水林田湖草沙作为生命共同体，以增强可持续性为目标，通过生态保护与修复研究增强生态治理的可持续性，提升生态系统质量和稳定性，强调自然过程与人文过程的有机结合，融合大数据、空天地一体化等新技术，实现生态环境多要素、多尺度、全过程的监测与模拟，实现生态治理综合效益的提高，实现喀斯特地区绿水青山向金山银山的转换，科技支撑国家生态文明建设战略，为国家"双碳"目标、美丽中国和乡村振兴政策的贯彻实施及全球喀斯特分布国家生态治理提供"中国方案"。

参 考 文 献

蔡运龙. 1999. 中国西南喀斯特山区的生态重建与农林牧业发展：研究现状与趋势. 资源科学, 21（5）：39-43.

蒋忠诚，代群威，董发勤，等. 2021. 国内外钙华岩溶景观的研究进展与展望. 中国岩溶, 40（1）：4-10.

刘丛强，郎赟超，李思亮，等. 2009. 喀斯特生态系统生物地球化学过程与物质循环研究：重要性、现状与趋势. 地学前缘，16（6）：1-12.

刘鸿雁，蒋子涵，戴景钰，等. 2019. 岩石裂隙决定喀斯特关键带地表木本与草本植物覆盖. 中国科学（地球科学），49（12）：1974-1981.

王克林，陈洪松，岳跃民. 2015. 桂西北喀斯特生态系统退化机制与适应性修复试验示范研究. 科技促进发展, 11（2）：179-183.

王克林，岳跃民，陈洪松，等. 2020. 科技扶贫与生态系统服务提升融合的机制与实现途径. 中国科学院院刊, 35（10）：1264-1272.

王世杰，彭韬，刘再华，等. 2020. 加强喀斯特关键带长期观测研究，支撑西南石漠化区生态恢复与民生改善. 中国科学院院刊, 35（7）：925-933.

第 2 章　西南喀斯特地貌分区与自然地域分区

2.1　喀斯特关键带结构与地貌类型

2.1.1　喀斯特关键带

地球关键带是指稳定地下水位向上延伸至植被冠层顶部的连续体域，包括岩石圈、水圈、土壤圈、生物圈和大气圈五大圈层。典型喀斯特丘陵的关键带（地面以下）可分为表层岩溶带、垂直管道带、水平管道带（图2-1）。

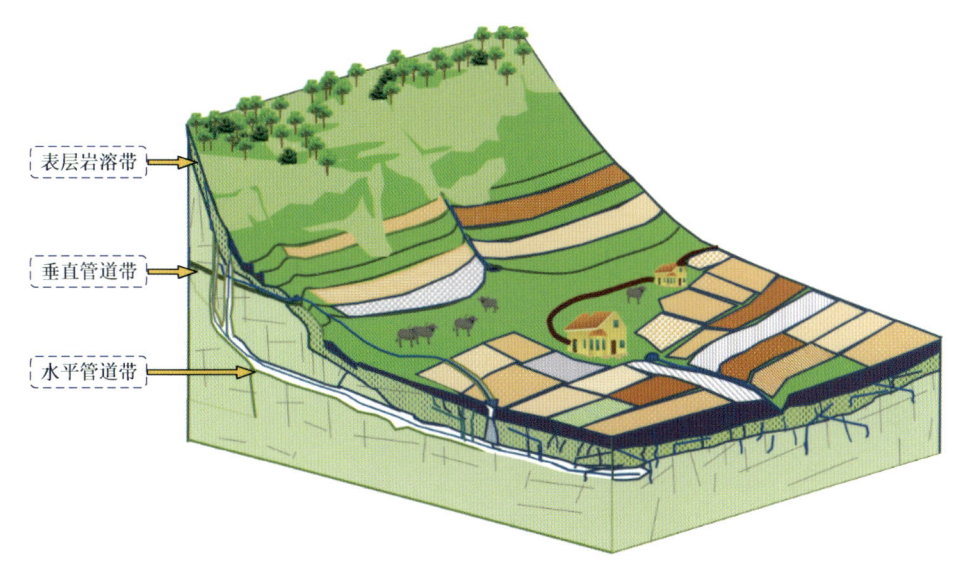

图 2-1　喀斯特关键带示意图

表层岩溶带：具有大量溶蚀扩大的裂隙岩溶化岩层的最表层部分，厚度数米至十余米不等。

垂直管道带：表层岩溶带深度以下的地下径流集中流动的垂直管道分布带，带的厚度取决于水平管道带的深度。

水平管道带：地下径流流动的水平管道分布带。水平管道分布深度受区域地下水位或隔水层控制。

2.1.2　岩溶丘陵地貌形态类型

按地貌形态，西南喀斯特地区的岩溶丘陵可分为塔峰、锥峰和穹丘三种典型形态（图 2-2），其岩土组构示意图如图 2-3 所示。

(a) 锥峰　　　　　　　　　　　　(b) 塔峰

(c) 穹丘

图 2-2　岩溶丘陵的三种典型形态

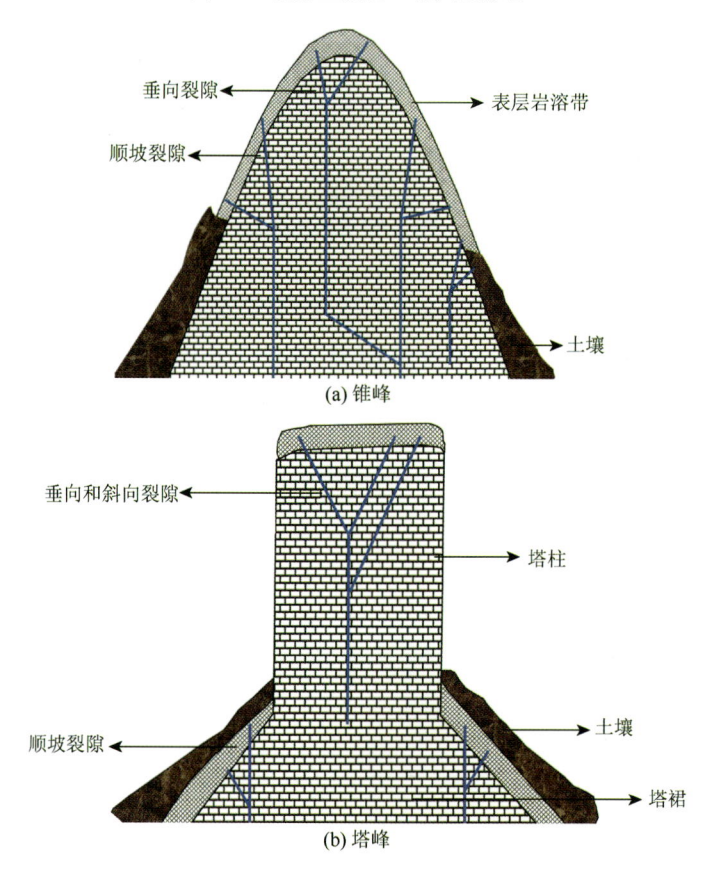

(a) 锥峰

(b) 塔峰

(c) 穹丘

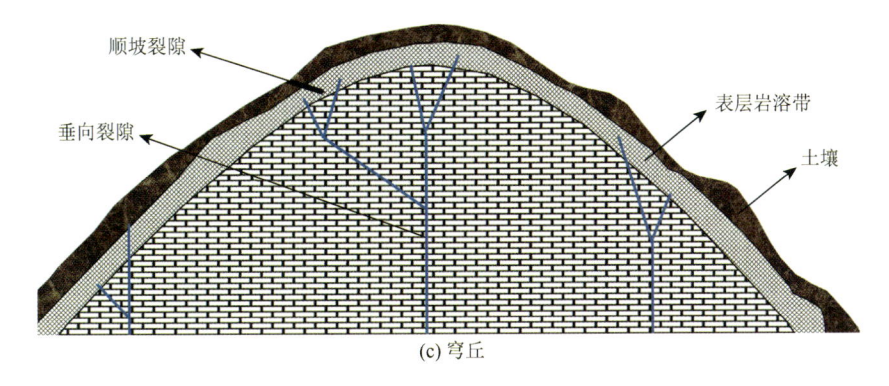

图 2-3 三种岩溶丘陵的岩土组构示意图

锥峰形态似金字塔，主体丘坡坡度 35°~37°，坡麓坡度较缓。组成锥峰的碳酸盐岩，层厚、质纯、产状基本水平，表层喀斯特带内的顺坡裂隙非常发育，下伏的完整岩层也发育有垂向、横向和斜向的裂隙，但裂隙发育程度远低于表层喀斯特带。典型的锥峰溶丘坡地，上部为溶沟、溶槽和溶穴发育的石质坡地，中部为不连续分布土壤覆盖的土石质坡地，下部为土壤连续分布的土质坡地。坡地土壤多为石灰土，顺坡向下常渐变为坡麓的黄土，坡地上部土壤多含角砾，顺坡向下角砾含量逐渐减少，坡麓土壤多不含角砾。坡地总体平顺，溶沟、溶槽发育，地面冲沟不发育。和石灰岩锥峰相比，白云岩锥峰顶部浑圆。

塔峰上部为塔柱，下部为塔裙。组成塔峰的碳酸盐岩同样层厚、质纯、产状基本水平。塔柱顶部浑圆或为平顶，塔柱陡立，坡度大于 37°近直立，岩层直接出露。柱体岩层裸露，表层岩溶带不发育，内部发育有垂向、横向和斜向的裂隙。塔裙坡地的岩土组构，表层喀斯特带、岩层裂隙和土壤发育情况同锥峰。塔裙表面常分布有塔柱崩塌形成的薄层撒落角砾堆积。部分塔峰，只有塔柱，塔裙不发育。

锥峰和塔峰被称为热带喀斯特地貌，分布于世界上的热带、亚热带地区，如我国南方和东南亚、中美洲的一些国家和地区。我国主要分布于西南喀斯特地区的岩溶高原区、峰丛洼地区和峰林平原区；槽谷区和溶丘区，产状水平的厚层纯碳酸盐岩也可形成锥峰和塔峰；断陷盆地和中高山区，没有锥峰和塔峰喀斯特地貌分布。

穹丘（馒头山）形似馒头，丘坡坡地形态呈上凸形，坡度小于 35°。有的平缓的穹丘，坡度只有几度。不具备热带喀斯特地貌形成条件的丘陵，多呈穹丘形态，如碳酸盐岩层不纯，含碎屑岩夹层；岩层产状倾斜；非湿热的热带、亚热带气候；没有长期的稳定地貌发育期等。未石漠化穹丘坡地的原始土壤多为地带性土壤（黄壤、红壤），保存较好。石漠化坡地的土壤有不同程度的流失，一些石漠化坡地，原始土壤流失殆尽，非地带性的石灰土表现强烈。穹丘的土下表层岩溶带和岩层内的垂向、横向和斜向裂隙也很发育。

西南喀斯特地区非碳酸盐岩层丘陵（常态山）也往往是馒头山，形态与碳酸盐岩层丘陵差别不大，主要差别是后者坡地存在地下漏失，地表径流系数低，坡地冲沟不发育；前者坡地不存在地下漏失，地表径流系数高，坡地冲沟发育。

2.1.3 喀斯特丘陵形态的形成机制

由于地下漏失,喀斯特坡地地表径流极低,多小于 0.05,地表流水侵蚀不可能是塑造坡地形态的主要营力。这与溶丘坡地较为平顺,溶沟、溶槽和溶坑发育,冲沟不发育的实际相符。降水径流几乎全部渗入表层喀斯特带,一部分沿表层喀斯特带顺坡孔、隙、洞流动,另一部分沿垂向裂隙、管道向下入渗,部分垂向入渗的径流有可能又沿水平或斜向裂隙、管道返流到表层喀斯特带。沿垂向裂隙、管道向下入渗的径流溶蚀山体内部岩石,不影响坡地边坡的发育。沿表层喀斯特带顺坡孔、隙、洞流动的径流(以下简称表层喀斯特带顺坡径流),溶蚀坡地表层喀斯特带的岩石,对喀斯特坡地的演化具有举足轻重的影响(图 2-4)。

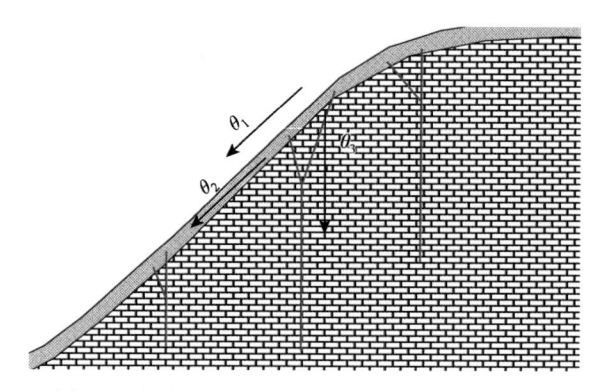

图 2-4 岩溶坡地径流示意图(张信宝等,2011)

表层岩溶带径流溶蚀机制可以较好地解释锥峰、塔峰等热带喀斯特丘陵形态的形成(图 2-4)。喀斯特坡地的降水分配可用下式表述:

$$W = W_1 + W_2 \tag{2-1}$$

$$W_2 = WQ_1 + WQ_2 + WQ_3 \tag{2-2}$$

式中,W 为降水量,mm;W_1 为蒸散发耗水,mm;W_2 为径流深,mm;WQ_1 为地表径流深,mm;WQ_2 为表层喀斯特带顺坡径流深,mm;WQ_3 为净垂向入渗径流深,mm。

表层喀斯特带顺坡径流的流量随着坡长的增加而增大,溶蚀速率也随着坡长的增加而增大。随着时间的推移,坡地下部溶蚀的岩层厚度越来越多于坡地上部,坡地变得越来越陡,锥峰和塔峰溶丘逐渐形成。坡地破碎岩层和风化松散岩屑的边坡稳定性受控于37°。坡度大于 37°的坡地稳定性差,因此锥峰主体坡地的坡度为 35°~37°。高溶蚀速率和高强度岩层有利于塔峰溶丘的形成。前者利于塔柱陡坡的形成,后者利于维持高陡塔柱边坡的稳定。塔柱边坡崩塌角砾撒落,形成塔裙。部分塔裙不发育的塔峰,可能是地表河流侧蚀的结果。

土壤蠕动机制,可以较好解释馒头山形态的形成。Kirkby 给出了坡面形态与侵蚀营力的关系(图 2-5),凸形坡面形态的形成机制是土壤蠕动。刘金涛认为,我国南方亚热带地区的丘陵形态多为穹丘状(馒头山),土壤蠕动是其形成机制。土壤蠕动形成凸形坡的物理过程如下（图2-6），由于环境变化（冻融、干湿、冷热、动物扰动等），坡地土体土壤颗粒上、下运动，向上运动时，垂直坡面法线向上；向下运动时，沿重力线方向垂直向下。由于上、下运动方向不重合，土壤颗粒落下点的高程有所降低。长期的环境变化过程中，坡地风化土壤颗粒不断向下蠕移，由于不同部位坡地成土速率和蠕移速率的差异，逐渐形成上凸形坡面形态的穹丘状丘陵（馒头山）。碳酸盐岩和非碳酸盐岩穹丘状丘陵的形成机制相同，后者地表径流系数高，坡地中下部冲沟发育。

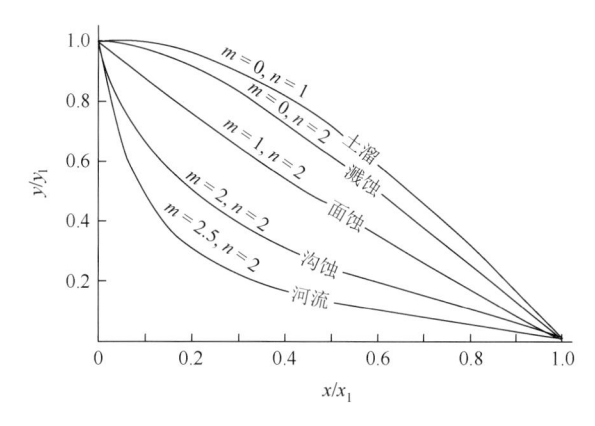

图 2-5　坡面形态与侵蚀营力的关系图（Kirkby，1971）

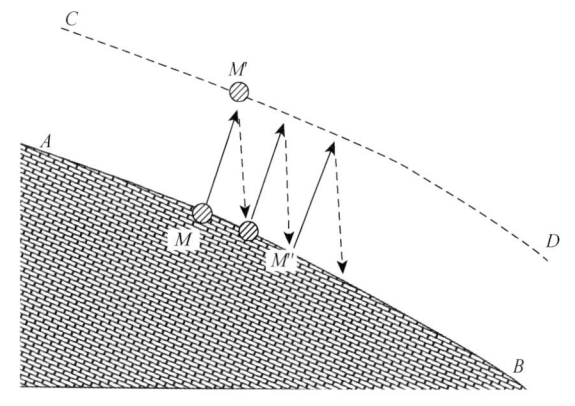

图 2-6　土壤蠕动形成凸形坡的物理过程

锥峰和塔峰等热带喀斯特丘陵地貌的形成，必须满足产状水平的质纯、厚层碳酸盐岩（地质），热带、亚热带湿热气候（气候）和长期稳定的地貌发育期（地貌发育）三大条件。由于岩性、产状的差异，锥峰、塔峰和穹丘共存于同一地区的现象并不罕见，如袁道先先生指出的桂林地区。

2.2　西南喀斯特地貌分区

《受地质条件制约的中国西南岩溶生态系统》一书首次提出了中国西南岩溶生态系统生态区（以下简称生态区）的划分，根据大地构造和地貌格局，结合碳酸盐岩分布和岩溶发育的特征，将西南岩溶类型分为五大区：Ⅰ. 构造隆起带岩溶生态区；Ⅱ. 湘桂沉降带岩溶生态区；Ⅲ. 四川盆地岩溶生态区；Ⅳ. 滇东断陷盆地及周边山地岩溶生态区；Ⅴ. 川西北中高山岩溶生态区。

国务院 2008 年批复的《岩溶地区石漠化综合治理规划大纲》给出了我国南方石漠化治理工程分区（以下简称石漠化分区）。石漠化分区综合考虑了地质地貌、水文结构特征、生态环境条件、石漠化成因与治理措施等方面的相似性，借鉴了我国现有的地理气候区划、社会经济及行政区划等成果资料，将南方喀斯特地区分为中高山、岩溶断陷盆地、岩溶高原、岩溶峡谷、峰丛洼地、岩溶槽谷、峰林平原和溶丘洼地八个石漠化综合治理区（图 2-7）。该规划大纲阐述了各区自然环境、社会经济发展和石漠化的特点，评价了各区石漠化的可治理性，提出了相应的治理措施。虽然该规划采用综合因子法划分石漠化区，但地形地貌在综合因子法中权重较重，其实质就是喀斯特地貌分区。石漠化分区的分区名称冠以"中高山、岩溶断陷盆地、岩溶高原、岩溶峡谷、峰丛洼地、岩溶槽谷、峰林平原和溶丘洼地"等地貌名词就是很好的说明。

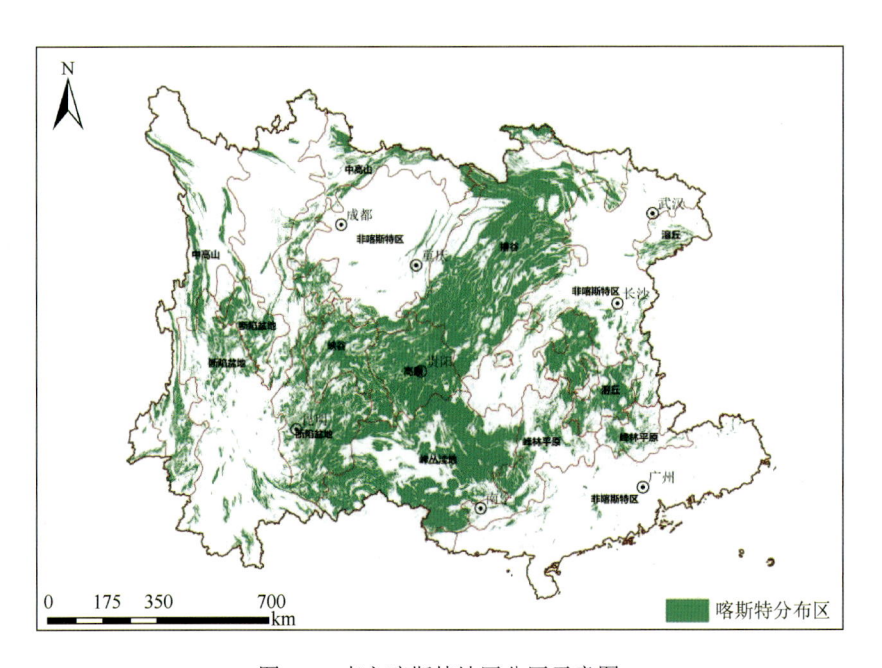

图 2-7 南方喀斯特地区分区示意图

《南方喀斯特石漠化分区的名称商榷与环境特点》一文，根据锥峰、塔峰等热带喀斯特地貌发育的气候和地质地貌条件（图 2-8），论述了我国南方喀斯特地区喀斯特地貌空间分布与气候和地质地貌条件的关系。针对现行石漠化分区命名存在的科学系统性问题，对石漠化分区的命名系统提出了修改意见：将我国南方喀斯特地区分为锥峰、塔峰喀斯特地貌区和非锥峰、塔峰喀斯特地貌区两个区。锥峰、塔峰喀斯特地貌区，根据喀斯特地貌类型分为浅碟型峰丛洼地、漏斗型峰丛洼地和峰林平原三个亚区，分别对应原石漠化分区的岩溶高原区、峰丛洼地区和峰林平原区。

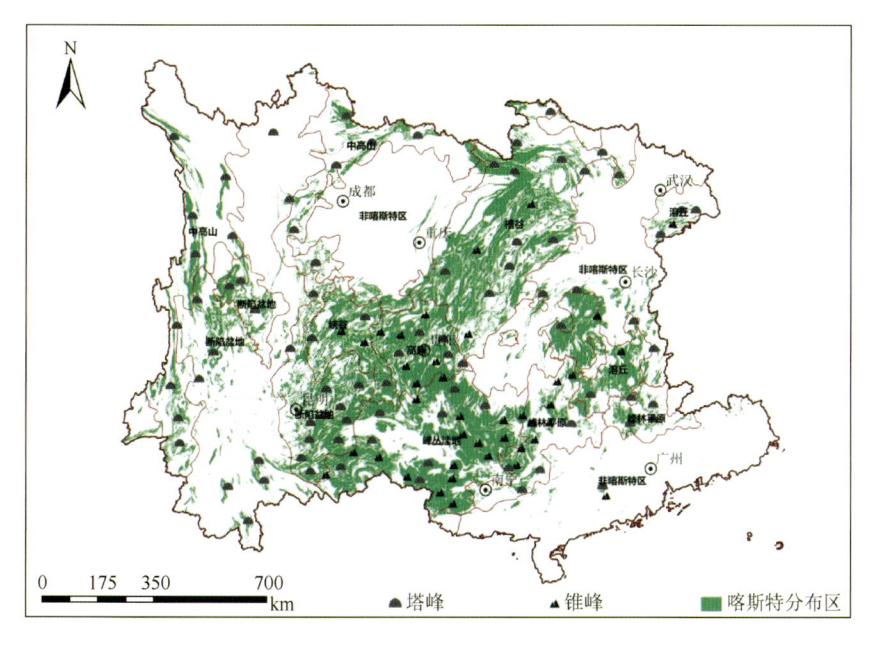

图 2-8 南方喀斯特地区锥峰、塔峰分布略图（王世杰等，2013）

本书维持了石漠化分区的分区，补充阐明了各区的喀斯特地貌类型特点，从区域地质、地势格局和气候类型三大主控因子的角度解释了各区地貌类型差异的原因。鉴于石漠化分区命名存在的科学系统性问题，采用了《南方喀斯特石漠化分区的名称商榷与环境特点》一文的新分区命名系统。考虑石漠化分区的原分区名称已广泛使用，新分区名称注明了对应的原分区名称。

2.2.1 喀斯特地貌的区域分异

贵州中部的岩溶高原区，为浅碟型峰丛洼地地貌；贵州高原向广西盆地过渡的斜坡地带的峰丛洼地区，为漏斗型峰丛洼地地貌；主要位于广西丘陵平原的峰林平原区，为峰林平原地貌。锥峰、塔峰地貌也零星分布于岩溶槽谷区、溶丘洼地区和岩溶峡谷区，但中高山区和岩溶断陷盆地区无分布。穹丘等非热带喀斯特地貌，各区均有分布。

前人虽然认识到气候对喀斯特地貌发育的重要作用，指出我国北方不可能发育锥峰、塔峰等热带喀斯特地貌，但解释南方喀斯特地貌区域分布规律时，没有重视区内气候的差异，而是从地质、地貌发育的角度阐明锥峰、塔峰等热带喀斯特地貌的形成条件，如厚层、质纯、产状水平的碳酸盐岩和长期稳定的地貌发育期是锥峰、塔峰等热带喀斯特地貌形成的必要条件。20 世纪 50 年代，任美锷先生根据彭克-戴维斯的地貌演化理论，解释西南地区喀斯特地貌的区域分布规律，认为云南东部的石林、贵州高原的峰丛、贵州高原—广西丘陵平原过渡地带的峰林、广西丘陵平原的稀疏的孤峰，分别对应喀斯特地貌发育的幼年期、青年期、壮年期、老年期。但地貌发育期理论难以解释同一地区锥峰、塔峰和穹丘并存的现象，如袁道先先生（1994）指出，桂林地区既有锥峰、塔峰，也有"常态山"(穹丘)分布。这里想强调指出,即使在南方,气候仍旧是喀斯特丘陵地貌形态区域差异的重要原因。例如,云南西南干湿季交替的西南季风气候区,就不可能发育锥峰、塔峰等热带喀斯特地貌。

2.2.2 地貌区域分异主控因子

1. 地质因子

大地构造上,上、中扬子准地台及周边褶皱带是南方喀斯特地区的主体,东侧为雪峰山古陆复合构造带和华夏地块,西侧为三江造山带和松潘-甘孜陆块,北侧为秦岭-大别山造山带(图 2-9 和表 2-1)。碳酸盐岩地层广泛分布于上扬子准地台的黔桂滇碳酸盐岩区,扬子准地台的周边褶皱带、中扬子准地台和湘桂复合构造带也有较多分布。其他地区,碳酸盐岩地层零星分布。上、中扬子准地台和部分湘桂复合构造带的岩层产状基本水平;由于褶皱和断裂构造,其他地区碳酸盐岩地层产状多倾斜。

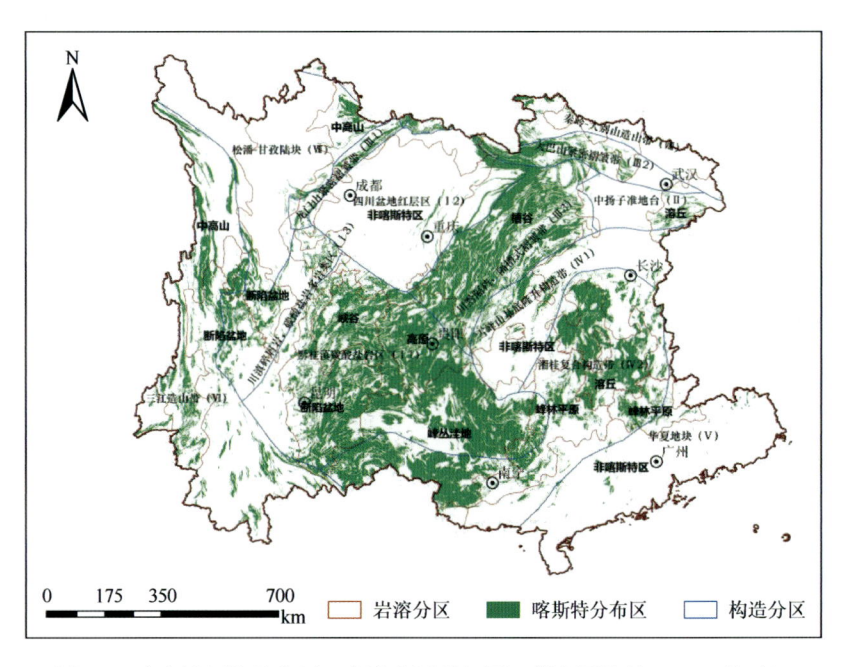

图 2-9 南方地区构造分区、岩溶分区叠加图(据张国伟等,2013 修改)

表 2-1 南方喀斯特地区大地构造简略分区

一级分区	二级分区
上扬子准地台(Ⅰ)	黔桂滇碳酸盐岩区(I1)
	四川盆地红层区(I2)
	川滇碎屑岩、碳酸盐岩多岩类区(I3)
中扬子准地台(Ⅱ)	

续表

一级分区	二级分区
扬子准地台周边褶皱带（Ⅲ）	龙门山紧密褶皱带（Ⅲ1）
	大巴山紧密褶皱带（Ⅲ2）
	川黔隔挡、隔槽式褶皱带（Ⅲ3）
雪峰山古陆复合构造带（Ⅳ）	雪峰山基底隆升构造带（Ⅳ1）
	湘桂复合构造带（Ⅳ2）
华夏地块（Ⅴ）	
其他：三江造山带（Ⅵ），松潘-甘孜陆块（Ⅶ），秦岭-大别山造山带（Ⅷ）	

震旦纪—中三叠世的数亿年间，南方喀斯特地区沉积了数千米厚的碳酸盐岩地层。根据能否形成锥峰、塔峰热带喀斯特丘陵地貌的岩性要求，碳酸盐岩地层可以分为两类：①厚层、质纯的碳酸盐岩地层；②非厚层或碎屑含量较高的碳酸盐岩地层。前者可以发育锥峰、塔峰地貌，后者不能，只能发育穿丘地貌。南方喀斯特地区有利于发育锥峰、塔峰地貌的地层主要有：①泥盆、石炭系碳酸盐岩地层。上扬子准地台黔桂滇碳酸盐岩区南部的广西、黔南、滇东、滇南地区，中扬子准地台鄂西和湘桂复合构造带湘西的部分泥盆、石炭系碳酸盐岩地层。②二叠系碳酸盐岩地层。南方喀斯特大部分地区的二叠系茅口组等碳酸盐岩地层，多为厚层、质纯的碳酸盐岩。③下—中三叠统碳酸盐岩地层。上扬子准地台黔桂滇碳酸盐岩区，中扬子准地台和湘桂拗陷带下—中三叠统碳酸盐岩地层广泛分布，不乏厚层、质纯的碳酸盐岩。个别地区分布的震旦系厚层白云岩也可以发育锥峰、塔峰地貌。Ⅱ类碳酸盐岩地层，如寒武、奥陶系碳酸盐岩地层，不能发育锥峰、塔峰地貌，只能发育穿丘地貌。

现行的地质图主要是为找矿服务的，说明书的地层描述难以满足岩性能否发育锥峰、塔峰热带喀斯特丘陵地貌研究的需求。地质图的编图单元为地层，不可反映地层的相变，同组地层的岩性可能存在一定区别，从而影响地貌的发育。例如，赵吉发（1994）指出，贵州下—中三叠统碳酸盐岩地层，陆棚相带（Ⅰ2）、礁前斜坡相带（Ⅱ1）、礁相带（Ⅱ2）和礁后潟湖相带（Ⅲ1）为质纯的碳酸盐岩，贵州的峰丛洼地喀斯特地貌均发育于这些岩相的分布区（贵阳、安顺、水城、盘州、贞丰等地）；盆地相带（Ⅰ1）、蒸发台地相带（Ⅲ2）和滨岸陆屑滩相带（Ⅳ）为含碎屑岩的碳酸盐岩含量高，无峰丛洼地喀斯特地貌发育（威宁、毕节、遵义、湄潭、瓮安、都匀等地）（图2-10）。

产状水平的厚层质纯的碳酸盐岩是锥峰、塔峰丘陵地貌发育的必要地质条件，能满足条件的地区有限，因此大部分南方喀斯特地区只分布有穿丘地貌，没有锥峰、塔峰丘陵地貌分布。

2. 地势格局

南方喀斯特地区地跨我国地势三大阶梯，主体为第二级和第三级阶梯。由北向南，断陷盆地区、岩溶高原、高原峡谷区和槽谷区位于第二级阶梯，峰丛洼地区位于第二级和第三级阶梯的过渡地带，峰林平原区位于第三级阶梯。高中山区和溶丘区分别位于第一级阶梯和第三级阶梯（图2-11）。

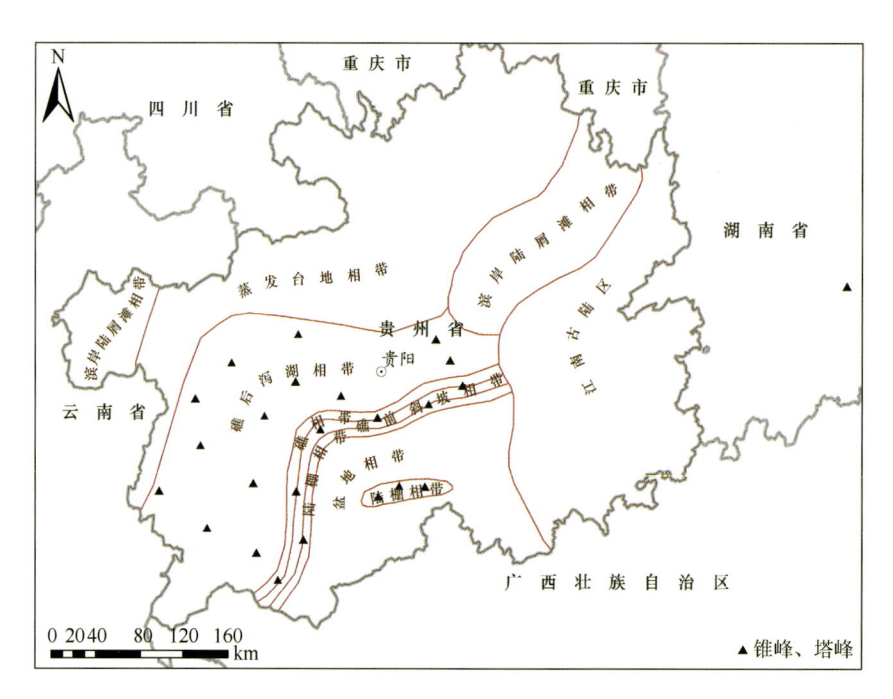

图2-10　贵州下—中三叠统碳酸盐岩地层岩相与锥峰、塔峰分布图（据赵吉发，1994修改）

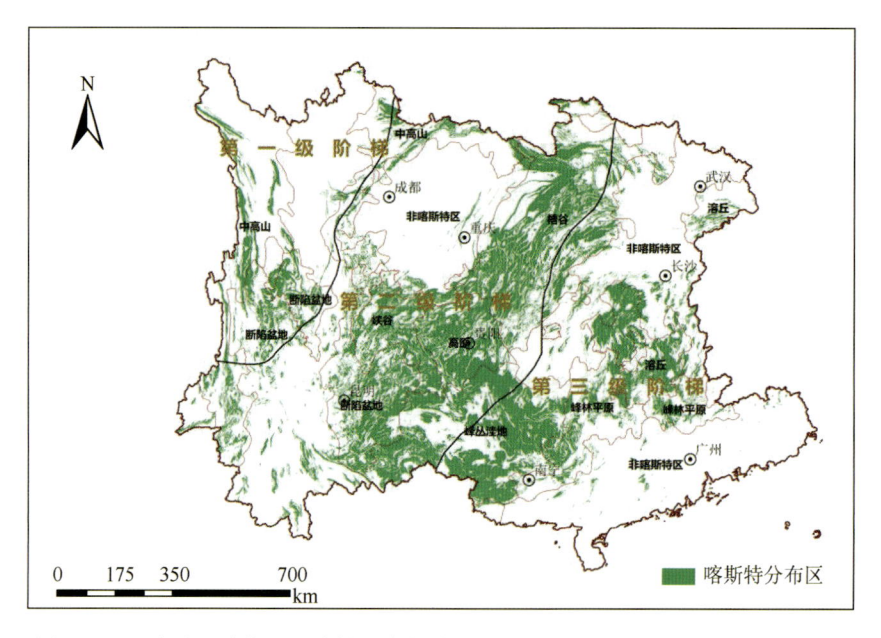

图2-11　西南地区地势三级阶梯与喀斯特地貌分区叠加示意图（刘明光，1984）

3. 气候因子

地带性植被可以很好地表征气候，如热带稀树草原植被（萨瓦纳植被）对应于热带干湿季气候（热带稀疏草原气候）。南方喀斯特地区地带性植被的区域分异，可以很好地反映气候的区域差异。从植被分区和石漠化分区的叠加图可见（图 2-12），不发育锥峰、塔峰地貌的岩溶断陷盆地区位于中国植被区划的西部亚热带半湿润常绿阔叶林亚区（ⅣB）内；发育锥峰、塔峰地貌的岩溶高原、峰丛洼地和峰林平原区均位于东部亚热带湿润常绿阔叶林亚区（ⅣA）内。两个植被亚区的分界线和岩溶断陷盆地区的东部界线大致吻合，是气象学的云贵准静止锋的位置。云贵准静止锋以西为西南季风气候区，半湿润干湿季交替气候，年降水量多小于 1000mm；以东为东亚季风气候区，湿润的四季分明气候，年降水量 1000~1200mm，向东、向南逐渐增加到大于 1800mm（图 2-13）。

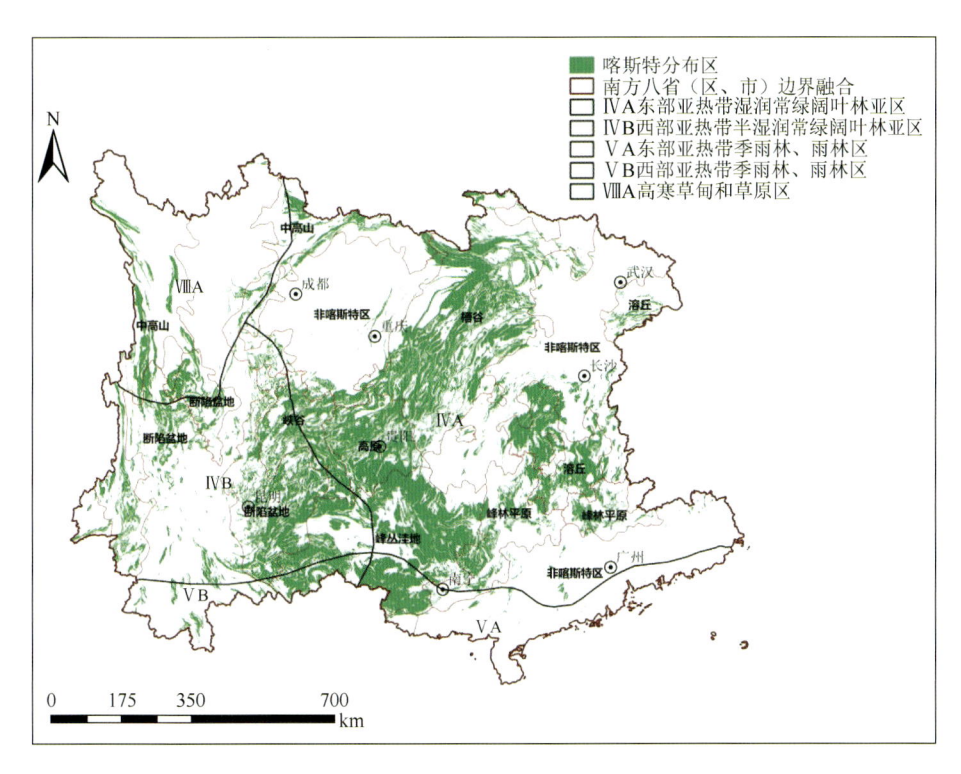

图 2-12　南方喀斯特地貌分区与植被分区叠加图（刘明光，1984）

在西南季风气候区的亚热带半湿润干湿季交替气候条件下，表层岩溶带的土下顺坡径流量小，溶蚀能力有限，不可能发育锥峰、塔峰等典型的热带喀斯特地貌。因此，岩溶断陷盆地区无此类喀斯特地貌分布，覆盖型和埋藏型喀斯特的穹丘广泛分布，溶丘顶部石芽出露，形成著名的石林景观。在东亚季风区的亚热带湿润气候条件下，表层岩溶带的土下顺坡径流量大，溶蚀强烈，利于发育锥峰、塔峰等典型的热带喀斯特地貌。因此，岩溶高原区、峰丛洼地区和峰林平原区，锥峰、塔峰热带喀斯特地貌广泛分布。这里还须指出的是，西南地区的喀斯特地貌是晚近地质时期形成的，第四纪暖期气候较现代更为湿热，有利于锥峰、塔峰等热带喀斯特地貌的形成。

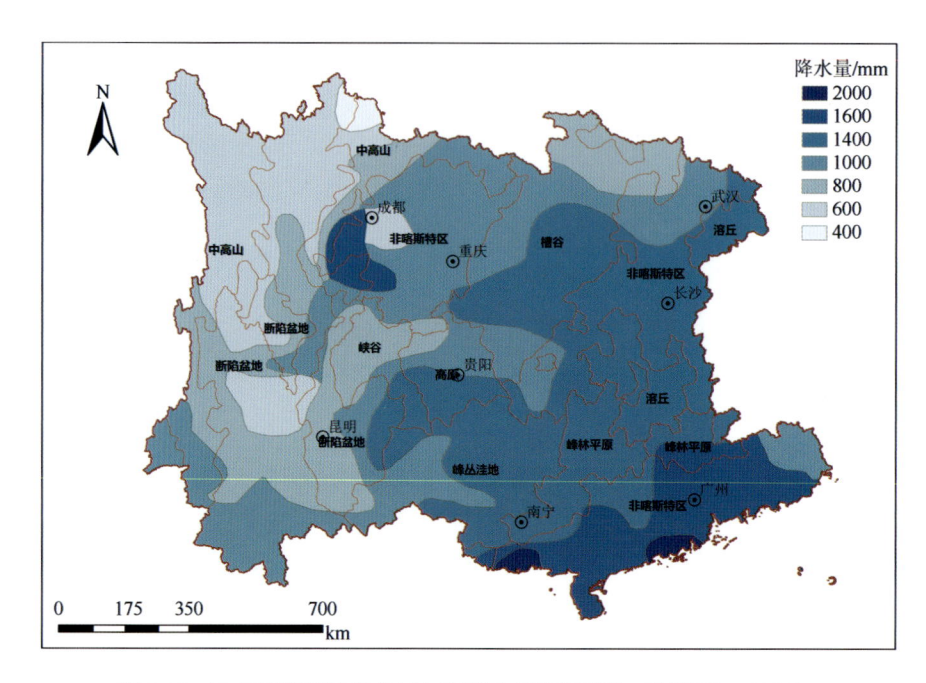

图2-13 南方喀斯特地貌分区与年降水量空间变化（刘明光，1984）

2.2.3 南方喀斯特地貌分区

1. 分区原则和方法

如前所述，石漠化分区实质上是喀斯特地貌分区，不同分区的地貌特征区别明显，界线大致恰当，但命名系统的科学性有所欠缺，将构造地质、宏观地貌和微观喀斯特地貌名词，如断陷盆地、高原和峰丛洼地、峰林平原等，并列为同级分区名称显然是不恰当的。断陷盆地等地质名词和高原、中高山等地貌名词并列为同级分区名称更为不妥。

喀斯特地貌分区应该反映喀斯特地貌的区域分布规律、形成条件和环境特点。鉴于石漠化分区的不同分区地貌特征区别明显，界线大致恰当和该分区已经得到广泛运用，本书维持现行的石漠化分区，采用新的命名系统并加以改动，阐明分区原则，补充完善各区的喀斯特地貌特征、形成条件和环境特征。

我国南方喀斯特地区喀斯特地貌形态的区域分异不仅受控于地质构造和地势条件，也受控于气候条件。遵循喀斯特地貌类型的地带性和非地带性规律，根据地貌形态、成因的相似性，喀斯特地貌类型的分区命名原则如下：①地貌形态的相似性原则；②地貌成因的相似性原则；③地貌形态与成因的组合原则。

新的分区系统如下所述。

一级分区。根据喀斯特气候地貌类型分为：热带喀斯特地貌类型区（Ⅰ）、非热带喀斯特地貌类型区（Ⅱ）。

二级分区。热带喀斯特地貌类型区（Ⅰ），根据热带喀斯特地貌发育程度和形态组合分为黔中高原浅碟型峰丛洼地亚区（Ⅰ1）、黔-桂斜坡带漏斗型峰丛洼地亚区（Ⅰ2）和桂湘粤峰林平原亚区（Ⅰ3）三个亚区。

非热带喀斯特地貌类型区（Ⅱ），根据区域地貌形态分为：川西、滇西北中高山亚区（Ⅱ1），滇川黔高原盆谷亚区（Ⅱ2），滇黔川高原峡谷亚区（Ⅱ3），黔渝川中低山槽谷亚区（Ⅱ4）和湘中、湘南、鄂东中低山丘陵亚区（Ⅱ5）五个亚区。

2. 分区描述

本书对《岩溶地区石漠化综合治理规划大纲》（2006—2015 年）的分区描述进行了修改完善。

1）热带喀斯特地貌类型区（Ⅰ）

（1）黔中高原浅碟型峰丛洼地亚区（岩溶高原区）（Ⅰ1）。

位于贵州中部长江与珠江流域分水岭地带的高原面上，海拔 1600～2400m，包括贵州平坝—安顺—普定—六枝的 34 个石漠化县（市、区）。土地总面积 5.63 万 km²，岩溶面积 4.78 万 km²。地形相对平缓，土层较薄，但土被覆盖率较高。本区位于上扬子地台的碳酸盐岩地层区，地层产状多较水平。下—中三叠统碳酸盐岩大面积分布，二叠系碳酸盐岩面积不大，寒武系和震旦系碳酸盐岩分布零星。气候为北亚热带季风湿润气候，年均气温 15.0～17.5℃，年均降水量 1300～1500mm，无霜期 289 天，云雾多，日照少。地带性土壤为黄壤，非地带性土壤为石灰土。地带性植被为亚热带常绿阔叶林，黄壤坡地次生林为马尾松。石漠化白云岩坡地次生植被为草灌，石灰岩坡地为低生物量的林灌。

该区地貌以溶丘、峰林、洼地、宽缓谷地为主，丘体不高，100～150m 居多。区内洼地宽浅，落水洞、天窗发育，以地下河流为主，常流的地表河流很少。贵阳、安顺、水城、盘州、贞丰等地的下—中三叠统碳酸盐岩层厚、质纯，发育锥峰溶丘，是本区以锥峰为主的峰丛洼地地貌的主要分布区，二叠系碳酸盐岩区也有少量分布。由于丘体不高，峰丛洼地多为浅碟型。其他碳酸盐岩地层，为穹丘分布区，鲜见锥峰、塔峰。

区内人口密度达 293 人/km²，是西南岩溶区人口密度最高区域之一。土地垦殖率高达 32%，人均耕地 1.64 亩。地表水资源短缺，中低产田比例高。20 世纪末以来，由于农村劳动力外出打工，群众脱贫，土地压力减轻和石漠化治理等生态工程的实施，过去严重的石漠化得到有效治理。本区气候湿润，有利于植被恢复，除石质坡地外，其余坡地大部分植被恢复较好。

（2）黔-桂斜坡带漏斗型峰丛洼地亚区（Ⅰ2）。

位于贵州高原向广西盆地过渡的斜坡地带，海拔 500～1700m。包括黔南、黔西南，滇东南、桂西、桂中等地的 62 个县（市、区），其中石漠化严重县（市、区）41 个。土地总面积 16.69 万 km²，岩溶面积 8.72 万 km²，石漠化面积 3.10 万 km²，占岩溶总面积的 35.55%。该区位于上扬子地台的碳酸盐岩地层区，地层产状多较水平。巴马—大化—马山一线以东和武鸣—隆安—德保一线以南，主要为质纯、层厚的泥盆系、石炭系和二叠系碳酸盐岩，少量三叠系不纯碳酸盐岩。巴马—大化—马山一线和武鸣—隆安—德保一线夹持的右江流域，大部分为三叠系质纯的和含碎屑的碳酸盐岩；质纯、层厚的泥盆系、石炭系和二叠系碳酸盐岩分布较少；寒武系含碎屑碳酸盐岩零星分布。气候为中、南亚热带季风气候，年均降水量 900~1600mm，年均气温 14.5~20℃。地带性土壤为红壤、黄壤，石漠化坡地土壤为石灰土。地带性植被为中-南亚热带常绿阔叶林，黄壤次生林为马尾松林。石漠化白云岩坡地次生植被为草灌，石灰岩坡地为低生物量的阔叶林灌。

该区地貌以中等切割的溶丘、峰林、洼地、谷地为主，丘体高度 200~300m 居多，洼地深陷呈漏斗状。区内落水洞、天窗发育、谷地狭长平缓，以地下河流为主，常流的地表河流很少。总的来说，本区喀斯特地貌受地层异性控制明显。泥盆系、石炭系和二叠系地层和部分三叠系地层，碳酸盐岩层厚、质纯、分布连续，锥峰、塔峰溶丘地貌发育，为锥峰、塔峰漏斗型峰丛洼地区；三叠系和寒武系不纯碳酸盐岩地层区，穹丘地貌发育，为穹丘漏斗型峰丛洼地区。除屏边和河口之外的滇东南各县和邻近云南的广西那坡县，为相对干旱的西南季风气候，溶丘多为穹丘类型。北部贵州高原面上黔西南的兴义、安龙等和南部广西丘陵平原的桂南各县（市、区），丘体较低，高度 100~150m 居多，为浅碟型峰丛洼地区。

区内人口密度127 人/km²，人均耕地 1.8 亩。土地可开垦率很低，耕地资源十分匮乏，主要分布于洼地底部、山麓和山坡下部，洼地底部耕地土壤较厚但易涝，山麓和山坡耕地多为石旮旯地，是"一碗泥巴、一碗饭"的典型区域。本区缺水、少土，旱涝灾害频繁发生，人畜饮水困难。本区曾是国家扶贫工作重点县集中分布区，也是石漠化最严重和最难治理的地区。得益于社会经济的发展，农村劳动力外出打工和国家对本区石漠化治理等生态工程的大力投入，本区石漠化治理成效显著。本区气候湿润，有利于植被恢复，但泥盆系、石炭系碳酸盐岩质纯，锥峰、塔峰中、上部坡地多为石质坡地，基本无土，原生植被破坏后恢复困难。

（3）桂湘粤峰林平原亚区（Ⅰ3）。

本区地处我国地势第三级阶梯，以低山丘陵地貌为主。包括桂中、桂东、湘南、粤北等地 54 个县（市、区），其中石漠化严重县（市、区）4 个。区域土地总面积 12.22 万 km²，岩溶面积 3.53 万 km²，石漠化面积 0.59 万 km²，占岩溶面积的 16.71%。大地构造上，本区横跨上扬子准地台碳酸盐地层区、湘桂复合构造带和华夏地块，地层产状大部分较平缓。岩溶地区出露地层主要为寒武系、奥陶系、泥盆系和石炭系碳酸盐岩，其中泥盆系和石炭系碳酸盐岩质纯、层厚，分布面积大；其余碳酸盐岩地层多不纯。大部分地区为南亚热带气候，年均气温 15~22℃，年均降水量 1400~2200mm，降水主要集中在 4~7 月，秋旱严重。地带性植被为中-南亚热带常绿阔叶林。地带性土壤为红壤、黄壤，石漠化坡地土壤为石灰土。

岩溶地貌以峰林平原、峰林谷地为主。峰林平原丘体低矮，丘体高度 50~100m 居多；峰林谷地丘体较高，100~150m 居多。质纯、层厚的泥盆系和石炭系碳酸盐岩分布区发育有典型的锥峰、塔峰热带喀斯特地貌，组成的峰林往往是秀丽的风景，如著名的桂林漓江山水。地下水位埋藏较浅，地表、地下水系均发育。

本区人口密度 205 人/km²，人均耕地 1.27 亩。大多数地表水库存在渗漏问题，地表水资源漏失严重，耕地干旱缺水，过度开采地下水引发地面塌陷。本区气候湿润，过去被严重破坏的植被多已恢复，一些无土的锥峰、塔峰石山是秀美的喀斯特景观，不可能也没有必要恢复森林植被。

2）非热带喀斯特地貌类型区（Ⅱ）

（1）川西、滇西北中高山亚区（Ⅱ1）。

本区地处我国地势第一级阶梯和第二级阶梯的过渡地带，包括横断山地和四川盆地西侧的盆周山地，如龙门山和大相岭等，地形崎岖，河流深切，平均海拔 2500～3500m，高差 1000～3000m。本区分为东、西两片，东片为四川盆地西侧龙门山和大相岭一带的广元市、雅安市、乐山市、凉山彝族自治州和甘孜藏族自治州的部分县（市、区）；西片为滇西北横断山区的迪庆藏族自治州、丽江市和大理白族自治州的部分县（市、区）。共有 23 个石漠化县（市、区），其中石漠化严重县（市、区）8 个。区域土地总面积 8 万 km²，岩溶面积 2.01 万 km²，石漠化面积 0.68 万 km²，占岩溶面积的 33.83%。东片区地处龙门山紧密褶皱带和川滇碎屑岩、碳酸盐岩等多岩类区的东北边缘部分；褶皱强烈、断裂发育，岩层多倾斜。碳酸盐岩地层主要为石炭系、二叠系和下—中三叠统，古生代其他时代和震旦纪的碳酸盐有少量分布。西片区为三江造山带和上扬子准地台川滇碎屑岩、碳酸盐岩等多岩类区的西部边缘地区，碳酸盐岩为石炭系、三叠系纯度不一的碳酸盐岩。东片区龙门山、大相岭主山脊以东为东亚季风气候区，亚热带温暖湿润气候，年均降水量 1000～1600mm；以西为西南季风气候区，干湿季交替，河谷地带气候干旱，年均降水量 600mm 左右，而半山区以上山地可达 1000～1600mm。山地植被垂直分带明显，以甘孜州康定市为例，大渡河河谷向上，依次为稀林草灌、常绿阔叶林、针阔混交林、亚高山针叶林、高山草甸。

东片区的龙门山、大相岭主山脊以东地区，气候湿润，碳酸盐岩溶蚀地貌发育，个别产状水平的纯碳酸盐岩区可见零星锥峰；以西地区溶蚀地貌不发育，碳酸盐岩流水侵蚀和重力侵蚀地貌发育。由于河谷地带气温高，利于二氧化碳释放，以西地区部分径流碳酸钙含量高的支沟，河谷内钙华沉积可形成美丽的钙华景观，如四川的九寨沟和黄龙。西片区的高原面地区碳酸盐岩溶蚀地貌较发育，由于气候，无锥峰等热带喀斯特地貌发育，河谷地带碳酸盐岩流水侵蚀和重力侵蚀地貌发育。

区内人口密度 76 人/km²，人均耕地 1.44 亩。牦牛乳业、中高山种植业（如青稞、苦荞等）具有区域特色，由于过度放牧和垦殖，2000 年前该区的西片区和东片区的西部石漠化较严重，现已有所逆转。西南季风气候地区，气候较干旱，植被恢复和石漠化治理难度大。一些坡度大于 35°的重力侵蚀形成的碳酸盐岩陡坡和其他无土的石质坡地等严重石漠化坡地植被难以恢复，可任其植被自然恢复，没有必要刻意治理。

（2）滇川黔高原盆谷亚区（Ⅱ2）。

本区位于云贵高原，地势徐徐向南倾斜，海拔 800～3000m。包括滇东、四川攀西地区及贵州西部的 45 个县（市、区），其中石漠化严重县（市、区）17 个。区域土地总面积 11.54 万 km², 岩溶面积 4.73 万 km², 石漠化面积 1.51 万 km², 占岩溶面积的 31.92%。本区位于上扬子准地台的黔桂滇碳酸盐岩区（Ⅰ1）和川滇碎屑岩、碳酸盐岩等多岩类区（Ⅰ3）；地质构造上，位于安宁河—则木河—小江断裂和金沙江—红河断裂夹持的川滇菱形地块范围内。在印度板块的驱动下，西藏板块向东南推挤，新生代以来川滇菱形地块边缘和内部断裂发育，形成一系列断陷盆地。未受断裂构造影响的地区，岩层产状平缓。碳酸盐岩地层包括震旦系、古生界和三叠系。二叠系和三叠系地层，多质纯的碳酸盐岩，其他时代地层鲜见。本区为西南季风亚热带干湿季交替气候，年降水量 900~1200mm，年均气温 13.5~15.5℃，海拔 1300~3000m。深切河谷内，气候干热，年降水量可低至 400mm，年均气温可高达 23℃。高原面上地带性土壤为黄红壤，原生植被为亚热带干性常绿阔叶林，次生林为云南松。

三山围一坝（断陷盆地）的高原面和深切河谷的组合是本区主体地貌的特点。由于西南季风气候不够湿润，虽然地质条件（产状水平的质纯、厚层碳酸盐岩）和地貌发育条件相宜，但高原面上的碳酸盐岩丘陵山地，无锥峰等热带喀斯特地貌发育，穹丘地貌发育。由于气候相对干旱，地质时期土壤侵蚀不如东亚季风区强烈，高原面上多覆盖性和半覆盖性喀斯特。部分穹丘顶部石芽、溶沟、溶槽出露，如闻名于世的路南石林。深切河谷内，流水侵蚀和重力侵蚀强烈，岩溶地貌不发育。

区内人口密度 162 人/km²，人均耕地 1.51 亩。本区高原面多覆盖性和半覆盖性喀斯特，穹丘坡地原始土层较厚，坡耕地面积大。垦殖后，土壤侵蚀强烈，土地逐渐石质化，石漠化严重。深切河谷两岸碳酸盐岩坡地原始土层浅薄，垦殖后更易于石质化。由于气候较干旱，特别是长达 7 个月的旱季，不利于植被恢复。已经石质化的坡地，特别是深切河谷两岸的石质化坡地，植被恢复困难。石漠化治理要以自然修复为主。

（3）滇黔川高原峡谷亚区（Ⅱ3）。

本区位于南盘江、北盘江、金沙江、澜沧江等大江、大河的两岸，地形起伏大，海拔 200~3500m。包括黔西南、滇东北、滇西南以及川西南等地的 35 个县（市、区），其中石漠化严重县（市、区）20 个。区域土地总面积 8.76 万 km²，岩溶面积 4.37 万 km²，石漠化面积 1.35 万 km²，占岩溶面积的 30.89%。地质构造上，本区大部分属上扬子准地台的黔桂滇碳酸盐岩区，碳酸盐岩地层包括震旦系、古生界和三叠系，岩层水平产状居多。二叠系和三叠系地层，多为质纯的碳酸盐岩，其他时代地层鲜见。滇西南位于三江造山带南端，分布有泥盆系和石炭系浅变质泥质碳酸盐岩地层，岩层褶皱，产状多倾斜。本区地跨西南季风气候区和东亚季风气候区。区内地形起伏大，干热河谷立体气候，以海拔 800~850m 为界，以上为中亚热带山地气候，以下为南亚热带干热河谷气候。植被垂直分带明显，谷坡下部为疏林草灌，中上部和高原面为常绿阔叶林。高原面上的次生林，西南季风气候区为云南松；东亚季风气候区为马尾松。

本区高原面上岩溶地貌发育，东亚季风气候区同岩溶高原区，发育有锥峰地貌；西南季风气候区同断陷盆地区，穹丘地貌发育，无锥峰，多为覆盖性和半覆盖性喀斯特。部分穹丘顶部石芽、溶沟、溶槽出露。深切河谷两岸陡峻谷坡，流水侵蚀、重力侵蚀强烈。

区内人口密度 177 人/km²，人均耕地 1.54 亩。本区西部西南季风气候区的土地利用和石漠化情况同断陷盆地区；东部东亚季风气候区的土地利用和石漠化情况同岩溶高原区。

深切河谷地带坡地稳定性差,为泥石流等重力侵蚀灾害易发区,碳酸盐岩坡地石质化和石漠化严重。由于气候干旱,谷坡下部植被恢复困难。石漠化治理要以自然修复为主。

(4) 黔渝川中低山槽谷亚区(Ⅱ4)。

本区包括黔东北、川东、川南、湘西、鄂西,以及渝东南、渝中、渝东北等地的130个县(市、区),其中石漠化严重县(市、区)49个。区域土地总面积29.61万 km^2,岩溶面积13.38万 km^2,石漠化面积3.49万 km^2,占岩溶面积的26.08%。大地构造上,本区主体属川黔褶皱带和毗邻的四川盆地红层区东南部的川东平行岭谷区,还包括大巴山紧密褶皱带和中扬子地台。川东平行岭谷区和川黔褶皱带西北部为隔挡式褶皱,槽宽脊窄;其他大部分川黔褶皱带为隔槽式褶皱,槽窄脊宽。除槽底和脊顶地层产状较平缓外,其他部位产状倾斜。大巴山紧密褶皱带地层产状多陡倾斜。中扬子地台地层产状多较平缓。川东平行岭谷区和川黔褶皱带西北部为下—中三叠统碳酸盐岩主要分布区,川黔褶皱带其他大部分地区为古生界碳酸盐岩主要分布区。大巴山紧密褶皱带碳酸盐岩地层的时代主要为古生代(缺失泥盆纪)和三叠纪。中扬子地台中部的黄陵花岗岩穹隆两侧为古生界碳酸盐岩,东、西部为三叠系碳酸盐岩。部分三叠系和二叠系碳酸盐岩地层质纯、层厚。由于地层褶皱,褶皱区碳酸盐岩与碎屑岩地层相间分布。

地貌上表现为北东向的垄脊条带状山岭与槽谷或长条形洼地平行分布,平均海拔500~2500m。溶蚀-侵蚀的地貌形态主要包括槽谷、峡谷、台地、洼地。由于地层倾斜和碳酸盐岩与碎屑岩地层相间分布,本区溶丘地貌主要为穿丘。产状水平、质纯、层厚的二叠系和三叠系碳酸盐岩地层组成的一些脊顶或槽底,有锥峰零星分布。本区地处中亚热带到北亚热带,年均气温14~18℃,年均降水量800~1600mm。由于碳酸盐岩和碎屑岩相间出露,坡地土层相对较厚,主要为黄壤;碎屑岩为隔水层,坡地时有悬挂泉分布。原生植被常绿阔叶林多已不复存在,现自然次生林植被为马尾松。

区内人口密度250人/ km^2,人均耕地1.24亩。由于水土资源和气候条件较好,石漠化不严重;但人口密度大,耕地资源紧张,部分山区农民的农业收入有限。

(5) 湘中、湘南、鄂东中低山丘陵亚区(Ⅱ5,溶丘洼地)。

本区包括湘中、湘南片和鄂东、鄂中片两片的68个县(市、区),其中石漠化严重县(市、区)12个。区域土地总面积13万 km^2,岩溶面积3.47万 km^2,石漠化面积0.88万 km^2,占岩溶面积的25.36%。大地构造上,鄂东、鄂中片位于中扬子准地台的东南部,碳酸盐岩地层主要有震旦系、寒武系、奥陶系和下—中三叠统,后者部分地层质纯;褶皱多较宽缓。湘中、湘南片位于湘桂复合构造带,碳酸盐岩地层主要有泥盆系、石炭系、二叠系和下—中三叠统与少量震旦系和下古生界地层。其中,部分石炭、二叠系和三叠系碳酸盐岩地层质纯;褶皱多较宽缓。丘陵地形,海拔多在100~300m。中亚热带温暖湿润季风气候,年均气温15~22℃,年均降水量1400~2200mm。岩溶地貌以溶丘洼地、溶蚀丘陵、溶丘槽谷为主,岩溶地下水的埋深较浅,为30~50m。

溶丘多为穿丘,碳酸盐岩质纯、层厚,产状水平的个别地区有锥峰地貌发育。地带性土壤为黄壤,类似于槽谷区,碳酸盐岩与碎屑岩相间出露,坡地土壤较厚。石漠化强烈的坡地,土层浅薄,多石灰土。地带性植被为常绿阔叶林,次生林为马尾松林。

区内人口密度 342 人/km², 人均耕地 0.88 亩。本区人口密度大，土地垦殖强度高，土层较薄的纯碳酸盐岩丘陵，坡地石质化和石漠化较严重。工农业生产对水资源的需求量大，季节性干旱严重。局部采矿、采煤等工矿活动对地下水文结构的影响较大，容易发生地面沉降、地面塌陷灾害。

参 考 文 献

曹建华，袁道先，裴建国，等. 2005. 受地质条件制约的中国西南岩溶生态系统. 北京：地质出版社.
刘明光. 1984. 中国自然地理图集. 北京：中国地图出版社.
潘桂棠，肖庆辉，陆松年，等. 2009. 中国大地构造单元划分. 中国地质，36（1）：1-16.
潘桂棠，陆松年，肖庆辉，等. 2016. 中国大地构造阶段划分和演化. 地学前缘，23（6）：1-23.
任美锷，刘振中. 1983. 岩溶学概论. 北京：商务印书馆.
覃厚仁，朱德浩. 1984. 中国南方热带、亚热带岩溶地貌分类方案. 中国岩溶，3（2）：67-73.
王世杰，张信宝，白晓永. 2013. 南方喀斯特石漠化分区的名称商榷与环境特点. 山地学报，31（1）：18-24.
王世杰，张信宝，白晓永. 2015. 中国南方喀斯特地貌分区纲要. 山地学报，33（6）：641-648.
王铮，丁金宏. 1994. 理论地理学概论. 北京：科学出版社.
杨景春，李有利. 2001. 地貌学原理. 北京：北京大学出版社.
袁道先. 1992. 中国西南部的岩溶及其与华北岩溶的对比. 第四纪研究，12（4）：352-361.
袁道先. 1994. 中国岩溶学. 北京：地质出版社.
张国伟，郭安林，王岳军，等. 2013. 中国华南大陆构造与问题. 中国科学（地球科学），43（10）：1553-1582.
张信宝，刘再华，王世杰，等. 2011. 锥峰和塔峰溶丘地貌的表层喀斯特带径流溶蚀变形成机制. 山地学报，29（5）：529-533.
赵吉发. 1994. 碳酸盐岩相与岩溶地貌发育的初步研究：以贵州三叠系为例. 中国岩溶，13（3）：261-269.
曾昭璇. 1960. 华南喀斯特峰林区地形类型初步划分. 地理学报，2（1）：45-51.
中国科学院地质研究所岩溶研究组. 1979. 中国岩溶研究. 北京：科学出版社.
朱学稳. 2009. 我国峰林喀斯特的若干问题讨论. 中国岩溶，28（2）：155-168.
Kirkby M J. 1971. Hillslope process-response models based on the continuity equation//Brunsden D. slopes form and process. London：Institute of British Geographers.

第 3 章　西南喀斯特石漠化演变及其驱动机制

为进一步掌握岩溶地区石漠化动态变化情况，积极推进岩溶地区石漠化综合治理工作，在 2005 年、2011 年完成的两次石漠化监测工作的基础上，国家林业局（现国家林业和草原局）组织开展了第三次石漠化监测工作。另外，中国科学院亚热带农业生态研究所、北京林业大学、国家林业局经济发展研究中心（现为国家林业和草原局经济发展研究中心）等单位承担了部分专题调查和研究工作。通过石漠化动态监测，全面掌握了石漠化土地现状、动态变化状况与原因，为我国制订石漠化防治决策等提供了科学依据。

3.1　石漠化动态监测

3.1.1　监测内容与时限

1. 监测内容

（1）石漠化土地的面积、分布、程度。
（2）潜在石漠化土地的面积、分布。
（3）岩溶土地土壤侵蚀状况、地类及植被状况。
（4）石漠化动态变化及演变情况。
（5）石漠化变化相关的自然地理、生态环境及社会经济因素等。

2. 监测时限

本次监测信息采集基准年为 2016 年，监测结果反映的是 2016 年的石漠化土地现状及与 2011 年相比的变化情况。

3.1.2　监测技术方法

1. 监测技术路线

本次监测沿用 3S［遥感（RS）、地理信息系统（GIS）和全球导航卫星系统（GNSS）］技术与图斑地面调查相结合的方法，即以第二次石漠化监测图斑地理信息数据为本底，利用经过几何精校正和增强处理的高分辨率卫星影像数据，首先，在室内应用地理信息系统，按照图斑区划条件对已与最新卫星影像数据配准的第二次石漠化监测图斑数据进行目视解译区划；凡发生变化的图斑需重新进行区划，并对调查因子进行初步解译。其次，将解释的图斑数据导入安装有移动端野外数据采集系统的平板电脑，到实地利用全球定位系统（GPS）进行定位，利用移动端野外数据采集系统完成图斑界线与监测因子的调查、修正和 GPS 特征点采集。然后，利用石漠化土地监测信息管理系统进行统计、汇总，获取本期石漠化土地面积、分布及其他方面的信息。最后，根据两期调查结果进行对比分析，掌握监测期内石漠化土地的动态变化情况。岩溶地区第三次石漠化监测技术流程如图 3-1 所示。

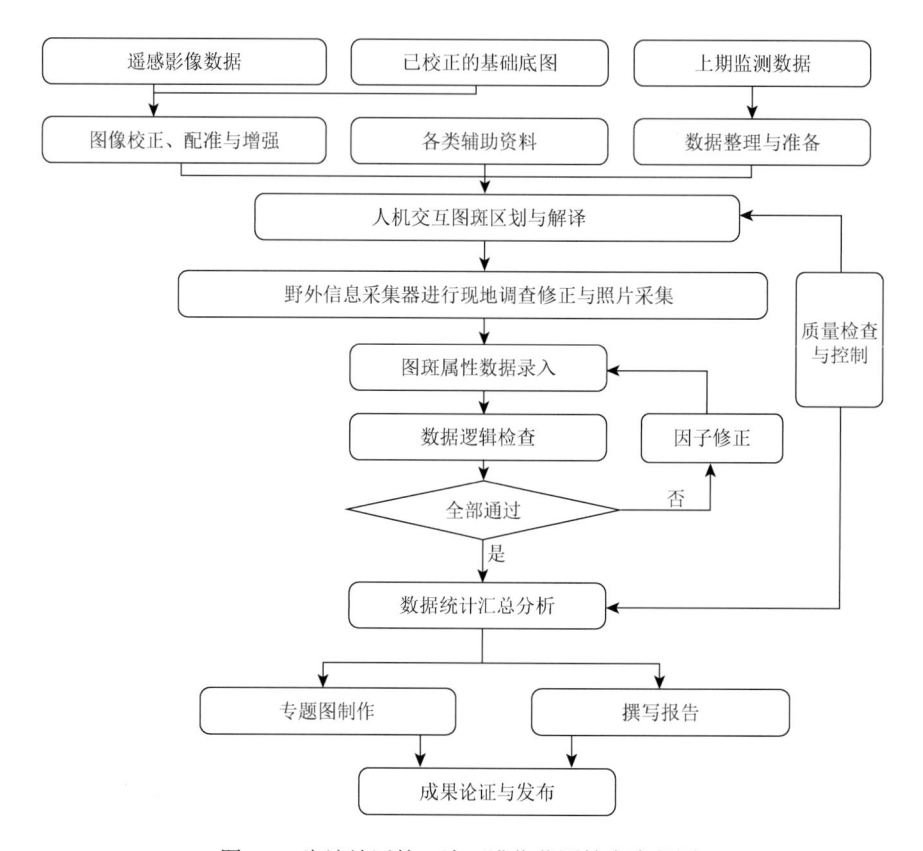

图 3-1　岩溶地区第三次石漠化监测技术流程图

2. 主要技术指标

本次监测采用的技术标准是国家林业局发布的《岩溶地区石漠化监测技术规定》（2016 年修订）。其主要技术指标如下。

1）岩溶与岩溶土地

（1）岩溶。指水对可溶性岩石（碳酸盐岩、硫酸盐岩、卤素岩等）进行以化学溶蚀作用为特征，并包括水的机械侵蚀和崩塌作用，以及物质的挟出、转移和再沉积的综合地质作用，以及由此所产生的现象的统称。

（2）岩溶土地。指以可溶性岩石为母岩基质发育的土地，本次监测岩溶土地仅指母岩基质为碳酸盐岩发育的土地。

2）岩溶土地石漠化状况分类

岩溶土地按其是否发生石漠化,分为石漠化土地、潜在石漠化土地和非石漠化土地三大类。

(1) 石漠化土地。石漠化指在热带、亚热带湿润-半湿润气候条件和岩溶极其发育的自然背景下,受人为活动干扰,使地表植被遭受破坏,造成土壤严重侵蚀,基岩大面积裸露,砾石堆积的土地退化现象,是岩溶地区土地退化的极端形式。

石漠化土地指岩溶地区具有上述特征的退化土地,其具体评价标准为:基岩裸露度(或石砾含量)≥30%,且符合下列条件之一者为石漠化土地。①植被综合盖度<50%的有林地、灌木林地。②植被综合盖度<70%的草地。③未成林造林地、疏林地、无立木林地、宜林地、未利用地。④非梯土化旱地。

(2) 潜在石漠化土地。基岩裸露度(或石砾含量)≥30%,土壤侵蚀不明显,且符合下列条件之一者为潜在石漠化土地。①植被综合盖度≥50%的有林地、灌木林地。②植被综合盖度≥70%的草地。③梯土化旱地。

(3) 非石漠化土地。除石漠化土地、潜在石漠化土地以外的其他岩溶土地。

3）石漠化程度

(1) 石漠化程度划分。石漠化程度划分为轻度石漠化（Ⅰ）、中度石漠化（Ⅱ）、重度石漠化（Ⅲ）和极重度石漠化（Ⅳ）四级。

(2) 石漠化程度评定因子及指标。石漠化程度评定因子有基岩裸露度（或石砾含量）、植被类型、植被综合盖度和土层厚度。各因子及评分标准详见表3-1～表3-4。

表 3-1 基岩裸露度评分标准

岩基裸露度（或石砾含量）	程度	30%～39%	40%～49%	50%～59%	60%～69%	≥70%
	评分值	20	26	32	38	44

表 3-2 植被类型评分标准

植被类型	类型	乔木型	灌木型	草丛型	旱地作物型	无植被型
	评分值	5	8	12	16	20

表 3-3 植被综合盖度评分标准

植被综合盖度	盖度	50%～69%	30%～49%	20%～29%	10%～19%	<10%
	评分值	5	8	14	20	26

注：旱地作物型植被综合盖度按30%～49%计。

表 3-4 土层厚度评分标准

土层厚度	厚度	Ⅰ级≥40cm	Ⅱ级20～39cm	Ⅲ级10～19cm	Ⅳ级<10cm
	评分值	1	3	6	10

（3）石漠化程度分级评价标准。根据四项评定指标评分值之和确定石漠化程度，具体标准如下：①轻度石漠化（Ⅰ），各指标评分值之和小于等于45。②中度石漠化（Ⅱ），各指标评分值之和为46～60。③重度石漠化（Ⅲ），各指标评分值之和为61～75。④极重度石漠化（Ⅳ），各指标评分值之和大于75。

4）石漠化演变评价

（1）石漠化演变类型。针对石漠化与潜在石漠化的发生发展趋势情况，石漠化演变类型分为明显改善、轻微改善、稳定、退化加剧和退化严重加剧五个类型。可概括为顺向演变类（明显改善型、轻微改善型）、稳定类（稳定型）和逆向演变类（退化加剧型、退化严重加剧型）三大类。

（2）演变类型评价标准。①明显改善型：影像特征变化明显，现地调查植被状况明显改善，石漠化状况顺向演变或者石漠化程度顺向演变两级或者两级以上。②轻微改善型：影像特征变化小，现地调查植被状况轻微改善，石漠化程度顺向演变一级。③稳定型：影像特征没有变化，现地调查植被状况基本维持稳定，石漠化状况与石漠化程度均没有发生变化。④退化加剧型：影像特征变化小，现地调查植被有轻微退化，石漠化程度逆向演变一级。⑤退化严重加剧型：影像特征变化明显，现地调查植被退化明显，石漠化状况逆向演变或者石漠化程度逆向演变两级或者两级以上。

3. 主要技术特点

在保证监测范围、内容、主要技术标准和技术路线不变的情况下，本次监测与前两次监测相比，具有如下特点。

（1）全面采用了国产高分辨率卫星影像数据。共采用分辨率优于2.5m的高分辨率卫星影像数据1318景，其中高分一号卫星影像数据956景，资源三号卫星影像数据275景，高分二号等卫星影像数据87景，另有50个县（市、区）采用了航片资料。高分辨率影像数据的应用，使区划更精细，监测图斑由前期230万个变为380余万个，图斑平均面积由前期的19.3hm^{2}变为11.8hm^2，解译结果与实际吻合度更高。

（2）开发移动端野外数据采集系统。该系统有如下特点：一是对软硬件环境要求不高，具有GPS功能的Android平板、智能手机均可安装；二是系统接口友好，可以与石漠化土地监测信息管理系统及通用地理信息软件无缝对接；三是系统提供野外导航、图斑边界区划修正与属性编辑、关键因子计算、逻辑检查等功能。该系统的应用提升了外业调查的智能化、信息化水平，提高了监测的效率。

（3）引入无人机辅助调查和实地验证。部分监测县（市、区）采用无人机进行外业辅助调查和实地验证，解决了一些地方由于山高坡陡、调查人员难以到达等实际问题，提升了监测技术，减少了野外调查工作量，提高了监测的准确性。

（4）运用双定位方法采集GPS特征点。针对岩溶地区山高坡陡、通达性差的实际情况，本次监测全部采用平板电脑进行外业信息采集，依托具有拍摄点与照片显示点双定位功能的移动端野外数据采集系统，对GPS特征点位置及其照片采集点位置进行双定位，GPS特征点定位精度大幅提升。同时，根据增加的图斑数量相应地增加了GPS特征点数量，为今后复位调查和对比分析奠定了良好基础。

（5）完善了石漠化土地监测信息管理系统。对该系统进行了升级，利用海量数据管理技术，完善了定制查询、统计分析、空间分析、专题图件制作等功能，可对监测信息进行深度处理，直观展示第一、二、三次以地块为单元的石漠化土地现状及动态变化，实现了石漠化现状及动态变化信息的可视化演示，为连续长期监测提供支撑，提升了监测信息的管理水平。

（6）开展了专题监测与研究，丰富了监测成果。本次监测主要依托林业部门的技术力量，同时又发挥相关科研院所的科技支撑作用。委托相关科研院所重点就石漠化防治生态效益、社会经济效益、水土流失、河流输沙量变化及典型地区石漠化动态变化等进行专题监测与研究，丰富了监测成果，实现多学科的有机融合。

3.1.3 监测组织与实施

本次监测由原国家林业局统一部署，国家林业局防治荒漠化管理中心具体负责组织实施；国家林业局石漠化监测中心为监测技术负责单位；各省区市监测工作由省级林业行政主管部门负责组织，各省区市林业调查规划设计院具体承担。

1. 组织领导

国家林业局成立了以主管副局长为组长，有关司局和单位为成员的岩溶地区第三次石漠化监测工作领导小组，负责研究、解决监测工作中的重大事宜。领导小组办公室设在国家林业局防治荒漠化管理中心，具体负责监测工作的日常组织和管理。国家林业局石漠化监测中心具体负责监测技术组织与管理工作；各省级林业行政主管部门也成立了相应的组织领导机构和技术管理机构；各县（市、区）也成立了领导小组，设立了办公室，为监测工作开展提供了组织保障（图3-2）。

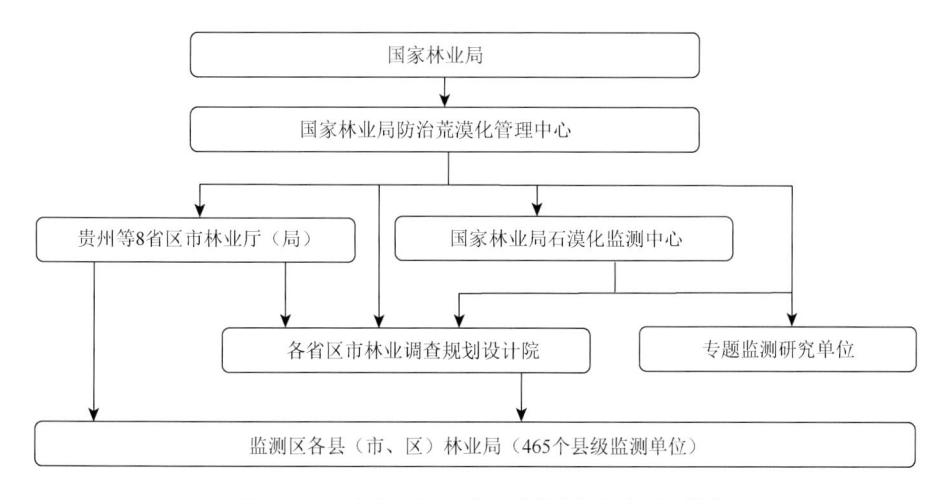

图3-2 岩溶地区第三次石漠化监测组织体系图

2. 前期技术准备

（1）技术规定修订。2015年4月，成立技术规定修订专家组，在先后多次听取专家和监测技术人员修订意见的基础上，根据监测和防治工作需要，对技术规定进行了修订，补充和完善了地类变化原因等监测内容和指标，2015年10月形成了技术规定修订初稿。为验证其科学性和可操作性，2015年11月，专家组到湖南安化开展了实地试点验证，在此基础上进一步完善技术规定；2015年12月，组织召开了由专家和各省区市技术骨干参加的专家会，对监测技术规定送审稿进行了审查，最终形成了《岩溶地区石漠化监测技术规定》（2016年修订）。

（2）监测系统开发。组织开发了石漠化监测移动端野外数据采集系统，该系统与原有石漠化土地监测信息管理系统无缝对接，并带有空间定位、图形修改、属性编辑、照片采集等多项功能。同时，该系统对原石漠化土地监测信息管理系统进行了升级。

（3）卫星影像数据购置与处理。2015年4月开始卫星影像数据订购工作，通过比选，最终采用了分辨率优于2.5m的高分一号和资源三号为主的国产高分辨率卫星影像数据；所有卫星影像数据统一订购、统一处理与校正，保证了监测卫星影像数据的质量。2016年4月完成了1318景卫星影像数据的处理、校正和分发等工作。

（4）设备购置：本次监测新添置平板电脑1200余台，无人机20余台，为监测工作开展提供了设备保障。

3. 启动与技术培训

2016年4月，国家林业局下发了《关于开展岩溶地区第三次石漠化监测工作的通知》（林沙发〔2016〕41号），部署第三次石漠化监测工作。随后在湖南长沙召开了第三次石漠化监测启动会暨骨干技术第一期培训班，进行动员和安排，对技术规定、操作方法和地理信息软件应用等进行了系统培训，统一了思想，统一了技术标准、方法与操作流程。在此基础上，各省区市根据各自情况，编制了监测实施细则和工作方案，召开会议进行动员和落实，分层次、分专题组织技术培训和试点工作。本次监测共组织国家级培训6次，省市级培训30余次，培训主要技术人员4000人，参与监测的技术人员都接受了系统培训并考核合格。

4. 内业区划解译

2016年5～7月，各省区市林业调查规划设计院组织220余名技术人员，以第二次石漠化监测数据为基础，根据最新高分辨率卫星遥感影像数据，借鉴了近期相关生态监测成果及规划资料，集中开展石漠化图斑区划，图斑累计380余万个，新增图斑150万个，并对相关监测因子进行了初步解译。

5. 图斑调查

外业调查是监测的重要工序，是确保监测成果质量的关键环节。2016年8月，各省区市外业调查工作相继展开，除广东由省林业调查规划院承担外，其余省区市多由监测县(市、区）林业局组织实施，部分县（市、区）还通过招投标方式确定承担单位，省林业调查规划设计院负责技术指导和质量检查。外业调查主要包括图斑因子调查、图斑界线修正、GPS 特征点复位和新设图斑 GPS 特征点等。2017 年 3 月，各省区市外业图斑调查与各级外业质量检查工作全面完成。

6. 成果汇总

2017 年 3 月，在完成外业检查后，各省区市陆续开展数据入库、逻辑检查、内业分析和成果汇总工作。2017 年 7 月底，国家林业局在湖南长沙对各省区市监测初步成果进行审查，对汇总出现的问题进行了分析与改正，对成果汇总、分析和监测报告的编写等进行了培训部署。2017 年 8 月中旬，各省区市监测成果材料经专家论证通过后，由省级林业行政主管部门正式行文上报国家林业局。

在各省区市成果上报后，国家林业局组织对省级成果进行了验收，所有材料经确认无误后纳入全国汇总。2017 年 9 月底，完成了国家数据汇总、分析和专题报告撰写、石漠化专题图绘制等，2017 年 11 月下旬，完成了岩溶地区监测总报告编写。

7. 质量控制管理

本次监测从各个环节入手，采取有效监管措施，做到全流程管理，分环节控制。通过精心组织监测队伍、严格落实工作责任、强化技术培训、加强检查指导、强化检查验收，确保监测成果质量。

一是精心组织监测队伍。国家与省级的监测队伍与第二次监测保持基本一致，项目负责人及技术骨干保持相对稳定；并补充了一些技术素质高、业务能力强、年富力强的技术人员，充实了监测队伍。

二是严格落实工作责任。层层建立监测项目负责人和技术负责人责任制，由项目负责人和技术负责人对监测的进度、质量和技术负总责，并严格进行考核。

三是强化技术培训。国家林业局先后在长沙、广州等地举办了监测技术规定、移动端野外数据采集系统、信息管理系统、统计汇总及成果报告编制等培训班，统一与规范了监测技术标准、方法与操作规范。

四是加强检查指导。国家、省（区、市）和监测承担单位均成立了质量检查组，建立了严格的质量监督机制，加强监测质量检查与指导，及时发现并解决监测中出现的问题。对于存在严重质量问题的，坚决要求返工，严把质量关。

五是强化检查验收。自上而下建立了"三查一验"的监测成果检查验收制度，通过监测承担单位自查、省级林业行政主管部门抽查，国家林业局石漠化监测中心组织国家级检查，国家林业局负责成果验收，环环相扣，层层把关，保证本次监测成果质量。

经统计，各省（区、市）林业主管部门省级外业检查共抽查 333 个县（区、市）1171 个乡（镇、街道），检查图斑 127226 个，合格图斑 123324 个，合格率 96.9%；检查面积 167.0 万 hm^2，合格面积 161.0 万 hm^2，合格率 96.4%。

在省级检查合格的基础上，国家林业局石漠化监测中心抽取国家级外业质量检查样本，共检查 8 个省（区、市）48 个县（市、区）104 个乡（镇、街道），检查图斑 79149 个，合格图斑 78626 个，合格率 99.3%；检查面积 113.2 万 hm²，合格面积 109.9 万 hm²，合格率 97.1%。内业质量检查 8 个省（区、市）48 个县 432 个乡镇，检查图斑 451085 个，合格图斑 443408 个，合格率 98.3%；检查面积 529.2 万 hm²，合格面积 515.2 万 hm²，合格率 97.4%。

总之，通过严格检查，各省（区、市）外业和内业合格率均在 95%以上，符合技术规定要求，监测结果准确、可靠。

3.2 石漠化土地现状

为全面掌握岩溶地区石漠化动态变化情况，积极推进岩溶地区石漠化综合治理工作，国家林业局分别于 2005 年、2011 年、2016 年采用 3S 技术与地面调查相结合的方法开展三次石漠化监测工作，及时掌握了我国石漠化土地现状与动态变化，为石漠化防治政策与规划编制提供了基础数据。

石漠化土地现状以 2016 年开展的岩溶地区第三次石漠化监测成果为基础，监测范围涉及贵州、广西、云南、湖南、四川、重庆、湖北、广东 8 个省（区、市）的 465 个县（市、区），岩溶区地理坐标为 98°39′E～116°05′E，22°00′N～33°16′N。2015 年 4 月开始前期技术准备，2016 年 4 月正式启动，2017 年 9 月完成监测成果汇总、分析与报告编制，历时一年半。直接参与的技术人员达 4000 人，共区划和调查图斑 380 余万个，获取各类信息记录 1.9 亿多条，建立 GPS 特征点 10 万个，拍摄实地景物照片 15 万余张，开发了石漠化监测移动端野外数据采集系统，完善了石漠化土地监测信息管理系统。

本次调查岩溶土地面积 4522.3 万 hm²，其中，现有石漠化土地总面积 1007.0 万 hm²，占调查区岩溶土地面积的 22.3%，占调查区县域土地面积的 9.4%；潜在石漠化土地面积 1466.9 万 hm²，占岩溶土地总面积的 32.4%；非石漠化土地面积 2048.4 万 hm²，占岩溶土地总面积的 45.3%。

3.2.1 石漠化状况

根据第三次石漠化监测结果，截至2016年底，调查区有石漠化土地总面积1007.0万 hm²，涉及湖北、湖南、广东、广西、重庆、四川、贵州和云南 8 个省（区、市）的 465 个县（市、区）5482 个乡（镇、街道）（表 3-5），岩溶地区石漠化土地平均发生率为 22.3%。

表 3-5 分省（区、市）石漠化状况基本情况表

地区	分布县(市、区)数/个	岩溶土地合计/hm²	石漠化土地面积/hm²	县(市、区)数/个	石漠化发生率/%	潜在石漠化土地面积/hm²	非石漠化土地面积/hm²
湖北	57	5096476.2	961510.1	57	18.9	2491639.4	1643326.7
湖南	83	5496381.3	1251402.8	81	22.8	1633680.8	2611297.7

续表

地区	分布县（市、区）数/个	岩溶土地					潜在石漠化土地面积/hm²	非石漠化土地面积/hm²
		合计/hm²	石漠化土地				
			面积/hm²	县（市、区）数/个	石漠化发生率/%		
广东	21	1059636.0	59446.7	19	5.6	422646.1	577543.2
广西	77	8331203.5	1532898.9	76	18.4	2669641.2	4128663.4
重庆	37	3268324.9	772864.8	36	23.6	949347.3	1546112.8
四川	46	2782006.6	669926.5	44	24.1	821570.7	1290509.3
贵州	79	11247200.3	2470132.1	79	22	3638546.7	5138521.5
云南	65	7941352.0	2351936.8	65	29.6	2041711.9	3547703.3
合计	465	45222580.8	10070118.7	457	22.3	14668784.1	20483678.0

1. 分省（区、市）状况

石漠化土地在各省（区、市）分布不均衡，以贵州省石漠化土地面积最大，约为247.0万 hm²，占石漠化土地总面积的24.5%。其他依次为云南、广西、湖南、湖北、重庆、四川和广东，面积分别约为235.2万 hm²、153.3万 hm²、125.1万 hm²、96.2万 hm²、77.3万 hm²、67.0万 hm² 和 5.9万 hm²，分别占23.4%、15.2%、12.4%、9.5%、7.7%、6.7%和0.6%。其中，贵州、云南和广西三省区石漠化土地面积约为635.5万 hm²，占全国石漠化土地总面积为63.1%，石漠化土地发生率达23.1%，表明石漠化土地集中分布在我国西南云贵高原为中心的区域，石漠化防治任务艰巨。

我国长江经济带涉及的湖北、湖南、四川、重庆、贵州和云南六省市石漠化土地面积约为847.8万 hm²，占我国岩溶地区石漠化土地面积的84.2%，表明石漠化仍是长江经济带突出的生态问题，推进长江经济带发展，生态优先，石漠化治理是关键。

2. 分流域状况

石漠化土地分布涉及长江、珠江及西南诸河，其中，长江、珠江流域分布相对集中，其面积达943.2万 hm²，约占石漠化土地总面积的93.7%，且多分布在长江、珠江分水岭以及珠江和长江支流源头地区，是我国长江重点生态区的核心区域。各流域石漠化土地分布具体情况如图3-3所示。

长江流域石漠化土地面积最大，为599.3万 hm²，占石漠化土地总面积的59.5%。在长江二级流域中，主要分布在洞庭湖、乌江和金沙江石鼓以下流域，达442.2万 hm²，占长江流域石漠化土地面积的73.8%。其中，以洞庭湖流域（含湘江、资江、沅江与澧水）石漠化土地面积最大，为164.8万 hm²，占长江流域石漠化土地面积的27.5%；乌江流域石漠化土地面积为139.6万 hm²，占23.3%；金沙江石鼓以下流域石漠化土地面积为137.7万 hm²，占23.0%，以下依次为宜宾至宜昌（61.7万 hm²）、宜昌至湖口（41.6万 hm²）、汉江（29.8万 hm²）、岷江和沱江（11.9万 hm²）、金沙江石鼓以上（7.6万 hm²）和嘉陵江（4.5万 hm²）。

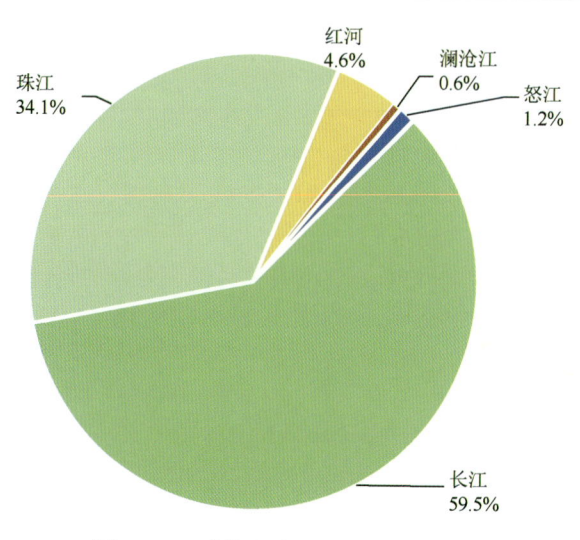

图 3-3 石漠化土地分流域面积比例图

图中数值为四舍五入结果

珠江流域石漠化土地面积 343.8 万 hm²，占 34.1%。珠江二级流域中，主要分布在南北盘江和红柳江流域，达 278.6 万 hm²，占珠江流域石漠化土地面积的 81.0%。其中以南北盘江流域石漠化土地面积最大，为 146.4 万 hm²，占珠江流域石漠化土地面积的 42.6%；红柳江流域石漠化土地面积为 132.2 万 hm²，占 38.5%；以下依次为郁江（42.9 万 hm²）、西江（13.0 万 hm²）、北江（8.9 万 hm²）、粤西桂南沿海诸河（0.2 万 hm²）和东江（0.2 万 hm²）。

红河流域石漠化土地面积 45.9 万 hm²，占 4.6%。红河流域中，以盘龙河流域石漠化土地面积最大，为 42.3 万 hm²，占红河流域石漠化土地面积的 92.2%；其次为元江 3.6 万 hm²。

怒江流域石漠化土地面积 12.3 万 hm²，占 1.2%。怒江流域中，以怒江勐古以下流域石漠化土地面积最大，为 9.7 万 hm²，占怒江流域石漠化土地面积的 78.9%；其次为怒江勐古以上 2.6 万 hm²。

澜沧江流域石漠化土地面积 5.7 万 hm²，占 0.6%。澜沧江流域中，以沘江口以下流域石漠化土地面积最大，为 5.2 万 hm²，占澜沧江流域石漠化土地面积的 91.2%；其次为沘江口以上流域 0.5 万 hm²。

3. 分地类与坡度状况

在石漠化土地中，乔灌林地上的石漠化土地面积约为 585.1 万 hm²，占石漠化土地总面积的 58.1%，其中以云南面积最大，约 123.4 万 hm²，占乔灌林地上石漠化土地面积的 21.1%，其余按面积从大到小依次为广西、贵州、湖南、湖北、重庆、四川和广东（表 3-6）。

其他林地上的石漠化土地面积约为 95.9 万 hm²，占 9.5%，其中，云南面积最大，约 28.3 万 hm²，其余按面积从大到小依次为湖南、贵州、湖北、重庆、广西、四川和广东。

耕地上的石漠化土地面积约为 261.6 万 hm²，约占 26.0%，均发生在坡耕旱地上，其中以贵州面积最大，约 113.6 万 hm²，其余按面积从大到小依次为云南、重庆、湖北、湖南、四川、广西和广东。

草地上的石漠化土地面积约 11.6 万 hm²，占 1.2%，主要分布在天然草地上，其中四川省面积最大，约 5.1 万 hm²，其余按面积从大到小依次为贵州、云南、广西、湖南、重庆、湖北和广东。

未利用地上的石漠化土地面积约为 52.8 万 hm²，占 5.2%，其中以云南和广西面积较大，分别约 19.8 万 hm² 和 17.4 万 hm²，其余按面积从大到小依次为四川、贵州、重庆、湖北、广东和湖南。

表 3-6　石漠化土地分地类面积统计表

统计单位	合计 面积/hm²	比例/%	乔灌林地 面积/hm²	比例/%	其他林地 面积/hm²	比例/%	耕地 面积/hm²	比例/%	草地 面积/hm²	比例/%	未利用地 面积/hm²	比例/%
湖北	961510.1	9.5	663159.4	11.3	101629.2	10.6	183379.5	7.0	2751.3	2.4	10590.7	2.0
湖南	1251402.8	12.4	889142.8	15.2	181151.3	18.9	170549.1	6.5	4000.7	3.4	6558.9	1.2
广东	59446.7	0.6	24101.8	0.4	19726.1	2.1	8613.7	0.3	0.0	0.0	7005.1	1.3
广西	1532898.9	15.2	1174936.4	20.1	65917.9	6.9	114158.1	4.4	4063.5	3.5	173823.0	32.9
重庆	772864.8	7.7	435957.8	7.4	97427.3	10.2	222066.3	8.5	3528.8	3.0	13884.5	2.6
四川	669926.5	6.7	326287.9	5.6	32600.5	3.4	165083.2	6.3	50517.3	43.5	95437.7	18.1
贵州	2470132.1	24.5	1103038.0	18.9	177748.0	18.5	1136493.8	43.4	30168.6	26.0	22683.7	4.3
云南	2351936.8	23.4	1234294.3	21.1	282531.5	29.5	615821.7	23.5	21224.1	18.3	198065.2	37.5
合计	10070118.7	100	5850918.4	100	958731.9	100	2616165.4	100	116254.3	100	528048.8	100

注：表中数值为四舍五入结果。

在石漠化土地中，以中坡面积最大，面积为 404.0 万 hm²，占石漠化土地面积的 40.1%，以下依次为中缓坡、陡坡、平缓坡、平坡、急坡和险坡，面积分别为 286.8 万 hm²、140.1 万 hm²、120.5 万 hm²、38.5 万 hm²、16.5 万 hm² 和 0.8 万 hm²，分别占 28.5%、13.9%、12.0%、3.8%、1.6% 和 0.1%。

在乔灌林地，以中坡面积居多，为 266.6 万 hm²，占乔灌林地面积的 45.6%；在耕地（旱地）中，以中缓坡面积居多，为 104.5 万 hm²，占耕地面积的 39.9%；在草地中，以中坡面积居多，为 4.2 万 hm²，占草地面积的 36.2%；在未利用地中，以中坡面积居多，为 22.5 万 hm²，占未利用地面积的 42.6%；在其他林地中，以中坡面积居多，为 36.0 万 hm²，占其他林地面积的 37.5%。

4. 分岩溶地貌状况

石漠化土地发生与岩溶地貌存在一定相关性，发生在岩溶山地上的面积最大，达到

562.2 万 hm²，占石漠化土地总面积的 55.8%，与岩溶地区多为山区基本一致；其余按石漠化土地面积从大到小排序，发生在峰丛洼地、岩溶槽谷、岩溶丘陵、岩溶峡谷、孤峰残丘及平原、峰林洼地和岩溶断陷盆地上石漠化土地分别为 138.4 万 hm²、133.3 万 hm²、125.8 万 hm²、21.5 万 hm²、12.9 万 hm²、11.3 万 hm² 和 1.6 万 hm²，分别占石漠化土地面积的 13.7%、13.2%、12.5%、2.1%、1.3%、1.1%和 0.2%（图 3-4）。

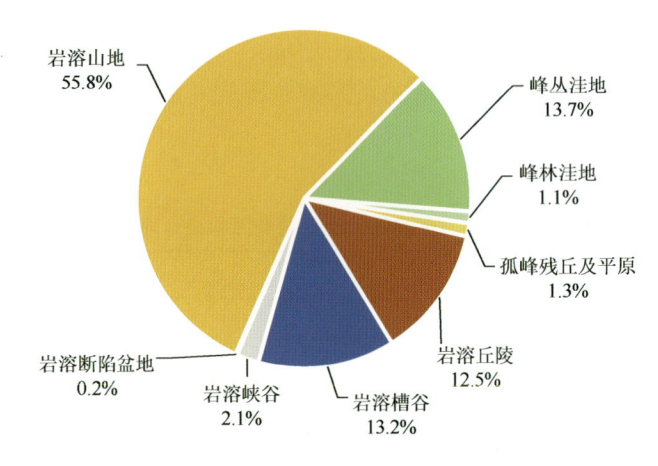

图 3-4 石漠化土地分岩溶地貌面积比例图

图中数值为四舍五入结果

5. 分植被类型状况

岩溶地区植被类型分为乔木型、灌木型、草本型、旱地作物型、无植被型五类，面积 4097.1 万 hm²，占岩溶土地总面积的 90.6%；其他（指林业生产辅助用地、水田、水域、建设用地四类不开展植被调查的土地面积）面积 425.2 万 hm²，占岩溶土地总面积的 9.4%。

石漠化土地的植被类型以灌木型面积最多，为 359.7 万 hm²，占石漠化土地总面积的 35.7%，与岩溶地区缺土少水，立地条件总体较差，难以支撑高大乔木树种息息相关。乔木型石漠化土地面积 277.5 万 hm²，占 27.6%，以乔木中幼林居多，其生产力远低于土山区域。旱地作物型石漠化土地面积 261.6 万 hm²，占 26.0%，体现石漠化地区耕地面积比例仍较高，是导致水土流失的主要来源地，应积极推进退耕还林还草，强化保土保水措施。草本型石漠化土地面积 87.7 万 hm²，占 8.7%，主要为未利用地中的荒草地；无植被型石漠化土地面积 20.5 万 hm²，占 2.0%，主要为未利用地中的裸岩石砾地，植被盖度普遍低于 5%，是重度与极重度石漠化土地高发区（图 3-5）。

6. 分母岩状况

石漠化土地成土母岩以石灰岩最多，为 721.4 万 hm²，占石漠化土地总面积的 71.6%；以下依次为泥岩类、白云岩和其他母岩，面积分别 143.9 万 hm²、66.0 万 hm² 和 75.7 万 hm²，分别占 14.3%、6.6%和 7.5%（图 3-6）。

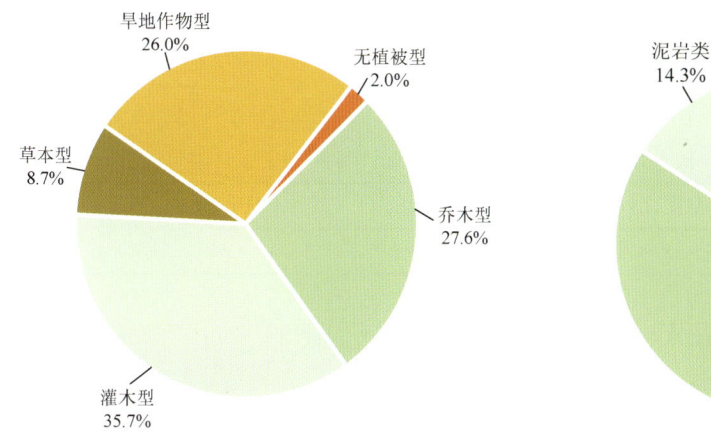

图 3-5 石漠化土地分植被类型面积比例图

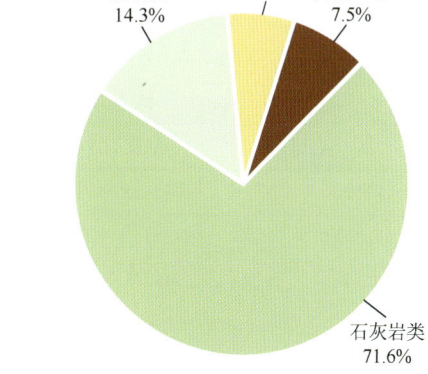

图 3-6 石漠化土地分母岩面积比例图

3.2.2 石漠化程度

在石漠化土地中，轻度石漠化土地面积 391.3 万 hm²，占 38.8%；中度石漠化土地面积 432.6 万 hm²，占 43.0%；重度石漠化土地面积 166.2 万 hm²，占 16.5%；极重度石漠化土地面积 16.9 万 hm²，占 1.7%。石漠化土地以轻度、中度为主，两者合计占 81.8%，石漠化程度总体较轻，处于防治的有利阶段；极重度石漠化土地面积很小，所占比例低（图 3-7）。

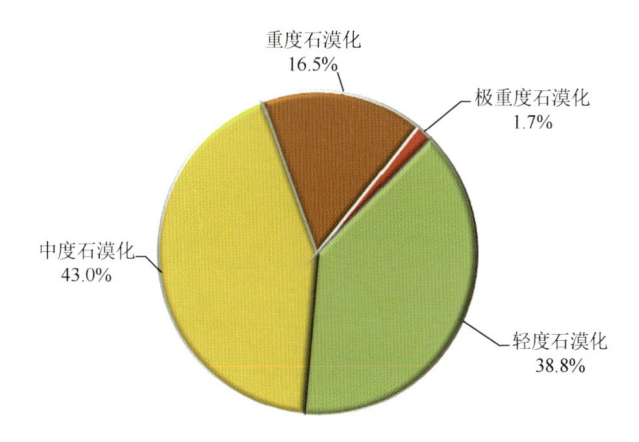

图 3-7 石漠化程度面积比例图

1. 分省区市状况

除广西外，各省区市石漠化土地中均以轻度与中度石漠化土地居多，重庆、湖北、云南、贵州、四川和湖南轻度与中度石漠化面积之和分别占各省市石漠化土地面积的 91.8%、90.8%、89.4%、88.6%、86.7%和 85.0%，而广东则为 59.3%；广西的重度石漠化土地居多，占全区石漠化土地面积的 52.4%；各省区市极重度石漠化土地面积所占比例低，均在 3% 以下（表 3-7 和图 3-8）。

表 3-7 石漠化程度分省区市统计表

统计单位	合计 面积/hm²	比例/%	轻度石漠化 面积/hm²	比例/%	中度石漠化 面积/hm²	比例/%	重度石漠化 面积/hm²	比例/%	极重度石漠化 面积/hm²	比例/%
湖北	961510.1	9.5	442813.4	11.3	429994.6	9.9	79217.1	4.8	9485	5.6
湖南	1251403	12.4	546275	14.0	517788.1	12.0	173274.4	10.4	14065.3	8.3
广东	59446.7	0.6	13581.7	0.3	21686.2	0.5	23448.4	1.4	730.4	0.4
广西	1532899	15.2	223699.9	5.7	460083.6	10.6	803650.4	48.4	45465	26.9
重庆	772864.8	7.7	323696.5	8.3	386146.7	8.9	57568.3	3.5	5453.3	3.2
四川	669926.5	6.7	297222.7	7.6	283829.2	6.6	77716.4	4.7	11158.2	6.6
贵州	2470132	24.5	934210.7	23.9	1254120	29.0	256421.1	15.4	25380.7	15.0
云南	2351937	23.4	1131069	28.9	972590.7	22.5	190726.5	11.5	57551	34.0
合计	10070119.1	100.0	3912568.9	100.0	4326239.1	100.0	1662022.6	100.0	169288.9	100.0

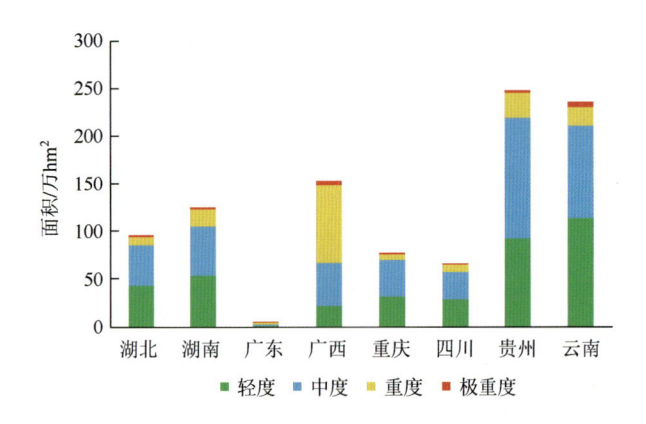

图 3-8 石漠化程度分省区市面积图

轻度石漠化土地以云南居多，约 113.1 万 hm²，其余按面积从大到小依次为贵州、湖南、湖北、重庆、四川、广西和广东，面积分别约为 93.4 万 hm²、54.6 万 hm²、44.3 万 hm²、32.4 万 hm²、29.7 万 hm²、22.4 万 hm² 和 1.4 万 hm²。

中度石漠化土地以贵州居多，约 125.4 万 hm²，其余按面积从大到小依次为云南、湖南、广西、湖北、重庆、四川和广东，面积分别约为 97.3 万 hm²、51.8 万 hm²、46.0 万 hm²、43.0 万 hm²、38.6 万 hm²、28.4 万 hm² 和 2.2 万 hm²。

重度石漠化土地以广西居多，约 80.4 万 hm²，其余按面积从大到小依次为贵州、云南、湖南、湖北、四川、重庆和广东，面积分别约为 25.6 万 hm²、19.1 万 hm²、17.3 万 hm²、7.9 万 hm²、7.8 万 hm²、5.8 万 hm² 和 2.3 万 hm²。

极重度石漠化土地以云南省居多，约 5.8 万 hm²，其余按面积从大到小依次为广西、贵州、湖南、四川、湖北、重庆和广东，面积分别为 4.5 万 hm²、2.5 万 hm²、1.4 万 hm²、1.1 万 hm²、0.9 万 hm²、0.5 万 hm² 和 0.1 万 hm²。

2. 分流域状况

长江流域：以轻度、中度石漠化土地为主，面积分别约为 263.0 万 hm²、271.3 万 hm²，分别占该流域石漠化土地面积的 43.9%、45.3%。重度、极重度石漠化土地面积分别占 9.4% 和 1.5%。

珠江流域：轻度、中度、重度石漠化土地面积分别约为 99.5 万 hm²、132.3 万 hm²、104.5 万 hm²，分别占该流域石漠化土地面积的 28.9%、38.5% 和 30.4%，中度石漠化土地所占比例相对较高，极重度石漠化土地仅占比 2.2%。

红河流域：以轻度、中度石漠化土地为主，面积分别约为 20.7 万 hm²、20.4 万 hm²，分别占该流域石漠化土地面积的 45.0%、44.3%，重度和极重度石漠化土地分别占比 10.1% 和 0.5%。

怒江流域：以轻度、中度石漠化土地为主，面积分别约为 6.4 万 hm²、5.5 万 hm²，分别占该流域石漠化土地面积的 52.4%、44.8%，重度和极重度石漠化土地分别占比为 2.7% 和 0.1%。

澜沧江流域：以轻度、中度石漠化土地为主，面积分别约为 1.7 万 hm²、3.2 万 hm²，分别占该流域石漠化土地面积的 30.4%、56.5%，重度和极重度石漠化土地分别占比为 9.9% 和 3.2%。

按石漠化程度分析（表 3-8），轻度石漠化土地以长江流域居多，面积约为 263.0 万 hm²，其余依次为珠江、红河、怒江和澜沧江流域，面积分别为 99.5 万 hm²、20.7 万 hm²、6.4 万 hm² 和 1.7 万 hm²。中度石漠化土地以长江流域居多，面积约为 271.3 万 hm²，其余依次为珠江、红河、怒江和澜沧江流域，面积分别为 132.3 万 hm²、20.4 万 hm²、5.5 万 hm² 和 3.2 万 hm²。重度石漠化土地以珠江流域居多，面积约为 104.5 万 hm²，其余依次为长江、红河、澜沧江和怒江流域，面积分别为 56.1 万 hm²、4.6 万 hm²、0.6 万 hm² 和 0.3 万 hm²。极重度石漠化土地以长江流域居多，面积约为 8.9 万 hm²，其余依次为珠江、红河、澜沧江流域，面积分别约为 7.5 万 hm²、0.2 万 hm²、0.2 万 hm²。

表 3-8　石漠化程度分流域统计表

流域	合计 面积/hm²	比例/%	轻度石漠化 面积/hm²	比例/%	中度石漠化 面积/hm²	比例/%	重度石漠化 面积/hm²	比例/%	极重度石漠化 面积/hm²	比例/%
长江流域	5992774.1	59.5	2629625.2	67.2	2712565.0	62.7	561166.9	33.8	89417.0	52.8
珠江流域	3438343.7	34.1	994605.9	25.4	1322854.5	30.6	1045404.1	62.9	75479.2	44.6
红河流域	459260.9	4.6	206658.2	5.3	203670.8	4.7	46470.9	2.8	2461.0	1.5
怒江流域	122877.4	1.2	64400.6	1.7	55028.4	1.3	3361.2	0.2	87.2	0.1
澜沧江流域	56862.6	0.6	17278.6	0.4	32120.0	0.7	5619.5	0.3	1844.5	1.1
合计	10070118.7	100.0	3912568.5	100.0	4326238.7	100.0	1662022.6	100.0	169288.9	100.0

3. 分地类状况

乔灌林地以轻度石漠化土地为主，面积约 299.4 万 hm²，占乔灌林地上石漠化土地面积的 51.2%；其他依次为中度、重度石漠化土地，分别占 32.0%、16.8%。

其他林地以轻度石漠化土地居多，面积约 42.3 万 hm²，占其他林地上石漠化土地面积的 44.1%；其他依次为中度、重度、极重度石漠化土地，分别占 41.0%、12.4%、2.5%。

耕地以中度石漠化土地为主，面积约 186.7 万 hm²，占耕地上石漠化土地面积的 71.4%；其他依次为轻度、重度、极重度石漠化土地，分别占 17.0%、10.9%、0.7%。

草地以中度石漠化土地为主，面积约 6.1 万 hm²，占草地上石漠化土地面积的 52.3%；其他依次为轻度、重度、极重度石漠化土地，分别占 28.7%、16.0%、3.0%。

未利用地以重度石漠化土地居多，面积约 25.3 万 hm²，占未利用地上石漠化土地面积的 48.0%；其他依次为中度、极重度、轻度石漠化土地，分别占 25.2%、23.4%、3.4%。

按石漠化程度分析（表3-9）：轻度石漠化土地以乔灌林地居多，面积约 299.4 万 hm²，占轻度石漠化土地面积的 76.5%；其余依次为耕地、其他林地、草地和未利用地，面积分别约为 44.5 万 hm²、42.3 万 hm²、3.3 万 hm² 和 1.8 万 hm²。

表 3-9 石漠化程度分地类统计表

地类	合计 面积/hm²	合计 比例/%	轻度石漠化 面积/hm²	轻度石漠化 比例/%	中度石漠化 面积/hm²	中度石漠化 比例/%	重度石漠化 面积/hm²	重度石漠化 比例/%	极重度石漠化 面积/hm²	极重度石漠化 比例/%
乔灌林地	5850918.4	58.1	2993829.6	76.5	1871995.2	43.3	985093.6	59.3	—	—
其他林地	958731.9	9.5	422675.7	10.8	393181.4	9.1	118620.6	7.1	24254.2	14.3
耕地	2616165.3	26.0	444982.2	11.4	1866932	43.2	286266	17.2	17985.1	10.6
草地	116254.2	1.2	33316.8	0.9	60847.4	1.4	18544.8	1.1	3545.2	2.1
未利用地	528048.9	5.2	17764.2	0.5	133282.7	3.1	253497.6	15.3	123504.4	73.0
合计	10070118.7	100.0	3912568.5	100.0	4326238.7	100.0	1662022.6	100.0	169288.9	100.0

注：表中数据有四舍五入。

中度石漠化土地以乔灌林地和耕地居多，面积分别约为 187.2 万 hm² 和 186.7 万 hm²，两者占中度石漠化土地面积的 86.5%，其余依次为其他林地、未利用地和草地，面积分别约为 39.3 万 hm²、13.3 万 hm² 和 6.1 万 hm²。

重度石漠化土地以乔灌林地居多，面积约 98.5 万 hm²，其余依次为耕地、未利用地、其他林地和草地，面积分别约为 28.6 万 hm²、25.3 万 hm²、11.9 万 hm² 和 1.9 万 hm²。

极重度石漠化土地以未利用地居多，面积约为 12.4 万 hm²，其余依次为其他林地、耕地和草地，面积分别约为 2.4 万 hm²、1.8 万 hm² 和 0.4 万 hm²。

4. 分岩溶地貌状况

峰丛洼地：以重度石漠化土地居多，面积约 53.6 万 hm²，占峰丛洼地上发生的石漠化土地面积的 38.7%；其他依次为中度、轻度和极重度石漠化土地，面积分别约为 49.3 万 hm²、30.6 万 hm² 和 4.9 万 hm²。

峰林洼地：以中度石漠化土地为主，面积约 6.9 万 hm²，占峰林洼地上分布的石漠化土地面积的 60.6%；其他依次为重度、轻度和极重度石漠化土地，面积分别约为 3.2 万 hm²、1.2 万 hm² 和 0.03 万 hm²。

孤峰残丘及平原：以轻度石漠化土地居多，面积约 5.7 万 hm²，占孤峰残丘及平原上分布的石漠化土地面积的 44.2%。其他依次为中度、重度和极重度石漠化土地，面积分别约为 4.5 万 hm²、2.4 万 hm² 和 0.3 万 hm²。

岩溶丘陵：以中度和轻度石漠化土地为主，面积分别约为 47.6 万 hm² 和 44.1 万 hm²，占岩溶丘陵上分布的石漠化土地面积的 37.8% 和 35.1%；其他依次为重度、极重度石漠化土地，面积分别约为 32.7 万 hm² 和 1.4 万 hm²。

岩溶槽谷：以中度和轻度石漠化土地为主，面积分别约为 64.2 万 hm² 和 54.6 万 hm²，分别占岩溶槽谷上分布的石漠化土地面积的 48.2% 和 41.0%；其他依次为重度和极重度石漠化土地，面积分别约为 12.9 万 hm² 和 1.6 万 hm²。

岩溶峡谷：以轻度和中度石漠化土地为主，面积分别约为 10.6 万 hm² 和 8.7 万 hm²，占岩溶峡谷上分布的石漠化土地面积的 49.6% 和 40.5%；其他依次为重度和极重度石漠化土地，面积分别约为 1.4 万 hm² 和 0.7 万 hm²。

岩溶断陷盆地：以中度和轻度石漠化土地为主，面积分别约为 0.8 万 hm² 和 0.7 万 hm²，分别占岩溶断陷盆地上分布的石漠化土地面积的 48.7% 和 44.0%；其他依次为重度和极重度石漠化土地，面积分别约为 0.1 万 hm² 和 0.02 万 hm²。

岩溶山地：以中度和轻度石漠化土地为主，面积分别约为 250.7 万 hm² 和 243.6 万 hm²，分别占岩溶山地上分布的石漠化土地面积的 44.6% 和 43.3%；其他依次为重度和极重度石漠化土地，面积分别约为 60.0 万 hm² 和 8.0 万 hm²。

按石漠化土地程度分析（表 3-10）：轻度石漠化土地以岩溶山地居多，占轻度石漠化土地面积的 62.3%，其次为岩溶槽谷和岩溶丘陵，其占比均超过 10%，三者占比达轻度石漠化土地的 87.6%。

中度石漠化土地以岩溶山地居多，占中度石漠化土地面积的 57.9%，其次为岩溶槽谷、峰丛洼地、岩溶丘陵，其占比均超过 10%，四者占比达中度石漠化土地的 95.1%。

重度石漠化土地以岩溶山地和峰丛洼地居多，分别占重度石漠化土地面积的 36.1% 和 32.2%，其次为岩溶丘陵，其占比为 19.7%，三者占比达重度石漠化土地的 88.0%。

极重度石漠化土地以岩溶山地居多，占极重度石漠化土地面积的 47.1%，其次为峰丛洼地，其占比为 28.9%，二者占比达极重度石漠化土地的 76.0%。

表 3-10 石漠化程度分岩溶地貌统计表

岩溶地貌	合计 面积/hm²	比例/%	轻度石漠化 面积/hm²	比例/%	中度石漠化 面积/hm²	比例/%	重度石漠化 面积/hm²	比例/%	极重度石漠化 面积/hm²	比例/%
峰丛洼地	1384047.3	13.7	306300.9	7.8	492826.7	11.4	535933.2	32.2	48986.6	28.9
峰林洼地	113039.5	1.1	12468.9	0.3	68553.5	1.6	31715	1.9	302.1	0.2
孤峰残丘及平原	128625.5	1.3	56791.7	1.5	45475	1.1	23655.7	1.4	2703.2	1.6
岩溶丘陵	1258391.1	12.5	441489.1	11.3	475839.6	11.0	326848.1	19.7	14214.3	8.4
岩溶槽谷	1332489.5	13.2	546061.3	14.0	641812.7	14.8	128634.7	7.7	15980.8	9.4
岩溶峡谷	214796.9	2.1	106481.8	2.7	87034.4	2.0	14087.2	0.8	7193.5	4.2
岩溶断陷盆地	16439	0.2	7234.8	0.2	7999.7	0.2	955.3	0.1	249.2	0.1
岩溶山地	5622289.9	55.8	2435740	62.3	2506697.1	57.9	600193.5	36.1	79659.3	47.1
合计	10070118.7	100.0	3912568.5	100.0	4326238.7	100.0	1662022.7	100.0	169289	100.0

注：表中数据有四舍五入。

5. 分植被类型状况

乔木型的石漠化土地以轻度石漠化为主，面积约 194.2 万 hm²，占乔木型石漠化土地面积的 70.0%；灌木型的石漠化土地以轻度石漠化居多，面积约为 139.0 万 hm²，占灌木型石漠化土地面积的 38.6%；草丛型的石漠化土地以中度石漠化居多，面积约 40.9 万 hm²，占草丛型石漠化土地面积的 46.6%；旱地作物型的石漠化土地以中度石漠化为主，面积约 186.8 万 hm²，占旱地作物型石漠化土地面积的 71.4%；无植被型的石漠化土地以极重度、重度石漠化为主，面积约 17.1 万 hm²，占无植被型石漠化土地面积的 83.8%。无植被类型的石漠化土地主要发生在未利用地上，占 94.2%。

按石漠化土地程度分析（表 3-11）：轻度石漠化土地以乔木型和灌木型居多，分别占轻度石漠化土地面积的 49.6% 和 35.5%，两者占比达轻度石漠化土地的 85.1%。

表 3-11 石漠化程度分植被类型统计表

植被类型	合计 面积/hm²	比例/%	轻度石漠化 面积/hm²	比例/%	中度石漠化 面积/hm²	比例/%	重度石漠化 面积/hm²	比例/%	极重度石漠化 面积/hm²	比例/%
乔木型	2774579.8	27.6	1942288.8	49.6	703940.2	16.3	127986.4	7.7	364.4	0.2
灌木型	3597572.8	35.7	1390237.6	35.5	1312314.6	30.3	894599	53.8	421.6	0.2
草丛型	876598.7	8.7	134936.6	3.4	408923	9.5	276559.3	16.6	56179.8	33.2
旱地作物型	2617947	26.0	445105.5	11.4	1868174.6	43.2	286517.5	17.2	18149.4	10.7
无植被型	203420.4	2.0	—	—	32886.3	0.8	76360.4	4.6	94173.7	55.6
合计	10070118.7	100.0	3912568.5	100.0	4326238.7	100.0	1662022.6	100.0	169288.9	100.0

中度石漠化土地以旱地作物型居多,占中度石漠化土地面积的43.2%,其次为灌木型,占比为30.3%,两者占比达中度石漠化土地的73.5%。

重度石漠化土地以灌木型居多,占重度石漠化土地面积的53.8%,其次为旱地作物型和草丛型,占比分别为17.2%和16.6%,三者占比达中度石漠化土地面积的87.6%。

极重度石漠化土地以无植被型居多,占极重度石漠化土地面积的55.6%,其次为草丛型,占比为33.2%,两者占比达极重度石漠化土地面积的88.8%。

6. 分母岩状况

各成土母岩上的石漠化土地均以轻度、中度为主,其中泥灰岩轻度、中度石漠化土地面积占泥灰岩上石漠化土地的比例最高,为89.9%,其他母岩占比最低,为78.2%;各成土母岩中重度石漠化土地占该母岩上石漠化土地比例从低到高依次为泥灰岩7.8%、白云岩11.8%、石灰岩18.4%和其他母岩19.0%;各成土母岩中极重度石漠化土地占该母岩石漠化土地面积的比例均不超过3.0%。

按石漠化土地程度分析(表3-12):轻度石漠化土地以石灰岩居多,占轻度石漠化土地面积的68.2%,其次为泥灰岩,占比为17.9%,两者占比达轻度石漠化土地面积的86.1%。

中度石漠化土地以石灰岩居多,占中度石漠化土地面积的71.8%,其次为泥灰岩,占比为13.7%,两者占比达中度石漠化土地面积的85.5%。

重度石漠化土地以石灰岩居多,占重度石漠化土地面积的79.9%,其余占比均未超过10%。

极重度石漠化土地以石灰岩居多,占极重度石漠化土地面积的65.7%,其次为泥灰岩,占比为19.4%,两者占比达极重度石漠化土地面积的85.1%。

表3-12 石漠化程度分母岩统计表

母岩	合计 面积/hm²	比例/%	轻度石漠化 面积/hm²	比例/%	中度石漠化 面积/hm²	比例/%	重度石漠化 面积/hm²	比例/%	极重度石漠化 面积/hm²	比例/%
石灰岩	7214463	71.6	2668557.1	68.2	3107272.5	71.8	1327367.8	79.9	111265.6	65.7
泥灰岩	1438779.1	14.3	701451.6	17.9	591818.7	13.7	112719.2	6.8	32789.6	19.4
白云岩	659811.9	6.6	266426.5	6.8	311198.6	7.2	77831.2	4.7	4355.6	2.6
其他母岩	757064.7	7.5	276133.3	7.1	315948.9	7.3	144104.4	8.7	20878.1	12.3
合计	10070118.7	100.0	3912568.5	100.0	4326238.7	100.0	1662022.6	100.0	169288.9	100.0

3.3 石漠化土地总体变化状况

根据岩溶地区第三次与第二次监测结果对比分析,掌握两期石漠化土地转移与总体变化情况,为石漠化防治提供数据支撑。

3.3.1 石漠化土地转移状况

与 2011 年相比,石漠化土地面积转变为潜在石漠化和非石漠化土地面积约 259.0 万 hm²,同时转入约 65.8 万 hm²,监测期内石漠化土地净减少约 193.2 万 hm²,年均净减少面积 38.6 万 hm²,年均缩减率为 3.4%(表 3-13)。

表 3-13　石漠化土地动态转移表　　　　　　　　　(单位:hm²)

类别	合计	潜在石漠化土地	非石漠化土地	其他
石漠化土地转出至	2590489.5	2049851.7	528049.5	12588.3
石漠化土地转入自	658259.7	521602.7	130716.3	5940.7
净变化量	−1932229.8	−1528249.0	−397333.2	−6647.6

在石漠化减少的面积中,一是石漠化综合治理工程、防护林建设、退耕还林还草等各类生态工程持续推进,实施人工造林、封山育林、森林抚育等营造林措施,生态修复面积 145.9 万 hm²,约占石漠化土地转出面积的 56.3%,生态工程建设是我国石漠化土地面积持续减少的主导因素,随着工程持续实施,治理成效越发显现;二是随着卫星遥感影像数据分辨率提升,图斑区划精细化,由前期的 230 万个图斑增加到第三期的 380 万个,在前期石漠化土地图斑中因区划细化转化为潜在石漠化和非石漠化土地面积 64.4 万 hm²,约占转出面积的 24.9%,为石漠化土地防治精准施策提供了可信数据;三是间隔期内,自然气候整体平稳,自然灾害发生减少,前期石漠化土地自然修复好转为潜在石漠化土地面积 31.9 万 hm²,约占转出面积的 12.3%;四是全国社会经济持续向好,国家与地方工程建设持续发力,基础设施、坡改梯等工程建设转为潜在石漠化、非石漠化土地面积 15.5 万 hm²,约占转出面积的 6.0%。

在新增的石漠化土地面积中,一是随着监测技术手段与管理要求提升,图斑区划精细化,前期非石漠化和潜在石漠化土地图斑中因区划细化转为石漠化土地面积 48.8 万 hm²,占转入石漠化土地面积的 74.2%;二是受经济利益驱使,毁林(草)开垦、樵采等导致土地石漠化局部依然存在,转入面积 10.4 万 hm²,占转入面积的 15.8%;三是岩溶地区农林经营水平较低,砍灌造林、全面林地清理等不合理造林方式、陡坡耕种等导致土地石漠化,面积 4.1 万 hm²,占转入面积的 6.2%;四是灾害性气候难以根除,干旱、冰冻、泥石流、滑坡等自然灾害导致的土地石漠化面积 1.8 万 hm²,占转入面积的 2.7%。

3.3.2 石漠化土地变化状况

1. 分省区市动态变化状况

与 2011 年相比,八省(区、市)石漠化土地面积均有所减少,贵州省减少面积最多,约为 55.4 万 hm²；其他依次为云南、广西、湖南、湖北、重庆、四川和广东，减少面积分别约为 48.8 万 hm²、39.3 万 hm²、17.9 万 hm²、12.9 万 hm²、12.2 万 hm²、6.2 万 hm² 和 0.4 万 hm²（表 3-14 和图 3-9）。

表 3-14 2011～2016 年石漠化土地分省（区、市）变化表

统计单位	2011 年/hm²	2016 年/hm²	变化量/hm²	变化率/%	年均缩减率/%
湖北	1090857.2	961510.1	−129347.1	−11.9	2.5
湖南	1430714.6	1251402.8	−179311.8	−12.5	2.6
广东	63811.0	59446.7	−4364.3	−6.8	1.4
广西	1926224.8	1532898.9	−393325.9	−20.4	4.5
重庆	895306.1	772864.8	−122441.3	−13.7	2.9
四川	731926.3	669926.5	−61999.8	−8.5	1.8
贵州	3023757.2	2470132.1	−553625.1	−18.3	4.0
云南	2839751.3	2351936.8	−487814.5	−17.2	3.7
合计	12002348.5	10070118.7	−1932229.8	−16.1	3.4

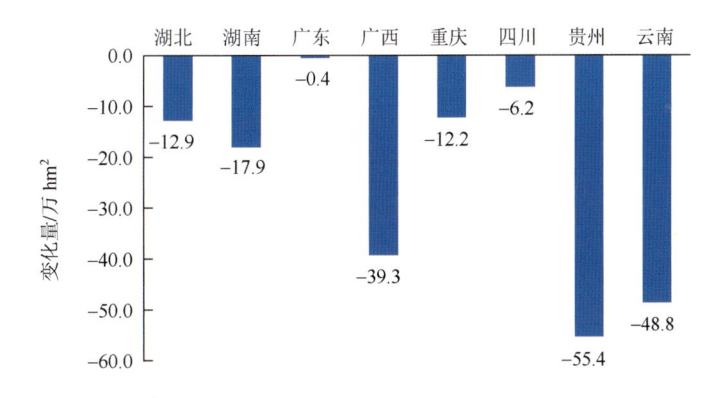

图 3-9 2011～2016 年石漠化土地分省区市变化图

从缩减率看，广西年均缩减率最大，为 4.5%，其他依次为贵州、云南、重庆、湖南、湖北、四川和广东，缩减率分别为 4.0%、3.7%、2.9%、2.6%、2.5%、1.8% 和 1.4%。其中，广西、贵州、云南 3 省（区）石漠化土地减少面积较大，减少总面积约 143.5 万 hm²，年均减少面积 28.7 万 hm²，年均缩减率为 4.0%。

2. 分流域动态变化状况

与 2011 年相比，各流域石漠化土地面积均减少，以长江流域减少面积最多，约

为 96.4 万 hm², 占石漠化土地减少面积的 49.9%; 其他依次为珠江、红河、怒江和澜沧江流域,减少面积分别约为 82.3 万 hm²、11.1 万 hm²、2.4 万 hm² 和 1.0 万 hm²,分别占减少面积的 42.6%、5.7%、1.3%和 0.5%(表 3-15 和图 3-10)。

表 3-15 2011～2016 年石漠化土地分流域变化表

流域	2011 年/hm²	2016 年/hm²	变化量/hm²	变化率/%	年均缩减率/%
长江流域	6956285.2	5992774.1	−963511.1	−13.9	2.9
珠江流域	4261607.3	3438343.7	−823263.6	−19.3	4.2
红河流域	570278.9	459260.9	−111018.0	−19.5	4.2
怒江流域	147177	122877.4	−24299.6	−16.5	3.5
澜沧江流域	67000.1	56862.6	−10137.5	−15.1	3.2
合计	12002348.5	10070118.7	−1932229.8	−16.1	3.4

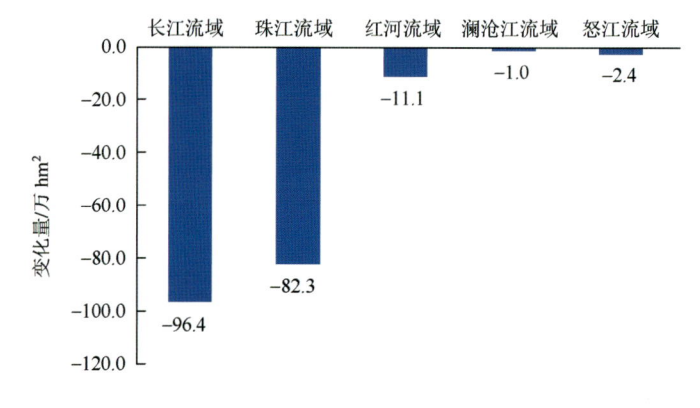

图 3-10 2011～2016 年石漠化土地分流域变化图

从缩减率来看,长江、澜沧江缩减率低于岩溶地区平均值,以红河流域和珠江流域最大,年均缩减率均为 4.2%,怒江流域、澜沧江流域和长江流域年均缩减率分别为 3.5%、3.2%和 2.9%。

3. 分地类变化状况

与 2011 年相比,石漠化土地中各地类的面积均有所减少,以其他林地减少面积最多,主要因生态工程持续推进,宜林地、未成林造林地、无立木林地等实施生态修复后演变为潜在石漠化土地,减少面积约为 103.5 万 hm²,约占石漠化土地减少面积的 53.6%;其他依次为未利用地、乔灌林地、耕地、草地,减少面积分别约为 38.6 万 hm²、32.2 万 hm²、13.4 万 hm²、5.5 万 hm²,分别占石漠化土地减少总面积的 20.0%、16.7%、6.9%、2.8%,减少原因主要是生态工程治理及自然修复后石漠化状况好转(表 3-16 和图 3-11)。

表 3-16 2011～2016 年石漠化土地分地类变化表

地类	2011 年/hm²	2016 年/hm²	变化量/hm²	变化率/%	年均缩减率/%
乔灌林地	6172673.6	5850918.4	−321755.2	−5.2	1.1
其他林地	1994226.9	958731.9	−1035495.0	−51.9	13.6
耕地	2749747.4	2616165.3	−133582.1	−4.9	1.0
草地	171310.2	116254.2	−55056	−32.1	7.5
未利用地	914390.4	528048.8	−386341.6	−42.3	10.4
合计	12002348.5	10070118.6	−1932229.9	−16.1	3.4

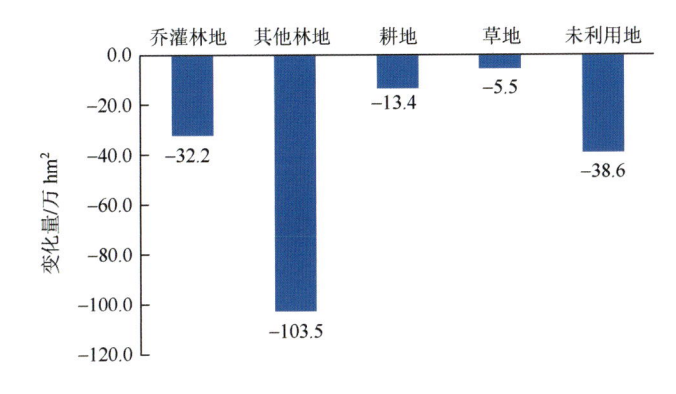

图 3-11 2011～2016 年石漠化土地分地类变化图

4. 石漠化程度变化状况

与 2011 年相比，各石漠化程度面积均出现减少，轻度、中度、重度和极重度石漠化土地减少面积分别约为 40.3 万 hm²、86.2 万 hm²、51.7 万 hm² 和 15.1 万 hm²，分别占石漠化减少面积的 20.8%、44.6%、26.7% 和 7.8%。轻度、中度、重度与极重度石漠化土地面积占石漠化土地总面积的比例由 2011 年的 36.0∶43.2∶18.1∶2.7 变为 2016 年的 38.8∶43.0∶16.5∶1.7，其中重度、极重度石漠化土地面积比例较 2011 年下降 2.6 个百分点，轻度石漠化面积比例增加 2.8 个百分点，石漠化程度减轻（表 3-17 和图 3-12）。

表 3-17 2011～2016 年石漠化程度变化表

石漠化程度	2011 年/hm²	2016 年/hm²	变化量/hm²	变化率/%	年均缩减率/%
轻度石漠化	4315305.4	3912568.5	−402736.9	−9.3	1.9
中度石漠化	5188521.0	4326238.7	−862282.3	−16.6	3.6
重度石漠化	2178601.2	1662022.6	−516578.6	−23.7	5.3
极重度石漠化	319920.9	169288.9	−150632.0	−47.1	12.0
合计	12002348.5	10070118.7	−1932229.8	−16.1	3.4

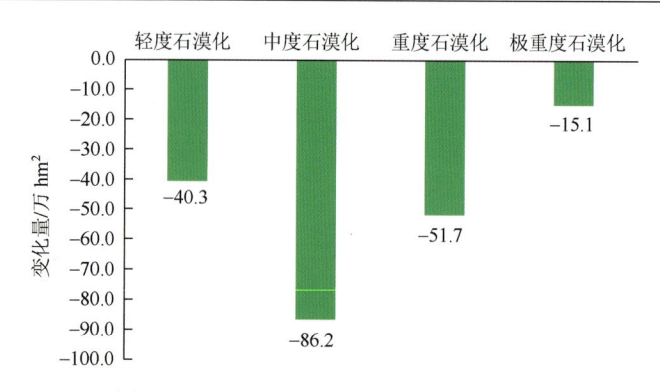

图 3-12　2011～2016 年石漠化程度变化图

八省（区、市）轻度、中度、重度和极重度石漠化土地面积总体上均为减少，且石漠化程度总体呈下降趋势，石漠化土地朝顺向方向演替。特别是湖南、四川、贵州，重度及极重度石漠化土地面积比例分别由 2011 年的 18.6%、20.6%、14.1%下降至 2016 年的 14.9%、13.2%、11.4%。

1）轻度石漠化土地

轻度石漠化土地经过治理与自然修复等转为潜在石漠化和非石漠化土地面积为 114.2 万 hm²、中度以上石漠化土地程度减轻转入面积为 70.1 万 hm²，好转面积共 184.3 万 hm²。同时，轻度石漠化转为中度以上石漠化土地面积 23.4 万 hm²，因人为干扰与自然灾害等致使潜在石漠化和非石漠化土地转入面积 27.3 万 hm²，退化面积共 50.7 万 hm²，好转面积是退化面积的 3.6 倍。轻度石漠化土地减少面积依次为云南、贵州、湖北、广西、湖南和重庆，而四川和广东有所增加。

2）中度石漠化土地

中度石漠化土地转为轻度石漠化、潜在石漠化和非石漠化土地面积为 163.7 万 hm²，重度以上石漠化转入面积为 29.1 万 hm²，好转面积共 192.8 万 hm²。同时，中度石漠化转为重度以上石漠化土地面积 6.4 万 hm²，轻度石漠化、潜在石漠化和非石漠化土地转入面积 54.9 万 hm²，退化面积共 61.3 万 hm²，好转面积约是退化面积的 3.1 倍。中度石漠化土地减少面积依次为贵州、云南、四川、广西、重庆、湖南、湖北和广东。

3）重度石漠化土地

重度石漠化土地转为轻度、中度、潜在石漠化和非石漠化土地面积为 71.1 万 hm²，极重度以上石漠化转入面积为 9.6 万 hm²，好转面积共 80.7 万 hm²。同时，重度石漠化转为极重度石漠化土地面积 1.3 万 hm²，轻度、中度石漠化，潜在石漠化和非石漠化土地转入面积 11.6 万 hm²，退化面积共 12.9 万 hm²，好转面积约是退化面积的 6.3 倍。重度石漠化土地减少面积依次为广西、贵州、云南、湖南、四川、重庆、湖北和广东。

4）极重度石漠化土地

极重度石漠化土地转为轻度、中度、重度、潜在石漠化和非石漠化土地面积为 17.6 万 hm²。同时，轻度、中度、重度石漠化，潜在石漠化和非石漠化土地转入面积 2.6 万 hm²，好转面积约是退化面积的 6.8 倍。极重度石漠化土地减少面积依次为广西、云南、湖南、贵州、四川、重庆和湖北，而广东基本持平。

3.4 石漠化演变类型状况

2011~2016年,岩溶地区石漠化演变类型以稳定型为主,改善面积约为退化面积的3.5倍,表明岩溶土地朝良性方向演替(图3-13)。

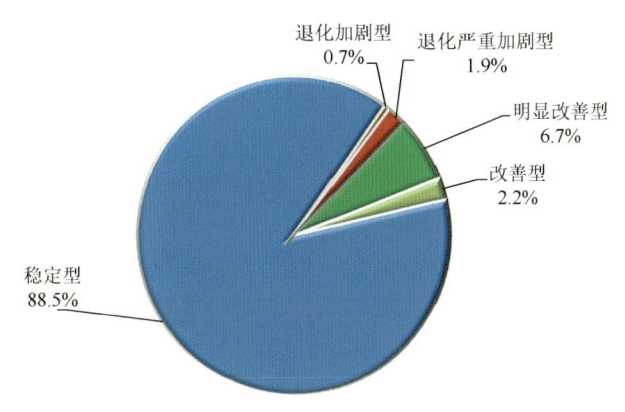

图3-13 石漠化演变类型比例图

3.4.1 分省(区、市)演变状况

各省(区、市)石漠化演变均以稳定型为主,顺向演变面积最大的三个省(区)分别是贵州115.3万 hm^2、云南97.3万 hm^2、广西53.2万 hm^2,除广东基本持平外,其他各省(区、市)顺向演变面积均大于逆向演变面积(表3-18)。

表3-18 石漠化土地演变类型分省(区、市)统计面积 (单位:hm^2)

单位	顺向演变 小计	明显改善型	改善型	稳定型	逆向演变 小计	退化加剧型	退化严重加剧型	总计
湖北	206997.8	176121.9	30875.9	4850623.4	38854.9	6804.5	32050.4	5096476.1
湖南	526705.9	385165.0	141540.9	4750200.4	219474.9	63049.9	156425.0	5496381.2
广东	15978.5	14059.9	1918.6	1026382.3	17275.2	994.1	16281.1	1059636.0
广西	531916.9	463856.2	68060.7	7716404.4	82882.3	11228.6	71653.7	8331203.6
重庆	337545.0	244848.5	92696.5	2790410.2	140369.8	39687.8	100682.0	3268325.0
四川	302494.0	119548.8	182945.2	2435902.9	43609.7	7450.9	36158.8	2782006.6
贵州	1152976.6	892283.6	260693.0	9794060.5	300163.2	59302.2	240861.0	11247200.3
云南	973094.4	759574.0	213520.4	6644574	323683.6	109654.4	214029.2	7941352.0
总计	4047709.1	3055457.9	992251.2	40008558.0	1166313.6	298172.4	868141.2	45222580.7

3.4.2 分流域演变状况

各流域石漠化演变均以稳定型为主,顺向演变面积以长江、珠江流域面积居多,分别约为233.2万 hm²、140.5万 hm²,各流域顺向演变面积均明显大于逆向演变面积(表3-19)。

表 3-19 石漠化土地演变类型分流域统计表 (单位:hm²)

流域	合计	顺向演变 小计	明显改善型	轻微改善型	稳定型	逆向演变 小计	退化加剧型	退化严重加剧型
长江流域	27531961.2	2331660.8	1688703.2	642957.6	24494339.4	705961	181073.4	524887.6
珠江流域	15565857.6	1405368.6	1126053.9	279314.7	13800621.5	359867.5	81854.8	278012.7
红河流域	1161929.9	216710.6	165555.9	51154.7	883838.1	61381.2	23423.8	37957.4
怒江流域	616291.9	63908.3	50949.3	12959	523790.5	28593.1	10483.7	18109.4
澜沧江流域	346540.3	30060.9	24195.7	5865.2	305968.6	10510.8	1336.7	9174.1
合计	45222580.9	4047709.2	3055458.0	992251.2	40008558.1	1166313.6	298172.4	868141.2

3.5 石漠化动态变化趋势与特征

连续三期监测结果显示,截至2016年底,岩溶地区8省(区、市)有石漠化土地面积约为1007.0万 hm²,较2005年1296.2万 hm²净减少289.2万 hm²,减少了22.3%,年均减少26.3万 hm²,年均缩减率为2.27% [年均缩减率=1−(A/B)$^{(1/N)}$,A为本期石漠化面积,B为前期石漠化面积,N为监测间隔期];潜在石漠化土地面积约为1466.9万 hm²,较2005年增加229.0万 hm²,年均增加20.8万 hm²,年均增长率为1.55%;石漠化程度减轻,重度、极重度石漠化土地比例由2005年的26.85%下降到2016年的18.19%,下降了8.66个百分点,岩溶地区石漠化土地呈现面积持续减少、程度减轻,石漠化敏感性降低;林草植被群落结构进一步优化,植被盖度逐步提升;坡耕地面积减少,水土流失状况明显好转;生态系统稳定好转,应对气候变化能力增加的演变态势(表3-20)。

表 3-20 2005~2016年岩溶土地石漠化状况变化表 (单位:hm²)

石漠化状况	2005年	2011年	2016年	2005~2016年变化量	2005~2011年变化量	2011~2016年变化量
石漠化	12962265.5	12002348.5	10070118.7	−2892146.8	−959917	−1932229.8
潜在石漠化	12378842.1	13317523.6	14668784.1	2289942	938681.5	1351260.5
非石漠化	19755992.9	19902708.7	20483678.0	727685.1	146715.8	580969.3
合计	45097100.5	45222580.8	45222580.8	125480.3	125480.3	0

1. 石漠化面积持续净减少，缩减速度加快

2005年、2011年、2016年岩溶地区的石漠化土地面积分别约为1296.2万hm²、1200.2万hm²、1007.0万hm²；2005~2016年石漠化土地面积减少289.2万hm²。其中，2005~2011年石漠化土地面积减少约96.0万hm²，年均减少16.0万hm²，年均缩减率为1.27%；2011~2016年石漠化土地面积减少约193.2万hm²，年均减少约38.6万hm²，年均缩减率为3.45%。2011~2016年石漠化土地面积较2005~2011年多减少97.2万hm²；石漠化土地年均缩减率2011~2016年较2005~2011年高出2.18个百分点，区域石漠化土地面积持续减少态势明显。据相关专题研究，20世纪90年代末期，石漠化土地年均扩展率为1.86%，"十五"时期年均扩展率为1.37%。以上数据表明，我国石漠化土地由2000年前后的"持续扩展"，转变到2011年的"初步遏制、呈现缩减"，目前呈现"持续减少，缩减加快"的趋势（图3-14）。

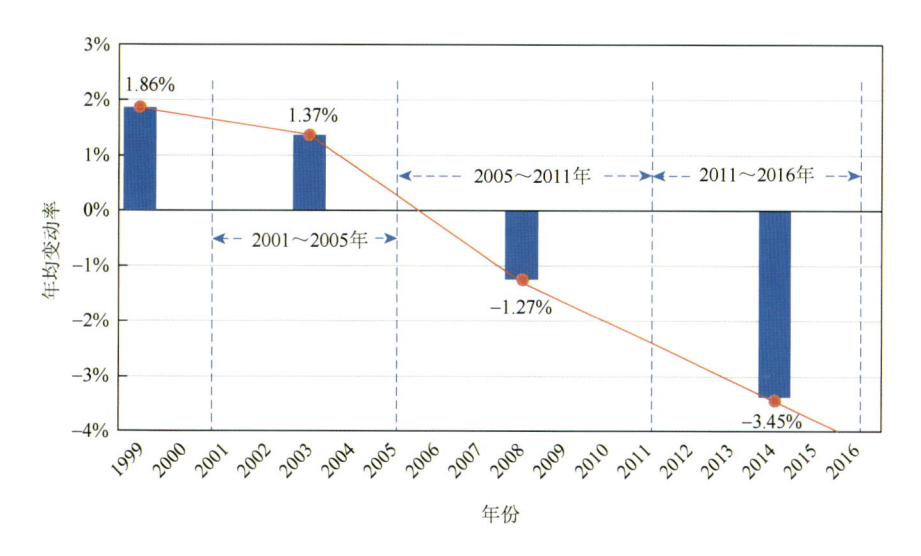

图3-14 不同监测期石漠化土地变动趋势图

2005~2016年，各省（区、市）石漠化土地面积均持续减少，生态状况明显好转。广西石漠化土地面积减少最多，达84.6万hm²，年均缩减率为4.1%；其他依次为贵州、云南、湖南、湖北、四川、重庆和广东。

2. 重度以上石漠化比例下降，石漠化程度持续减轻

2016年，轻度、中度、重度、极重度石漠化土地的面积分别为391.3万hm²、432.6万hm²、166.2万hm²、16.9万hm²，较2005年轻度石漠化土地增加34.9万hm²，中度、重度、极重度石漠化土地分别减少159.2万hm²、127.3万hm²、37.6万hm²。其中，2011年较2005年轻度石漠化土地面积增加75.2万hm²，而中度、重度、极重度石漠化土地面积分别减少73.0万hm²、75.7万hm²、22.5万hm²；2016年较2011年轻度、中度、重度、极

重度石漠化土地面积分别减少 40.3 万 hm², 86.2 万 hm², 51.7 万 hm², 15.1 万 hm², 体现石漠化面积减少, 程度朝减轻方向转移。

2016 年各石漠化程度所占比例分别为 38.8∶43.0∶16.5∶1.7, 与 2011 年各石漠化程度所占比例 36.0∶43.2∶18.1∶2.7 和 2005 年各石漠化程度所占比例 27.5∶45.7∶22.6∶4.2 相比, 轻度和中度石漠化土地面积比例持续增加, 重度和极重度石漠化土地面积比例持续减少。其中, 重度和极重度石漠化土地面积由 2005 年的 348.0 万 hm² 减少到 2011 年的 249.9 万 hm²、2016 年的 183.1 万 hm², 所占比例由 26.8% 下降至 2011 年的 20.8%、2016 年的 18.2%, 石漠化程度持续减轻。

通过对八省（区、市）各程度石漠化土地进行加权平均取得区域石漠化程度指数值 [区域石漠化程度平均值 =（1×轻度石漠化面积 + 2×中度石漠化面积 + 3×重度石漠化 + 4×极重度石漠化）÷石漠化总面积], 可以发现, 石漠化程度平均值由 2005 年的 2.04 减少到 2011 年的 1.88 和 2016 年的 1.81, 石漠化程度平均值不断减小（表 3-21）。

表 3-21 岩溶地区石漠化程度指数值

地区	岩溶地区石漠化程度指数值		
	2005 年	2011 年	2016 年
湖北	1.70	1.65	1.64
湖南	1.99	1.81	1.72
广东	2.29	2.21	2.19
广西	2.60	2.46	2.44
重庆	1.86	1.74	1.67
四川	2.07	2.00	1.71
贵州	1.87	1.81	1.75
云南	1.96	1.67	1.65
岩溶地区	2.04	1.88	1.81

3. 石漠化发生率持续下降, 石漠化敏感性降低

2016 年, 岩溶地区石漠化发生率为 22.3%, 较 2011 年、2005 年分别下降 4.2 个百分点、6.4 个百分点, 石漠化发生率持续下降, 下降幅度加快；各省区市石漠化发生率变化趋势基本一致, 石漠化扩展态势基本得到遏制。2016 年石漠化土地集中分布的滇桂黔三省（区）石漠化发生率为 23.2%, 高于岩溶地区石漠化发生率 0.9 个百分点；较 2005 年、2011 年分别下降 5.2 个百分点、8.1 个百分点, 发生率下降速率比岩溶地区平均值高 1 个百分点和 1.7 个百分点, 三省（区）石漠化土地缩减幅度较大（图 3-15）。

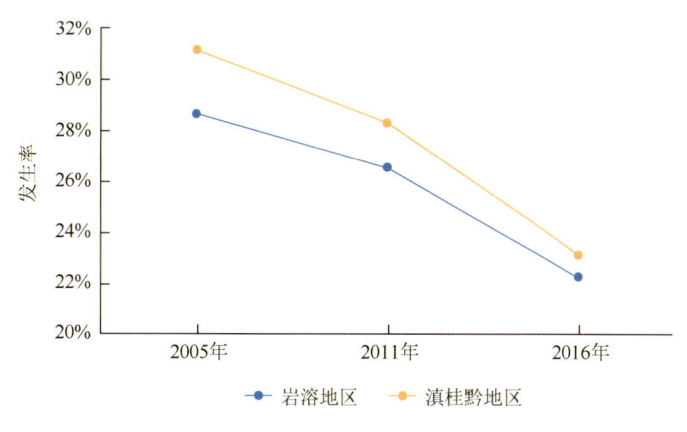

图 3-15 三期石漠化发生率变化趋势图

根据中国科学院亚热带生态农业研究所承担的"石漠化综合治理生态效益监测与评价"专题，通过选取降水侵蚀力因子、地表起伏度、地表覆盖类型、土壤可蚀性因子及地质背景 5 个评价因子，对岩溶地区石漠化敏感性进行定量评价。评价结果显示，2016 年约 76.0%的岩溶土地为石漠化敏感区，但与 2005 年、2011 年相比，石漠化敏感性明显下降，不敏感区分别增加了约 47.2 万 hm^2、22.3 万 hm^2，增加了 4.7%、2.2%；极敏感区面积分别减少了 238.0 万 hm^2 和 99.7 万 hm^2，分别下降了 39.7%、21.6%；高度敏感区面积分别减少了 41.7 万 hm^2、8.8 万 hm^2，分别下降了 3.6%、0.8%（表 3-22），石漠化发生的可能性和危险度在逐步减轻。

表 3-22 2005~2016 年岩溶地区石漠化敏感性变化表　　（单位：$10^2 hm^2$）

敏感性类型	面积			面积变化		
	2005 年	2011 年	2016 年	2005~2011 年	2011~2016 年	2005~2016 年
不敏感	101157	103643	105875	2486	2232	4718
轻度敏感	57591	63673	66774	6082	3101	9183
中度敏感	105494	114038	119556	8544	5518	14062
高度敏感	117036	113750	112869	−3286	−881	−4167
极敏感	60000	46174	36204	−13826	−9970	−23796

4. 林草植被群落结构进一步优化，植被盖度逐步提升

从植被类型看，岩溶地区乔木型植被面积比例增加，草本型与无植被型面积比例降低，植被结构进一步改善。2016 年乔木型植被面积为 1874.3 万 hm^2，与 2011 年相比，增加面积 145.0 万 hm^2，增长率 8.4%。其他植被类型面积呈现减少，其中，灌木型面积减少 27.8 万 hm^2，减少 2.6%；草本型面积减少 89.6 万 hm^2，减少 44.0%；无植被型面积减少 17.8 万 hm^2，减少 42.5%；旱地作物型面积减少 28.0 万 hm^2，减少 2.7%。2016 年乔木

型∶灌木型∶草本型∶旱地作物型∶无植被型比例分别为 45.7∶25.8∶2.8∶25.1∶0.6，而 2011 年比例分别为 42.0∶26.4∶4.9∶25.7∶1.0，乔灌型比例增加了 3.1 个百分点，草本型与无植被型面积比例降低，林草植被结构进一步改善。从 2005～2016 年看，石漠化土地上的乔灌林地面积增加 74.9 万 hm²，而 2005～2011 年，石漠化土地上乔灌林地增加 107.0 万 hm²，2011～2016 年石漠化土地上的乔灌林地面积呈现减少趋势，表明前期石漠化土地上的乔灌林地生态状况进一步好转，顺向演变为潜在石漠化土地，且面积大于 2011～2016 年石漠化土地通过治理顺向演变为乔灌林地的面积。

从植被盖度上看，岩溶地区植被综合盖度由 2011 年 57.5%增加至 2016 年的 61.4%，增长 3.9 个百分点；石漠化土地集中分布、减少快的滇桂黔三省（区）岩溶土地植被综合盖度由 2011 年的 57.2%增加至 2016 年的 62.3%，增长 5.1 个百分点，岩溶地区的植被状况有明显改善。石漠化土地上的平均植被综合盖度为 41.4%，比 2005 年、2011 年分别增长 7.6 个百分点、2.4 个百分点，植被盖度逐步提升。

1982～2015 年，岩溶地区 66%区域的归一化植被指数（NDVI）呈现增加趋势，30%的区域 NDVI 变化不显著，仍存在小范围的减少（4%）；岩溶地区多年平均 NDVI 为 0.59，其中 2000 年前为 0.58，近 10 年为 0.60，近 5 年为 0.61。虽因气候等影响出现波动，但 NDVI 总体呈现上升趋势（图 3-16）。

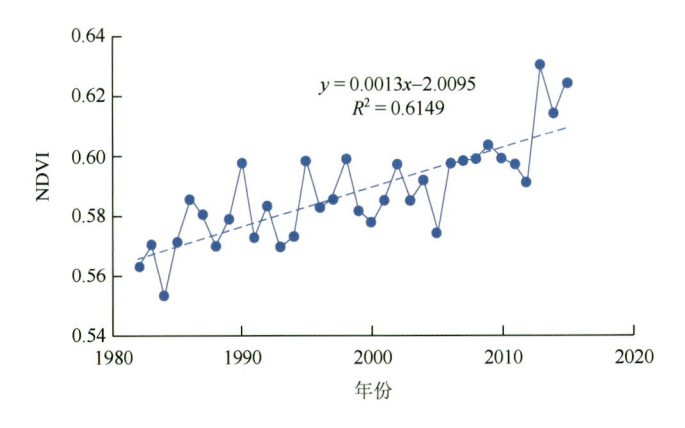

图 3-16　1982～2015 年岩溶地区八省（区、市）NDVI 总体变化趋势

5. 坡耕地面积减少，水土流失状况明显好转

石漠化土地上的耕地面积在 2005～2016 年呈现前期略有增加，而后期减少的态势。2005～2011 年石漠化土地上的坡耕地面积增加 4.3 万 hm²，2011～2016 年石漠化土地上的旱地面积由 275.0 万 hm² 减少到 261.6 万 hm²，减少 13.4 万 hm²；坡耕旱地面积由 258.2 万 hm² 减少到 245.2 万 hm²。2011～2016 年，岩溶地区坡耕地面积由 935.4 万 hm² 减少到 896.5 万 hm²，减少 38.9 万 hm²，其中 15°以上坡耕地面积减少 34.2 万 hm²，表明随着生态文明建设持续推进，因退耕还林工程、石漠化综合治理工程实施及土地整治力度加大，坡耕地面积减少，水土流失面积与泥沙流失量均不断减少。

根据监测数据和《岩溶地区水土流失综合治理技术标准》(SL 461—2009)测算,2016 年与 2011 年相比,岩溶地区水土流失面积由 2073.2 万 hm² 减少到 1904.0 万 hm²,减少 8.2%;土壤侵蚀模数由 725.8t/(a·km²)下降到 695.1t/(a·km²),降低 30.7t/(a·km²),降低 4.2%;土壤流失量由 1.50 亿 t 减少到 1.32 亿 t,减少 0.18 亿 t,减少 12.0%。

根据珠江流域分布在岩溶地区的 7 个水文监测站(小龙潭、迁江、柳州、南宁、大湟江口、梧州、高要)多年监测数据,珠江的年均输沙量总体呈下降趋势,即输沙量表现出 2001~2005 年多年平均值＞2006~2010 年多年平均值＞2011~2015 年多年平均值,7 个水文监测站 2011~2015 年年均输沙量平均值较 2006~2010 年减少 25.7%(表 3-23)。

表 3-23　2001~2015 年珠江流域各水文站河流输沙量对比表

水文站	南盘江小龙潭	红水河迁江	柳江柳州	郁江南宁	浔江大湟江口	西江梧州	西江高要	各水文站均值
2001~2005 年平均/万 t	403.7	820.7	443.6	943.8	2632.0	2782.0	3604.0	1661.0
2006~2010 年平均/万 t	286.8	170.4	452.8	358.2	1406.0	1655.4	2258.0	940.6
2011~2015 年平均/万 t	224.2	104.9	341.2	315.8	1255.6	1202.0	1451.2	698.6
近两期平均值差值/万 t	-62.6	-65.5	-111.6	-42.4	-150.4	-453.4	-806.8	-242.0
近两期平均值差值变化率/%	-21.8	-38.4	-24.6	-11.8	-10.7	-27.4	-35.7	-25.7

资料来源:《中国河流泥沙公报》。

长江流域分布在岩溶地区的 7 个水文监测站(干流宜昌站和乌江武隆、湘江湘潭、资水桃江、沅江桃源、澧水石门、汉江皇庄)多年监测数据显示,长江流域岩溶地区河流的输沙量总体呈下降趋势,2011~2015 年 7 个水文监测站年均输沙量平均值较 2006~2010 年减少 45.0%(表 3-24)。

表 3-24　2001~2015 年长江流域各水文站河流输沙量对比表

水文站	干流宜昌	乌江武隆	汉江皇庄	湘江湘潭	资水桃江	沅江桃源	澧水石门	各水文站均值
2001~2005 年平均/万 t	15972.0	1066.0	828.0	543.3	80.6	241.8	406.1	3099.1
2006~2010 年平均/万 t	3234.0	494.0	660.0	641.8	25.3	58.7	125.3	766.2
2011~2015 年平均/万 t	1840.0	224.0	260.0	399.6	33.0	109.9	62.3	421.5
近两期平均值差值/万 t	-1394.0	-270.0	-400.0	-242.2	7.7	51.2	-63.0	-344.7
近两期平均值差值变化率/%	-43.2	-54.7	-60.6	-37.7	30.4	87.2	-50.3	-45.0

资料来源:《中国河流泥沙公报》。

据《2006~2015 年长江流域水土保持公报》,经过 10 年的治理和预防,长江流域水土流失面积减少 1462 万 hm²,较全国第二次水土流失遥感调查结果减少了 27.5%,区域生态状况明显好转,水土流失面积显著减小。

6. 生态系统稳定好转，应对气候变化能力增加

本次监测结果显示，与 2011 年相比，岩溶地区石漠化演变类型以稳定型为主，面积为 4000.9 万 hm^2，占岩溶土地面积的 88.5%，改善型面积为 404.8 万 hm^2，占 8.9%；退化型面积为 116.6 万 hm^2，占 2.6%；改善型面积为退化型面积的 3.4 倍，表明岩溶地区整体生态状况趋于稳定好转。

据中国科学院亚热带农业生态研究所专题研究，2001～2015 年，综合反映区域干旱情况的 SPEI（标准化降水蒸散）指数以 0.021/10a 的速度呈不显著的下降趋势，即岩溶地区气候趋于暖干化，不利于植被恢复生长。基于 GIMMS LAI 时间序列遥感数据和植被动态变化模型（LPJ-GUESS），在当前气候状况下（无人类活动影响），模拟出的植被叶面积指数（LAI）应以 $0.0121 m^2/(m^2·a)$ 的速度减少，植被总初级生产力应以年均 $2.6 t/km^2$ 的速度减少，2015 年模拟出的植被叶面积指数应比 2001 年低 6.0%。但在当前气候条件与人类活动干预下，实际监测到植被叶面积指数以年均 $0.0177 m^2/(m^2·a)$ 的速度在增长，而 2015 年实测的植被叶面积指数比 2001 年增加 8.9%，岩溶土地抵御气候变化的能力增强（图 3-17 和图 3-18）。

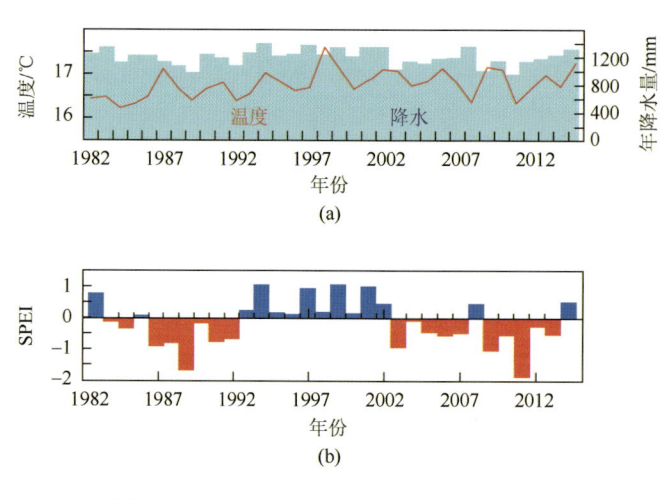

图 3-17　1982～2015 年岩溶地区气候变化图

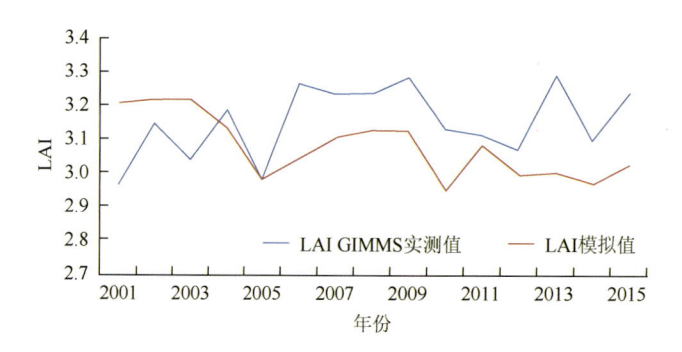

图 3-18　2001～2015 年岩溶地区植被叶面积指数实测与模拟变化图

7. 区域经济发展加快，贫困有所减轻

随着国家西部大开发、中部崛起、长江经济带发展和精准扶贫等国家战略的相继实施，加大石漠化综合治理工程中生态经济型产业布局，区域经济发展步伐加快，产业结构得到进一步优化，群众增收致富能力增强，经济状况明显好转。根据原国家林业局经济发展研究中心对石漠化地区的经济效益评估报告，2015年，岩溶地区生产总值与2011年相比增长65.3%，高于全国同期的43.5%；农村居民人均纯收入比2011年增长79.9%，高于全国同期的54.4%；第一和第二产业比例较2011年分别下降了1.3个百分点和2.3个百分点，第三产业上升了3.6个百分点；外出务工人数增长9.4%，旅游业发展较快，森林旅游人数和收入分别增长118.0%和178.6%。

2011~2016年，八省（区、市）农村贫困人口由5789万人下降到1986万人，减贫3803万人，贫困率由21.1%下降到7.7%，下降了13.4个百分点。由于地区经济的发展，群众收入增加，贫困人口减少，间接促进了岩溶地区生态环境保护与石漠化治理（表3-25）。

表3-25　2011~2016年八省（区、市）贫困人口变动状况表　（单位：万人）

地区	2011年	2012年	2013年	2014年	2015年	2016年	近5年减贫人口
全国	12238	9899	8249	7017	5575	4335	7903
湖北	488	395	323	271	216	176	312
湖南	908	767	640	532	434	343	565
广东	166	128	115	82	47		166
广西	950	755	634	540	452	341	609
重庆	202	162	139	119	88	45	157
四川	912	724	602	509	400	306	606
贵州	1149	923	745	623	507	402	747
云南	1014	804	661	574	471	373	641
八省(区、市)小计	5789	4658	3859	3250	2615	1986	3803

资料来源：2011~2016年《中国农村贫困监测报告》。

3.6 潜在石漠化土地变化状况

与2011年相比，潜在石漠化土地因石漠化土地生态修复等转入面积约225.4万hm^2，同时转出为石漠化和非石漠化土地面积约90.2万hm^2（表3-26）。监测期内净增加约135.1万hm^2，年均增加面积27.0万hm^2，年均增长率为2.0%。

表 3-26　潜在石漠化土地动态转移表　　　　　　　（单位：hm²）

类别	合计	石漠化土地	非石漠化土地	其他
潜在石漠化土地转出至	902253.3	521602.8	381574.7	−924.2
潜在石漠化土地转入自	2253513.8	2049851.7	199241.1	4421.0
净变化量	1351260.5	1528248.9	−182333.6	5345.2

在新增的潜在石漠化土地面积中，一是通过对石漠化土地实施人工造林、封山育林等营造林措施，改善了林草植被结构，提升了植被盖度，增强了生态功能，转为潜在石漠化土地面积 144.5 万 hm²，占潜在石漠化土地转入面积的 64.1%，是我国石漠化土地面积减少、岩溶生态系统功能增强的主导因素；二是区划图斑细化，前期非石漠化土地和石漠化土地图斑中因区划细化转为潜在石漠化土地面积 43.4 万 hm²，占转入面积的 19.3%；三是前期石漠化土地自然修复好转为潜在石漠化土地面积 31.9 万 hm²，占转入面积的 14.2%；四是坡改梯等农业工程措施致使前期石漠化转为潜在石漠化土地面积为 3.9 万 hm²，占转入面积的 1.7%。

在潜在石漠化减少的面积中，一是区划图斑细化，前期潜在石漠化土地图斑中细化出石漠化和非石漠化土地面积 64.7 万 hm²，占前期潜在石漠化土地转出面积的 71.7%；二是毁林（草）开垦、樵采等导致土地石漠化，面积 10.2 万 hm²，占转出面积的 11.3%；三是全垦造林、陡坡耕种等不合理经营方式导致土地石漠化，面积 3.9 万 hm²，占转出面积的 4.3%；四是干旱、冰冻、泥石流、滑坡等自然灾害导致的土地石漠化，面积 1.7 万 hm²，占转出面积的 1.9%。此外，土地整理和基础设施建设等致使前期潜在石漠化土地转为非石漠化土地面积 7.9 万 hm²，占转出面积的 8.8%。

1. 分省区市动态变化

与 2011 年相比，各省区市潜在石漠化土地面积均有所增加，从增加面积来看，贵州省增加面积最大，为 38.3 万 hm²，反映了贵州省在 2011~2016 年，全面实施石漠化治理工程取得了明显成效，占潜在石漠化土地面积变化增加量的 28.3%；其他依次为广西、云南、湖北、重庆、湖南、四川和广东，增加面积分别为 37.6 万 hm²、27.1 万 hm²、11.4 万 hm²、7.8 万 hm²、7.0 万 hm²、5.3 万 hm² 和 0.8 万 hm²，分别占增加面积的 27.8%、20.0%、8.4%、5.8%、5.1%、3.9% 和 0.6%。从增加率来看，以广西最高，为 16.4%；其他依次为云南 15.3%、贵州 11.8%、重庆 8.9%、四川 6.9%、湖北 4.8%、湖南 4.4% 和广东 1.8%（表 3-27 和图 3-19）。

表 3-27　2011~2016 年潜在石漠化土地分省区市变化表

地区	2011 年/hm²	2016 年/hm²	变化量/hm²	变化率/%	年均变化率/%
湖北	2377896.9	2491639.4	113742.5	4.8	0.9
湖南	1564142.0	1633680.8	69538.8	4.4	0.9
广东	415003.8	422646.1	7642.3	1.8	0.4

续表

地区	2011年/hm²	2016年/hm²	变化量/hm²	变化率/%	年均变化率/%
广西	2293597.0	2669641.2	376044.2	16.4	3.1
重庆	871480.5	949347.3	77866.8	8.9	1.7
四川	768797.1	821570.7	52773.6	6.9	1.3
贵州	3255580.4	3638546.7	382966.3	11.8	2.2
云南	1771025.9	2041711.9	270686.0	15.3	2.9
合计	13317523.6	14668784.1	1351260.5	10.1	2.0

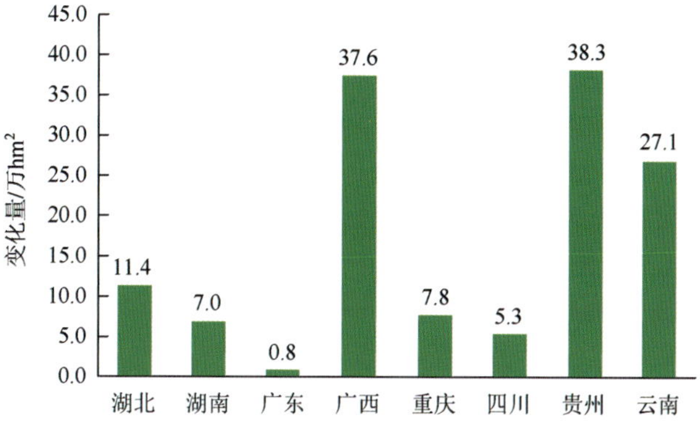

图 3-19 2011~2016 年潜在石漠化土地分省区市变化图

2. 分流域动态变化

与 2011 年相比，除怒江、澜沧江流域潜在石漠化土地面积基本持平外，其他各流域潜在石漠化土地面积均呈现增加态势。其中，珠江流域面积增加最多，约为 69.2 万 hm²，占潜在石漠化土地增加面积的 51.2%，主要因为珠江流域的广西、贵州、云南的石漠化土地通过生态修复后转为潜在石漠化土地较多。其他依次为长江和红河流域，增加面积分别约为 60.4 万 hm² 和 5.5 万 hm²，分别占潜在石漠化土地增加面积的 44.7% 和 4.1%（表 3-28 和图 3-20）。

表 3-28 2011~2016 年潜在石漠化土地分流域变化表

流域	2011年/hm²	2016年/hm²	变化量/hm²	变化率/%	年均变化率/%
长江流域	8707003.8	9311224.5	604220.7	6.9	1.4
珠江流域	4054745.4	4746992.6	692247.2	17.1	3.2
红河流域	269434.2	324349.0	54914.8	20.4	3.8
怒江流域	136469.5	137484.1	1014.6	0.7	0.1
澜沧江流域	149870.7	148733.9	−1136.8	−0.8	−0.2
合计	13317523.6	14668784.1	1351260.5	10.1	2.0

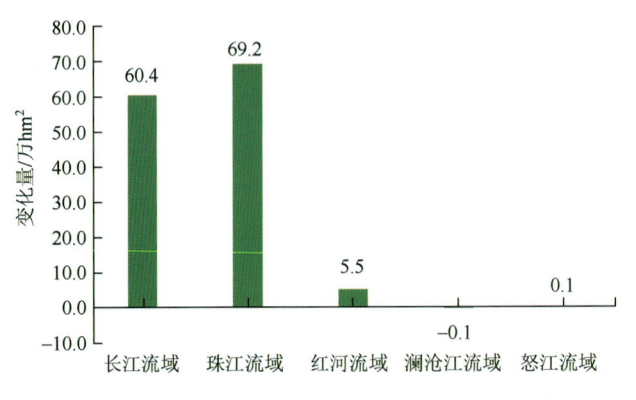

图 3-20　2011～2016 年潜在石漠化土地分流域变化图

3. 分地类变化状况

与 2011 年比，潜在石漠化土地中的乔灌林地增加面积最多，约 131.2 万 hm²，约占潜在石漠化土地面积增加量的 97.1%，主要由其他林地（宜林地、无立木林地、未成林造林地等）以及旱地等通过人工造林、封山育林等营林措施生态修复后转移而来；潜在石漠化土地中的耕地（梯土化旱地）面积增加约 6.8 万 hm²，约占潜在石漠化土地面积增加量的 5.1%，主要是石漠化土地实施土地整治及梯土化改造转移而来。而潜在石漠化土地中的草地面积减少约 2.9 万 hm²，主要是因为实施人工造林及草地自然修复后转变成了乔灌林地（表 3-29 和图 3-21）。

表 3-29　2011～2016 年潜在石漠化土地分地类变化表

地类	2011 年/hm²	2016 年/hm²	变化量/hm²	变化率/%	年均变化率/%
乔灌林地	12720652.3	14032735.1	1312082.8	10.3	2
耕地（梯土化旱地）	539141.6	607497.2	68355.6	12.7	2.4
草地	57729.7	28551.8	−29177.9	−50.5	−13.1
合计	13317523.6	14668784.1	1351260.5	10.1	2

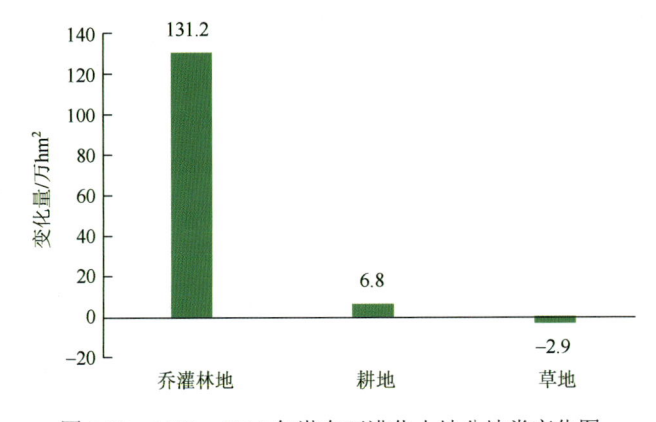

图 3-21　2011～2016 年潜在石漠化土地分地类变化图

3.7 石漠化治理面临的主要问题与挑战

在党中央、国务院的高度重视下，国家不断加大生态建设与保护力度，石漠化防治持续发力，石漠化土地扩展的趋势得到有效遏制，岩溶地区石漠化土地状况出现持续减少、程度减轻的态势，生态状况整体好转。但因石漠化土地面积大、分布集中，治理难度大，加之工程治理覆盖面窄，投资少，治理速度缓慢，与国家预期存在较大差距；且岩溶生态系统脆弱，石漠化治理具有长期性和艰巨性，局部石漠化土地仍在扩展，防治形势仍很严峻。

1. 生态系统脆弱，恢复周期长

岩溶土地具有先天脆弱性，因其独特的二元水文结构，且基岩裸露度高、土被破碎不连续、土层瘠薄，保水保肥能力差，抵御灾害能力弱，破坏容易，恢复难。一是碳酸盐岩不溶物含量普遍低于 5%，导致岩溶成土速率极其缓慢，溶蚀 30cm 厚的碳酸盐岩才能形成 1cm 厚的土层，需要 4000~8500 年。二是岩溶土地中，土层厚度为薄、极薄的面积 1461.0 万 hm^2，占岩溶土地面积的 32.3%，这些土地一旦继续流失，将永久失去生产能力，迫切需要加强保护。三是岩溶土地中，轻度敏感以上面积 3354.0 万 hm^2，占岩溶土地面积的 74.2%，敏感性高，增加了石漠化发生的风险。四是有潜在石漠化土地面积 1466.9 万 hm^2，占岩溶土地面积的 32.4%，基岩裸露度高，植被群落稳定性差。尤其是石漠化土地生态修复转移而来的潜在石漠化土地，因岩石裸露度和地表土壤状况在短期内不可能有实质性的改变，新形成的植被稳定性差，更易出现逆转，一旦遇到极端气候和不合理的人为干扰，极易形成新的石漠化土地，在石漠化与潜在石漠化土地中，乔灌盖度低于 50%的面积为 1336.3 万 hm^2，其中乔灌林地 1174.6 万 hm^2，其他林地与草地、未利用地面积 161.7 万 hm^2，植被群落结构简单，生物多样性单一，生态功能不强。同时岩溶土地具有富钙、偏碱、黏重等特性，对生态修复植物具有很强的选择性，加之"缺土少水"，区域林草植被建设普遍成活率低、生长速度慢。治理后新形成的植被恢复到稳定的群落系统，也需要一个漫长的过程。研究表明，石漠化土地从退化的草本群落阶段恢复至灌丛、灌木林阶段需要近 20 年，至乔木林阶段约需 47 年，至稳定的顶极群落阶段则需近 80 年，表明生态工程建设是一项长期性任务，岩溶生态系统的修复也将是一个长期、艰难、复杂的过程。

2. 保护任务重，资金缺口大

岩溶土地中有乔灌林地面积 2854.4 万 hm^2，没有采取任何保护措施面积超过 1500.0 万 hm^2，乔灌林地保护率仅 47%，需要保护面积大。岩溶地区有害生物灾害频发，对岩溶生态系统安全构成重大威胁。如一枝黄花、紫茎泽兰等外来物种泛滥成灾，各类病虫害时有发生。2016 年，仅贵州省林业有害生物发生面积达 20.3 万 hm^2。加强岩溶地区原生植被保护，预防岩溶生态系统退化刻不容缓。

根据《岩溶地区水土流失综合治理技术标准》(SL 461—2009)，岩溶地区土壤容许流失量为 50t/(km²·a)，仅是全国其他区域容许土壤流失量 500t/(km²·a) 的 1/10，表明岩溶地区容许流失的土壤总量小。而岩溶土地中土层厚度小于 40cm 的占 71.8%，有限的土壤极为珍贵，一旦继续流失，本身瘠薄的岩溶土地将永久失去生产能力，迫切需要加强保护。

目前，已纳入公益林生态效益补偿的公益林，单位面积补偿资金仅 225 元/(hm²·a)，远低于区域土地承包租金，群众利益难以保障，生态保护压力大。按现有生态效益补偿标准，将未纳入保护的乔灌林地全部实施生态效益补偿，每年需要的资金高达 33 亿元，而石漠化综合治理工程每年专项投资仅 20 亿元，资金缺口大。

3. 修复难度大，治理成本高

2008 年以来，国家虽然实施了石漠化综合治理工程，但目前，国家每年的专项投入 20 亿元，共计对 316 个石漠化县进行了治理，还有 140 余个县至今未实施石漠化综合治理工程；2005~2016 年，我国岩溶地区净减少石漠化土地 289.2 万 hm²，年均减少石漠化土地面积仅为 26.3 万 hm²。但至 2016 年底，仍有 1007.0 万 hm² 石漠化土地，其中治理难度极大的重度与极重度石漠化土地面积仍有 183.2 万 hm²，未实施过工程治理的石漠化土地面积 670.0 万 hm²，治理任务依然艰巨。如按现有治理速度，不考虑石漠化逆转情况，需要近半个世纪才能将石漠化土地全部治理完，这与全面建设社会主义现代化国家和林业现代化建设战略目标极不相适应。

石漠化土地分布区范围广，地貌类型多样，地形复杂，石漠化分布在 457 个县 105 万 km² 的土地上，涉及山地、高原、丘陵、平原及洼地、峡谷、槽谷、峰林、峰丛等多种地貌地形；图斑破碎化严重，其中小于 2hm² 的图斑有 30.5 万个，占到石漠化图斑的 34.6%，导致治理的成本高。特别是石漠化土地基岩裸露度高，成土速度十分缓慢，立地条件差，随着石漠化综合治理等重点生态工程持续推进，立地条件较好的石漠化土地已逐步得到治理，下阶段将要治理的石漠化土地基本是难以恢复、"缺水少土"的严重区，其立地条件越来越差，治理难度越来越大，治理成本越来越高。据初步测算，1km² 的岩溶土地要全面修复，实现其稳定与可持续发展，单位面积投资在 50 万元以上，而 2015 年前单位面积投资标准仅 25 万元/km²。本次监测结果显示，未实施治理的石漠化土地中，基岩裸露度在 50% 以上的面积超过 1/4，坡度在 15° 以上的超过 50%，治理难度逐年加大。

4. 坡耕旱地面积大，水土流失严重

2016 年监测结果显示，岩溶地区有坡耕旱地（坡度大于 5°）面积 641.1 万 hm²，占岩溶地区耕地总面积的 50.2%，占旱地面积的 62.4%；其中 15° 以上坡耕地面积为 225.2 万 hm²，占坡耕地面积的 25.2%。在石漠化土地中，坡耕旱地面积 245.2 万 hm²，占旱地上石漠化土地面积的 93.7%。据各省（区、市）最新土地详查资料统计，长江流域有坡耕地 1066.7 万 hm²，占流域耕地总面积的 39.0%。其中，坡度大于 25° 的陡坡耕地约占坡耕地总量的 1/4。石漠化监测区的四川、贵州、重庆、云南和湖北五省（市）坡耕地面积约占长江流域坡耕地总量的 77.4%。

据测算，2016 年岩溶地区水土流失面积 1904.0 万 hm²，土壤侵蚀模数 695.1t/(a·km²)，土

壤流失量到1.32亿t，水土流失问题依然严峻。尤其是坡耕地因其基岩裸露率高，且常年人为扰动，水土流失问题特别突出。据测算，2016年，岩溶地区坡耕地水土流失量8341.2万t，占岩溶地区水土流失总量的63.2%，是区域土地石漠化和水土流失的重要来源。

研究显示，三峡库区19个县（市、区）坡耕地面积126.2万hm²，约占库区总面积的22.6%，但其年侵蚀量达9450.0万t，占库区年土壤侵蚀总量的60%。从耕地流失的泥沙，由于颗粒较细，往往成为河流泥沙的重要组成部分。

根据《贵州省水土保持公告》（2011~2015年），贵州省2015年水土流失面积仍有48791.9km²，水土流失率为27.71%，水土流失问题依然严峻。

5. 区域经济发展滞后，制约着石漠化土地治理

据专家研究，在岩溶山地条件下，当人口密度超过100人/km²时，就会出现不合理垦殖和严重水土流失，而当人口密度超过150人/km²时，就极有可能发生石漠化。据统计，目前岩溶地区人口密度高达207.0人/km²，"人多地少"的矛盾非常突出。

岩溶地区经济发展严重滞后，监测县2016年地区生产总值仅为八省（区、市）的36.2%，为全国的11.6%；人均地区生产总值仅为八省（区、市）的79.0%，为全国的72.7%；农村居民年均可支配收入仅为八省（区、市）的95.3%，为全国的87.7%；岩溶地区贫困人口多、贫困面大、贫困程度深，分布有217个国家扶贫工作重点县，农村贫困人口约占八省（区、市）农村贫困人口的3/4，占到全国农村贫困人口的1/3，脱贫压力大。且岩溶地区群众增收途径有限，对土地依赖性高，存在"靠山吃山"的问题，保护生态与发展地方经济的矛盾依然突出，边治理、边破坏仍将存在。

6. 人为破坏及自然灾害依然存在，局部恶化难以消除

主要表现在：一是毁林开垦。因生态效益补偿（补助）标准低，特别是在国家种粮补助等一系列惠农政策的激励下，当种粮和其他经济性物种等收益高于现行生态建设补助标准时，毁林毁草垦荒的现象就会存在，给治理成果巩固增添了压力。监测期间，毁林开垦导致岩溶地区有1.6万hm²林地被开垦为耕地。二是陡坡耕种。近年启动了新一轮退耕还林还草工程，加大了土地整治，但陡坡耕种问题依然突出，岩溶地区现有坡耕地面积达896.5万hm²，占耕地总面积的70.3%，占岩溶土地面积的1/5，其中，15°以上坡耕地面积为225.2万hm²，占坡耕地面积的25.2%。25°以上仍在耕作的坡耕地面积为27.0万hm²，占坡耕地总面积的3.0%。只要这些地区继续耕种，将是石漠化扩展的潜在危险地区，陡坡耕种导致的土地石漠化面积5.5万hm²。三是不合理的造林方式。因追求经济效益最大化，在石漠化治理中采用砍灌造林、全面林地清理等造林方式，短期内导致地表林草植被破坏而出现土地石漠化面积4.1万hm²。四是樵采薪材、过度放牧等破坏石漠化地区的林草植被和土壤结构，导致土壤抗侵蚀能力减弱，水土易流失，加剧了石漠化。此外，本监测期间自然气候平稳，但岩溶地区局部火灾、干旱、洪涝灾害、地质灾害等仍频繁发生，不仅加剧了土地石漠化，还对人民生命财产构成重大威胁。仅2015年岩溶地区八省区市发生滑坡3007处，崩塌758处，泥石流304处，地面塌陷198处，导致局部石漠化土地继续扩展。因自然气候灾害发生具有不确定性，难以控制，

对石漠化治理成果巩固造成了严重威胁。监测结果显示，2012~2016年，因自然灾害形成新的石漠化土地面积仍达1.8万hm^2。

综上所述，虽然经过多年的持续治理和保护，石漠化防治工作取得了阶段性成果。但岩溶土地保护任务重，石漠化修复难度大，治理成本高，加之岩溶生态系统脆弱，气候因素的不确定性，导致石漠化扩展的人地矛盾等社会驱动因素和各种破坏行为依然存在，决定着石漠化防治工作的长期性和艰巨性。

3.8 石漠化演变驱动机制

从总体上看，岩溶地区石漠化面积持续减少，生态状况稳定好转，这既是岩溶地区人为活动压力减轻与良好的水热条件有效结合促进自然修复的结果，更是国家和各级地方政府实施一系列生态保护与治理措施所取得的成果，特别是党的十八大把生态文明建设纳入了"五位一体"总体布局，地方党政领导高度重视生态建设和石漠化防治工作，生态治理力度明显加大。监测结果显示，人工造林种草和林草植被保护对石漠化土地治理发挥着主导作用，其贡献率达65.5%；土地压力减轻和农村能源结构调整等促进植被自然修复贡献率为24.4%；基础设施建设贡献率6.2%；农业工程技术措施贡献率3.9%。

1. 重大生态工程不断推进，石漠化土地得到有效治理与保护

2011~2016年，国家继续加大对岩溶地区防护林和生态建设力度，扩大了石漠化治理范围，增加了岩溶地区石漠化综合治理工程的投入，到2015年，石漠化综合治理工程重点县扩大到314个，年均投入由16亿元增到20亿元；启动实施了新一轮退耕还林工程、天然林保护二期工程，全面停止了天然林的商业性采伐；进一步提高了国家重点公益林生态效益补助标准，集体和个人所有的国家级公益林中央财政补助标准从2010年起每年每亩由5元提高到10元，2013年提高到15元；继续实施长防、珠防等重大林业生态工程。据统计，"十二五"期间，八省（区、市）完成退耕还林工程人工造林面积135.3万hm^2，天然林资源保护工程人工造林面积88.3万hm^2，长江、珠江等重点防护林工程人工造林面积71.4万hm^2，石漠化综合治理工程营造林面积170.6万hm^2；到2016年，监测县生态公益林保护面积达到1300.0万hm^2。

本次监测显示，因石漠化综合治理、退耕还林还草、防护林建设等重大生态工程实施减少的石漠化土地面积达145.9万hm^2，生态工程建设是我国石漠化土地面积持续减少的主导因素。这些重大生态工程不断推进，石漠化土地得到有效治理与保护，区域生态环境状况持续改善。

2. 农村人口转移，降低了土地承载压力

一是城镇化率提高。随着城镇化的持续推进，岩溶地区城镇化率不断提高，大量的农村人口进入城镇生活，农村人口持续减少，对土地的压力大为减轻。据《中国统计年

鉴》(2012~2017年)，八省（区、市）2011年城镇化率为48.9%，2016年城镇化率达55.3%，5年间城镇化率每年增长约1.3个百分点。而465个监测县的城镇化率由2011年的35.2%提高到2016年的45.5%，年均增长约2个百分点，城镇化率步伐明显快于八省（区、市）与全国平均水平。

二是农村富余劳动力劳务输出。据统计，2016年与2011年相比，除广东为农村劳动力转入省外，其余七省（区、市）均为农村劳动力输出地，2011~2016年农村富余劳动力转移人数增加1444.9万人，年均新增农村富余劳动力转移人数289万人，当地农村人口大幅下降，降低了对土地依赖程度，减轻了土地的承载压力。

三是易地扶贫搬迁安置。十八大以来，各省区市扶贫力度不断加大，通过易地扶贫搬迁安置，将那些生活在不具备基本生产生存条件地区的贫困人口搬迁出来，使岩溶石漠化土地得到休养生息。2011~2016年，仅滇桂黔三省（区）通过易地扶贫搬迁共安置群众就达281.0万人。

由于城镇化率提高和农村劳务输出，八省（区、市）农村人口由2011年的23796万人下降到2016年的21533万人，下降了2263万人，下降了9.5%，人口压力总体减轻，降低了岩溶土地的承载压力。

3. 农村能源结构变化，减轻了对岩溶地区植被的破坏

通过实施农村能源工程，农村家庭能源结构呈多元化趋势，非生物质能源比例上升，薪材比例逐年下降，森林资源消耗减少，间接地保护了石漠化地区林草植被。据专题调研，在农村能源结构中，传统薪材所占比例由2011年的37.2%下降到2016年20.0%以下。

一是沼气、太阳能等新型能源和电力、天然气等商品型能源的广泛应用，降低了薪材在农村能源结构中的比例，减少了森林资源的消耗。对岩溶地区典型县抽样专题研究显示，2011~2015年，建沼气池的农户数增加28.3%，使用太阳能的农户数增加122.5%，农村能源结构进一步优化。截至2015年底，仅广西全区406万户沼气池年产沼气量约为16亿m^3，折算为255万吨标准煤，相当于每年节约薪材622万t，保护了灌木林地面积41.5万hm^2，实现了生态效益和社会效益同步增长。

二是省柴节煤炉灶等节能设施的推广应用，减少了生物质能源消耗。目前岩溶地区农村配置省柴节煤炉灶的农户数超过70%，节约用柴50%以上，大大提高了能源利用率。

4. 农业技术措施的实施，提高了石漠化耕地的质量

石漠化地区人多地少，人均耕地面积小，坡耕地面积大，耕地质量差，人地矛盾突出。因此，各地通过实施国土整治、农业综合开发、退耕还林、小流域综合治理等项目，进行坡改梯，建设高标准农田，将石漠化土地转变为潜在石漠化及非石漠化土地。据统计，2011~2016年，岩溶地区实施坡改梯面积5.7万hm^2。实施保护性耕作、间作、轮作等农业技术措施的面积达34.9万hm^2，并加强了小型水利水保设施建设，改善农业生产条件，有效提高了耕地的质量与作物产量。八省（区、市）粮食总产量由2011年的15170.2万t增加到2016年的16222.5万t，增长6.9%；粮食单产由5.1t/hm^2增加到5.4t/hm^2，增长5.9%。由于土地生产力提高，农民收入增加，促进了石漠化土地治理和生态保护。

5. 基础设施建设力度加大，直接占用与利用了石漠化土地

"十二五"期间，随着各地工业园区建设，城镇化发展，易地扶贫搬迁，水利、道路等基础设施建设速度加快，建设用地规模不断增加，直接将石漠化与潜在石漠化土地扭转为非石漠化土地。监测结果显示，2011~2016年，因工程占用潜在石漠化土地及石漠化土地直接转化为建设用地的面积达25.2万hm^2。仅贵州省因基础设施建设占用了10.5万hm^{2}石漠化和潜在石漠化土地。

6. 灾害性天气减少，有利于岩溶地区植被恢复

监测期间，监测县域整体气候平稳，基本水热同期，风调雨顺，没有出现上个监测期间雨雪冰冻和三年持续大旱等极端灾害天气，2008年的雨雪冰冻灾害涉及监测省区市受影响森林与林地面积超过900.0万hm^2；2009年冬季到2010年的春季大旱对云南、贵州两省林草植被生长影响严重，局部地区森林覆盖率甚至下降3个百分点以上。本监测期间影响林草植被生长的灾害性天气明显下降，受自然灾害影响恶化面积仅占到前期恶化面积的7%。较好的自然气候环境为区域林草植被的自然修复提供了良好条件，促进了石漠化土地朝良性方向演变。

参 考 文 献

但新球，屠志方，李梦先，等. 2014. 中国石漠化. 北京：中国林业出版社.
但新球，吴照柏，贺东北，等. 2018. 岩溶地区石漠化旱地现状与保护利用研究. 中南林业调查规划，37（2）：66-70.
但新球，吴照柏，吴协保，等. 2019a. 近15年中国岩溶地区石漠化土地动态变化研究. 中南林业调查规划，38（2）：1-7.
但新球，李梦先，吴协保，等. 2019b. 中国岩溶地区石漠化现状. 中南林业调查规划，38（1）：1-6，34.
李梦先. 2006. 我国西南岩溶地区石漠化发展趋势. 中南林业调查规划（3）：19-22.
李梦先，但新球，吴协保，等. 2018. 第三次石漠化监测主要技术特点与存在问题分析. 中南林业调查规划，37（3）：67-70.
吴协保，但新球，吴照柏，等. 2019. 中国岩溶地区石漠化防治形势与对策研究. 中南林业调查规划，38（4）：1-8.
吴协保，黄俊威，宁小斌，等. 2021a. 长江经济带石漠化土地动态变化及原因探究. 中南林业调查规划，40（2）：59-64.
吴协保，黄俊威，宁小斌，等. 2021b. 珠江流域土地石漠化和河流泥沙含量的动态变化. 水土保持通报，41（3）：22-30.
吴协保，宁小斌，黄俊威，等. 2021c. 长江经济带石漠化土地现状及分布特点. 中南林业调查规划，40（1）：67-72.
吴协保，宁小斌，肖金顶，等. 2021d. 长江经济带石漠化防治形势与对策研究. 中南林业调查规划，40（4）：68-72.
吴协保，宁小斌，肖金顶，等. 2021e. 长江经济带岩溶地区河流水沙特征与石漠化土地相关性分析. 中南林业调查规划，40（3）：71-76.
吴照柏，但新球，吴协保，等. 2020. 中国喀斯特石漠化. 北京：中国林业出版社.
吴照柏，吴协保，但新球，等. 2019. 潜在石漠化土地现状与保护利用探讨. 中南林业调查规划，38（3）：1-4.

第4章 喀斯特峰丛洼地水土过程机理与石漠化综合治理

4.1 峰丛洼地水循环关键过程与地表-地下水资源综合调控利用

4.1.1 峰丛洼地区水循环过程

1. 峰丛洼地区水-汽循环及降水特征

喀斯特峰丛洼地地处世界三大岩溶之一，中国西南喀斯特南部斜坡地带，属于亚热带季风气候，该区雨热资源丰富，全年雨量丰沛，根据中国气象局发布的数据推算，喀斯特年降水量在1800mm左右，4~9月为每年的降水高峰期，降水量占全年降水量的70%以上，夏季降水较多，年平均气温在15℃以上，年平均最高气温保持在30℃以上。

峰丛洼地区年降水量大于0.1mm的天数为120~150天，年降水量大于10mm的天数为30~40天，年降水量大于25mm的天数为18~21天，大于50mm的天数为5~6天。该地区整体降水量较大，但蒸发量明显大于降水量，导致水汽总体上处于亏损状态，易形成干旱气候，产生湿润地区的特殊干旱气候（Qin et al., 2021）。

与其他地区水汽循环所不同的是，峰丛洼地地下空间特别发育，地表常有落水洞、地下河天窗等岩溶形态，与地下空间系统连通，降水到达地面后，往往很难形成地表径流。降水入渗系数很高，岩石裂隙发育，土层浅薄，降水会在较短的时间内下渗到地面深处，岩溶造成水源深埋。大量裸露的岩石及地表植被覆盖区，也会致使大气降水蒸发量增加，以上因素结合，造成峰丛洼地地表严重缺水，地下水特别丰富的局面，形成了温润气候条件下特殊的岩溶干旱现象。且由于岩溶发育的不均匀性和新生代地壳大幅度抬升造成的岩溶发育深度增加，开采、利用地下水非常困难（袁道先，2003）。

2. 峰丛洼地区地下水补-径-排条件

峰丛洼地内地表缺乏地表水系，地表为表层岩溶系统；地下为洞穴和管道，形成地下地表二元结构的水文系统（图4-1）。碳酸盐岩裸露区溶隙、溶洞等岩溶通道发育，形成水土分离的格局，地表植被破坏严重，以及不完善的地表水系统与地下水系统同时存在，大气降水快速渗入地下深处，浅部涵水能力极差，导致地表严重干旱缺水。

岩溶含水介质主要为裂隙-溶洞型（裂隙-管道型）、溶洞-裂隙型（管道-裂隙型），不同的岩溶含水介质具有不同的水文地质特征，即岩溶含水空间形态和规模的不同，使得岩溶地下水的补给、径流、排泄条件和水循环特征有较大的差异。

（1）补给源。岩溶地下水补给源主要是大气降水。在不同的地貌类型区接受降水的补给有明显的差异。峰丛洼（谷）地区，地表河系不发育，地下水埋藏深，农田稀少，相对其他类型区降水入渗强度大，接受补给量大，一般渗入系数在0.3~0.6，个别地段大

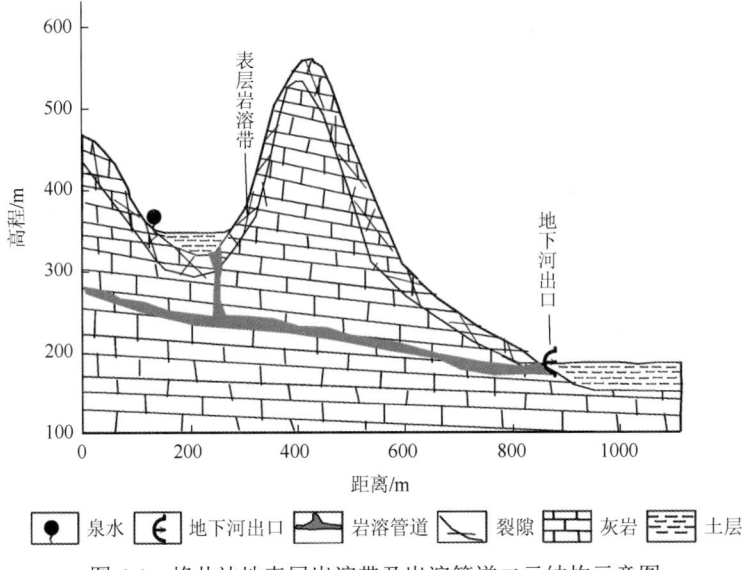

图 4-1　峰丛洼地表层岩溶带及岩溶管道二元结构示意图

于 0.6。而峰林、孤峰平原和岩溶谷地区，地势低平，河系较发育，地下水埋藏浅，降水的一部分被地表河排泄，降水入渗强度变小，一般为 0.2~0.5。从赋水条件看，碳酸盐岩裂隙溶洞水入渗系数为 0.4~0.6；碳酸盐岩夹碎屑岩溶洞裂隙水为 0.3~0.5；碎屑岩区入渗系数为 0.1~0.3；松散岩类入渗系数为 0.1~0.5。

（2）补给形式。分两种补给形式：一种是渗透补给；另一种是灌入补给。渗透补给，是大气降水和地表水从地表或者河床呈面状向下渗透补给溶隙系统。这种分散的导水系统，分散在碳酸盐岩体的各个部位，分布广，接受补给量大。灌入补给，是大气降水和地表水通过包气带中的垂直溶蚀管道，如漏斗、落水洞、地下河天窗、地下河入口直接注入地下河中。这种垂直溶蚀管道导水系统分布在碳酸盐岩体的某些部位，这种补给形式以点状补给为其特点。

（3）地下水径流。一个完整的岩溶地下水流域，根据径流规模、形式和径流强度，可把地下水的运动划分为三种径流系统：一是垂直径流系统（Ⅲ），形成于流域内的一些峰丛或残山地区，补给区位于附近的高地，排泄区位于洼地，径流通道由裂隙和一些残留洞穴组成，径流途径短，洼地边缘的下降泉和山坡上的悬挂泉是它的典型排泄方式。二是水平强径流系统（Ⅱ），分布范围大致包括相对稳定水位以下到最低一层水平管道，径流通道主要由水平和垂直管道以及大型溶蚀裂隙构成，导水能力强，水的停留时间短，补给分散，排泄集中。三是弱径流系统（Ⅰ），位于强径流系统之下及两侧，其底界以裂隙发育深度为限，补给区在分水岭，排泄区在最低河谷，径流通道由溶蚀裂隙系统组成，径流途径长，流动缓慢，它是地下河稳定的补给水源。

三个径流系统在不同季节发挥着不同的作用，局部径流系统在降水期（丰雨季节）把渗入地下的水大量地排到附近洼地，成为季节性河流的主要来源，但在无雨季节局部径流消失，而失去它的作用。强径流系统是地下水的主要循环系统，在平水期作用最大，可以把渗入地下的降水和地表水迅速传送到地下河口，排出地表。弱径流系统是地下河流域中最稳定的一个系统，在枯水期它的作用更加明显、更加突出。

溶隙和溶洞是地下水的两种储水空间，它们组成溶隙-溶洞双重含水系统，主要的储水空间是溶隙。溶隙和溶洞这两种不同的储水空间导致地下水出现了并存的两种不同的径流形式，即隙流和管流。

（4）排泄特征。排泄方式按水动力特征，地下河出口可分为悬挂式、平流式、反虹吸式；岩溶泉主要分为上升泉、下降泉、表层泉、悬挂泉、断层泉等。地下水排泄点出露一般有两种：一种是先变为明流，形成地表小河源头而排入江河或谷地中；另一种是直接以暗流排入江河边、河底，甚至穿过河底排至对岸。

3. 峰丛洼地区水循环特征

峰丛洼地区地下水分布除受地表水文排泄基准面的控制外，也受地质环境条件，特别是岩性和岩溶地貌的控制，不同的地貌部位及岩性，水循环特征有明显差异。

1）峰丛洼地区地下河系统

以左江流域黑水河地下水系统为例（图 4-2），大气降水通过地表岩溶带汇入地下，地下水总体上由北西往南东径流，在靖西一带谷地形成了局部的排泄场地，形成了地下河出口的集中分布区，同时也发育有较多流量较大的岩溶泉，排泄场地的高程 700~750m。在中游的湖润镇一带，由于地形的突变，地下水也产生了约 300m 的跌水，地下水往更低的排泄面（大新县城一带的谷地）排泄，在大新县城一带排泄场地的高程 200~250m。在东南面，地下水向当地最低的排泄基准面——左江排泄。

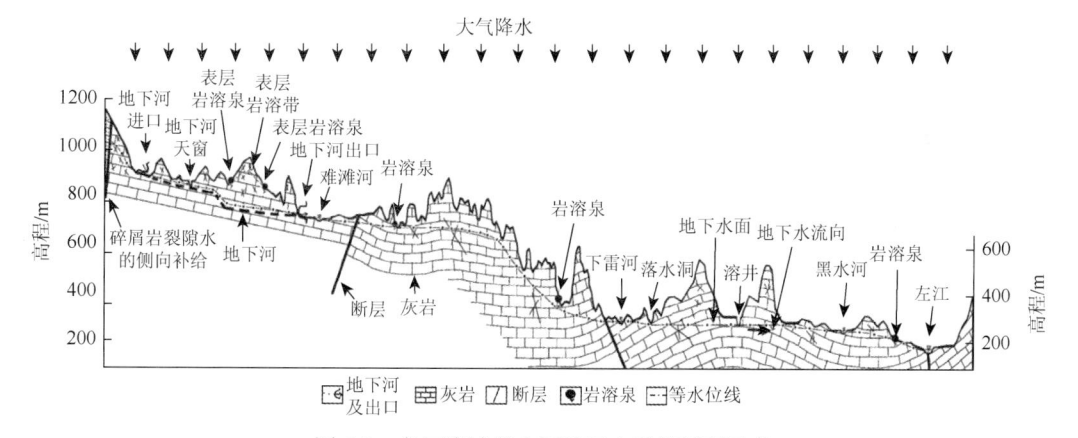

图 4-2 左江流域黑水河地下水系统剖面示意

有外源水补给的峰丛洼地区往往发育地下河，外源地表水的补给主要发生在岩溶区与非岩溶区接触地带，峰丛洼地区地势较低，非岩溶区的地表河进入岩溶区时或流经岩溶区一段距离后就潜伏地下而成地下河。坡雷地下河系统就是典型代表。坡雷地下河位于右江西岸（图 4-3），地下河补给区位于南部，为碎屑岩分布区，在补给区，接受大气降水后，形成地表汇流，径流至碎屑岩与碳酸盐岩接触带注入落水洞（主要有 3 个入口），以外源水的形式补给坡雷地下河，形成三条支流，由南向北径流途中，还接受沿途洼地的大气降水补给，在东孟村南面，三条支流合流，最后在坡雷村排泄于达腊河，再汇入右江。总汇水面积 354.6km²。

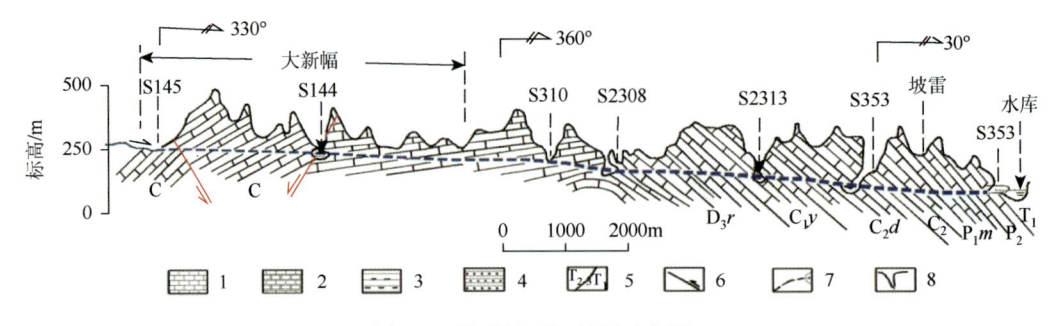

图 4-3 坡雷地下河剖面示意图

1. 灰岩；2. 白云岩；3. 泥岩；4. 砂岩；5. 地层界线及代号；6. 断层；7. 地下河出口及管道；8. 天窗

上游为峰丛洼地、下游为峰林谷地型地下水系统，上游为峰丛洼地补给区，大气降水以垂直入渗为主，直接灌入地下，地下水力坡度大，径流集中畅通。在峰丛洼地到峰林谷地过渡区，往往形成山前泉水排泄带。下游为峰林谷地径流排泄区，地表水系发育，地下水直接排往河流，由于大多江河都已建坝蓄水，许多地下水排泄口被淹没在河水面下，使丰水期河水反补给两岸地下水，如左江流域的浦寨地下河（图 4-4），被淹没于左江水面下，丰水期河水反补给地下水。交替带的范围达 1.4km。常常造成洪涝，地下水、地表水交替污染。

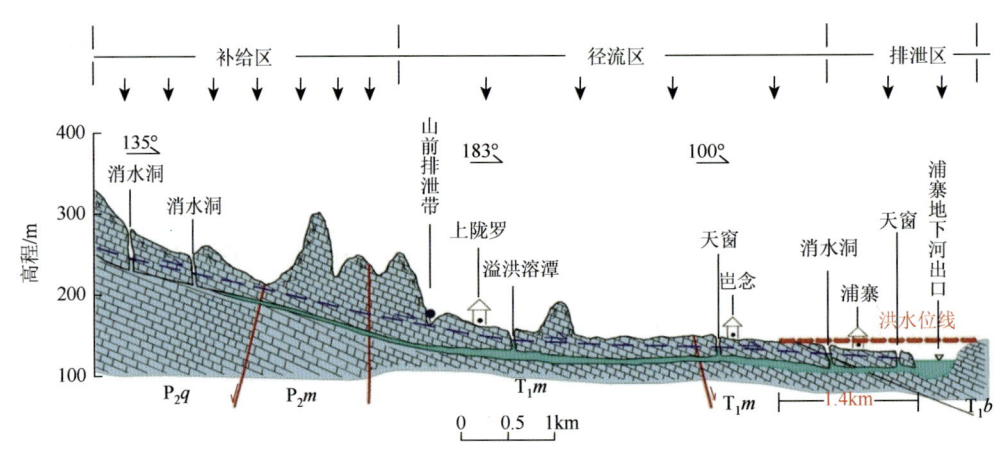

图 4-4 左江流域浦寨地下河系统剖面示意图

2）岩溶泉水系统

以湖南新田县双胜河岩溶地下水系统为例（图 4-5），岩溶峰丛区为补给区，地下水总体向新田河谷运移。受地形地貌和山前断层影响，在青龙坪谷地形成一级排泄带，浅循环地下水以岩溶泉和地下河形式排入地表水系，且部分地表径流通过岩溶裂隙再次转入地下形成对岩溶含水层的补给。由于梅湾断层带的影响，地下水在断层上盘的青龙坪谷地富集，地下水位明显高于下游新田河谷地。补给区来水在青龙坪谷地部分排出地表，沿河溪向北径流，自梅湾垭口拐向西南流向新田河；地下潜流则在青龙坪一带汇集经珠美洼地向东运移，在香花井西侧以侵蚀断层泉排泄，形成双胜河南支流源头，用于野牛山水库的补给源。同时，在双胜河中下游岩溶谷地形成地下水的集中排泄区，为该系统的地下水的区域性富集地带，多个大泉密集出露，构成该系统的二级排泄带。因此，在区域上，本系统的地下水运移具有双层水力网，浅部循环水与地表水关系密切，具有交替互补特征。深部循环水受新田河排泄基准面的控制。

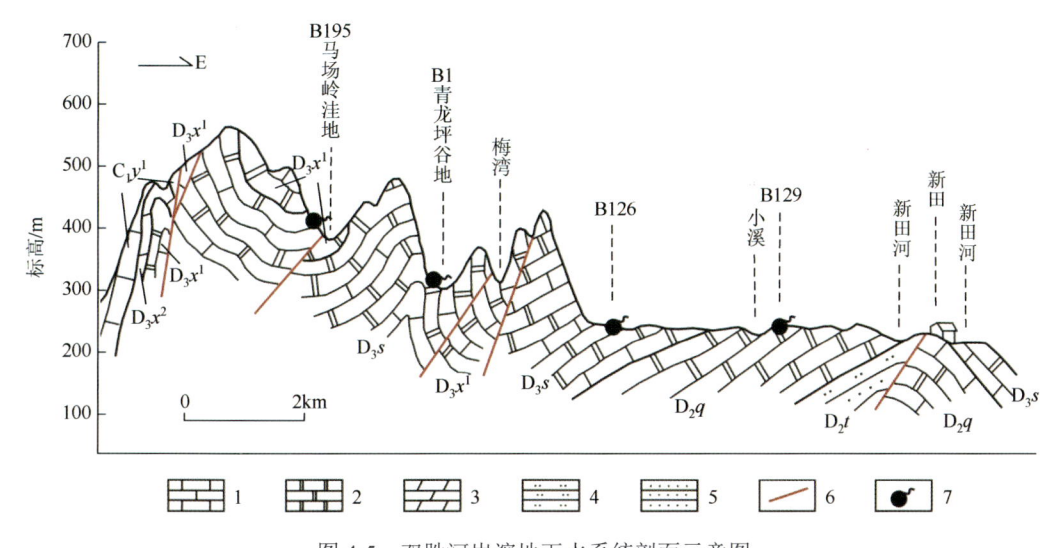

图 4-5 双胜河岩溶地下水系统剖面示意图

1. 灰岩；2. 白云岩；3. 云质灰岩；4. 砂质泥岩；5. 粉砂岩；6. 断层；7. 泉

3）表层岩溶泉水系统

以平果果化峰丛洼地区为例，区内表层岩溶带厚度可达 20m，广泛分布于峰丛、垭口和峰麓地带，涵养了表层岩溶水，发育表层岩溶泉 13 个，为主要的农业灌溉水源。例如，龙何下泉的水循环主要为表层岩溶带水浅循环：雨水—入渗至表层岩溶带—表层岩溶泉。泉水出露后排入洼地中，然后顺谷地流向下级洼地（图 4-6）。在泉口附近修建两个 500m³ 的水柜，

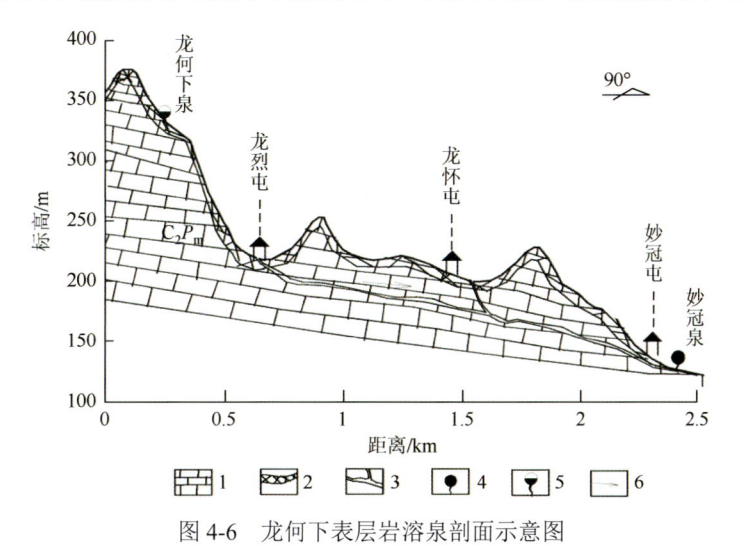

图 4-6 龙何下表层岩溶泉剖面示意图

1. 灰岩；2. 表层岩溶带；3. 岩溶管道；4. 岩溶泉；5. 表层岩溶泉；6. 地下水流向

通过引水管将水引到 500m 以外的龙怀洼地，解决了龙怀洼地 200 多亩耕地的灌溉用水，实现自流灌溉。

4.1.2 水资源综合调控与高效利用技术

1. 雨水收集模块化装置

喀斯特地质地貌复杂，山高坡陡，河谷深切，水低土高，表层土壤薄瘠，岩土界面缺失，碳酸盐岩节理裂隙丰富，喀斯特渗漏使地表保持水土性能差。雨季期间出现的暴雨容易造成严重的水土流失，甚至会发生山体滑坡、泥石流等自然灾害。旱季高温干燥，相对湿度小，蒸发力强，使雨水保持与利用十分困难，而地下水埋藏深，开采利用困难，成本高（白云星等，2020）。雨水集蓄利用是解决喀斯特缺水山区饮水困难和农业补充灌溉，实现喀斯特山区水资源可持续发展不可替代的选择，是解决水资源短缺的有效方法和重要途径，对喀斯特山区水资源的循环利用具有重要意义（寿胜年，2001）。应采取必要的工程措施集蓄雨水，提高集流效率和对天然降水调节利用的能力，提高对雨水资源的利用效率。

针对西南喀斯特峰丛洼地降水时空分布不均、蓄水设施缺乏、工程性缺水等问题，有人研发了一套雨水高效防渗-收集-储藏设备，其利用地势结构来收集和储藏雨水。该设备在雨季收集和储存雨水，使得该地区在干旱缺水期有水可以用，同时解决了农作物生长发育期缺水得补灌的问题，提高了作物产量，具有低成本、高效益、干净储存以及利用的功效。选取平果市太平镇火龙果园一处斜坡作为雨水收集装置的示范点，该设备总面积达 200m^2。图 4-7 和图 4-8 为项目示范的雨水高效防渗-收集-储藏设备的设计图，图 4-9 为雨水高效防渗-收集-储藏设备现场使用图。该雨水收集装置由支架、雨水收集膜、集水槽、雨水管道、储水箱五个部分组成。支架由 PVC 管构成，防渗膜悬空铺在坡面上，不与坡面接触，四周通过绳子固定在支架上，形成一个集雨面，雨水流入集水槽，而在收集槽中预先加入了一定量的本课题组自主研发的生物高性能吸水材料，用以储存

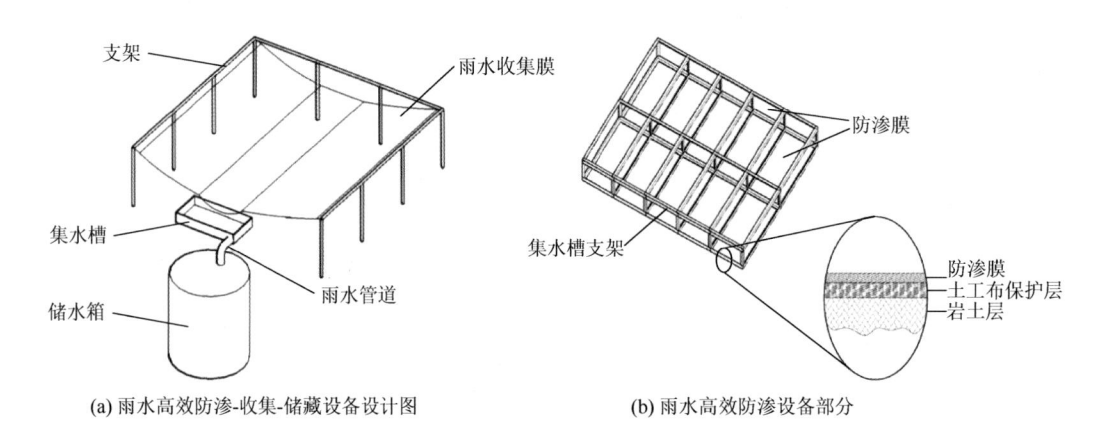

(a) 雨水高效防渗-收集-储藏设备设计图　　(b) 雨水高效防渗设备部分

图 4-7　雨水收集装置

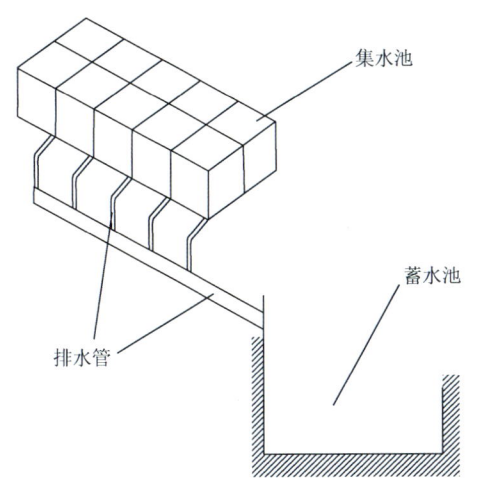

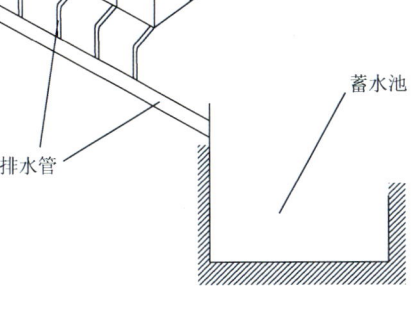

图 4-8 雨水收集和储藏设备部分 　　　图 4-9 雨水高效防渗-收集-储藏设备现场使用图

更多的雨水，同时防止了雨水的大量溢出，收集的雨水通过雨水管道汇入集水池。该套装置能够有效防止雨水的渗透，同时实现了雨水的收集。该设备于 2018 年夏季正式建成和使用，在雨季的储水量可达到 200L/d。雨季储存的雨水可在旱季使用，为火龙果的种植提供了灌溉用水，促进了农业生产，为水源的季节性调节提供了新的解决途径。

2. 峰丛洼地区不同坡位土壤-植被系统水源涵养提升技术

将植物可能水分来源粗化为对短时期内降水响应敏感的动态库（其同位素值也随降水波动）和响应不敏感的稳态库（其同位素值也相对稳定）。通过连续采集植物茎水同位素样品，在分析连续两次茎水同位素值差异的基础上，整合这种差异与两次采样期间雨水同位素的关系，定性判定植物对动态库或稳态库水分的利用特征。该方法的关键优势在于：一方面能够避开因喀斯特复杂水文地质结构造成的分层取样难，以及土壤水分真空抽提的同位素分馏问题；另一方面，植物水分来源的判定结果不依赖于具体点位的物理特征，便于开展群落尺度植物水分来源的研究。

基于对植被群落结构和岩土环境的调查结果，选取经历近 30 年自然恢复但植被整体处于演替初期的典型喀斯特坡地，围绕上、下坡位岩土结构及对应的植被群落结构差异特征，设计针对性的土壤-植被系统水源涵养提升方案：上坡位以提升岩土环境持水能力为主要目标，下坡位以提升降水补给效率为主要目标（图 4-10）。虽然仍需更长时间的监测数据揭示植物生理生态及"植物探针"方面的结果，从而探讨该方案在促进植被正向演替方面的作用，但现有结果整体指示着，在下坡可以通过优化群落结构的方式提升土壤-植被系统水源涵养功能，而在上坡，必须通过有效的措施提升土壤持水能力（图 4-11）。

图4-10　基于土壤改良与植物群落结构优化的水源涵养提升试验

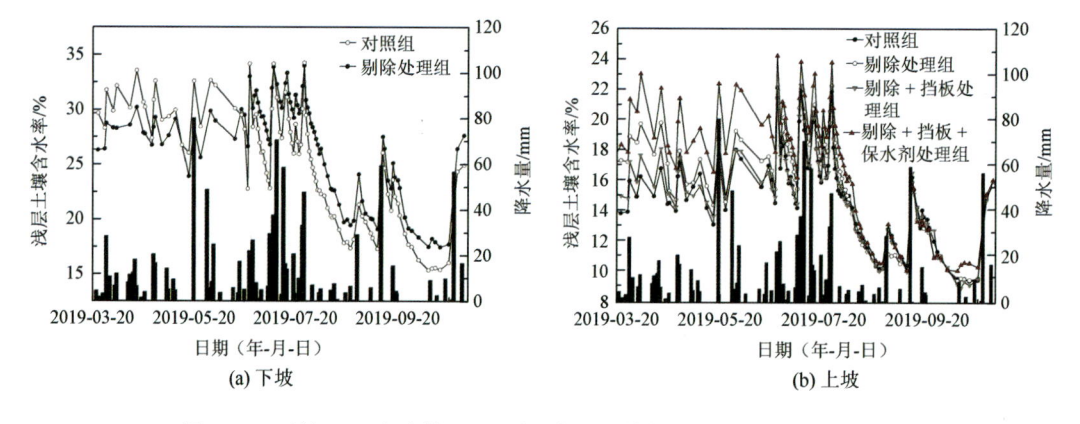

图4-11　下坡（a）和上坡（b）不同水源涵养提升试验土壤含水率动态

3. 雨水-天然水点-地下水-坡面径流综合开发与利用技术

选择平果市太平镇耶圩岩溶水资源开发示范区封闭洼地微小流域，通过开展详细的岩溶水文地质调查、勘探（水文地质物探、钻探及水文地质试验）和水文监测，查清了示范区水循环过程，即示范区大气降水绝大部分通过地面蒸发或通过唯一的那排沟以地表沟谷洪水形式流失，地下水入渗系数仅 0.1 左右，示范区地下水资源贫乏（水资源总量大约 45000m³）。示范区灌溉、人畜饮水缺口 6.25 万 m³。

为解决示范区干旱缺水问题，提出以立足于洼地微小流域（集水区）自身水资源开发潜力的发掘为主，辅以流域外引水（跨流域补水）的水资源开发方案。洼地微小流域（按照地表封闭地形圈定的岩溶水文地质单元）内水资源开发潜力的挖掘重点是根据示范区地形、水文地质条件,最大限度地使"五水"循环过程中的大气降水、地表产流、入渗补给-地下径流-赋存(储存)和排泄环节的地下水等资源化。具体实施的水资源综合开发工程包括雨水收集、拦截地表坡面径流、开发利用天然水点地下水资源(浅部地下水)、钻孔打井抽提水(开发深部地下水资源)等多种方式,实现微小流域(峰丛洼地单元)内的多种水资源的综合开发利用。

1)天然水点(溶井或溶潭、季节岩溶泉)水资源开发利用示范工程

在示范区洼地中央,发现至少4个明显的溶井(溶潭)。我们选择了其中之一,通过抽水方式从溶井中直接抽提岩溶地下水,并完善供电、输水线路,将岩溶地下水输送到示范区储水-灌溉系统(图4-12),满足示范区枯水期作物的灌溉用水需求。

2)雨水资源化示范工程

在山坡上铺设集水幕布收集雨水,通过水管流入山脚下的集水罐中。共设计建设集水装置(幕布)2个,集水总面积80m^2,输水管线约30m,集水罐共2个,每个储水罐容积约1.5m^3,基本无蒸发耗水。雨季或平水期收集雨水,雨水资源化达到90%以上。平水期和旱季用于灌溉。

3)坡面产流过程、坡面径流拦截利用与生态调节(蓄水)示范工程

坡面径流是大多数峰丛洼地区地表水汇流的主要形式。根据在耶圩示范区内不同的土壤类型、地质地貌条件和植被类型设置的4个坡面径流小区2020年水文(水位、流量)自动实时监测结果分析(图4-13),示范区坡面产流系数为1.01%~4.10%,坡面径流总量达到1204t。这一研究成果与贵州普定、织金和广西桂林丫吉岩溶研究基地坡面径流小区的平均坡面产流系数(分别为0.62%、1.756%和0.58%)相似或略高。

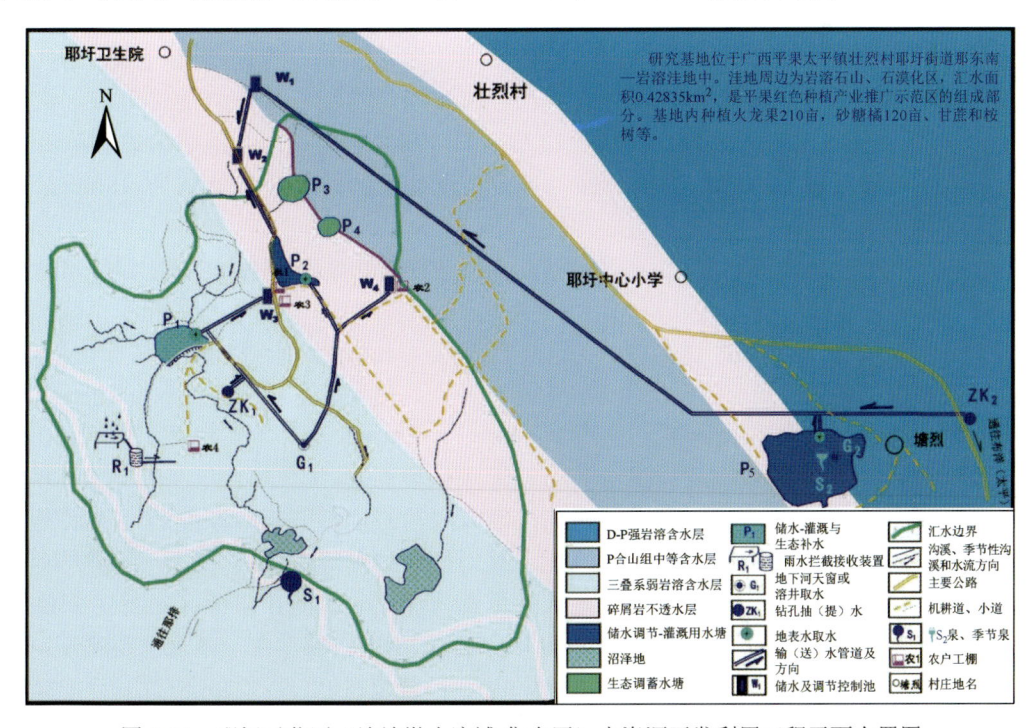

图4-12 耶圩示范区(洼地微小流域-集水区)水资源开发利用工程平面布置图

图 4-13　径流小区观测站

　　进一步总结梳理后发现，在有效降水条件下，坡面产流（包括产流的降水量阈值、产流量）与降水强度及持续时间、地形坡度、土壤类型、植被覆盖等有关。例如，松散的岩溶土容易积蓄地表水，比碎屑岩区更不易形成地表径流。在坡度较大，基岩以白云岩为主，植被类型为小灌木丛，覆盖度较高、岩溶土壤覆盖度低的峰丛坡面径流小区，坡面径流产流的临界降水量为17mm，坡面产流系数为0.19%；在地形坡度平缓、下伏基岩为碳酸盐岩，其上土壤覆盖较厚的火龙果种植小区，坡面径流产流的临界降水量为20mm，坡面产流系数为1.01%；在坡度较小，下伏基岩为碎屑岩、地表植被覆盖度约60%的人工林或种植有林果的径流小区，坡面产流的连续降水临界值则为18mm，坡面产流系数为4.10%。

　　为充分利用坡面径流水资源，在洼地西北部低洼处修建2座坡面径流蓄水池（水塘），用于收集坡面径流水资源。此外，利用了早期天然大型岩溶塌陷坑2个，用于拦截雨季坡面洪水（径流），作为生态调蓄库。上述4座水库（水塘）均未进行衬砌（固化），以利于库内蓄水向下、向侧面通过土壤入渗补给地下水，达到生态调节地下水资源的目标，也可以直接抽水或取水用于灌溉。

　　4）应用钻井技术开发深层岩溶地下水（探-采结合）

　　鉴于天然水点（溶井）地下水的开发仅涉及浅部岩溶地下水，开发的地下水资源有限，不能满足示范区水资源需求，因此，采用了地球物理探测技术——音频大地电磁测深法来探测地下岩溶发育特征及富水性位置与深度。为此在示范区布置了3条测线（图4-14和图4-15），反演结果表明（图4-16），探测区东部存在一条含水裂隙带，经过L1线1770m、L2线2725m及L3线3540m处，该裂隙在L2线725m位置发育规模较大，岩溶发育较强，富水性较好且深度较浅，最终确定为钻井点位。

图 4-14　物探测线布置图

图 4-15　物探工作照

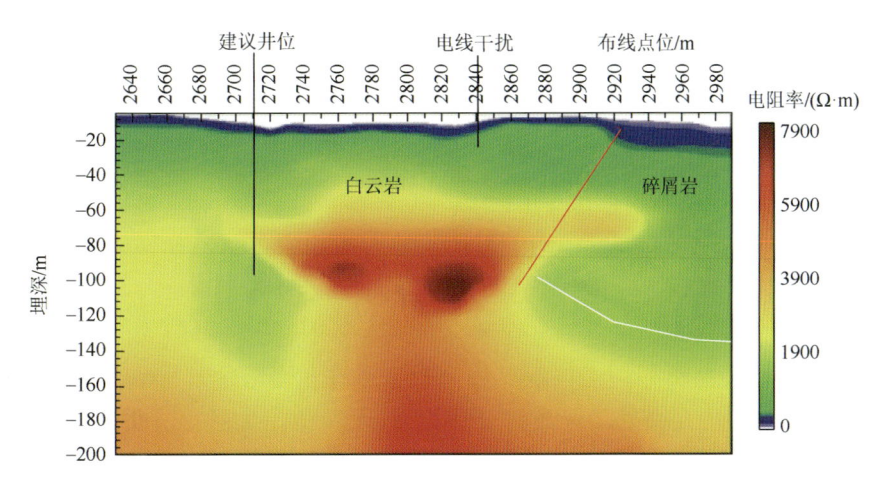

图 4-16　物探异常点位图

根据物探确定的钻孔位置，设计水文地质钻孔一个 ZK1，坐标为 107°27′50″E，23°33′9″N，孔口标高 386m。孔深 34.60m，其中，4.90～3.70m 段为泥质全充填溶洞；7.50～7.90m 段和 15.80～16.50m 段为破碎带，黄色泥质充填，赋存少量地下水；24.50～27.40m 段岩石裂隙发育，赋存较多地下水，为该孔的主要涌水部位；其余孔段岩石完整。该钻孔总体岩溶发育强烈，终孔后用空压机持续送风抽水近 1h，水量 3.62L/s（13m³/h，三角堰水头 9.2cm），停机后孔内水位回升较快，1h 后即溢出孔口（图 4-17），溢流量 0.06L/s（三角堰水头 1.8cm）。根据钻孔地质结构及其涌水量，考虑上部含水层泥质充填物较多，本次安装额定流量 5.5m³/h 的深井潜水泵（泵头深度 20m）作为探采结合井。

图 4-17　钻孔出水

5）跨流域补水示范工程

鉴于耶圩示范区为典型岩溶峰丛洼地区，尤其岩性为白云岩，土壤松散，地下岩溶发育，灌溉水通过土壤优势通道快速下渗，因而作物灌溉需水量比非岩溶区明显大得多，而耶圩示范区难以通过自身（峰丛洼地微小流域）水资源开发满足其灌溉需求，因此，从流域外引水便成为必然（图 4-18）。

充分利用示范区邻近地区为石灰系（C）-二叠系（P）强富水区段，岩溶地下水资源丰富的水文地质优势条件，采用遥感技术，结合地球物理探测技术，确定开采"C-P 岩溶水"的钻井位置（图 4-19），即 P_2/P_3 灰岩与碎屑岩接触界线（沿线有多个地下河天窗，如琴吉地下河天窗、三壮地下河天窗、壮烈地下河天窗，均已经开发。雨季地下水溢出地表。另外，沿接触界线分布有串珠状塌陷坑，推测为地下河主管道位置）与 NE 走向断层交会处（塘烈村公路边）。设置钻孔 1 口，钻孔进深约 50m，遇充水溶洞 2 层，有河沙取出，证实钻孔位于地下河主管道上，地下水位高，水资源丰富，地下水持续抽水量为 25m³/h 左右。

第 4 章 喀斯特峰丛洼地水土过程机理与石漠化综合治理

该钻孔完成后，通过输水管道分别引水至示范区、和平村，以及更西北方向的坡雷新村，较好地解决了和平村、坡雷新村共约 1000 亩火龙果和砂糖橘的灌溉用水问题。

图 4-18 示范区岩溶水文地质图

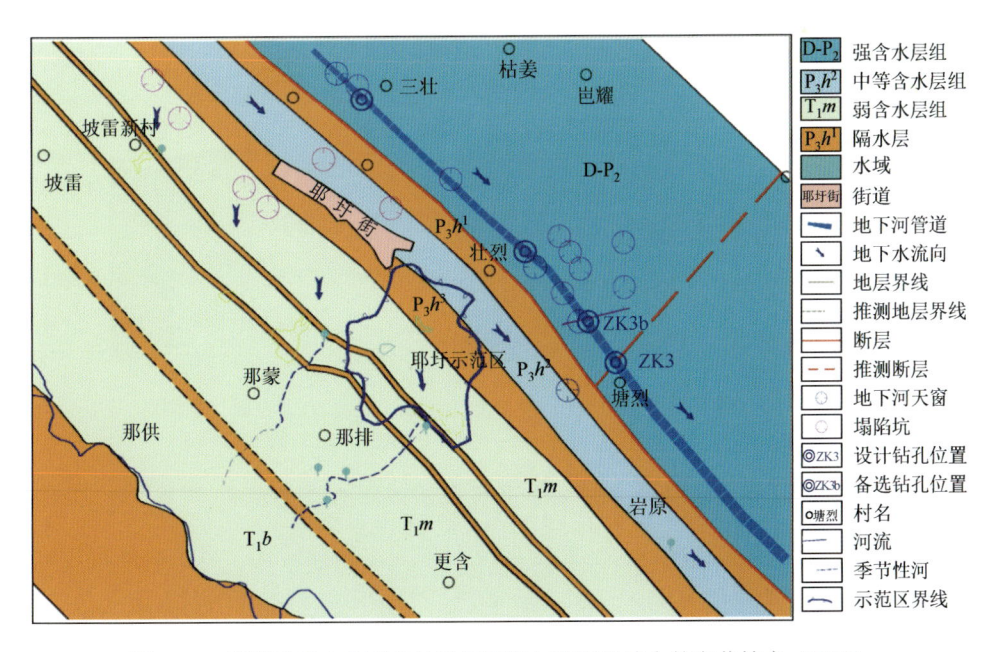

图 4-19 跨流域引水水源点的遥感解译与物探相结合的定井技术（ZK3）

4.2 峰丛洼地水土流失/漏失关键过程机理与阻控

4.2.1 水土流失/漏失监测方法

1. 小区和坡面尺度原位监测地表-地下水土迁移通量的方法

喀斯特地区水文过程以地下过程为主，水、土、养分地下漏失严重。目前喀斯特地区设立的生态系统科研样地大多借鉴黄土区、红壤区以地表过程为主的监测方法和技术手段，不能同时监测喀斯特地区地上地下过程，无法揭示喀斯特地上地下水、土、生源要素的分布、运移、流失机理，难以满足喀斯特地区植被恢复、水土流失阻控、有限水资源高效利用、面源污染防治、极端气候事件应对等重大现实需求。针对以上问题，在小区尺度上，创建了植被-土壤-表层岩溶带三维水土过程监测平台。该平台创造性研发了超长土岩断面免爆破开挖技术、土岩界面柔性材料铺衬防水-整体水泥灌浆技术。最终突破了高异质不规则土岩界面产流过程观测与取样技术，在喀斯特地区首次实现了兼顾地表过程与地下过程的三维多界面水土过程原位观测（图4-20）。

图4-20 喀斯特坡地植被-土壤-表层岩溶带三维水土过程原位观测

2. 峰丛洼地小流域关键带多介质多界面物质迁移动态监测方法

在流域尺度上，不同地貌部位之间横向流和垂向流相互转化，以上小区尺度研究地下多界面水土过程的体系不适用。为此，在古周（石灰岩）和木连（白云岩）两个流域，以喀斯特关键带为整体，根据坡地岩溶结构空间展布格局，建立了不同岩性喀斯特坡地多介质多界面地上地下联动观测体系，探明岩性和关键带结构对水文-侵蚀-生源要素循环等过程的影响与反馈机制。该平台通过应用水文地质领域新近开发的一孔多层观测系统，成功实现了对喀斯特关键带土壤、基质、裂隙、管道等不同介质水土过程的协同观测，为探明不同介质对产流产沙的贡献率，以及评估不同介质参与剥蚀-搬运-沉积三个侵蚀环节的程度提供了必要条件（图4-21）。

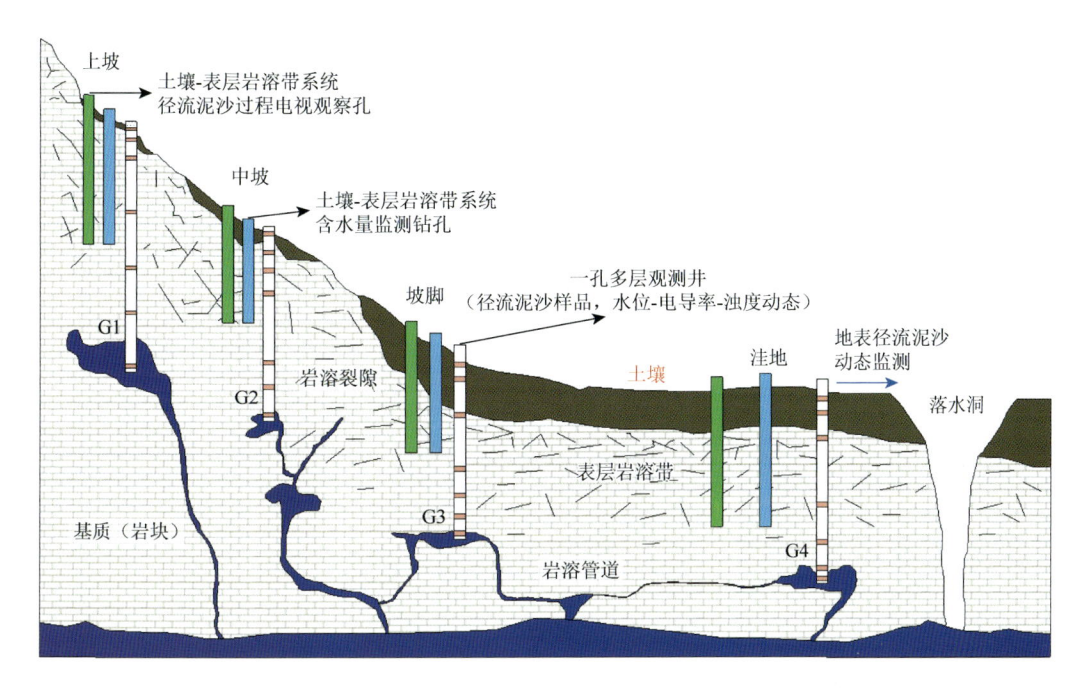

图4-21 喀斯特坡地关键带多介质多界面泥沙迁移动态监测网络

3. 喀斯特复杂土-岩系统物质迁移过程室内模拟方法

室内模拟平台由两个同规格钢筋混凝土盛土槽构成，两个盛土槽区别在于一个盛土槽内部砌有模拟基岩，一个做空白处理，其他构造一致，因为基岩构造不同，可将基岩处理分为一般起伏基岩和平整基岩（图4-22和图4-23）。起伏基岩微区装置为钢筋混凝土结构，盛土槽长3m、宽1.5m、高0.5m，整个盛土槽由两排高低不同的支撑墩柱支撑，使得盛土槽与水平面的夹角为15°，盛土槽槽底从下到上依次设有多个由砖砌混凝土构成的模拟基岩，各模拟基岩底部中间设有预埋管，各预埋管内填充有纱网，各预埋管上靠近出口端处设有管道开关。盛土槽较低端开有两个孔，上部孔口安装PVC管用于收集地表径流，底部的孔口安装PVC管用于收集岩土界面流，盛土槽槽底从下至上设有多排预留孔，地下引流组件的入口分别与各排预留孔中对应的预留孔连接，地下引流组件由不同孔径大小（1cm、2cm、5cm）和弯曲系数（管道实际长度/管道直线长度）的管道组成，管道的弯曲系数设计可由管道缠绕在三根直立的钢筋上达到要求。以上设施能够模拟自然降雨产流条件下喀斯特复杂土-岩系统物质迁移过程，实现对多界面多要素过程的地上、地下联动观测，阐明该区水、土、养分、污染物迁移途径、过程及其驱动机制。

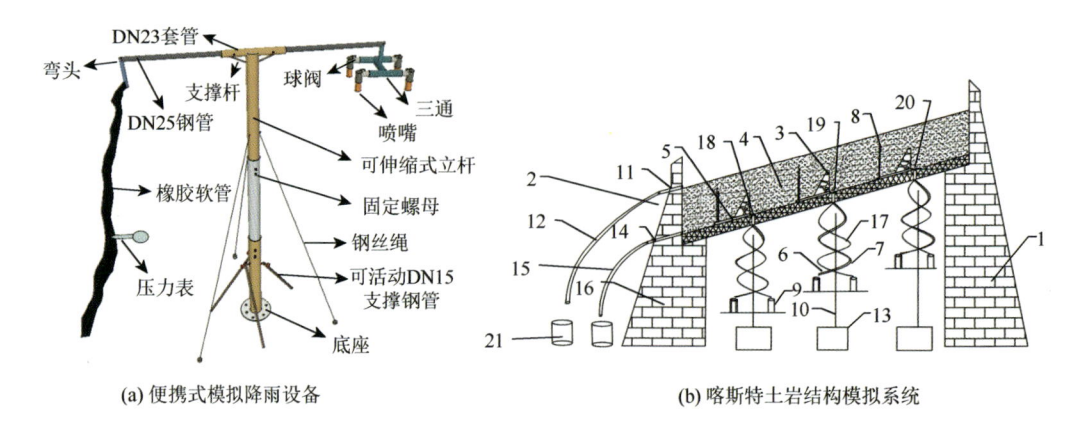

(a) 便携式模拟降雨设备　　　　　　　(b) 喀斯特土岩结构模拟系统

图 4-22　喀斯特复杂土-岩系统物质迁移过程室内模拟设施 1

1. 第二支撑墩柱；2. 盛土槽；3. 模拟基岩；4. 土壤；5. 预埋管；6. 第一导流弯管 A；7. 第一导流弯管 B；8. 管道开关；9. 采样瓶；10. 立杆；11. 地表径流导水管；12. 地表径流引水管；13. 底座；14. 岩土界面流导水管；15. 岩土界面流引水管；16. 第一支撑墩柱；17. 第一导流弯管 C；18. 第一预留孔；19. 第二预留孔；20. 第三预留孔；21. 接水桶

(a) 20cm起伏基岩　　　　　(b) 平整基岩　　　　　(c) 地下引流组件

图 4-23　喀斯特复杂土-岩系统物质迁移过程室内模拟设施 2

4.2.2　水土流失/漏失过程机理

1. 峰丛洼地小流域水土漏失的宏观表现

选择了七个剖面，其中包括两个上坡剖面、三个中坡剖面和两个下坡剖面，开展研究（图 4-24）。从这些剖面图可以看出裂隙率与剖面所在的地理位置有关系，上坡部位的裂隙率最高，中坡部位的次之，坡脚的最小。地表的土在降水的驱动力作用下，沿着裂隙漏下去，造成水土漏失，因此裂隙中填充的土壤基本都是地表漏下去的，地表土壤漏失的多少除了与剖面所在的地理位置有关外，还与剖面上部土地利用类型有关，位于上坡部位的裂隙充填的土明显要比位于中坡跟下坡的裂隙充填的土多，这可能与裂隙的宽度以及裂隙率有关。耕地的剖面土壤漏失比灌木以及灌草的剖面土壤漏失要多，原因可能是：①长年耕作作用使得土壤结构发生变化，易于发生土壤漏失；②灌木以及灌草坡植被覆盖率较高，可以减缓雨滴的冲刷作用，加之此种土壤颗粒黏结度较高，因此土壤漏失比较少。

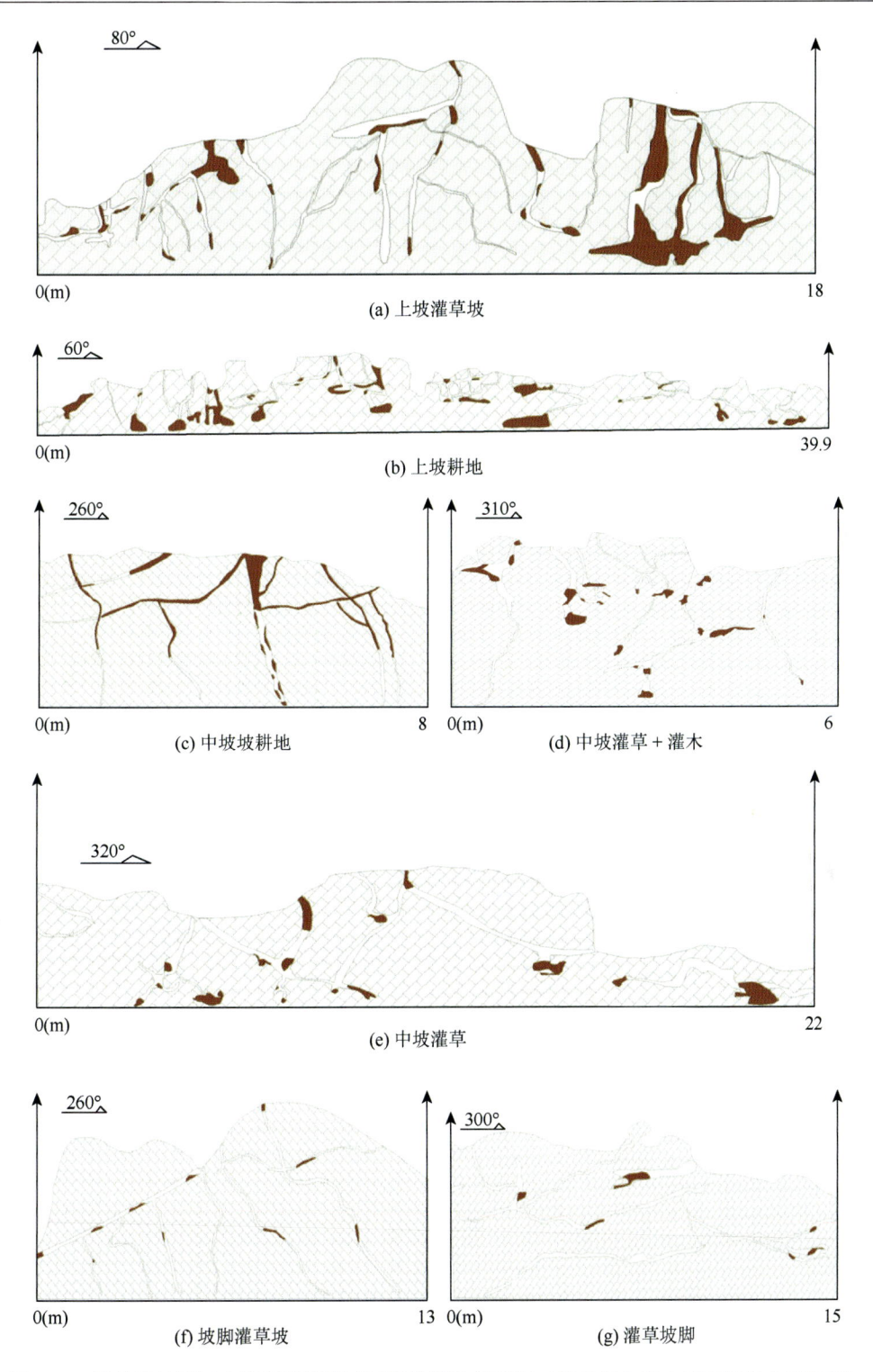

图 4-24 峰丛洼地不同土地利用类型不同坡位裂隙剖面图（横坐标为岩土剖面相对水平距离）

2. 峰丛洼地水土漏失过程

参照前人提出的有关岩溶地区水土漏失过程等概念模型，将岩溶峰丛洼地区的岩溶地貌概化成水土漏失过程模型（图 4-25），图 4-25（a）为石漠化程度较高的地区，图 4-26（b）为石漠化程度较低的地区。两个模型的主要过程均为：降雨溅蚀；坡面流失/漏失；洼地内部地表侵蚀及经竖井、漏斗及落水洞漏失和地下空间运移。

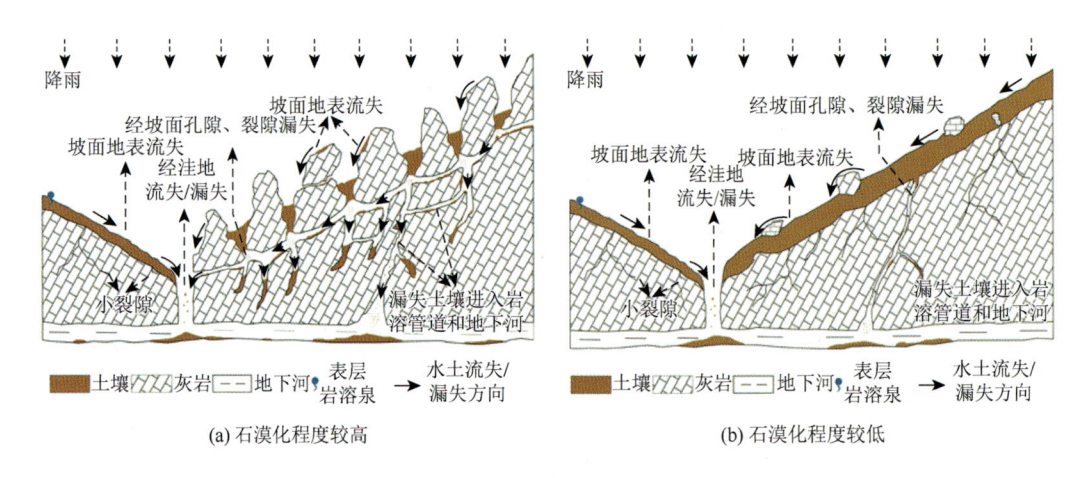

图 4-25 岩溶峰丛坡面水土漏失过程模型

1）降雨溅蚀

降雨是水土流失/漏失过程中的直接驱动因子，具体作用表现为：从高空降落的雨滴，其重力势能转化为动能，当雨滴接触到土壤时，其具有的动能会冲击并溅蚀土壤，使得土壤稳定性下降，容易分散成松散颗粒物，从而造成土壤颗粒物及残蚀物随径流流失。降雨强度越大，雨滴相应的动能也越大，溅蚀土壤的能力也越强，就越容易发生水土流失/漏失。

2）坡面流失/漏失

降落到坡面的雨水，通过溅蚀土壤，一方面会形成坡面流：①通过地表的溶蚀孔隙裂隙等进入地下并从表层岩溶泉流出；②沿着坡面向下流失，并和表层岩溶泉的水流一起汇入洼地。另一方面进入地下，沿着坡面溶沟、溶槽、孔隙和裂隙等地下通道进入地下，若地下空间连接着地下暗河，土壤颗粒物会随径流一同汇入地下河中。就整个坡面来看，坡面的流失/漏失过程与降雨强度及持续时间、坡面坡度及坡长、孔隙裂隙发育强度、植被覆盖情况和人类活动等有很大的关系。

3）洼地内部地表侵蚀及经竖井、漏斗及落水洞漏失

降落到洼地的雨水也是通过溅蚀，形成洼地内部地表径流，而这些洼地内部地表径流会和进入洼地的坡面流汇集在一起，一部分冲刷洼地地表土壤产生地表侵蚀，一部分会沿着洼地内部的溶沟、溶槽、孔隙、裂隙发育的部位等进入地下，另一部分则通过竖井、漏斗及落水洞等较大的岩溶管道汇入地下空间（图 4-26）。

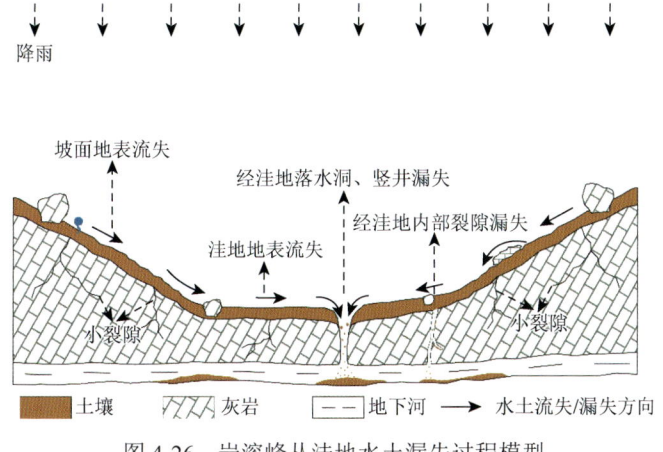

图 4-26 岩溶峰丛洼地水土漏失过程模型

洼地的竖井、漏斗及落水洞等岩溶通道基本都是铅垂向下发育的，这个通道口一般呈柱状，大小不一，而这些岩溶关键部位均由碳酸盐岩构成，长期受径流的溶蚀作用会使得这些部位的口径变大变宽，这些岩溶关键点周围没有防护措施的话，只会使得水土漏失越来越严重。

洼地径流是坡面流及洼地内部产流叠加形成的，相对坡面而言，对土壤冲刷和侵蚀更强，而且洼地水土主要是通过漏斗、竖井和落水洞等相对较大的关键部位发生漏失的，漏失量也相对坡面更大。就整个洼地来看，洼地的流失/漏失过程与降雨强度及持续时间，坡面坡度及坡长，孔隙、裂隙、竖井及落水洞等发育强度，土壤理化性质，植被覆盖情况和人类活动等因素有关。

4）地下空间运移

岩溶峰丛洼地发育的岩溶地下空间，成了漏失水土的沉积场所和疏松通道。径流挟带泥沙进入地下空间并汇入地下河，一部分泥沙沉积在地下，另一部分会随水流从地下河出口排泄出来。由于孔隙裂隙等地下管道含水层空间大，进入暗河中的水流速度会减小，泥沙沉积，从而阻碍地下河流动；当降雨强度大且持续时间长时，地下通道水量容易饱和，使得径流无法及时排除，从而造成洼地谷地等内涝。

3. 喀斯特坡地岩土构型及岩溶管道对水土漏失的影响

通过模拟实验，探讨了岩土构型、岩溶管道发育对地下漏失的影响特征，从多角度揭示了岩土构型、岩溶管道发育对土壤地下漏失和物质迁移的水文驱动机制。图4-27和图4-28为不同结构试验微区土壤漏失总量，平整基岩土壤漏失量要大于起伏基岩土壤漏失量，这可能还是受整体效应影响，连成一整片的土层，壤中流具有长距离的迁移路径，具有的势能也更大，挟带走的泥沙也更多，使得漏失更易发生。在 1cm、2cm、5cm 孔径管道中，土壤漏失量由大到小排序为：5cm>2cm>1cm，管道孔径越大，土壤漏失量越大。在平整基岩中，大雨强条件下，土壤漏失量要大于中雨强的土壤漏失量，水漏失量虽然中雨强要大于大雨强，但大雨强下对土壤结构的破坏较大，破坏了土壤间的团聚体结构等，导致土壤更易被水流挟带走；而在起伏基岩中，雨强对土壤漏失量的影响并无明显规律。

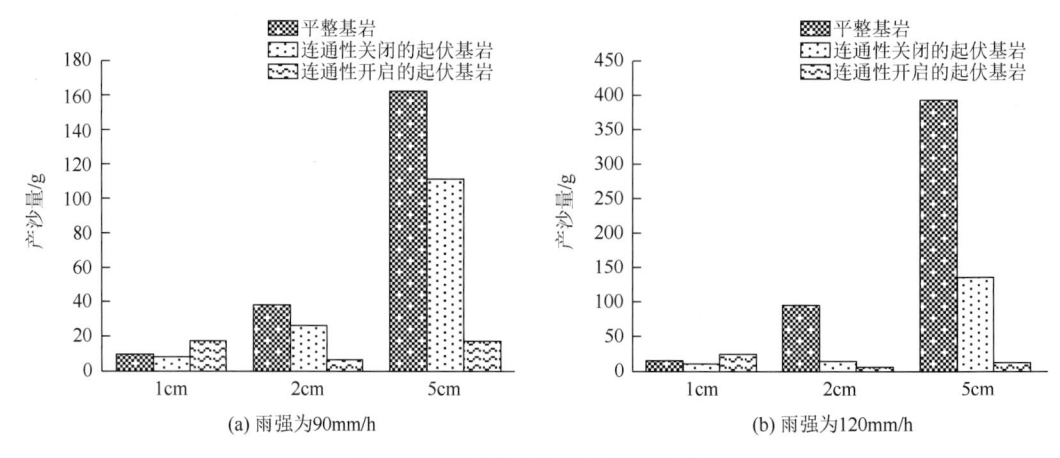

图 4-27　不同岩土构型土壤漏失总量

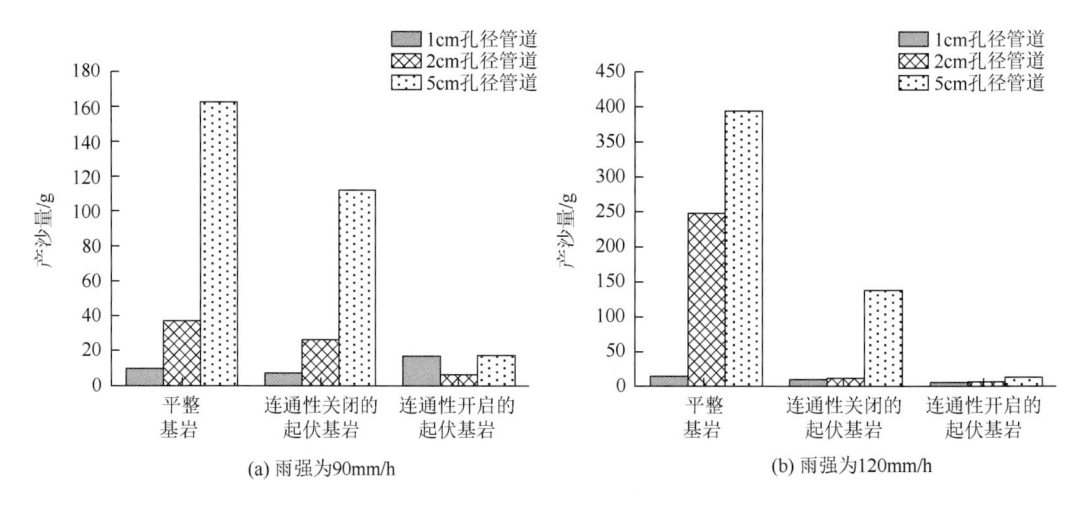

图 4-28　不同岩溶管道土壤漏失总量

5cm 孔径管道地下漏失量大于 2cm 孔径管道的地下漏失量，其大于 2mm 的泥沙粒径含量也高于 2cm 孔径管道，在平整基岩中大于 2mm 粒径泥沙颗粒含量也高于起伏基岩中的大粒径泥沙颗粒含量，平整基岩漏失泥沙颗粒分级过程较为稳定，漏失过程初期逐渐增加，达到峰值后开始逐渐减少，起伏基岩地下漏失过程相较于平整基岩易发生突发性塌陷漏失现象，导致后期某些时段大粒径泥沙颗粒含量增加；大雨强下地下漏失泥沙含量较中雨强下的泥沙含量高，大雨强主要增加了小粒径的泥沙含量，5cm 孔径管道地下漏失泥沙含量也高于 2cm 孔径管道，大于 5mm 粒径的泥沙颗粒也主要发生在 5cm 孔径管道中。

4. 不同形态土壤大孔隙对喀斯特区水土漏失过程的影响

普遍存在土壤大孔隙不仅加速了该区的水土漏失进程，还会引发土壤养分的流失及地下水污染，造成该区土壤退化现象严重，土壤生产力下降。在详细调查与查阅前期研究成果上，按照土壤大孔隙位置（出露 CL：$h=60\text{cm}$；浅埋 QM：$h=40\text{cm}$；深埋 SM：$h=20\text{cm}$）、孔径大（B）小（S）（$d=2\text{cm}$，$d=5\text{cm}$）设计微区（60cm×60cm），并考虑了地表裸露及秸秆覆盖两种地表处理方式（图 4-29 和图 4-30）。通过实施模拟降雨试验（降雨强度分别为 30mm/h、60mm/h、120mm/h；降雨量 120mm），动态监测水分垂直渗漏量以及水化学指标（K^+浓度、Cl^-浓度、电导率），并分析水分渗漏、养分渗漏及土壤漏失情况，阐明土壤大孔隙结构对喀斯特水土漏失的影响。

图 4-29 试验装置内部设计图

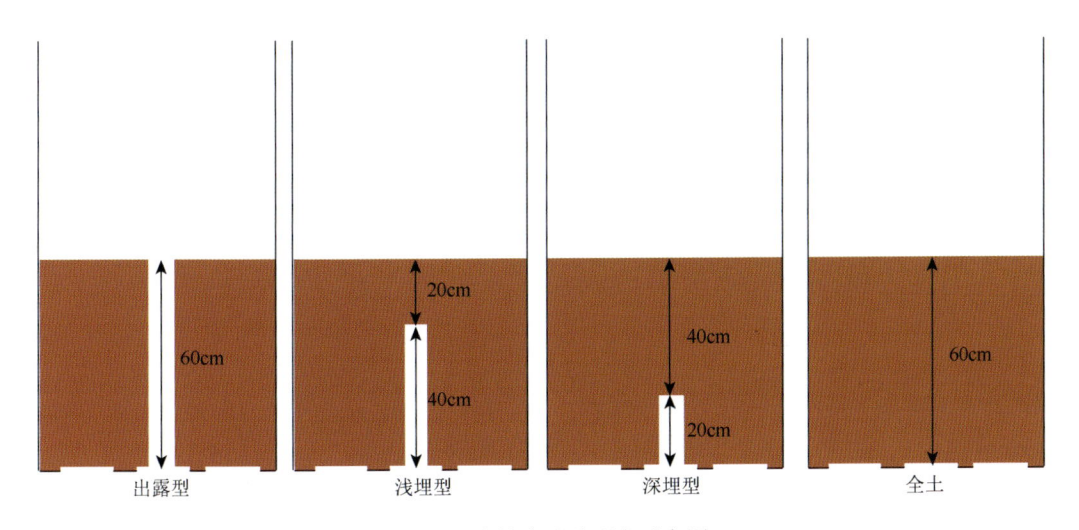

图 4-30 土壤大孔隙形态示意图

与全土微区相比，土壤大孔隙的存在明显加速了水分的垂直渗漏，土壤大孔隙距地表越近，水分垂直渗漏出流时间越短，大孔径较小孔径出流时间短，地表裸露较地表秸秆覆盖出流时间短。水分垂直渗漏量主要受雨强及土壤大孔隙结构影响，雨强越大，土壤大孔隙距地表越近，水分垂直渗漏量越大。土壤大孔隙的存在导致部分雨水以优先流的形式渗漏，影响土壤的储水能力。不同土壤大孔隙结构对 K^+ 及 Cl^-浓度影响较大，土壤大孔隙距地表越近，渗漏水分离子浓度越高，且大孔径离子浓度高于小孔径，但地表处理方式对离子浓度影响不明显（图 4-31）。

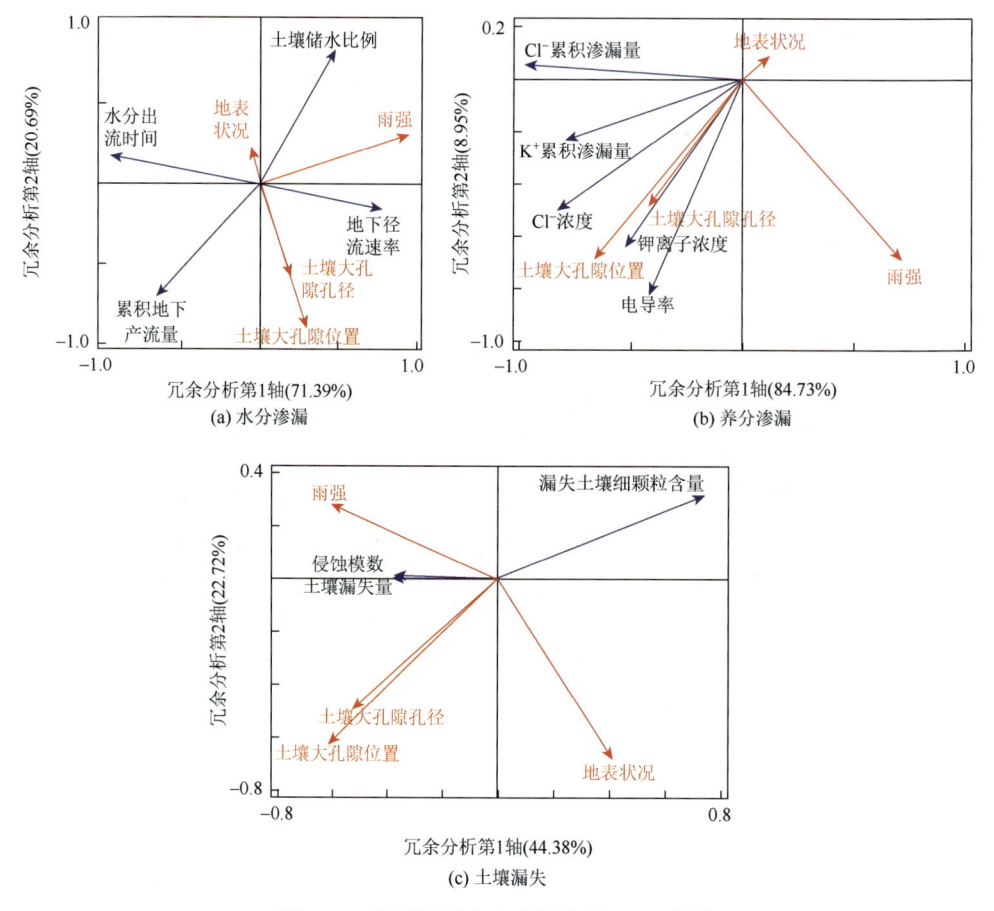

图 4-31　环境因子和水土漏失的 RDA 分析

不同微区土壤漏失量总体较低（总体小于 10g），大量漏失只出现在极端状况下（雨强为 120mm/h 的出露型大孔径微区）。土壤漏失量受土壤前期含水量、降雨强度、土壤大孔隙位置、土壤大孔隙孔径、地表处理方式综合影响，表现为土壤前期水量越小，雨强越大，土壤大孔隙距地表越近，孔径越大，土壤漏失量越大，地表裸露土壤漏失量较地表秸秆覆盖大。漏失土壤颗粒以粒径小于 2mm 的细颗粒为主，大于 5mm 的土壤大颗粒主要出现在土壤前期含水量较低、120mm/h 雨强及出露型土壤大孔隙微区中。土壤前期含水量对土壤漏失量、土壤侵蚀模数及漏失土壤粒径分布均有显著影响。土壤前期含水量越小，土壤漏失量及土壤侵蚀模数越大，漏失土壤中粒径大于 5mm 的土壤颗粒含量越高。水驱动养分渗漏与土壤漏失的作用下，水分渗漏因子与养分渗漏因子、土壤漏失因子均存在不同程度的显著相关关系。水分渗漏主要受降雨强度影响，养分渗漏主要受降雨强度及土壤大孔隙位置影响，土壤漏失主要受土壤大孔隙位置影响（图 4-31）。

5. 喀斯特峰丛洼地水土保持功能的工程措施与农业措施的筛选

1）工程措施（梯田）水土保持效益综合分析

坡改梯工程使峰丛坡地表层土壤含水量降低，且梯田石坎等微地貌也能对周围空间土壤含水量产生影响。人为扰动强、土地利用多样的喀斯特峰丛坡地表层土壤含水量表现为坡上未被扰动的自然植被区明显高于坡下人为改造的梯田区。旱季时，坡地林地表层土壤平均含水量（32.8%）明显高于位于坡下的梯田空闲地（24.2%）、梯田橘园（20.0%）、梯田菜园（22.0%）、坡地裸地（23.5%）；雨季时，坡地裸地（30.2%）和梯田橘园（32.1%）有了明显增大，梯田空闲地（17.8%）剧烈减小。梯田石坎周围空间的土壤含水量随与石坎距离增大而减小，且随着尺度的增加逐渐接近梯田平均含水量（图4-32）。

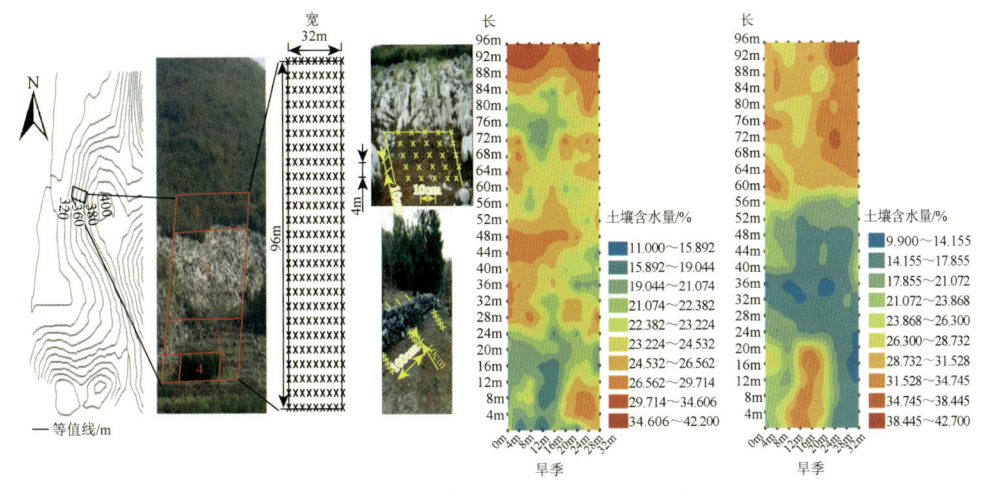

图4-32 坡改梯坡面土壤水分空间变化

选择典型峰丛洼地坡面分析上部灌木林地和梯田旱地的土壤水分入渗特征。梯田旱地的平均入渗系数约是灌木林地的78.6%，黏粒含量较高、有机质含量低，土壤渗透性能较差。灌木林地土壤中的砂粒含量和有机质含量较高，孔隙度较大，不同土层间的性质差异较小，而梯田旱地0~30cm与30~60cm土层的土壤性质差异明显，表现为下层土壤容重大、土壤孔隙度小。

灌木林地与梯田旱地的入渗特征如表4-1所示。方差分析显示，灌木林地与梯田旱地的初始入渗率、稳定入渗率和入渗系数在0~30cm土层无明显差异，但在30~60cm梯田旱地的入渗率均显著（$P<0.05$）小于灌木林地。在灌木林地中，随土层深度增加，入渗能力逐渐降低。不同土层间稳定入渗率和入渗系数的差异与初始入渗率相似。在梯田旱地中，上层的初始入渗率、稳定入渗率和入渗系数均显著高于下层（$P<0.05$）。灌木林地与梯田旱地的入渗性能均随土层深度的增加而明显减小。

表4-1 灌木林地与梯田旱地的入渗特征

样地	土层深度/cm	初始入渗率	稳定入渗率	入渗系数
灌木林地	0~15	5.28±2.16Aa	3.49±1.50Aa	1.73±0.65Aa
	15~30	2.78±2.43Aa	1.84±1.49Aa	0.69±0.55Aa
	30~45	1.50±1.00Aa	0.95±0.67Aa	0.43±0.30Aa
	45~60	1.49±1.79Aa	1.20±1.54Aa	0.51±0.64Aa
平均	0~60	2.76±1.78	1.87±0.91	0.84±0.60

续表

样地	土层深度/cm	初始入渗率	稳定入渗率	入渗系数
梯田旱地	0~15	5.71±1.17Aa	3.83±0.99Aa	1.72±0.41Aa
	15~30	2.50±1.22Aa	1.83±0.88Aa	0.87±0.42Aa
	30~45	0.08±0.08Bb	0.06±0.05Bb	0.03±0.02Bb
	45~60	0.05±0.03Bb	0.03±0.01Bb	0.01±0.004Bb
平均	0~60	2.09±2.67	1.43±1.80	0.66±0.81

注：大写字母表示不同土层深度之间差异显著（$P<0.05$），小写字母表示初始入渗率、稳定入渗率、入渗系数之间差异显著（$P<0.05$）。

选择典型峰丛洼地坡面，包括坡地橘园和梯田橘园。通过一年的土壤含水量监测，喀斯特峰丛洼地梯田保水效益并不明显。坡改梯后土层的土壤结构均有所变化，自然坡地表层与下层的含水量相对接近，人工梯田的表层土壤含水量与深层的有明显不同，表层土壤含水量高于深层，梯田橘园表层土壤含水量衰退率大于坡地橘园，深层土壤含水量衰退率小于坡地橘园。采用氢氧稳定同位素技术研究各层土壤水稳定同位素变化特征，得出水平梯田受降水补给的现象明显，深层土壤水的 δD 值与降水的 δD 值非常接近，土壤剖面的水分运移优先流占主导地位。水平梯田各层受降水入渗补给较为均匀，研究区土壤水主要受到降水的补给，蒸发对表层水分有较大影响，但对深层土壤水的作用不明显，梯田受到蒸发影响更大，自然坡地土壤水分受到蒸发分流作用影响更小。

自然坡地和人工梯地各层土壤水氢氧同位素值均接近降水的同位素值，说明研究区土壤水主要受到降水的补给，蒸发对表层水分有较大影响，但对深层土壤水的作用不明显（图4-33）。对比人工梯地和自然坡地，表层（10cm）土壤在整个采样期内的 δD 值振幅差异并不明显，而深层（30~50cm）土壤自然坡地振幅明显小于人工梯地，且较人工梯地而言整体偏负。在降水量较少的旱季，50cm 深度处自然坡地土壤水 δD 值的增长幅度较人工梯地而言明显较小。在降水量较大的4~9月，自然坡地深层（30~50cm）土壤的土壤水 δD 值的谷值高于人工梯地，其在相同的土壤深度表现出的滞后性也更为明显。

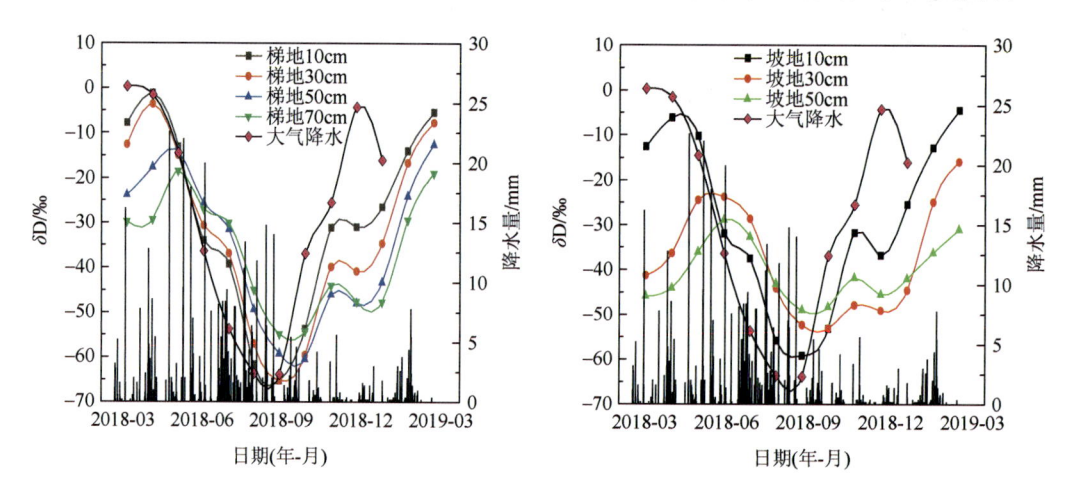

图4-33 不同深度土壤水 δD 值时空变化

2）农业措施水土保持效益综合分析

在喀斯特峰丛洼地，频繁的翻耕措施会严重破坏表层土壤抗侵蚀能力，降低土壤质量，翻耕次数越多，饱和入渗速率越大，每月翻耕样地饱和入渗速率达到176.7mm/h。免耕少耕保护性耕作模式最大有效库容与容重呈正相关关系，与翻耕次数呈负相关，表层土壤抗蚀性与翻耕次数成反比。随着翻耕次数的增多，土壤大团聚体含量显著减少，水稳性大团聚体含量也显著降低。建议在喀斯特峰丛洼地的洼地内要采取免耕少耕等保护性耕作措施。

免耕少耕保护性耕作模式表层土壤抗蚀性与翻耕次数成反比，翻耕次数越多，表层土壤抗蚀性越差（表 4-2）。由不同翻耕频率样地土壤各个抗蚀性指标可以看出，随着翻耕次数的增多，土壤大团聚体含量显著降低，水稳性大团聚体含量也显著降低，每月翻耕样地 0~10cm 土层 >0.25mm 团聚体含量仅为 67.36%，而团聚体破坏率为 16.88%。说明在喀斯特峰丛洼地，频繁的翻耕措施会严重破坏表层土壤抗侵蚀能力，降低土壤质量。

表 4-2　保护性耕作模式 0~10cm 土层抗蚀性指标主要成分分析得分表

样地类型	第一主成分因子得分	第一主成分得分	综合得分排名
T-1M	−0.822	−2.040	4
T-2M	−0.724	−1.798	3
T-6M	0.223	0.555	2
NT	1.323	3.284	1

3）植被恢复措施水土保持功能综合分析

在广西环江毛南族自治县（简称环江县）选择实施不同生态恢复措施的典型样地（人工植被恢复和自然植被恢复），分析入渗性能、持水性能和抗侵蚀性，然后综合分析各类植被恢复措施的水土保持功能。

人工植被恢复措施可以改良土壤入渗速率、提高土壤抗侵蚀能力，对石漠化土壤有一定改良作用。四种人工林样地的饱和入渗速率大于坡耕地。混交林的持水性能大于常绿乔木林和落叶乔木林，人工林地的持水性能强于坡耕地，开垦坡耕地不利于土壤持水。四种人工林地表层土壤的抗蚀性要强于牧草地、玉米地，退耕还林、植被恢复是控制喀斯特地区水分流失和提高土壤蓄水能力的有效手段。根据不同的人工生态恢复措施综合水土保持能力的分析，建议对于坡顶和上坡位石质区域，适宜选择封禁治理为主要手段，对于耕地资源较少的中坡位地区宜选择退耕还林，营造经果林或者水保林。

4.2.3　水土流失/漏失阻控技术

1）峰丛洼地"土地整理-内涝防治-蓄水保土"综合整治技术

以果化示范区龙烈洼地土地整理-落水洞整治-内涝防治综合整治模式试验与示范建设为例，投资 50 万元，整理恢复 60 亩耕地，完成建设排水沟 200m、落水洞坝 7 个，有效解决了龙烈洼地内涝灾害问题，整理挽救龙烈洼地 60 亩耕地，实现每年增收 90 万元，可抵制单次 200mm 强降雨不受水淹，首创岩溶峰丛洼地落水整治-内涝防治技术，构建了峰丛洼地"土地整理-内涝防治-蓄水保土"综合整治模式（图 4-34）。

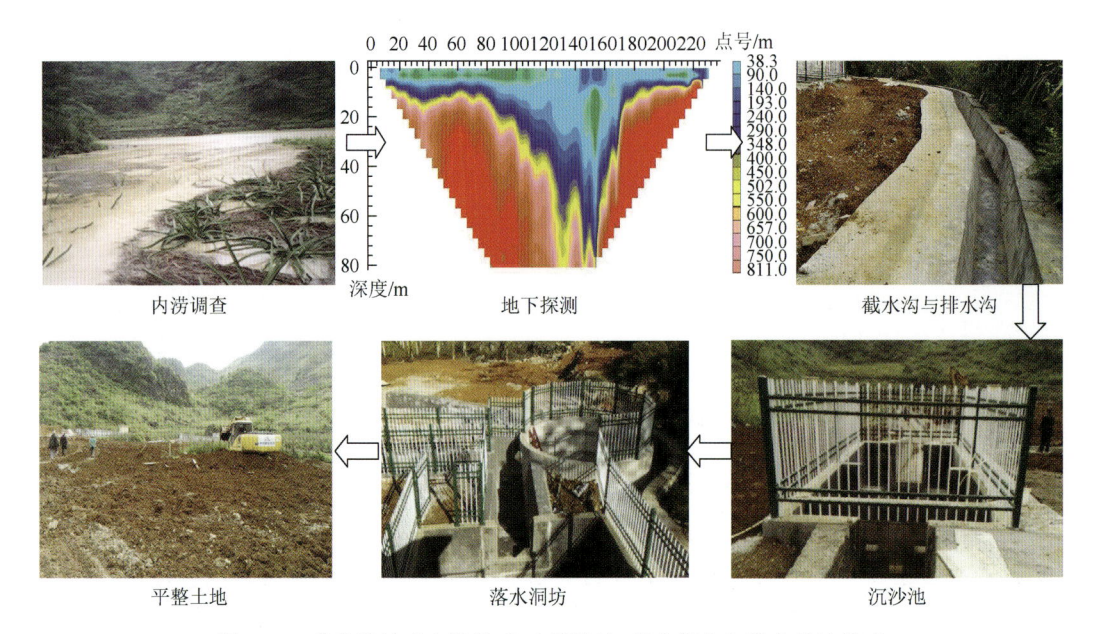

图 4-34　峰丛洼地"土地整理-内涝防治-蓄水保土"综合整治模式

2）峰丛洼地土壤漏失植被-工程协同阻控技术

喀斯特坡地表现出上陡下缓的地形，土壤类型分异明显，表现出上坡以裸岩为主，中坡为土石质坡地，下坡为浅薄土质坡地，洼地为深厚黏土的土链分布格局。在岩溶作用下，喀斯特土壤-表层岩溶带耦合发育、共同演化，土岩相互交错形成复杂网络结构，表现出地表、地下双层耦合景观结构。坡面水文过程以地下过程为主，不同产流模式的相对重要性受控于植被-土壤-表层岩溶带耦合结构。研究发现在基岩出露率高的退化耕地土壤颗粒有随降水沿地表负地形向地下漏失的趋势，但数量轻微，发现土壤-表层岩溶带多界面水文过程对水土流失/漏失的驱动作用，但水土地下漏失主要发生在与地下河联通的落水洞或大型管道。

基于以上认识，提出了"喀斯特山地土-岩格局与水文-侵蚀耦合机制及其水资源调控与侵蚀阻控模式"（图 4-35），改进了传统峰丛洼地生态垂直分段治理模式。改进后的垂直分段治理模式，其先进性主要体现在：将流域土岩结构格局及其主导的三维水土过程作为生态垂直分段治理的主要依据，突破了传统垂直分段治理仅仅根据地表地貌地形条件确定具体分段位置的局限性，使得整个峰丛洼地流域"三生"（生活、生产、生态）空间布局更加合理，水土流失/漏失阻控措施的布设更加精准高效。该项技术最大限度兼顾了生态恢复与扶贫产业发展，在整个环江铺开，成为支撑广西环江国家贫困县 2020 年脱贫摘帽的一项关键技术模式，其列入了 2020 年度广西科学技术进步奖一等奖的亮点关键成果。

图 4-35 峰丛洼地土壤水文空间格局

3）峰丛坡地水-土-养分漏失阻控与循环高效利用技术

在喀斯特坡地坡脚修建多界面径流拦截深沟，建造简易集流设施，对大气-土壤界面、土壤-表层岩溶带界面、表层岩溶带-基岩界面产流分别进行收集，适时向坡地进行回灌，有效归还随水流失或漏失的养分和土壤等生源物质，对整个土壤-表层岩溶带系统水-土-养分通过地表和地下的双重流失过程进行有效阻控。一方面实现了对喀斯特地下水文过程这一关键水文路径的高效调控，解决了该区一直以来地表无水可调的难题；另一方面，将各界面产流水向断面上方坡地进行循环回灌，既极大地提高了坡地有限水资源的利用效率，又能有效地归还随水流失或漏失的养分和土壤等生源物质，对整个土壤-表层岩溶带系统土壤、养分通过地表和地下的双重流失过程进行了有效阻控（图 4-36）。

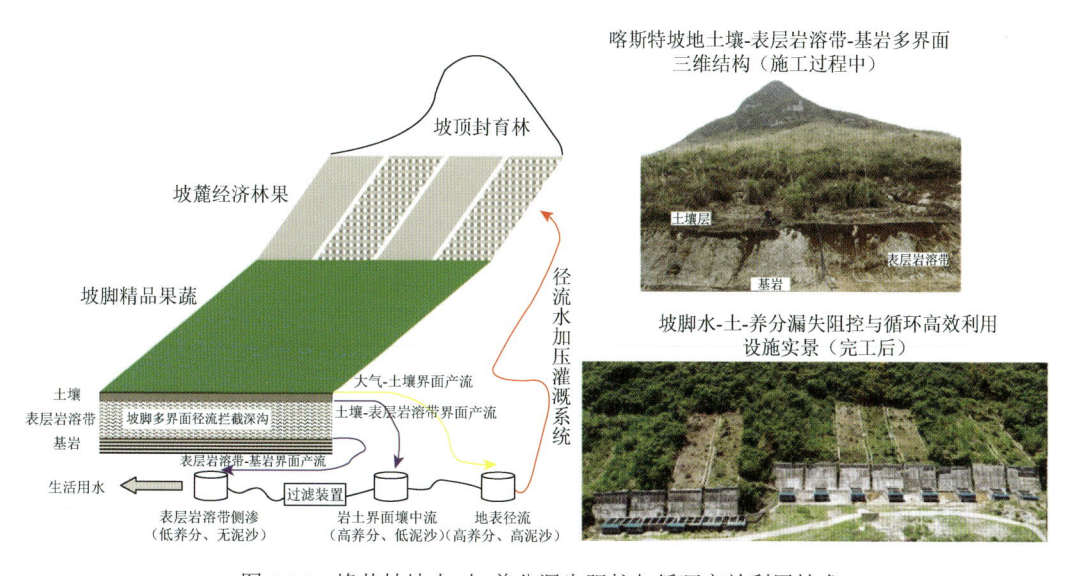

图 4-36 峰丛坡地水-土-养分漏失阻控与循环高效利用技术

4.3 峰丛洼地土壤养分循环关键过程机理与肥力提升技术机制

喀斯特地区石灰土独特的土壤环境特征（如高钙、高 pH 与高缓冲能力）决定了其土壤碳氮养分循环过程有别于其他地区。钙能提高土壤团聚体的稳定性及土壤有机态碳氮的物理保护作用从而有助于土壤有机碳氮的固持，同时通过与有机质（氮）形成 OM-阳离子复合体而增强有机质的稳定性（Fornara et al., 2011）。土壤 pH 也是土壤有机碳矿化、氮素转化过程和供应能力的主要影响因素（Rousk et al., 2010）。喀斯特地区石灰土的高 pH 特性可以显著激发硝化细菌群落的数量和活性，有利于铵态氮（NH_4^+）氧化，从而加速土壤硝化过程。但是土壤高 pH 不利于真菌生长，因而石灰土较高的 pH 会抑制真菌群落的生长和活性，进而抑制土壤有机质矿化和硝态氮（NO_3^-）同化过程。另外，耕作管理措施可以显著改变土壤团聚体和微生物群落结构，对土壤碳氮养分循环和土壤有机碳氮养分固持产生深远影响。本节以中国科学院环江喀斯特生态系统观测研究站（简称环江站）长期定位观测和研究结果为基础，分析了喀斯特生态系统土壤养分循环关键过程特征，并初步探讨了相关的肥力提升技术及管理措施。

4.3.1 碳循环关键过程

1）退耕后演替过程中土壤有机碳（SOC）能快速累积

基于喀斯特典型退耕后演替序列（包括耕地、草丛、灌丛、次生林和原生林，其中耕地和原生林作为对照样地），本书研究了土壤有机碳累积及影响因素，发现喀斯特退化耕地退耕后土壤有机碳能较快累积（前提条件是有适宜植被发展的土壤层），0~15cm 土层有机碳累积速率约为 138g C/(m^2·a)，分别在退耕后约 40 年达到原生林水平（图 4-37）。提出退耕后土壤有机碳累积遵循以下模式：

$$\text{Stock}_t = \text{Stock}_{t_0} + A[1-\exp(-B \times \text{years})]^C \tag{4-1}$$

式中，Stock_{t_0} 和 Stock_t 分别为退耕前和退耕后某一时间点（t）土壤碳储量；A 为土壤碳储量在退耕前与达到平衡态之间的差值；B 为增长常数；C 为形态参数。本书创新性地提出了土壤碳储量达到平衡态需要的时间（T，单位为年）计算公式：

$$T = -\frac{\ln\left(1 - \sqrt[C]{\dfrac{95\%\text{Stock}_{\text{st}} - \text{Stock}_{t_0}}{A}}\right)}{B} \tag{4-2}$$

式中，Stock_{st} 为平衡态时土壤碳储量。

2）不同植被演替阶段 SOC 的主控因子不一

小流域尺度上，随植被恢复，SOC 含量显著增加，且土壤生物化学和物理性质显著影响 SOC 的积累。在植被演替初期（草地阶段），土壤物理性质（粉粒含量）、微生物相关因素（微生物生物量碳和氮含量、脲酶活性）及其互作用对碳固定起主导作用；而在

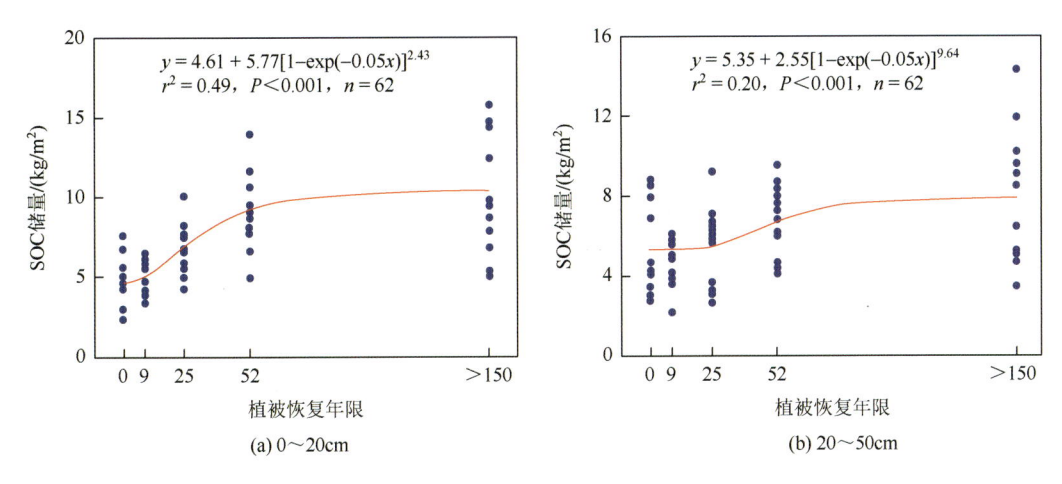

图 4-37 表层和剖面土壤 SOC 储量随退耕恢复年限的变化特征

恢复后期（次生林和原生林阶段），与碳循环密切相关的指标（如微生物生物量碳和木蔗糖酶活性）及其交换作用对碳固定起主要作用（图 4-38）。而作为植被演替的养分元素和重要媒介的土壤微生物生物量在各演替阶段一直是影响碳固定的重要指标。因此，植被演替对 SOC 固定具有积极作用，但在不同演替阶段对土壤碳固定起主导作用的影响因素不同。另外，随着植被演替的进行，环境因素（土壤理化性质、土壤微生物状况、土壤酶活性等）之间的综合作用对碳固定的影响越来越明显，说明随着演替的进行，环境因素之间的协同作用逐渐增强。生态恢复初期应关注氮素的输入管理，如豆科植物的引种和自生固氮过程的培育，生态恢复过程中防止对土壤进行物理性破坏，为土壤微生物营造适宜的生境，促进土壤碳固定。

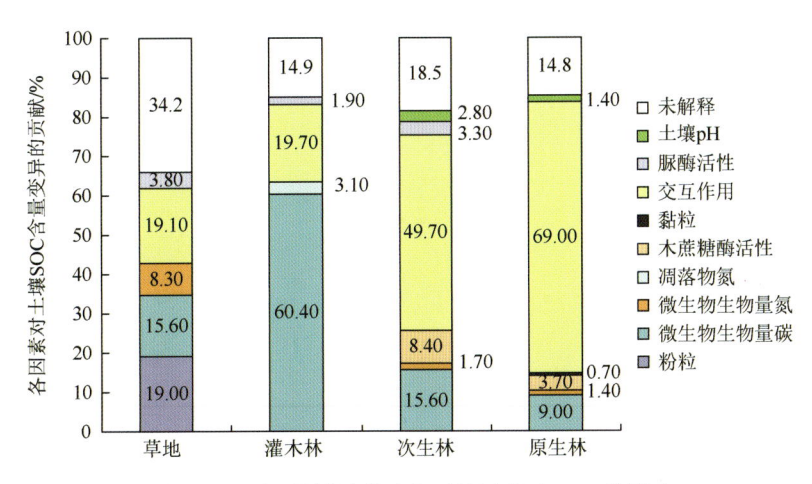

图 4-38 不同植被演替阶段环境因素对 SOC 的影响

3）不同恢复模式对 SOC 含量和储量的影响差异显著

基于空间代时间方法，评估了不同恢复模式（人工恢复和自然恢复）对 SOC 含量和储量的影响及其环境驱动因子。结果表明，自然恢复植被 SOC 含量（55.69g/kg）显著高于人工恢复植被（20.32g/kg）和耕地（19.30g/kg），而人工恢复植被和耕地之间 SOC 含量无显著差异（图 4-39）。在不考虑裸岩率的前提下，各植被类型之间 SOC 储量并无显著差异，剔除裸岩率的效应后，自然恢复植被下 SOC 储量显著高于人工恢复植被（包括人工林和牧草地）和耕地（图 4-40）。方差分解分析表明，人工恢复植被下 SOC 含量和储量仅部分变异受环境因子影响；而在自然恢复植被下，环境因子能有效解释 SOC 含量和储量的大部分变异，且随着植被正向演替解释量逐渐增加，但 SOC 含量和储量的环境驱动因子并不耦合。基于不同恢复模式 SOC 含量和储量指标评价及环境驱动因子分析结果表明，相比人工恢复模式，自然植被恢复更有利于土壤碳固持，且环境因子可作为评估自然恢复模式下土壤碳汇强度的重要指标。结构方程模型分析表明，裸岩出露通过影响元素（土壤有机质、沉降氮、Ca^{2+}等）再分布间接影响喀斯特生态系统土壤碳氮固定，植被恢复前土壤氮库大小、氮固定速率和 Ca^{2+} 是碳固定的主要控制因子（图 4-41）。

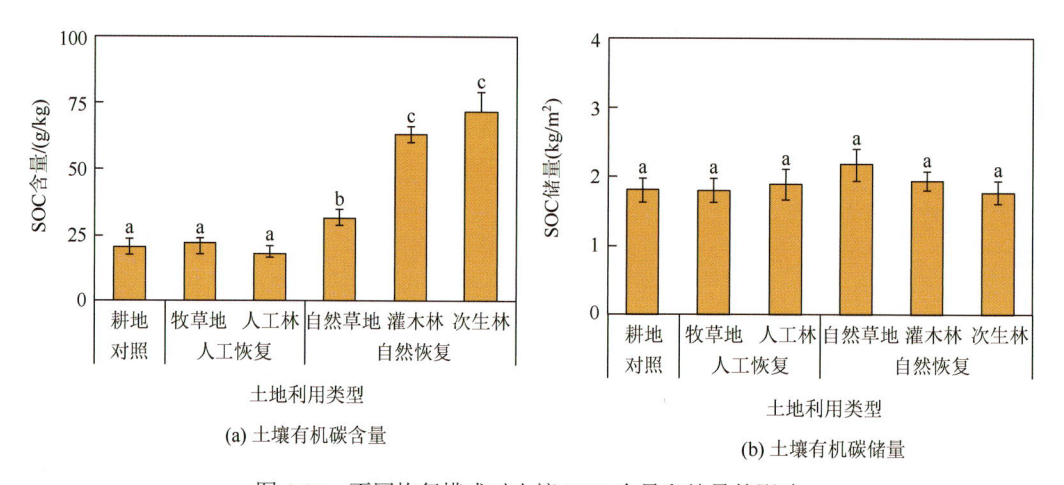

(a) 土壤有机碳含量　　　　　　　　　(b) 土壤有机碳储量

图 4-39　不同恢复模式对土壤 SOC 含量和储量的影响

不同小写字母表示不同恢复模式间差异显著（$P<0.05$），相同字母表示差异不显著（$P>0.05$）；下同

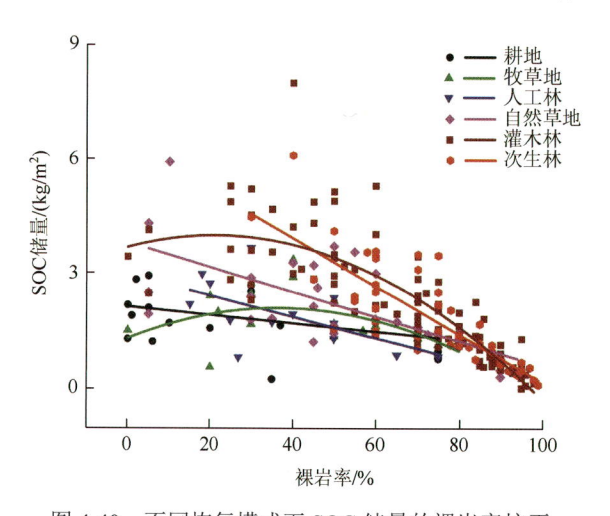

图 4-40　不同恢复模式下 SOC 储量的裸岩率校正

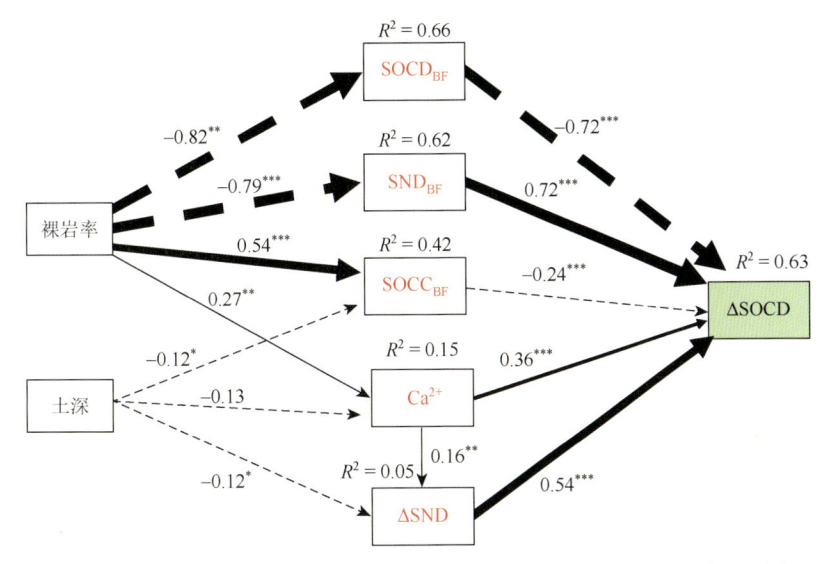

图 4-41 不同恢复模式土壤 SOC 固定效应影响因素的结构方程模型分析

SOCD$_{BF}$：恢复前土壤有机碳库大小；SND$_{BF}$：恢复前土壤总氮储量；SOCC$_{BF}$：恢复前土壤有机碳含量；Ca^{2+}：土壤交换性钙离子水平；ΔSND：土壤氮固定量。*表示 $P<0.05$；**表示 $P<0.01$；***表示 $P<0.001$；本书余同

4）不同恢复方式下 SOC、POC 和 MOC 变化特征及影响因子

以人工恢复和自然恢复实施 15 年后的人工林（耕地退耕造林）和灌丛（耕地退耕植被自然再生）生态系统为研究对象，并以耕地和成熟林为对照，分析了 SOC、颗粒态有机碳（POC）变化特征及影响因子。结果表明，SOC 及其组分对区域温度变化的敏感性大于降水，自然恢复和人工造林土壤 SOC 和 POC 相对累积速率均随年均温（MAT）增加而增加（图 4-42）；MAT 增加显著改变微生物群落结构，促进活性有机碳组分分解，导致耕地 POC 随温度增加而下降；植被恢复后，土壤微生物和 Ca 含量的增加促进 POC 累积

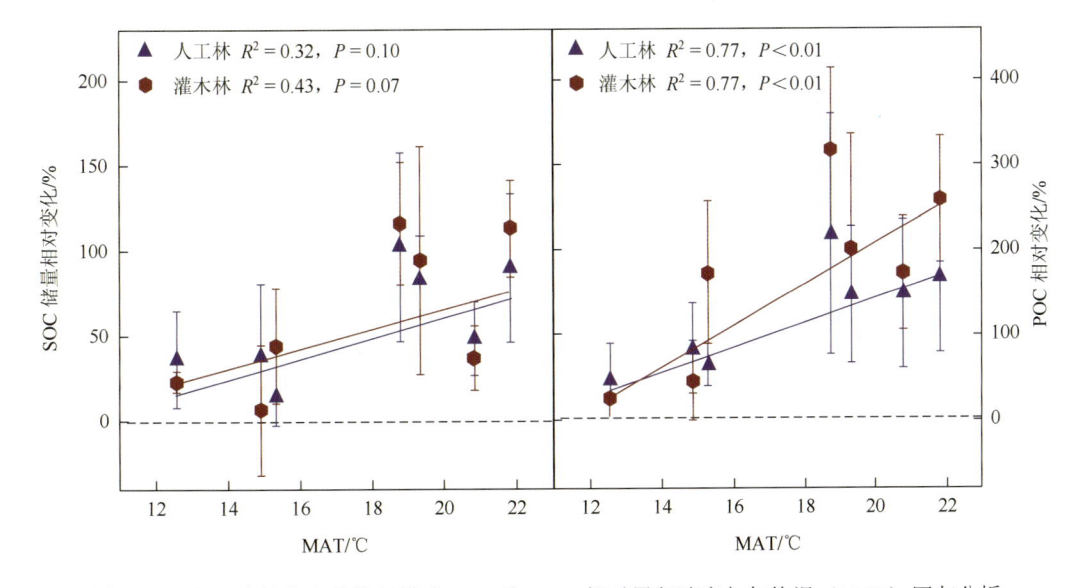

图 4-42 人工造林和自然恢复模式 SOC 和 POC 相对累积速率与年均温（MAT）回归分析

(这可能主要是喀斯特土壤 CaCO$_3$ 溶解—再沉积过程使 CaCO$_3$ 结晶填充在团聚体的孔隙中或表面,从而促进大团聚体形成),且能有效补偿 MAT 增加引起的 POC 分解(图 4-43);以上研究结果凸显了在气候变化背景下植被恢复在西南喀斯特区域具有较大土壤固碳潜力,温度较高地区应优先实施石漠化治理工程和农田土壤质量保护措施。

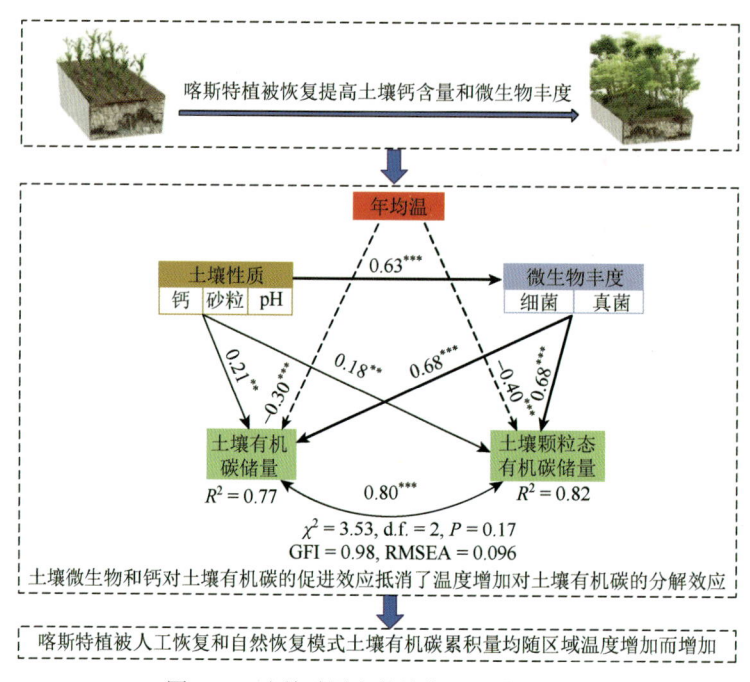

图 4-43 土壤碳固定的结构方程模型分析

4.3.2 氮循环关键过程

1)植被演替过程中土壤氮素状况变化

土壤无机氮含量可反映土壤氮状况,一般而言,缺氮的系统以 NH$_4^+$ 为主,富氮的系统以 NO$_3^-$ 为主。研究发现,随着演替进程,土壤无机氮形态发生了显著变化,农田阶段以 NO$_3^-$ 为主,草丛阶段以 NH$_4^+$ 为主,而在后期以 NO$_3^-$ 为主(Li et al.,2017a)。NO$_3^-$ 与 NH$_4^+$ 比值常用于反映生态系统是缺氮还是富氮,当比值小于 1 时,生态系统一般缺氮,大于 1 时则富氮。^{15}N 同位素比值也是表征生态系统氮素状况的一个重要指标,一般而言,富氮的生态系统土壤 ^{15}N 比值高于缺氮的生态系统。研究发现,灌丛、次生林与原生林土壤、叶片与凋落物 ^{15}N 比值均高于农田与草丛,也表明退耕后土壤氮素状况得到了显著改善。但是以上这些指标都是研究土壤氮素状况的间接指标,而更直接的方法是测定土壤初级氮转化速率。

通过对土壤初级氮转化速率的测定,发现退耕后初级矿化速率与硝化速率从农田至草丛先下降,随后从草丛至次生林两者均显著增加,其他初级氮转化速率变化无明显规律(Li et al.,2017b)。通过计算硝氮净产生速率(net nitrification production,NNP)与固持潜力(net retention capability,NRC),发现前者变化与初级硝化速率类似,而后者在各演替阶段之间无明显差异，说明硝态氮淋失风险随演替进程而增加。初级硝化速率与氨氮固持速率的比值是反映氮饱和指数的重要指标，比值小于1表明生态系统受氮限制，大于1而氮饱和。结果发现，仅草地阶段比值小于1，意味着该阶段受氮限制，随后比值显著增加，说明退耕后氮状况快速改善，并在演替中后期表现出明显的氮饱和特征（图4-44）。以上结果表明西南喀斯特生态系统恢复中后期不受氮限制，充足的氮供应可保障生态恢复工程的固碳效应。

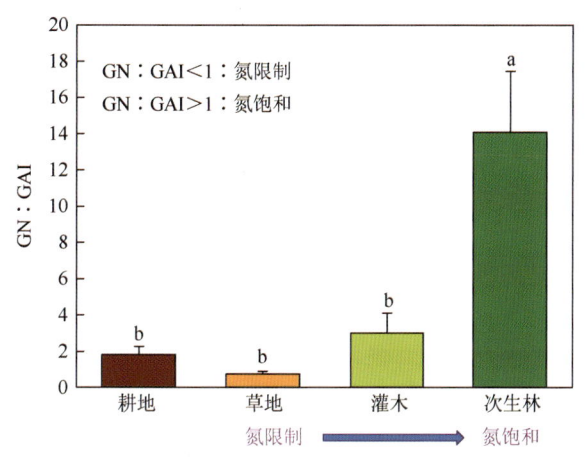

图 4-44　初级硝化速率与氨氮固持速率之比（氮饱和指数）变化随演替变化特征

此外，草地生态系统群落叶片N∶P显著小于灌丛、次生林和原生林生态系统，且与土壤全氮呈显著正相关，说明恢复初期生态系统主要受氮限制（图4-45）。次生林和原生林群落叶片N∶P与土壤全磷含量呈显著负相关，说明恢复中后期生态系统主要受磷限制。随植被正向演替，群落叶片N∶P与碱性磷酸酶活性呈显著正相关，说明随生态系统恢复，植被群落受到越来越严重的磷胁迫（图4-46）。灌丛生态系统群落受氮磷共同限制。因此，喀斯特退化生态系统恢复初期（草丛阶段），植被群落主要受氮限制。随着植被的正向演替，自生固氮和共生固氮过程逐渐恢复，氮素迅速积累，而土壤磷在Ca和土壤矿物作用下多转化为无效态，因此在生态系统演替后期（次生林和原生林阶段），植被群落主要受氮限制。在生态系统恢复中期（灌木林阶段），植被群落受氮和磷共同限制。

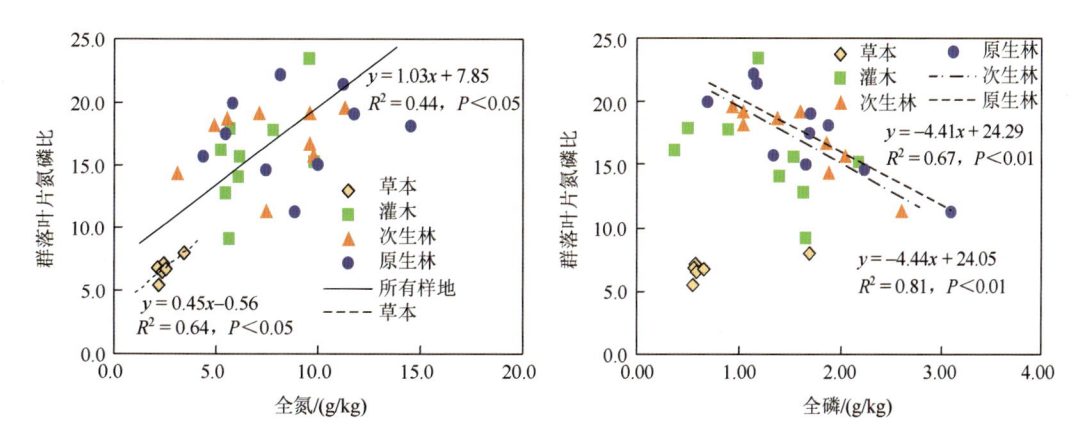

图 4-45　喀斯特区不同植被演替阶段群落叶片N∶P与土壤养分相关性分析

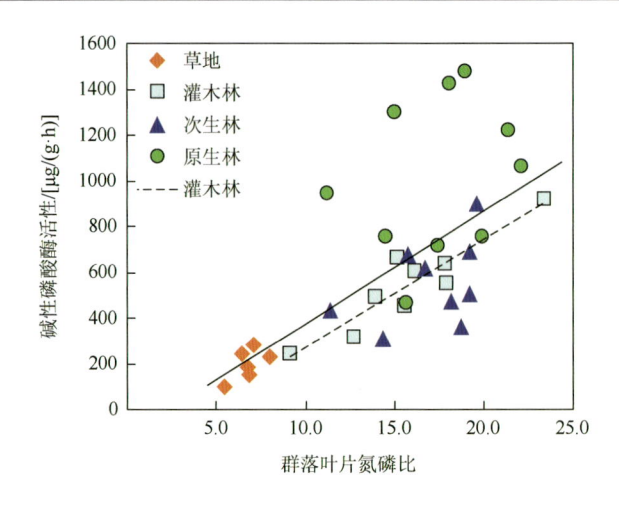

图 4-46　不同演替阶段植被群落叶片 N∶P 与土壤碱性磷酸酶活性的关系

2）苔藓结皮促进土壤氮循环作用机制

苔藓结皮具有改善表土结构，调节水分循环，改善土壤微食物网结构，促进土壤养分循环和碳、氮积累等多种生态功能，而在喀斯特植被恢复过程中常伴随着苔藓这一类生物土壤结皮。研究发现，喀斯特退化生态系统恢复初期，农业耕作干扰撤除有利于苔藓结皮定植发展，其中，人工林＋牧草复合种植模式苔藓结皮面积和生物量最大，对应下覆土壤较高的无机氮和 NH_4^+ 含量和较低的 NO_3^- 含量（图 4-47 和图 4-48）；冗余分析、方差分解及逐步回归分析均表明，苔藓结皮是影响不同植被恢复模式下土壤氮素有效性的主要因子（图 4-49）；自然恢复与人工恢复对土壤氮循环的影响机制不同，自然恢复氮循环更为开放，通过增加微生物量、AMF 水平、BG 和 NAG 酶活性，提高氮素有效性（图 4-50）；苔藓结皮通过直接影响 NH_4^+（提升）和 NO_3^-（抑制）含量，间接作用于土壤物理性质（如田间持水量）和微生物进而影响土壤氮素有效性，改善土壤氮素内循环（图 4-51）。因此，生物土壤结皮能有效促进干旱半干旱地区土壤养分循环和氮素积累。

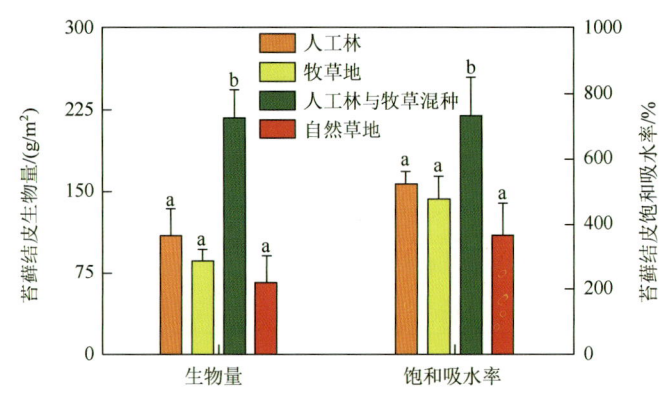

图 4-47　不同植被恢复方式对苔藓结皮的影响

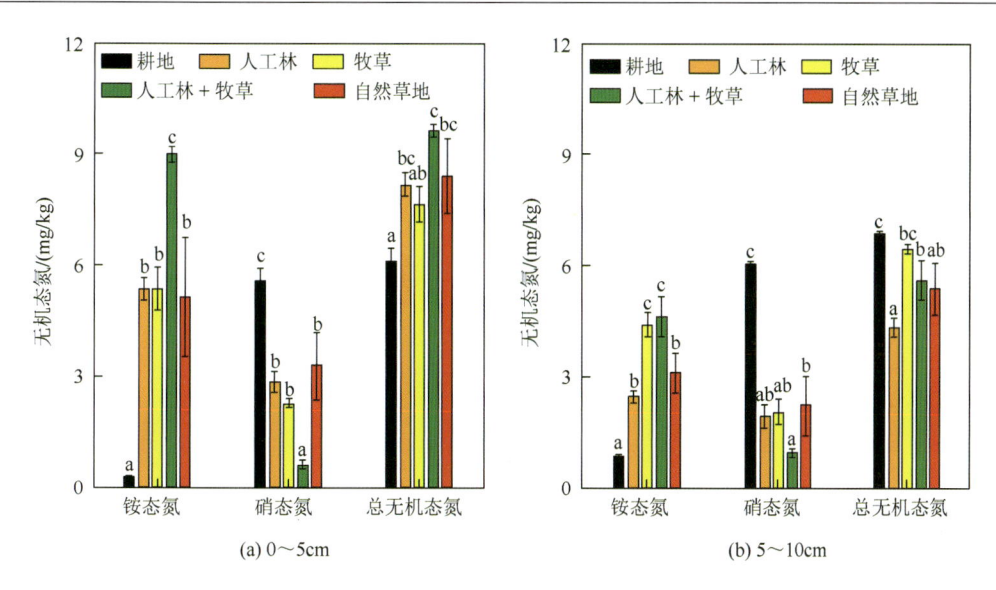

第4章 喀斯特峰丛洼地水土过程机理与石漠化综合治理

图 4-48 不同土地利用方式苔藓结皮下覆土壤无机氮的变化

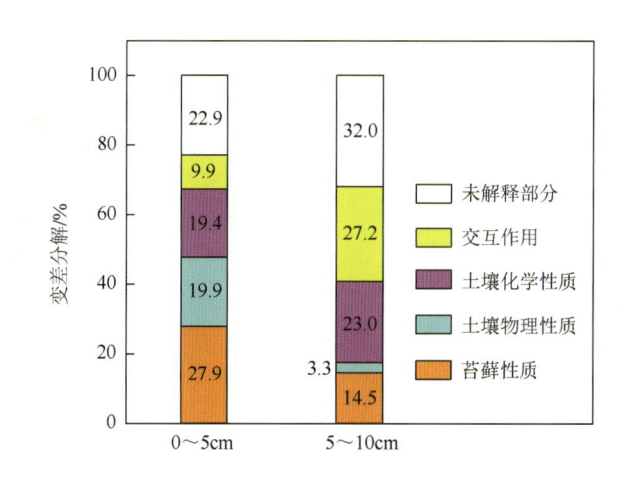

图 4-49 不同影响因子对苔藓结皮下覆土壤氮素有效性的解释量

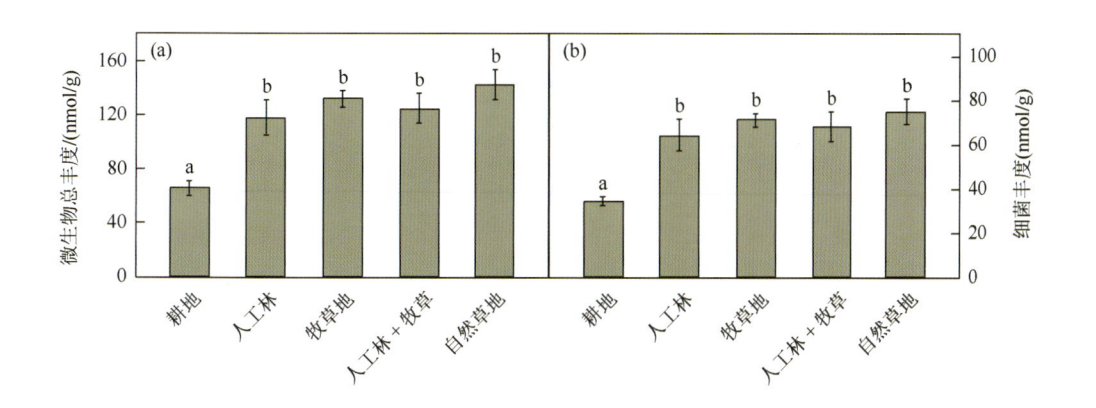

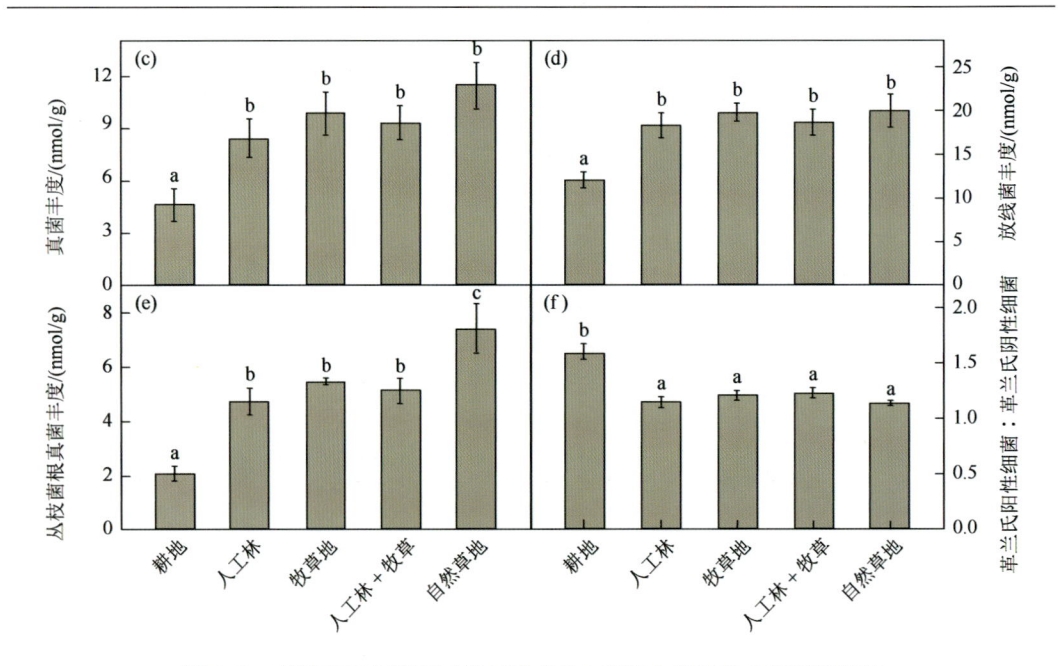

图 4-50　植被恢复初期不同恢复模式对土壤微生物及其功能群的影响

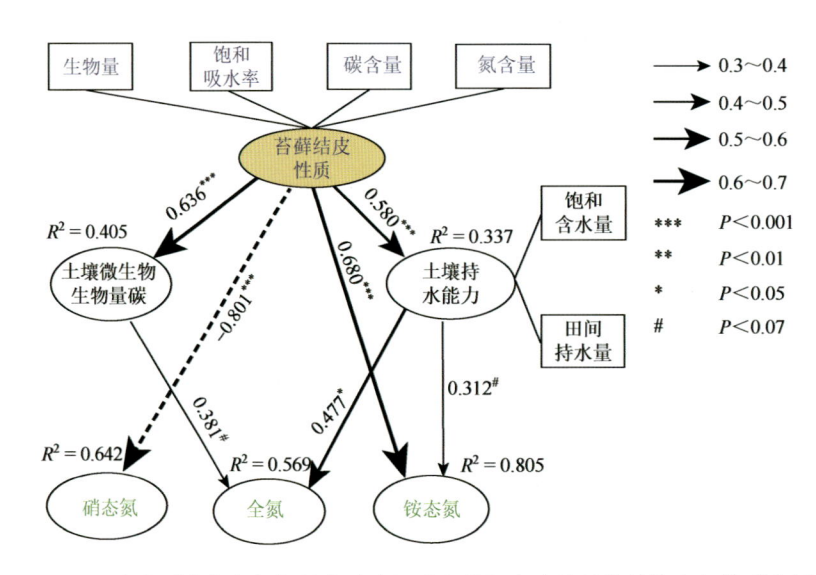

图 4-51　生态系统恢复初期苔藓结皮促进土壤氮素有效性的结构方程模型分析

3）植物根系分泌有机酸调控土壤氮矿化速率

生态系统恢复中后期，先锋灌木和乔木通过根系有机酸分泌调控微生物群落组成和土壤氮磷循环。根际草酸含量受不同功能群植物影响，乔木根际草酸含量显著高于灌木（表 4-3），根际草酸与土壤微生物生物量碳（MBC）、NAG 酶活性和潜在氮矿化速率呈显著正相关，说明灌木和乔木先锋树种通过根系有机酸的分泌适应氮限制环境，促进植被向更高阶段演替（Pan et al., 2016）；通径分析结果表明，草酸对 MBC 含量和 NAG

酶活性具有直接效应，草酸对潜在氮矿化速率没有显著的直接效应，但具有显著的间接效应（图4-52）。MBC和NAG酶对潜在氮矿化速率具有显著的直接效应，说明先锋种灌木和乔木植物通过草酸分泌激发微生物和NAG酶活性促进土壤氮循环及氮素有效性，适应喀斯特养分限制环境。

表4-3 功能群植物根际草酸、微生物生物量碳、NAG酶活性和潜在氮矿化速率差异

植物分类	草酸 /(mg/kg)	微生物生物量碳 /(mg/kg)	NAG酶 /[μmol/(g·h)]	潜在氮矿化速率 /[mg/(kg·d)]
灌木	0.55±0.04a	0.418±0.015a	0.228±0.008a	4.12±0.20a
乔木	2.28±0.14b	0.573±0.026b	0.277±0.012b	4.41±0.34a

注：小写字母表示不同植物分类之间差异显著（$P<0.05$）。

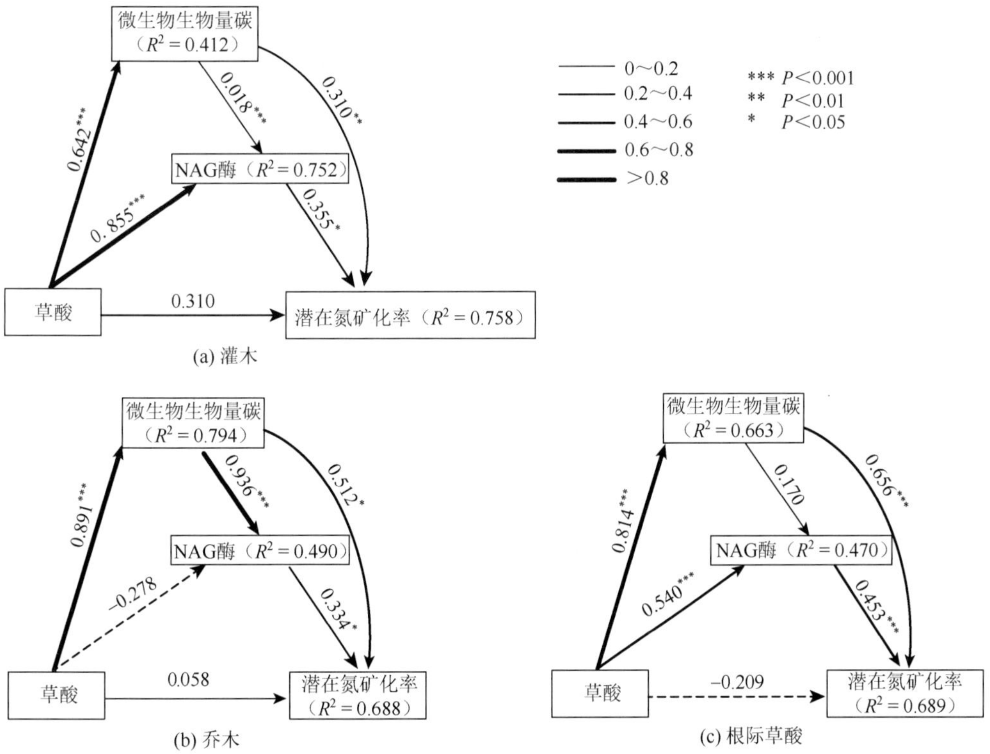

图4-52 两种功能型植物根际草酸分泌对土壤氮矿化速率影响的通径分析

4.3.3 土壤肥力提升技术

1）基于豆科植物固氮与根系有机酸分泌的土壤肥力提升技术

豆科固氮灌木紫穗槐和深紫木蓝引种一年后的固氮量分别为126.2kg N/(hm²·a)和

222.8kg N/(hm²·a)，固氮量与氮素向牧草的转移量成正比。引种豆科灌木后，高频率的牧草刈割仍能保持较高土壤总氮水平；而未引种豆科灌木的土壤总氮含量显著降低。豆科灌木引种比等量氮肥施用更能缓解喀斯特自然草地"氮限制"，且能够维持人工草地牧草产量，引种豆科灌木增加了草本地上生物量的40.5%～80.4%；氮肥施用增加了草本地上生物量的21.3%～64.8%（图4-53）。

图4-53 喀斯特草地豆科植物引种诱导土壤肥力提升技术原理

植物根系是响应和反馈土壤养分变化的最直接和最敏感的部位，是连接植物与土壤的桥梁，它不仅能吸收和运输氮磷等矿质养分，而且能激活土壤微生物和酶的活性而提高土壤养分有效性，并促进生态系统向更高阶段演替。为了研究喀斯特植物在恢复中后期N、P限制条件下的响应特征和反馈机制，选取植被演替中期的灌木林和植被演替后期的原生林两个植被类型探讨了优势植物细根的周转速率及其与土壤养分有效性之间的关系。

结果发现，喀斯特地区植物的细根生物量与死亡量生长周期内分别在28.36～61.11g/m²与6.29～19.45g/m²波动，其变化动态从生长季初期（5月）开始缓慢降低，到生长季结束（11月）最低，然后开始升高，在生长季前（3月）达到最高（图4-54）；不同植被类型的细根生物量和死亡量动态变化幅度不同，灌木林细根生物量和死亡量的变动幅度均高于原生林。细根数量变化的总体规律是细根生物量在生长季前逐渐升高，进入生长季后则逐渐下降，进入非生长季后又开始逐渐上升。植物的活细根碳含量比死细根高，而活细根氮含量比死细根的低；原生林的活细根和死细根的碳和氮的含量比灌木林高（图4-55）。随着植被正向演替，植物细根周转速率没有显著的差异（图4-56），但喀斯特地区的植物细根周转速率高于全球以及其他地区的平均水平。

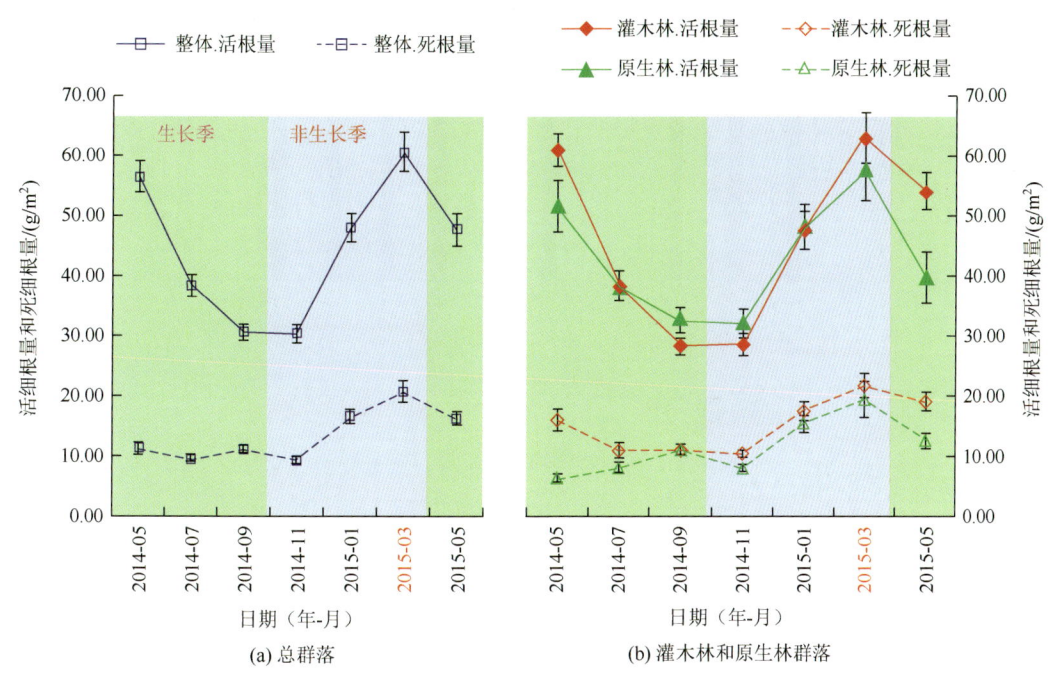

第4章 喀斯特峰丛洼地水土过程机理与石漠化综合治理

图 4-54 喀斯特植物细根生物量和死亡量的变化趋势图

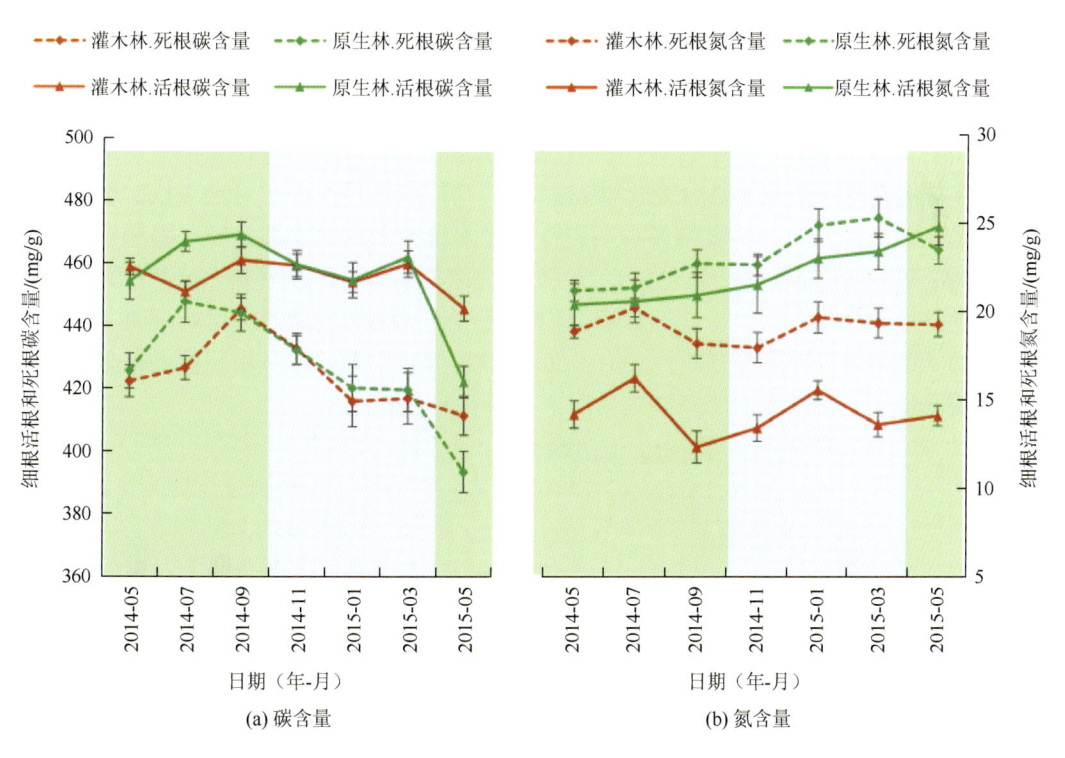

(a) 总群落

(b) 灌木林和原生林群落

图 4-55 喀斯特植物活细根和死细根的碳、氮含量变化

(a) 碳含量

(b) 氮含量

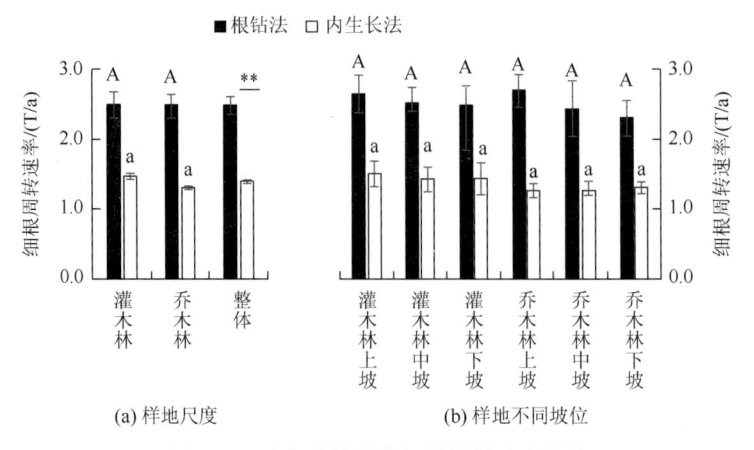

图 4-56 喀斯特植物的细根周转速率差异

喀斯特植物的细根比根长、根尖数和氮含量随着植被的正向演替而逐渐提高，且在生长季明显高于非生长季（图 4-57）。两个植被演替阶段的植物细根的比根长、根尖数和氮含量与土壤氮和磷含量以及根际土的草酸和微生物生物量碳具有正相关关系，表明植物细根功能性状变化与土壤养分变化密切相关，且在吸收土壤养分的过程中发挥了重要的作用（图 4-58）。但是，细根比根长、根尖数和氮含量与土壤有效磷之间没有显著相关，表明植物的持续吸收土壤有效磷的供给数量不足，使得土壤磷成为该地区植物生长的限制性因子。喀斯特植物根际土的草酸含量、微生物生物量、β-N-乙酰氨基葡萄糖苷酶（NAG）活性和潜在氮矿化速率受到植物物种、功能群和季节的显著影响。根际有机酸与 MBC、NAG 酶活性和潜在氮矿化速率呈显著正相关，说明灌木和乔木先锋树种通过根系有机酸的分泌适应氮限制环境，促进植被向更高阶段演替；通径分析结果表明（图 4-59），草酸对微生物生物量碳含量和 NAG 酶活性具有直接效应，草酸对潜在氮矿化速率没有显著的直接效应，但具有显著的间接效应。微生物生物量碳和 NAG 酶对潜在氮矿化速率具有显著的直接效应，以上研究结果说明先锋种灌木和乔木植物通过草酸分泌激发微生物和 NAG 酶活性促进土壤氮循环及氮有效性，适应喀斯特养分限制环境。演替后期乔木林根际区的速效磷在生长季大于非生长季，且其细根分泌草酸含量在生长季是非生长季的 4 倍，说明其主要用于提高磷有效性（图 4-60）。然而演替中期灌木林根际区的速效磷在非生长季没有变化，说明灌木的草酸主要用于提高氮的有效性。

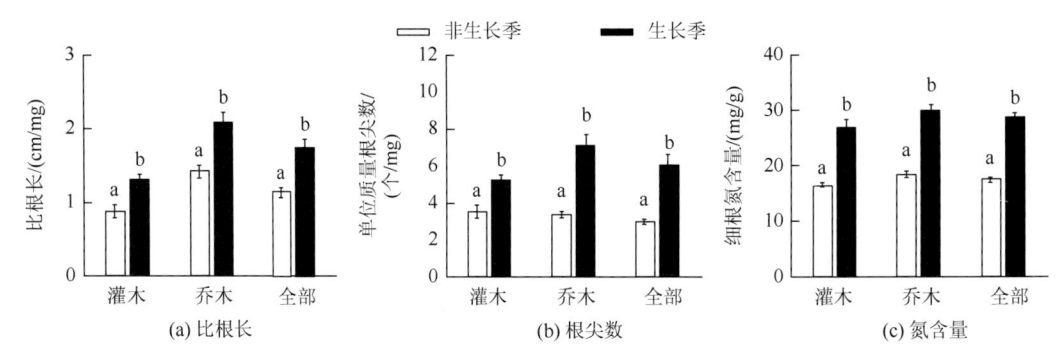

图 4-57 灌乔植物细根在非生长季和生长季的差异

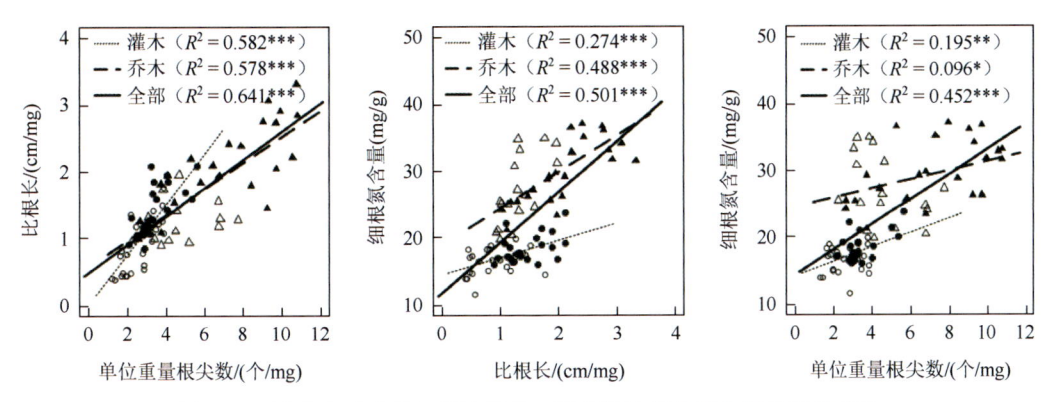

图 4-58　灌木和乔木的细根比根长、根尖数和氮含量之间的相关关系

*$P<0.05$，**$P<0.01$，***$P<0.001$

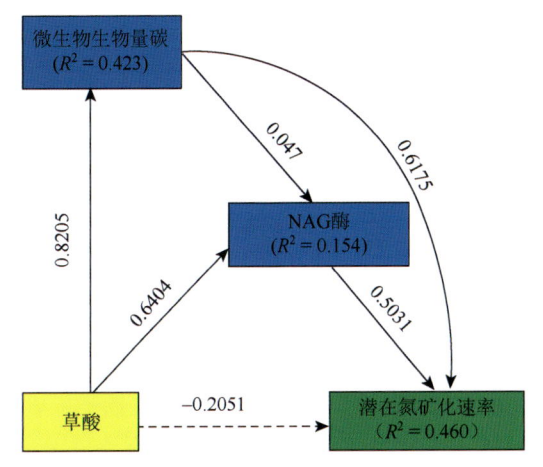

图 4-59　喀斯特植物根际草酸分泌对土壤氮矿化速率影响的通径分析

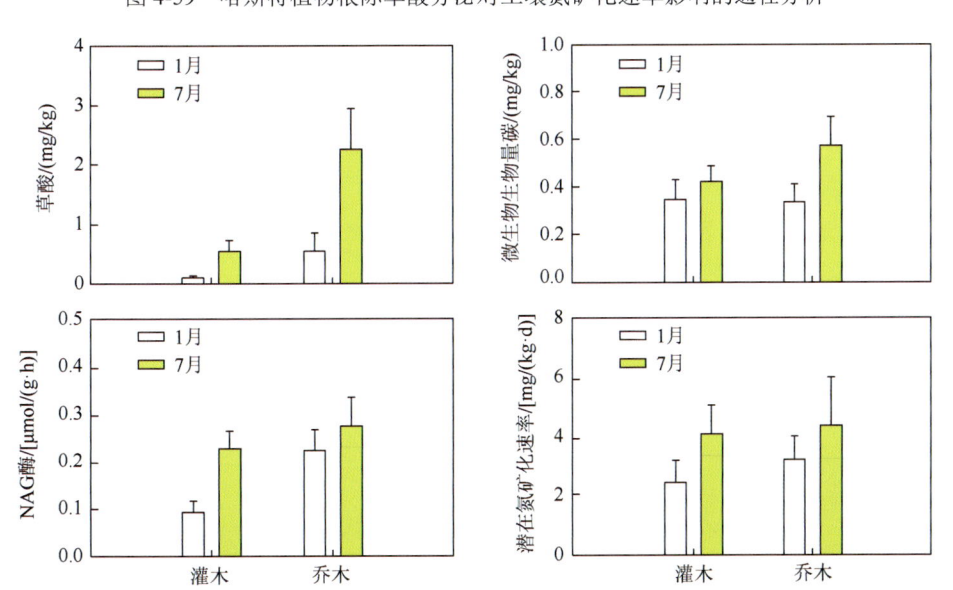

图 4-60　喀斯特灌木林和乔木林根系分泌物、土壤微生物量、胞外酶活性以及细根氮含量特征

2)种养结合调整土壤肥力提升技术

基于环江站 2006 年建立的长期施肥控制小区,分析了化肥与不同比例有机物料配比对土壤肥力的影响,处理包括:①不施肥(Control);②仅施化肥(NPK);③70%NPK + 30%秸秆(LSNPK;肥料总量与处理②相同,下同);④70%NPK + 30%农家肥(LMNPK,农家肥为牛粪);⑤40%NPK + 60%秸秆(HSNPK);⑥40%NPK + 60%农家肥(HMNPK)(图 4-61)。结果表明,相比对照,施肥处理显著提高了产量,且不同施肥处理之间无显著差异。相比仅施化肥(NPK)处理,高量牛粪处理显著提升了有机碳、总氮及总磷的水平。高量牛粪处理相比高量秸秆处理土壤有机质更稳定。相比仅施化肥(NPK)及其他处理,高量秸秆或牛粪处理显著提升了微生物生物量碳、氮和磷的水平。相比仅施化肥(NPK)处理,高量秸秆或牛粪处理显著提升了微生物及其功能群的丰度。相比不施肥对照土壤,长期施化肥土壤添加秸秆后秸秆降解和土壤有机质矿化速率均更高;不施肥对照土壤添加秸秆对土壤有机质矿化的激发效应更高。秸秆配施低氮通过降低激发效应有助于土壤碳的固持;秸秆和氮添加通过提高土壤酶活性、细菌和真菌丰度促进秸秆降解和土壤有机物矿化;土壤相对丰度较高的真菌类群相比细菌群落在秸秆降解和土壤有机质矿化过程中扮演更重要的角色。施肥处理显著提高了生态系统多功能性,且高量牛粪处理的提升效果最好,其次为高量秸秆处理(图 4-61)。土壤微生物残体水平及土壤微生物残体对有机碳的贡献在各处理间无显著差异,说明土壤有机碳与全氮的增加主要归因于有机质输入增加,且秸秆或牧草经"过腹还田"对土壤有机碳库的促进作用最明显,即"种养结合型调整"更有助于提升土壤有机碳与全氮水平。总之,基于化肥与有机物料配施提升土壤肥力效果受有机物料类型及配施比例的影响。因此,建议首先将秸秆作饲料化处理,用于支持发展草食畜牧业,再将畜牧业产生的粪肥还田,更有助于提升退化土壤肥力。

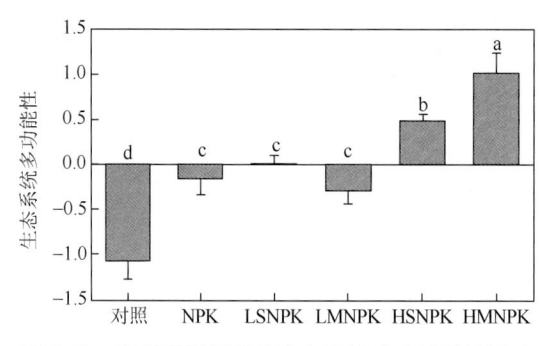

图 4-61 不同施肥处理对生态系统多功能性的影响

4.4 生态服务提升与民生改善的峰丛洼地石漠化治理模式技术集成

4.4.1 就地修复与替代型草食畜牧业发展模式

1. 模式背景

西南喀斯特区受特殊地质背景制约,长期高强度人类农业活动导致石漠化,传统的玉米种植及翻耕导致土壤养分快速退化，需要从耕作农业转向免耕的保护性种植，进行喀斯特石漠化治理。

2. 模式要点

牧草种植避免了对土壤的干扰，牧草根系发达，具有良好的水土保持作用，且长期低干扰的牧草栽培有利于苔藓结皮形成，不仅增强了水土保持作用，还具有固氮增效功能，是峰丛洼地区石漠化治理的重要技术模式。

优选确定适于喀斯特区域生态环境特点的人工草地牧草组合，提出了西南喀斯特山区替代型草食畜牧业发展模式，主要包括牧草耐涝栽培、耐旱植被群落优化配置、适生优良树种苗木繁育、峰丛洼地水土流失防治、标准化圈养体系、废弃物料回收处理等技术与模式。

技术构成：①树种选择。选择适应性强、根系发达，水土保持功能好，具有一定经济效益的香椿、任豆、肥牛树等树种，散种于坡地上；牧草以桂牧一号、杂交构树、多年生黑麦草为主。②土地整理。块状整体，根据不同树种、苗龄，整地规格为30cm×40cm×25cm或40cm×40cm×30cm，"品"字形配置，整地时间为每年11月至次年1月中旬旱季。③苗木。尽量选用容器良种壮苗，并使用生根粉和保水剂，提高造林成活率。④栽植密度。株行距为2m×3m，陡坡兼种牧草株行距为 3m×3m。⑤栽植。行间或带间混交，覆土至苗木根际以上3~5cm，牧草以点播或散播种植。⑥抚育管理。从造林当年开始，每年1~2次，刀抚、锄抚相结合，尽量保留株行距间的灌木、草本，追肥每年1次，每次每株150g，连续3年，复合肥为主。⑦棚圈建设。棚圈为单列式砖木结构，栏舍空间墙高2.8m，前方使用木条隔离并设置饲料架，隔墙使用砖隔离。墙体设活动窗户，在冬季可关闭防寒，开时有利通风防暑。⑧圈养技术。结合传统的圈养方式，在饲料供给上按照人工牧草地每5亩养牛2头计算，牧草与杂交构树切割后与玉米混合喂养。⑨废弃物处理。利用排水沟将牲畜的尿粪排入二级化粪池中进行处理，处理池主要采用狐尾藻处理技术，多级处理，有效降低水体中的富营养元素含量。牛粪可另做堆肥，用于牧草地的肥力补充。

局限性：林下种植牧草可能会导致林下植物群落多样性低下；牧草刈割多次后，需要补充地力，如果不及时施肥，可能会导致土地肥力下降。

3. 应用情况

该生态恢复与产业发展模式先后在黔桂喀斯特山区大范围推广应用，其中在广西环江古周示范区面积达 1982hm²，被国家发展和改革委员会遴选为喀斯特山区产业发展的典型案例石漠化治理的典型样板（图4-62）。示范区经济效益大幅提高，人均纯收入显著提高，由2012年的3600元提高到2019年的12180元。改变了该地国家级贫困村的落后面貌。

4. 推广潜力

在喀斯特石山坡地多石少土区域和在洼地中种植牧草的成本有所差异，前者管理、收割成本相对更高，且牧草产量相对要低，前期总投资估算10万~13万元/km²，年田间管理成本5万元/km²，后期年收益100万元/km²。投资回收期3~4年。

图 4-62　就地生态恢复与草食畜牧业培育——古周模式

4.4.2 峰丛洼地复合型立体生态农业发展模式

1. 模式背景

生态保护和扶贫开发的矛盾长期存在，不合理开发造成局部石漠化现象有加重的趋势。因此需要基于当地水热条件以及地形地貌等，进行产业优选和土地资源的保护与利用。土少陡坡不适合开发的地方进行保护，土多坡缓的坡麓坡脚地带进行高效生态衍生产业配置，达到生态、经济效益协同提升的目的。

2. 模式要点

在山顶实施以封山育林、保护植被为主的封育措施，在坡腰种植则是在生态林的间隙种植高值经济林木，在坡麓坡脚发展特色经济林果、林下中草药等产业，确保农民增收，开展"以果为主，林果结合，套种药材，综合经营"的复合型立体生态农业发展模式，通过合理布局，利用有限空间，形成山体之中农、牧、林紧密结合，相互支持的立体生态农业发展模式。

技术构成或实施方案：①分类治理。对石漠化较严重的山区，采取封造并举的育林治理措施，加大天然林抚育与管护力度，生态林中间种植竹子、香椿、降香黄檀等经济效益较高的人工林，为石漠化地区恢复天然植被创造良好条件；对坡度较大的山区，实行退耕还林还草，减少水土流失，控制土地石漠化；对潜在石漠化地块，采用改善土地耕作层、变换农作物种植品种、培肥地力等措施提高土地生产力。②多措施综合治理。采取砌墙保土的方式，增加土层厚度；采取林农混种的方式，实行以耕代抚；采取兴修蓄水池的方式，保证林木生长供水需要；采取封山禁牧的方式，预防人畜践踏林草；有条件的地方，采用土壤改良、施肥等办法，促进林木生长。③调整农业结构，大力发展林果立体种植。在植树造林的基础上，重点发展经济价值高的药用植物和果树。从山脚到山顶划分三个林果种植带，做到山顶封育，山腰生态林加高值树种，土缝种竹子、菜豆树等植物，山麓和山脚以及房前、屋后、路边、沟旁种柑橘、柿子、龙眼等果树，形成立体种植模式。同时在果树下种植金银花、苦丁茶、两面针等中草药材，实行林、果、药综合发展，既保持了水土，又增加了经济收入。④加快农村富余劳动力转移步伐。富余劳动力转移到非农业领域就业，既解决了劳动力就业问题，又减少了土地承载量，避免过度开垦土地的现象反弹；坚持使用良种壮苗，推广营养杯苗、箩筐苗造林，提高造林成活率，加速植被恢复。⑤加强技术培训。定期组织实用技能培训，成立专业施工队伍，由专业队伍负责造林施工，实施统一管护，大大提高造林质量。

局限性：山脚和山麓的果树以及林下中草药需要大量施肥，有产生农业面源污染的风险。

3. 应用情况

广西环江县大才乡琼园山庄形成了以澳洲坚果（夏威夷果）和特色柑橘种植为主的特色生态产业（图 4-63）。

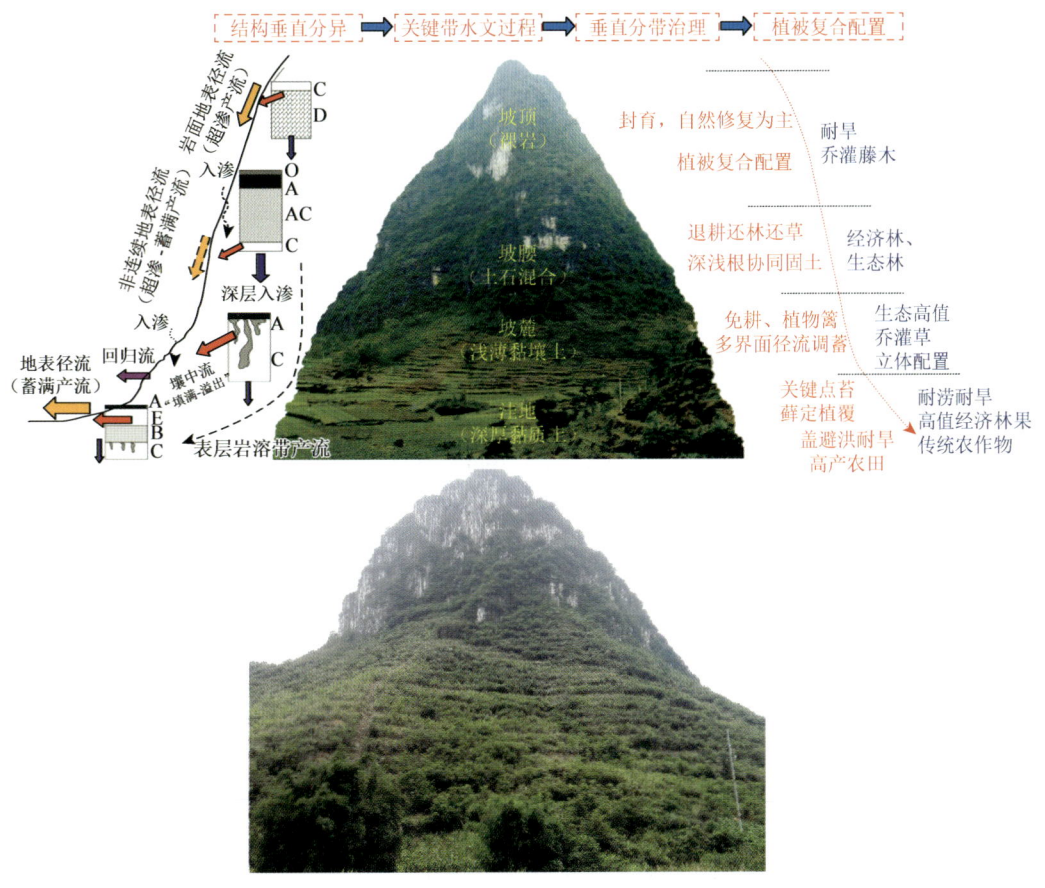

图 4-63 环江琼园垂直景观分带治理模式

坡顶封育、坡麓澳洲坚果种植、坡脚洼地特色柑橘种植

4. 推广潜力

所需投资成本与喀斯特面积以及石漠化程度有关，前期总投资估算为 20 万～25 万元/km^2，年田间管理成本 15 万元/km^2，后期年收益 400 万元/km^2。投资回收期 5～7 年。

4.4.3 肯福生态移民异地开发模式

1. 模式背景

围绕喀斯特石漠化地区人地矛盾尖锐、生态环境脆弱、传统产业与生态保育冲突等问题，首次提出生态移民和异地科技扶贫机制，通过生态移民和人口转移促进大石山移民迁出区植被恢复和生态系统功能提升，构建移民安置区特色生态产业，实现移民增收和安置区生态环境质量提升。

2. 模式要点

选建的"肯福"移民安置示范区，建立了"科研机构+公司+基地+产业"的扶贫模式，被联合国教育、科学及文化组织（简称联合国教科文组织）专家誉为"肯福模式"（图 4-64）。从大石山区（古周）迁出移民 97 户 520 人在"肯福"示范区安置，进行了产业设计、关键技术攻关、成熟技术集成、优良品种改进、移民培训和可持续发展能力建设。形成了适应于示范区资源合理利用、经济持续健康发展的红心柚、种桑养蚕、甘蔗、畜禽、蔬菜五大支柱产业，提供了产业的地域布局、产业开发步骤和主要措施。引进新技术 22 项、新品种 47 个。至 2016 年，示范区面积由 2000 亩扩大至 6000 亩，培训农民 8400 人次，每个移民掌握 2～3 门技术。

(a) 1994 年 6 月　　　　　　　　　　(b) 2020 年 6 月

图 4-64　移民安置区（肯福）生态产业发展前后对比图

3. 应用情况

"肯福模式"辐射面积达 12.6 万亩。为河池市开展大规模的易地扶贫和安置 10 万人提供了决策依据和示范样板,采取"公司+基地+合作社+农户"模式,大力发展市场前景看好的红心香柚、砂糖橘、沃柑、澳洲坚果等产业,为广西 40 万移民的"整乡推进"脱贫提供了示范样板,也为广西易地扶贫工作提供了支撑。

4.4.4 喀斯特石漠化地区澳洲坚果种植技术

1. 技术背景

针对喀斯特地区土层浅薄不利于作物生长、频繁的人类活动导致水土流失现象加剧等问题,筛选出适宜在喀斯特地区种植的经济果树——澳洲坚果,澳洲坚果根系浅且须根系发达,易成活,在脆弱喀斯特环境引入澳洲坚果种植,能够有效地保护区域生态环境,增加经济效益,促进石漠化困难地区的脱贫致富。作者研发了喀斯特山区澳洲坚果种植技术,该技术寓经济发展于生态治理之中,将植被恢复与生态服务功能提升、民生改善有机结合,培育和发展特色生态衍生产业,为喀斯特地区发展生态经济提供了技术保障,实现了生态治理与脱贫致富双赢。

2. 技术要点

主要技术指标:①气候选择。无台风区,无霜区 330d 以上。②整地。带状地块整地,挖长、宽、深均为 50cm 的种植穴,清除周围的灌木丛和杂草,覆盖树盘。③品种选择。宜选择适合山地种植的"桂热 1 号"、OC、A16 和 695 等优良品种。④定植。定植前 2~3 个月挖好定植坑,施用腐熟农家肥 20kg、磷肥 1kg,定植时间为 2~4 月或 9~11 月,定植密度为株距 4~6m,行距 6~8m,定植后及时整好树盘,将杂草、农作物秸秆、绿肥等盖在树盘上,覆盖厚度 10~20cm,覆盖物离树干 10cm。⑤幼树整形修剪。在幼树主干离地面 50~60cm 处定干,选留不同方向的枝梢 3~5 条作为主枝,主枝长至 25~30cm 进行摘心,每条选留 2~3 条作为侧枝,依次进行。采用高剪,去病枝,尽量多留枝条。

3. 应用情况

广西南亚热带农业科学研究所于 2017~2021 年,在广西、云南、广东、贵州、四川等省区广泛应用喀斯特地区澳洲坚果种植技术,累计推广喀斯特地区澳洲坚果种植面积 56.42 万亩。种植澳洲坚果可涵养水源,减少水土流失,明显改善当地日益恶化的生态环境,云南、四川、贵州等已把澳洲坚果列为退耕还林的选择树种。在广西壮族自治区内河池、崇左、环江、上思等石漠化地区建立了澳洲坚果示范基地,示范基地澳洲坚果平均每亩新增销售额 0.57 万元,新增利润 0.51 万元,节约成本 0.02 万元。

4. 推广潜力

独特的岩溶地质背景一直制约着我国西南喀斯特山区的产业发展,导致该地区生态问题严重、经济发展较慢，发展特色经果林产业不但有利于改善当地脆弱的生态环境，而且能进一步巩固拓展当地脱贫攻坚成果、助力乡村振兴。喀斯特地区澳洲坚果种植技术在土层浅薄、生态脆弱的喀斯特山区有较强的适应性，体现了因地制宜的石漠化地区经济发展原则，在该地区解决生态破坏和产业发展难题、巩固脱贫攻坚成果等方面体现出明显优势（图4-65）。

图4-65　喀斯特石山区澳洲坚果种植示范

4.4.5　喀斯特地区林果药立体复合种植技术

1. 技术背景

独特的喀斯特环境，孕育着多种类型的中药材，而不同产地的中药材受特定的气候、土壤、生态环境等自然条件的影响，其品质也有很大差异，品种的选育讲究道地性。道地药材因其具有较好的保水固土效益和经济效益，成为石漠化地区重要的致富项目之一。喀斯特林下中药材的复合种植，可使地表植被增加，土壤水涵养性提升；药材规模化的种植可适应人们对中药材资源的需求，减少掠夺式采挖野外中药材，使野外资源得到有效的保护。调整经济发展模式，选用市场价值高、适宜在喀斯特地区生长的药用植物，推广喀斯特药用植物种植和产业发展，能够带动地区经济发展。

2. 技术要点

遵循生态学及植物生理学原理，从群落稳定性和物种多样性的角度出发，喀斯特适宜中药材选择应遵循经济效益与生态效益兼顾、适地适种、立体种植结构搭配的原则。从选种、种植到管护都要兼顾其生态、经济效益，具有经济效益才能致富，具有生态效益才能可持续发展。立体混交种植能将土地利用最大化，还能起到去除虫害的作用，为中药材种植与生长提供良好的条件。而立体搭配不是一成不变的，应综合考虑药材品种、喀斯特生境条件及日光环境。按照野生道地优质中药材形成的最佳立地因子，尽量维持与营造药用植物原生最佳微生态环境。因此，应根据市场规律，选择道地药材品种，基于药材生长特性，采用复合种植方式栽植。林下种植阴性草本或灌木、小乔木类药用植物，植被少的荒山坡采用种植非采挖种子果实类或枝叶类的中药材品种。

3. 应用情况

广西环江县以林下生态栽培模式为主的中草药种植面积1.1万余亩，涉及的品种包括山豆根、草珊瑚、黑老虎、通草、牛大力藤、赤苍藤等。2019年环江山豆根种植区成为广西第一批"定制药园"基地。中国科学院广西植物研究所（简称广西植物所）研发了广西喀斯特地区中药材与林木组成的杉树-黄花倒水莲、金槐-紫金牛、槐-广西美登木、金槐-短序十大功劳、松树-金花茶、银杏-战骨、杉树-灵香草、黄枝油杉-走马胎等复合种植模式（图4-66）。林药复合种植模式，可提高农民收入2000~8000元/亩。

石山山豆根种植（广西环江） 　　　　桃下种植黄精（云南泸西）

林下种植重楼（广西环江）　　　　　　　林下种植魔芋（广西环江）

图 4-66　喀斯特地区典型林药复合种植模式

4. 推广潜力

针对逐渐丰富的林业资源和良好的气候条件，为增加退耕还林、公益林生态经济价值，可在西南喀斯特地区广泛进行道地药材的推广种植，但需要根据各地气候条件和生境条件选择适宜的品种。

参 考 文 献

白云星，周运超，周鑫伟，等. 2020. 喀斯特土壤与喀斯特区域土壤关系的探讨：以贵州省普定县后寨河小流域为例. 土壤，52（2）：414-420.

寿胜年. 2001. 雨水集蓄利用技术在广西岩溶地区的应用与发展. 中国农村水利水电（1）：12-13.

袁道先. 2003. 岩溶地区的地质环境和水文生态问题. 南方国土资源（1）：22-25.

Fornara D A，Steinbeiss S，McNamara N P，et al. 2011. Increases in soil organic carbon sequestration can reduce the global warming potential of long-term liming to permanent grassland. Global Change Biology，17（5）：1925-1934.

Li D J，Wen L，Yang L Q，et al. 2017a. Dynamics of soil organic carbon and nitrogen following agricultural abandonment in a karst region. Journal of Geophysical Research: Biogeosciences，122：230-242.

Li D J，Yang Y，Chen H，et al. 2017b. Soil gross nitrogen transformations in typical karst and nonkarst forests, southwest China. Journal of Geophysical Research: Biogeosciences，122：2831-2840.

Pan F J，Liang Y M，Zhang W，et al. 2016. Enhanced nitrogen availability in karst ecosystems by oxalic acid release in the rhizosphere. Frontiers in Plant Science，7：687.

Qin N X，Wang J N，Gao L，et al. 2021. Observed trends of different rainfall intensities and the associated spatiotemporal variations during 1958—2016 in Guangxi, China. International Journal of Climatology，41：2880-2895.

Rousk J，Bååth E，Brookes P C，et al. 2010. Soil bacterial and fungal communities across a pH gradient in an arable soil. The ISME Journal，4（10）：1340-1351.

第5章 喀斯特高原水土过程机理与石漠化综合治理

5.1 喀斯特高原降水侵蚀强度

5.1.1 降水侵蚀动态演变特征

1. 贵州喀斯特高原年降雨侵蚀力时空变化

1960~2017年,贵州年均降雨侵蚀力总体空间格局呈现由南向北递减的变化趋势。年降雨侵蚀力值最低区域出现在贵州省西北部,威宁县为典型低值中心。年降雨侵蚀力最高值主要分布在贵州省内西南区域,年平均降雨侵蚀力超过 $8000MJ·mm/(hm^2·h)$。降雨和侵蚀性降雨的空间特征与降雨侵蚀力基本一致。降雨和侵蚀性降雨强度高的地区,其土壤侵蚀和洪涝风险也较高(Li and Ye,2018),需要采取有效的水土流失防治措施(图5-1)。

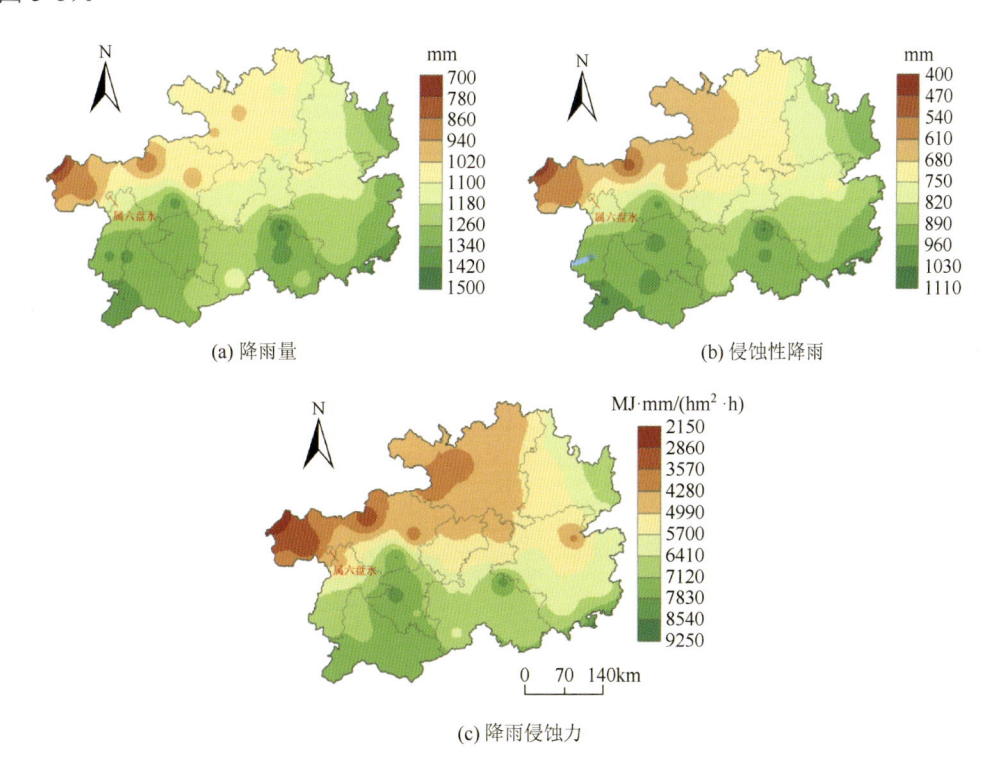

(a) 降雨量

(b) 侵蚀性降雨

(c) 降雨侵蚀力

图 5-1 贵州省年均降雨量、侵蚀性降雨和降雨侵蚀力的空间分布

贵州省42个站点1960~2017年年均降雨侵蚀力介于3049.77~8200.77MJ·mm/(hm²·h),

平均值为 5825.60MJ·mm/(hm²·h)。在变化趋势上呈现明显的区域差异性，盘县的递减速率最大，为 449.45MJ·mm/(hm²·h·10a)，天柱的递增速率最高，为 496.75MJ·mm/(hm²·h·10a)。年降雨侵蚀力与大雨（日降雨量≥25mm）的变化趋势对比表明，降雨侵蚀力的线性趋势与暴雨基本一致，且存在显著的高相关性（表 5-1 和图 5-2）。

表 5-1　各站点降雨、侵蚀性降雨和侵蚀力 10 年线性趋势

台站号	站点	降雨量	侵蚀性降雨	降雨侵蚀力	台站号	站点	降雨量	侵蚀性降雨	降雨侵蚀力
1	安顺	**−51.87***	**−37.80**	−236.65	22	水城	**−38.23***	**−28.76**	**−107.45***
2	毕节	**−17.07**	−0.69	**81.32***	23	思南	−23.34	−8.04	**−68.02***
3	册亨	−17.23	−1.92	123.81	24	松桃	**−24.48**	**−12.08***	108.70
4	道真	−1.35	7.03	162.53	25	天柱	17.75	**28.28***	**496.75***
5	独山	−18.00	−11.94	42.71	26	铜仁	−9.32	2.40	212.68
6	都匀	−6.77	−1.60	221.17	27	桐梓	**−34.66**	**−25.20**	−112.38
7	福泉	1.91	12.19	**254.12***	28	望谟	−20.76	−10.69	−5.66
8	贵阳	**−20.34***	−12.10	13.58	29	威宁	**−26.20**	**−17.82***	**−38.76***
9	惠水	−15.94	−4.87	23.17	30	瓮安	−5.84	0.30	62.88
10	剑河	−12.98	−8.45	8.06	31	息烽	−19.59	−5.95	−25.05
11	凯里	−14.94	−10.85	5.47	32	兴仁	**−41.52**	**−30.36***	−214.86
12	荔波	**−26.36**	**−15.35***	**−242.80***	33	兴义	−27.75	−23.57	**−110.31***
13	黎平	−1.41	11.17	231.48	34	习水	**−30.24**	−14.49	−164.18
14	罗甸	−9.69	4.60	92.26	35	沿河	0.14	3.62	209.83
15	湄潭	−21.72	−7.04	**108.49***	36	余庆	−0.95	−1.93	85.72
16	盘县	**−55.07**	−38.82	**−449.45**	37	贞丰	−19.76	−10.11	−55.74
17	普安	**−62.92***	**−45.62***	−318.22	38	正安	**−66.13***	**−40.40**	**−214.79***
18	黔西	−27.02	−15.64	−55.69	39	镇宁	4.18	13.66	398.66
19	仁怀	12.88	10.42	96.36	40	织金	−35.50	−24.32	−22.26
20	榕江	7.10	13.25	182.81	41	紫云	−32.18	−16.09	−63.50
21	三穗	−18.80	−6.25	14.36	42	遵义	**−31.27**	**−20.65***	−133.79

注：黑体表示趋势显著，星号表示置信区间 *90%、**95%、***99%。

虽然全区年平均降雨侵蚀力呈非显著增加趋势，但各站点之间有明显差异。42 个站点中有 11 个站点降雨侵蚀力变化达到显著性水平，其中 4 个站点显著增加，7 个站点显著减少，其余的 31 个站点变化未达到显著性水平。在不考虑显著性水平的情况下，呈线性增加和线性减少趋势的站点数量分别为 23 个和 19 个（表 5-1），这可能是导致整个区域呈增加趋势的主要原因之一。但从降雨侵蚀力距平 5 年滑动平均曲线来看，波动变化特征明显（图 5-3）。降雨侵蚀力波动幅度在 1990 年以前相对较小，1990 年以后明显增强，并表现出较长的波动周期。

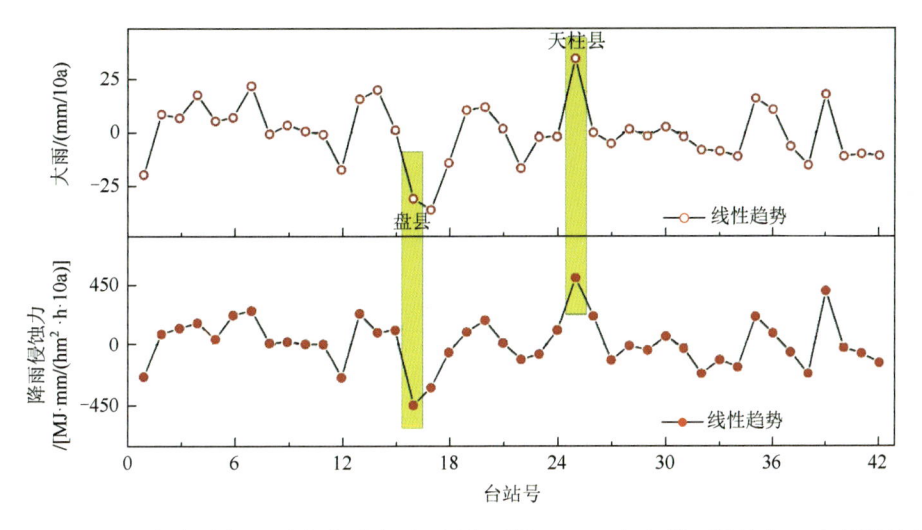

图 5-2　1960～2017 年贵州省 42 个气象站大雨（日降雨量≥25mm）与降雨侵蚀力 10 年线性趋势比较

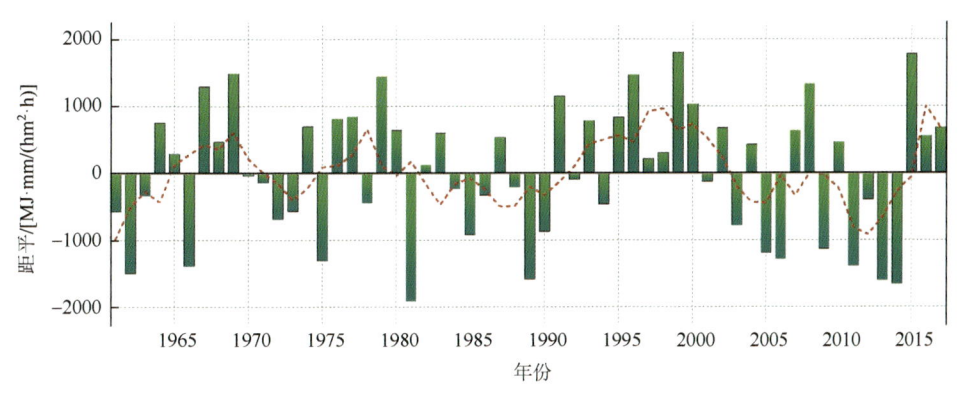

图 5-3　1960～2017 年年降雨侵蚀力距平时间序列

红色虚线为 5 年滑动平均曲线

2. 贵州喀斯特高原降雨侵蚀力月与季节尺度变化

降雨侵蚀力按季节从高到低排序为夏季＞春季＞秋季＞冬季［图 5-4（a）］。夏季占比最大，达全年总侵蚀力的 58.24%，冬季占比最小，仅为全年总值的 1.53%，这主要是受降雨季节性分配的影响。春季呈现不显著的下降趋势，线性变化率为-32.36MJ·mm/(hm^2·h·10a)。夏季、秋季与冬季均呈上升趋势，线性变化率分别为 43.6MJ·mm/(hm^2·h·10a)、0.62MJ·mm/(hm^2·h·10a)与 7.40MJ·mm/(hm^2·h·10a)，但均未通过显著性检验。

从时序分布特征来看，月降雨侵蚀力与季降雨侵蚀力基本一致，主要集中在夏季（6～8 月）。6 月平均降雨侵蚀力占全年总降雨侵蚀力的 24.07%，7 月和 8 月分别占 20%和 14.17%。总体上，降雨侵蚀力表现出较大的月尺度差异性，最大侵蚀力值出现在 6 月，最小侵蚀力值出现在 1 月。月降雨侵蚀力变化范围为 22.13～1402.12MJ·mm/(hm^2·h)，极值比达到 63.36。月降雨侵蚀力的线性回归分析表明［图 5-4（b）］，12 个月中有 8 个月呈上升趋势，4 个月呈下降趋势，但只有 3 月和 4 月的变化趋势达到了显著性水平。

(a) 降雨侵蚀力

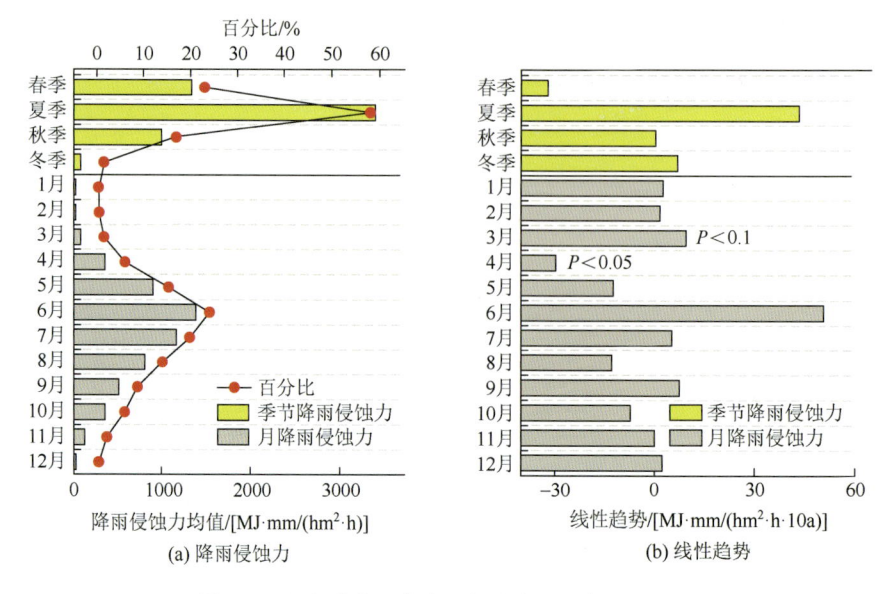

(b) 线性趋势

图 5-4　月和季节尺度降雨侵蚀力和线性趋势统计

5.1.2　降水侵蚀重心迁移

从地理空间上来看，贵州喀斯特高原降雨侵蚀力重心主要分布在贵阳辖区与周边的龙里县、贵定县，降雨侵蚀力重心滞留在龙里县境内的时间最长达 5 个月，其次为贵阳市辖区。1~12 月降雨侵蚀力重心位置在这三个区域呈不规则方向迁移，累计迁移距离 191km，平均每月移动 15.9km，9~10 月重心迁移距离最长，单月向东平移了 31.5km，7~8 月重心迁移缓慢，仅 2.8km（图 5-5）。降雨侵蚀最为强烈的 6~9 月其重心坐标全部位于贵阳市境内，与大雨（≥25mm）的月重心位置一致。大雨月重心位置分布相对集中，除了降水较少的 12 月、1 月与 2 月，全部集聚在贵阳东北的乌当区境内。

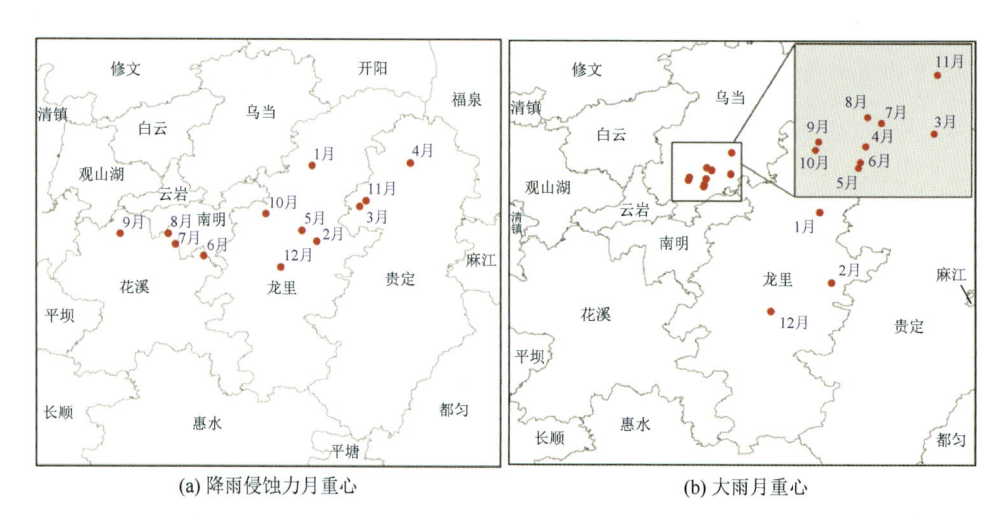

(a) 降雨侵蚀力月重心

(b) 大雨月重心

图 5-5　贵州降雨侵蚀力与大雨月重心迁移

5.1.3 降水侵蚀力演变成因分析

参照 Huang 等（2013）分类标准，将年平均降雨侵蚀力在 4000～10000MJ·mm/(hm²·h) 定义为中等降雨侵蚀力，贵州降雨侵蚀力平均值为 5825.60MJ·mm/(hm²·h)，正好隶属于中等水平。但是，对比显示该区雨量侵蚀非常严重，约为全球平均水平的 2.66 倍（Angulo-Martinez and Bauerian，2012；Panos et al.，2017），中国平均水平的 2.40 倍（1951～2010 年）（Qin et al.，2016）。这一结果与中国整体降雨侵蚀力研究结果相符，西南喀斯特地区降雨侵蚀严重，其程度仅次于东南地区（Qin et al.，2016）。长时序降雨侵蚀数据是一个相对稳定的环境指标，可以在一定程度上反映未来变化情景，对土壤保持和区域环境治理具有重要的参考意义。

有学者研究发现，从长期来看中国降雨侵蚀力总体上呈上升趋势，并伴有较高的区域差异性（Qin et al.，2016）。例如，南方地区、西南喀斯特地区（1951～2010 年）、长江流域（1960～2005 年）、珠江流域（1960～2012 年）和三江源地区（1961～2012 年）降雨侵蚀力均呈增加趋势（Huang et al.，2013；Lai et al.，2016；Qin et al.，2016；Wang et al.，2017）。但是对东北地区、北方土石山区（1951～2010 年）、黄土高原（1960～2010 年）、云南高原（1960～2012 年）的研究却发现降雨侵蚀力呈减少趋势（Gu et al.，2016；Qin et al.，2016；Liu S Y et al.，2018）。贵州省位于西南喀斯特地区的中心，降雨侵蚀力的变化趋势与西南喀斯特地区一致，1960～2017 年降雨侵蚀力呈不显著增加趋势。但与相邻省份云南的降雨侵蚀力倾向率差异明显，云南省降雨侵蚀力呈现出小幅下降的趋势（Gu et al.，2016），且贵州年降雨侵蚀力变化幅度远大于云南。相关研究（Qin et al.，2016）表明，降雨侵蚀力的变化在很大程度上取决于降水强度特征。

贵州位于中国第二级阶梯向第三级阶梯过渡地带，高海拔、低纬度的区位特征，使其气候变化复杂且受季风影响明显。赵志龙等（2018）分析结果表明，1960～2016 年贵州省降水量年际变化剧烈，呈不显著减少趋势，与本书降雨侵蚀力变化特征十分吻合，说明降水量减少是引起侵蚀力呈递减变化的关键因素。然而，降水量的减少只是区域气候变化的一种直观反应。从深层次原因来看，过去几十年我国近海海温升高和青藏高原热源作用减弱，季节性海陆温差变化异常，导致东亚季风环流减弱、夏季西太平洋副热带高压位置偏南，来自东部海洋的水汽无法深入长江流域西部地区（唐晶晶，2010）；同时期也有研究发现西南季风呈减弱态势（Yang et al.，2007）。东亚季风与西南季风减弱的叠加影响，导致贵州地区降水减少，可能是引起贵州降雨侵蚀力呈线性递减的主要原因，同时也解释了降雨侵蚀力在不同地区具有较强时空变异性的原因。

Duan 等（2016）认为降雨侵蚀力的空间分布普遍受到气候条件和复杂的局部地形地貌影响。事实上，喀斯特地表覆被特征和人类活动同样是影响贵州降雨侵蚀的关键因素。喀斯特地貌因独特的地表地下二元三维结构特征，更容易导致水土流失（Angulo-Martinez and Barros，2015），贵州 61.9%的地区被喀斯特地貌覆盖，地理因子对降雨侵蚀力的影响不言而喻。相关性分析表明，年均降雨侵蚀力线性变化率与海拔、经度显著相关

（$P<0.01$），但与坡度、坡向、纬度的相关性较弱［图 5-6（a）］，说明海拔、经度对研究区降雨侵蚀力的变化起着重要作用。虽然坡向对降雨侵蚀力变化趋势的影响有限，但坡向对降雨侵蚀力空间分布的影响显著［图 5-6（b）］。西南、西、东南面坡向平均降雨侵蚀力明显大于其他坡向，这可能与季风的影响有关。西南和东南坡向与南亚季风和东亚季风的迎风面相对应，可以带来更多的侵蚀性降雨。而贵州主要受南亚季风的影响，所以西南坡向的降雨侵蚀力最高。此外，人类活动的作用也不容忽视，贵州农业用地比例不足 10%，却要养活 3500 多万人。在降雨侵蚀与人口-土地矛盾的交互影响下，应对降雨侵蚀的压力将更大。

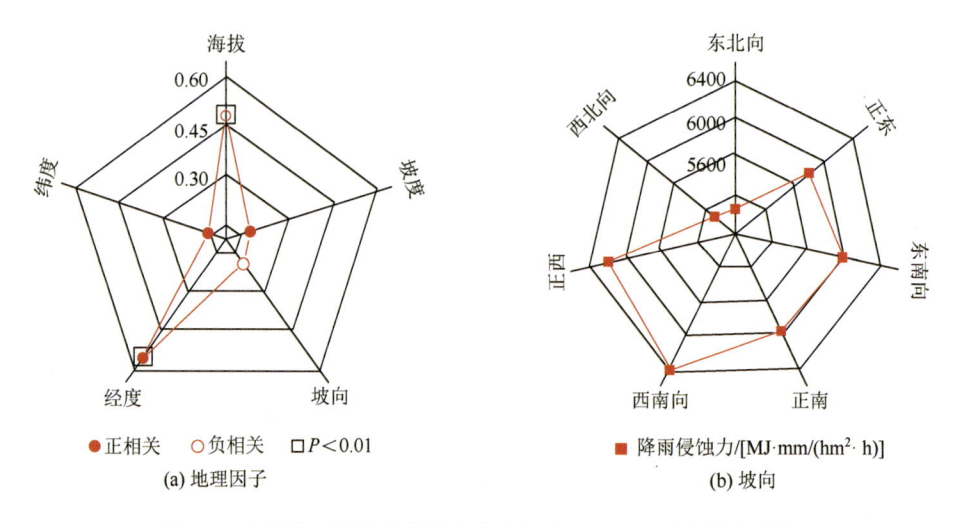

图 5-6　贵州降雨侵蚀力线性变化率与地理因子和坡向的相关性

5.2　喀斯特石漠化坡面土壤水文过程

坡面水文过程与水土流失受多种因素影响，包括降水量、土壤质地、植被、土壤含水量和土地使用类型（Sadeghi et al.，2016；Biddoccu et al.，2016；Wang et al.，2016；Liu H T et al.，2018；Zhang et al.，2019）。1877 年，德国土壤学家沃伦首次设计了坡面径流小区，并观测到植被和地面覆盖物对降雨侵蚀的影响（哈德逊，1971）。随后，大量学者利用径流小区观测坡面产流产沙与水文过程。本节对贵州高原峡谷喀斯特石漠化区主要土地利用与植被类型的花椒、花生、撂荒径流小区进行了水文观测，并结合稳定同位素示踪技术，试图揭示坡面土壤水时空动态及其影响因素、不同植被类型对坡面壤中流水文过程与产流产沙量的影响。

5.2.1　坡面土壤水分分布与时空动态

根据三种类型径流小区 508d 的坡面土壤水监测数据（2019 年 6 月 9 日至 2020 年 10 月 28 日），进行描述性统计（表 5-2）。监测期间，不同类型径流小区土壤含水量均值表现为花椒（26.44%）＞撂荒（24.95%）＞花生（23.36%）。花生径流小区的不同坡位土壤含水量均值依次为 HS8＞HS10＞HS4＞HS2＞HS6；花椒径流小区表现为 HJ10＞HJ2＞HJ4＞HJ6＞HJ8；撂荒径流小区表现为 LH8＞LH10＞LH2＞LH4＞LH6。整体而言，三种类型径流小区坡底的土壤含水量高于坡顶。从土壤含水量变异系数来看，三种径流小区从坡顶至坡底 4～6m 的位置是土壤水变化较为活跃的区域。

表 5-2 径流小区坡面土壤含水量数据统计

样地类型	由坡顶至坡底位置/m	最小值/%	最大值/%	均值/%	标准差/%	变异系数/%
花生（HS）	2	14.67	30.28	22.48	3.62	16.09
	4	13.29	29.09	22.87	4.07	17.82
	6	12.43	28.21	20.00	3.38	16.92
	8	21.09	33.29	27.72	2.65	9.57
	10	19.76	29.41	23.71	2.49	10.48
花椒（HJ）	2	22.70	33.18	27.06	2.57	9.49
	4	19.43	30.78	26.14	3.18	12.17
	6	18.94	30.21	25.22	2.96	11.73
	8	17.75	30.04	24.31	2.91	11.96
	10	24.74	31.27	29.49	1.52	5.14
撂荒（LH）	2	19.65	28.40	25.18	2.45	9.74
	4	15.76	29.75	23.77	3.77	15.85
	6	16.18	28.93	22.06	2.82	12.79
	8	21.97	30.74	28.06	2.27	8.08
	10	20.81	30.01	25.70	2.44	9.49

图 5-7 展示了三种类型径流小区内坡面土壤水时空动态，并对应着气温与降水量变化。三种类型径流小区在时空动态上具有一定差异。整体上，径流小区内土壤水随季节变化表现出干湿交替明显，说明受到外部环境的影响，温度与降水的影响强烈，与雨、旱季周期有很强的关联。尤其在夏季，坡面土壤水变化伴随着降水事件与高温的反复交替。与上述一致，小区内下坡的土壤含水量显著高于上坡，且持续（滞留）时间相对较长。比较而言，花生小区土壤水含量旱季相对较小，其上坡位在 2020 年 3 月出现了严重干旱，而花椒小区的土壤持水性较好，变化相对稳定。雨季时期，花椒小区上坡（2～4m）土壤水含量相对最大，其次为撂荒、花生。由此说明种植花椒对土壤保墒具有一定的积极作用；而花生小区可能因为种植密度大造成土壤耗水量高。

三种类型径流小区不同坡位之间土壤水含量显示正相关关系，其斯皮尔曼（Spearman）相关系数（R）均有统计学意义（$P<0.01$）（表 5-3），说明不同坡位之间土壤水动态变化相似，在降水事件中存在土壤水分时间稳定性。

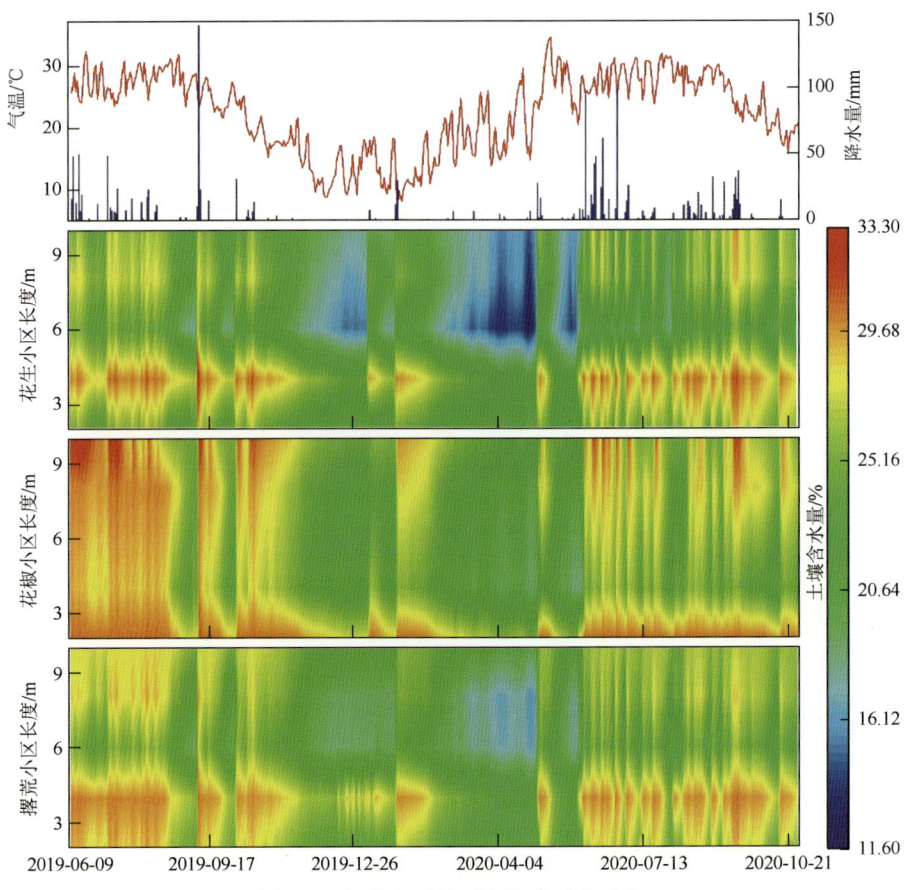

图 5-7　径流小区坡面土壤水时空动态

表 5-3　不同类型径流小区坡面土壤含水量 Spearman 相关系数

	HS2	HS4	HS6	HS8	HS10	HJ2	HJ4	HJ6	HJ8	HJ10	LH2	LH4	LH6	LH8	LH10
HS2	1.00														
HS4	0.94	1.00													
HS6	0.93	0.98	1.00												
HS8	0.93	0.94	0.95	1.00											
HS10	0.93	0.87	0.86	0.90	1.00										
HJ2	0.72	0.80	0.79	0.77	0.65	1.00									
HJ4	0.88	0.93	0.92	0.88	0.78	0.87	1.00								
HJ6	0.84	0.90	0.91	0.88	0.74	0.88	0.98	1.00							
HJ8	0.76	0.84	0.87	0.84	0.66	0.85	0.91	0.97	1.00						
HJ10	0.91	0.92	0.94	0.95	0.87	0.82	0.89	0.90	0.87	1.00					
LH2	0.84	0.87	0.88	0.83	0.74	0.77	0.95	0.95	0.89	0.84	1.00				
LH4	0.93	0.94	0.96	0.91	0.86	0.79	0.95	0.93	0.86	0.92	0.94	1.00			
LH6	0.93	0.93	0.93	0.94	0.91	0.80	0.92	0.90	0.83	0.94	0.89	0.95	1.00		
LH8	0.89	0.93	0.94	0.92	0.81	0.82	0.92	0.91	0.86	0.93	0.85	0.93	0.92	1.00	
LH10	0.91	0.94	0.95	0.92	0.85	0.85	0.96	0.95	0.90	0.93	0.94	0.98	0.96	0.94	1.00

注：所有变量之间显著性相关，且 $P<0.01$。

根据以上认识，为了揭示不同类型径流小区土壤水动态的相似性与差异性，利用小波相干分析，研究了三种径流小区平均土壤含水量在不同时间尺度上的相关性（图5-8）。在整个时间序列中，除少数情况外，花椒与花生小区土壤水在大于8d的时间尺度上均出现显著相关性，整体上的显著面积相对最大。而花生与撂荒小区、花椒与撂荒小区之间，在时间序列中，雨季几乎在所有时间尺度上均呈现显著相关性，而在旱季小于64d的尺度上显著面积较小。从显著面积比例上可以看出，花椒与花生径流小区的土壤水动态相似性较大，而撂荒径流小区与前两者存在一定差异，这可能是因种植活动引起的差异。由此说明，作物在生长过程中，会因为旱季缺水造成土壤水的变化差异。

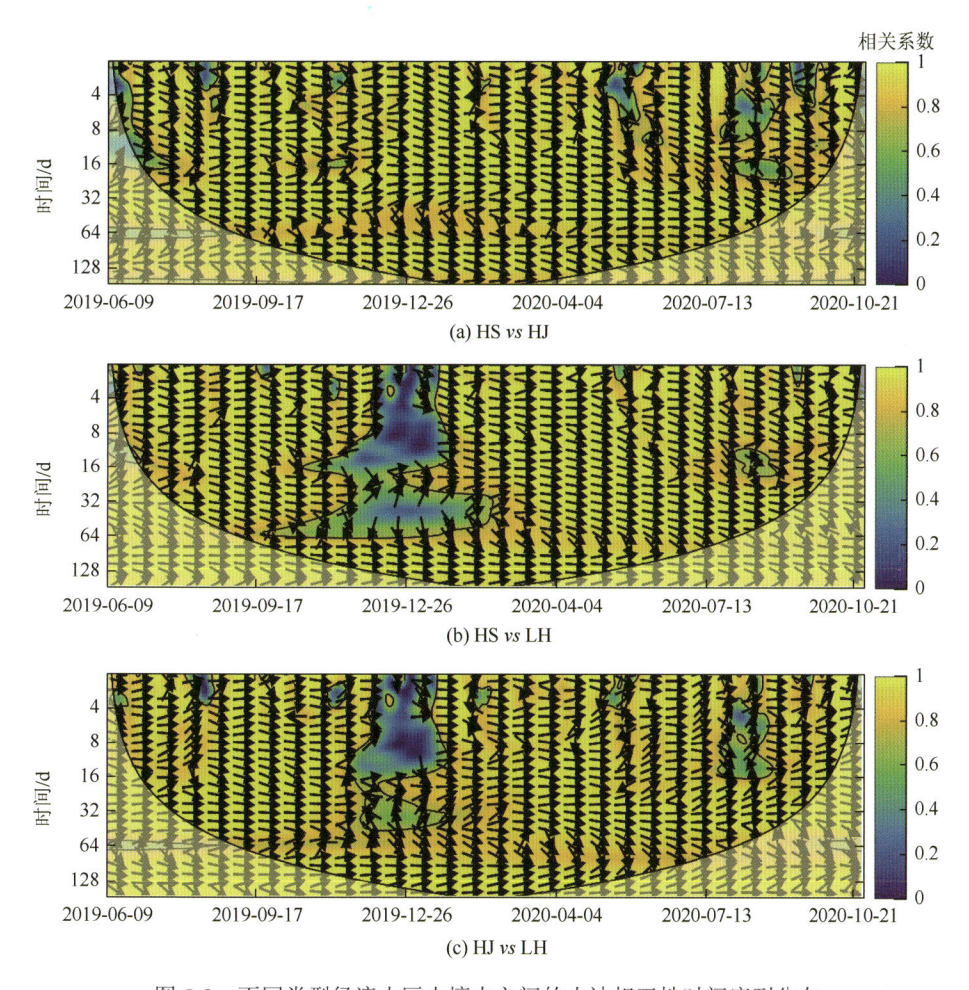

图5-8 不同类型径流小区土壤水之间的小波相干性时间序列分布

研究发现，三种径流小区内下坡的土壤含水量显著高于上坡，且持续（滞留）时间相对较长，与贾金田等（2016）在径流小区观测的结果一致。这是因为土壤水分受到重力势驱动，土壤水沿坡向下逐渐增高，且这种趋势在雨季更为明显（Canton et al.，2016；Yang et al.，2019）。较多学者认为，在不同地形条件与植被种植过程中，土壤水分都存在时间稳定性（Li X Z et al.，2017；Liu et al.，2017；Lee and Kim，2019）。虽然喀斯特石漠化地区存在裸露岩石的环境调节，造成土壤水分表现出比其他地区与生态系统更高的空间异质性，但该地区也保持了较高的时间稳定性（Zhao et al., 2020）。不同坡位与不同植被类型小区之间在降水事件中存在土壤水分时间稳定性，且在雨季尤为显著。Zhang 等（2020）在云南石漠化地区的监测结果发现，不同土地利用方式与植被类型在雨季表现出时间稳定性，这与本书结果较为一致。然而，从三种小区土壤水之间的小波相干性分析中得知，花椒与花生径流小区的土壤水动态相似性较高，而撂荒径流小区与前两者在旱季时期的小波相干性显著面积较低，这可能是植被覆盖度的差异引起的。Gao 等（2020）提出，长期的干旱间隔会造成土壤水的时间不稳定性。Wang 等（2015）进一步解释：在干旱条件下，土壤水受到植被覆盖度的控制，导致覆盖区和非覆盖区之间的土壤水分变化水平差异很大，造成土壤水的时间不稳定性。因此，旱季植被往往会导致根区土壤水分稳定性的暂时变化。不仅如此，不同径流小区的植物根系吸水差异也是造成土壤水变化不稳定的因素之一。Zhang 等（2021）通过对根系区的土壤水监测发现，近根区的土壤水分稳定性低于远根区。三种径流小区内植被根系与生长特征明显差异较大，这可能也是造成土壤水时间不稳定的因素之一。此外，一些研究认为，一系列小降雨事件的降水模式难以提供有效的土壤水补给，因为小降雨事件时期会受到土壤蒸发与植物蒸腾作用的影响而损失更多的土壤水分（He et al., 2012）。强降雨事件将提供更多的入渗与较少的土壤蒸发，土壤水补给效率更高（Schwinning and Sala, 2004）。例如，He 等（2012）的研究表明，小降雨事件只能影响表层土壤储水量的蓄积，单个大降雨事件对土壤水补给效果要优于持续的小降雨事件，并且增加了土壤含水率的稳定时间。由此说明，不同植被的生长过程中，旱季缺水与植被覆盖度差异会造成土壤水的时间不稳定性。Zhang 等（2019）提出径流起始时间（time to runoff initiation，TRI）是影响降雨水渗透、径流产生和坡面侵蚀的重要因素，Li 等（2011）强调了前期土壤含水量是影响坡面径流的主要因素。本书通过径流小区观测，在多次降水事件中的降水分配比例发现，土壤蓄水比例并不随着降水量的增大而增加，这可能与干旱间隔时间和田间持水量有一定关系。例如，2020 年 8 月 21 日发生的降水事件降水量仅有 12mm，所有样地的土壤水补给量相对最多。然而，2020 年 9 月 14 日的降水事件中降水量达到 32.4mm，其土壤水补给量却较低。通过同期的径流比例发现，2020 年 8 月 21 日发生降水事件，小区内土壤处于干旱的非饱和状态，因此降水首先对土壤进行补给，后发生蓄满产流；而在 2020 年 9 月 14 日的降水事件中，由于降水量大，土壤迅速达到饱和状态（田间持水量），从而产生饱和地面径流与超渗地面径流，坡面径流量随之较多。

5.2.2 降水对坡面产流产沙的影响

通过径流小区降水分配比例统计得知（表 5-4），三种种植类型径流小区降水分配比例均表现为渗漏＞土壤蓄水＞蒸发＞径流。在撂荒与花椒小区，其两者的平均渗漏量甚至超过一半，说明大部分降水通过坡面径流方式流失的比例很低，而主要通过裂隙管道渗漏进入地下水文系统中而损失。对比降水事件中三种径流小区的水分分配比例，平均径流比例表现为撂荒（8.40%）＞花椒（6.35%）＞花生（4.76%）；平均土壤蓄水比例表现为花生

(41.38%)＞花椒（29.91%）＞撂荒（24.30%）；平均蒸发比例表现为撂荒（15.20%）＞花椒（12.66%）＞花生（10.13%）；平均渗漏比例表现为撂荒（52.10%）＞花椒（51.07%）＞花生（43.72%）。这说明种植花生对土壤的降水补给效果最佳，而撂荒地通过蒸发与渗漏方式造成降水水分损失相对较多。根据单场降水事件分析发现，土壤蓄水比例并不随着降水量与降水强度的大小而增加，这可能与干旱间隔时间和田间持水量有一定关系。

表 5-4 坡面径流小区降水分配比例

小区类型	降水日期	降水量/mm	降水强度/(mm/h)	径流	土壤蓄水	蒸发	渗漏
花生	2019-07-13	25.00	2.94	6.12	37.35	8.20	48.34
	2019-07-24	17.60	8.80	8.30	47.32	15.00	29.38
	2019-07-30	14.80	14.80	7.97	58.61	15.47	17.95
	2019-08-04	24.40	8.13	6.84	38.62	10.59	43.95
	2020-08-19	21.20	0.96	3.25	46.32	10.53	39.89
	2020-08-21	12.00	3.43	0.50	62.45	11.84	25.21
	2020-09-06	29.00	2.90	3.48	43.28	6.10	47.13
	2020-09-14	32.40	1.35	2.47	22.75	8.91	65.87
	平均	22.05	5.41	4.76	41.38	10.13	43.72
花椒	2019-07-13	25.00	2.94	6.68	17.47	10.25	65.61
	2019-07-24	17.60	8.80	10.34	31.95	18.75	38.96
	2019-07-30	14.80	14.80	10.41	43.73	19.34	26.53
	2019-08-04	24.40	8.13	6.48	25.18	13.24	55.11
	2020-08-19	21.20	0.96	5.24	30.18	13.16	51.42
	2020-08-21	12.00	3.43	1.58	43.38	14.79	40.24
	2020-09-06	29.00	2.90	4.90	42.99	7.63	44.49
	2020-09-14	32.40	1.35	5.80	18.77	11.14	64.29
	平均	22.05	5.41	6.35	29.91	12.66	51.07
撂荒	2019-07-13	25.00	2.94	8.32	17.53	12.30	61.85
	2019-07-24	17.60	8.80	12.78	27.44	22.50	37.27
	2019-07-30	14.80	14.80	13.31	30.63	23.21	32.86
	2019-08-04	24.40	8.13	9.34	18.42	15.88	56.36
	2020-08-19	21.20	0.96	7.88	22.35	15.79	53.98
	2020-08-21	12.00	3.43	2.58	36.02	17.75	43.65
	2020-09-06	29.00	2.90	7.52	38.81	9.16	44.52
	2020-09-14	32.40	1.35	6.42	13.30	13.36	66.92
	平均	22.05	5.41	8.40	24.30	15.20	52.10

通过对 12 场降水事件径流小区的产流产沙量监测（表 5-5），三种类型径流小区径流深度均值表现为撂荒（1.33mm）＞花椒（0.99mm）＞花生（0.72mm），径流系数均值表现为撂荒（7.14%）＞花椒（5.07%）＞花生（3.45%），土壤侵蚀量均值表现为撂荒[8.52t/(km²·a)]＞花椒[5.02t/(km²·a)]＞花生[2.78t/(km²·a)]。说明种植对研究区的水土保持具有一定的积极意义。

表 5-5　坡面径流小区降水产流产沙量监测数据统计

降雨日期	降水量/mm	降水强度/(mm/h)	径流深度/mm			侵蚀量/[t/(km²·a)]		
			花生	花椒	撂荒	花生	花椒	撂荒
2019-07-12	6.20	0.48	0.07	0.11	0.25	0.07	0.13	0.30
2019-07-13	25.00	2.94	1.53	1.67	2.08	4.95	6.89	8.30
2019-07-24	17.60	8.80	1.46	1.82	2.25	5.25	11.64	16.62
2019-07-30	14.80	14.80	1.18	1.54	1.97	5.35	7.76	12.93
2019-08-04	24.40	8.13	1.67	1.58	2.28	6.49	9.26	13.85
2020-07-18	3.00	1.20	0.01	0.04	0.10	0.00	0.03	0.76
2020-07-19	6.40	1.07	0.01	0.16	0.31	0.01	0.50	3.05
2020-07-20	9.80	0.58	0.11	0.38	0.53	0.38	1.20	5.34
2020-08-19	21.20	0.96	0.69	1.11	1.67	2.02	2.35	7.03
2020-08-21	12.00	3.43	0.06	0.19	0.31	0.05	0.25	0.74
2020-09-06	29.00	2.90	1.01	1.42	2.18	4.18	9.82	15.25
2020-09-14	32.40	1.35	0.80	1.88	2.08	4.65	10.38	18.06
平均值	16.82	3.89	0.72	0.99	1.33	2.78	5.02	8.52

根据线性回归方程分析得知（图 5-9），降水量与径流深度、降水量与侵蚀量、径流深度与侵蚀量三者之间存在正相关关系。说明降水量对坡面径流量和产沙量有显著影响，不仅如此，随着产流量的增加，产沙量也随之增多。

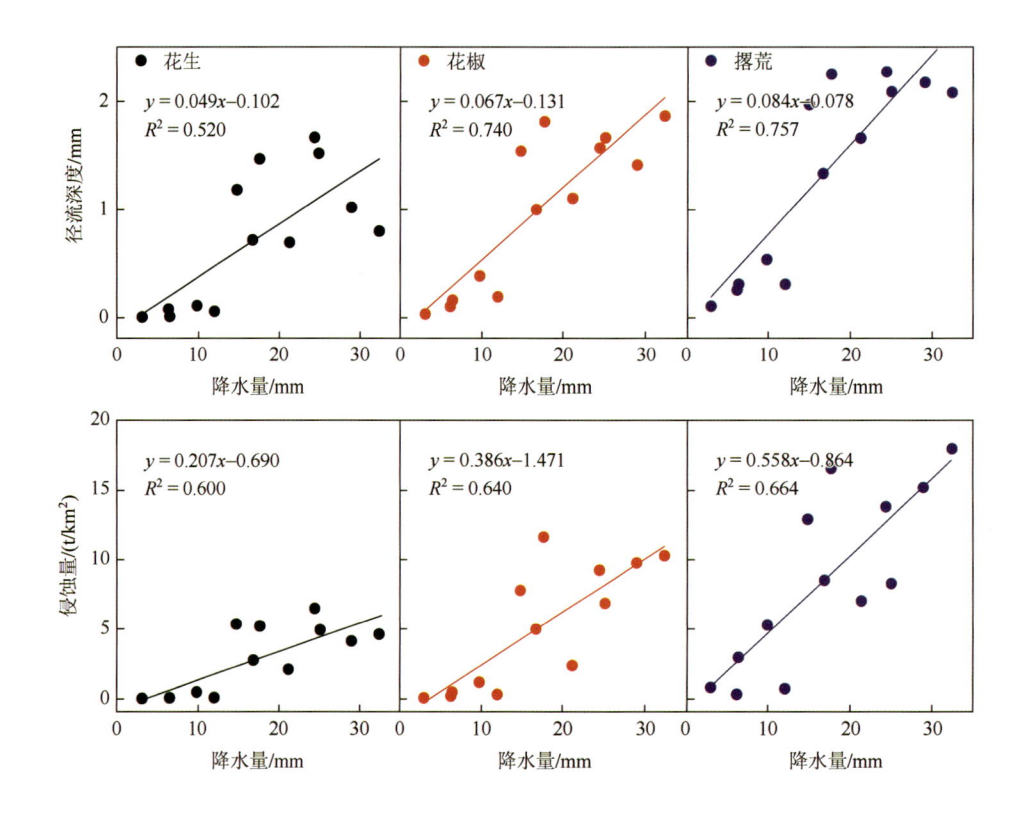

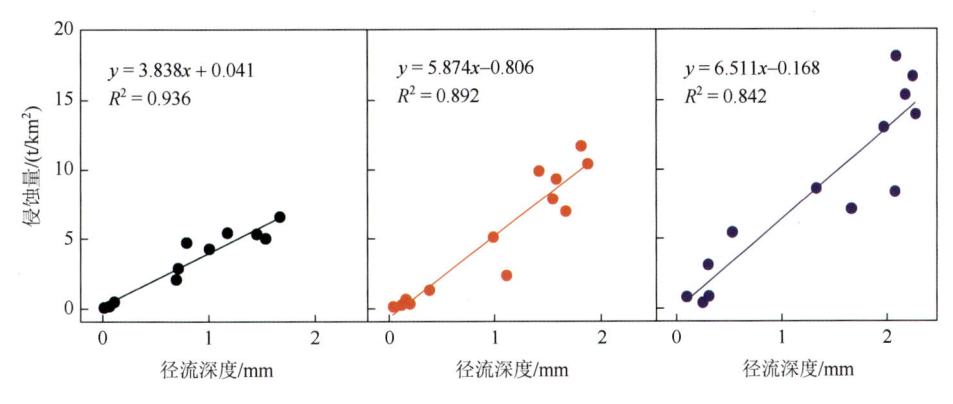

图 5-9　坡面径流小区降水、径流深度与侵蚀量之间相关性

5.2.3　坡面土壤水文过程

作者团队于 2020 年 7 月 20 日、8 月 19 日、8 月 20 日、8 月 21 日降水事件前后采集测定了三种类型径流小区的坡面壤中流、坡面径流、雨水 δD、$\delta^{18}O$ 稳定同位素样品。如图 5-10 所示，降水 δD、$\delta^{18}O$ 均值分别为 –102.00‰、–13.78‰。壤中流 δD 值变化为 –105.55‰～–64.98‰，均值为 –84.53‰；$\delta^{18}O$ 值变化为 –14.33‰～–8.38‰，均值为 –10.72‰。坡面径流 δD 值变化为 –93.00‰～–60.34‰，均值为 –78.17‰；$\delta^{18}O$ 值变化为 –13.49‰～–9.00‰，均值为 –11.30‰。比较而言，δD（坡面径流）＞δD（壤中流）＞δD（降水），$\delta^{18}O$（壤中流）＞$\delta^{18}O$（坡面径流）＞$\delta^{18}O$（降水），且撂荒小区的壤中流与坡面径流 δD、$\delta^{18}O$ 变异系数相对较大。

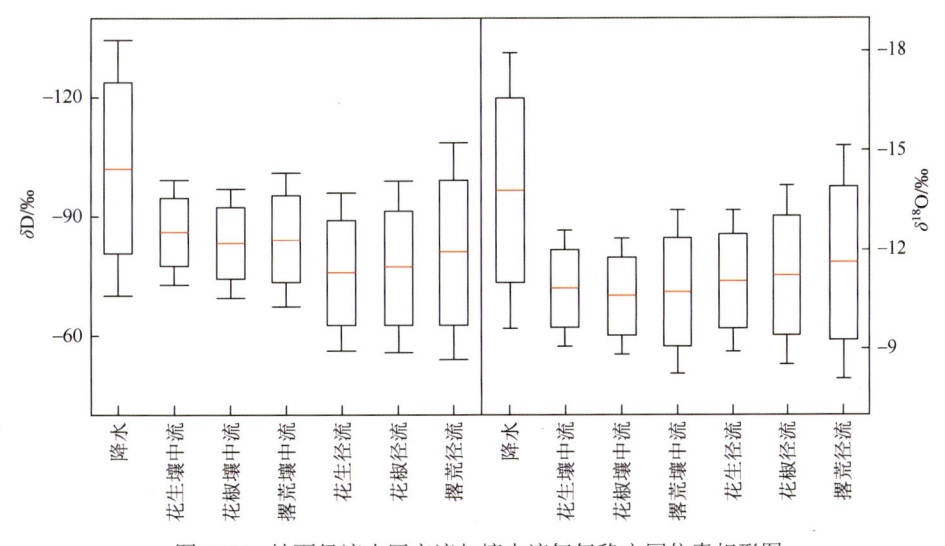

图 5-10　坡面径流小区产流与壤中流氢氧稳定同位素箱形图

从坡面不同深度分布来看（图 5-11），整体上，所有小区内 10～20cm 土层的 δD、$\delta^{18}O$ 均值比 0～10cm 偏正。这说明，10～20cm 土层 δD、$\delta^{18}O$ 偏富集，其壤中流的滞留时间

明显长于表层 0~10cm 土壤，因受蒸发作用影响时间较长，而体现富集程度偏高。从不同坡位分布来看（图 5-11），花生小区 δD 均值在 0~10cm 与 10~20cm 土层均呈现由上坡至下坡逐渐偏正的趋势，$\delta^{18}O$ 均值变化趋势与之相似；而撂荒小区 0~10cm 与 10~20cm 土层 δD、$\delta^{18}O$ 均值呈现出由上坡至下坡逐渐偏负的趋势；花椒小区 δD、$\delta^{18}O$ 均值则呈现出小区中坡偏富集，下坡偏贫化的现象。由此推测，在降水过程中，花生小区的壤中流运移速率较低，受到蒸发分馏的影响，因此越往下坡 δD、$\delta^{18}O$ 值越偏富集；而撂荒小区壤中流运移速率偏快，因此坡底 δD、$\delta^{18}O$ 值偏贫化；花椒小区在中坡位置出现了截留效应，坡底部位的壤中流运移速度相对较快。

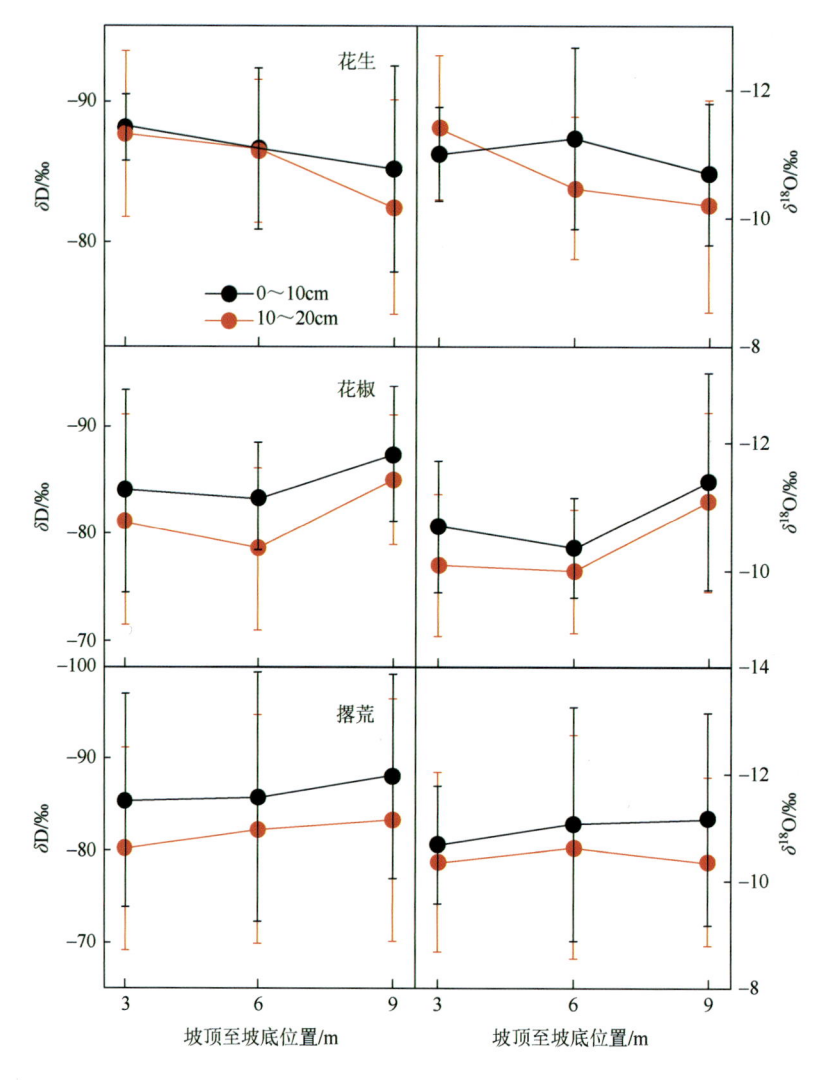

图 5-11 坡面径流小区不同深度壤中流 δD、$\delta^{18}O$ 分布特征

为进一步了解坡面径流小区产流路径与壤中流运移过程，利用氢氧稳定同位素和 IsoSource 模型分析坡面径流水来源。三种小区坡面产流主要来源于壤中流，说明产流

类型主要为壤中水径流和饱和地面径流，因此判断为蓄满产流。然而，三种径流小区之间不同深度壤中流对坡面径流的贡献差异明显（图 5-12）。撂荒小区产流贡献源较为平均，主要贡献为 0~10cm 土层壤中流与大气降水；花椒小区产流贡献源主要来源于壤中流，且 0~10cm 土层略高于 10~20cm，降水所占比例较低；而花生小区产流贡献源主要来自 10~20cm 土层壤中流，达到 84.9%，是 0~10cm 土层的 6 倍，且降水所占比例极小。

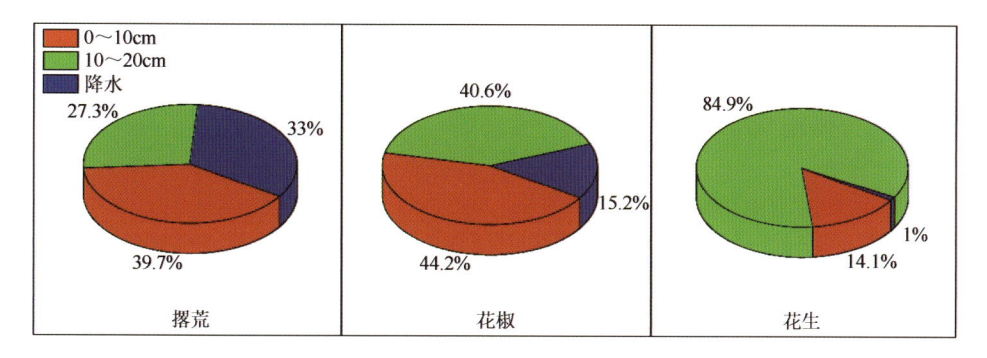

图 5-12 不同深度壤中流对坡面径流的贡献程度

此外，三种径流小区之间不同坡位壤中流对坡面径流的贡献同样差异明显（图 5-13）。撂荒小区产流贡献在小区内上（3m）、中（6m）、下（9m）坡的贡献较为相似。花椒与花生小区产流贡献则主要来源于下坡，分别达到 65.4%与 51.7%。其中，花椒小区下坡的贡献比例相对更多。综上分析，种植类型对坡面壤中流的运移过程与产流路径具有显著影响。

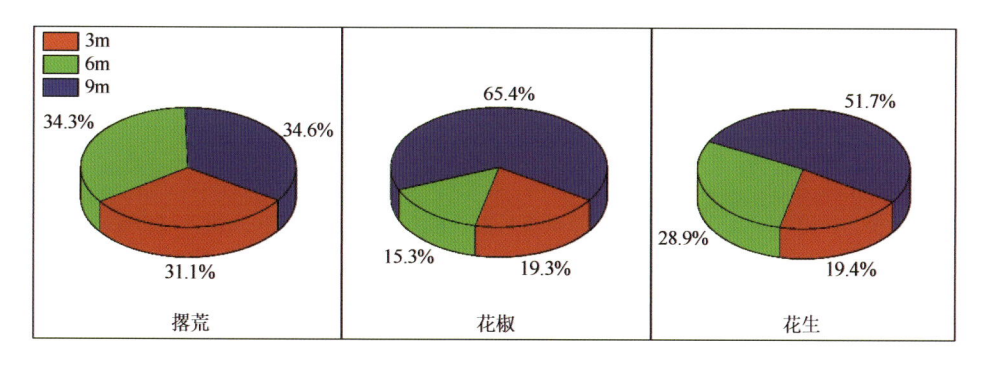

图 5-13 不同坡位壤中流对坡面径流的贡献程度

喀斯特地区产流模式包括地表径流、壤中流和深层渗漏（Kogovsek and Petric，2014；Fu Z Y et al.，2016）。Peng 和 Wang（2012）通过对贵州普定喀斯特地区 4 年的水文观测发现，与其他地区相比，喀斯特地区的地表径流和土壤流失量非常小；当降水超过 40mm 才会产生大量径流和土壤流失，而大部分降水通过表层岩溶带输送至地下。Fu Z Y 等（2016）通过野外模拟降雨实验发现，喀斯特坡地地表径流＜10%，渗漏地下水＞70%。

陈洪松等（2012）在桂西北喀斯特地区发现土壤入渗率极高，地表产流系数<5%。本研究观测发现，降水通过坡面径流方式流失的比例很低，三种径流小区径流产流平均比例<10%；降水主要通过地下渗漏而损失，平均渗漏比例>40%。较多学者通过径流小区观测认为，喀斯特坡面降水的损失途径仍主要表现为深层渗漏，其次为壤中流和地表径流（陈洪松等，2012；朱晓锋等，2017），这说明，深层渗漏和壤中流是西南喀斯特地区坡面的主要产流路径，本书同样支持这个观点。Fu Z Y等（2015）进一步解释，喀斯特坡面高入渗性土壤和透水性裸岩交叉相间分布，裸岩产生的超渗地表径流能够快速渗入前者。由此说明，喀斯特石漠化地区土层薄，加之地貌岩性的特殊透水性，导致降水入渗量极大，坡面地表径流系数极低。

Bates和Aryal（2014）指出，壤中流一般分为基质流（达西定律）和优先流（非稳态）两种产流机制，地表径流产流机制一般分为超渗产流和蓄满产流两种。喀斯特地区地表地下二元结构发育，土壤入渗性能强，地表产流以蓄满产流为主（Zhang et al.，2011）。但由于喀斯特地貌与空间异质性的影响，其表层岩溶带渗透性较为复杂，因此坡地也会同时发生超渗产流和蓄满产流（Leh et al.，2008）。如果坡面下覆出现不透水层或透水性差的土层时，容易形成壤中流与饱和地面径流（Peters et al.，1995；Puntenney-Desmond et al.，2020）。王升等（2020）通过径流小区水文观测描述了坡面土壤含水量与径流、壤中流存在产流阈值，且随着降水强度的增加，坡地水分运移规律由垂向运动（慢速流）转化为侧向运动（快速流）。张兴等（2017）通过坡面径流小区观测发现，喀斯特坡地土壤蓄水能力弱，而水分入渗和侧渗能力强，易产生壤中流。本研究发现，三种小区坡面产流主要来源于壤中流，且坡面产流较少，说明产流类型主要为壤中水径流和饱和地面径流，因此判断为蓄满产流机制，这与陈洪松等（2012）和张兴等（2017）的研究结论一致。

氢氧稳定同位素变化主要受降水补给和蒸发过程的影响（Song et al.，2009；Kato et al.，2013；Zhao et al.，2013），而影响降水补给和蒸发的所有因素（植被、地形、土壤质地）都会使同位素值产生变化（Yang et al.，2016a）。本研究表明，种植类型对坡面壤中流的运移过程与产流路径具有显著影响，因为种植类型影响土壤性质与植被覆盖率。土壤性质决定水分入渗，从而影响壤中流水文过程与坡面产流过程（Armand et al.，2009）。通过土壤物理性质分析得知，三种径流小区土壤渗透性表现为花生>花椒>撂荒，植被覆盖率表现为花生>花椒>撂荒。作者利用氢氧稳定同位素判别坡面水文过程得到如下结果，花生小区δD、$\delta^{18}O$值呈现由上坡至下坡逐渐偏正的趋势，而撂荒小区呈现出由上坡至下坡逐渐偏负的现象；花椒小区则呈现出小区中坡偏富集，下坡偏贫化的现象。IsoSource模型计算结果表明，三种类型径流小区不同深度不同坡位壤中流对坡面径流的贡献差异明显。撂荒小区坡面产流主要来源于表层壤中流和大气降水，且在小区内上中下坡的贡献较为相似，说明撂荒小区植被覆盖率低，且土壤渗透性相对较弱，坡面水文过程中更易发生侧渗，且运移速度较快，因此坡底δD、$\delta^{18}O$值偏贫化，壤中流以优先流为主。花生小区坡面产流则主要来源于下坡土壤中下层壤中流，说明花生小区种植密度较大，植被覆盖率高，土壤表层渗透性相对较强，阻碍了坡面流与表层壤中流的运移；在降水过程中壤中流运移速率较小，因此越往下

坡 δD、$\delta^{18}O$ 值越偏富集，壤中流以土壤中下层基质流为主。花椒小区坡面产流主要来源于下坡表层壤中流，我们推测，造成这种水文过程的原因为小区内花椒种植位置（栽种于小区中间一列）改变了坡面壤中流的水文路径，花椒小区在中坡位置因植被覆盖度增加而出现了截留效应，造成下坡表层壤中流运移速度相对较快。综上所述，坡面产流机制以蓄满产流为主，土壤性质与植被覆盖率是控制坡面壤中流水文过程与水文路径的主要原因。

植被类型影响地表径流的产生（Korkanç，2018）。Peng 和 Wang（2012）通过观测发现，不同植被类型对喀斯特地区坡地产流的影响具有差异性。Li 等（2011）通过在西班牙东南部喀斯特地区的降雨模拟结果证实，地表特征（植被、裂隙、岩石露头和碎块）在喀斯特景观的小区尺度上对径流和入渗起主导作用。植被斑块对产流有明显的负面影响。喀斯特地区坡面不同植被下产流产沙量的差异似乎已经得到较好的解答（纪启芳，2013；蒋荣等，2013）。作者通过对 12 场降水事件监测发现，产流与产沙量均表现为撂荒＞花椒＞花生，且坡面因降水侵蚀流失的土壤大部分来源于坡面表层土壤。通过前文表述，我们认为植被覆盖度差异是造成三种径流小区产流产沙量差异的主要原因。已有学者指出，植被覆盖度是控制产流和土壤流失的最重要因素之一（Peng and Wang，2012）。增加植被覆盖率通常是减少土壤侵蚀的一个非常有效的策略，因为增加植被覆盖度可以增加降水入渗和减少地表径流（Pan et al.，2018）。不仅如此，增加植被覆盖率可以保护边坡浅层土壤免受降水飞溅和侵蚀。此外，植物根系对提高土壤孔隙度有重要作用，从而提升土壤持水和渗水能力（De Baets et al.，2006）。另外，地表植被对降水也有一定的截持作用，延迟了土壤下渗和地表径流时间。

5.3 喀斯特石漠化流域水文过程

5.3.1 流域地貌水文结构特征

研究区地貌特征与花江峡谷的地貌演变过程息息相关，因此，地貌类型的形成与分布深受地质构造、岩性、新构造运动的控制。由于研究区主要位于向斜区，此向斜的核部地层由上三叠统碎屑岩组成，翼部则是广泛出露的中三叠统碳酸盐岩，因而形成了大面积喀斯特地貌，其中分布着沿向斜轴部呈长条状小范围的流水侵蚀地貌。如前所提，由于新构造运动造成地面的强烈抬升，侵蚀基面不断下降，河流强烈深切，研究区经历了由峰林被河流切割，地下水位不断降低，地下排泄基面下降，渗流带逐渐增厚的嶂谷与箱谷形成时期。不仅如此，该区被抬升的侵蚀基准面不断接受地下水的垂直侵蚀作用，加之碳酸盐岩在风化溶蚀过程中存在明显的差异性风化，导致褶皱与断裂交织，基岩节理与表层岩溶带裂隙不断扩大增深，地下水在此部位优先入渗溶蚀，逐渐形成独特的二元水文结构，并由地表转入地下水时形成一系列暗河通道。

顶坛小流域出露地层主要为中三叠统杨柳井组（T_2y），整体上处于峡谷西南侧的渗流带，地下暗河埋藏于渗流带之下，地下水流向与地势方向相似，自西南至东北。

小流域主要以坡面流、壤中流、渗透流、暗河流 4 种水文结构类型控制着产汇流过程（图 5-14）。

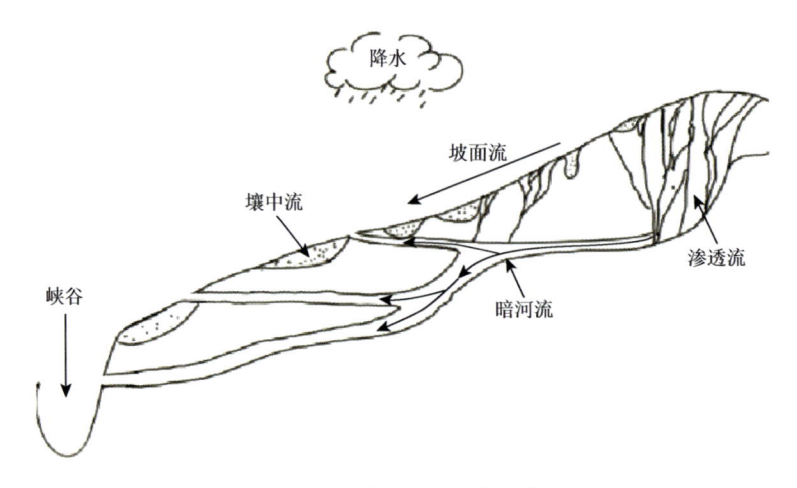

图 5-14　小流域水文结构示意图

顶坛小流域中上游主要发育侵蚀坡地、溶蚀沟谷地貌形态，也是石漠化较为严重的区域。侵蚀坡地上水土流失严重，基岩裸露率较大，土层浅薄。由于长期的流水侵蚀、溶蚀作用，普遍分布溶沟、石芽等微地貌形态。其中，溶沟在节理与坡度控制下，由溶蚀作用向下形成裂隙；石芽多呈山脊状或长埂状（图 5-15）。因此，坡地的渗透性较强，水分不易保存，导致地下水的渗流速度极快。溶蚀沟谷是流水顺坡面而下，沿途溶蚀侵蚀而成的沟谷；沟中为间歇性季节性流水，也是本书水文观测的监测点。

图 5-15　小流域石漠化

小流域下游主要发育溶蚀洼地地貌形态，地形起伏较小。由于小流域中上部侵蚀坡地水土流失严重，大部分流失土壤在此处沉积汇集，形成土层较厚的洼地，也是流域内主要农耕区域（图 5-16）。两条溶蚀沟谷绕过洼地中心，在小流域下游形成汇水处（图 5-16）。

图 5-16　小流域洼地

5.3.2　流域气象水文特征

气象水文数据统计时间为 2019 年 6 月 9 日至 2020 年 10 月 28 日。如表 5-6 所示，在监测期内，降水总量为 1777.4mm，平均日降水量 3.5mm，日最大降水量发生于 2019 年 9 月 9 日，达到 150.0mm。平均气温、湿度、气压分别为 22.56℃、75.29%、92.75kPa。据图 5-17 可知，降水事件主要集中于 5~9 月，气压值呈现出旱季较高、雨季较低的变化规律，且与气温呈相反变化趋势。

表 5-6　区域气象水文监测数据统计

参数	最小值	最大值	均值	标准差	变异系数/%
湿度/%	45.52	92.03	75.29	9.12	12.12
气温/℃	6.90	34.60	22.56	6.35	28.14
气压/kPa	91.50	94.57	92.75	0.62	0.67
日降水量/mm	0.00	150.00	3.50	11.74	335.58
日蒸发量/mm	0.01	27.01	3.11	3.24	104.23
平均土壤水含量/%	13.32	33.34	20.22	4.23	20.94

在监测期内，区域平均土壤含水量为 20.22%（表 5-6），2019 年 9 月 9 日与 2020 年 4 月 13 日分别出现最大值（33.34%）与最小值（13.32%）。土壤含水量变化趋势与降水量相对应（图 5-17），雨季偏高，旱季偏低，说明土壤含水量的变化主要受到降水事件的影响。土壤蒸发量日均 3.11mm，略低于日均降水量，单日最大蒸发量出现于 2019 年 7 月 27 日；整体而言，雨季的土壤蒸发量大于旱季。影响研究区土壤蒸发量变化的因素主要有气温、降水量。根据数据统计发现，研究区的土壤蒸发量与土壤含水量有很大关系，因为在一部分时间内，研究区的土壤处于干旱缺水状态，可供产生蒸发作用的土壤水较少；而蒸发量大的事件往往出现于降水事件发生后，原因为降水导致土壤含水量增加，可供蒸发的土壤水较多，随着气温的升高而蒸发量增加。

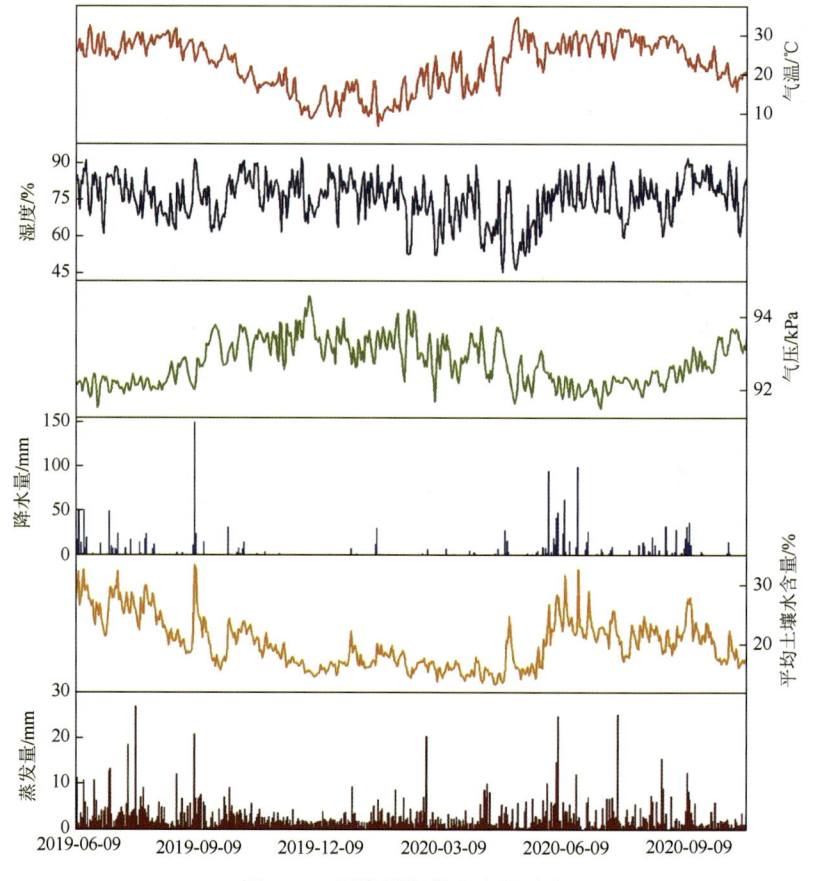

图 5-17 研究区气象水文日动态

根据研究期间采集的 20 次雨水样品，大气降水 δD 值变化范围为–121.76‰～–50.98‰，均值–90.07‰；$\delta^{18}O$ 值变化为–16.33‰～–7.42‰，均值–12.26‰。如图 5-18 所示，大气降水线方程为 $\delta D = 7.841\delta^{18}O + 6.089$（$R^2 = 0.99$），其斜率和截距均低于全球大气降水线 GMWL（$\delta D = 8.17\delta^{18}O + 10.56$），研究区处于喀斯特高原峡谷地区，区内的降水水汽可能主要源于地表水的蒸发，所以降水中 $\delta^{18}O$ 偏正，大气降水线的斜率和截距也就偏小。

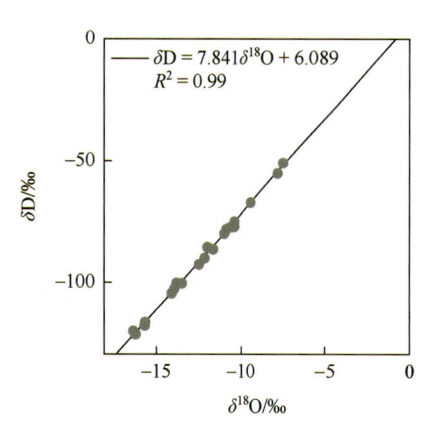

图 5-18 研究区大气降水线

5.3.3 降水期间流域产流特征

在小流域内布设了 4 个径流水观测采样点（JLA、JLB、JLC、JLD），1 个汇流水观测采样点（HLE），3 个地下水观测采样点（UW1、UW2、UW3）。

根据小流域布设的产流量观测点，于 2020 年雨季进行了以 10min 为间隔的产流观测。需要说明的是，在全年的观测过程中，小流域可以明显产生地表径流的降水事件极少，在大部分小降水事件中难以对流域产流进行有效观测,故研究区内的地下渗漏量极大,因此仅在雨季的相对连续降水事件中捕捉到有效的产流数据。

统计了监测期间 12 场有效产流的降水事件(表 5-7),此期间总降水量为 245mm,平均降水强度为 2.91mm/h。可以发现,3 个监测点的产流量具有明显差异,总产流量大小依次为 HLE(31289416.4L)>JLC(15998761.4L)>JLD(2164080.2L);在大多数降水事件中,产流量均表现为 HLE>JLC>JLD。2020 年 9 月 13 日之前的降水事件中,产流系数范围为 0.01%~0.07%,说明在此期间的地下渗漏量极大,流域含水层前期蓄水量低;而 2020 年 9 月 14 日之后的次降水事件,产流系数平均值达到了 28.25%,说明降水量增大,且明显受到前期包气带水文条件的影响,产生了大量的坡地径流。

表 5-7 流域产流统计

降水日期	降水量/mm	降水强度/(mm/h)	产流量/L JLC	产流量/L JLD	产流量/L HLE	产流系数/%
2020-07-20	9.8	0.58	898.8	94.6	4273.2	0.04
2020-08-09	12.0	2.40	479.3	0	1752.7	0.01
2020-08-12	14.8	3.70	424.9	0	1875.3	0.01
2020-08-13	11.0	2.20	279.0	0	3946.1	0.03
2020-08-19	21.2	0.96	338.6	0	4627.1	0.02
2020-08-21	12.0	3.43	133.1	54.3	1368.0	0.01
2020-08-29	33.2	9.49	266.1	2604.8	4115.7	0.01
2020-09-06	29.0	2.90	257.7	1260.9	9317.5	0.03
2020-09-13	19.6	2.06	224.0	340.0	13332.1	0.07
2020-09-14	32.4	1.35	5370677.0	708572.7	7921777.2	23.51
2020-09-16	37.6	4.70	10624369.8	1442643.1	23016861.6	58.86
2020-09-17	12.4	1.13	413.1	8509.8	306169.9	2.37
平均值	20.4	2.91	1333230.1	180340.0	2607451.4	7.08
总量	245.0		15998761.4	2164080.2	31289416.4	

在喀斯特石漠化地区,土壤浅薄且基岩裸露,丰富的降水与高温为岩石风化与溶蚀作用提供了优越条件,因而形成了岩石破碎、裂隙发育且连通性好的特征,导致裂隙内充填了大量地表渗漏土壤(Zhou et al.,2012)。受到地表裂隙发育的影响,大部分降水会直接通过土层渗透汇入地下,出现坡地的径流量极低的现象(Peng and Wang,2012;Green et al.,2014)。本研究表明,由于石漠化陡坡与溶沟在流域中上游广泛分布,土层稀薄,岩体表面崎岖不平的石沟、石芽与土下裂隙产生的极高的渗透性,减小了坡面径流的产流量。结合前文与本节分析,证明小流域具有地下渗透速度极快,坡面产流量较低的特征,同时也说明地下暗河流对流域水文过程的重要影响。

图 5-19 展示了监测期间 3 个观测点(JLC、JLD、HLE)的产流动态,并对应着降水。JLC、JLD 和 HLE 在监测期间的平均径流量分别为 30.30L/s、9.62L/s、57.32L/s。可以看出,3 个观测点发生产流均在降水条件下,JLC 与 HLE 几乎在监测期间的所有降水事件中均出现产流,而 JLD 仅在 2020 年 8 月 29 日之后才出现明显产流。值得一提的是,在

2020年9月14日之前的降水事件中，JLC 出现的最大径流量仅 0.17L/s，JLD 出现的最大径流量仅 2.23L/s，HLE 出现的最大径流量仅 2.49L/s。此外，对比流量与降水量之间的关系发现（表 5-7），研究区径流与汇流的产流量并不随着降水量与降水强度的增大而显著增加，说明前期水文条件对流域产流有决定性影响。

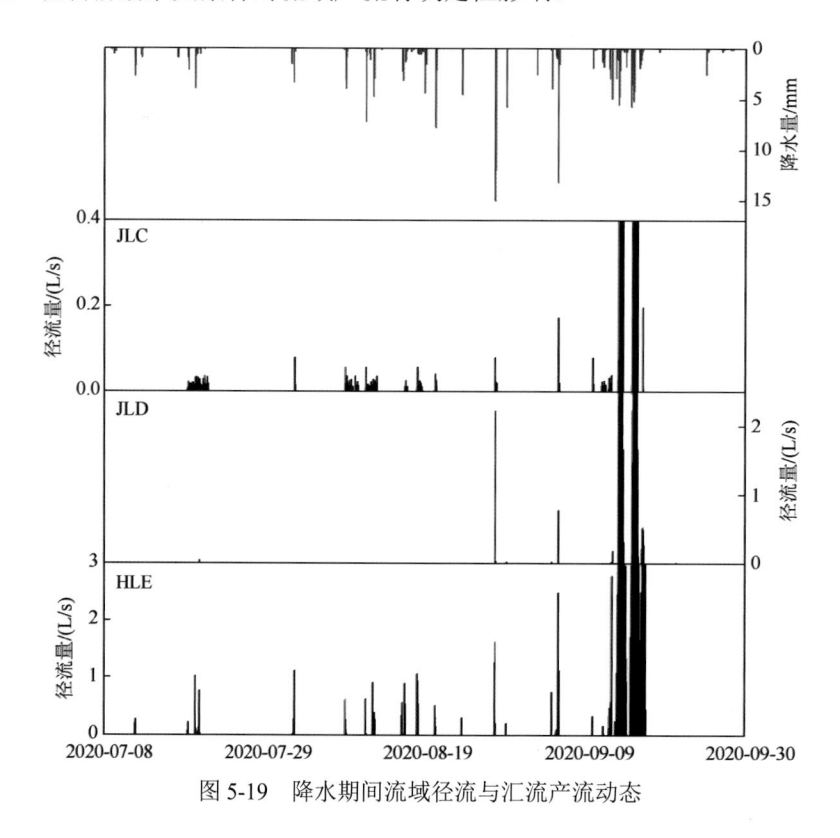

图 5-19　降水期间流域径流与汇流产流动态

为了揭示 JLC、JLD 与 HLE 在降水期间的产流动态过程，将两次比较典型的产流事件（2020年9月14日与2020年9月16日）分别绘制了产流动态过程图。如图 5-20 所示，在 2020 年 9 月 14 日的降水事件中（32.4mm），JLC、JLD、HLE 的产流总时间分别为 740min、790min、1340min，总产流量分别为 5370.68m³、708.57m³、7921.78m³，平均径流量分别为 120.94L/s、14.86L/s、98.21L/s。JLC、JLD、HLE 在降水事件发生后首次出现产流所需时间分别为 270min、440min、460min，分别对应积累降水量为 28mm、31.6mm、32mm；径流量峰值出现时间分别为 8:50、9:20、9:50，峰值出现所需时间分别为 80min、130min、330min，径流量峰值分别为 397.30L/s、84.12L/s、762.31L/s。

如图 5-21 所示，在 2020 年 9 月 16 日的降水事件中（37.6mm），JLC、JLD、HLE 的产流总时间分别为 950min、960min、1510min，总产流量分别为 10624.37m³、1442.64m³、23016.86m³，平均径流量分别为 186.38L/s、24.98L/s、254.01L/s。JLC、JLD、HLE 在降水事件发生后首次出现产流所需时间分别为 60min、210min、220min，分别对应积累降水量为 6.4mm、14.8mm、14.8mm；径流量峰值出现时间均为 7:10，峰值出现所需时间分别为 340min、350min、500min，径流量峰值分别为 567.27L/s、127.18L/s、1581.29L/s。

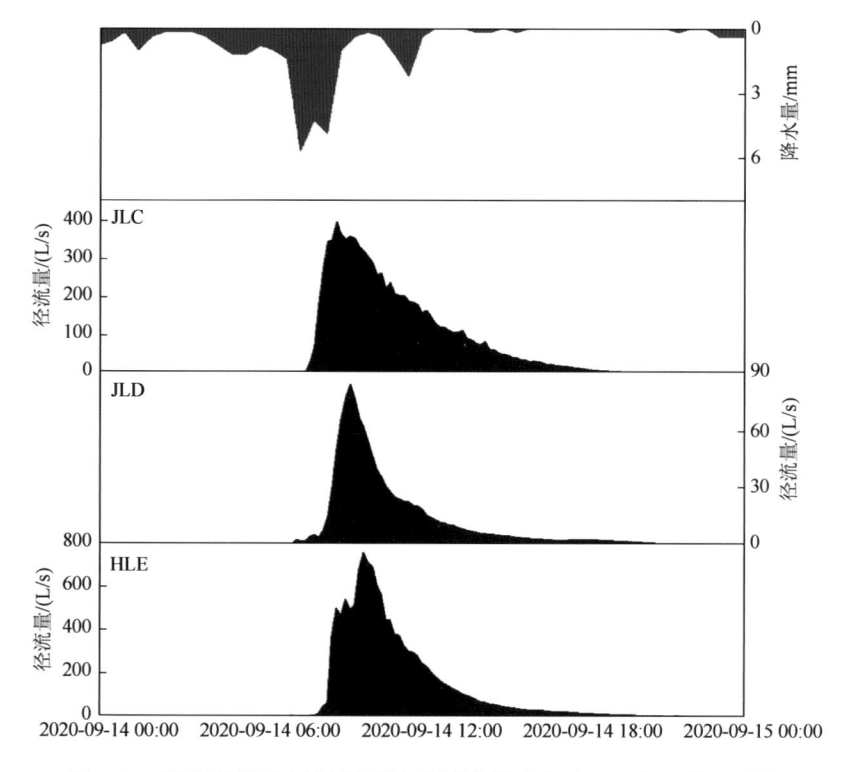

图 5-20　降水事件下小流域径流与汇流产流动态（2020 年 9 月 14 日）

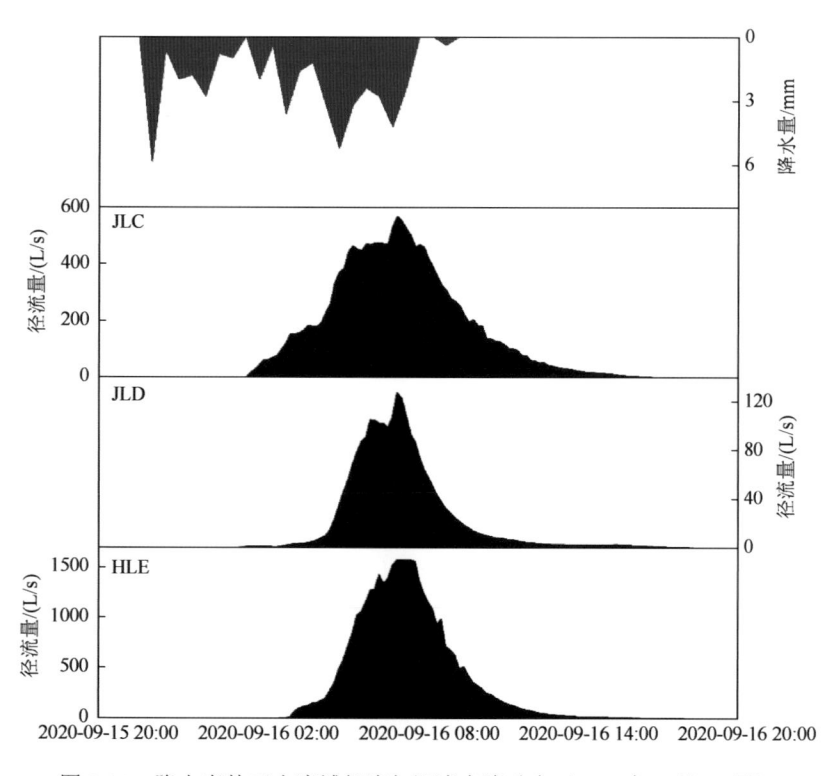

图 5-21　降水事件下小流域径流与汇流产流动态（2020 年 9 月 16 日）

由此分析，两次降水事件产流总时间均表现为 HLE＞JLD＞JLC，产流响应速率表现为 JLC＞JLD＞HLE，峰值出现速率表现为 JLC＞JLD＞HLE，径流量峰值表现为 HLE＞JLC＞JLD。这说明，汇流观测点产流的降水响应速率与产流峰值较两处径流观测点具有滞后性，但产流持续时间与峰值量明显高于两处径流监测点，说明两处径流产流对汇流产流有明显贡献，这也符合流域水文路径的分布特征。对比两次产流响应速率与对应积累降水量发现，9 月 16 日的降水事件明显比 9 月 14 日降水事件在 3 个监测点产流的响应速率更快且所需降水量更少，说明 9 月 16 日的次降水事件明显受到前期降水事件的影响，提高了流域的产流效率，导致流域快速达到蓄满产流条件。值得一提的是，从 2020 年 8 月 29 日至 9 月 13 日的 16 天内总降水量为 81.8mm，平均降水量 5.1mm/d，而 9 月 14～16 日 3 天内总降水量为 70mm，平均降水量 23.3mm/d，降水强度是前者的 4.57 倍。但后者（9 月 14～16 日）JLC、JLD、HLE 的产流量分别是前者（8 月 29 日至 9 月 13 日）的 21389 倍、511 倍、1156 倍。由此说明，流域产流量与降水量没有直接的相关性，而与短期内的降水强度有关联，表明流域前期水文条件对产流过程与产流效率具有明显影响。

5.3.4 流域产流来源辨析

通过对流域 4 种土地类型壤中流 δD、$\delta^{18}O$ 稳定同位素进行统计得知，撂荒、花椒、花生、乔木壤中流 δD 值变化分别为–90.89‰～–70.83‰、–93.34‰～–75.07‰、–91.41‰～–82.25‰、–92.30‰～–80.78‰，$\delta^{18}O$ 值变化分别为–12.31‰～–8.40‰、–11.70‰～–9.03‰、–11.35‰～–9.23‰、–12.34‰～–9.84‰。δD 平均值大小依次为撂荒（–84.05‰）＞花椒（–85.80‰）＞花生（–86.10‰）＞乔木（–88.62‰），变异系数表现为撂荒（6.46%）＞花椒（5.39%）＞乔木（4.03%）＞花生（3.40%）；$\delta^{18}O$ 平均值大小依次为花生（–10.41‰）＞花椒（–10.46‰）＞撂荒（–10.55‰）＞乔木（–11.54‰），变异系数表现为撂荒（10.72%）＞花椒（7.56%）＞花生（7.11%）＞乔木（6.87%）。结果表明，撂荒地 δD、$\delta^{18}O$ 值变幅较大，这也说明植被覆盖对壤中流 δD、$\delta^{18}O$ 的变化幅度具有一定影响，这与第 4 章坡面壤中流的研究结论较为相似。据图 5-22 可知，在 4 种土地类型中，其壤中流 δD、$\delta^{18}O$ 均表现出 0～15cm 土层偏负，而 15～30cm 土层偏正的特征，这说明在降水期间表层壤中流因降水补给而偏贫化，而下层壤中流偏富集。

通过对流域径流、汇流、暗河流各观测点的 δD、$\delta^{18}O$ 稳定同位素进行统计得知（图 5-23），JLA、JLB、JLC、JLD、HLE、UW1、UW2、UW3 的 δD 值变化分别为–67.73‰～–63.81‰、–67.19‰～–60.47‰、–64.82‰～–60.07‰、–65.70‰～–58.27‰、–67.35‰～–57.94‰、–66.03‰～–60.00‰、–64.73‰～–55.52‰、–66.26‰～–56.03‰，$\delta^{18}O$ 值变化分别为–9.71‰～–8.47‰、–9.78‰～–8.70‰、–9.43‰～–8.97‰、–9.62‰～–8.51‰、–9.79‰～–8.41‰、–9.83‰～–8.45‰、–9.46‰～–8.02‰、–9.20‰～–8.20‰。

径流与汇流的 δD 平均值大小依次为 HLE（–61.88‰）＞JLD（–62.70‰）＞JLC（–63.31‰）＞JLB（–64.93‰）＞JLA（–65.69‰），其变异系数表现为 HLE（5.95%）＞JLD（4.43%）＞JLB（4.11%）＞JLC（3.12%）＞JLA（2.53%）；$\delta^{18}O$ 平均值大小依次为

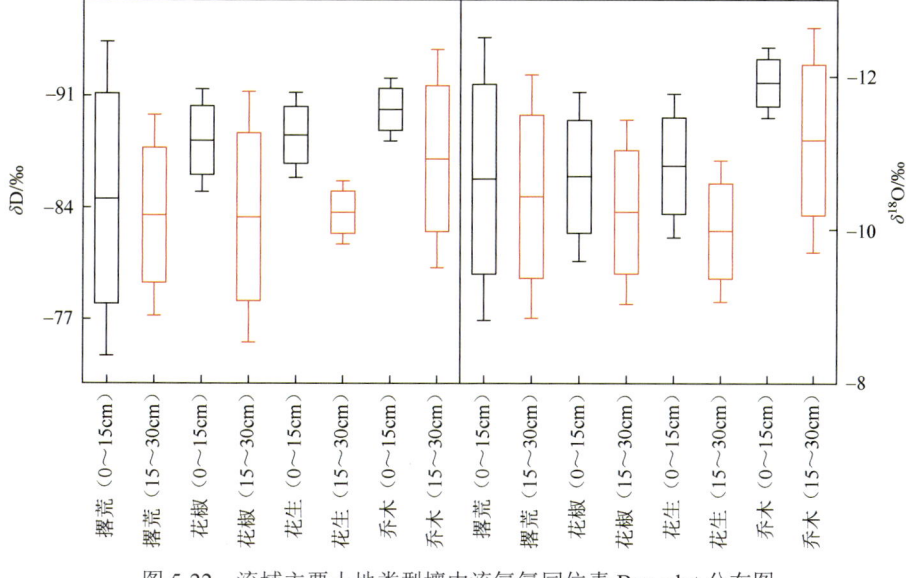

图 5-22 流域主要土地类型壤中流氢氧同位素 Box-plot 分布图

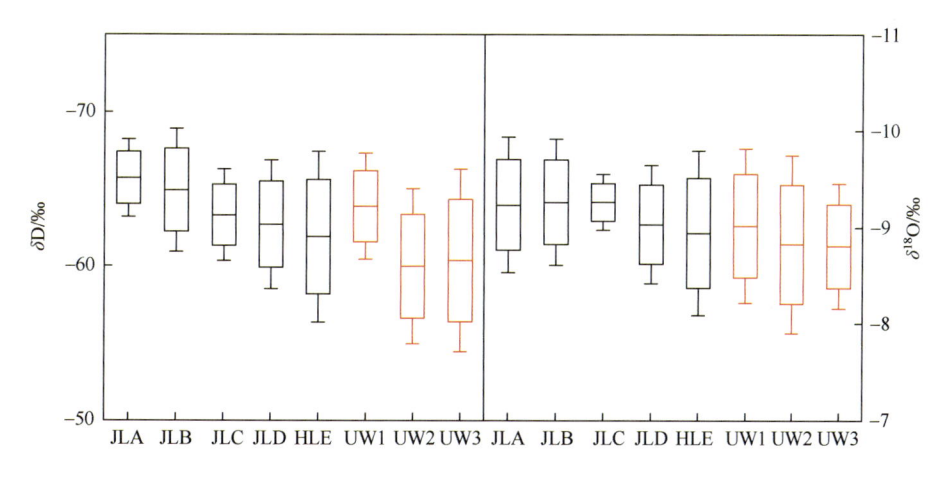

图 5-23 径流、汇流、暗河流的氢氧同位素 Box-plot 分布图

HLE（-8.94‰）>JLD（-9.03‰）>JLA（-9.24‰）>JLB（-9.26‰）>JLC（-9.26‰），变异系数表现为 HLE（6.34%）>JLA（5.08%）>JLB（4.70%）>JLD（4.51%）>JLC（2.08%）。暗河流的 δD 平均值大小依次为 UW2（-59.97‰）>UW3（-60.37‰）>UW1（-63.86‰），变异系数表现为 UW3（6.50%）>UW2（5.59%）>UW1（3.57%）；$\delta^{18}O$ 平均值大小依次为 UW3（-8.81‰）>UW2（-8.82‰）>UW1（-9.02‰），其变异系数表现为 UW2（6.92%）>UW1（5.96%）>UW3（4.91%）。结果表明，汇流的 δD、$\delta^{18}O$ 值相对于径流明显偏富集。从流域空间分布特征来看，径流与暗河流的 δD、$\delta^{18}O$ 值表现出随高程由高至低（流域上游至下游）逐渐偏负的变化趋势；这同时也说明，坡面径流在地表径流路径的运动过程中发生了明显的蒸发分馏作用，其 δD、$\delta^{18}O$ 值逐渐偏富集，这也与地下暗河流 δD、$\delta^{18}O$ 值的分布特征相似。此外，作者发现汇流与暗河流的 δD、$\delta^{18}O$

值的变化幅度相对径流较大，表明暗河流与汇流的水源受多种因素影响，其来源可能更为复杂。

图 5-24 表明，径流、汇流、暗河流的 δD、$\delta^{18}O$ 值在不同降水事件中表现出明显差异变化，与前文 DOC 与 TSN 浓度的变化有较强的关联。整体上，各处采样点的 δD、$\delta^{18}O$ 值均随着降水量的增加而表现出逐渐偏负的变化趋势。值得注意的是，在 8 月 29 日的降水事件中，HLE、UW3 的 δD、$\delta^{18}O$ 值出现了明显的偏正现象，但在随后的降水事件中逐渐偏负，而其余观测点整体上出现了偏负现象，由此说明，8 月 29 日的降水事件由于降水量较大（33.2mm），而前期降水量相对较少，因此在当天（8 月 29 日）的降水事件中径流的降水补给偏多，δD、$\delta^{18}O$ 值偏贫化，而汇流可能存在旧水补给，受到了包气带滞留水活塞效应的影响，δD、$\delta^{18}O$ 值偏富集；而在随后的次降水事件中，随着降水量的增加，汇流的新水占比不断增加，其 δD、$\delta^{18}O$ 值逐渐贫化。另外，从流域水文观测点的分布来看，HLE 与 UW3 均在流域下游处，更容易得到包气带滞留水的补给，因而其水文响应的滞后性更强，因此两者的动态变化特征相似度较高。这同时也说明，汇流的产流来源可能较为复杂，不仅仅只有地表径流的供给。

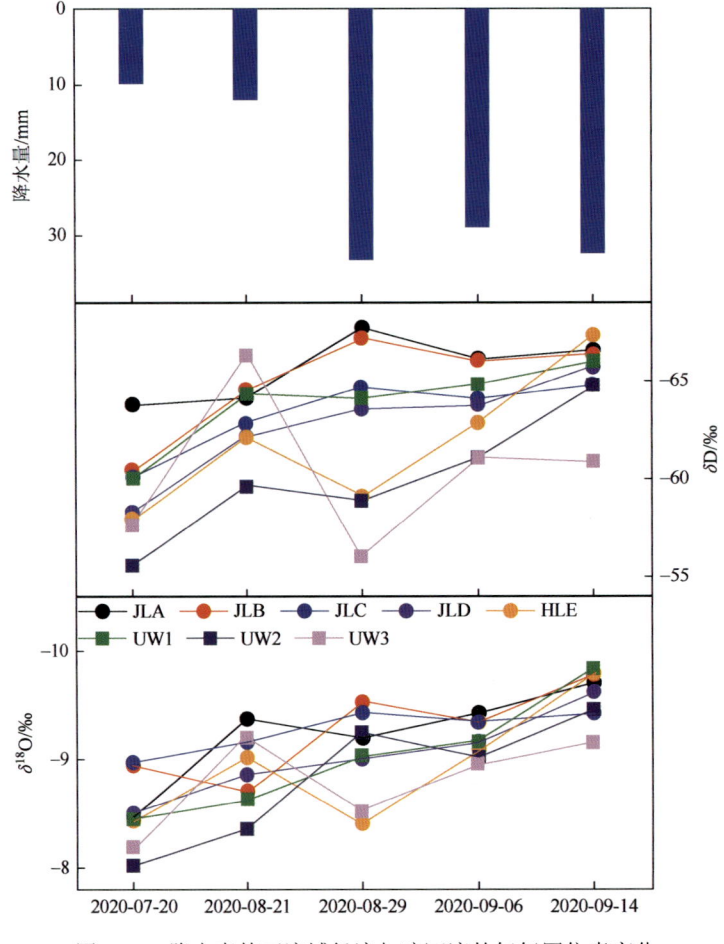

图 5-24 降水事件下流域径流与暗河流的氢氧同位素变化

为明确研究区不同水文结构之间的相互关系,将观测期内流域不同水文结构(降水、壤中流、渗透流、径流、汇流、暗河流)的 δD、$\delta^{18}O$ 值进行对比。如图 5-25 所示,降水、壤中流、渗透流、径流、汇流、暗河流的 δD 值变化分别为 –121.76‰~–55.29‰、–84.85‰~–64.39‰、–84.67‰~–51.78‰、–67.73‰~–58.27‰、–67.35‰~–57.94‰、–66.26‰~–55.52‰,$\delta^{18}O$ 值变化分别为 –16.33‰~–7.73‰、–12.34‰~–8.40‰、–11.46‰~–6.37‰、–9.78‰~–8.47‰、–9.79‰~–8.41‰、–9.83‰~–8.02‰。不同水文结构组分的 δD 平均值大小依次为暗河流(–61.40‰)>汇流(–61.88‰)>径流(–64.16‰)>渗透流(–66.96‰)>壤中流(–77.87‰)>降水(–102.00‰),$\delta^{18}O$ 平均值大小依次为渗透流(–8.82‰)>暗河流(–8.88‰)>汇流(–8.94‰)>径流(–9.20‰)>壤中流(–10.64‰)>降水(–13.78‰)。可以明显地看出,研究区的不同水文结构组成的氢氧稳定同位素表现出随着空间结构由上至下逐渐发生了蒸发分馏与富集的过程,体现了降水-壤中流-渗透流-径流-汇流-暗河流水文过程之间的相互补给转化。

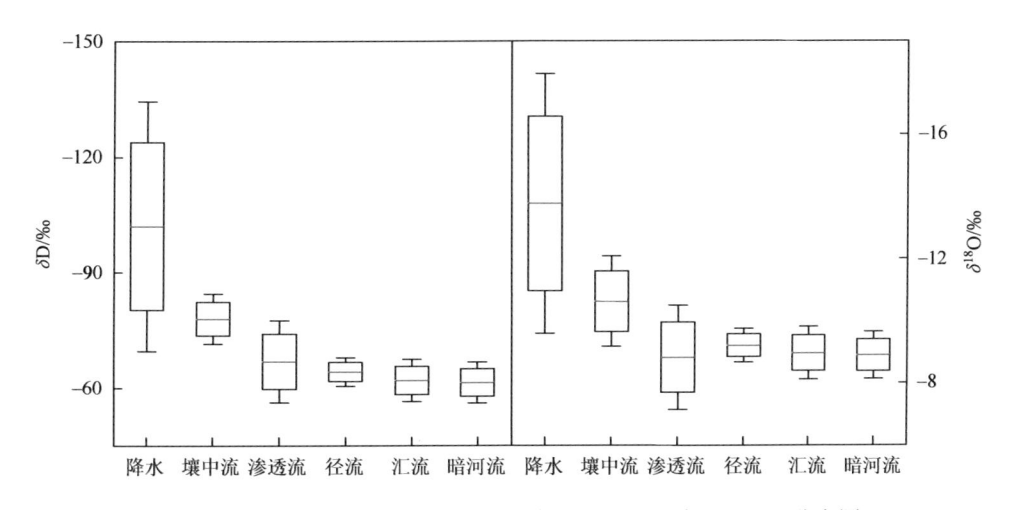

图 5-25 研究区不同水文结构类型的氢氧稳定同位素 Box-plot 分布图

图 5-26 展示了研究区壤中流、渗透流、径流、汇流、暗河流的氢氧稳定同位素与当地大气降水线之间的关系。可以看出,这些水文结构组分的 δD、$\delta^{18}O$ 均分布在大气降水线附近,证明大气降水是这些产流组分的唯一补给来源。然而,不同水文结构类型的 δD、$\delta^{18}O$ 在下渗产流过程中,受到了不同程度的蒸发、新老水混合及其水岩作用的影响。

为了厘定流域产流组分之间的水文过程与转化关系,利用氢氧稳定同位素二端元混合模型对流域径流新旧水比例进行了划分。图 5-27 表明,基于 δD、$\delta^{18}O$ 两种示踪剂的新旧水比例计算结果较为相似,不同降水事件下径流与汇流的新旧水比例具有明显差异。整体上,HLE 的新水比例高于 JLC 和 JLD,说明汇流水源受到降水的补给相对更多。

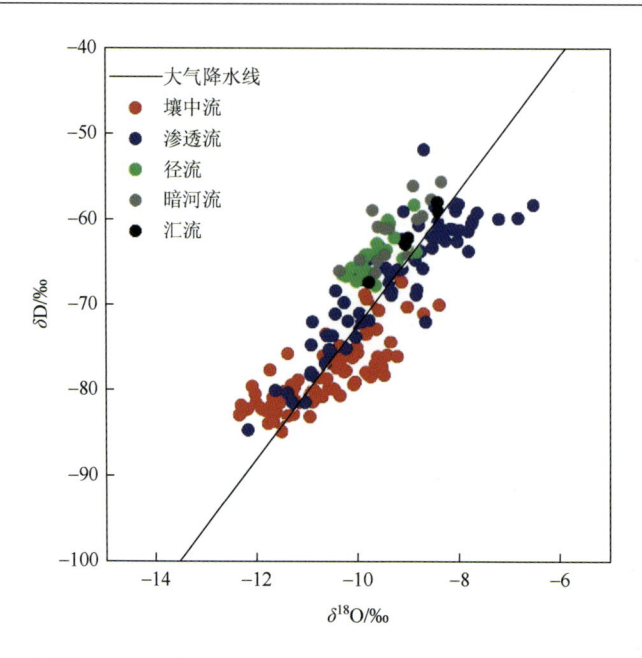

图 5-26　研究区不同水文结构的氢氧稳定同位素关系

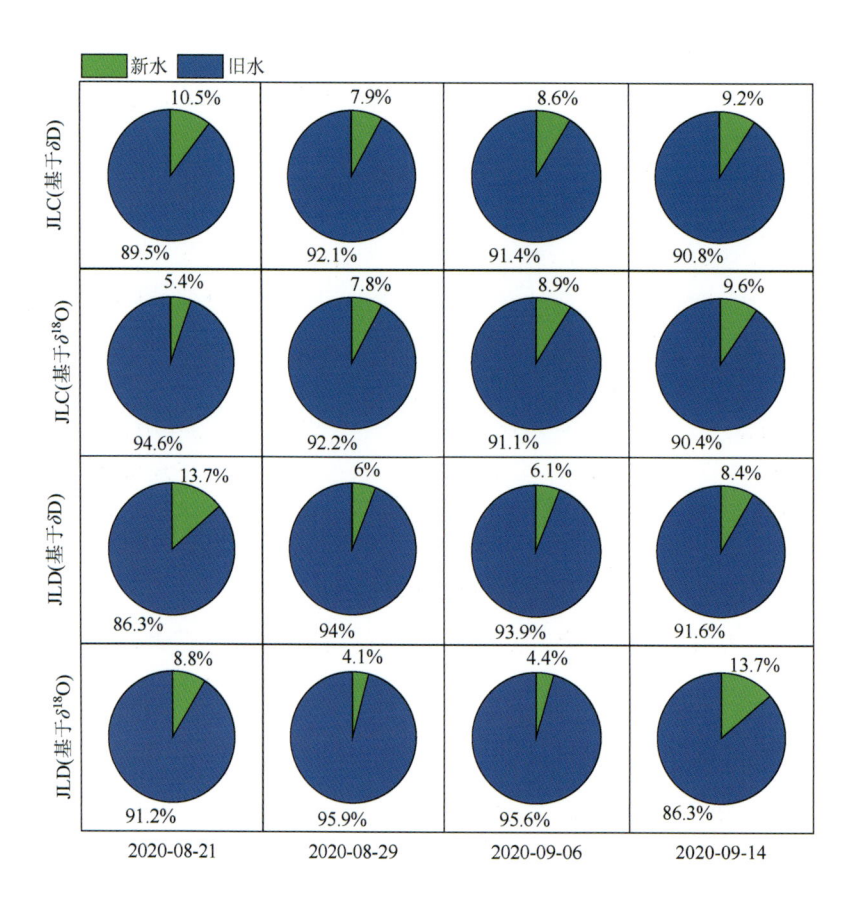

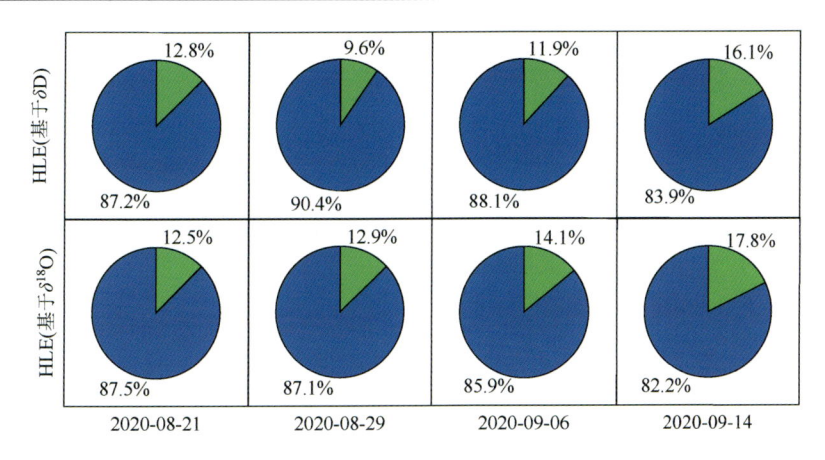

图 5-27 基于氢氧稳定同位素二端元混合模型的流域径流新旧水比例划分

在任何降水事件中的地表产流以旧水为主导，均达到 80%以上。这说明研究区的坡面产流主要为蓄满产流，是大气降水以活塞作用将包气带的滞留水推送为地表产流的结果，而降水直接形成坡面产流的贡献量较低。具体来讲，在 2020 年 8 月 21 日至 9 月 14 日的降水事件中，JLC、JLD 与 HLE 的新旧水比例在基于 δD、$\delta^{18}O$ 两种示踪剂的计算结果上均呈现出新水增多、旧水减少的变化趋势，说明随着研究区连续降水事件累积降水量的不断增加，产流不断受到稀释作用的影响，导致新水比例逐步升高。与前文分析结果较为一致的是，2020 年 8 月 29 日的降水事件中，JLC 和 JLD 的旧水显著增多，在随后的降水事件中新水逐渐增多，这佐证了上文的"活塞效应"观点。

需要说明的是，小流域的汇流水文观测点是流域的海拔最低处，也是流域出口。因此，两条地表径流与其他产流（包括渗透流与暗河流）均于此处汇集。因此，假设汇流（HLE）的补给水源有两种方式：一种是地表径流路径的坡面径流（JLC 和 JLD）对其的直接供给；另一种是其余混合（未知）水源的补给。通过计算汇流与两处径流观测点的产流量差来分析两种方式对汇流的产流量贡献占比。如图 5-28 所示，在统计的 5 场降水事件中，径流（JLC 和 JLD）对汇流的平均供给量仅占 40%，而其余混合水源对汇流的补给占大多数（60%）。此外，作者发现 8 月 29 日之前的降水事件中径流（JLC 和 JLD）对汇流的供给量极低，仅占 14%~23%，而在 8 月 29 日之后的降水事件中，两处径流对汇流的供给量显著提高，其平均供给量达 54%；尤其在 9 月 14 日的降水事件中，汇流的产流量几乎全部来源于两处径流的供给，达到了 77%。

利用氢氧稳定同位素与 IsoSource 模型计算流域不同水文结构类型对汇流的补给贡献程度。以降水期间的降水、壤中流、渗透流、暗河流的 δD、$\delta^{18}O$ 稳定同位素的平均值作为计算参数。据图 5-29 可知，2020 年 8 月 29 日前的降水事件中，不同水文结构对流域汇流的贡献程度表现为暗河流（50.3%）＞渗透流（42.4%）＞降水（3.9%）＞壤中流（3.4%）；2020 年 8 月 29 日后的降水事件中，补给贡献程度表现为暗河流（61.0%）＞渗透流（23.5%）＞壤中流（9.0%）＞降水（6.5%）。由此说明，前期水文条件控制了流域产汇流来源。在降水产流过程中，由于研究区特殊的地貌环境特征，在地势差异的条件

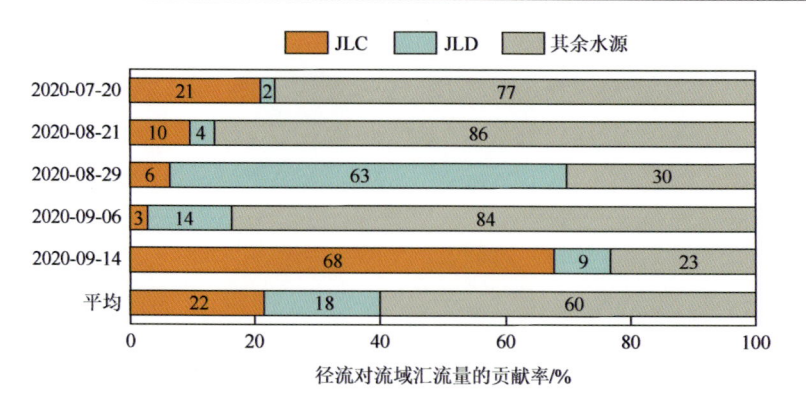

图 5-28　不同降水事件下 JLC 和 JLD 对汇流的补给贡献率

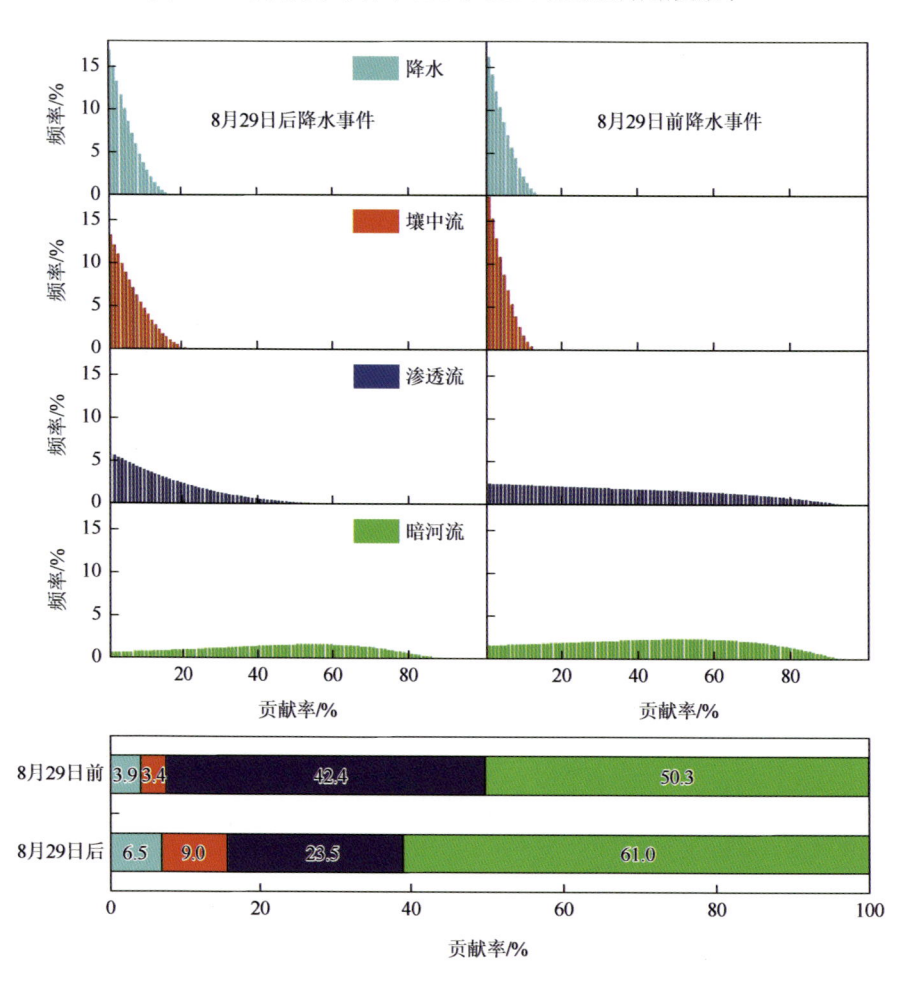

图 5-29　基于氢氧稳定同位素与 IsoSource 模型的流域汇流来源分析

下，降水转化为渗透水将包气带与地下水推送出来，因此坡面产流属于蓄满产流为主的产流机制类型。在大多数降水事件中，降水直接在地表形成径流的量极小，而主要通过表层岩溶带渗透流转化为暗河流对汇流进行补给。

5.3.5 流域水文过程

喀斯特含水层的排水系统发达，且对降水响应灵敏（Chiesi et al.，2010；Fu T G et al.，2016；D'Angeli et al.，2017；Vigna et al.，2017；Gil-Márquez et al.，2019）。岩溶山坡上径流的发育需满足三个要求：降水强度大于表层岩溶面的入渗速率，降水量超过土壤-表层岩溶带持水量临界值，相对平缓允许土岩界面处的渗透水积水填充土层。许多研究强调了降水强度对产流的重要性，认为喀斯特山坡地表径流的产生通常需要降水强度超过某一阈值（Perrin et al.，2003；Chen et al.，2012；Peng and Wang，2012；Qin et al.，2015；朱晓峰等，2017；Wang S et al.，2020）。然而，流域的前期蓄水量在产流的降水响应过程中起着重要作用。Frot等（2008）指出，降水深度或连续超过20天的前期累积降水是流域径流发生的重要因素。Wang S等（2020）通过控制实验得出结论，降水强度决定产流的响应速率，而产流量主要受降水量和含水层前期水分条件的控制。本研究发现，降水量、降水强度对流域产流量及其降水响应速率可能没有直接的影响，而决定产流的主要因素为研究区流域前期含水层的蓄水量。例如，从2020年8月29日至9月13日的16天内总降水量为81.8mm，而JLC、JLD、HLE出现的最大径流量分别仅为0.17L/s、2.23L/s、2.49L/s，产流系数范围为0.01%~0.07%；9月14~16日3天内总降水量为70mm，而JLC、JLD与HLE的平均径流量分别为30.30L/s、9.62L/s与57.32L/s，产流系数范围为2.37%~58.86%。且后者（9月14~16日）JLC、JLD、HLE的产流量分别是前者（8月29日至9月13日）的21389倍、512倍、1156倍。总体来说，研究区流域的超渗产流与蓄满产流表现为间歇性的，以蓄满产流机制为主。喀斯特含水层具有较高的渗透性，在低强度降水条件下，很难产生地表径流或过量渗透流（Wang S et al.，2020）。在间断的小降水事件中，虽然总降水量达到了81.8mm，但并未产生明显有效的坡面产流，因此，流域含水层的高渗透性吸收了大部分降水，其包气带的储存功能在一定程度上削弱了降水输入对坡地产流输出的影响，因而在此期间流域的产流机制类型主要为蓄满产流机制。而在短期连续性次降水事件中，在降水累积量达到一定程度的情况下，形成局部饱和流，流域含水层由充填向溢出转换，导致流域快速达到蓄满产流条件，坡面发生显著的产流事件，且响应速度极快。由此说明，流域前期水文条件对产流过程具有明显影响，短期连续的强降水事件增强了流域的产流效率，甚至发生超渗产流。

在两场次降水事件中，3处观测点产流响应时间在60~460min，峰值出现时间在80~500min，说明流域产流的降水响应速率极快，其降水响应的敏感性归因于研究区的地貌特性、石漠化环境与地下渗透系统的发育的综合效应。比较而言，产流总时间均表现为HLE>JLD>JLC，产流响应速率表现为JLC>JLD>HLE，峰值出现速率表现为JLC>JLD>HLE，径流量峰值表现为HLE>JLC>JLD。结果表明，径流观测点的洪峰产生时间相对较快，对降水的响应更迅速，但洪水滞留时间相对较短；而汇流观测点的洪峰产生时间滞后于径流，且产流消退速度相对较慢。汇流的降水响应与产流峰值较两处径流观测点具有滞后性，但产流持续时间与峰值量明显高于两处径流监测点。研究区的径流与汇流过程可能受流域地形分布的控制影响。正如坡面产流的 δD、$\delta^{18}O$ 值在空间分布上表现出随高程由高至低（流域上游至下游）逐渐偏负的变化趋势，说明产流随地表径流路径的运动过程中发生了明显的蒸发分馏作用，其 δD、$\delta^{18}O$ 值逐渐偏富集，这也与暗河流 δD、$\delta^{18}O$ 值的分布特征相似。

Filippini 等（2018）认为，由于喀斯特含水层水文地质条件的高度空间异质性，即使是在相同区域内，地下水的水动力学与水化学也存在显著差异。小流域地貌特征产生的不同调蓄作用，影响了研究区不同观测点的产流过程。地势分布特征与地貌类型控制了流域径流与总出口汇流的降水响应过程与动态变化。Wang S 等（2020）认为，随着降水强度的增大超过土壤-表层岩溶带的入渗速率，渗透水积聚，导致土层与地下饱和区的形成产生径流。先前的较多研究报道了山坡下部易出现蓄满产流现象（Srinivasan et al.，2002；Rezzoug et al.，2005；Badoux et al.，2006）。Haga 等（2005）指出，蓄满产流在径流的降水响应过程中占主要地位，尤其是在流域出口附近。蓄满产流是喀斯特地区坡面产流的主要机制，这可能归因于土壤-表层岩溶带中的土壤与下伏基岩的渗透性差异较大（Zhang et al.，2011）。然而，喀斯特坡地产流机制为超渗产流与蓄满产流同时存在，也称为"超渗-蓄满"机制（Leh et al.，2008；Wang S et al.，2020）。Leh 等（2008）认为，超渗产流主要发生于山坡上部，而蓄满产流主要发生于土壤相对均匀的流域下部洼地处。本研究结果支持以上观点，由于流域中上游坡地土壤侵蚀严重，流失土壤在 JLC—HLE 与 JLD—HLE 之间沉积形成了一片较为平坦的洼地，并且成为主要的农业种植区。Chen 等（2017）发现，下坡和洼地地区的土壤层和表层岩溶在山坡到洼地的径流转移中发挥了重要作用。Hu 等（2015）通过季节变化解释了喀斯特坡地与洼地的土壤蓄水能力差异，认为两者土壤水滞留时间是导致岩溶地下水补给差异的主要因素。流域中上游土壤侵蚀严重，易发生超渗产流，而下游产流机制主要为蓄满产流机制。

小流域下游的洼地土壤厚度一般在 2～3m，而中上游侵蚀（石漠化）坡地的土壤平均厚度仅为 30cm，且普遍分布溶沟、石芽等微地貌形态，其植被也主要生长于裂隙上覆的溶沟内。在喀斯特景观中，坡地植被通常生长在破碎不连续的碳酸盐岩缝隙中。基岩裂隙是径流输送到根区或非饱和区的重要通道，通常情况下裂隙能够容纳渗透水，因而可以作为植物生长的重要介质（Jones and Graham，1993）。Wilcox 等（1988）与 Puigdefábregas（2005）解释了植被在地块中增加渗透率的原因，植被增加了根系区的土壤孔隙以及有机质供应，从而改善土壤结构，提高了土壤入渗速率（Wilcox and Management，2002）；Li 等（2008）从植被对水力性质的正向影响方面认可了这个观点，植被的根系生长甚至会造成土下裂隙优先流的现象（Bergkamp，1998；Li et al.，2009）。Li 等（2011）强调了植被和岩石裂隙的存在对喀斯特景观渗透的重要性，入渗和径流主要受裸露岩石、植被覆盖和降水强度的影响，岩石裂隙促进入渗和减少径流的作用主要归因于裂隙是优先流的主要通道。朱彤等（2020）通过控制实验揭示了喀斯特岩石裸露环境对降水入渗的影响机理，提高岩石裸露率可以显著增加土壤入渗速率，这就说明石漠化强度对土壤的水分入渗可能有较强的影响。Wang 等（2016）认为，当裸露岩石达到地表的 70%以上时，土壤吸收从裸露岩石产生径流的水将等同于降水量。因此，坡地的表层岩溶带渗透性相对较高，是控制地表径流与地下径流产生的主要因素（Wang F et al.，2020）。地下径流是地形陡峭的坡地环境中的主要径流成分（Fu Z Y et al.，2015），这归因于水力梯度的增加、横截面积的增加促进了地下径流的发生（van Meerveld and McDonnell，2006）。Zhang 等（2011）同样认为，岩石裸露和裂隙发育显著增加了洪水流量。流域中上游由于土壤侵蚀严重产生的大面积裸露岩石及其裂隙上覆植被加速了坡地入渗速度，因此上游这些浅层土壤区域的水分不易保存，促进了下伏表层岩溶带的渗透速率。此外，流域中上游侵蚀坡地的坡度较大，因而表层岩溶带更易产生径流（Calvo-Cases et al.，2003）。这可能是导致流域径流观测点产流降水响应速度快的主要原因之一。

此外，在本研究观测与统计的降水事件中，产流量均表现为 HLE>JLC>JLD。根据前文的研究结果得知，坡地土壤水受到重力势驱动，土壤水具有向下运移储存的分布特性，且这种分布趋势在雨季更为明显，这可能影响了流域不同观测点在降水时期的产流量与产流过程。洼地土壤在历史上受到坡地侵蚀沉积的影响导致土壤层较厚，深层土壤大孔隙较少，毛孔较多（Gazis and Feng，2004），储水能力比浅层土壤更高。这表明在土壤质地均匀的条件下，土壤储水量与土壤厚度呈正相关关系，意味着洼地对附近的地表径流的供给量相对更大。因此，洼地附近区域的坡地径流与地下暗河可能更多会受到洼地深层土壤水的补给。不仅如此，Fu T G 等（2015a）发现，洼地的土壤饱和导水率极低，且随土层深度降低，洼地土壤也具有延长表层岩溶带与地下水的滞留时间的作用（Hu et al.，2015）。另外，研究结果表明种植活动与植被覆盖率的增加会减缓壤中流的运移速率。因此，产流在途经洼地的过程中，洼地对水分运动有限制作用。说明在流域水文过程中，洼地发挥着截留效应作用，这在一定程度上增加了降水响应的滞留时间，并且在小降水事件中尤为明显（Doglioni et al.，2012；龚轶芳等，2019）。HLE 与 UW3 均在流域下游处，更容易得到包气带滞留水的补给，因而其水文响应的滞后性更强，因此两者的动态变化特征相似度较高。因此，汇流的 δD、$\delta^{18}O$ 值相对于径流明显偏富集，说明其一方面受到洼地的影响，另一方面得到裂隙渗透水与暗河流混合的补给。与上坡土壤相比，洼地土壤延长了地下水的滞留时间（Hu et al.，2015），流域下游需要更多的降水来启动产流对降水的响应。

研究发现，流域所有水文结构的产流 δD、$\delta^{18}O$ 值均在当地大气降水线附近，说明降水是流域水源的唯一来源。降水、壤中流、渗透流、径流、汇流、暗河流表现出随着空间结构由上至下逐渐发生了蒸发分馏与富集的过程，体现了不同水文结构的水文过程之间的相互补给转化。然而，不同水文结构的 δD、$\delta^{18}O$ 值在下渗产流过程中，受到了不同程度的蒸发、新老水混合及其水岩作用的影响。二端元混合模型估算结果表明不同降水事件下径流与汇流的新旧水比例具有明显差异。Wang F 等（2020）根据新旧水比例计算，流域地下水与径流产流的旧水比例约为 94%，本研究结果与之相似，在任何降水事件中的地表产流（径流与汇流）以旧水为主导，均达到 80%以上，表明水流在含水层滞留的时间较长。在连续降水时期，新水比例会有一定升高，但仍以旧水补给为主，虽然雨水可能与旧水混合，但在短期内不会置换大量的雨水，因此坡面产流同位素值显著高于降水。由于流动区和不流动区之间的扩散交换，水的混合是充分的。Bailly-Comte 等（2009）揭示了表层岩溶带含水介质的高渗透性和低岩溶作用导致表层岩溶中雨水与滞留水的充分混合，管道的泄流能力有限，因此会以活塞作用优先将旧水推送出来。Brkić 等（2018）及 Kogovsek 和 Petric（2014）认为，较长的滞留时间说明地下水的储量大，表明雨水和地下水发生了均质混合。流域的地下暗河作为一个相对稳定的储水库，同位素值在不同降水事件中的变化范围很小，

Guo 等（2015）将这种现象解释为非饱和带中大气降水的均匀混合作用。因此，在整个观测期间，旧水控制着流域产流的补给。Poulain 等（2018）报道了同样的结果，他们发现慢速流旧水补给占地下水补给的 66%。在 2020 年 8 月 29 日之后的降水事件中，新水的比例显著提升，说明由于管道流的供给限制，其慢速流的贡献比例发生了显著下降，这与 Adji 等（2016）和 Wang F 等（2020）的发现类似。不同水文结构之间的相互作用增加了表层岩溶带水流的滞留时间（Hu et al.，2015）。因此，表层岩溶带储水能力较大，有助于延缓喀斯特水文系统的水文过程。

径流、汇流、暗河流的 δD、$\delta^{18}O$ 值在不同降水事件中表现出明显差异。各处采样点的 δD、$\delta^{18}O$ 值均随着降水量的增加而表现出逐渐偏负的变化趋势。雨季较高的降水量和降水频率提供了更多的水源，因此会对坡地产流产生明显的稀释效应（Wu et al.，2018）。Moore 等（2009）认为，由于管道和裂隙网络的显著发育控制了喀斯特流域总流量的混合比，因而降水稀释效应较高，Zhao Z M 等（2018）的报道中证实了这个理论。在 8 月 29 日的降水事件中降水量较大（33.2mm），而前期降水量相对较少；因此在当天（8 月 29 日）的降水事件中径流的降水补给偏多发生稀释效应，导致 δD、$\delta^{18}O$ 值偏贫化，而汇流可能存在旧水补给，受到了包气带滞留水活塞效应的影响，δD、$\delta^{18}O$ 值偏富集；而在 2020 年 8 月 21 日至 9 月 14 日的降水事件中，JLC、JLD 与 HLE 的新旧水比例在基于 δD、$\delta^{18}O$ 两种示踪剂的计算结果上均呈现出新水增多、旧水减少的变化趋势，说明随着连续降水事件累积降水量的不断增加，流域产流不断受到稀释作用的影响，导致新水比例逐步升高，其 δD、$\delta^{18}O$ 值逐渐贫化。

喀斯特流域的水文过程受含水介质的控制，含水介质通常具有渗透性，主要由土壤孔隙、表层岩溶裂隙和地下管道组成。Gabrielli 等（2012）与 Zhang 等（2011）认为，岩溶区产流过程受基岩、地形、基岩裂隙的连通性和几何形态以及地表与地下水文路径连通性的影响，这些因素直接决定了岩溶坡面的径流模式。Li 等（2011）通过 18 个月的观测数据发现，喀斯特地区的总径流量相当小，入渗量占总降水量的 41%，最大入渗率约占单场降水的 94%。Wang S 等（2020）计算了不同降水强度下的坡面径流、裂隙流、管道流和基质流的产流比例，发现在降水期间，表层岩溶带含水层对总产流贡献超过 83.2%。降水量与降水强度的升高促进了管道流的产流比例，而基质流在径流补给中占主导地位（超过 55.6%）。在洪水事件期间，含水层滞留水和裂隙流主导了补给过程。Peng 等（2018）研究表明，小降水事件首先产生地下径流与裂隙流，而强降水事件才会产生明显的地表径流。喀斯特地区坡面产流以地下裂隙流为主，占总流量的 27.8%～78.0%。在降水期间，表层岩溶结构控制了流域的补给过程。很显然，汇流来源可能较为复杂，存在多种补给路径，且在补给过程中存在混合机制。虽然各水文结构的水文过程受降水控制（Rathay et al.，2018），但前期水文条件决定了流域汇流来源。本研究发现，在大多数降水事件中，流域产流的大部分水源是通过裂隙渗透流与地下暗河流补给的，而不是壤中流，这与 Wang F 等（2020）的研究结果较为相似。在流域水文的产流过程中土壤水的贡献是非常有限的（Lee and Krothe，2001），Wang S 等（2020）的研究表明土壤水对径流的贡献率仅为 3.1%，这与本研究的结果较为一致。上文提及，流域上中游坡地具有高渗透性和低持水性的特点，而下游洼地土壤具有低渗透性和高持水性的特点，因此，洼地附近的壤中流过程受到一定限制，并且大部分土壤水分会被降水事件后的蒸发作用而消耗（Gabrielli and McDonnell，2018），在小降水事件时基本不存在壤中流对径流的补给。根据产流量分析，流域两条径流对汇流的贡献是有限的，存在大部分混合水源对流域汇流进行补给。暗河流水源主要来源于裂隙渗透流，氢氧稳定同位素值的变化较小。因此，表层岩溶带的裂隙渗透流是流域产流补给的重要来源。综上所述，在降水事件中，由于流域中上游的石漠化坡地渗透性较强，雨水直接形成坡面径流的比例较小，而主要通过裂隙渗透流进入地下暗河系统；当降水量超过一定阈值后，在流域地貌特征与地势差异的影响下，这部分由渗透流形成地下暗河的水从下游岩缝、节理、泉点中溢出，从而形成流域汇流。

5.4 喀斯特高原石漠化综合治理与生态产业扶贫

5.4.1 石漠化治理生态产业扶贫模式与关键技术

（1）发现贫困村生态脆弱和贫困空间分布格局差异明显，多维贫困指数在喀斯特高原山地南部、北部和西北部高，生态脆弱指数总体由西部向东部递减。

本书系统分析了 2015 年喀斯特地区村域致贫因素，筛选出适宜村级贫困度量分析的指标，提出喀斯特区多维贫困度量需加入生态环境因子。结合喀斯特生态特征，从地理学空间贫困视角构建包括自然条件、资源禀赋、经济基础、基础设施、生态环境、区位条件 6 个维度的包含农业人口密度、县生产总值、石漠化发生率、坡度等 30 个指标的喀斯特村级多维贫困度量体系，并对研究区 9000 个贫困村多维贫困状况进行了测度。结果表明，模型测算的多维贫困指数与贫困村建档立卡贫困发生率拟合度高，能客观反映区域多维贫困状况；贫困村多维贫困指数（MPI）存在较明显的空间差异，MPI 高的村主要分布在南部、北部和西北部，中部 MPI 相对较低，贫困程度较轻；贫困村生态脆弱性空间分布格局特征明显，生态脆弱指数总体由西部向东部递减；毕节市、六盘水市和安顺市大部分村的生态环境比较脆弱，而黔东南苗族侗族自治州（简称黔东南州）大部、黔西南布依族苗族自治州（简称黔西南州）东南部和遵义市西北部生态脆弱指数低。

（2）喀斯特区的县生产总值、耕地比例和农业人口密度对贫困影响权重较大，自然条件、资源禀赋和经济基础是主要的致贫维度。

30 个指标中影响因子前 10 位的因子依次为：县生产总值（0.178）＞耕地比例＞农业人口密度＞人均土地面积＞坡度＞通广播电视率＞地势起伏度＞森林覆盖率＞喀斯特覆盖率＞村人均纯收入。县生产总值、耕地比例、农业人口密度、人均土地面积、坡度对贫困村影响权重较大，贫困程度受村所在县域经济基础的影响最大，贫困村耕地比例、农业人口密度也是重要因素。交互探测器对 30 个因子之间的交互作用探测结果表明，任意两种致贫因子对贫困程度的交互作用都要强于一种致贫因子的独自作用，其中，270 个为双因子增强类型［$C＞\text{Max}(A,B)$］，228 个为非线性增强类型（$C＞A+B$）。县生产总值和各因子的交互作用均处于较高水平，其中，县生产总值和地势起伏度的交互作用 q 值（0.236）最高，其次是县生产总值和坡度（0.232）。贫困村致贫维度影响权重依次是自然条件＞资源禀赋＞经济基础＞基础设施＞生态环境＞区位条件，贫困村自然条件影响权重最大，资源禀赋和经济基础等也较大限度影响了贫困分布及程度，生态环境、基础设施对贫困的权重相对不大，在扶贫开发中，需要针对各贫困村主要致贫维度，补齐短板，有效开展精准扶贫，东部地区加强经济开发，西部地区在发展经济时还需强化生态修复。

（3）喀斯特脆弱生态、石漠化与多维贫困呈弱相关性，脆弱生态和石漠化不是贫困主导因素，但脆弱生态加剧贫困程度，颠覆了生态环境退化与贫困相关性强的观点。

喀斯特贫困分布存在一定集聚现象，全局莫兰指数（Moran's I）为0.377，自然条件、资源禀赋、经济基础、基础设施、生态环境、区位条件维度莫兰指数分别为0.671、0.391、0.784、0.286、0.644、0.809，资源禀赋和基础设施致贫集聚现象不明显。研究区贫困村贫困热点与生态脆弱热点分布存在较大差异，热点分布格局整体不一致，贫困与生态脆弱热点存在小范围重叠，热点重叠的村占贫困村总数的26.17%。研究区贫困村生态脆弱指数与多维贫困指数的相关系数为0.08，多维贫困指数与石漠化发生率相关系数为0.24，贫困与生态的相关性并不强，生态良好的村同样会产生贫困，精准扶贫不能只关注生态脆弱区或石漠化区，以往认为贫困主要分布在生态脆弱区的观念可能会导致贫困瞄准靶向不准，其他山区贫困分布也较集中，贫困程度也较深，仍需高度重视非生态脆弱区和非石漠化区的扶贫工作。但生态脆弱、石漠化在一定程度上加深了贫困程度，喀斯特区贫困程度更深，喀斯特村中深度和极度贫困村的比例比非喀斯特村高12.6%，石漠化村中深度和极度贫困村占石漠化村总数的29.9%，也高于喀斯特村的25.3%和非喀斯特村的12.7%。研究区4773个喀斯特村多维贫困指数与石漠化发生率相关系数为0.24，3132个石漠化贫困村多维贫困指数与石漠化发生率相关系数为0.20，存在一定相关性，属弱相关。贫困是多因素共同作用造成的，喀斯特环境本身不是贫困的根源，但生态恶化会加重贫困。

（4）生态脆弱指数与多维贫困指数耦合度高，喀斯特村贫困与石漠化的耦合度明显高于非喀斯特村。贫困和石漠化是"PPE恶性循环怪圈"的表现，多维贫困对石漠化产生胁迫作用，石漠化对多维贫困具有促进效应。

自然条件、资源禀赋、经济基础都是石漠化与贫困的主要影响维度。研究区生态脆弱指数与多维贫困指数耦合度高，89.60%的贫困村属极度耦合，喀斯特村贫困与生态相互依赖作用更强，耦合协调度以中度协调和基本协调为主，中度协调贫困村4547个，占比50.52%。石漠化与贫困耦合度呈现极度耦合和微度耦合两极分化，喀斯特村以极度耦合为主，非喀斯特村为微度耦合，耦合协调度以中度协调和严重失调为主。喀斯特区贫困与石漠化极度耦合，相互依赖、相互作用程度高，石漠化治理与精准扶贫必须同步思考、协同布局，将两者置于同一分析框架内，在可持续发展原则下，实现精准扶贫与石漠化治理协同。石漠化与贫困耦合机理为贫困导致生态破坏形成石漠化，石漠化引起生态环境脆弱加剧区域贫困。贫困与石漠化是"PPE恶性循环怪圈"的表现，多维贫困对石漠化产生胁迫作用，石漠化对多维贫困具有促进效应。石漠化导致涵养水源能力弱，土壤肥力低，缩减可利用土地资源面积，降低了生产能力，并加剧生态系统脆弱性和削弱生态系统抵御灾害能力等，导致生产成本增加，收入降低，陷入经济贫困，引发多维贫困发生。贫困导致生产力水平低、村民生态保护意识薄弱，区域群众发展观念落后、人口素质相对较低、社会保障程度低等，叠加人口的大量迁入和自身人口增长，被迫毁林开荒、不合理地过度开发利用资源，加剧对生态的破坏引起石漠化，形成恶性循环。

（5）生态产业是石漠化治理与精准扶贫的纽带，贫困导致生态破坏形成石漠化，石漠化加剧贫困，石漠化与贫困是相互强化的螺旋下降过程，说明必须发展生态产业，走石漠化治理与精准扶贫同步协同道路。

喀斯特地区石漠化治理与精准扶贫必须协同治理、统一布局，其核心是实现喀斯特地区人、地、业的协同，在可持续发展基本框架下，在生态保护的前提下，合理开发利用资源，促进地区经济增长，实现精准扶贫。生态产业是中国南方喀斯特区生态修复和长效稳定脱贫的关键，喀斯特区人口、自然、资源、生态等现状决定只能选择生态产业发展道路。以喀斯特生态系统承载能力为准绳，充分发挥良好生态优势，发展壮大特色生态产业，强化对区域内产业、自然和社会系统优化统筹，通过提高生产效率、优化产业结构、转变能源结构等途径，推动区域绿色发展，持续改善喀斯特区环境质量，提升生态系统功能，以生态产业化推动绿色可持续发展，走生态产业化、产业生态化的绿色可持续发展道路。石漠化治理与精准扶贫协同机制由人、地、业等组成，构成区域资源、经济和人的协同系统。如图 5-30 所示，构建喀斯特石漠化治理生态产业与精准扶贫协同

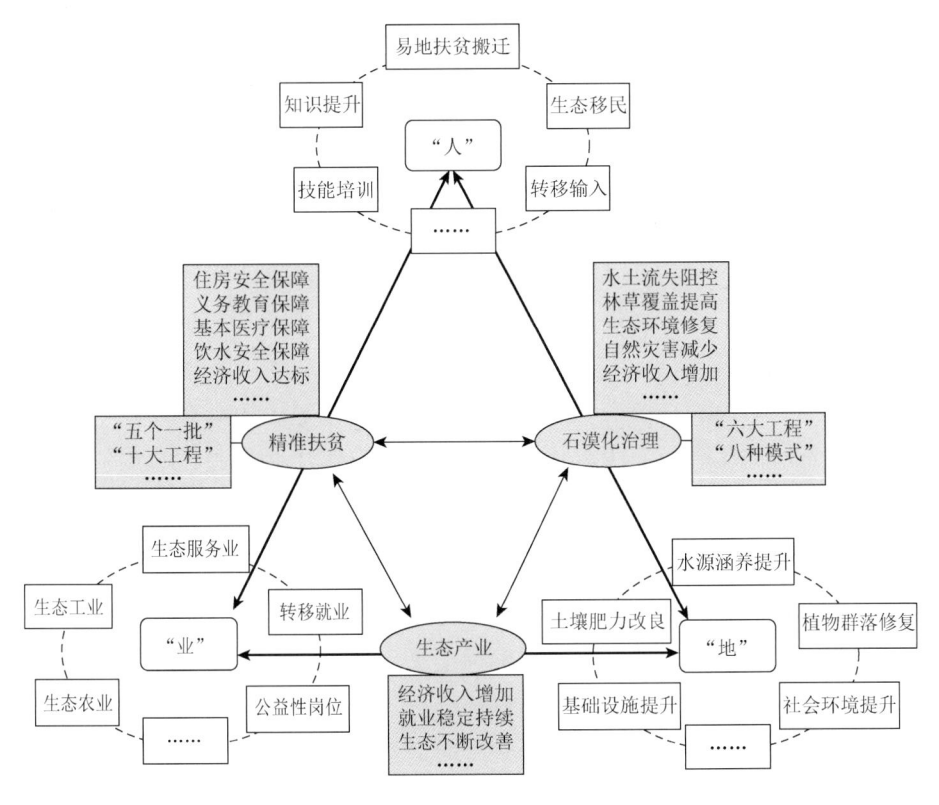

图 5-30 石漠化治理生态产业与精准扶贫协同机制

五个一批：是扶贫开发工作的重要战略部署，发展生产脱贫一批、易地搬迁脱贫一批、生态补偿脱贫一批、发展教育脱贫一批、社会保障兜底一批。精准扶贫十大工程：是中国实施精准扶贫的项目，包括干部驻村帮扶、职业教育培训、扶贫小额信贷、易地扶贫搬迁、电商扶贫、旅游扶贫、光伏扶贫、构树扶贫、致富带头人创业培训、龙头企业带动。六大工程：指石漠化治理专项工程实施林草植被保护和建设、草食畜牧业发展、水土资源开发利用、农村能源建设、易地扶贫搬迁和劳务输出，合理开发利用资源发展区域经济六大石漠化治理工程。八种模式：是在石漠化治理过程中实施八种工程措施为主要措施的防治石漠化治理模式。包括植被恢复工程模式、水土保持工程模式、人工植被工程模式、水源涵养工程模式、生态移民工程生态修复工程模式、土地管理与产业开发工程模式以及防护林工程模式

机制，通过易地扶贫搬迁、剩余劳动力转移就业等减少生态脆弱区人口密度，通过防护林、封山育林等减少水土流失、提高林草覆盖度治理石漠化，通过特色高效林业、混农林业复合经营、特色生态畜牧业、生态旅游业等发展区域生态经济，实现区域石漠化治理与精准扶贫的协同。通过生态产业的构建实现区域产业扶贫、就业扶贫和石漠化治理及生态修复，促进区域资源、环境、人口、经济等可持续发展。

（6）构建了喀斯特高原山地潜在-轻度石漠化综合防治与混农林业复合经营协同扶贫模式及技术集成、喀斯特高原峡谷中度-强度石漠化综合治理与特色高效林业规模经营协同扶贫模式及技术集成、喀斯特高原槽谷潜在-轻度石漠化综合治理与世界遗产旅游业权衡经营协同扶贫模式及技术集成。

根据石漠化治理与精准扶贫协同目标，依据不同石漠化环境及区域自然、社会、经济情况，通过科学总结石漠化综合治理工程主要的八大成功模式和十大精准扶贫工程，对现有技术与成熟技术进行总结，集成创新了石漠化治理与精准扶贫协同模式与技术，构建了毕节喀斯特高原山地潜在-轻度石漠化综合防治与混农林业复合经营协同扶贫模式（图5-31）、关岭-贞丰喀斯特高原峡谷中度-强度石漠化综合治理与特色高效林业规模经营扶贫协同模式（图5-32）和施秉喀斯特高原槽谷潜在-轻度石漠化综合治理与世界遗产旅游业权衡经营扶贫模式（图5-33）。

5.4.2　石漠化治理生态产业面临挑战与发展趋势

根据不同时期动态剖析喀斯特石漠化与贫困致贫因素及耦合机理，动态客观评价石漠化治理与精准扶贫成效，为巩固脱贫攻坚成果与乡村振兴提供决策参考。脱贫攻坚战略加速中国南方喀斯特区产业结构、生态环境、人口结构、人地关系等贫困与石漠化影响因子的改变，脱贫攻坚目标任务完成后，区域相对贫困将长期存在（刘彦随等，2020），生态与相对贫困仍是中国南方喀斯特区研究的重点内容，巩固拓展脱贫攻坚成果同乡村振兴有效衔接工作重心将由户到村转变，以村为单元的石漠化治理与扶贫开发耦合协同机制与模式研究仍有较大现实意义。当前仍缺乏精准扶贫背景下村域多维贫困与生态的时空演变分析，缺乏脱贫攻坚战实施后区域致贫因素的变化研究以及防返贫风险因子监测评估。仍需加强脆弱生态与贫困相互作用过程与内在耦合机制动态研究，从发展视角分析喀斯特生态系统演化对气候变化、人类活动变化的响应机理，界定自然、人文因素对喀斯特生态系统演化的贡献力（王克林等，2019）。相关研究与工作亟待提出变化环境下人地系统协同提升途径，促使石漠化治理任务向生态产业振兴与区域生态系统服务提升融合阶段的转变（熊康宁等，2021），建立石漠化治理成效、巩固脱贫成果、乡村振兴和区域高质量发展的多元化评估指标体系，研究实现绿水青山向金山银山的转换途径，持续推进巩固脱贫攻坚成果同乡村振兴的有效衔接（王克林等，2020）。

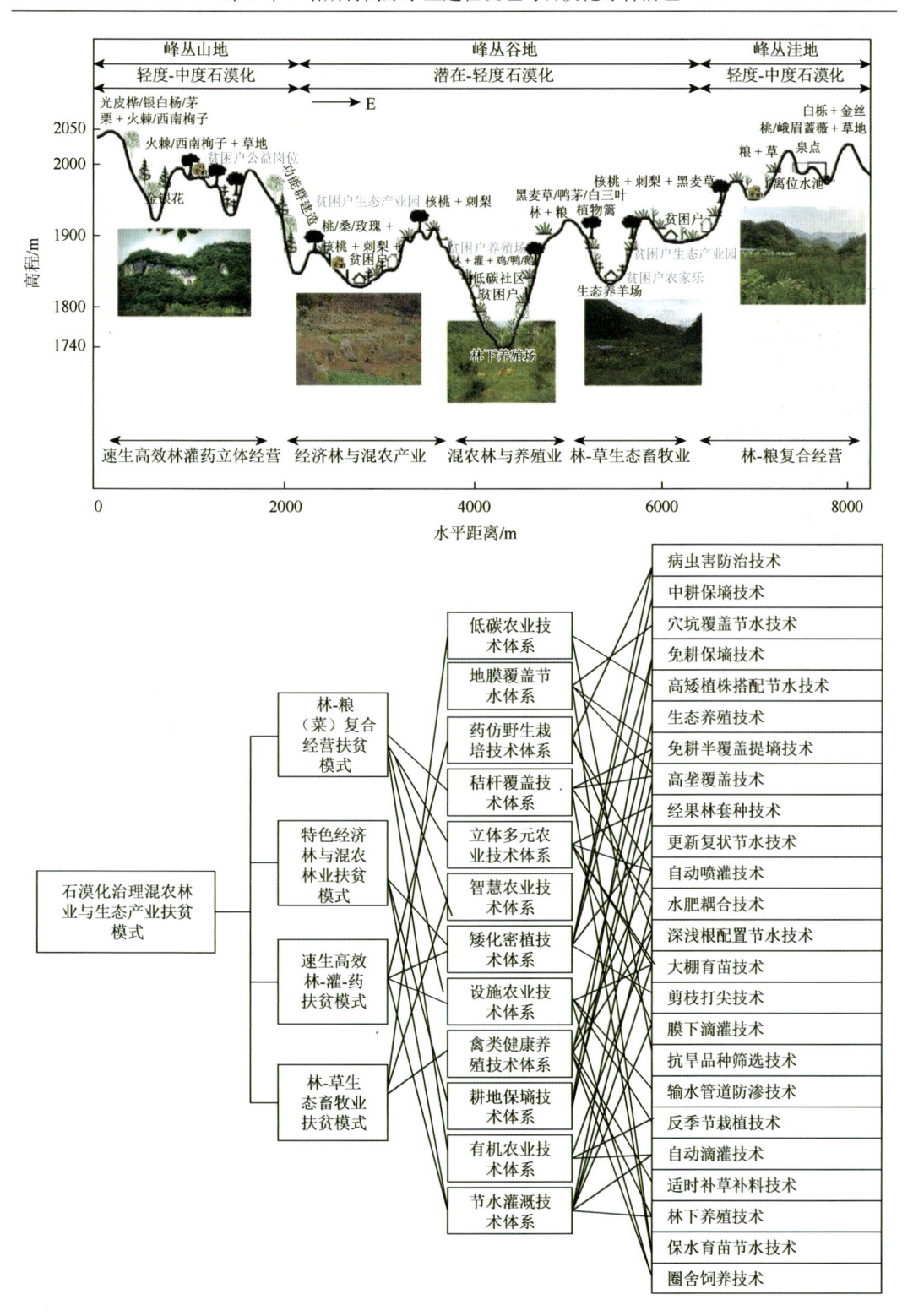

图 5-31 喀斯特高原山地潜在-轻度石漠化综合防治与混农林业复合经营协同扶贫模式

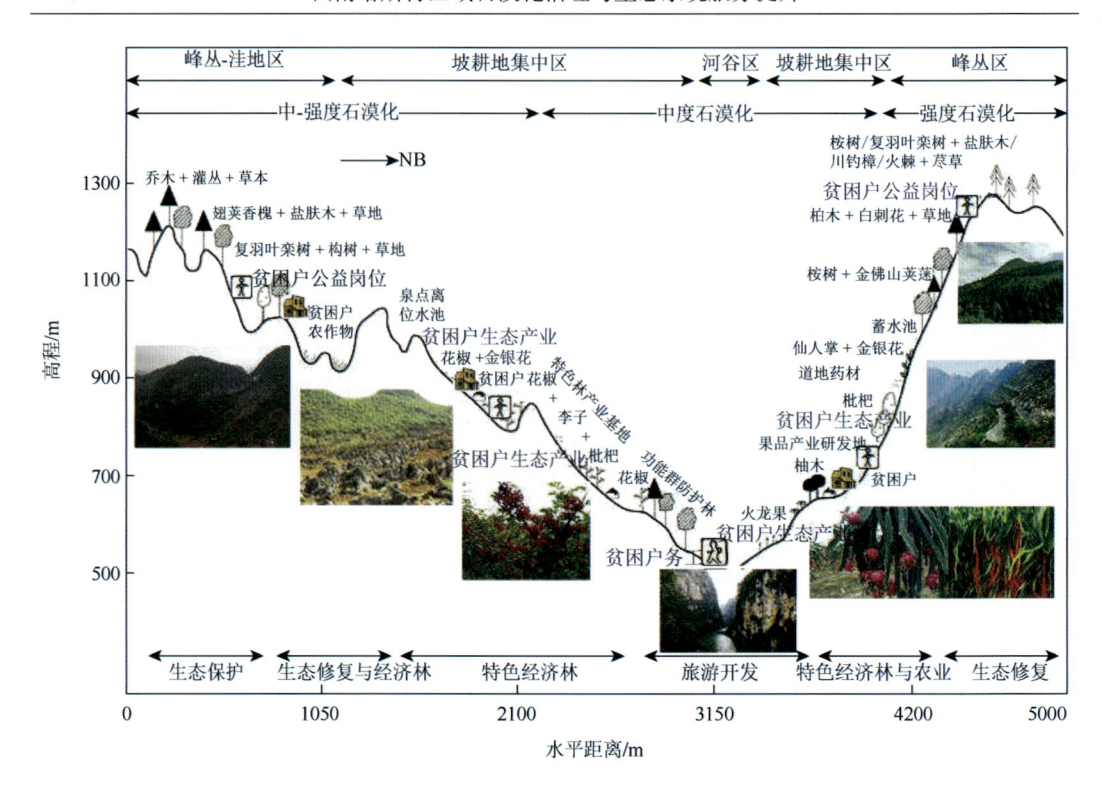

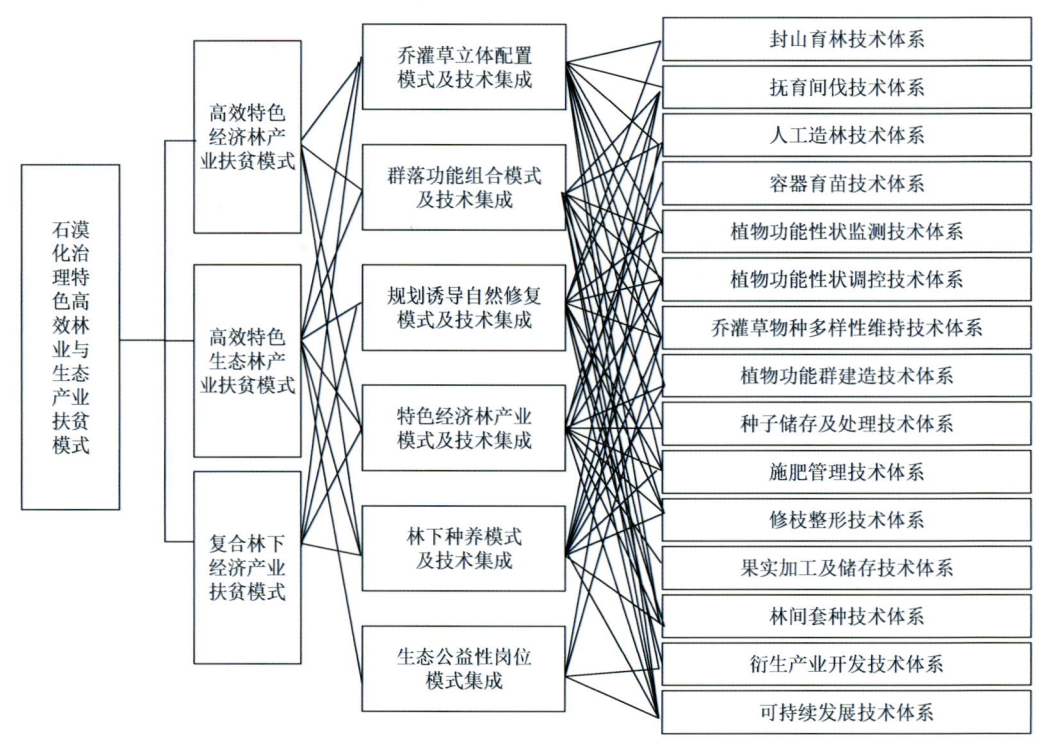

图 5-32 喀斯特高原峡谷中度-强度石漠化综合治理与特色高效林业规模经营扶贫协同模式

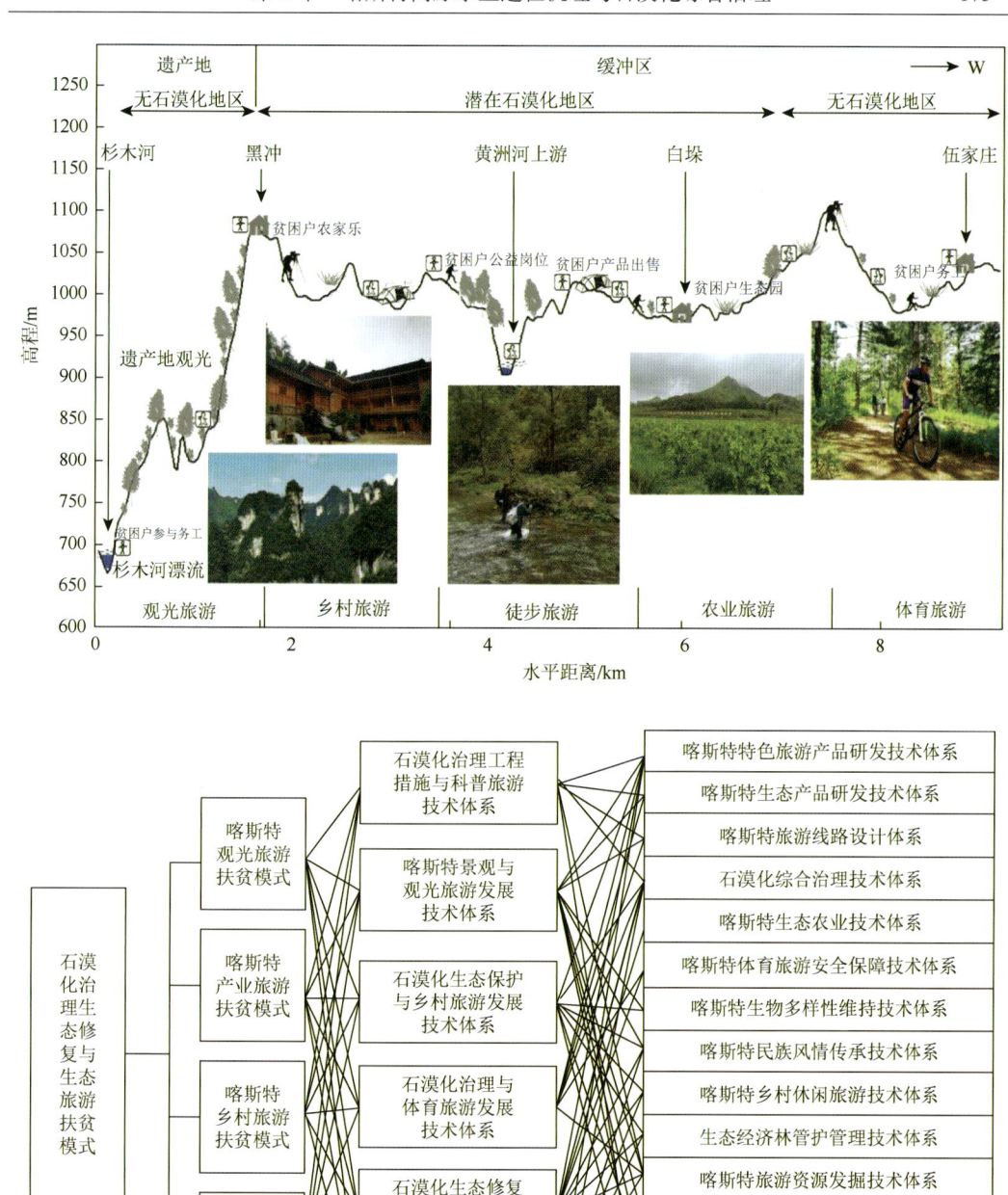

图 5-33 喀斯特高原槽谷潜在-轻度石漠化综合治理与世界遗产旅游业权衡经营扶贫模式

参 考 文 献

陈洪松, 杨静, 傅伟, 等. 2012. 桂西北喀斯特峰丛不同土地利用方式坡面产流产沙特征. 农业工程学报, 28 (16): 121-126.
丁一汇, 司东, 柳艳菊, 等. 2018. 论东亚夏季风的特征、驱动力与年代际变化. 大气科学, 42 (3): 533-558.
龚轶芳, 陈喜, 张志才, 等. 2019. 喀斯特峰丛-洼地小流域洪水滞时及相似性分析. 水利水电科技进展, 39 (4): 7-12.
哈德逊. 1971. 土壤保持. 窦葆璋, 译. 北京: 科学出版社.
纪启芳. 2013. 贵州喀斯特地区坡面不同植被的减流减沙作用. 南京: 南京大学.
贾金田, 付智勇, 陈洪松, 等. 2016. 喀斯特坡地基岩起伏对土壤剖面水分格局的影响. 应用生态学报, 27 (6): 1708-1714.
蒋荣, 张兴奇, 张科利, 等. 2013. 喀斯特地区不同林草植被的减流减沙作用. 水土保持通报, 33 (1): 18-22.
刘斌涛, 陶和平, 宋春风, 等. 2012. 基于重心模型的西南山区降雨侵蚀力年内变化分析. 农业工程学报, 28 (21): 113-120.
刘彦随, 周成虎, 郭远智, 等. 2020. 国家精准扶贫评估理论体系及其实践应用. 中国科学院院刊, 35 (10): 1235-1248.
唐晶晶. 2010. 1952—2007 年长江流域降水时空分布变化: 全球变暖下降水重新分配实例分析. 上海: 华东师范大学.
唐亦汉, 陈晓宏. 2015. 近 50 年珠江流域降雨多尺度时空变化特征及其影响. 地理科学, 35 (4): 476-482.
王克林, 岳跃民, 陈洪松, 等. 2019. 喀斯特石漠化综合治理及其区域恢复效应. 生态学报, 39 (20): 7432-7440.
王克林, 岳跃民, 陈洪松, 等. 2020. 科技扶贫与生态系统服务提升融合的机制与实现途径. 中国科学院院刊, 35 (10): 1264-1272.
王升, 包小怀, 容莹, 等. 2020. 降雨强度对西南喀斯特坡地土壤水分及产流特征的影响. 农业现代化研究, 41 (5): 889-898.
熊康宁, 肖杰, 朱大运. 2022. 混农林生态系统服务研究进展. 生态学报, 42 (3): 851-861.
晏红明, 李清泉, 孙丞虎, 等. 2013. 中国西南区域雨季开始和结束日期划分标准的研究. 大气科学, 37 (5): 1111-1128.
杨宇琼, 戴全厚, 严友进, 等. 2019. 黔中喀斯特坡地浅层裂隙土壤机械组成对降雨的响应. 应用生态学报, 30 (2): 545-552.
张兴, 王克林, 付智勇, 等. 2017. 桂西北白云岩坡地典型土体构型石灰土水文特征. 应用生态学报, 28 (7): 2186-2196.
赵志龙, 罗娅, 余军林, 等. 2018. 贵州高原 1960—2016 年降水变化特征及重心转移分析. 地球信息科学学报, 20 (10): 1432-1442.
朱彤, 张科利, 马芊红, 等. 2020. 喀斯特地区块石出露坡面入渗特征. 水土保持学报, 34 (4): 118-123.
朱晓锋, 陈洪松, 付智勇, 等. 2017. 喀斯特灌丛坡地土壤-表层岩溶带产流及氮素流失特征. 应用生态学报, 28 (7): 2197-2206.
Adji T N, Haryono E, Fatchurohman H, et al. 2016. Diffuse flow characteristics and their relation to hydrochemistry conditions in the Petoyan Spring, Gunungsewu Karst, Java, Indonesia. Geosciences Journal, 20 (3): 381-390.
Angulo-Martinez M, Bauerian S. 2012. Do atmospheric teleconnection patterns influence rainfall erosivity? A study of NAO, MO and WeMo in NE Spain, 1955—2006. Journal of Hydrology, 450-451 (2): 168-179.
Angulo-Martinez M, Barros A P. 2015. Measurement uncertainty in rainfall kinetic energy and intensity relationships for soil erosion studies: an evaluation using PARSIVEL disdrometers in the Southern Appalachian Mountains. Geomorphology, 228 (1): 28-40.
Armand R, Bockstaller C, Auze A V, et al. 2009. Runoff generation related to intra-field soil surface characteristics variability: application to conservation tillage context. Soil & Tillage Research, 102 (1): 27-37.
Badoux A, Witzig J, Germann P F, et al. 2006. Investigations on the runoff generation at the profile and plot scales, Swiss Emmental. Hydrological Processes, 20 (2): 377-394.
Bailly-Comte V, Jourdé H, Pistre S. 2009. Conceptualization and classification of groundwater–surface water hydrodynamics interactions in karst watersheds: case of the karst watershed of Coulazou river (southern France). Journal of Hydrology, 376 (3-4): 456-462.
Bates B C, Aryal S K. 2014. A similarity index for storm runoff due to saturation excess overland flow. Journal of Hydrology, 513: 241-255.
Bergkamp G. 1998. A hierarchical view of the interactions of runoff and infiltration with vegetation and microtopography in semiarid shrublands. Catena, 33 (3-4): 201-220.
Biddoccu M, Ferraris S, Opsi C, et al. 2016. Long-term monitoring of soil management effects on runoff and soil erosion in sloping vineyards in Alto Monferrato (North-West Italy). Soil & Tillage Research, 155: 176-189.

Brkić Ž, Kuhta M, Hunjak T. 2018. Groundwater flow mechanism in the well-developed karst aquifer system in the western Croatia: insights from spring discharge and water isotopes. CATENA, 161: 14-26.

Calvo-Cases A, Boix-Fayos C, Imeson A C. 2003. Runoff generation, sediment movement and soil water behaviour on calcareous (limestone) slopes of some Mediterranean environments in southeast Spain. Geomorphology, 50 (1): 269-291.

Canton Y, Rodríguez-Caballero E, Contreras S, et al. 2016. Vertical and lateral soil moisture patterns on a Mediterranean karst hillslope. Journal of Hydrology and Hydromechanics, 64 (3): 209-217.

Chen H S, Liu J W, Zhang W, et al. 2012. Soil hydraulic properties on the steep karst hillslopes in northwest Guangxi, China. Environ Earth Science, 66 (1): 371-379.

Chen H S, Hu K, Nie Y P, et al. 2017. Analysis of soil water movement inside a footslope and a depression in a karst catchment, Southwest China. Scientific Reports, 7 (1): 2544.

Doglioni A, Simeone V, Giustolisi O. 2012. The activation of ephemeral streams in karst catchments of semi-arid regions. CATENA, 99: 54-65.

D'Angeli I M, Serrazanetti D I, Montanari C, et al. 2017. Geochemistry and microbial diversity of cave waters in the gypsum karst aquifers of Emilia Romagna region, Italy. Science of the Total Environment, 598: 538-552.

de Baets S, Poesen J, Gyssels G, et al. 2006. Effects of grass roots on the erodibility of topsoils during concentrated flow. Geomorphology, 76: 54-67.

Duan X W, Gu Z J, Li Y G, et al. 2016. The spatiotemporal patterns of rainfall erosivity in Yunnan Province, Southwest China: an analysis of empirical orthogonal functions. Global and Planetary Change, 144: 82-93.

Filippini M, Squarzoni G, de Waele J, et al. 2018. Differentiated spring behavior under changing hydrological conditions in an alpine karst aquifer. Journal of Hydrology, 556: 572-584.

Frot E, van Wesemael B, Sole-Benet House M A. 2008. Water harvesting potential in function of hillslope characteristics: a case study from the Sierra de Gador (Almeria province, south-east Spain). Journal of Arid Environments, 72 (7): 1213-1231.

Fu T G, Chen H S, Zhang W, et al. 2015a. Spatial variability of surface soil saturated hydraulic conductivity in a small karst catchment of Southwest China. Environ mental Earth Sciences, 74 (3): 2381-2391.

Fu T G, Chen H S, Zhang W, et al. 2015b. Vertical distribution of soil saturated hydraulic conductivity and its influencing factors in a small karst catchment in Southwest China. Environmental Monitoring and Assessment, 187: 1-13.

Fu T G, Chen H S, Wang K L. 2016. Structure and water storage capacity of a small karst aquifer based on stream discharge in Southwest China. Journal of Hydrology, 534: 50-62.

Fu Z Y, Chen H S, Zhang W, et al. 2015. Subsurface flow in a soil-mantled subtropical dolomite karst slope: a field rainfall simulation study. Geomorphology, 250: 1-14.

Fu Z Y, Chen H S, Xu Q X, et al. 2016. Role of epikarst in near-surface hydrological processes in a soil mantled subtropical dolomite karst slope: implications of field rainfall simulation experiments. Hydrological Processes, 30 (5): 795-811.

Gabrielli C P, McDonnell J J. 2018. No direct linkage between event-based runoff generation and groundwater recharge on the Maimai hillslope. Water Resources Research, 54 (11): 8718-8733.

Gabrielli C P, McDonnell J J, Jarvis W T. 2012. The role of bedrock groundwater in rainfall–runoff response at hillslope and catchment scales. Journal of Hydrology, 450: 117-133.

Gao L, Peng X H, Biswas A. 2020. Temporal instability of soil moisture at a hillslope scale under subtropical hydroclimatic conditions. CATENA, 187: 104362.

Gazis C, Feng X H. 2004. A stable isotope study of soil water: evidence for mixing and preferential flow paths. Geoderma, 119(1-2): 97-111.

Gil-Márquez J M, Andreo B, Mudarra M. 2019. Combining hydrodynamics, hydrochemistry, and environmental isotopes to understand the hydrogeological functioning of evaporite-karst springs. An example from southern Spain. Journal of Hydrology, 576: 299-314.

Green R T, Bertetti F P, Miller M S. 2014. Focused groundwater flow in a carbonate aquifer in a semi-arid environment. Journal of

Hydrology, 517: 284-297.

Gu Z J, Duan X W, Liu B, et al. 2016. The spatial distribution and temporal variation of rainfall erosivity in the Yunnan Plateau, Southwest China: 1960–2012. CATENA. 145: 291-300.

Guo X J, Jiang G H, Gong X P, et al. 2015. Recharge processes on typical karst slopes implied by isotopic and hydrochemical indexes in Xiaoyan Cave, Guilin, China. Journal of Hydrology, 530: 612-622.

Haga H, Matsumoto Y, Matsutani J, et al. 2005. Flow paths, rainfall properties, and antecedent soil moisture controlling lags to peak discharge in a granitic unchanneled catchment. Water Resources Research, 41 (12): e2005wr004236.

He Z B, Zhao W Z, Liu H, et al. 2012. The response of soil moisture to rainfall event size in subalpine grassland and meadows in a semi-arid mountain range: a case study in northwestern China's Qilian Mountains. Journal of Hydrology, 420: 183-190.

Hu K, Chen H S, Nie Y P, et al. 2015. Seasonal recharge and mean residence times of soil and epikarst water in a small karst catchment of Southwest China. Scientific Reports, 5: 10215.

Huang J, Zhang J, Zhang Z X. 2013. Spatial and temporal variations in rainfall erosivity during 1960–2005 in the Yangtze River Basin. Stochastic Environmental Research and Risk Assessment, 27 (2): 337-351.

Jones D P, Graham R C. 1993. Water-holding characteristics of weathered granitic rock in Chaparral and forest ecosystems. Soil Science Society of America Journal, 57 (1): 256-261.

Kato H, Onda Y, Nanko K, et al. 2013. Effect of canopy interception on spatial variability and isotopic composition of throughfall in Japanese cypress plantations. Journal of Hydrology, 504: 1-11.

Kogovsek J, Petric M. 2014. Solute transport processes in a karst vadose zone characterized by long-term tracer tests (the cave system of Postojnska Jama, Slovenia). Journal of Hydrology, 519: 1205-1213.

Korkanç Y S. 2018. Effects of the land use/cover on the surface runoff and soil loss in the Niğde-Akkaya Dam Watershed, Turkey. CATENA, 163: 233-243.

Lai C G, Chen X H, Wang Z L, et al. 2016. Spatio-temporal variation in rainfall erosivity during 1960—2012 in the Pearl River Basin, China. CATENA, 137: 382-391.

Lee E S, Krothe N C. 2001. A four-component mixing model for water in a karst terrain in south-central Indiana, USA. Using solute concentration and stable isotopes as tracers. Chemical Geology, 179 (1-4): 129-143.

Lee E, Kim S. 2019. Wavelet analysis of soil moisture measurements for hillslope hydrological processes. Journal of Hydrology, 575: 82-93.

Leh M D, Chaubey I, Murdoch J, et al. 2008. Delineating runoff processes and critical runoff source areas in a pasture hillslope of the Ozark Highlands. Hydrological Processes, 22 (21): 4190-4204.

Li S, Ren H D, Xue L, et al. 2014. Influence of bare rocks on surrounding soil moisture in the karst rocky desertification regions under drought conditions. CATENA, 116: 157-162.

Li X H, Ye X C. 2018. Variability of rainfall erosivity and erosivity density in the Ganjiang River Catchment, China: characteristics and influences of climate change. Atmosphere, 9 (2): 48.

Li X Y, Contreras S, Solé-Benet A. 2008. Unsaturated hydraulic conductivity in limestone dolines: influence of vegetation and rock fragments. Geoderma, 145 (3-4): 288-294.

Li X Y, Contreras S, Solé-Benet A, et al. 2011. Controls of infiltration-runoff processes in Mediterranean karst rangelands in SE Spain. CATENA, 86 (2): 98-109.

Li X Y, Yang Z P, Li Y T, et al. 2009. Connecting ecohydrology and hydropedology in desert shrubs: stemflow as a source of preferential flow in soils. Hydrology and Earth System Sciences, 13 (7): 1133-1144.

Li X Z, Xu X L, Liu W, et al. 2017. Similarity of the temporal pattern of soil moisture across soil profile in karst catchments of Southwestern China. Journal of Hydrology, 555: 659-669.

Li X Z, Xu X L, Liu W, et al. 2019. Prediction of profile soil moisture for one land use using measurements at a soil depth of other land uses in a karst depression. Journal of Soils and Sediments, 19 (3): 1479-1489.

Li Y, Liu Z Q, Liu G H, et al. 2020. Dynamic variations in soil moisture in an epikarst fissure in the karst rocky desertification area.

Journal of Hydrology, 591: 125587.

Li Z W, Liu C, Dong Y T, et al. 2017. Response of soil organic carbon and nitrogen stocks to soil erosion and land use types in the Loess hilly-gully region of China. Soil & Tillage Research, 166: 1-9.

Li Z W, Xu X L, Zhang Y H, et al. 2019. Reconstructing recent changes in sediment yields from a typical karst watershed in southwest China. Agriculture, Ecosystems and Environment, 269: 62-70.

Li Z W, Xu X L, Xu C, et al. 2017. Monthly sediment discharge changes and estimates in a typical karst catchment of Southwest China. Journal of Hydrology, 555: 95-107.

Li Z W, Xu X L, Zhu J X, et al. 2019a. Effects of lithology and geomorphology on sediment yield in karst mountainous catchments. Geomorphology, 343: 119-128.

Li Z W, Xu X L, Zhu J X, et al. 2019b. Sediment yield is closely related to lithology and landscape properties in heterogeneous karst watersheds. Journal of Hydrology, 568: 437-446.

Li Z W, Xu X L, Zhang Y H, et al. 2020. Fingerprinting sediment sources in a typical karst catchment of southwest China. International Soil and Water Conservation Research, 8 (3): 277-285.

Liu C, Sui J Y, He Y, et al. 2013. Changes in runoff and sediment load from major Chinese rivers to the Pacific Ocean over the period 1955-2010. International Journal of Sediment Research, 28 (4): 486-495.

Liu H T, Yao L, Lin C W, et al. 2018. 18-year grass hedge effect on soil water loss and soil productivity on sloping cropland. Soil & Tillage Research, 177: 12-18.

Liu Q, Hao Y H, Stebler E, et al. 2107. Impact of plant functional types on coherence between precipitation and soil moisture: a wavelet analysis. Geophysical Research Letters, 44 (24): 12179-12207.

Liu S Y, Huang S Z, Xie Y Y, et al. 2018. Spatial-temporal changes of rainfall erosivity in the Loess Plateau, China: changing patterns, causes and implications. CATENA, 166: 279-289.

Moore P J, Martin J B, Screaton E J. 2009. Geochemical and statistical evidence of recharge, mixing, and controls on spring discharge in an eogenetic karst aquifer. Journal of Hydrology, 376 (3-4): 443-455.

Nie Y P, Chen H S, Wang K L, et al. 2014. Rooting characteristics of two widely distributed woody plant species growing in different karst habitats of Southwest China. Plant Ecology, 215 (10): 1099-1109.

Pan D, Gao X, Wang J, et al. 2018. Vegetative filter strips: effect of vegetation type and shape of strip on run-off and sediment trapping. Land Degradation & Development, 29 (11): 3917-3927.

Panos P, Pasquale B, Katrin M, et al. 2017. Global rainfall erosivity assessment based on high-temporal resolution rainfall records. Science Reports, 7 (1): 1-12.

Parise M, Waele J D, Gutierrez F. 2009. Current perspectives on the environmental impacts and hazards in karst. Environ mental Geology, 58 (2): 235-237.

Peng T, Wang S. 2012. Effects of land use, land cover and rainfall regimes on the surface runoff and soil loss on karst slopes in southwest China. CATENA, 90: 53-62.

Peng X D, Dai Q H, Li C L, et al. 2018. Role of underground fissure flow in near-surface rainfall-runoff process on a rock mantled slope in the karst rocky desertification area. Engineering Geology, 243: 10-17.

Peng X D, Dai Q H, Ding G J, et al. 2019a. The role of soil water retention functions of near-surface fissures with different vegetation types in a rocky desertification area. Plant and Soil, 441 (1): 587-599.

Peng X D, Dai Q H, Ding G J, et al. 2019b. Role of underground leakage in soil, water and nutrient loss from a rock-mantled slope in the karst rocky desertification area. Journal of Hydrology, 578: 124086.

Perrin J, Jeannin P Y, Zwahlen F. 2003. Epikarst storage in a karst aquifer: a conceptual model based on isotopic data, Milandre test site, Switzerland. Journal of Hydrology, 279 (1-4): 106-124.

Peters D L, Buttle J M, Taylor C H, et al. 1995. Runoff production in a forested, shallow soil, Canadian shield basin. Water Resources Research, 31 (5): 1291-1304.

Poulain A, Watlet A, Kaufmann O, et al. 2018. Assessment of groundwater recharge processes through karst vadose zone by cave percolation monitoring. Hydrology Processes, 32 (13): 2069-2083.

Puigdefábregas J. 2005. The role of vegetation patterns in structuring runoff and sediment fluxes in drylands. Earth Surface Processes and Landforms, 30: 133-147.

Puntenney-Desmond K C, Bladon K D, Silins U. 2020. Runoff and sediment production from harvested hillslopes and the riparian area during high intensity rainfall events. Journal of Hydrology, 582: 124452.

Qin L Y, Bai X Y, Wang S J, et al. 2015. Major problems and solutions on surface water resource utilisation in karst mountainous areas. Agricultural Water Management, 159: 55-65.

Qin W, Guo Q K, Zuo C Q, et al. 2016. Spatial distribution and temporal trends of rainfall erosivity in Mainland China for 1951—2010. CATENA, 147: 177-186.

Rathay S Y, Allen D M, Kirste D. 2018. Response of a fractured bedrock aquifer to recharge from heavy rainfall events. Journal of Hydrology, 561: 1048-1062.

Reisch C E, Toran L. 2014. Characterizing snowmelt anomalies in hydrochemographs of a karst spring, Cumberland Valley, Pennsylvania (USA): evidence for multiple recharge pathways. Environmental Earth Sciences, 72 (1): 47-58.

Rezzoug A, Schumann A, Chifflard P, et al. 2005. Field measurement of soil moisture dynamics and numerical simulation using the kinematic wave approximation. Advances in Water Resources, 28 (9): 917-926.

Sadeghi S H R, Sharifi Moghadam E, Khaledi Darvishan A. 2016. Effects of subsequent rainfall events on runoff and soil erosion components from small plots treated by vinasse. CATENA, 138: 1-12.

Schwen A, Zimmermann M, Bodner G. 2014. Vertical variations of soil hydraulic properties within two soil profiles and its relevance for soil water simulations. Journal of Hydrology, 516: 169-181.

Schwinning S, Sala O E. 2004. Hierarchy of responses to resource pulses in arid and semi-arid ecosystems. Oecologia, 141 (2): 211-220.

Song X F, Wang S Q, Xiao G Q, et al. 2009. A study of soil water movement combining soil water potential with stable isotopes at two sites of shallow groundwater areas in the North China Plain. Hydrological Processes, 23 (9): 1376-1388.

Srinivasan M S, Gburek W J, Hamlett J M. 2002. Dynamics of stormflow generation: a hillslope scale field study in east-central Pennsylvania, USA. Hydrological Processes, 16 (3): 649-665.

van Meerveld H T, McDonnell J. 2006. Threshold relations in subsurface stormflow: 1. A 147-storm analysis of the panola hillslope. Water Resources Research, 42 (2): W02410.

Vigna B, D'Angeli I M, Fiorucci A, et al. 2017. Hydrogeological flow in gypsum karst areas: some examples from northern Italy and main circulation models. International Journal of Speleology, 46 (2): 205-217.

Wang D, Shen Y, Huang J. 2015. Epilithic organic matter and nutrient contents in three different karst ecosystems. Mountain Research, 33 (1): 16-24.

Wang D, Shen Y, Huang J, et al. 2016. Rock outcrops redistribute water to nearby soil patches in karst landscapes. Environmental Science & Pollution Research, 23 (9): 8610-8616.

Wang F, Chen H S, Lian J J, et al. 2020. Seasonal recharge of spring and stream waters in a karst catchment revealed by isotopic and hydrochemical analyses. Journal of Hydrology, 591: 125595.

Wang S, Fu Z Y, Chen H S, et al. 2020. Mechanisms of surface and subsurface runoff generation in subtropical soil-epikarst systems: implications of rainfall simulation experiments on karst slope. Journal of Hydrology, 580: 124370.

Wang T, Wedin D A, Franz T E, et al. 2015. Effect of vegetation on the temporal stability of soil moisture in grass-stabilized semi-arid sand dunes. Journal of Hydrology, 521: 447-459.

Wang X, Zhao X L, Zhang Z X, et al. 2016. Assessment of soil erosion change and its relationships with land use/cover change in China from the end of the 1980s to 2010. CATENA, 137: 256-268.

Wang Y S, Cheng C C, Xie Y, et al. 2017. Increasing trends in rainfall-runoff erosivity in the source region of the Three Rivers, 1961—2012. Science of the Total Environment, 592: 639-648.

Wilcox B P, Management S F R. 2002. Shrub control and streamflow on rangelands: a process based viewpoint. Journal of Range Management, 55: 318-326.

Williams P W. 1983. The role of the subcutaneous zone in karst hydrology. Journal of Hydrology, 61 (1-3): 45-67.

Williams P W. 2008. The role of the epikarst in karst and cave hydrogeology: a review. International Journal of Speleology, 37 (1): 1-10.

Wilcox B P, Wood M K, Tromble J M. 1988. Factors influencing infiltrability of semiarid mountain slopes. Journal of Range Management, 41 (3): 197.

Wu Y, Luo Z H, Luo W, et al. 2018. Multiple isotope geochemistry and hydrochemical monitoring of karst water in a rapidly urbanized region. Journal of Contaminant Hydrology, 218: 44-58.

Wythers K R, Lauenroth W K, Paruelo J M. 1999. Bare-soil evaporation under semiarid field conditions. Soil Science Society of America Journal, 63 (5): 1341-1349.

Yan Y J, Dai Q H, Jin L, et al. 2019. Geometric morphology and soil properties of shallow karst fissures in an area of karst rocky desertification in SW China. CATENA, 174: 48-58.

Yang J, Chen H S, Nie Y P, et al. 2016a. Spatial variability of shallow soil moisture and its stable isotope values on a karst hillslope. Geoderma, 264: 61-70.

Yang J, Nie Y P, Chen H S, et al. 2016b. Hydraulic properties of karst fractures filled with soils and regolith materials: implication for their ecohydrological functions. Geoderma, 276: 93-101.

Yang J, Xu X L, Liu M X, et al. 2016c. Effects of Napier grass management on soil hydrologic functions in a karst landscape, Southwestern China. Soil & Tillage Research, 157: 83-92.

Yang J, Chen H S, Nie Y P, et al. 2019. Dynamic variations in profile soil water on karst hillslopes in Southwest China. CATENA, 172: 655-663.

Yang X L, Zhang P Z, Chen F H, et al. 2007. Modern stalagmite oxygen isotopic composition and its implications of climatic change from a high-elevation cave in the eastern Qinghai-Tibet Plateau over the past 50 years. Chinese Science Bulletin, 52 (9): 1238-1247.

Zhang J J, Zhou L L, Ma R M, et al. 2019. Influence of soil moisture content and soil and water conservation measures on time to runoff initiation under different rainfall intensities. CATENA, 182: 104172.

Zhang J, Li Y, Yang T Q, et al. 2021. Spatiotemporal variation of moisture in rooted-soil. CATENA, 200: 105144.

Zhang Z C, Chen X, Ghadouani A, et al. 2011. Modelling hydrological processes influenced by soil, rock and vegetation in a small karst basin of southwest China. Hydrological Processes, 25 (15): 2456-2470.

Zhao M, Hu Y D, Zeng C, et al. 2018. Effects of land cover on variations in stable hydrogen and oxygen isotopes in karst groundwater: a comparative study of three karst catchments in Guizhou Province, Southwest China. Journal of Hydrology, 565: 374-385.

Zhao P, Tang X Y, Zhao P, et al. 2013. Identifying the water source for subsurface flow with deuterium and oxygen-18 isotopes of soil water collected from tension lysimeters and cores. Journal of Hydrology, 503: 1-10.

Zhao Q H, Liu Q, Ma L J, et al. 2017. Spatiotemporal variations in rainfall erosivity during the period of 1960—2011 in Guangdong Province, Southern China. Theoretical and Applied Climatology, 128 (1-2): 113-128.

Zhao Z M, Shen Y X, Shan Z J, et al. 2018. Infiltration patterns and ecological function of outcrop runoff in epikarst areas of southern China. Vadose Zone Journal, 17 (1): 1-10.

Zhao Z M, Shen Y X, Wang Q H, et al. 2020. The temporal stability of soil moisture spatial pattern and its influencing factors in rocky environments. CATENA, 187: 104418.

Zhou J, Tang Y Q, Yang P, et al. 2012. Inference of creep mechanism in underground soil loss of karst conduits I. Conceptual model. Natural Hazards, 62 (3): 1191-1215.

Zhu D Y, Xiong K N, Xiao H, et al. 2019. Variation characteristics of rainfall erosivity in Guizhou Province and the correlation with the El Niño Southern Oscillation. Science of the Total Environment, 691: 835-847.

第6章 喀斯特断陷盆地水土过程机理与石漠化综合治理

6.1 断陷盆地地质-气候-水文对水土资源及生态环境影响

6.1.1 断陷盆地盆-山结构对水文地质结构、水循环的影响

1. 地表、地下水径流过程

喀斯特断陷盆地地表水和地下水径流过程是相互交织和相互转换的，由外围侵溶蚀山区至下游侵溶蚀河谷区，地下水径流过程及其变化决定了整体盆地地表、地下水循环过程与区间转换特征。本书通过盆地的水文地质分类及研究，对其特征进行深入剖析和详细刻画。

1) 喀斯特断陷盆地的水文地质分类

西南岩溶高原区域地质背景及其演化历史，尤其是喜马拉雅运动以来的地壳大幅度抬升、断裂作用和强烈的流水侵蚀，塑造成了高原面与深切河谷相间的宏观地貌格局，由此也控制了地下水的宏观分布格局（图6-1），形成了特定的含水层与隔水层的空间组合、岩溶发育的分带特性、含水及导水空隙、径流系统边界及补给、径流、排泄条件。

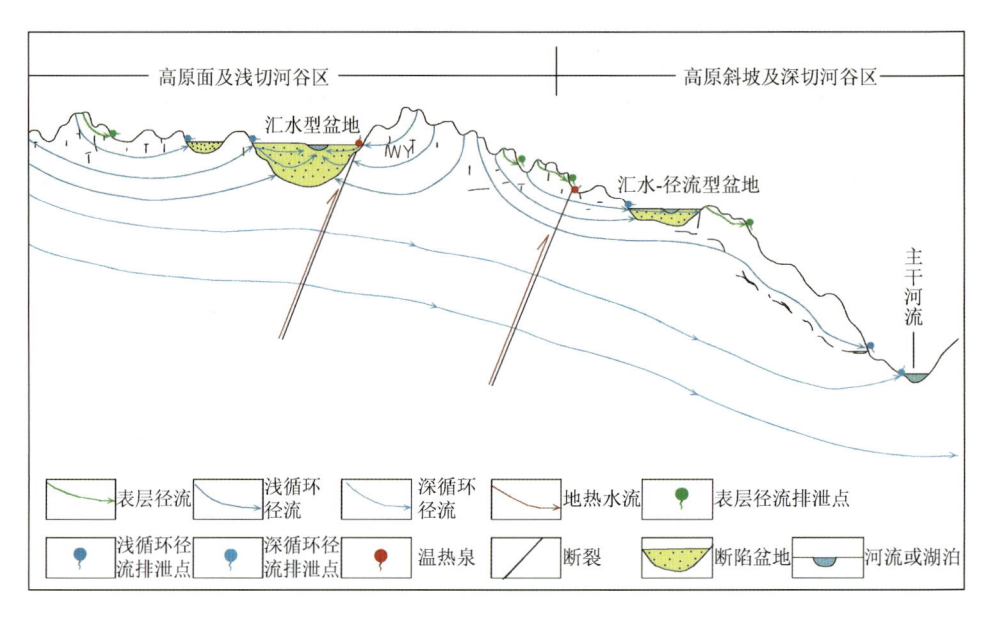

图 6-1 喀斯特高原地下水径流系统宏观分带格局示意图

喀斯特断陷盆地集中分布的滇东岩溶高原，连片展布的岩溶高原面主体为曲靖、昆明、玉溪一带的滇东中部地区。高原面海拔 2000m 左右。地形起伏较小，河谷切割较浅，所以岩溶发育的分异作用弱，总体表现为起伏和缓的低中山和丘陵。其间镶嵌着断陷盆地、河谷，地表溶蚀残丘、孤峰、石芽是常见的岩溶微地貌形态。地层产状平缓，碳酸盐岩与碎屑岩相间出露，地层从元古宇到中生界均有，以古生界碳酸盐岩层分布面积最广。地下形成岩溶化洞管、溶隙网络，整体洞穴规模相对较小，洞穴系统埋深较浅，断陷盆地周围、河谷区多为地下水排泄带。大气降水沿溶隙和落水洞迅速下渗后，经过短途径流，以洞-隙状急变流向附近相对浅切割河谷或盆地排泄，形成岩溶大泉和储水构造，储水构造富水性较为均匀。据已有的调查和研究成果，高原面上溶洞及暗河不发育，数量少，规模小。例如抚仙湖、星云湖、杞麓湖"三湖"流域，位于滇东岩溶高原中部，流域面积 2433.42km^2，调查发现仅三条暗河（表 6-1）。

表 6-1 "三湖"流域暗河基本情况表

名称	出口标高/m	含水层代号	流域面积/km^2	主流长度/km	暗河坡降/%	渗入系数	枯季流量/(L/s)
禄充暗河	1740	P_1y		不能进入		0.400	505.20
受因寨暗河	1891	D_1g		不能进入		0.424	3.11
高寨暗河	1640	$Ch+C_2m$	345.95	23.89	0.014	0.496	499.08

高原面边缘、河谷斜坡地带，以中生界和古生界碳酸盐岩地层分布面积最广。地势起伏较大，切割较深，地下水循环交替快，岩溶作用强烈，地表主要岩溶形态为峰丛洼地、溶丘洼地和岩溶峡谷等，漏斗、落水洞、溶洞、暗河发育。由于碳酸盐岩呈片状分布和新构造运动的间歇性上升，常形成峰线整齐的多级岩溶山原。据已有的调查和研究成果，金沙江及其支流河谷斜坡地带，已初步调查暗河 17 条，补给总面积 3278.53km^2，平均补给面积 136.61km^2，方差 234.79，变异系数为 1.72，暗河枯季总流量达 19455.4L/s，平均总流量为 41229L/s；大泉 132 个，枯季总流量为 56906L/s，平均值 431.11L/s，方差 2932.83，变异系数为 2.16。南盘江及其支流河谷斜坡地带，规模较大的暗河有泸西阿庐古洞、弥勒白龙洞、建水燕子洞和开远南洞。已初步查明暗河 82 条，补给总面积 12477.7km^2，平均值 152.17km^2，方差 291.28，变异系数 1.96，暗河枯季总流量达 75850.16L/s，年平均总流量为 227441.19L/s；172 个大泉枯季总流量为 44953.64L/s，平均值为 261.36L/s，方差为 628.45，变异系数 2.4。从以上统计数据可看出，高原面边缘及河谷斜坡地带的溶洞规模及数量均较大，岩溶水主要为快速管道流。

岩溶断陷盆地一般以周围山地分水岭为边界，形成一个相对独立和完整的汇水单元。由岩溶高原面和高原面边缘、河谷斜坡地带岩溶发育特征、地下水赋存及径流条件的区间差异性所决定，岩溶断陷盆地因所处的宏观地貌位置不同，其大气降水、地表水和地下水的转换与水循环交替过程变化显著。据此差异可将喀斯特断陷盆地分为如下两大水文地质类型。

第一类是汇水型岩溶断陷盆地。主要分布于岩溶高原面上，规模较大的有昆明、曲靖、宣威、玉溪、通海、建水等盆地。大多数一侧耸起或为断层崖，盆底覆盖层厚度一般在百米以上，盆底与周边山地高差多在 300～500m，盆底平坝区常存在面积较大的湖泊、湿地。盆地内岩溶发育均匀性好，水位埋藏浅，多具承压性，盆地四周多有大泉、暗河出露或形成储水构造。一般以地表分水岭为汇水边界，地表水分水岭和地下水流域边界基本一致，在汇水边界内大气降水形成的地表径流、灌入或渗入补给形成的地下径流，均以盆底河流或湖泊为排泄基准，基本上全部在盆地内排泄到地表，然后通过下游河流出口流出盆地。最典型的如昆明盆地（图 6-2），盆地碳酸盐岩出露面积约占总面积的 32%。古近系-新近系、第四系堆积物主要分布在冲（洪）积谷地、山前洪（坡）积台地以及冲湖积盆地底部平坝区，面积约占盆地总面积的 28%。盆地周围山区地表主要是玄武岩与碳酸盐岩相间分布。盆底松散覆盖层厚度一般为 200～1000m，草海拗陷带在 1000m 以上，盆底与周围山地高差多在 200～500m。盆地无深切割的河谷排泄基准，水文地质边界完整，地表水分水岭和地下水流域边界基本一致，分异现象仅在局部地段存在，明显的水流排泄出口只有人工掏深了的海口河一处。地表径流从周围侵溶蚀山区、溶蚀丘峰谷地区的溪流发展成沉积平坝区的河流，最后汇入滇池。岩溶含水层分布于盆地周围山区及盆地底部沉积平坝区的基底，地下水在接受盆地周围山区大气降水的入渗补给后，向滇池湖泊径流，大部分在山区与平坝区的转折带（断裂带）上形成大泉、暗河等集中排泄点，通过溪沟、河流排泄到滇池，部分直接在滇池边岸及湖底出露。例如，呈贡吴家营岩溶水系统中的黑龙潭和白龙潭暗河，黑龙潭流量 200.61～1008.45L/s，白龙潭流量 198.48～869.09L/s，流量动态为波态型，暗河排泄量占系统总径流量的 85%。昆明盆底覆盖区岩溶含水层岩溶发育较为均匀，富水性强，水位埋藏浅，多具承压性，地下水位年变化幅度一般不超过 2m，形成诸多断块型、单斜型、褶皱型等储水构造。至今，盆地内所打的 3000 多口勘探孔和开采井，涌水量大于 200m³/d 的比例高于 85%。

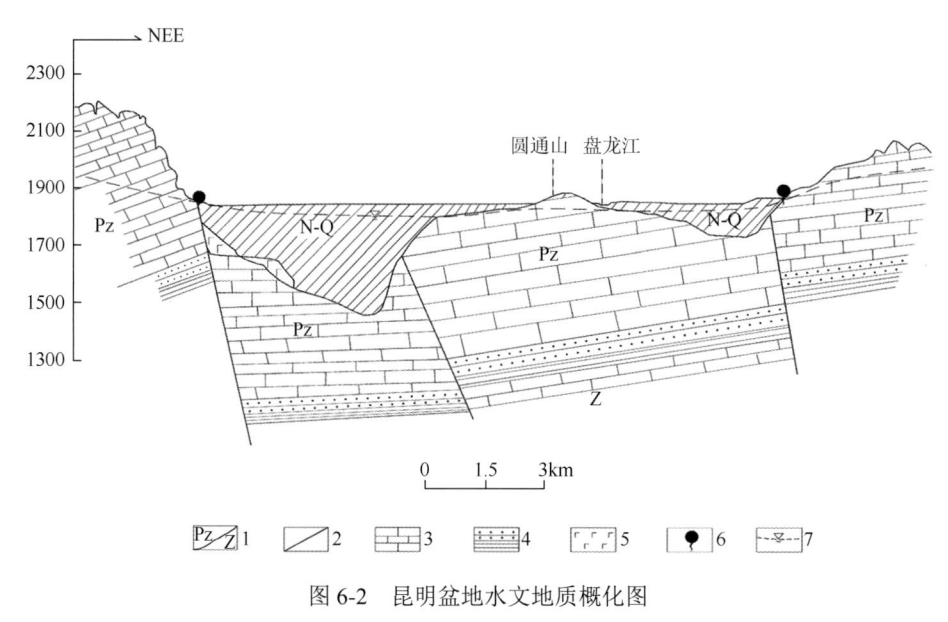

图 6-2 昆明盆地水文地质概化图

1. 地层代号及界线；2. 断层；3. 碳酸盐岩；4. 碎屑岩；5. 玄武岩；6. 岩溶泉；7. 岩溶水位线

第二类是汇水-径流型岩溶断陷盆地。主要分布于高原面边缘、河谷斜坡上，如昭通—鲁甸、蒙自、个旧、平远街、弥勒、罗平、师宗、泸西等盆地。总体上这类盆地整个都处在区域径流带上，地表水分水岭和地下水流域边界的分异较为突出，尤其在盆地与下游河谷区之间的次级边界，往往被岩溶洞管所贯通，成为通畅的透水边界。这类盆地汇水边界内地表水径流过程与汇水型盆地的差异，主要表现在汇集到盆底河流或湖泊中的地表水和地下水大多通过下游洼地、落水洞群灌入地下暗河，向下游河谷集中径流和排泄。地下水获得的补给量，其径流、排泄过程可分为两部分：一是盆地底面以上的部分上层径流带的地下水，以盆底或湖泊为排泄基准，在盆地内排泄；二是盆地底面以下下层径流带的地下水，通过盆地周边存在的某一段透水边界，侧向径流，汇入深、远程径流，流往盆地汇水边界外更低的河谷或盆地排泄。因此，汇水-径流型盆地岩溶水系统的排泄区边界，既有由弱透水的新生界沉积土体或其他岩体构成的相对隔水边界，也有向河流或盆地外径流的透水或越流边界。盆地上游岩溶发育较均一，有大泉暗河出露，水位埋藏浅，可形成储水构造。盆地下游岩溶发育不均一，水位埋深大，动态变幅大，有落水洞分布，暗河管道发育。典型的如泸西盆地（图6-3），盆地位于南盘江水系一级支流小江的河谷斜坡顶部，盆底沉积平坝区与下游小江河谷高差为500~1639m。盆地由上游到下游，地表径流从外围侵溶蚀山区、溶蚀丘峰谷地区的溪流发展成沉积平坝区的中大河等河流，区间形成了黄草洲、平海子等湿地，最后通过下游的洼地、落水洞群灌入地下暗河，向下游小江河谷集中径流和排泄。为了提高人为调控能力，后来修建的工农隧道等水利工程，局部改变了盆地的径流途径，但总体方向和趋势未变。岩溶山地是地下水的主要补给区，地下岩溶发育极不均匀，岩溶饱水带埋深大于100m，岩溶水主要为溶洞管道流，水位流量季节变化剧烈。盆地上游岩溶槽谷、岩溶丘陵、峰丛洼地

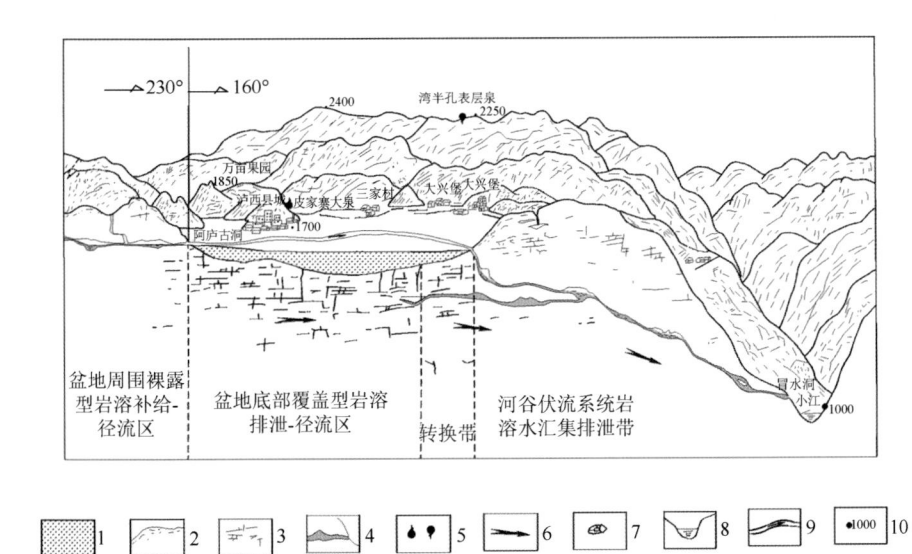

图6-3 泸西盆地水文地质概化图

1. 松散土覆盖层；2. 表层岩溶带；3. 岩溶空隙；4. 导水溶洞管道；5. 岩溶上升和下降泉；6. 岩溶水流向；7. 岩溶落水洞；8. 地表河流及水位；9. 地表河流及流向；10. 高程点

主要分布于盆地外围山区与盆底平坝之间，地下岩溶发育不均匀，岩溶饱水带埋藏较深，导储水空间以洞管隙构成网络，岩溶水为溶洞管道流及溶隙扩散流并存，沟谷、洼地内泉点较多，如皮家寨大泉流量为 1072.75~1957.5L/s，流量动态为波态型。盆底沉积平坝地势平坦，岩溶水主要是来自周围裸露型岩溶山区的侧向径流，其次有少量的大气降水通过松散覆盖层孔隙的垂向渗透补给。在侧向径流中，一部分来自盆地底面以上上层径流带的岩溶水，以盆地底面或湿地为排泄基准，沿盆地边缘出露大泉、暗河出口。盆地底面以下下层径流带的岩溶水，继续向深部呈近水平二维溶隙扩散流向盆地下游径流，通过盆地南部存在的落水洞和岩溶洞管，向小江峡谷区汇集排泄。以 2003 年为均衡年，通过水均衡计算，上层径流量为 6917.89 万 m^3/a，下层径流量为 6124.51 万 m^3/a，下层径流量占年补给量的 44%。大兴堡一带是岩溶水由浅变深、由较均匀的水平二维溶隙扩散向不均匀的三维溶洞管道流过渡的转换地带，至此岩溶水埋深逐渐增大，由水位埋深小于 20m 陡变到大于 100m，径流也逐渐由二维溶隙扩散流转变为三维溶洞管道流。

2）典型盆地径流过程

汇水型岩溶断陷盆地以昆明盆地最为典型。昆明盆地位于珠江和长江两大水系分水岭地带，地处金沙江一级支流普渡河水系上游和源头，盆地的长轴方向或流域内较大河流走向一致。昆明盆地内共发育较大的河流 20 多条，盆地底部平坝区残存有滇池湖泊，盆地的出口河流为海口河，属长江水系金沙江支流普渡河的源头。

昆明盆地流域地表分水岭完整、明确，大部分与地下水流域边界基本一致，但在岩溶山地丘陵区则存在断续的分异地段。

地下水流域边界不同区段有一定差异。盆地流域北部及西部，总体为侵溶蚀中山地貌，绝大部分基岩出露，以分布岩溶水和裂隙水为主。地形切割较强，沟谷密度大，相对高差一般为 300~600m。地表分水岭与地下分水岭基本一致，主要为分水岭边界。少数地段受断裂切割和岩溶管隙透水通道穿越的影响，存在地表分水岭与地下分水岭不一致的情况，盆地北部的白邑次级盆地周边此类透水边界段较多。盆地流域东部以较舒缓的褶皱为主，断裂较稀疏，侵溶蚀低中山丘陵地貌，上古生代可溶岩岩溶水和玄武岩风化裂隙水大面积分布，地下水径流条件较简单。地表分水岭与地下分水岭总体一致，局部略有差距，以地层和断层隔水边界为主。盆地流域南部大面积分布浅变质岩、玄武岩及碎屑岩，构成侵溶蚀低中山为主的地貌景观，沟谷密度较大，地表径流发育，地表分水岭与地下分水岭基本一致，主要为地层隔水边界。

盆地外围山地丘陵区降水形成的地表、地下径流，汇集到山间河溪，以盆地底部平坝区为排泄基准，向地势更低洼处径流，最终流向滇池。盆地底部平坝区及湖泊，降水则直接汇入邻近的地表河网和落入湖泊，形成滇池汇水。最后均通过海口河排出盆地。

汇水型岩溶断陷盆地基本上是一个闭合流域，水量传输、能量交换在盆地内完成，受邻近盆地或河谷的影响小。汇水径流型岩溶断陷盆地的地表-地下水循环过程以所在盆地底部平坝区为排泄基准面，水循环过程比较单一。由于受到单一排泄基准面的控制，岩溶发育程度高，含水层的富水性相对均一，泉水、地下河出露较多，泉水及地下河流量较稳定。系统内地表、地下水循环过程总体上为接受大气降水的补给，向地势较低河流及湖泊径流排泄，部分较大河流也存在地表、地下水随季节水位涨落相互转换的现象。

汇水-径流型岩溶断陷盆地以蒙自盆地规模较大，勘察研究历史较长。蒙自盆地位于珠江和红河两大水系分水岭地带，盆地周围山地、河谷碳酸盐岩广布，地形高差大，岩溶分异显著，盆地内地表、地下水以北侧南盘江支流泸江为主要排泄基准，部分以南侧元江支流绿水河为排泄基准。盆地流域与南洞地下河系统绝大部分边界相同。1937年以前，盆地底部平坝区低洼地带的积水面积很大，先后形成长桥海、大屯海、草坝海、三角海等天然湖泊。蒙自水利部门推算长桥海、大屯海1937年以前蓄水量可达1.6亿m^3。盆地内的地表水、地下水早前主要通过湖泊周围及盆地边缘的落水洞排泄，最终汇入南洞地下河。1937年后，先后开挖了黑山峡，疏挖河道，使盆地通过沙甸河与泸江连通，更快地排泄盆地积水，盆地底部平坝区低洼湿地面积大幅减少，最终形成目前的水系格局。但至今这些落水洞仍在发挥盆地消水洞、排洪洞的功能。

蒙自盆地流域边界地表分水岭完整、明确，但地下水流域边界较为复杂，弱透水地层或断裂隔水边界与岩溶含水层透水或越流边界并存，与元江和南盘江水系都有排泄通道，至今尚未完全查明。

盆地流域的地表、地下水流过程主要受控于南洞地下河。南洞地下河系统由多条次级地下河组合叠置而成，有自鸣鹫石洞经灰土地消涌水洞（包括大黑水洞）过草坝一村208号孔至南洞的干流管道，又有红塘子、卧龙谷等支管道，还有叠置其上的上层平石板暗河、小黑水洞暗河、黑龙潭暗河等次级管道。南洞地下河主体部分以舍味、大庄、草坝及蒙自东山等大片岩溶地区为主要补给区，标高均在1800m以上。蒙自草坝、大庄盆地区为暗河主管道径流区，盆地中的长桥海、大屯海、三角海（高程1260～1280m）既是上游地表水和部分地下水的排泄区，又是下游地下水的转换补给区，湖盆边缘的落水洞是地下河与地表水的主要转换通道。大庄盆地北部边缘地带，城红寨、五家寨等地的落水洞自古就是消泄盆地底部平坝区地表积水的主要通道。磨石沟的钻孔水位资料证实，大庄盆地内的地下水流向南洞地下河，示踪试验也证实了这一结论。

蒙自盆地的其他地段，地下水接受大气降水补给，受下垫面控制，在盆地的汇水区富集，最后注入盆地底部平坝区的地表河流，然后通过沙甸河流向泸江。部分汇集的地表径流，从盆地边缘落水洞进入盆地底部覆盖区深部岩溶管道，补给地下河。新安所南部山区属元江左岸的斜坡带，由于元江的下切更快，绿水河流域已经发育成深层岩溶洞管系统，根据已有勘探资料推测南盘江和元江的地下分水岭已经偏移到蒙自盆地底部平坝区中，绿水河袭夺了蒙自盆地的部分地下径流。

汇水-径流型岩溶断陷盆地是一个非闭合流域，盆地内水量传输、能量转换不是在同一个排泄基准上完成的，受邻近盆地或河谷沉降和切割深度的显著影响，其地表、地下水系统结构复杂，层次更为多元，地表、地下水循环过程中相互转换频繁，路径更难以勘查清楚。

2. 岩溶水源地类型及开发技术条件

水源地通常是指水质和水量能够满足一定的生产和生活供水要求，开采经济技术及环境条件优良，适宜取水工程建设的地表和地下水体。地表水源主要有江、河、湖、塘和水库、窖、池等类型，皆直观而易于观测研究，调查评价规范规程完备，故无须赘述。地下水源地则隐蔽且复杂，岩溶地下水源地（简称岩溶水源地）尤甚，研究程度普遍较低，作为喀斯特断陷盆地主要的地下水源地类型，需作重点分析论述。

1) 岩溶水开发利用的影响因素及方法

地下水的开发利用条件首先取决于控制地下水富集的地形地貌及地质条件。地下水的富集是以含水层的导水和储水空隙发育为前提的，只有在这些空隙发育强烈的地块内，才有可能形成岩溶水富集的储水构造或集中排泄带（点）。地层岩性特征、地质构造及地形地貌等地质环境因素不仅影响了赋水空隙发育的特征，还控制着地下水的补给、径流、排泄条件，因此，它们都是岩溶水富集的决定因素。一般而言，地下水赋存状态与出露形式首先决定了地下水的开发利用方法。地下水的天然露头具有直观简便的天然开发利用条件，自古以来，从岩溶区地下水露头（主要是岩溶泉、地下河出口）直接引流开发利用是最常见的地下水开发利用方法。地下洞穴发育区则常常采取堵截地下河的方法，调蓄开发利用岩溶水。溶潭或天窗发育区，则有人工吊桶提水、水泵抽吸提水的岩溶水开发利用方法。而在隐伏的储水构造区，富水性较为均匀的含水层，尤其是白云岩含水层，则多以钻凿机井的方式开采地下水，也有部分人工开凿大口径浅井和斜井开发地下水的。在不同的岩溶地貌区，岩溶水的埋藏与分布条件差异很大，因此开发利用的方法也不尽相同。在残丘台地、岩溶谷地、岩溶洼地、岩溶槽谷、岩溶断陷盆地等地形起伏不大的地貌单元，地下水水力坡度小，运移缓慢，有利于地下水的储存，且水位埋藏浅，动态变幅相对较小，地下河出口、天窗、溶井、溶潭及岩溶大泉普遍发育，常形成储水构造，水量较丰富，便于开发利用。同时，这些地貌单元多为耕地集中分布区，岩溶水既有较好的开发利用条件，又具有较高的利用价值，"引、提、堵、蓄、凿"工程均可实施，实现多源取水、综合利用。而在切割深度较大的侵溶蚀山区、河谷区，地下水埋藏深、水力坡度大、运移快、储存调节功能弱，动态变幅极大。常以大泉或地下河出口的形式集中排泄于河谷底部。这些地区耕地分布零星，居民点稀疏，人烟稀少，供水条件差，因此地下水的开采利用价值低，开发利用量较少。

其次，地下水的开发利用还受到当地经济发展水平的制约。目前，机井开采主要集中在城镇及大中型厂矿等经济条件较好的地区，就区域范围而言虽然开发利用量相对较小，但局部开采井较为集中，尤其是在一些岩溶断陷盆地中，出现了超采现象，引起水位持续下降，泉流减少或干涸，以及局部性的岩溶塌陷发生。而地下水天然露头的开发利用率普遍较高，具备开发利用条件而尚未开发的地下水天然露头各地均已很少。

另外，地下水的环境效应也是地下水开发利用的重要制约因素。地下水环境效应是指地下水运动过程的改变而引起的环境变化。主要表现为：地下水位持续、大幅度下降，产生岩溶塌陷、地下水污染。岩溶泉或地下河流量锐减或干涸，造成景观破坏，河溪流量减少或断流，廉价水源消失，加剧地表干旱、缺水等。地下水作为一种自然资源，虽然可以再生，但不适当的开发利用不仅破坏水源地附近的生态环境，也将改变当地的水循环条件，从而影响其可持续利用。因此，地下水的开发利用，必须以生态环境保护为前提。我们不可能也不应该把含水层中的水都抽出来加以利用，而应有一个适当的限度，从生态环境保护角度出发，应保证开采地下水后不致产生危害性的环境地质问题。

我国岩溶地区适宜的地下水开发技术方法主要有"引、提、堵、蓄、凿"五大类，并且常选用两种及其以上的组合方案。引：修建渠道或安装输水管直接引流利用或隧道引流利用，方法简便易行，投资不多，各地采用最为广泛。适用于出露位置高于用水位置的天然出露的地下河、岩溶泉、表层岩溶泉水源地，开发利用成本最低。主要缺陷是引流量受动态变化制约，调节功能弱。提：直接采用动力设备抽取岩溶水，为避免水位变化的影响，通常选用电潜泵。适用于提取天然出露的地下河、岩溶泉以及地下河天窗、溶井、溶潭中的岩溶水。此种方案，施工简便，技术难度小，使用很普遍。但由于需要机械动力，使用成本较高。岩溶石山地区这样的开发实例很多，如贵州省普定县南部，提水站就有480余处，年开采量800多万立方米。贵阳市利用乌当区的大龙井提水，建成日供水5万m^3的水厂；汪家大井日供水10万m^3，可满足32万人的生活用水需要。云南西畴县城从城边西洒暗河天窗安泵提水，枯季日供水$1250m^3$。堵：利用有利的地质条件，采用混凝土、浆砌石等材料，在地下河通道中、天窗或出口筑坝堵截岩溶水形成地下水库，在洼地中堵塞落水洞形成溶洼水库，在泉口围堰成水塘等。主要适用于具备堵截地质条件的地下河、泉流水源地。地下河堵截后形成地下水库，无淹没，可抬高区域地下水位。堵塞落水洞可形成悬挂式无坝水库。此种方案，渗漏是其主要的工程地质问题，高压帷幕灌浆是最常用的防渗处理技术手段。修筑岩溶地下水库或在地下河出口围堵成库，是合理开发利用岩溶地下水的一种高效利用地下水资源的开发方式。目前在我国南方岩溶区已有一大批岩溶地下水库的成功经验，如广西上林县大龙洞水库、忻城县鸡叫地下河堵截工程、隆林的卡达水库、乐业的百郎地下河拦截工程、宜州六坡水库、土桥水库，云南丘北县六郎洞水库、文山市白石岩水库、蒙自市五里冲溶洼堵洞成库、曲靖市水城水库、罗平县小平桥水库等。岩溶地下河的堵截成库，使季节性调蓄量得到了充分的利用，大大增加了岩溶水的可利用量。同时，鉴于地下水库兼备灌溉、发电、供水、旅游等功能，经济效益好，对山区群众治旱具有长远的综合效益。合理利用地下水资源又能改善生态环境，如贵州省普定县马官镇利用拦堵地下河，形成地下水库以及种植树木涵养水源，使荒芜的山坡披上了绿装，不仅增加了地下水可有效开发利用资源量，解决了用水问题，同时也美化了环境，重建了良好生态。蓄：利用有利地形地质条件，筑坝、建池等方式建水库、坝塘、蓄水池等蓄积岩溶水调节利用，一般可形成自流，不需要动力，经济实用，但建设投资较大。适用于出口以下具备有利筑坝的地形地质条件的天然出露的岩溶水源地。关键的工程地质问题也是坝基渗漏，灌浆防渗处理技术已被广泛地使用。岩溶石山地区的大部分水库都有来源于岩溶泉或地下河的水源。凿：通过开凿汲水斜井、大口井、截水槽、管井等方式开采岩溶水。主要适用于隐伏的岩溶水源地。具有储存量调节保证程度高、开采量稳定的特点。汲水斜井、大口井、截水槽、浅管井主要在岩溶水埋藏浅的地区使用，优点是使用成本低，方法简便。深管井一般为城镇、厂矿、经济条件较好的村寨集中供水所采用，使用成本较高。管井开采地下水的方法适用面最广，在无地下水露头但地下水丰富、水位埋藏深度较小的盆、谷地区更具适用性。凿井开采地下水的关键是要合理确定开采量，做好地质环境评价，避免引发不良环境地质问题，如岩溶塌陷、泉水疏干等。近年来由于农村电网的普及和打井技术的改进，机井开采地下水的方法得到普及，特别是在无地下水露头的岩溶平坝、槽谷区。例如据不完全统计，截至 1999 年底广西地矿系统在岩溶区施工供水机井达 3400 多眼，改善或解决了数百万人的农村生活用水困难及一部分乡镇企业用水或农灌用水。又如，贵州对全省 8220 个运营机井的统计，2000 年开采量 1.7535 亿 m^3/a。1997~2020 年的扶贫打井，广西在 19 个岩溶贫困县施工水井 237 眼，解决了 10 多万人的饮水问题。2010 年，滇、黔、桂三省区遭遇到百年一遇的特大干旱，国土资源部组织了西南抗旱找水打井紧急行动，最终打井 2700 多眼，为数百万农村居民提供了应急抗旱水源。

2) 岩溶水源地分类

在西南岩溶石山地区，由于强烈的构造运动，断裂交错发育，各个时代的地层被切割成不同形态的断块，错落分布于不同的高程上，加之岩溶含水层与非岩溶相对隔水层在垂向上的间隔状分布，以及地形地貌的影响，从而形成了诸多具有相对独立的岩溶水补给、径流、排泄系统，这是地下水资源勘查、评价、开发、保护和管理的最基本单元。由于岩溶发育的不均匀性和岩溶水赋存条件的变化，在目前经济技术条件下，在各个岩溶水系统的空间分布范围内，并不是任何地段都适宜于建设岩溶水开发工程的。但在地貌、地层、构造等地质因素的综合作用下，在岩溶水系统中往往都会形成一些适宜工程取水的水源地，这是岩溶水资源勘查评价和开发利用的重点地段。

岩溶水开发技术条件是指对岩溶水的勘查和开发工程技术方案选择及设计有影响的各种地质因素。主要包括地形地貌、含水层的埋藏分布、地下水出露状态、导水和赋水空间形态、结构及水动力特征、岩土工程地质特性等。岩溶含水层被松散土层覆盖或非可溶岩埋藏的水源地，必须通过地球物理探测和钻探才能确定岩溶水资源量及开发工程设计参数。而在这种条件下，含水层岩溶发育比较均匀，地形起伏和缓，物探发射和接收装置的接地条件好，物探技术的适用性较好，探测的准确性和钻孔成井率较高。并且也只有通过开凿工程，才能够开采岩溶水，发挥丰富的储存资源的调节作用；岩溶水的天然露头——地下河出口、天窗、岩溶泉等，其流域多为岩溶石山区，地层、构造裸露，地形起伏大，岩溶发育不均，导水和赋水空间形态以溶洞管道为主，溶隙散流层不发育，物探和钻探的适用性差，但地面测绘和水文观测的条件和效果较好，同时可直接采用引、提、堵、蓄等技术方案开发岩溶水；而表层岩溶含水层分布的连续性差，流域面积往往局限于汇水地形，含水层岩溶发育不均，但埋深浅，即使是隐伏的表层岩溶水，也容易通过地面测绘分析和轻便的物探方法来认识，并利用轻型钻探揭露和浅井开发岩溶水。因此，从岩溶水的勘查评价和开发的需要出发，岩溶水源地分类方案必须明确反映岩溶水的开发技术条件。为此，本节根据岩溶水调查与开发示范所取得的成功经验，按岩溶含水层的埋藏分布、岩溶水出露状态，将岩溶水源地划分为天然出露的岩溶水源地及隐伏的岩溶水源地两大类。再根据岩溶水源地的岩溶含水介质特征：导水和赋水空间形态、结构及水动力特征，地下水资源潜力大小及开发利用条件，进一步将天然出露的岩溶水源地划分为地下河、岩溶泉、表层岩溶泉三个亚类；将隐伏的岩溶水源地划分为饱水带储水构造、表层岩溶带储水构造两个亚类，各类岩溶水源地的水文地质特征和属性如表 6-2 所示。

表 6-2 岩溶水源地分类方案

类型	亚类	水文地质特征及属性				
		埋藏分布	导水和赋水空间形态及结构	富水的均匀性	水动力特征	径流动态类型
天然出露的岩溶水源地	地下河	地下径流洞管深埋藏，通过集中排泄口、天窗、落水洞、溶井等出露地表	溶蚀洞穴、管道、湖潭和溶蚀裂隙系统，呈树形结构	极不均匀	快速、急变的溶洞管道流	峰态型为主
	岩溶泉	地下径流管隙埋藏深浅不一，通过集中或分散的排泄口出露地表	溶蚀管道、溶蚀裂隙系统，呈树枝状或脉状结构	不均匀或较均匀	较快速、急变的管道流或慢速、缓变的溶隙扩散流	峰态型或波态型为主
	表层岩溶泉	地下径流溶隙浅埋藏，通过集中或分散的排泄口出露地表	溶隙和溶孔，呈网状、脉状结构	不均匀或较均匀	较快速、急变或缓变的溶隙扩散流	峰态型为主
隐伏的岩溶水源地	饱水带储水构造	岩溶含水层上覆一定厚度的表层岩溶带、包气带或有弱透水盖层	溶蚀裂隙系统，呈网状、带状结构	较均匀或均匀	慢速、缓变的溶隙扩散流，多具二维流特征	波态型或稳态型为主
	表层岩溶带储水构造	岩溶含水层上覆一定厚度的包气带或有弱透水盖层	溶隙和溶孔，呈树枝状或网状结构	不均匀或较均匀	慢速、缓变的溶隙扩散流	峰态型或波态型为主

3) 岩溶水源地开发利用条件评价

(1) 天然出露的岩溶水源地。

天然出露的岩溶水源地是指岩溶水已经通过溶井、暗河天窗暴露出来，或者在一定的水文地质、地形地貌条件下，岩溶水通过出露于地表的径流通道出口排泄到地表而形成的水源地。人们可以直接观测到岩溶水，并使用适当的工程措施直接开发利用岩溶水。

地下河（又称暗河）：指具有洞状的地下径流主干通道和集中排泄口的天然岩溶水径流系统。沿地下径流的主干洞、管延伸地带，岩溶水通过天窗、落水洞、溶井、暗河出口等出露地表。岩溶水主要通过地表串珠状发育的岩溶洼地、漏斗、落水洞等汇水地貌获得大气降水、地表水的点状灌入式补给。其赋水空间为溶蚀洞穴、管道、湖潭和溶蚀裂隙系统，呈树形结构，岩溶发育极不均匀，岩溶水径流主要为快速、急变的溶洞管道流，集中排泄，径流动态以峰态型（动态系数：最大流量与最小流量的比值 $\Delta \geqslant 30$）为主，含水介质的天然调节能力弱。

该类水源地往往埋藏分布于岩溶含水层裸露或半裸露、分异溶蚀突出，岩溶发育不均匀，地下岩溶洞、管发育的岩溶山地、岩溶槽谷、峰丛洼地、溶丘台地、侵溶蚀河谷等地区，是山区人畜饮水、农业用水、生态建设用水等供水的主要水源。其水文地质特征归纳起来主要为三个方面：一是岩溶赋水空间以随机分布的溶洞管道为主，洞管周围溶隙散流层不发育，岩溶分布极不均匀、埋深大，目前的技术手段尚难准确地探明其埋藏分布位置。二是降水主要通过漏斗、落水洞等汇水通道形成点状补给，直接灌入补给地下河，部分也通过溶隙成面状入渗补给散流层，再汇入地下河。由于溶洞管道流系统与外界环境交流密切，水交替迅速，动态变幅大，雨季流量往往是旱季流量的数十至数百倍，水质变化也比较复杂。三是岩溶水资源主要是洞管径流量，往往以洞状暗河出口的形式集中排泄，一般流量巨大。

岩溶水开采由其水文地质特征所决定，适宜多方式、多源取水，以用引、提、堵、蓄的方式开发利用溶井、地下河出口等天然出露的岩溶水为主。只有在岩溶发育较为均匀，储存量较丰富的地段，才宜钻井开采岩溶水。对有条件的地下河系统，通过建设地下水库、地表-地下水库调蓄，可大大提高岩溶水的利用率。

岩溶泉：指地下导水和赋水空间为溶蚀管道、裂隙，排泄口呈管隙特征的岩溶水天然露头。其溶蚀管道、裂隙系统，呈树枝状或脉状结构，岩溶发育不均匀或较均匀，岩溶水径流主要为较快速、急变的管道流或慢速、缓变的溶隙扩散流，单一出口或多个出口成泉群集中排泄，径流动态以峰态型或波态型（$3 \leq \varDelta < 30$）为主，含水介质的天然调节能力较弱。

该类水源地与地下河比较，除了流量一般相对较小、没有建设地下水库的技术条件，有些泉点动态较为稳定之外，其他特征则是基本相似的。该类水源地也大多分布于裸露岩溶石山地区，也是山区人畜饮水、农业用水、生态建设用水等供水的主要水源。

由其水文地质特征所决定，适宜以引、蓄的方式开发利用泉流为主。对泉口下游有条件的地区，通过修建坝塘、水库调蓄，同样可以提高岩溶水的利用率。

表层岩溶泉：表层岩溶水是赋存于表层岩溶带的溶隙和溶孔中的地下水，表层岩溶泉是表层岩溶水的天然露头，其出露状态往往呈细小的股状流出或散流状渗出。

表层岩溶泉的水文地质特征：一是赋水空间主要为表层溶蚀裂隙、孔隙系统，呈网状或脉状结构，岩溶发育不均匀或较均匀。二是表层岩溶含水层（带）一般薄且连续性较差，泉域范围小，含水介质的储存调节功能弱，加之埋深浅而与外界联系密切，径流动态以峰态为主，水质随环境状况变化较大。三是表层岩溶含水层下伏多存在非可溶岩、弱溶蚀的不纯碳酸盐岩悬托层，这是岩溶石山地区形成流量较稳定的表层岩溶泉的必要条件。

表层岩溶泉对饱水带深埋的岩溶山区人畜饮水具有很大的供水意义，这不是取决于其流量大小，而是由于其分布位置高且分布较广泛。若与山区小型水利工程的建设相结合，可以解决小型积蓄水工程旱季干枯、水质恶化的问题，对解决岩溶山区人畜饮水困难发挥重要作用。主要适宜于小水窖、水池积蓄，小水沟、水管引泉开发。但由于泉域小、含水层薄，储存调节功能弱，抗旱保障程度很低。2010年春季西南大旱期间，极大部分表层岩溶泉在春节前后就已经干涸，抗旱应急功能在严重干旱期间显得极其微弱。

（2）隐伏的岩溶水源地。

隐伏的岩溶水源地是指岩溶水埋藏于地下，人们在地表不能直接观测到的水源地。只有通过水文地质测绘分析、地球物理探测等间接的勘查来寻找和圈定富水块段，即储水构造内含水层富水性较强且较为均匀，适宜布置地下开凿工程的三维地块。再通过钻探试验进行验证和取得开发工程设计所需的水文地质依据,最终采用地下开凿工程来开发岩溶水。一般情况下,受目前勘查技术水平的限制,探测地下岩溶水径流洞、管的准确和可靠程度还很低,通过钻井、坑道等开凿工程开发地下溶洞管道流的风险很大。所以,这类水源地的勘查及开发主要针对储水构造。地质构造控制了含水层与相对隔水层(带)在空间上的组合形式和特征,对地下水系统的边界、水文地质结构类型和特性往往起着决定性的作用,从而也决定了其水文地质及地下水富集的特征。对于一个透水的岩层(带),即使有充分的地下水补给条件,也需要在其周围和底面有相对隔水层(带)与之相互组合,把重力水封托住,使之不致完全流失,才能形成含水层。顾名思义,储水构造就是指透水层与隔水层(带)相互结合而构成的能够富集和储存地下水的地质构造形式。储水构造中的含水层埋藏于地下,上覆一定厚度的表层岩溶带、包气带或有弱透水盖层,周边或底板既有隔水边界,又有透水边界,而且必须具有补给边界,是半封闭地质构造实体。储水构造中的地下水与大气降水、地表水有着密切的水力联系,补给和排泄通畅。常见的岩溶水储水构造类型有岩溶断陷盆地储水构造、岩溶断裂谷(洼)地储水构造、水平储水构造、单斜储水构造、褶皱储水构造、断层储水构造、表层岩溶带储水构造等(表6-3)。

表 6-3 主要储水构造特征一览表

储水构造类型	水文地质特征
岩溶断陷盆地储水构造	随新生代高原隆升产生的断裂活动所引起的断块差异沉陷及溶蚀作用共同形成的山间盆地。盆地形成区可溶岩连片分布,岩溶地貌广泛发育。盆地规模较大,盆底沉积平坝区面积数十至数百平方千米,新生界沉积厚度大,一般达百米以上,有的超过千米。盆地形态多呈长条形或不规则状,断裂交错发育,沉积平坝区与外围山区高差大,断层崖、三角面和断块山等构造地貌常见,大部分盆地一侧山体高耸或为高陡的断层崖,山体顶面残存有古高原面(夷平面)。外围山区地表岩溶及地下岩溶洞管发育,是地下水的主要补给区,地下河及大泉多在沉积平坝边缘及山间谷地出露。位于高原面上的盆地,沉积平坝区是地下水的汇集排泄区,含水层厚度大,富水性强且较为均匀,水位埋藏浅,多具承压性。一般以地表及地下分水岭为汇水边界,地下水主要往盆地底面河流或湖泊及湿地排泄。位于高原面边缘和河谷斜坡地带的盆地,来自盆地底面以上径流带的岩溶水,大部分以盆地底面为排泄基准,沿盆地边缘以泉、地下河出口形式排泄;剩余部分通过盆地底面以下作深远程径流,向盆地下游径流,通过下游的落水洞和岩溶洞管,向下游侵溶蚀河谷区集中排泄
岩溶断裂谷(洼)地储水构造	沿断裂溶蚀形成的有松散沉积物覆盖的大型谷地和洼地,多处在高原面边缘和河谷斜坡地带,又称边缘坡立谷。盆地外围侵溶蚀山区是岩溶水的主要补给区,岩溶饱水带埋深大,主要为溶洞管道流,水位流量季节变化剧烈。外围山区岩溶发育强烈,是地下水的主要补给区,溶洞管道流为主,沟谷、洼地内泉点较多,流量动态变幅较大。沉积平坝区是岩溶水的汇集区,覆盖层厚度一般仅数十米,岩溶水主要是来自外围裸露型岩溶区的侧向径流,其次有少量大气降水通过松散覆盖层渗透补给。在侧向径流中,一部分来自盆地底面以上上层径流带的岩溶水,以盆地底面为排泄基准,沿盆地边缘以泉、地下河出口形式排泄;盆地底面以下下层径流带的岩溶水,向盆地下游径流,通过下游的落水洞和岩溶洞管,向侵溶蚀河谷区排泄
水平储水构造	含水层产状水平或近于水平,以地形分水岭为汇水边界,谷地为其排泄边界,下伏隔水层构成隔水底板的储水构造。大气降水或地表水体入渗补给的重力水在下渗途中,遇到隔水层的阻挡,使地下水在隔水层之上聚集起来形成含水层。除了底部具有隔水底板外,有的顶部还有隔水顶板。地下水除了接受大气降水补给外,还与邻近河水、溪沟水等地表水体存在补、排关系,常表现为雨季地表水补给地下水,枯季地下水补给河水等。地下水处于半封闭状态,在沟谷切割含水层出露地表的地带或沿构造破碎带是地下水的主要补给区段,同时也是地下水的主要排泄出路

续表

储水构造类型	水文地质特征
单斜储水构造	含水层与隔水层互层构成的单斜构造,当含水层的倾伏端具备阻水条件时,在适宜的补给条件下即形成单斜储水构造。单斜储水构造在单一含水层条件下,形成潜水含水层。在含水层与隔水层互层条件下,则形成潜水-承压含水层。具明显的功能分带性,掀起端为地下水补给区,获得补给后,顺岩层层面径流,在倾伏端含水层的隔水或弱透水边界上溢出或涌出,以泉、散流带的形式排泄或部分越流作深远程径流。当途中含水层被沟谷切割,尤其是被横截岩层走向的沟谷切割时,地下水也可能部分排泄于沟谷河溪之中。单斜储水构造排泄区附近即为地下水富集带,溢出泉、上升泉多见
褶皱储水构造	由含水层与隔水层互层构成的褶皱构造,隔水层往往构成隔水边界,在适宜的补给条件下,褶皱构造中的含水层储集地下水,形成褶皱储水构造。褶皱控水一方面表现在轴部裂隙密集带的富水作用,另一方面则表现为翼部的汇水作用,特别是与一定的岩性组合相配合,如可溶岩与非可溶岩互层,由于非可溶岩的相对隔水作用,地下水顺倾向汇聚于向斜核部,或组成单斜承压水盆地,利于地下水的局部富集。该类型包括向斜储水构造和背斜储水构造。从空间形态和地质结构来看,向斜储水构造通常都是典型的汇水构造。背斜储水构造往往由圈闭的隔水层及地下分水岭组成边界,地下水的补给、径流、排泄特征与向斜储水构造相似。往往沿轴部、转折端张应力集中带断层和裂隙发育,地表侵蚀形成谷地,常常形成富水块段
断层储水构造	是由构造岩带及其影响带中的裂隙构成含水介质,以两侧较完整的岩石构成相对隔水边界,在适宜的补给条件下形成的带状储水构造。通常穿过可溶岩的断层构造岩带及其影响带裂隙发育,岩石破碎,常沿走向在地表相应地形成谷地。只要区域地形条件足够低洼,往往成为集水廊道,汇集广大范围内含水层中的地下水,形成富水条带。但断层的富水性是很复杂的,并非都含水,有些断层因为其构造岩带被完全胶结,不但不含水,反而起隔水作用。有些断层虽然是含水的,但各个部位的富水性很不均匀,有的部位含水丰富,有的部位贫水,甚至不含水。而断层储水构造仅指那些具备了储水条件的断层构造
表层岩溶带储水构造	是以表层岩溶发育带为含水层,以其下弱透水的完整基岩为隔水底板而构成的储水构造。主要存在于表层岩溶带分布广泛的溶蚀槽谷、溶丘台地、峰丛洼地和盆底周边的缓坡地带。表层岩溶发育程度随埋藏深度增大而逐渐减弱,所以表层岩溶含水层与下面隔水的完整基岩之间没有明显的分界线,呈渐变的过渡关系。但隔水底板为非岩溶隔水层的情况也有明确的界线。表层岩溶水以大气降水为主要补给来源,其水位、水量受气候影响很大。雨季地下水位上升,水量增大;旱季水位下降,水量锐减,甚至表层岩溶带干涸无水。表层岩溶水的运动主要受地形控制,顺坡向低洼地带运动,以泉或分散渗出排泄,山脊和陡坡上一般不易保持表层岩溶水。表层岩溶水以潜水为主,潜水面形状随地形起伏而和缓地起伏变化

由于岩溶饱水带储水构造和表层岩溶带储水构造之间水文地质特征差异较大,所蕴含的水资源潜力悬殊,因此有必要分类分析评价其地下水开发利用条件。

a. 饱水带储水构造:指包含着饱水带岩溶含水层的储水构造。一个饱水带储水构造要作为供水水源地,应具备以下几个方面的条件:岩溶含水层埋深在一般生产、生活供水的经济技术允许范围内,单井涌水量、补给保证程度能够满足供水目标要求,以及具有枯雨季调节需要的储存量,地质环境及防污性能优良。饱水带储水构造含水层赋水空间主要为溶蚀裂隙系统,呈网状、带状结构,岩溶发育较均匀或均匀,岩溶水径流主要为慢速的溶隙扩散流,多具二维流特征,径流动态以波态型或稳态型($\Delta<3$)为主,含水介质的天然调节能力强。

该类水源地主要具有如下水文地质特征:一是岩溶发育相对均匀、连通性好,含水层特征多等效于多孔介质,地下径流主要为慢速的扩散流。二是岩溶发育深度大,有较大的储水空间和储存量,通过布井开采,起到调节枯季径流量减少的作用,水源地均为调节型。三是受岩溶发育特征的控制,含水层在一定程度上也具有富水性垂向成层分段、平面不规则分带的特征。四是含水层埋藏于地下,受外界影响相对较弱。因此,岩溶水动态变幅较小,一般水质优良。

由以上水文地质特征所决定,饱水带储水构造是城镇、村庄、厂矿供水的主要水源地。其中在有利于地下水富集的水文地质、地形地貌条件下形成的,含水层富水性较强且比较均匀的富水块段,非常适宜于布置井群、井排集中开采,建设集中供水水源地。根据其水文地质特征,主要适宜于钻井开发,对于含水层埋藏较浅的岩溶槽谷、洼地、台地区,也适宜采用汲水斜井、大口井、截水槽等方式开发。

b. 表层岩溶带储水构造:指包含表层岩溶含水层的储水构造。其中,表层岩溶含水层一般埋深小于30m,富水性较均匀,上覆一定厚度的包气带或同时存在弱透水浮土层,下伏弱透水底板,周边边界较为开敞。单井涌水量至少能够满足一户普通人家的生活用水需求。

这类水源地主要分布在溶蚀槽谷、溶丘台地、峰丛洼地和盆底周边的缓坡地带。水文地质特征主要有:一是赋水空间主要为溶蚀程度高、密集发育的树枝状或网状结构的溶隙和溶孔,岩溶发育不均匀或较均匀,岩溶水埋藏浅。二是表层岩溶含水层一般分布局限、薄且连续性较差,含水介质的储存调节功能弱,单井涌水量小,允许开采量有限。三是埋深浅而与外界联系密切,水位动态大多为峰态型,部分呈波态型,且水质易受污染。

鉴于表层岩溶带储水构造的上述水文地质特征,主要适宜浅井开采,满足分散供水需求,对岩溶石山地区分散农村生活用水和发展名特优经济作物,以及经济作物抗旱保苗用水价值很大。

3. 区域水资源丰度

1) 地表水资源

西南岩溶区降水量丰富,但差异明显,重庆、贵州、广西、湖南等区域,年降水量多在 1200~1800mm,径流深多数区域在 400~1200mm,年水面蒸发量大部分区域在 1000~1200mm,仅局部区域 800mm,干燥度为 0.5~0.75。滇东—攀西片区,大部分区域年降水量在 800~1300mm,高海拔区域降水量可达 1600~2000mm,径流深多在 100~700mm,年水面蒸发量一般在 1000~1500mm,高程在 2000m 以上的地区年水面蒸发量常大于1500mm,年干燥度为 0.75~2.0,仅北部的部分区域为 0.5~0.75。相比较,滇东—攀西片区,年降水量属偏少区,地表水资源量也属偏少区,年水面蒸发量属偏大区。

滇东—攀西片区,区内水系较发育,分属金沙江水系、南盘江水系、元江水系,主要支流有南盘江、大渡河、雅砻江等。区内降水较充沛,地表水资源较丰富,但差异很大,大部分区域多年平均径流深在 100~700mm,少部分地区地表水资源量较丰富,年平均径流深为 1000~2000mm,如罗平、屏边等地,部分地区水资源量贫乏,年平均径流深小于 100mm,如呈贡、蒙自、曲靖、昭通、东川等地(图 6-4)。区内地表水多年平均径流量为 $4893.88 \times 10^8 m^3/a$。除河流外,滇东高原面上还分布有滇池、抚仙湖等 6 个淡水湖泊,总容水量为 $218.66 \times 10^8 m^3$。西昌邛海容水量为 $3 \times 10^8 m^3$。地表水资源量统计见表 6-4,地表水的空间分布不均匀,在小流域中,以大渡河水资源量最丰富,径流量为 $575.99 \times 10^8 m^3/a$,其次为理塘河为 $311.11 \times 10^8 m^3/a$,南盘江为 $172 \times 10^8 m^3/a$。

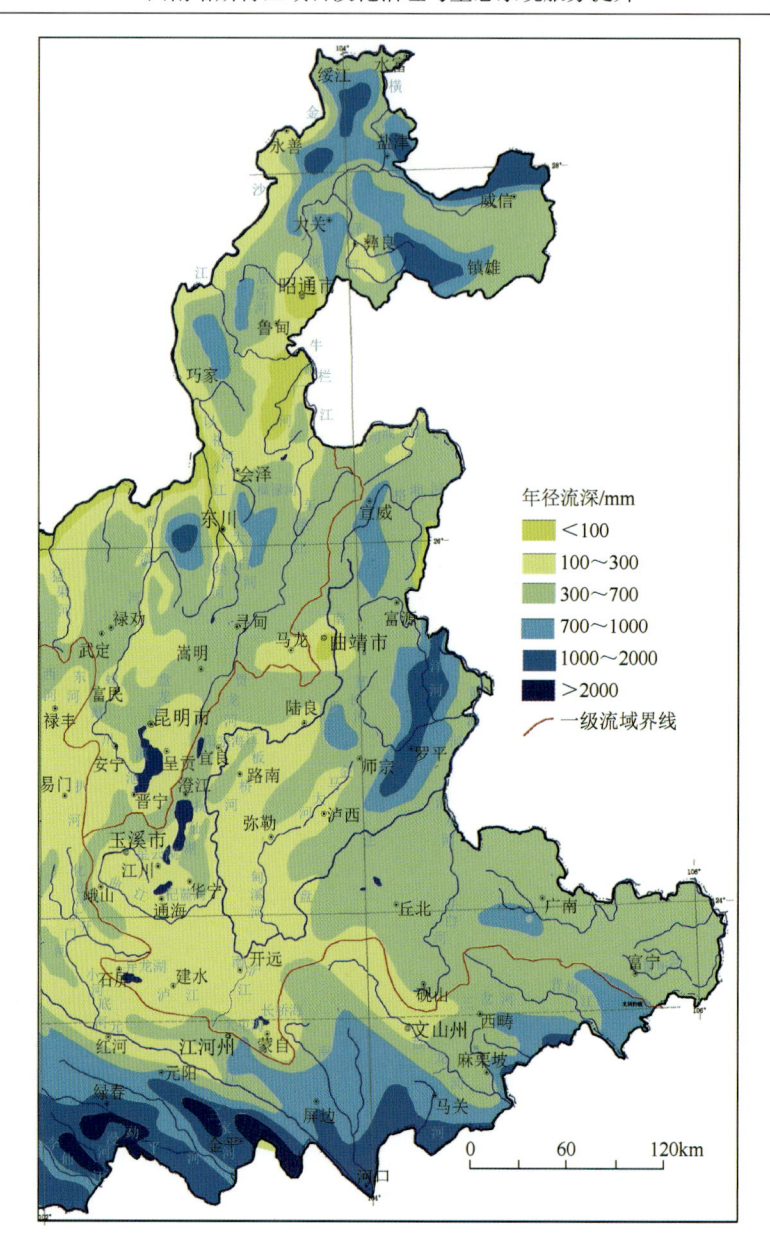

图 6-4　滇东年平均径流深等值线图

表 6-4　滇东—攀西地表水资源量统计表

一级流域名称	二级流域名称	地表水资源量/($10^8 m^3/a$)
长江	金沙江	
	勐果河	5.39
	普渡河	33.78
	小江	13.84
	以礼河	12.20
	牛栏江	53.16

续表

一级流域名称	二级流域名称		地表水资源量/($10^8 m^3/a$)
长江	金沙江	横江 横江干流	62.74
		横江 洛泽河	
		巧家-永善诸河	13.05
		金沙江干流	1487.91
		普隆河	10.51
		糁鱼河	11.10
		黑水河	33.50
		西溪河	28.37
		美姑河	29.98
		西宁河	9.95
		雅砻江 雅砻江干流	641.11
		雅砻江 理塘河	311.11
		雅砻江 惠民河	22.99
		雅砻江 安宁河	161.14
		雅砻江 雅砻江合计	1136.35
		金沙江合计	2941.83
	岷江	岷江干流	908.80
		大渡河	575.99
		马边河	53.41
		岷江合计	1538.20
	长江合计		4480.03
红河	元江	绿汁江	16.93
		小河底河	10.50
		屏边诸河	16.75
		南溪河	29.23
		盘龙河	85.00
		普梅江	16.24
	红河合计		174.65
珠江	北盘江	革香河	22.20
	南盘江	南盘江上段	172.00
		南盘江下段	
		黄泥河	
	右江	驮娘江	45.00
	珠江合计		239.20
滇东—攀西总计			4893.88

区内地表水的时空分布极不均匀，空间上水资源主要集中在各大江、大河中，时间上，径流变化季节性明显，丰、枯水量悬殊，河流丰水期一般集中在 6～11 月，总量占全年的 80%以上，枯水期一般出现在 3～4 月。大部分河段水质为Ⅰ～Ⅲ类，个别河段局部污染较严重，为Ⅳ类。水库数量众多，水质较好，绝大多数为Ⅰ～Ⅲ类。

2）地下水资源

滇东—攀西片区，区内地下水含水层类型较齐全，根据含水介质的空隙特征，可分为孔隙含水层、裂隙含水层、岩溶含水层三类（图 6-5）。孔隙含水层主要为第四系砂砾石、

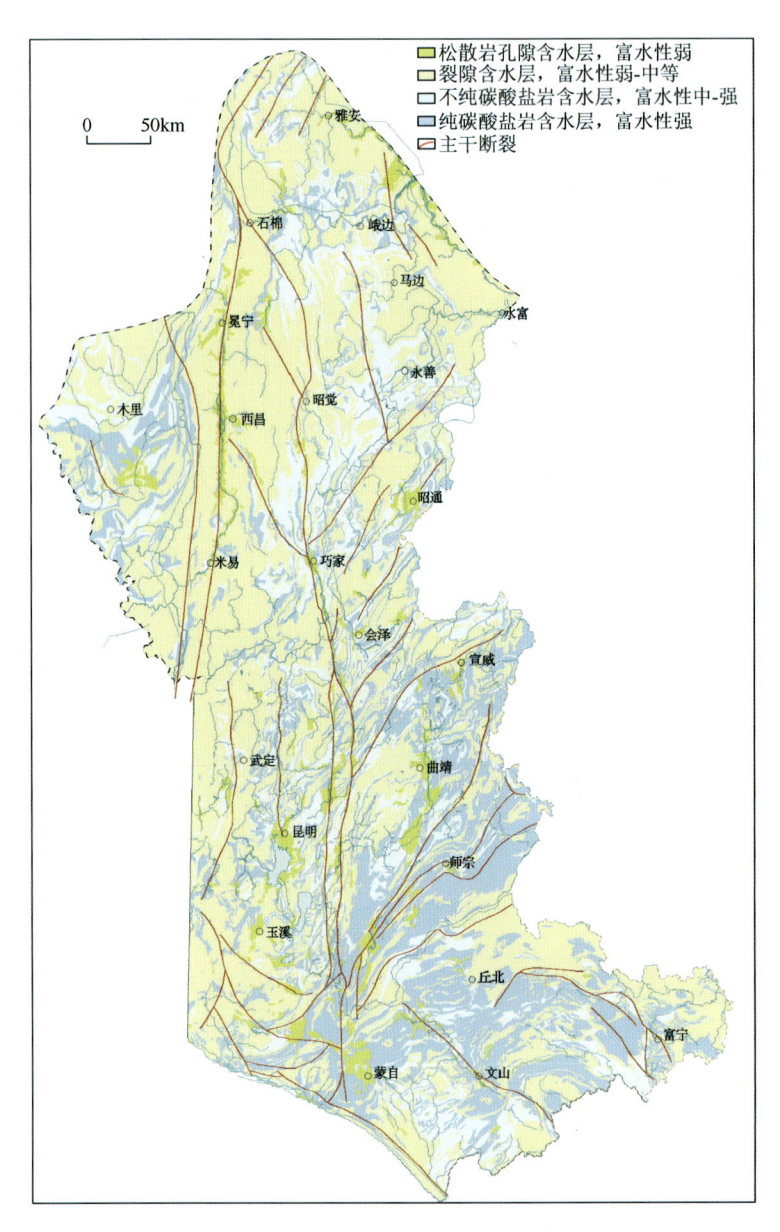

图 6-5　滇东—攀西片区水文地质图

黏土层，裂隙含水层包括各时代碎屑岩、变质岩，以及以玄武岩为主的岩浆岩，富水性弱—中等。岩溶含水层包括各时代以碳酸盐岩为主的地层，纯碳酸盐岩含水层，岩溶发育强烈，富水性强但不均一，大泉暗河发育；不纯碳酸盐岩含水层，由于有碎屑岩夹层的限制，岩溶发育相对较弱，一般富水性中-强。根据含水介质的类型，区内地下水类型可分为孔隙水、裂隙水、岩溶水三类，以裂隙水分布最广，其次为岩溶水，孔隙水仅分布在盆地内。岩溶水一般水量丰富，是主要的地下水开采类型。各类型地下水水质、动态变化受所处的地理地质环境影响较大。孔隙水主要分布于盆地及河谷区，主要水化学类型为 HCO_3-Ca·Mg、HCO_3-Ca、HCO_3-Ca·Na 型，矿化度普遍小于 1000mg/L，在人口较少区，水质较好，以Ⅱ～Ⅲ类为主，在人口集中分布区，如县城、小城镇所在地等，水化学类型复杂，水质较差，以Ⅳ～Ⅴ类为主。裂隙水、岩溶水，水化学类型简单，以 HCO_3-Ca、HCO_3-Ca·Mg 型为主，水质一般较好，矿化度一般小于 500mg/L，但岩溶水自身卫生防护能力差，容易受污染，地下水含水层脆弱性高。

采用不同保证率的降水入渗系数法计算区内地下水天然补给量（表 6-5）。地下水天然补给量为 $435.93×10^8 m^3/a$，其中长江流域约 $232.26×10^8 m^3/a$，红河流域约 $71.15×10^8 m^3/a$，珠江流域 $132.52×10^8 m^3/a$。在二级流域中，天然补给量最多的是南盘江 $94.55×10^8 m^3/a$，其次为大渡河 $44.51×10^8 m^3/a$、盘龙河 $26.80×10^8 m^3/a$，最小的是勐果河 $1.79×10^8 m^3/a$。区内共有 33 个小流域，地下水均有开采潜力，其中金沙江干流、西溪河、美姑河、西宁河、理塘河、马边河流域为 6 个潜力较大区，其余为开采潜力较小—中等区。

表 6-5 滇东—攀西地下水天然资源量计算结果表

一级流域名称	二级流域名称		面积/km²	多年平均补给量/($10^4 m^3/a$)
长江	金沙江	勐果河	2456.94	17943.61
		普渡河	12839.31	166576.32
		小江	3229.63	56137.29
		以礼河	3449.69	60045.91
		牛栏江	11168	217378.53
		横江 横江干流	5889.56	116104.37
		洛泽河	2488.25	62336.94
		巧家-永善诸河	3042.38	75804.77
		金沙江干流	10259.61	178471.04
		普隆河	2286.02	19360.38
		糁鱼河	1366.98	28600.77
		黑水河	3647.2	64053.41
		西溪河	2879.72	48837.11
		美姑河	3310.38	60676.1

续表

一级流域名称	二级流域名称		面积/km²	多年平均补给量/(10⁴m³/a)
长江	金沙江	西宁河	1025.1	18551.62
		雅砻江 雅砻江干流	10301.38	155636.31
		雅砻江 理塘河	7856.54	186796.31
		雅砻江 惠民河	1748.08	40451.47
		雅砻江 安宁河	11064	173203.94
		雅砻江 雅砻江合计	30970	556088.03
		金沙江合计	100308.77	1746966.2
	岷江	岷江干流	2958.46	48062.41
		大渡河	24186.46	445117.43
		马边河	3609.43	82468.64
		岷江合计	30754.35	575648.48
	长江合计		131063.12	2322614.68
红河	元江	绿汁江	3740.06	54995.63
		小河底河	4255.19	65937.98
		屏边诸河	3793	88509.25
		南溪河	3446.5	95893.97
		盘龙河	9269.69	267998.43
		普梅江	4699.13	138126.66
		红河合计	29203.57	711461.92
珠江	南盘江	南盘江上段	15857.19	225425.69
		南盘江下段	20342.88	475111.83
		黄泥河	7402.63	244980.77
		南盘江合计	43602.7	945518.29
	北盘江	格香河	5345.5	191508.07
	右江	驮娘江	9549.25	188164.05
	珠江合计		58497.45	1325190.41
滇东—攀西总计			218717.5	4359267.01

西南岩溶区降水量丰富，地下水资源量也较丰富，但各地区差异仍较大，滇东—攀西片区、广西等地，地下水资源量较丰富（省区内年地下水天然补给量大于 $500 \times 10^8 m^3$），属地下水资源丰富的省区，贵州、湖南等区域，地下水资源量一般（省域内年地下水天然补给量为 $200 \times 10^8 \sim 499 \times 10^8 m^3$），重庆则属地下水资源贫乏区（年地下水天然补给量为 $100 \times 10^8 \sim 200 \times 10^8 m^3$）。地下水类型以岩溶水为主，水量较丰富，是最主要的开发对象，但分布不均匀，埋藏条件、动态变化都较大，主要以泉、暗河的形式出露于盆地边缘、河谷底部。孔隙水主要分布在盆地底部、河谷底部，埋藏浅，但水量小。裂隙水主

要分布于基岩山区，不容易形成集中富集的水源地，多数在冲沟、河谷中分散排泄，水量受降水季节性影响较大。

3) 地热矿泉水资源

地热矿泉水的形成、分布受深大断裂、地层岩性、水岩相互作用等地质环境制约。区内地貌类型多样，地质构造复杂，深大断裂发育，各种岩类出露齐全，为矿泉水的形成提供了良好的物质基础条件。区内矿泉水包括天然饮用矿泉水、医疗矿泉水。地热水多数与深大断裂关系密切。区内控制性的深大断裂带主要有近南北向的石棉—小江断裂带、北东向的师宗-弥勒断裂带等，沿断裂带出露有较多温泉。区内岩类齐全，地层岩性多样，各岩类均可成为矿泉水的含水层（图6-6）。

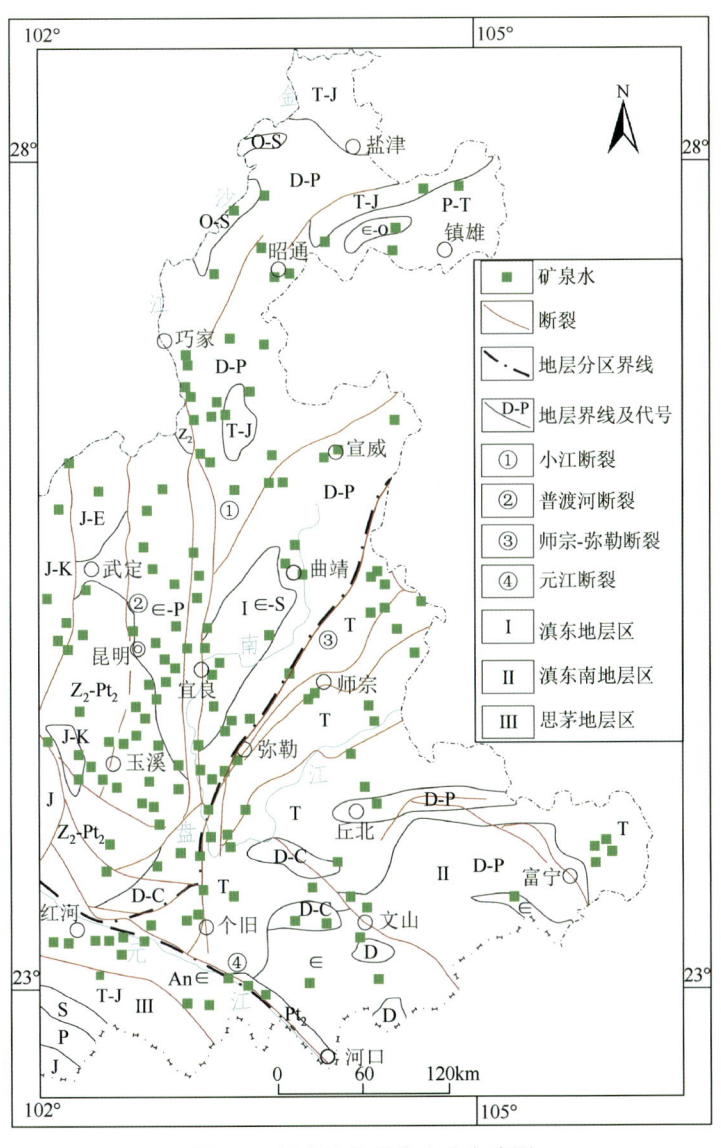

图6-6 滇东地热矿泉水分布略图

滇东—攀西片区，区内地热矿泉水资源丰富，类型多样，以滇东为例，依据《食品安全国家标准 饮用天然矿泉水》(GB 8537—2018)、《天然矿泉水资源地质勘查规范》(GB/T 13727—2016)要求，结合滇东矿泉水水质特点，以特殊的化学成分及温度为标准，将滇东矿泉水划分为偏硅酸矿泉水、盐类矿泉水（溶解性总固体大于 1000mg/L）、微量元素矿泉水（指锶、锂、锌、硒、氡、硫化氢，有其中之一达标）、碳酸矿泉水、复合型矿泉水、温矿水（水温≥36℃，有医疗作用）共 6 类。矿泉水出露与地层关系较为密切，第四系—元古宇地层中均有出露，主要赋存于震旦系灯影组白云岩、第四系砂砾层、元古宇昆阳群变质岩、上二叠统峨眉山组玄武岩、侏罗系—白垩系红色碎屑岩含盐层，以及印支期花岗岩体等地层，水化学类型多样，主要为 HCO_3-Ca·Mg 型，矿化度一般在 0.06~2.31g/L，水温在 15~103℃。据不完全统计，滇东已发现的各类矿泉水点有 363 处，以偏硅酸矿泉水为主，占总数的 49.7%；出露状态泉水占 49%，井孔占 51%，温度小于 25℃的冷水占 53.2%。总体上具有区域分布不均匀、局部较为集中的特点，以昆明、开远、玉溪等地分布较为密集。采用枯季泉流量、钻孔抽水试验涌水量推算方法计算，允许开采量 $28.96×10^4 m^3/d$。区内多数矿泉水尚未开发，随着勘探程度的不断提高，更多的矿泉水将会被发现，可开采量也会不断增加，区内矿泉水的开采潜力巨大。

地热水、矿泉水是一类具有特殊成分的地下水，资源价值较稀缺，总体上分布数量有限，受控因素较多，成因类型多样。西南岩溶区，饮用矿泉水多分布于玄武岩、变质岩、花岗岩区，锶矿泉水多分布于岩溶区，地热矿泉水多沿深大断裂带分布，以温泉形式出现较多。滇东—攀西片区，深大断裂发育，天然温泉出露较多，以 40~100℃的温热水、中温热水为主，总体上，该片区地热矿泉水比广西、重庆、贵州、湖南等区域丰富。

6.1.2 断陷盆地盆-山结构对土壤属性、土壤漏失的影响

针对喀斯特断陷盆地外围山地（陡坡带、高原面）土层浅薄不连续、土壤流失/漏失严重、土地持续利用难等问题，围绕双层岩溶水文地质结构和土石镶嵌二元地表结构下的土壤地上流失与地下漏失过程、人工种植影响下的土壤养分元素循环过程，本书研究揭示了陡坡带和高原面岩土组构特征、土壤流失/漏失过程与阻控机制等科学问题，研发了土壤流失/漏失阻控、土壤连作障碍削减等关键技术，推广示范断陷盆地山地土壤保育与高效利用模式，为该区土壤资源抢救、保护与高效利用的有机结合提供了支撑。

依据喀斯特（或岩溶）成土过程，将喀斯特石灰土分为溶蚀残-坡积石灰土、白云岩沙化淋溶土和碳酸盐岩的交代土三个亚类。

1）溶蚀残-坡积石灰土

碳酸盐岩在喀斯特作用过程中其主要的易溶组分如碳酸钙（$CaCO_3$）、碳酸镁（$MgCO_3$）等随水流失，而不溶组分，如 SiO_2、Al_2O_3、Fe_2O_3、TiO_2 等则残留下来聚积形成的土壤，称为溶蚀残-坡积石灰土。由于碳酸盐岩中不溶物含量很低，一般在 10%以下甚至不到 1%，因此通常认为若要形成 1m 厚的土壤，至少需要风化、剥蚀数十米，甚至数百米的碳酸盐岩母岩。根据土壤的颜色、黏土矿物组成、盐基饱和度、淋溶程度、胶粒、pH 及其分布

状况等，将喀斯特地区的石灰土土壤划分为暗黑色石灰土、黄色石灰土、棕（褐）色石灰土和磷质石灰土四个亚类（图 6-7）。

(a) 暗黑色石灰土　　　　　　(b) 棕（褐）色石灰土剖面

图 6-7　石灰土土壤

不同颜色、类型（亚类）的石灰土反映了不同的成壤发育阶段和水平，同时也反映了不同生物、地貌、水热状况等成壤条件。

黑色石灰土是一种富含碳酸钙和腐殖质的土壤，如图 6-7 所示土壤剖面，常夹存于石芽、灰岩缝隙或石凹坑中，呈现为初始石灰土。黏土矿物以伊利石为主，仅有少量蛭石和蒙脱石；黏粒的硅铝率比高，为 2.4~2.6，氧化钾也高达 3%。而游离氧化铁较低，为 7%~9%。土体部分化学组分中有机质为 4.33%~5.47%，CaO 含量高达 5%~7%，土壤呈碱性至微碱性，pH 约为 7.5，团粒或粒状结构，质地轻壤，属于石灰土中相对年幼的土壤。发育在中三叠统个旧组 d 段和 e 段的灰岩出露区，主要分布在泸西喀斯特高原三塘乡湾半孔、小阿定村（图 6-8）及南盘江高原丘峰上，丘峰顶有乔木或灌丛覆盖，具有大量的枯枝落叶聚集，土壤中腐殖质的积累量高，与钙质凝聚，故土壤呈暗黑色或黑褐色。

图 6-8　三塘乡小阿定村暗黑色石灰土

棕黄色石灰土受较强的淋溶作用影响，质地较细，土壤黏重。土壤呈褐棕色、棕黄色，曾称为褐棕色石灰土或棕黄色石灰土。发育在中三叠统个旧组 d 段和 e 段的灰岩出露区，主要分布在泸西喀斯特高原三塘乡湾半孔、两面坡、小阿定村及俱久村东南丘峰或南盘江左岸高原丘峰上，丘峰顶有乔木或灌丛覆盖（图 6-9）。

图 6-9　三塘乡两面坡丘峰上的褐棕色石灰土或棕黄色石灰土

喀斯特高原褐棕色石灰土、棕黄色石灰土主要发育在个旧组 b 段的泥晶灰岩中，分布在三塘乡两面坡丘峰、湾半孔以及雨龙缓丘、洼地中（图 6-10），其石灰土大部分受红层风化的红黏土影响。黏土矿物以蒙脱石和蛭石为主，次为高岭石；伊利石仅在底层土体中残存。黏粒的硅铝率约为 1.8，氧化钾含量低，一般为 0.49%～0.82%。土体部分化学组分中有机质约 3.8%，游离氧化铁约为 10%，肥力中等，土壤呈微碱性，pH 为 7～7.5。

(a) 褐棕色石灰土　　　　(b) 棕黄色石灰土

图 6-10　雨龙石灰土

黄色石灰土地处温暖湿润环境，受地表水强烈的淋溶作用，质地细腻，土壤黏重，土壤中的氧化铁基本水化，表现为低价铁氧化物的还原环境，表层土壤呈黄色或淡黄色，故称为黄色石灰土、淡（水）黄色石灰土，相当于图 6-11 土壤剖面中的下层灰土。

(a) 黄色石灰土　　　　　　　　　　(b) 淡（水）黄色石灰土

图 6-11　土壤剖面中的下层灰土

黄色石灰土发育在中三叠统个旧组 c 段的灰岩、泥质灰岩出露区，主要分布在泸西喀斯特高原三塘乡李子箐一带的高原丘峰上（海拔约 2200m），丘峰顶为松木森。黏土矿物以伊利石和蛭石为主，蒙脱石和高岭石较少；黏粒的硅铝率比高，为 2.5~3.2。K_2O 含量低，一般为 0.49%~0.82%。土体部分化学组分中有机质约 2.08%、全氮 0.16%、全磷 0.08%、全钾 1.16%，中低等肥力，而且透气性差，土壤呈微碱性，pH 为 7~7.5。

2）白云岩沙化淋溶土

白云岩沙化淋溶土是一种极为特殊的喀斯特成土现象。白云岩组分以白云石为主，结构呈他形-半自形-自形粒状，其晶格内能远大于方解石的晶格内能，Mg^{2+} 半径比 Ca^{2+} 半径小，前者为 0.065nm，后者为 0.099nm。因此，白云岩的可溶性比石灰岩低，这是 $CaCO_3$ 和 $MgCO_3$ 的分子和原子结构差异所决定的。所以，白云岩在喀斯特作用过程中，由于方解石等其他易溶性矿物在白云岩中的分散分布，喀斯特水首先沿着白云岩中的各种结构面（晶格、节理、破裂隙、拉张裂缝、层理面、错动带）等主要通道，将这些易溶性物质溶解形成许多孔隙，渗流水不断渗入孔隙并在循环过程中使白云岩孔隙不断增大，体积不断减小，强度不断降低，其结构遭到溶蚀破坏，逐渐分解为分散的晶体颗粒，最终使白云岩发生解体沙化，生成散粒状或砂糖粒状或粉末状的白云岩粉，形似粉砂（图 6-12）。在此过程中，通常形成规模不等的"沙化"条带网络，随着喀斯特水不断地溶蚀、淋滤作用，"沙化"条带逐渐向结构面两侧扩张，最终使白云岩出现整体溶蚀，围绕滞后溶蚀的白云岩块体构成"砂土包块石核"状，可简称"砂包石"状。其主要分布在泸西盆地龙甸村东南的龙甸紫微寺下部的半坡、三塘乡李子箐与阿洞村之间海拔 2200~2220m 的丘峰、三塘乡温饱村北以及俱久村东南海拔 1800m 的丘峰下。

图 6-12　碎裂白云岩整体沙化并成粉末状的白云岩粉砂

随着白云岩喀斯特沙化作用的发展，白云岩沙化物质结构演化为白云岩粉砂—白云岩（砂土）—粉质黏土（图 6-13）。在由白云岩"沙化"变成淋溶成土-黏土的过程中，其主量化学元素的迁移过程具体表现为：喀斯特水对易溶物质 CaO、MgO 不断溶蚀淋失；难溶物质 SiO_2、Al_2O_3、Fe_2O_3 变化幅度大，明显富集，含量增加到原来几倍乃至十几倍（表 6-6～表 6-10），形成白云岩沙化-淋溶石灰土或红色石灰土。

图 6-13　白云岩整体沙化与淋溶成土

表 6-6　平田白云岩风化红黏土化学成分（%）

土壤名称	Al_2O_3	CaO	Fe_2O_3	K_2O	MgO	P_2O_5	SiO_2	TiO_2	有机质
白云岩红黏土	32.76	0.22	15.46	1.18	1.16	0.13	33.28	1.2	4.5
白云岩砂土	3.83	28.74	1.21	0.19	20.46	0.044	4.81	0.1	2.4
白云岩粉砂	1.38	30.11	0.31	0.09	22.13	0.029	1.59	0.026	1.7
白云岩粉砂	0.22	33.74	0.14	0.04	18.89	0.01	0.4	0.015	—

表 6-7 栗树村白云岩风化红黏土化学成分（%）

土壤名称	Al$_2$O$_3$	CaO	Fe$_2$O$_3$	K$_2$O	MgO	P$_2$O$_5$	SiO$_2$	TiO$_2$	有机质
白云岩红黏土	19.24	0.32	6.28	1.38	0.81	0.046	62.94	0.69	2
白云岩红黏土	16.79	0.48	6.72	2.32	1.13	0.16	65.36	0.93	1.4
白云岩砂土	2.68	30.1	0.24	0.04	21.07	0.025	2.51	0.034	1.3
白云岩砂土	0.92	30.38	0.13	0.03	21.98	0.021	1.19	0.016	1.3

表 6-8 三塘乡两面坡灰质白云岩沙化红黏土化学成分（%）

土壤名称	Al$_2$O$_3$	CaO	Fe$_2$O$_3$	K$_2$O	MgO	P$_2$O$_5$	SiO$_2$	TiO$_2$	有机质
白云岩红黏土	29.46	0.45	12.43	0.48	0.7	0.1	38.04	1.56	7.5
白云岩砂土	3.64	28.59	1.29	0.09	19.9	0.058	3.97	0.12	4.7
白云岩砂土	0.1	30.55	0.04	0.011	22.12	0.01	0.06	0.007	—
白云岩粉砂	0.08	33.2	0.055	0.018	19.44	0.008	0.24	0.01	—

表 6-9 龙甸紫微寺白云岩沙化红黏土化学成分（%）

土壤名称	Al$_2$O$_3$	CaO	Fe$_2$O$_3$	K$_2$O	MgO	P$_2$O$_5$	SiO$_2$	TiO$_2$	有机质
白云岩红黏土	27.2	0.97	12.91	0.98	2.3	0.094	38.56	1.14	1.7
白云岩砂土	1.1	29.9	0.42	0.08	21.69	0.017	1.32	0.028	1.8
白云岩砂土	2.3	30.1	0.31	0.06	21.12	0.018	2.28	0.027	1.7

表 6-10 大兴堡灰质白云岩风化红黏土化学成分（%）

土壤名称	Al$_2$O$_3$	CaO	Fe$_2$O$_3$	K$_2$O	MgO	P$_2$O$_5$	SiO$_2$	TiO$_2$	有机质
白云岩红黏土	29.46	0.45	12.43	0.48	0.7	0.1	38.04	1.56	7.5
白云岩砂土	3.64	28.59	1.29	0.09	19.9	0.058	3.97	0.12	4.7
灰质白云岩	0.12	31.98	0.06	0.01	20.14	0.009	0.37	0.01	—

表 6-6～表 6-10 分别为泸西平田、栗树村、三塘乡两面坡、龙甸紫微寺及大兴堡五地的个旧组 d 段（T$_2$g^d）白云岩，在其喀斯特作用过程中，白云岩整体发生沙化，并经长期的淋溶作用形成红色淋溶黏土，其红黏土中难溶物质含量 Al$_2$O$_3$ 为 16.79%～32.76%，SiO$_2$ 为 33.28%～65.36%，Fe$_2$O$_3$ 为 6.28%～15.46%等，相对于弱风化形成的白云岩砂土、白云岩粉砂及灰质白云岩的 Al$_2$O$_3$ 为 0.1%～3.83%，SiO$_2$ 为 0.06%～4.81%，Fe$_2$O$_3$ 为 0.04%～1.29%，Al$_2$O$_3$ 增加到原来的 4～10 倍乃至 16～32 倍，SiO$_2$ 增加到原来的 9～16 倍乃至 38～65 倍，Fe$_2$O$_3$ 增加到原来的 1.5～4 倍乃至 6～15 倍，K$_2$O、TiO$_2$ 含量也增加了 10 倍，其红黏土中的 CaO、MgO 含量相对较低，分别为 0.22%～0.97%、0.7%～2.3%，CaO、MgO 基本流失，表现为明显的淋溶作用以及富集 SiO$_2$、Al$_2$O$_3$、Fe$_2$O$_3$ 的特点。

白云岩整体沙化后，粉末状的白云岩粉砂受后期喀斯特水不断淋溶作用的影响，易溶物质 CaO、MgO 淋失；难溶物质 SiO$_2$、Al$_2$O$_3$、Fe$_2$O$_3$ 明显富集，特别是白云岩粉砂中所含的黄铁矿易氧化形成 Fe$_2$O$_3$，导致白云岩沙化-淋溶形成的石灰土（黏土）受褐红色铁质浸染，呈现为褐红色的淋溶石灰土。图 6-14 白云岩沙化体上部的淋溶石灰土，受褐红色铁质浸染而呈现为褐棕-红色或褐红色。当白云岩粉砂中富含黄铁矿和锰矿物（图 6-14）时，其矿物经氧化、淋溶作用影响，形成的褐棕-红色或褐红色石灰土中常淀积有豆粒状铁、锰结核（图 6-14）。富含黄铁矿和锰矿物沙化白云岩主要分布在三塘乡李子箐与阿洞村之间的 2210m 丘峰处；而由白云岩沙化经淋溶作用形成含铁、锰结核的褐棕色石灰土，主要分布在三塘乡温饱村北的丘峰下，并有石芽覆盖。

图 6-14　铁质浸染的沙化白云岩及含铁、锰结核的褐棕色石灰土

上述研究表明，白云岩中的各种结构面（晶格、节理裂隙面、拉张裂缝、层理面、错动带）及其内易溶性矿物方解石的这一特殊溶蚀现象，是白云岩的沙化、淋溶成土的机制。

3）碳酸盐岩的交代土

碳酸盐岩（灰岩、白云岩）的交代土：在碳酸盐岩出露地区，偶尔可见在纯灰岩、白云岩上有几米甚至几十米厚的黏土，还保留母岩的宏观结构、构造现象，如层理、微层理构造、节理及断裂构造，溶孔及晶洞构造以及形态完整的化石。黏土成分较纯，不含砂、砾、岩块等。这种保留原岩产状的厚层黏土成因，用溶蚀残余成土作用是难以解释的。因而，有人提出了交代成土或水化成土的假设，即地下水在流经碳酸盐岩时首先顺方解石或白云石结晶颗粒连接处或晶体的解理面溶蚀，生成孔洞状及砂粒状的溶滤层。与此同时，地下水将 Si、Al、Fe 等物质挟入和可溶性 Ca、Mg 等组分带出，随着地下水的长期运移，碳酸盐岩中的 Ca^{2+}、Mg^{2+} 逐渐被 Si^{4+}、Al^{3+}、Fe^{3+} 物质完全取代而转变为黏土，这是一个巨大的转变，是一种近于等体积的交代作用，形成的土层厚度有时可达几十米。

一般认为，地下水中均含有 Si、Al、Fe 等物质，其含量可达 $10^{-3}\sim10^{-2}$。根据李景阳等（1991）统计，水中可溶性 SiO_2 含量可达 3～8mg/L，Fe、Al 离子含量可达 0.05～0.1mg/L，生物和微生物作用可使水中 Si、Al 富集达 10 多倍以上。地下水通过溶解作用挟出 Ca、Mg 等可溶物质，与此同时挟入 Si、Al、Fe 等物质交代和淀积而形成新生的黏土矿物。所以，碳酸盐岩的交代成土过程（图 6-15 和图 6-16）实际上是通过地下水溶液来进行的，地下水将 Si、Al、Fe 等物质挟入和可溶性 Ca、Mg 等组分带出，是在与外界有物质和能量交换的开放体系中进行的，地下水是物质溶出和挟入的载体。上述物质为三塘东山白云质灰岩交代石灰土、半交代石灰土及白云质灰岩的化学成分含量,交代石灰土中的难溶物质含量 Al_2O_3 为 35.92%,SiO_2 为 24.33%,Fe_2O_3 为 14.6%,有机质为 13.9g/kg,相对于白云质灰岩的 Al_2O_3 富集了 36 倍,SiO_2 富集了 24 倍,Fe_2O_3 富集了 15 倍,其 CaO 和 MgO 基本流失;半交代石灰土中的难溶物质含量 Al_2O_3 为 2.76%,SiO_2 为 26.11%,Fe_2O_3 为 1.42%,有机质为 1.8g/kg,相对于白云质灰岩的 Al_2O_3 富集了 2.8 倍,SiO_2 富集了 26 倍,Fe_2O_3 富集了 7 倍,其 CaO 流失了 30%,MgO 流失了 50%;而交代石灰土中的 Al_2O_3 比半交代石灰土富集了 11 倍,Fe_2O_3 半交代石灰土富集了 10 倍,由此说明地表土壤水含丰富的 Si、Al、Fe 以及有机质等物质,石灰岩的交代越强、越彻底,交代石灰土中的 Al_2O_3、SiO_2、Fe_2O_3 含量越富,能量交换、土壤化程度越高,喀斯特作用越强烈(表 6-11)。

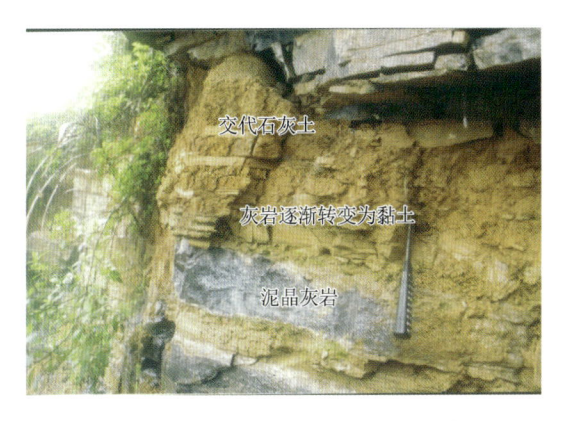

图 6-15 碳酸盐岩渐变转变为黏土过程

图 6-16 泥晶灰岩部分水化形成交代石灰土

表 6-11 东山白云质灰岩交代石灰土化学成分

土壤名称	Al_2O_3/%	CaO/%	Fe_2O_3/%	K_2O/%	MgO/%	P_2O_5/%	SiO_2/%	TiO_2/%	有机质/(g/kg)
交代石灰土 a	35.92	0.4	14.6	0.93	0.69	0.14	24.33	1.62	13.9
半交代石灰土 b	2.76	22.82	1.42	0.37	13.66	0.052	26.11	0.19	1.8
交代石灰土 c	1	30.24	0.21	0.01	22.01	0.016	0.88	0.018	—

野外调研显示，泸西喀斯特高原平台（海拔约 2100m）及丘峰（海拔约 2200m）上均可见到灰岩、白云岩形成的交代石灰土，有些灰岩、白云岩彻底交代成土，形成 1~3m 厚的黏土，保留原岩结构，黏土中完全保留了原岩的层理、微层理构造，有些交代石灰土与基岩呈渐变关系，由基岩渐变为黏土，黏土矿物的组分 SiO_2、Al_2O_3、Fe_2O_3、FeO 等，自一侧基岩—风化过渡层—黏土层，其含量依次增加。泸西交代石灰土形成于中三叠统个旧组 a、c、d、e 段的上部灰岩、泥质灰岩出露区，主要分布在泸西三塘东山喀斯特高原丘峰及高原台面（图 6-17），显示交代石灰土分布区曾经受长期的地下水浸泡，处于积水环境，地下水中所挟入 Si、Al、Fe 等物质，碳酸盐岩中的 Ca^{2+}、Mg^{2+} 逐渐被 Si、Al、Fe 物质完全取代而转变为黏土。现今这些现象分布在水库、水塘及溪流边受地表水浸泡后的灰岩、白云岩，岩石颜色发生退化，岩石里的 Ca^{2+}、Mg^{2+} 逐渐流失，基岩发生泥化，逐渐转变为黏土。例如，泸西永宁乡冒烟洞村喀斯特洼地中的冒烟洞（图 6-18），是泸西现今地表河水的排泄口，在雨季因地表河水排泄不畅，经常积水浸没洼地，使得在地表河水边裸露的灰岩、白云岩经常受地表河水的浸泡，导致基岩颜色发生退化，显示基岩中的 Ca^{2+}、Mg^{2+} 逐渐流失，逐渐被地表河水中所挟入 Si、Al、Fe 物质所取代而转变为黏土，表现为现今仍在进行交代成土作用。

图 6-17 泸西东山高原丘峰交代石灰土、上坝心村西高原台面交代石灰土

图 6-18 冒烟洞浸泡灰岩交代石灰土

泸西永宁乡小江冒烟洞河段由地表河浸泡泥晶灰岩、灰岩水化后形成的交代石灰土，按灰岩水化交代石灰土的层位共取 5 层土及一层灰岩基岩，其化学成分如表 6-12 所示，其水化后交代石灰土中的难溶物质含量 Al_2O_3 为 10.4%～14.44%，SiO_2 为 73.63%～79.24%，Fe_2O_3 为 0.88%～4.42%，有机质为 1.3～3g/kg 等，相对于泥晶灰岩的 Al_2O_3 富集了 10～14 倍，SiO_2 富集了 73～75 倍甚至 100 多倍，Fe_2O_3 富集了 10～40 倍，有机质 1.3～3 倍，其 CaO 为 0.18%～0.32%，MgO 为 0.38%～0.52%，CaO、MgO 成分基本流失，P_2O_5、TiO_2 含量偏低，富集程度较弱。由此说明小江地表河水含丰富的 Si、Al、Fe 等物质，尤其 SiO_2 含量是其他土壤含量的 2～3 倍，而 Al_2O_3、Fe_2O_3 含量则比其他土壤含量低 2～3 倍，显示小江地表河水以外源水为主，河水中的 Si、Al、Fe 含量稍低，主要因为 Fe^{2+} 呈现还原环境，冒烟洞河段的泥晶灰岩受河水浸泡时间越长，泥晶灰岩水化越强，灰岩交代越强、越彻底，交代石灰土中的 Al_2O_3、SiO_2、Fe_2O_3 含量越富，能量交换、土壤化程度越高，喀斯特作用越强烈。

表 6-12 小江冒烟洞泥晶灰岩交代石灰土化学成分

土壤名称	Al_2O_3/%	CaO/%	Fe_2O_3/%	K_2O/%	MgO/%	P_2O_5/%	SiO_2/%	TiO_2/%	有机质/(g/kg)
水化石灰土 a	10.4	0.18	3.37	1.71	0.38	0.045	79.24	0.6	1.3
水化石灰土 b	14.26	0.28	1.93	2.08	0.49	0.029	75.51	0.77	2.5
水化石灰土 c	13.07	0.24	1.54	2.09	0.45	0.027	77.39	0.73	2.8
水化石灰土 d	14.06	0.24	1.32	2.24	0.46	0.028	77.49	0.79	3
水化石灰土 e	14.44	0.28	0.88	2.32	0.51	0.03	77.37	0.82	1.38
水化石灰土 f	12.53	0.32	4.42	1.8	0.52	0.11	73.63	0.76	1.8
泥晶灰岩	0.16	48.72	0.08	0.04	4.8	0.017	0.37	0.017	—

注：a、b、c、d、e、f 表示样品自上而下依次取样。

又如，泸西玫瑰花园小镇及足球训练基地等地覆盖于红黏土下部的个旧组 d 段（T_2g^d）受土壤水浸泡，白云岩发生水化，Ca^{2+}、Mg^{2+} 逐渐流失，基岩整体发生泥化，逐渐转变为黏土（图 6-19 和图 6-20），其化学成分变化如表 6-13 和表 6-14 所示。表 6-13 和表 6-14 为两处个旧组 d 段（T_2g^d）白云岩，受土壤水浸泡后发生水化，Ca^{2+}、Mg^{2+} 逐渐流失，基岩整体发生泥化，形成黏土、半黏土（或白云岩沙土）白云岩粉砂，显示从地表至基岩，淋溶、水化作用减弱；上部黏土层受土壤水浸泡、淋溶较强，其易溶物质 CaO、MgO 基本流失，难溶物质 SiO_2、Al_2O_3、Fe_2O_3 明显富集。上部黏土层中的难溶物质含量 Al_2O_3 为 18.72%～32.24%，SiO_2 为 33.43%～57.86%，Fe_2O_3 为 7.63%～15.12%，有机质为 2.2～4.1g/kg，而白云岩砂土、白云岩粉砂的 Al_2O_3、SiO_2、Fe_2O_3、CaO、MgO、有机质等含量，基本与白云岩的含量大体相当，显示淋溶较弱，其易溶物质 CaO、MgO 基本不变，流失量极少。上部黏土层相对于弱风化形成的白云岩砂土、白云岩粉砂及灰质白云岩中的 Al_2O_3 富集了 10～20 倍乃至 100 多倍，SiO_2 富集了 20～38 倍乃至 80 倍、Fe_2O_3 富集了 25～50 倍乃至 100 多倍，有机质 3～5 倍，其 CaO 为 0.11%～0.18%，MgO 为 0.44%～0.54%，成分基本流失，显示了上部黏土层明显受到极强的淋溶作用，黏土淋溶作用越强、越彻底，黏土中的 Al_2O_3、SiO_2、Fe_2O_3 含量越富集，能量交换越高、土壤风化程度越高，喀斯特作用越强，显示富集 SiO_2、Al_2O_3、Fe_2O_3 的特点。

图 6-19　土壤水-水化白云岩、水化白云岩半成土

图 6-20　整体水化白云岩形成石灰土

表 6-13　玫瑰花园小镇水化灰质白云岩风化红黏土化学成分

土壤名称	Al_2O_3/%	CaO/%	Fe_2O_3/%	K_2O/%	MgO/%	P_2O_5/%	SiO_2/%	TiO_2/%	有机质/(g/kg)
白云岩红黏土 a	24.95	0.14	11.62	0.62	0.48	0.17	43.69	2.38	3.8
白云岩红黏土 b	18.72	0.11	7.63	0.91	0.54	0.14	57.86	1.46	2.2
白云岩砂土 c	1.51	30.22	0.31	0.09	21.26	0.026	1.57	0.041	0.84
白云岩粉砂 d	0.24	31.24	0.15	0.048	20.8	0.012	0.76	0.018	—

注：a、b、c、d 表示样品从上向下取样。

表 6-14　足球训练基地水化白云岩风化红黏土化学成分

土壤名称	Al_2O_3/%	CaO/%	Fe_2O_3/%	K_2O/%	MgO/%	P_2O_5/%	SiO_2/%	TiO_2/%	有机质/(g/kg)
白云岩红黏土 a	32.24	0.18	15.12	0.59	0.44	0.13	33.43	2.08	4.1
白云岩红黏土 b	30.3	0.14	12.06	0.63	0.47	0.13	37.97	2.21	2.6
灰质白云岩	0.31	29.91	0.17	0.09	21.86	0.016	0.64	0.019	—

注：a、b 表示样品从上向下取样。

上述地下水挟带的 Si、Al、Fe 等物质直接交代白云石、方解石形成黏土矿物，其交代石灰土土体中所保留的母岩宏观结构、构造现象，如层理、微层理构造，节理及断裂构造，溶孔及晶洞构造等，是由基岩到土等体积变化的产物和证据。黏土土体中所保存的基岩原生宏观结构和构造现象以及土体中各种微结构现象，为碳酸盐岩的交代成土作用提供了理论基础和合理的解释。

红色喀斯特角砾岩、红色灰岩底砾岩及红层风化的红色黏土或红壤：在我国云贵高原、四川东部、广西、广东北部、湖南西部及湖北西部的碳酸盐岩分布区，广泛发育一层厚度不一的红黏土，而且红土主要由黏土矿物、胶体 SiO_2、Al_2O_3、Fe_2O_3 等组成。由于这些地区石漠化严重，红黏土的干裂化行为易造成一些地基失稳以及水土流失，同时红黏土中还蕴含着重要的古环境信息，近年来红黏土形成机制受到人们的广泛关注。对此人们提出了许多假说，同时也存在着很大争议，有些观点甚至针锋相对，但随着研究的深入，红黏土形成机制的研究对全面认识我国第四纪气候变化过程、青藏高原抬升、东亚季风演化规律以及全球变化纬度效应均具有重要的意义。

目前，已提出用于解释红黏土形成机制的理论可归结为"溶蚀—残积""溶蚀—交代""外来沉积"三种。造成红土形成机制众说纷纭的主要原因之一是受人们的专业限制，相关假说的依据往往过于局限，前人研究多注重红黏土的各项理化性质对比及其发生学意义，而缺少对形成红黏土的物质来源、形成时代及形成气候环境等的考虑，把凡是分布、出露于喀斯特地区的红色黏土或红壤都归属于喀斯特红（土）壤，从而造成认识的误区，顾此失彼。例如，云南路南石林处于滇东喀斯特高原上，高原面起伏较为和缓，在二叠系碳酸盐岩地层表面或石芽上广泛为红色黏土所覆盖，许多学者认为风化层来源于下伏碳酸盐岩的原位风化，属于溶蚀-残积成因，这是一种认识的误区。依据路南石林地区有晚二叠世玄武岩、古近纪湖泊沉积物、红色角砾岩以及红色黏土形成年代、红黏土厚度、红黏土各项理化性质和气候环境等，路南石林喀斯特高原上所覆盖的红色黏土，实际上是晚二叠世玄武岩、古近纪湖泊沉积物等在第四系期间的风化残积而成，并不是二叠系碳酸盐岩的原位风化、溶蚀-残积形成的红色黏土。

泸西红色黏土俗称为红土，土壤呈红色、棕红色，有红火泥土之称。泸西红色黏土主要分布于泸西县中枢、三塘、向阳、白水以及栗树、直邑等地的喀斯特断陷盆地、喀斯特丘丛洼地、高原缓丘台地、高洼地、喀斯特槽谷及丘峰垭口等大部分地区，面积 549.20km^2，占总土地面积的 54.4%。红色黏土或红壤分布连续，成片分布，面积较大，土层黏而深厚，厚度从 1 米至几十米不等，覆盖于碳酸盐岩岩层上的红色黏土的厚度，取决于喀斯特地形地貌特征以及基底起伏趋势与特点。调查显示，泸西红色黏土或红壤其成壤母岩主要为古近系始新统路美邑组（E_{21}）或者为晚白垩世（作者认为是晚白垩世时期形成的红层，与云南禄丰盆地的红层形成时期大致相同，禄丰盆地的红层发现有恐龙化石，均属中生代）时期形成的红色喀斯特角砾岩中红色钙泥质填系物、红色钙质泥岩、红色钙屑灰岩以及古近纪始新世时期形成的红色底砾岩中红色钙泥质填系物、红色泥岩、钙质泥岩与泥灰岩等风化、淋溶而成（图 6-21 和图 6-22）。根据红色黏土或红壤发育厚度，泸西下伏三叠系碳酸盐岩岩性厚度及其酸不溶物的含量一般在 3%以下。因此，通常认为若要形成 1m 厚的石灰土土壤至少需要风化剥蚀数十米甚至数百米的碳酸盐岩母岩，形成 1m 的土壤层至少需要 30 万～50 万年，而要形成 10～30m 的土壤层至少需要 300 万～500 万年，由此推算，泸西形成红色黏土或红壤所消耗的碳酸盐岩数量（厚度）、形成时间以及气候环境是缺乏依据的。

图 6-21　小阿定红色喀斯特角砾岩、大直邑红色钙屑灰岩

图 6-22　红色底砾岩、红色泥岩、钙质泥岩夹泥灰岩

泸西喀斯特地区由红色喀斯特角砾岩、红色钙质泥岩、红色钙屑灰岩等母岩形成红色黏土或红壤，通常土壤层厚度在 50～200cm，分布范围小且不连续，土壤层中有时含有碎石块；而由古近纪始新世时期的红色底砾岩、红色泥岩、钙质泥岩与泥灰岩等母岩风化形成的红色黏土或红壤，通常土壤层厚度大，在几米至几十米不等，其分布范围广而且连续，土壤质地黏重、土质均匀，是当前主要的农用地。表 6-15 为直邑红层风化红黏土化学成分，表层红黏土风化程度高，淋溶作用相对较强，CaO（0.98%）、MgO（0.73%）基本流失，难溶物质 Al_2O_3 为 12.66%，Fe_2O_3 为 5.77%，SiO_2 为 17.52%，显示 Al_2O_3、Fe_2O_3 相对富集，而 SiO_2 相对于上、下层红黏土层中的含量，表现为较强的淋溶流失；直邑上、下层红黏土显示原岩红色钙质泥灰岩、钙屑灰岩的风化程度、淋溶作用相对较弱，仍保留较高的 CaO（23.7%～26.25%）、SiO_2（36.45%～40.56%）含量，难溶物质 Al_2O_3（5.72%～9.57%）、Fe_2O_3（2.74%～3.69%）含量较高，显示淋溶作用较弱，其易溶物质 CaO 基本不变，流失量极少。

表 6-15 直邑红层风化红黏土化学成分

土壤名称	Al$_2$O$_3$/%	CaO/%	Fe$_2$O$_3$/%	K$_2$O/%	MgO/%	P$_2$O$_5$/%	SiO$_2$/%	TiO$_2$/%	有机质/(g/kg)
表层红黏土	12.66	0.98	5.77	0.83	0.73	—	17.52	—	—
半风化红层黏土上	9.57	23.7	3.69	1.17	2.08	0.075	40.56	0.59	0.98
半风化红层黏土下	5.72	26.25	2.74	0.82	2.23	0.057	36.45	0.46	—

泸西东南部雨咩村附近的两个红色泥岩、红色含钙质泥岩、泥灰岩、钙屑灰岩等剖面（表 6-16 和表 6-17）显示，其风化红黏土、半风化钙质泥岩为强风化红黏土，其红黏土层中的难溶物质 Al$_2$O$_3$（5.54%~18.69%）、Fe$_2$O$_3$（2.8%~9.14%）、SiO$_2$（59.97%~84.7%）含量较高，表现为明显的淋溶作用以及富集 SiO$_2$、Al$_2$O$_3$、Fe$_2$O$_3$ 的特点。而表 6-17 中的 a、b、c、d 等四层为钙质泥岩、泥灰岩的半风化含钙质黏土，其难溶物质为 Al$_2$O$_3$（3.1%~9.73%）、Fe$_2$O$_3$（1.9%~3.59%）、SiO$_2$（52.89%~58.1%），易溶物质为 CaO（13.4%~22.1%）、MgO（0.64%~1.89%）、K$_2$O（0.55%~1.56%），显示淋溶作用较弱，其易溶物质 CaO 流失量极少，能量交换弱、土壤化程度低。

表 6-16 雨咩村 EI2 红色钙质泥岩、泥灰岩风化红黏土化学成分

土壤名称	Al$_2$O$_3$/%	CaO/%	Fe$_2$O$_3$/%	K$_2$O/%	MgO/%	P$_2$O$_5$/%	SiO$_2$/%	TiO$_2$/%	有机质/(g/kg)
红层风化黏土	14.92	0.37	6.55	1.41	0.77	0.059	67.22	0.8	1.7
红层风化黏土	6.37	0.38	3.86	0.62	0.44	0.036	83.37	0.4	0.84
红层风化黏土	18.69	0.22	9.14	1.67	0.74	0.087	59.97	0.8	1.8

表 6-17 雨咩村 EI1 红色泥岩、钙质泥岩、泥灰岩风化的红黏土化学成分

土壤名称	Al$_2$O$_3$/%	CaO/%	Fe$_2$O$_3$/%	K$_2$O/%	MgO/%	P$_2$O$_5$/%	SiO$_2$/%	TiO$_2$/%	有机质/(g/kg)
红层风化黏土	5.54	0.23	2.8	0.78	0.45	0.035	84.7	0.36	0.56
红层风化黏土	13.72	0.81	5.47	2.2	1.46	0.089	69	0.84	2.5
红色钙质泥岩	9.73	15.66	3.59	1.5	1.68	0.09	53.03	0.63	2.2
红色钙质泥岩	8.5	13.4	3.54	1.56	1.89	0.091	55.98	0.61	—
红色钙质泥岩	4.34	17.35	2.12	0.79	0.97	0.045	58.1	0.35	—
红色钙质泥岩	3.1	22.1	1.9	0.55	0.64	0.044	52.89	0.23	—

此外，在泸西盆地西侧的灰岩残峰附近新修公路可见开挖较好的红黏土与黄黏土层剖面，厚度为 2~6m，土层剖面可分为三层（图 6-23）：①表土层或土壤层，富含有机质，多为耕地或菜地，厚度为 10~30cm；②红黏土层，呈棕红色，土质均匀，含较多高价铁的氧化物，土壤质地黏重，具红黏土的一般特征，厚度为 2~4m；③黄黏土层，为黄色层，以薄层状出现，土质均匀，含低价铁氧化物，厚度为 1~2m；④风化较强

白云质灰岩，节理裂隙发育，其土层覆白云质灰岩基岩面上，显示出土层—基岩一个完整性的剖面。

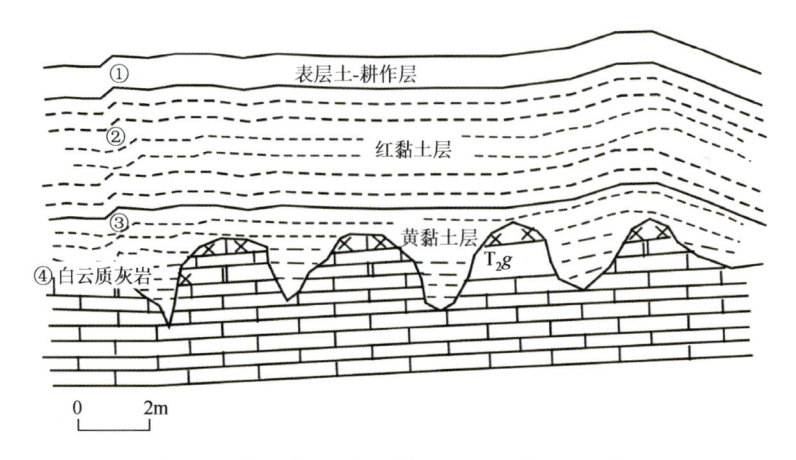

图 6-23　泸西盆地西侧开挖红黏土与黄黏土层剖面

资料来源：云南省地质调查院.2006.云南泸西小江流域岩溶地下水调查与地质环境整治示范报告

泸西喀斯特地区分布的红色黏土或红土壤，在风化成土过程中，普遍受到强烈的淋溶作用影响，盐类大量淋失，甚至殆尽，为不饱和土壤，其中红壤中的 Ca（0.98%）、Mg（0.73%）、Si（17.52%）、Al（12.66%）、Fe（5.77%）、K（0.83%），呈中性至微—弱酸性反应，pH 为 6.92。黏土矿物除以高岭石为主外，仅有极少量的蒙脱石和蛭石，并出现有少量的赤铁矿和三水铝石，游离氧化铁达 18%。黏粒的硅铝率比大大降低，为 1.3~1.5。由此表明，泸西红黏土由于风化程度高、成土时间长，土壤质地黏重，酸度强，微结构大量发育，土壤的持水能力强，但供水能力则更接近于砂土，土壤抗旱能力比较弱（图 6-24）。在同一气候区内，成土环境及成土时代对红黏土矿物的成分及后生演化具有重要影响。

图 6-24　小阿定喀斯特角砾岩风化成土、红色钙屑灰岩与风化红黏土

6.2 断陷盆地石漠化综合治理技术

6.2.1 断陷盆地地表-地下水资源优化调控、高效利用的技术研发

1. 山地丘峰区表层岩溶泉水高效利用技术

山地丘峰区表层岩溶泉一般流量较小,多数具季节性出流,但因出露位置较高,适宜采用"蓄、引"组合的开发技术方案,由于不需动力,很适宜在区域地下水深埋的岩溶山区、峰丛洼地区推广应用。通常可采用泉-池-窖连接方式蓄积利用、表层岩溶泉的开发方案。在地质条件具备时,还可选择适宜的有利地段,寻找有相对隔水层存在的洼地,建设小坝塘、小水库蓄积地表、地下水联合利用。调蓄水池一般采用浆砌石或混凝土结构,容积 $500\sim1500\text{m}^3$,引水管可选用镀锌管、PVC(聚氯乙烯)管。筑坝蓄积时,一般采用土石重力坝,并作帷幕防渗处理。

2. 山地丘峰区地下河、泉水高效利用技术

天然出露的泉、暗河,一般常年不断流,根据出露的地质条件和用水需求,适宜采用"引、蓄、提、堵"组合的开发技术方案。"引"是直接引流利用。"蓄"是通过筑坝、建池蓄积利用。"提"是采用动力设备进行抽水利用。"堵"可利用有利的水文地质条件,在地下河管道中、天窗或地下河出口筑坝堵截地下水形成地下水库,在洼地中堵塞落水洞形成溶洼水库,在泉口围堰束流等。"蓄、堵"通常还需配合帷幕灌浆防渗等措施进行。

3. 河谷区地下河高效利用技术

河谷区地形切割强烈,地下水埋深大,水力坡度大,径流集中,岩溶水的分布均匀性差,以管道流为主,大泉、暗河发育,泉、暗河一般出露位置低,流量大。该区人口稀少,耕地分布零星,交通不便,经济较为落后,经济活动对水资源的集中利用需求不高,因此,适宜采用"蓄、堵"组合的开发技术方案,在泉、暗河出口处或下游适宜部位筑坝建库,或引流或修隧道引流开发,建梯级电站开发利用岩溶水,充分利用丰富但极不均匀的岩溶水资源。坝体一般选用混凝土坝。

4. 隐伏岩溶地下水集中径流带探测、开发利用技术

岩溶盆地边缘山区干旱缺水严重,水文地质条件复杂,岩溶发育强烈且均匀性差,富水程度差异大,打井找水难度较大,钻孔成井率较低,研究如何寻找到丰富的地下水,提高地下水勘查开发效率,解决应急抗旱水源,是水文地质工作面临的重要问题。研究岩溶区找水打井孔位确定的技术方法较多,也较为深入。

隐伏岩溶地下水,一般勘查、开发工作流程:收集资料→区域1:5万水文地质调查→1:1万水文地质调查→综合分析研究、初选井位→物探→物探、水文地质资料综合

分析研究→确定井位→水文地质钻探→物探测井→抽水试验→成井→供水开发。水文地质调查主要应查明含水层岩性、富水性、均匀性，岩溶发育特征，地下水补径排条件，岩溶水富集特征，动态特征等；综合物探主要是进一步查明含水层空间分布的富水性、均匀性特征，为精确定位钻孔位置提供依据；综合研究需结合调查、物探成果，开展综合分析研究，选择最优井位，应避免离开水文地质调查分析研究的纯粹利用物探方法找水确定井位。隐伏岩溶地下水的开发利用，最关键的是井位确定，各项工作可根据水文地质条件复杂程度、掌握资料程度作适当简化。适宜的开发方式有钻孔、大口井、截水槽等类型，钻孔深度一般可控制在 100~300m，井壁采用钢管护壁，上部用水泥作永久性止水，隔离水质不良的水体，防止松散覆盖层潜蚀，下泵段口径一般为 130~172mm，采用深井潜水泵抽水。若单井涌水量不足，经过分析研究，确认水文地质条件允许时，可采用孔内爆破、二氧化碳洗井等技术，增加含水层赋水空隙的连通程度，扩大涌水量。

5. 理疗天然热矿泉水高效开发利用技术

热矿泉水分布不均匀，资源量有限，由于其资源的稀缺性，开发利用价值高。要开发地热矿泉水，需要开展调查评价，依据《地热资源地质勘查规范》（GB/T11615—2010）、《地热资源评价方法及估算规程》（DZ/T 0331—2020）等要求，开展地热矿泉水勘查，并评价资源量及开发利用条件。热矿泉水因循环深度大，常以埋藏型地下水为主，以泉形式出露的相对较少。由于热矿泉水热储层多沿断裂呈带状分布，埋藏深、均匀性差，找水难度大，因此寻找导热断裂及其热储是其关键所在。通常采用区域地热地质调查方法，重点调查研究导热断裂分布特点，估算地热增温率、热储埋深及温度，必要时结合物探、钻探进行勘探，查明热矿泉水资源量及开采条件，常用的物探方法有 EH4、大地电磁测深等。以泉水形式出露的热矿泉水，可采用直接引流方式开采利用；无露头的埋藏型热矿泉水，则需采取钻井的方式开采利用，孔深根据热储层埋藏条件、富水程度而定，适宜采用深井开采，井深数百米至 3000 余米。

6. 饮用天然矿泉水高效开发利用技术

地下水化学成分的形成是在长期地质历史进程中水与周围介质相互作用的结果，其成分主要取决于围岩性质与地下水的循环交替条件。流域内碳酸盐岩广布，不同区域岩溶作用强度差异较大。纯碳酸盐岩区，溶蚀作用强烈，岩溶洞-隙系统发育，利于地下水的循环交替，水岩相互作用时间相对较短，一般不会形成矿泉水；而在有泥灰岩、泥质灰岩、砂泥岩夹层分布的碳酸盐岩区，或以裂隙为主的白云岩区，岩溶作用相对较弱，地下水的径流通道以裂隙、孔隙为主，径流相对较缓慢，水岩作用时间较长，有利于岩石中锶元素等溶滤进入地下水中，形成富锶矿泉水，多具有矿化度相对较高的特点。节理裂隙、溶隙、溶孔、孔隙为矿泉水的径流赋存空间。通常是浅层形成，水位埋深、径流状态受地形控制较为明显，地下水径流较快，一般为埋藏较浅的潜水。区内碳酸盐岩区的矿泉水，其成因一般为潜流溶滤型，形成过程：地势较高处的含水层中地下水接受降水补给后，在地形产生的水位压力差控制下，地下水由高处向低处径流，沿途经过不同的围岩发生水岩作用形成矿泉水。区内碳酸盐岩区的矿泉水具有循环深度较浅、周期较短，水量、水质动态随季节变化较明显的特点，水温以 20℃ 以下的泉水为主。水化学类型以 HCO_3-Ca 型为主，矿泉水类型一般为锶矿泉水。初步调查，泸西盆地发现的 5 个矿泉水均为锶矿泉水，4 个均出露于盆地边缘三叠系个旧组（T_2g）薄-中层状泥质灰岩、泥灰岩夹砂泥岩地层中，1 个出露于盆地底部三叠系个旧组（T_2g）块状白云岩地层中，岩溶不发育，以裂隙、溶孔为主，水动力条件弱，流量为 0.2~10L/s，Sr 为 0.29~1.11mg/L，TDS 为 342.63~497.9mg/L。

泸西健源山泉，位于泸西盆地上游岩溶槽谷边缘西租村（图 6-25），距泸西县城约 8km，处于流域分水岭附近，总体地势向南东倾斜，地形起伏较平缓，相对高差小于 100m，为一单斜构造，出露地层为法郎组（T_2f）层状、薄层状灰岩夹砂泥岩、火把冲组（T_3h）、鸟格组（T_3n）砂泥岩，地层倾向北西，倾角 20°~30°。槽谷底部为第四系残坡积（Q_4^{el+dl}）红黏土覆盖，厚度小于 15m，基岩为个旧组（T_2g）灰岩、白云岩。该区含水层富水性弱，地下水类型为岩溶-裂隙水，矿泉水主要含水层为 T_3n、T_2f 砂泥岩、灰岩，地下水补给条件较差，接受大气降水补给，总体上地下水自北西向南东径流，循环径流较缓慢，水位埋深 30m，动态变化较小，周边无泉水出露。地下水化学类型为 HCO_3-Ca 型，溶解性总固体含量偏高，TDS = 497.9mg/L，Sr = 0.35mg/L，偏硅酸 11.67mg/L，为锶矿泉水。

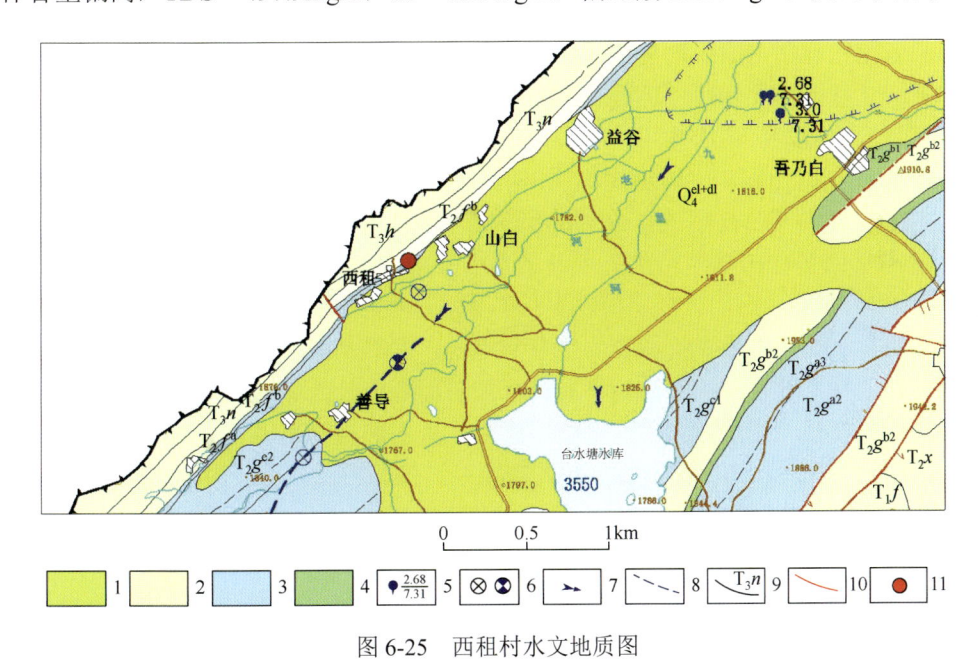

图 6-25 西租村水文地质图

1. 孔隙水；2. 裂隙水；3. 碳酸盐岩岩溶水；4. 碳酸盐岩夹碎屑岩岩溶水；5. 泉，右上为流量（L/s），下为日期（月-日）；6. 落水洞、充水落水洞；7. 地下水流向；8. 暗河管道；9. 地层界线及代号；10. 断层；11. 开采钻孔

采用钻孔开采，孔深 270m，揭露含水层为砂泥岩、灰岩，水泵位于 70m，开采量 30m³/d。主要生产桶装矿泉水，在泸西县内销售，年产值 200 余万元。地下水开采量虽较小，但经济附加值高，社会经济效益显著。

6.2.2 断陷盆地土壤保育、定向改良利用技术研发

1. 土壤流失/漏失阻控技术

1) 生物阻控技术

云南岩溶断陷盆地区域的水土保持植物选择须考虑三个因素。

半湿润气候特征：在宏观的气候特征上，由于喜马拉雅山脉的存在，云南的断陷盆地区域内以半湿润气候为主，存在长达半年以上的旱季。局部断陷盆地区域受高山峡谷和盆地山体垂直变异的影响，降水减少而蒸发量增加，出现干热与干旱河谷特征。因此，半湿润气候地形叠加的干旱特征对区域内植物的生存、生长起到决定性的作用，水土保持植物的选择和应用必须优先考虑。

植被类型和物种多样性：云南的岩溶断陷盆地密集分布于云南植被区划中的"高原亚热带南部季风常绿阔叶林地带"和"高原亚热带北部常绿阔叶林地带"，该两地带的显域植被类型分别为季风常绿阔叶林和半湿润常绿阔叶林，覆盖了云南高原南部到北部的广大区域，区域内气候类型多样，地貌复杂。西部受西风环流南支热带大陆气团与印度洋西南季风赤道海洋气团季节交替影响，而东部兼受东亚季风的影响，区域内高山峡谷众多，植被类型的水平和山体垂直分异明显，分布于海拔1600~2500m内的半湿润常绿阔叶林和云南松林所占面积最为广泛。因此，在植物的选择与应用上应考虑这种差异，避免一种或几种植物"包打（断陷盆地）天下"。

岩溶特征：岩溶区域，尤其是石漠化迹地，有两大主要限制因子，制约植物的存活与生长，决定着水土保持植物的选择。①裸露于地表的、独立或相连的不同形态、来源、大小、方位的岩体（如石芽、溶峰、散落碎块）或包围土壤斑块或被土壤斑块包围，共同组合出丰富而多样的喀斯特生态系统的植物生长基质。这些裸露的石体被沈有信等（2018）统称为露石，它们分割了植物生长的土壤基质，减少了植物生长的空间和水分、养分库，严重制约着水土保持植物的生存与生长，尤其是在严重缺水的旱季。②高钙质的生境，地表露石的存在，大量的钙质成分被石面径流带入邻近土斑，限制着一些非岩溶区的植物的存活与生长。因此，喜酸、喜湿、喜肥的植物难以较好地成长，国内外已经筛选出的一些优质水土保持植物物种，需要经过检验后，方可应用。

（1）嗜钙菌根接种技术。

岩溶石山地区的缺水、减小的养分库和高钙生境，这些生境特征严重制约了植物的生存与生长。在已经石漠化的区域，控制水土流失/漏失需要很多生物措施，但岩溶这种强烈的地质生境，限制并制约水土保持的生物措施的应用。在长期的植物-岩溶-土壤相互作用下，不同的岩溶断陷盆地露石生境均有多种多样的植物物种生存，组成多样性程度较高的植物群落。因此，从原生植物群落中筛选一批物种，研究其石生能力，开发相应的技术，是岩溶石漠化的水土流失/漏失防治、石漠化治理的长久之计。此处介绍一种将嗜钙食用真菌接种到乡土植物，作为植物篱品种的一个案例。尽管该方法仍在试验阶段，但其嗜钙菌根真菌与乡土植物的组合，已经初步显示出了较强的应用前景。

经过反复实验,目前已经成功将黑块菌(松露)(*Tuber indicum*)和夏块菌(松露)(*T. sinoaestivum*)等野生食用菌的菌根合成到华山松(*Pinus armandii*)、化香树(*Platycarya strobilacea*)、麻栎(*Quercus acutissima*)、槲栎(*Quercus aliena*)、板栗(*Castanea mollissima*)幼苗。

(2)欧李引种抚育技术。

定植两年后,成活率90%以上,平均株高50cm,径粗6mm,长势强,冠幅0.4m²,物候期较山西太谷引种地提前30天,根深近60cm,根冠比9:1,保水效益平均可达到20%,保土效益可达64.32%,与同林龄的传统水土保持植被相比,欧李的保水、保土效益显著,随着苗龄的增加其水土保持效益将更加明显。

(3)植物篱高效配置技术。

具体方法包括:确定裸岩周围土壤水分分布特征、植物物种确定及布局,添加土壤保水剂。2018年以来,通过实施上述岩土接触面土壤漏失阻控方法(试验区面积 0.2 km²),经过3年多的治理和示范,试验区域生态环境显著改善,植被覆盖率由原来的不足30%提高到60%以上,土壤侵蚀模数下降了47%,土地单位面积产值提高了近30%,取得了较好的生态、经济和社会效益。

(4)坡面植物梯化种植技术。

研发苹果+万寿菊、欧李+苹果、苹果+红小豆、南瓜、苹果+烟叶、欧李+坡面牧草、花椒+坡面牧草种植技术,一方面为达到蓄水保土、改良土壤的目的;另一方面,通过种植经济林果,获得良好的经济效益,从而实现生态、经济效益的互补和整体效益的逐步提高。种植技术易让农民接受,易在整个断陷盆地推广。

2)工程阻控技术

(1)砌墙保土技术。

喀斯特地貌区域由于存在大量易溶性岩石,降水到达地表后下渗快,不易在地表集聚,因此造成大量雨水流入地下暗河排走。为有效利用喀斯特地区的雨水资源,本书利用损毁边坡修筑的浆砌石挡墙,将挡墙上方坡面汇流拦截,通过挡墙内部排列分布的排水孔将雨水导入挡墙外侧的浆砌石排水沟,排水沟与挡墙间的水平距离约30cm,排水沟两侧的水向中间汇集,然后排入沉沙池中,经沉淀后进入蓄水池中,用于农业灌溉。

(2)石面径流调控技术。

现有喀斯特地区露石径流收集方法只是收集了露石部分石面/岩面的径流,很难从整体上反映整个露石的径流量,收集的径流量有限,难以有效利用降水资源。针对整个露石在降水过程中产生的径流,本书设计一个露石径流收集系统,径流收集槽能够收集整个露石的降水径流,径流收集筒可以有效存储降水径流资源,该系统能够高效收集露石径流量,并且最大限度地存储降水资源,使露石径流变害为利,减少坡面水蚀的外营力作用,进一步减弱喀斯特地区坡面土壤侵蚀,为该地区农业灌溉提供水源保障。同时本书还设计了一种径流系数测量方法。

(3)植被灌丛径流调控技术。

通过发明一种灌丛树干径流收集装置进行灌丛径流的收集,该装置主要包括固定在枝干上的挡水器、引流导管以及径流收集器，所述挡水器底部开孔固定在枝干上，底部侧边开孔插入导管引流入收集瓶中，降水后，雨水通过树干进入底部的挡水器，再通过引流导管进入收集瓶，获得树干径流样品。在岩溶区，灌丛分布非常广泛，降水后，部分降水会透过植被灌丛落到灌丛下的土壤，部分被植被截留然后蒸发掉，还有一小部分通过灌丛的枝干流到灌丛根部，这部分量虽小，但是作用巨大，其直接进入根通道内，对植被根系水分的补给起到关键作用，所以对树干径流的量化及水化学成分的研究至关重要。本技术通过准确收集灌丛树干径流，为降水经过植被后的分解量化提供了条件，同时为树干径流的化学成分分析提供了保证与基础，解决了生态水文过程中树干径流样品的采集问题。

（4）漏失防治技术。

因断陷盆地主要由隆升的岩溶高原山区和相对下陷的盆地组成，从高原山区至盆地的坡降大，水动力坡度变化大。山区岩溶发育强烈，表层岩溶带厚度大，垂向发育深度可达地下几百米，在地面形成了各种各样有利于水土向下流失和漏失的岩溶形态。水土漏失主要通过落水洞、岩溶漏洞等进入地下，所以对于水土的地下漏失防治关键是阻止土壤进入地下。

沉沙池和落水洞坊修建是断陷盆地区水土漏失防治的主要工程手段，植物篱建设是防止水土漏失的主要生物手段。在洼地坡面上种植植物篱，可以有效地减少雨水对坡面的冲刷，起到固定土壤保持水土的作用。在落水洞前修建沉沙池，并在洼地内配套修建引水渠道，可以借助地形利用天然的沟道作为引水渠道，也可以人工开挖，将坡面汇水集中通过沉沙池进行沉淀后再通过落水洞进入地下河管道，这样坡面上冲下的泥沙在通过三级沉沙池后会沉积于池中，起到减少土壤进入地下的效果。一般情况下，可根据洼地的大小和汇水面积确定修建水池的大小，沉沙池依地形而建，修建于落水洞前。当然，在地形有利的洼地内，可以对落水洞进行改建，做成落水洞坊，以减少各种杂物（包括土壤）的进入。

2. 土壤障碍削减与质量提升

三七（*Panax notoginseng*）是五加科（Araliaceae）人参属（*Panax* L.）多年生草本植物，根、根茎、花和叶均可入药，具有消肿定痛、散瘀止血的疗效，主要用于治疗心脑血管疾病、血液系统疾病和中枢神经系统疾病。三七是我国人工栽培较早的传统名贵中药材，云南是三七的道地产区，其种植面积和产量均占全国98%以上。栽培技术是保障栽培药材产量和品质的核心要素之一，而施肥是栽培技术的关键环节。

施肥调查显示，部分农户施肥量严重超过三七生长养分需求，且存在过于偏施钾肥的现象。同时，当前对三七的施肥研究更多关注单因素（N、P、K）营养的影响，对于氮磷钾三因素综合肥效方面的研究较少。然而，肥料投入中的类营养元素间存在明显的互作效应，即氮磷钾三要素在各自发挥作用的同时，两两之间还通过互作效应，促进或者拮抗养分的肥效，相关研究已在党参、黄芪、灯盏花等药材上有报道。此外，施肥同时影响三七产量和有效成分含量，而前期报道缺乏综合产量和品质等方面（如单位面积总皂苷产量）的研究，这对当前大部分用作有效成分原料提取的三七种植生产，难以提供有效的指导。因此，明确氮磷钾营养对三七产量和品质的互作效应，基于有效成分产量最大化的三七施肥研究，对指导当前三七种植施肥有重要意义。

"3414"肥料效应试验方案是农业部《测土配方施肥技术规范（试行）修订稿》中推荐采用的方案设计，该方案既有回归最优设计处理少、效率高的优点，还符合肥料试验和施肥决策的专业要求，可运用肥料效应函数法、土壤养分丰缺指标法、养分平衡法等进行施肥量的推荐，依据土壤供肥能力、作物需肥规律和肥料效应，合理确定氮磷钾的施用量。本书通过"3414"肥效试验，将肥料三因素、产量、品质相互结合起来，同时还基于单位面积有效成分产量最大化分析了最优的施肥量，以期为生产出产量高、品质好的三七提供科学依据，为三七栽培施肥理论与实践提供数据支撑，推进三七产业的健康持续发展。

6.2.3 断陷盆地生态修复优势植物物种筛选、培育技术

1. 植物材料的种子采集、苗木繁育

根据对断陷盆地的实地勘察和资料查询及课题组对石漠化地区的研究成果，筛选出麻栎、锥连栎、栾树、马尾松、云南松、清香木、黄连木、冬樱花、滇朴、红叶石楠、乌桕、永椿香槐、栎叶枇杷、女贞、白枪杆、鞍叶羊蹄甲、湿地松、云南木犀榄、铁橡栎、石山羊蹄甲、华西小石积、盐肤木、棠梨、桑等 31 个树种为参试树种，依据不同树种的种子成熟期不同，成熟时及时进行种子采集，经过晾晒、净种、催芽等处理后在苗木基地进行繁育。

2. 植物材料的野外种植试验

出圃后在示范基地进行野外种植试验（图 6-26～图 6-28），共设置试验小区 165 个，每个树种每小区定植 50 株。每年对各树种生长量、保存率进行测定。结果发现，马尾松、云南松、麻栎、滇朴、栎叶枇杷、永椿香槐、红叶石楠、冬樱花、南酸枣、女贞、清香木、白枪杆、棠梨、华西小石积、苦刺 15 种植物长势较好，保存率高，适合岩溶区推广种植（表 6-18）。

(a) 白枪杆　　　　　　　　　　　(b) 小叶女贞

(c) 鞍叶羊蹄甲

(d) 乌桕

(e) 铁橡栎

(f) 流苏树

(g) 盐肤木

(h) 女贞

图 6-26 部分参试植物材料种子

(a) 乌桕

(b) 华西小石积

第 6 章 喀斯特断陷盆地水土过程机理与石漠化综合治理

(c) 鞍叶羊蹄甲

(d) 苦刺

(e) 麻栎

(f) 构树

(g) 苗木

(h) 铁橡栎

图 6-27 参试树种苗木繁育

(a) 马尾松

(b) 栎叶枇杷

(c) 麻栎　　　　　　　　　　　　　(d) 白枪杆

(e) 棠梨　　　　　　　　　　　　　(f) 鞍叶羊蹄甲

图 6-28　参试树种野外种植试验

表 6-18　野外种植适宜树种生长情况表

树种	2017 年 树高/cm	2017 年 地径/cm	2017 年 成活率/%	2018 年 树高/cm	2018 年 地径/cm	2018 年 成活率/%	2019 年 树高/cm	2019 年 地径/cm	2019 年 成活率/%	2020 年 树高/cm	2020 年 地径/cm	2020 年 成活率/%
白枪杆	19.3	0.30	98	37.8	0.52	95	69.3	1.07	94	113.7	2.34	94
云南松	23.5	2.44	98	44.6	3.56	95	75.6	4.82	94	95.7	6.24	94
女贞	152.3	1.94	98	157.8	2.27	94	171.3	3.02	93	195.4	3.88	93
南酸枣	35.8	0.53	98	46.4	1.02	95	65.7	1.55	93	88.5	2.33	93
冬樱花	155.3	1.72	92	166.7	1.81	83	176.6	2.22	80	192.3	3.42	80
马尾松	55.9	0.99	99	108.1	2.59	99	252.4	6.56	97	354.2	8.39	97
棠梨	37.4	0.21	96	49.7	0.44	84	71.7	1.11	80	92.4	2.58	80
红叶石楠	146.9	1.62	98	149.5	1.99	96	153.8	2.56	94	166.7	3.41	94
栎叶枇杷	61.1	0.73	92	75.6	1.08	84	116.4	2.15	80	175.8	3.73	80
清香木	24.2	0.28	94	40.6	0.53	90	52.5	0.99	88	64.5	1.37	88
滇朴	146.4	1.62	98	162.1	1.84	95	164.1	2.21	93	175.3	3.32	93
永椿香槐	48.6	0.50	94	67.7	0.80	90	94.8	1.19	86	135.6	2.26	86
麻栎	24.0	0.32	97	31.6	0.54	95	83.4	1.65	93	126.3	2.78	93
华西小石积	19.6	0.18	98	32.4	0.33	90	43.7	0.86	80	66.5	1.46	80
苦刺	22.3	0.22	98	35.7	0.42	93	46.8	0.97	85	72.4	2.01	85

3. 植物材料快繁技术研发

育苗基质是苗木生长发育的载体,是影响苗木品质的关键因素之一。早期使用的器育苗基质多采用天然土配制而成,不仅质量大,而且保水和通气性能差。20 世纪 70 年代中期开始,岩棉、聚氨酯类泡沫、玻璃纤维、酚醛树脂及聚酯塑料等固体育苗基质开始被广泛地运用,促进了工厂化育苗技术体系形成及完善,而泥炭是国际上目前用量最多的轻型育苗基质。我国起步较晚,但发展较快。国内众多学者利用草炭土、蛭石和珍珠岩等材料配制的育苗基质,开展了日本落叶松(*Larix kaempferi*)、油松(*Pinus tabuliformis*)、马尾松(*Pinus massoniana*)、杉木(*Cunninghamia lanceolata*)、侧柏(*Platycladus orientalis*)、崖柏(*Thuja sutchuenensis*)、香椿(*Toona sinensis*)、白榆(*Ulmus pumila* L.)、油茶(*Camellia oleifera*)、赤皮青冈(*Cyclobalanopsis gilva*)等多个针阔叶树种的育苗试验,取得了较好的效果。聂艳丽等及邱琼等分别利用有机废弃物甘蔗渣和咖啡壳经堆肥发酵配制成育苗基质,开展了甘蔗渣堆肥化处理及用作团花(*Neolamarckia cadamba*)育苗基质及云南热区紫檀(*Pterocarpus indicus*)容器育苗基质选择的研究。结果表明,用有机废弃物甘蔗渣和咖啡壳经堆肥发酵配制成育苗基质均是培育云南热区珍贵用材树种团花及紫檀的理想基质。

6.2.4 生物资源利用提升与生态衍生产业培育

1. 断陷盆地喀斯特区域的典型种植模式

玉米模式。2016 年云南统计年鉴显示,玉米种植面积约 151.7 万 hm^2,占全省粮食种植面积的 21%。农民直接在喀斯特土壤上种植玉米,每年 7~8 月收获。

万寿菊模式。根据云南省人民政府的网站得知目前云南已经成为全球最大的万寿菊原料生产基地,蒙自市从 2013 年开始培植万寿菊产业,已经形成了完整产业链。企业与农户签订种植协议后,农民在企业指导下种植万寿菊。农民向企业购买专用的化肥和农药,按照企业的技术规程进行种植、施肥、打药等生产管理。在采摘期,企业则统一收购花农的万寿菊鲜花。

柑橘模式。柑橘为我国第二大类水果,种植面积和产量均排名在前十之内,而云南则为我国第十大柑橘种植省,出产包括沃柑、椪柑、蜜橘等多个特色品种。由于云南独特的气候条件及近年来的品种改良,柑橘成熟时间与其他省区市不同,实现了错季上市,低海拔产区在当年 10~11 月上市,为全国最早,而高海拔产区约在次年 5 月上市,为全国最晚。建水县 1986 年成为云南省柑橘商品基地县,发展至今已经形成了完善的柑橘生产产业链。柑橘种植时定坑内施入农家肥,保证早期养分供给;定植完成后主要施用氮肥,三年后开始结果,五年左右产量逐渐稳定。

桃模式。规模化桃树种植在泸西县已经有十几年历史,成为仅次于梨模式的第二大水果产业。泸西县也被列为国家桃产业技术体系示范县。泸西县桃产业已经实现了统一品种、统一技术服务、统一品牌、统一包装、统一销售、统一储藏等多个统一。作为泸西县历史较为悠久的水果产业之一，广大农户在桃树种植的基础上积极创新，发展林下经济。南瓜由于其种植方便，便于管理，收获简单，成了广泛种植的林下作物。当地果农种植南瓜主要采摘南瓜子出售，收益也较高。

苹果模式。苹果主要种植在蒙自市西北勒乡、新安所街道和老寨苗族乡。种植面积达 6000hm^2。由于政府政策的推动，蒙自市苹果种植面积逐步扩大。由于蒙自市特殊的地理条件，如海拔高、纬度低、昼夜温差大等，当地出产的苹果含糖量高达 17%～20%，是我国西南地区最甜的苹果之一。种植四年后，苹果树在第五年开始进入成熟期。一些早熟品种在 7 月初开始成熟，而晚熟品种在 9 月初开始成熟。蒙自市的农民种植苹果已经超过 30 年。一些农民自发地在苹果树下种植大豆以获得额外收入。套作大豆可增加经济产量，大豆根系和叶片可增加土壤有机质。套作还有助于减少果园土壤侵蚀。大豆通常在 4 月中旬到 5 月播种，收获季节在 8 月底。劳动密集型时期的不同需求，充分利用了农民的劳动。

梨模式。蒙自市种梨树的历史和种苹果树的历史一样悠久。2017 年，蒙自市的梨园面积约 3000hm^2，占整个蒙自市果园面积的一半。根据当地政府的总体规划，高原梨产业主要分布在泸西县，到 2020 年，泸西县的面积将超过 1 万 hm^2。高原梨生长期约 45 天，比北方品种短，在果品市场具有潜在优势。梨树种植五年后，进入成熟期，高原梨树每年 7～8 月采收。一些农民在梨树下种植南瓜，以提高土地利用效率和经济效益。南瓜籽通常在 4 月初播种，收获季节是 8～9 月。

石榴模式。蒙自市的石榴种植已有 800 多年的历史。2017 年，石榴种植面积约 8000hm^2，占蒙自市果园面积的 48%。因其良好的土地利用效率和对当地农民的产业发展，获得了当地政府的多项奖励。近年来，石榴以其果形好、成熟早的特点占领了当地市场。石榴树在种植 10 年后开始结果，7～8 月收获。

为了增加经济产出，减少整体经济投入，当地农民在单一种植石榴的基础上，形成了石榴草畜生态工程模式。在这个模式中，每棵石榴树下都种植了适量的草地，并且饲养一定数量的羊。草场可以充分利用石榴树下的空间，羊产生的粪便可以直接作为石榴和草场的肥料。

2. 生态衍生业模式

针对岩溶断陷盆地光热资源丰富、水资源短缺、石漠化严重、植被退化严重、产业结构单一、经济效益低下、生态产业欠发达等特点，重点突破林下种草养牛（羊）与圈养技术、"林-果-药"复合经营技术、特色林（果、药）的种苗繁育与优质栽培技术、生态产品（单宁、食用色素等）的高效提取、分离、纯化等关键技术，延长生态产业链。以下为具体模式。

"果树"种植模式。①"高原梨"种植模式：在泸西县白水镇以种植密度 4m×5m 和 4m×0.4m 种植梨树。②"高原苹果"种植模式：在泸西县和蒙自高原面上种植高原苹果。

"果树+中药材"套种模式。"桃树+黄精"套种模式：在泸西县向阳乡歹鲁村种植黄精 632 亩，通过基地示范作用，带动向阳乡建档立卡户 300 余户，户年均增收 6000 元以上。

"果树+牧草"模式。"软籽石榴+三叶草"模式：建水县面甸镇阎把寺村，软籽石榴示范与推广3000亩、年产量6000t以上，通过基地示范作用，带动11个村130户农户，户年均增收22000元以上。

"果树+牧草+养殖"模式。"百香果/软籽石榴+种草+养牛"模式：建水县临安镇狗街村软籽石榴示范与推广1000亩、百香果400亩、牧草150亩、牛38头，通过基地示范作用，带动3个村110户农户，户年均增收20000余元。

"花卉+初加工"模式。"万寿菊+初步加工处理"种植模式：在建水县利民乡利民村，万寿菊种植示范与推广3000亩，年初步加工5000t，通过基地示范作用，带动200余户农户，户年均增收20000余元。

"牧草+养殖"模式。"桂牧1号+养牛"模式：在泸西县三塘乡俱久村、三塘村和方摆村，种植牧草370亩、养殖牛150头，通过基地示范作用，带动3个村，47户农户，户年均增收6000元以上。

"中药材基地"模式。黄精、重楼、丹参等中草药种植：在泸西县白水镇、向阳乡和三塘乡，种植黄精1300亩、重楼24亩、丹参8亩，通过基地示范作用，带动涉及3个乡镇，11个村，471户农户，其中建档立卡户377户，户年均增收6000元以上。

参 考 文 献

泸西年鉴编纂委员会.2004.泸西年鉴.昆明：云南民族出版社.

李景阳，王朝富，樊廷章.1991.试论碳酸盐岩风化壳与喀斯特成土作用.中国岩溶，10（1）：29-38.

沈有信，赵志猛，毕胜春，等.2018.陆地系统中的露石及其生态作用.地球科学进展，33（4）：343-349.

王赛男，蒲俊兵，李建鸿，等.2019.岩溶断陷盆地"盆-山"耦合地形影响下的气候特征及其对石漠化生态恢复的影响探讨. 中国岩溶，38（1）：50-59.

云南省泸西县志编纂委员会.1992.泸西县志.昆明：云南人民出版社.

第 7 章 喀斯特槽谷水土过程机理与石漠化综合治理

7.1 喀斯特槽谷水资源的时空分布格局及形成原因

喀斯特槽谷区是中国南方喀斯特分布面积最大的地貌类型区,按照槽谷形成特点与构造的关系,将岩溶槽谷分为背斜型和向斜型两大类(图 7-1)。在此基础上,依据槽谷水文地质结构的不同,将槽谷类型分为低位背斜轴部型、低位背斜翼部型、高位背斜轴部型、低位向斜轴部型及高位向斜轴部型五个亚类,不同的构造部位、地层岩性及地形地貌组合,形成了不同的地下水资源分布格局,也决定了地下水开发利用形式的多样性(表 7-1)。

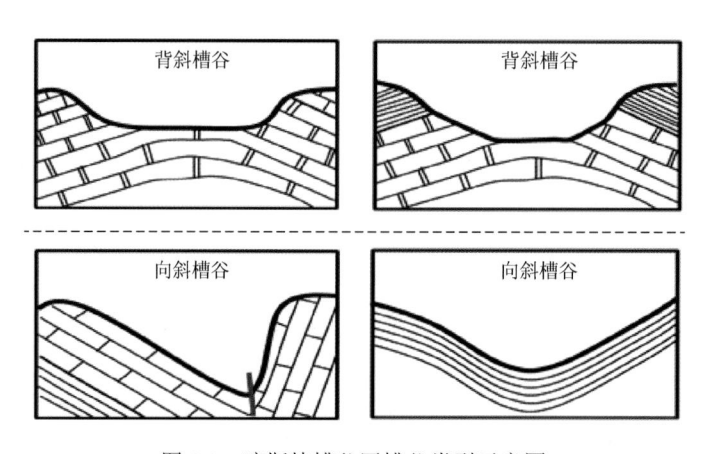

图 7-1 喀斯特槽谷区槽谷类型示意图

表 7-1 喀斯特槽谷水文地质结构与水资源空间分布格局

分类	亚类	水资源空间分布格局	案例
背斜型	低位轴部型	槽谷底部海拔相对较低,底部为碳酸盐岩,两侧为碎屑岩;地下水兼有管道流与裂隙流,横向上由槽谷两侧向底部运移,多形成表层岩溶泉,纵向上沿构造线方向运动,多以岩溶大泉或地下河形式排泄;地下水径流以平行流为主,汇流为辅,地下水埋深 0~100m	温塘峡背斜轴部(青木关槽谷)
背斜型	低位翼部型	槽谷底部海拔相对较低,底部及一侧为碳酸盐岩,另一侧为碳酸盐岩与碎屑岩互层;地下水横向上由槽谷两侧向底部运移,纵向上由北向南运动,槽谷两侧斜坡多发育表层岩溶泉,岩溶大泉和地下河多集中在槽谷底部,地下水径流以汇流为主,平行流为辅,地下水埋深 0~50m	桐麻岭背斜西翼(龙潭槽谷)
背斜型	高位轴部型	槽谷底部海拔相对较高,槽谷内部为碳酸盐岩,两侧为碎屑岩;槽谷为地下水补给区,部分地下水就地以表层泉形式排泄,部分沿纵向径流,以岩溶大泉和地下河形式排泄;地下水径流以平行流为主,汇流为主、分流为辅;隧道及矿山大量疏干地下水,成为新的人工排泄点,地下水埋深 0~200m	温塘峡背斜轴部(璧山—大学城,单槽) 观音峡背斜轴部(双槽)

续表

分类	亚类	水资源空间分布格局	案例
向斜型	低位轴部型	槽谷底部海拔相对较底，底部与两侧碳酸盐岩与碎屑岩互层分布；地下水横向上由两侧向中部汇流，纵向上径流方向与构造线一致；地下水径流为平行流+汇流，地下水埋深0~100m	郎溪向斜（印江槽谷）濯河向斜（濯河槽谷）
	高位轴部型	槽谷底部海拔相对较高，槽谷内部为碳酸盐岩，两侧为碎屑岩；地下水横向上少数由两侧向中部汇流，形成表层泉，少数向两侧分流，地下水径流为汇流+平行流为主，分散流、汇流为辅，成为典型的人工排泄点，地下水埋深0~100m	毛坝向斜（毛坝槽谷）

7.1.1 背斜槽谷水资源的时空分布格局及形成原因

背斜槽谷（BC）分为低位轴部型、低位翼部型和高位轴部型三个亚类，总体特征为山/坝值中等、坡缓、水土流失风险中等、水资源利用较容易。通过充分收集典型岩溶槽谷区水文地质资料，分析了不同类型槽谷水资源空间分布格局特征，并给出典型案例。

1. 低位轴部型：BC-A

喀斯特作用发育，由底部向两侧喀斯特作用程度逐渐降低，呈现出底部残丘向两侧峰丛的地貌景观的转变。坝地土壤资源较多，多为黄壤，但耕作性不良；地下水埋深相对较浅，有塘库发育，水资源中等。山地土壤资源匮乏，坡地土壤多为土石质，厚度小，耕种困难；水资源也相当匮乏，仅有流量小的常流泉可利用。该类槽谷分布于背斜轴部，受构造溶蚀作用影响，形成负地形。槽谷内漏斗、落水洞及条形洼地广泛分布，地下水埋藏较浅。

以青木关槽谷为例，该槽谷形成于川东平行岭谷缙云山温塘峡背斜南延部分——青木关背斜轴部，槽谷为北北东—南南西走向，呈狭长带状微度弯曲的弧形构造，南北长12km。山脉走向与构造线方向基本一致，地势呈现北高南低的趋势，最高峰为725m，山峰与谷地相对高差在200~300m，起伏不大。槽谷底部出露下三叠统嘉陵江组（T_1j）厚层块状灰岩、白云岩、白云质灰岩夹角砾状灰岩，中三叠统雷口坡组（T_2l）白云质灰岩、白云岩及泥灰岩，夹角砾状灰岩及灰绿、黄绿色页岩，槽谷两侧为上三叠统须家河组（T_3x）灰色长石石英砂岩及煤层，加之该区断裂构造发育，岩层破碎严重，在长期的水流溶蚀作用下，形成"一山两岭一槽"式的典型岩溶槽谷地貌形态（图7-2和图7-3）。

青木关槽谷底部洼地、落水洞呈串珠状发育，有一条地下河沿槽谷走向发育，另有横向发育的小型地下河，槽谷两侧多有表层岩溶泉发育，槽谷南部有一温泉出露，水量921m³/d，水温25~29℃，常断流。槽谷地下水兼有管道流与裂隙流，横向上由槽谷两侧向底部运移，纵向上由北向南运动，整体上为以平行流为主、汇流型为辅的岩溶槽谷，地下水埋深0~100m。该区人类活动强烈，地下水利用率较高，主要利用形式有三种：一是引蓄泉水或地下河水等作为工农业水源或少部分地区生活饮用水水源；二是在地下河出口或岩溶泉出口处修建水库，作为农田灌溉用水或景观用水；三是开发天然温泉，洗浴保健或作为旅游景点。

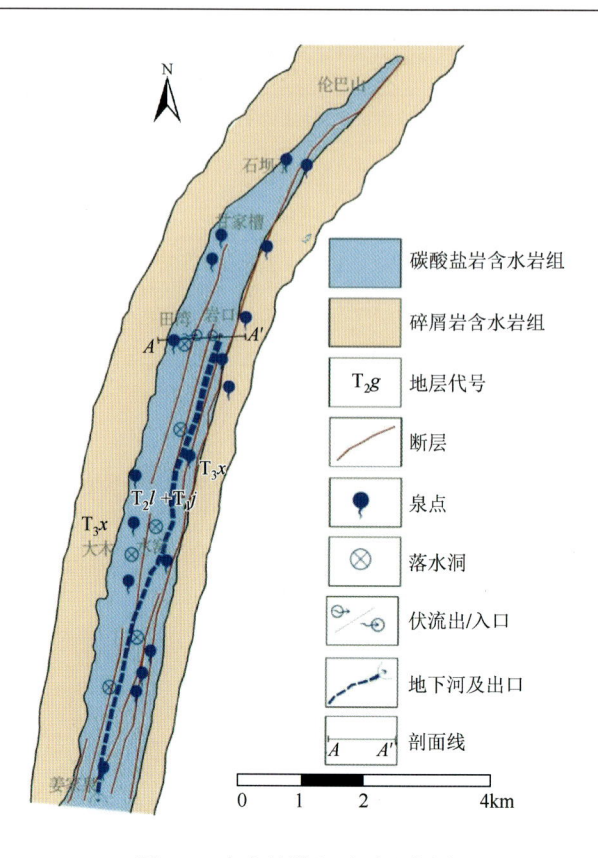

图 7-2 青木关槽谷平面示意图

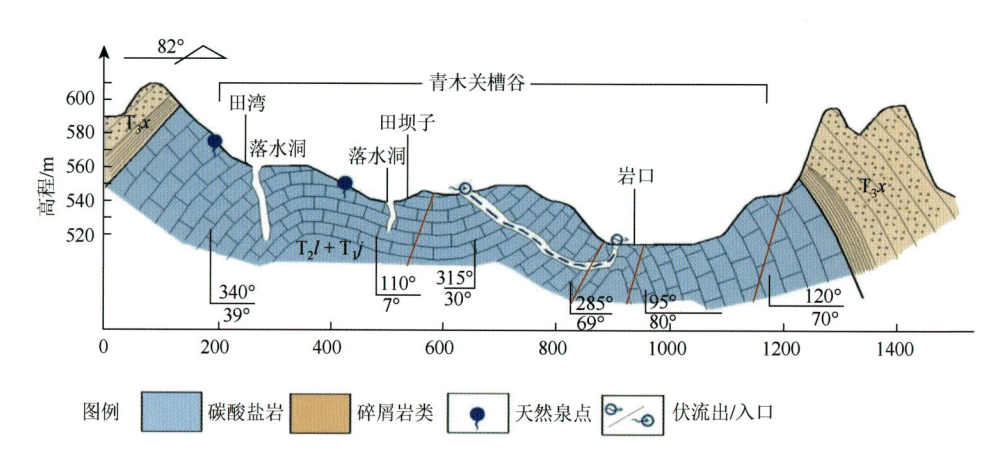

图 7-3 青木关槽谷剖面图

2. 低位翼部型：BC-B

该类槽谷分布于背斜两翼碳酸盐岩地层区，受构造特征、地层组合、地表溶蚀和流水侵蚀共同作用，在背斜地层倾角较缓一翼形成负地形，底部宽缓，槽谷内多有漏斗、落水洞及条形洼地分布。BC-B，喀斯特作用发育程度及槽谷底部的基本特征与 BC-A 类似。两侧与 BC-A 有着明显的差异性：顶部为碎屑岩地层出露，地形相对较缓，土壤厚度大，水资源主要依靠降水；中下部主要发育灰岩夹白云岩，土壤不连续，石沟石洞内土壤厚度相对较大，有常流小泉、间歇性大泉的发育，水资源利用难度大（表 7-1）。

以酉阳龙潭槽谷为例，该槽谷位于渝东南桐麻岭背斜南东翼，酉阳土家族苗族自治县（简称酉阳县）泔溪镇至麻旺镇一带，槽谷延伸方向与构造线方向一致，呈北北东走向，长约 35km，槽谷底部宽缓，宽 2～4km，海拔 300～500m，底部面积 574.66km^2；两侧山体基本形态与构造轮廓一致，呈缓垄岗状北北东向延伸，相对高差 50～100m，槽谷东侧山顶海拔 900～1000m，西侧山顶海拔一般 1000～1100m，桐麻岭背斜轴部海拔 1400～1500m。沟谷及水系多垂直构造线发育，地表水多汇入槽谷底部龙潭河，向南经酉水河最终汇入沅江。槽谷内碳酸盐分布广泛，落水洞、漏斗、地下河天窗及溶洞，溶洞内石钟乳、石笋较发育（图 7-4 和图 7-5）。

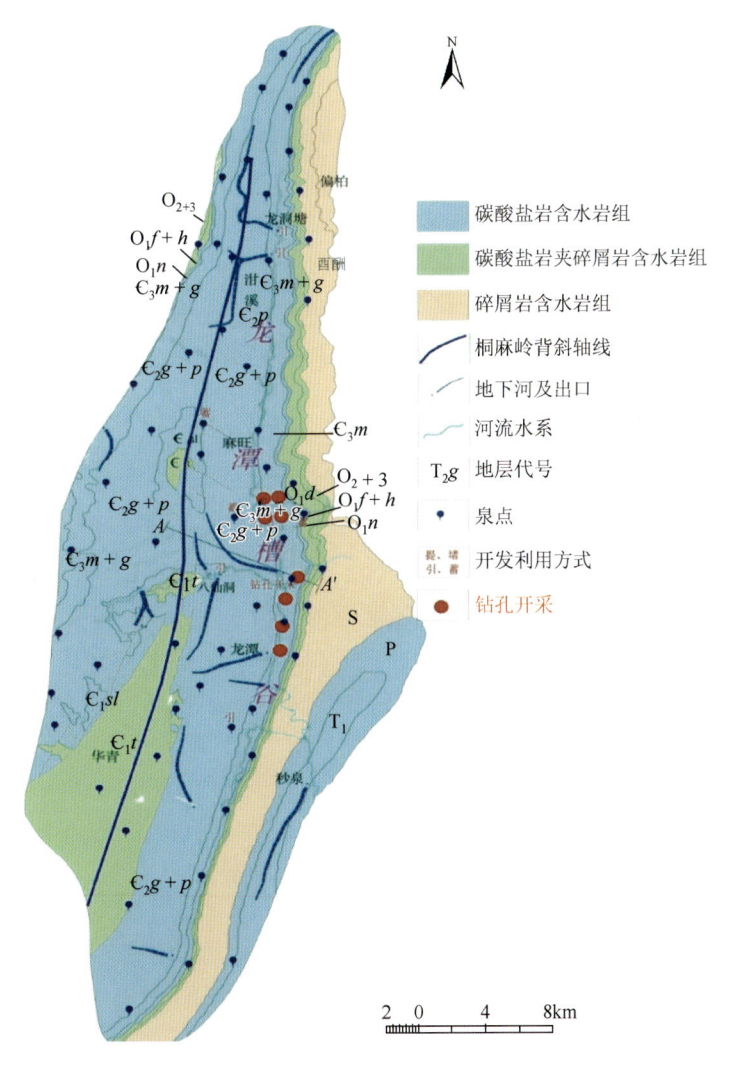

图 7-4 龙潭槽谷平面示意图

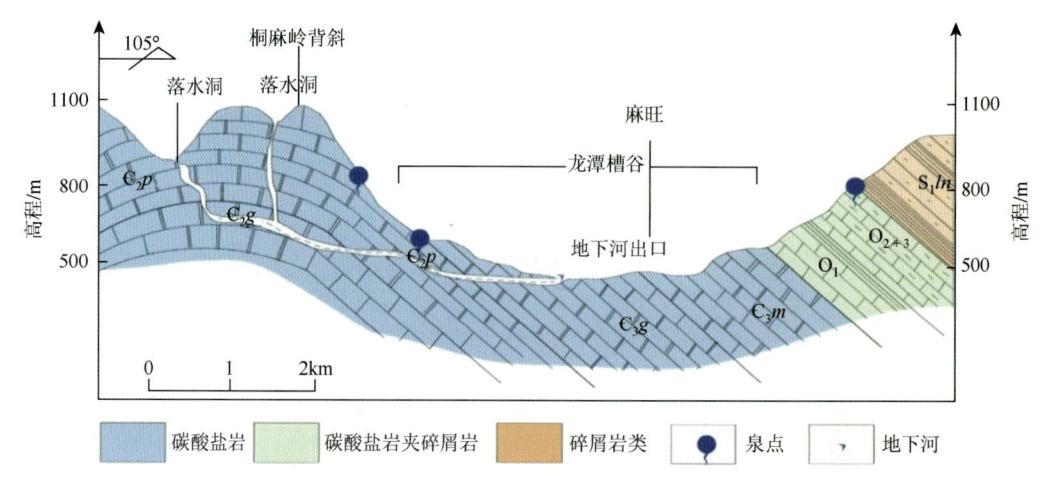

图 7-5 龙潭槽谷剖面图

龙潭槽谷西侧及底部主要为寒武系（∈）、奥陶系（O）灰岩、白云岩地层，为区域含水层，槽谷东侧斜坡底部为志留系底部碎屑岩，为隔水层；东侧山上为平阳盖向斜高位槽谷，其轴部地层为下三叠统嘉陵江组（T_1j）及下三叠统大冶组（T_1d），横向上由槽谷两侧向底部运移，纵向上由北向南运动，槽谷两侧斜坡多发育表层岩溶泉，槽谷底部为区域地下水排泄区，多以岩溶大泉和地下河的形式集中在龙潭河谷两侧排泄，灰岩、泥灰岩，翼部为二叠系（P）灰岩夹泥页岩，与龙潭槽谷为两个相互独立的岩溶水系统。槽谷地下水兼有管道流与裂隙流，槽谷底部地下水埋深小于 50m，整体上为以汇流型为主、平行流为辅的岩溶槽谷。

3. 高位轴部型：BC-C

在川东平行岭谷区，发育一系列北北东向的褶皱，背斜常常隆起成山，向斜下切成谷，背斜轴部出露三叠系（T）及二叠系（P）地层，背斜两翼地势迅速降低，地貌变化明显，从老到新顺序是：单面山（T_3x 地层）、斜坡（J_1zl-J_1z 地层）、低位槽谷（J_2x 地层）、丘陵（J_2s 地层）地貌。嘉陵江组（T_1j）、雷口坡组（T_2l）碳酸盐岩在背斜轴及近轴部位大面积出露，受地下水溶蚀作用，多形成高位岩溶槽谷。根据背斜轴部出露地层，可分双槽型和单槽型两种情况。

双槽型：背斜轴部出露飞仙关组（T_1f）或二叠系（P）地层，雷口坡组（T_2l）和嘉陵江组（T_1j）地层分别位于近轴两翼，构成"一山、双槽、三岭"地貌形态，如观音峡背斜歌乐山段（图 7-6 和图 7-7），背斜两翼高位岩溶槽谷地表水和地下水，分别补给两翼深部地下水。

单槽型：背斜轴部出露嘉陵江组（T_1j）和雷口坡组（T_2l）碳酸盐岩，仅形成一个高位岩溶槽谷区，形成"一山、一槽、两岭"的地貌形态，如温塘峡背斜中部（图 7-8 和图 7-9），位于高位岩溶槽谷中的地表水和地下水，分别渗入补给背斜两翼的深部地下水。

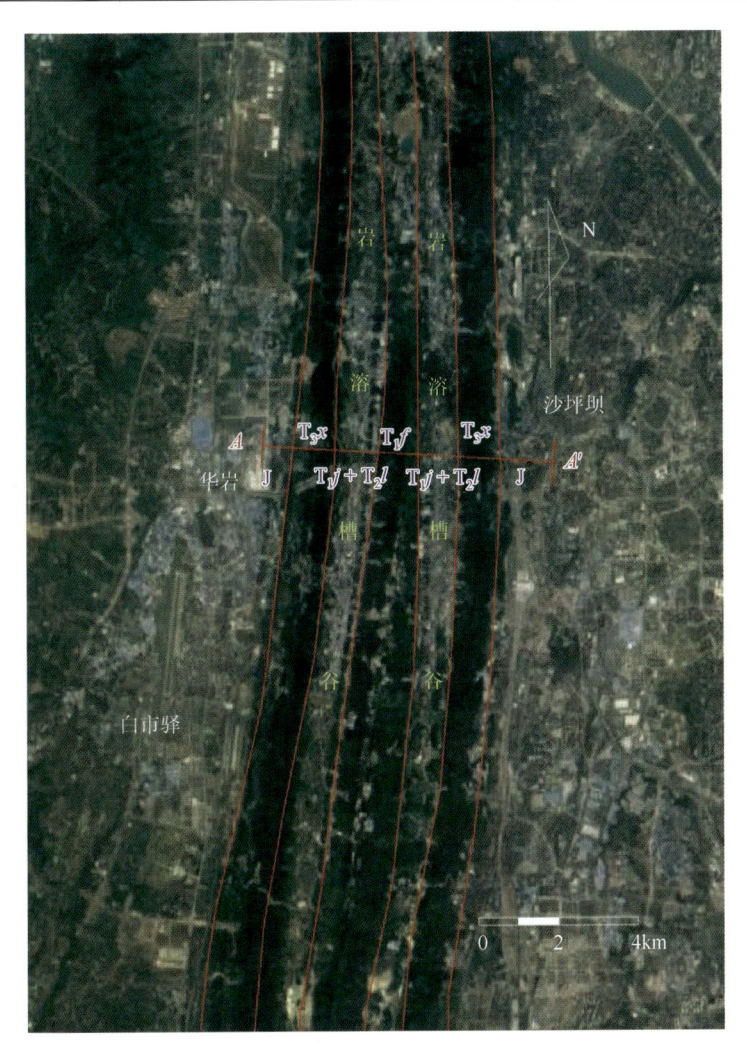

图 7-6 观音峡歌乐山槽谷平面示意图

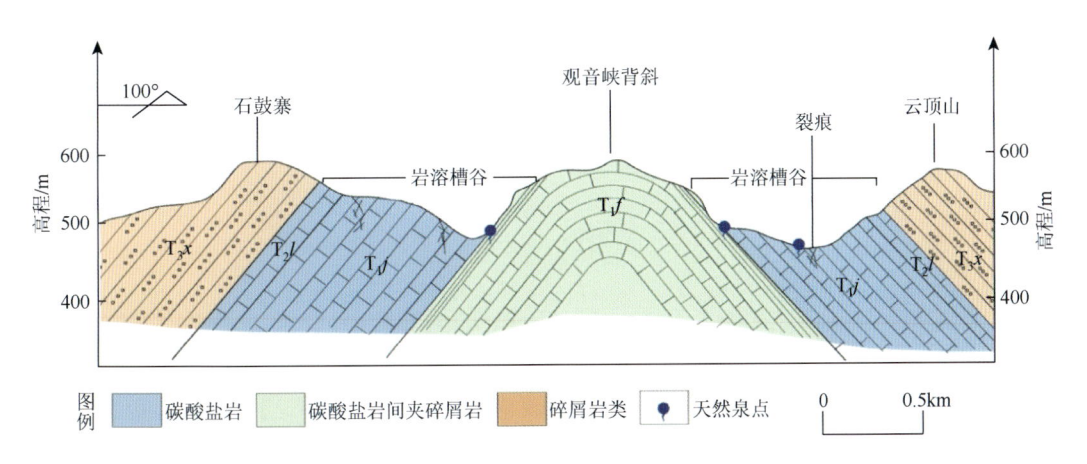

图 7-7 观音峡歌乐山槽谷剖面图

图 7-8　温塘峡背斜中部槽谷（璧山至大学城一带）平面示意图

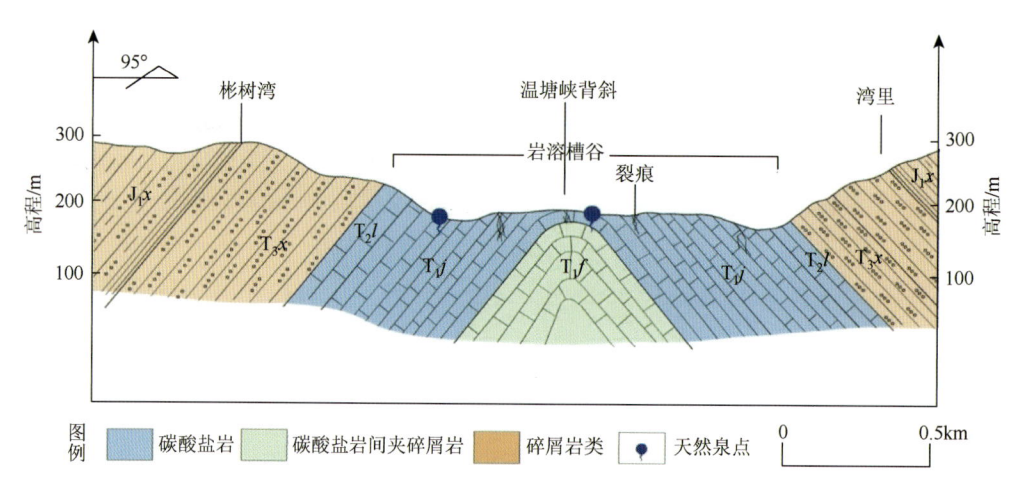

图 7-9　温塘峡中部槽谷（璧山至大学城一带）剖面图

该类高位岩溶槽谷又可分为槽丘、槽坡、槽沟和槽洼四种类型，总的特征是溶蚀十分强烈，多落水洞、溶蚀漏斗、岩溶大泉、地下河及洼地、溶丘、溶洞等微地貌景观，且溶缝、溶隙（孔）均较发育，尤其是较大规模的槽丘、槽洼中，落水洞漏斗多呈串珠状分布，且常与地下河管网连通。

无论是"单槽型"还是"双槽型"高位岩溶槽谷，槽谷区均为区域地下水补给区，槽谷内嘉陵江组和雷口坡组的碳酸盐岩较为稳定，且成层较厚，分布面广，质地较纯，地表溶蚀作用发育，利于大气降水的入渗补给。大气降水在该区入渗形成浅层地下水后，沿层面裂隙和构造裂隙作纵、横运移，并在动水压力和自重压力作用下逐渐向深部入渗。由于补给条件优越，地下水径流途径长，故岩溶地下水十分丰富，地表多岩溶大泉和地下河出口，且流量较大，大泉流量多在10L/s以上，大者50～100L/s，最大丰季可达1000L/s。近20年来，该类槽谷区地下矿山开采及隧道开挖疏干了大量地下水，致使槽谷内大量地下河、泉点被疏干，地下水位急剧下降，隧道排水及矿山排水成为泉点以外新的地下水排泄形式，地下水埋深0～200m。该类槽谷地下水径流以纵向为主，横向为辅，是以平行流为主，汇流、分流为辅的蓄水构造。

该区人类活动强烈，地下水利用率较高，主要利用形式有三种，分别是：引蓄泉水或地下河水等作为工农业水源或少部分地区生活饮用水水源；在地下河出口或岩溶泉出口处修建水库，作为农田灌溉用水或景观用水；开发天然温泉，洗浴保健或作为旅游景点。

7.1.2 向斜槽谷水资源的时空分布格局及形成原因

向斜型岩溶槽谷（XC），分为低位型和高位型两个亚类。总体特征为山/坝比值大、坡陡、水土流失风险高、水资源利用难度大、土壤资源相对缺乏。

1. 低位型：XC-A

此类槽谷分布在低位向斜的轴部，形态多为不对称V形线状谷，出露岩层多为中下三叠统，岩性以灰岩夹碎屑岩、白云岩为主要特征。槽谷两侧地层倾角相对较大（一般大于20%），但底部一般有断层穿过导致两侧地层倾角不一致，近谷底两侧的坡度与倾角一致；谷底地形平缓但面积小、两侧山地坡度大且面积大，山/坝面积比大。由于出露的碳酸盐岩地层为含一定泥质及碎屑岩的出露，槽谷底部及两翼地层均为碳酸盐岩和碎屑岩互层，所以这类槽谷坡地成土条件相对较好。由于坡度较大，流水侵蚀作用强，土壤相对连续性较差，但坡地微小负地形有一定的土壤量供植物生长。喀斯特作用中等，近谷底两侧岩溶作用相对较弱，远离谷底部位有近锥状峰丛地貌出现。以贵州印江郎溪槽谷和重庆黔江濯河槽谷为例加以说明。

1）郎溪槽谷

郎溪槽谷位于郎溪向斜轴部，轴向北北东，核心区长约25km，宽0.5～2km，面积约80km²。槽谷底部为低山谷地，海拔600～800m，两侧为中低山，海拔800～1100m。印江河自东北至西南方向穿过槽谷，受碎屑岩隔水层的限制，岩溶发育程度中等。

槽谷底部发育中三叠统关岭组（T_2g）及下三叠统永宁镇组（T_1yn）地层，为碳酸盐岩夹碎屑岩类含水岩组。向斜轴部狭长，大气降水补给充分，地表偶见落水洞，地下水部分顺层运移，部分沿构造线方向径流，地下河呈单管状，在灰岩与泥岩接触带上或地形低洼处排泄；槽谷两侧地层为下三叠统夜郎组（T_1y）、二叠系（P），该地层中的灰岩较厚，为富水性较好的含水岩组，相对隔水层为下三叠统夜郎组（T_1y）、中二叠统吴家坪组（P_2w）中泥页岩。两翼地层挤压紧密，裂隙发育，构成地表降水的良好下泄通道，发育有地表落水洞、漏斗等垂直岩溶现象，在碳酸盐岩与碎屑岩接触带，常发育岩溶泉。槽谷底部为区内最低侵蚀基准面，地下水整体呈南北向径流，在河谷两岸排出地表后，汇入轴部印江河；槽谷两侧地下水沿岩石及裂隙层面向中部汇流，泉点在含水层与隔水层接触带排泄后，形成地表径流，最终汇入印江河，总之，该槽谷水动力条件整体为平行流＋汇流型（图 7-10 和图 7-11），地下水埋深 0～100m。区内人类活动强烈，农业发达，地下水利用率较高，主要有蓄水型、引水型和提水型三种利用方式，槽谷底部印江河谷两侧泉点或地下河出口因位置较低，直接排入印江河，未利用。

图 7-10　郎溪槽谷平面图

2）濯河槽谷

濯河槽谷分布在濯河向斜轴部，轴向方向 NE30°～35°，长约 23km，宽 2～3.5km，面积约 150km²。槽谷底部为低山丘陵谷地，海拔 500～700m，两侧为低山峰丛洼地，海拔 700～1000m。阿蓬江在朝阳寺一带由东至西穿过向斜轴部，后又转为由北向南径流。受碎屑岩隔水层的限制，岩溶发育程度中等。

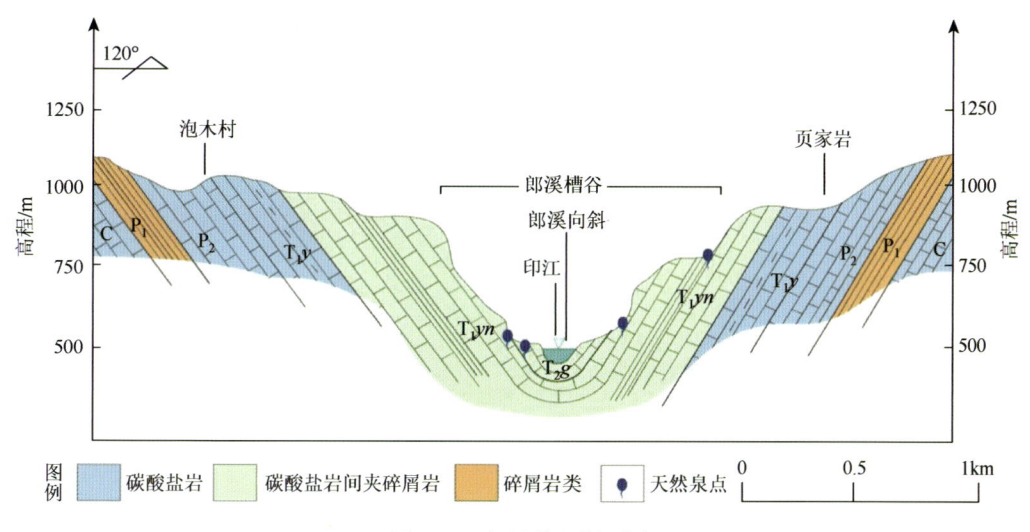

图 7-11 郎溪槽谷剖面图

槽谷底部为中三叠统巴东组（T_2b），北部出露中三叠统二桥组（T_2e）及下侏罗统珍珠冲组（J_1z），为碳酸盐岩夹碎屑岩类的含水岩组，含水层为中三叠统巴东组（T_2b）中灰岩、泥质灰岩，隔水层为中三叠统巴东组（T_2b）中泥岩。向斜轴部宽缓，大气降水补给充分，地表偶见落水洞，地下水部分顺层运移，部分沿构造线方向径流，在灰岩与泥岩接触带上或地形低洼处排泄，区内共发育地下河 1 条，流量 60L/s，大泉两处，流量 6.38~19.76L/s；槽谷两侧地层为下三叠统嘉陵江组（T_1j）、大冶组（T_1d），二叠系（P），灰岩分布厚而连续，为富水性较好的含水岩组，相对隔水层为下三叠统大冶组（T_1d）、中二叠统吴家坪组（P_2w）中页岩。两翼地层挤压紧密，裂隙发育，构成地表降水的良好下泄通道，发育有密集的地表落水洞等垂直岩溶现象，受区内页岩隔水层的影响，区内地下河均为单管道，平行于向斜轴。由于唐岩河、赶场溪、投溪河、黔河等横向峡谷的切割，地下水分别由南北两侧向河谷排泄。区内共发育地下河 16 条，流量 9.18~350L/s，流量大于 5L/s 的岩溶泉 15 处，流量 5~39.8L/s。槽谷底部为区内最低侵蚀基准面，两侧地下水整体呈南北向径流，在河谷两岸排出地表后，汇入轴部阿蓬江；部分泉点在含水层与隔水层接触带排泄后，形成地表径流，最终汇入阿蓬江。总之，该槽谷水动力条件整体为平行流+汇流型，地下水埋深 0~100m（图 7-12 和图 7-13）。

2. 高位型：XC-B

该类槽谷分布于高位向斜轴部碳酸盐岩地层区，向斜核部有一定面积的三叠系上统、侏罗系、白垩系碎屑岩地层出露，增大了整个槽谷的碎屑岩/碳酸盐岩的比例，并形成了较为独立的地质单元或地貌景观，具有丰富的土壤资源和一定的水资源优势。向斜两翼为碎屑岩阻水地层，槽谷多因构造运动和溶蚀作用共同形成，具有独立的补径排系统。但是，受侵蚀基准面及断裂的控制，核部易受流水侵蚀的影响，导致下部的碳酸盐岩出露地表，形成碎屑岩在两侧、碳酸盐岩在谷底的格局，造成水土漏失严重、水资源涵养能力弱的现状。

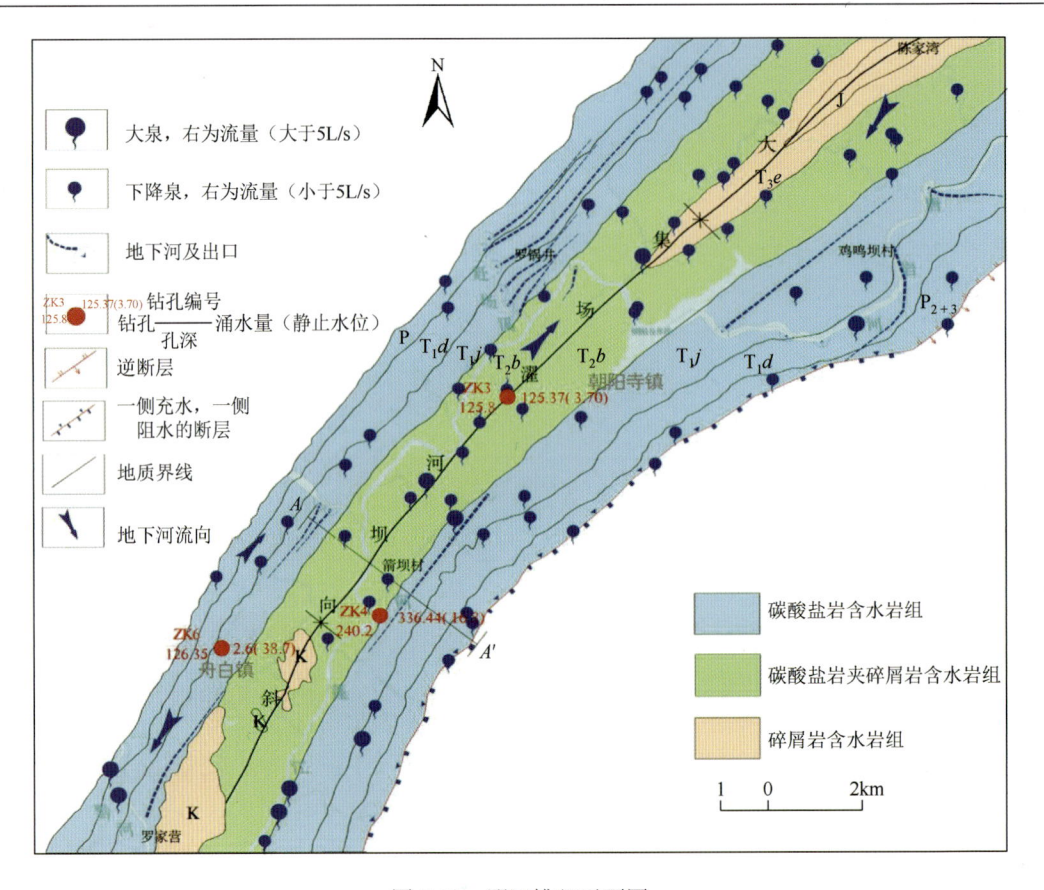

图 7-12 濯河槽谷平面图

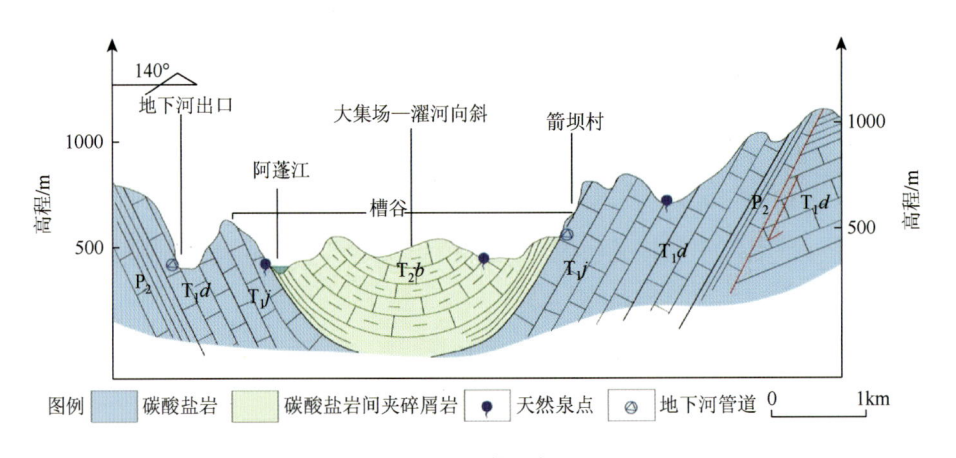

图 7-13 濯河槽谷剖面图

以西阳毛坝槽谷为例，该槽谷位于渝东南毛坝向斜轴部，酉阳县毛坝乡一带，槽谷延伸方向与构造线方向一致，呈 NNE 走向，长约 25km，底部宽 1~3km，槽谷面积约 139km^2，海拔一般 1000~1300m。槽谷内无常年性地表水流，个别地段沿构造线方向发育季节性冲沟。岩溶组合形态受紧束向斜控制而呈溶丘谷地型。丘间有规模不大的洼地和落水洞等。面岩溶率一般较低，为1%左右。垂直岩溶形态（如落水洞、漏斗等）均有倾斜状态，且倾向向斜轴。

槽谷内下三叠统大冶组（T_1d）及二叠系（P）灰岩广泛分布，厚度较大，地层产状较陡，出露相对较窄，岩溶发育程度较宽缓向斜要低，为区内含水层；向斜两翼为上泥盆统水车坪组（D_3s）及志留系（S）碎屑岩地层，为隔水层。地下水多沿碳酸盐岩与碎屑岩接触面自两侧向槽谷底部汇集，汇水条件好，深部岩溶水沿纵向运移，在地表合适部位以地下河或岩溶大泉的形式出露，在槽谷内，50L/s以上的排泄口见有4个（S65、Y89、Y99、S359），据调查访问，这些排泄口水量在雨季时可以达到3000L/s以上。另外，部分泉点受地形切割，在翼部碳酸盐岩与碎屑岩接触带出露。区内垂直岩溶形态发育，地下水埋深一般0～100m。该槽谷水动力条件以汇流+平行流为主，分散流为辅（图7-14和图7-15）。

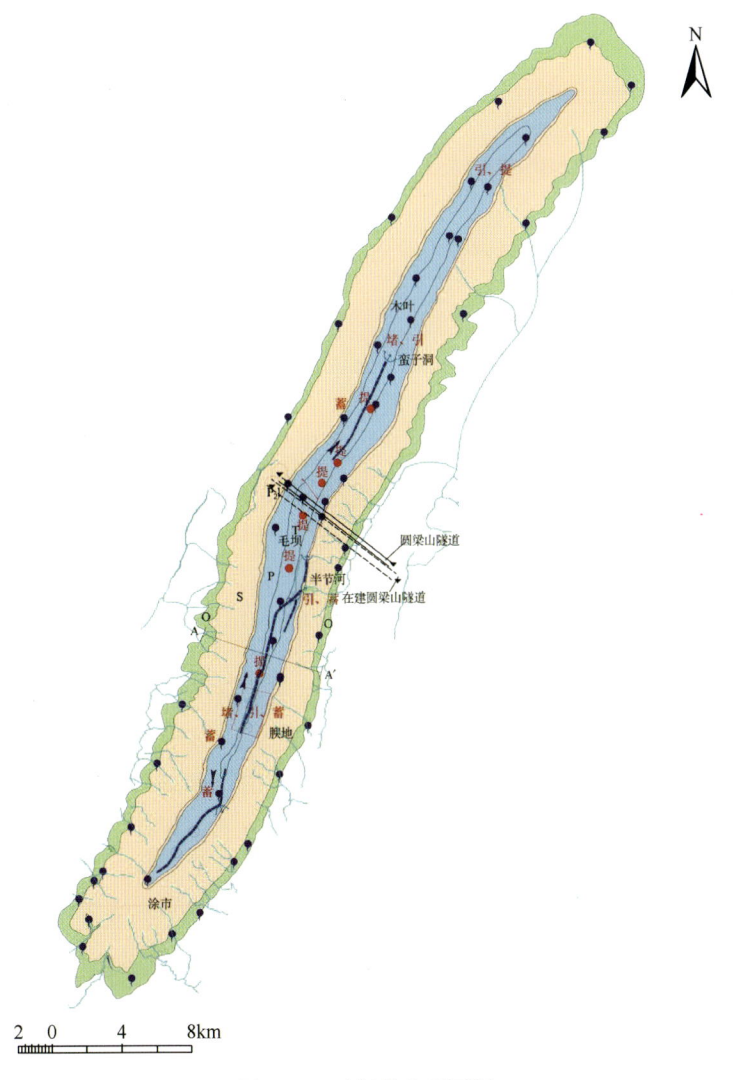

图7-14 毛坝槽谷平面图

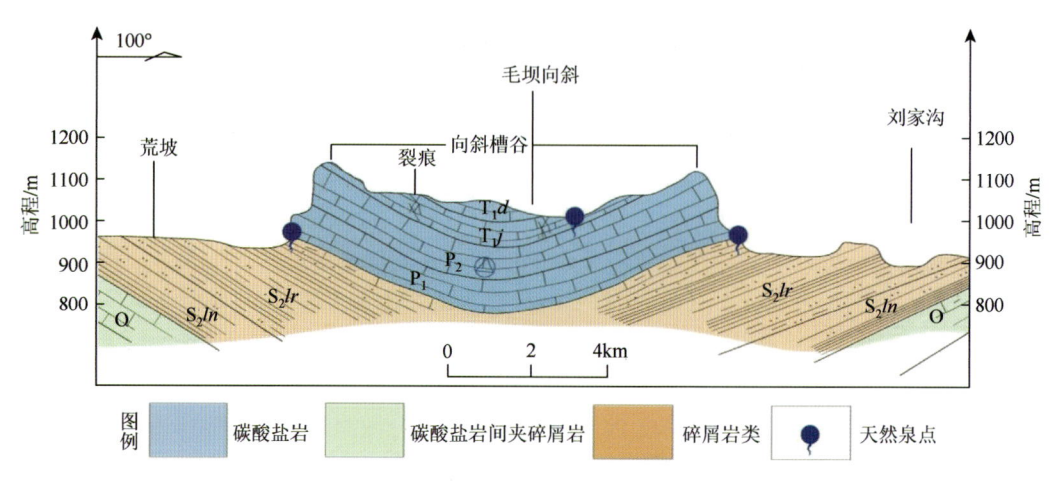

图 7-15 毛坝槽谷剖面图

该槽谷受到圆梁山隧道排水影响，局部地表地下水被疏干，地下水水位下降，隧道排水量为 5 万~10 万 m³/d，成为典型的人工排水点。

7.2 喀斯特槽谷坡面水土流失及漏失的过程与机理

喀斯特槽谷区的双层地质结构使大部分径流流/漏失进入地下河，地表土壤、土壤母质及地表组成物质在重力作用下沿岩石缝隙、洼地和溶槽等进入地下河。喀斯特槽谷区相对于锥峰、塔峰喀斯特地貌等类型的区别在于其槽谷两翼水土流/漏失严重，大部分径流泥沙沿坡面汇集到槽谷底部的洼地。槽谷两翼坡向相反，形成典型的顺层坡（岩层倾向与坡向一致）和逆层坡（岩层倾向与坡向相反）。不同的岩层倾向对喀斯特槽谷区水土流失走向影响各有不同，认识顺/逆层坡水土流/漏失特点，揭示岩层倾向对水土流/漏失过程及水文过程的影响，对研发制定相应的水土流/漏失的阻控技术具有重要的现实意义。

雨水是地表产流的主要原动力因素，降水强度与地表产流的形成密切相关。通过室内模拟降水产流产沙过程，分析降水强度变化过程中顺/逆层坡产流、产沙特征，可研究岩溶槽谷区地下漏失的过程和机理。同时，顺/逆层坡地表单宽流量、径流深和径流累计量均随着地下孔裂隙度的增大呈现先减小后增大再减小的趋势，地下渗漏率、径流深和径流累计量则呈现逐渐增大的趋势（表 7-2 和表 7-3），这说明地下孔裂隙度是地下径流量变化的关键因素。此外，岩层倾角不仅反映了地表岩层的稳定性及其破碎程度，也表征了地表水流渗漏面积与裸露岩石的面积的大小（彭旭东等，2016）。随着岩层倾角的增大，顺/逆层坡地表/地下径流率均有较大的差异（表 7-4 和表 7-5），岩层倾角对顺/逆层坡的地表/地下径流率的影响较大。因而，通过观察降水强度、孔隙度和岩层倾角变化时顺/逆层坡地上/地下流/漏失特征可以发现岩溶槽谷区水土流失及漏失的机理。

表 7-2 顺层坡不同地下孔裂隙度下径流流/漏失特征

类型	地下孔裂隙度/%	单宽流量/[L/(min·m)]	渗漏率/[L/(min·m²)]	径流深/mm	标准差/[L/(min·m²)]	变异系数	累积量/L	径流系数
地表流失	1	4.66	—	61.74	0.22	0.24	279.78	0.58
	2	4.15	—	55.00	0.27	0.34	249.25	0.54
	3	5.04	—	66.68	0.35	0.37	302.18	0.58
	4	3.28	—	43.40	0.21	0.34	196.66	0.46
	5	3.15	—	41.75	0.17	0.28	189.20	0.44
地下漏失	1	—	0.73	43.94	0.24	0.38	199.10	0.42
	2	—	0.79	47.30	0.25	0.38	214.33	0.46
	3	—	0.82	49.21	0.28	0.41	222.98	0.42
	4	—	0.84	50.47	0.34	0.49	228.70	0.54
	5	—	0.88	52.56	0.31	0.42	238.19	0.56

表 7-3 逆层坡不同地下孔裂隙度下径流流/漏失特征

类型	地下孔裂隙度/%	单宽流量/[L/(min·m)]	渗漏率/[L/(min·m²)]	径流深/mm	标准差/[L/(min·m²)]	变异系数	累积量/L	径流系数
地表流失	1	4.16	—	55.11	0.19	0.24	249.74	0.54
	2	3.11	—	41.21	0.16	0.26	186.73	0.44
	3	3.70	—	49.00	0.24	0.34	222.03	0.48
	4	2.64	—	34.92	0.15	0.29	158.25	0.39
	5	2.30	—	30.44	0.16	0.38	137.94	0.34
地下漏失	1	—	0.80	47.82	0.27	0.39	216.70	0.46
	2	—	0.86	51.90	0.26	0.36	235.17	0.56
	3	—	0.88	53.04	0.28	0.38	240.36	0.52
	4	—	0.91	54.48	0.31	0.41	246.89	0.61
	5	—	0.99	59.60	0.32	0.38	270.07	0.66

表 7-4 顺层坡不同岩层倾角下径流流/漏失特征

类型	岩层倾角/(°)	单宽流量/[L/(min·m)]	渗漏率/[L/(min·m²)]	径流深/mm	标准差/[L/(min·m²)]	变异系数	累积量/L	径流系数
地表流失	10	5.60	—	74.20	0.24	0.22	336.25	0.67
	20	4.91	—	64.97	0.23	0.24	294.43	0.59
	30	4.66	—	61.74	0.22	0.24	279.78	0.58
	40	5.03	—	66.64	0.30	0.31	302.00	0.57
	60	4.10	—	54.32	0.20	0.25	246.15	0.49
地下漏失	10	—	0.61	36.31	0.15	0.29	164.52	0.33
	20	—	0.76	45.81	0.28	0.43	207.60	0.41
	30	—	0.73	43.94	0.24	0.38	199.10	0.42
	40	—	0.84	50.70	0.26	0.35	229.74	0.43
	60	—	0.93	55.73	0.23	0.28	252.56	0.51

表 7-5　逆层坡不同岩层倾角下径流流/漏失特征

类型	岩层倾角/(°)	单宽流量/[L/(min·m)]	渗漏率/[L/(min·m²)]	径流深/mm	标准差/[L/(min·m²)]	变异系数	累积量/L	径流系数
地表流失	10	3.16	—	41.88	0.18	0.29	189.77	0.42
	20	3.46	—	45.83	0.20	0.30	207.69	0.46
	30	4.16	—	55.11	0.19	0.24	249.74	0.54
	40	4.04	—	53.51	0.20	0.25	242.50	0.51
	60	3.34	—	44.23	0.16	0.25	200.45	0.40
地下漏失	10	—	0.94	56.69	0.27	0.32	256.87	0.58
	20	—	0.90	54.08	0.26	0.34	245.05	0.54
	30	—	0.80	47.82	0.27	0.39	216.70	0.46
	40	—	0.85	51.13	0.25	0.35	231.70	0.49
	60	—	1.11	66.35	0.33	0.35	300.65	0.60

径流输移泥沙是喀斯特槽谷区土壤流/漏失的主要形式，径流搬运泥沙的能力与土壤流/漏失量密切相关。喀斯特槽谷区地表地下径流强度和侵蚀模数随雨强的增大而增大，不同的降水强度下，顺/逆层坡地表/地下土壤流失空间差异较大。监测不同降水强度、孔隙度和岩层倾角对岩溶槽谷区地下径流强度和地下悬移质流失量的影响，即可分析三种重要因素对岩溶槽谷区地下漏失产流产沙特征的影响，从而分析顺逆层坡的地下漏失机理。同时，监测顺/逆层坡的水流流速和径流深、坡面水流流态、阻力系数与曼宁糙率等水动力学特征，分析岩溶槽谷区坡面流的产流特征对降水强度、孔隙度和岩层倾角变化的响应，可了解岩溶槽谷区顺/逆层坡坡面水土流失和漏失的过程机理。

7.2.1　顺层坡水土流失的过程与机理

1. 三种环境因子对顺层坡面地表/地下产流/产沙过程的影响

降雨是喀斯特槽谷区地表产流的主要原动力，也是发生土壤侵蚀的主要驱动力。降雨通过降水量大小及下垫面入渗特征对雨水实现地表/地下的空间分配，从而影响坡面地表地下的侵蚀产沙过程。随着降雨强度的增大，喀斯特槽谷区地表和地下产流量总体上有所增加。在小雨强（0.25mm/min 和 0.5mm/min）条件下，地表没有产流，中雨强（0.75mm/min）是地表产流的临界值，大雨强（1.5mm/min）是地表径流量超过地下径流量的临界值（图 7-16）。在各个雨强条件下，随着降雨强度的增大，地表/地下产沙量整体随着降雨时间的延长呈现先波动增大后波动减少的趋势，雨强越大其波动越明显。顺层坡的地表产沙量最大值均出现在降雨过程中的 10~25min 之内。当降雨强度由 0.75mm/min 依次增大到 1.5mm/min 时，顺层坡地表产沙达到最大的时间为 20min、15min 和 10min，顺层坡的地表产沙波动趋势相对较大，雨强越大，其达到产沙量最大的时间越短。当降雨强度由 0.25mm/min 依次增大到 1.5mm/min 时，顺层坡地下产沙达到最大的时间在 5~15min。降雨强度对顺层坡的地表产沙的影响较大（图 7-17）。

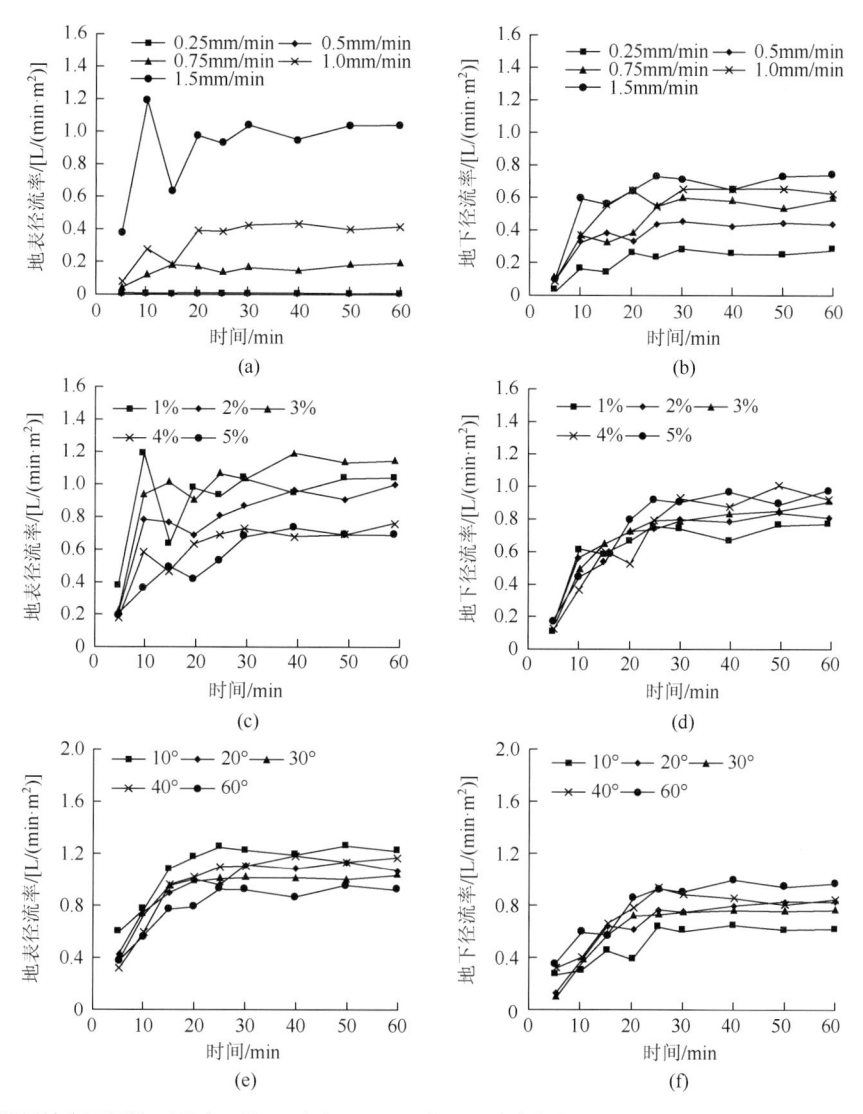

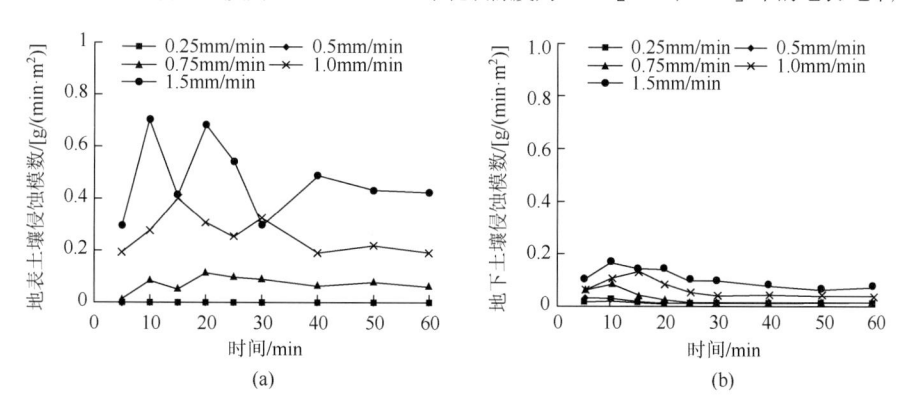

图 7-16 顺层坡在不同降雨强度（降雨历时 60min，地下孔裂隙度为 1%，岩层倾角为 30°）[(a) 和 (b)]、不同地下孔裂隙度（降雨历时 60min，降雨强度为 1.5mm/min，岩层倾角为 30°）[(c) 和 (d)] 及不同岩层倾角（降雨历时 60min，降雨强度为 1.5mm/min，地下孔裂隙度为 1%）[(e) 和 (f)] 下的地表/地下产流过程

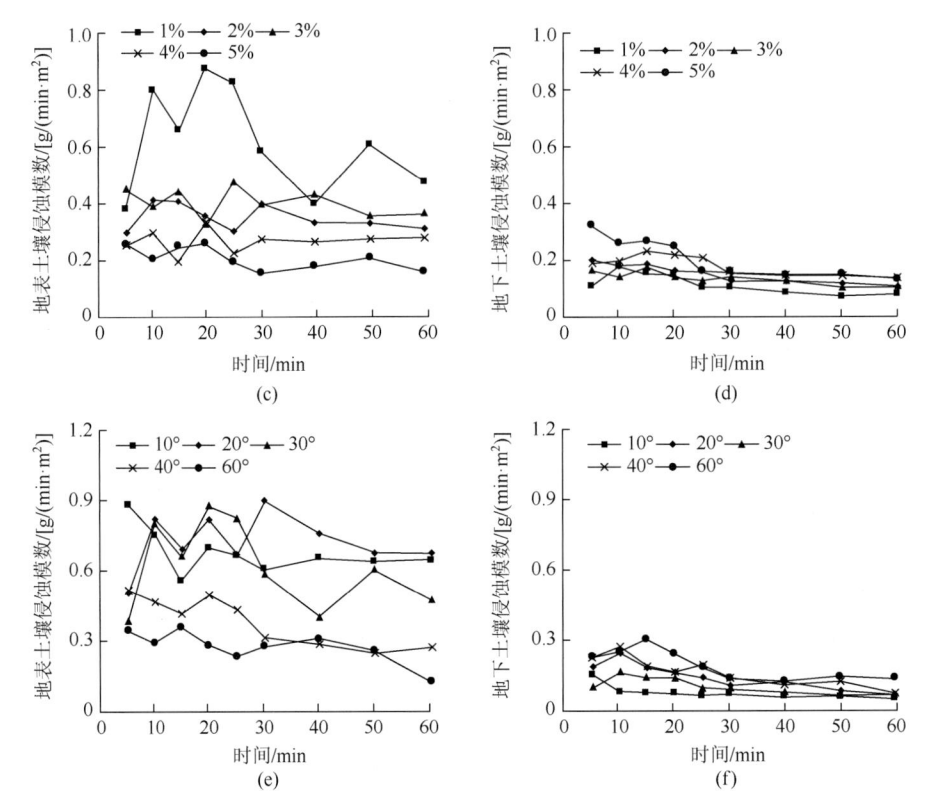

图 7-17　顺层坡在不同降雨强度（降雨历时 60min，地下孔裂隙度为 1%，岩层倾角为 30°）[（a）和（b）]、不同地下孔裂隙度（降雨历时 60min，降雨强度为 1.5mm/min，岩层倾角为 30°）[（c）和（d）] 及不同岩层倾角（降雨历时 60min，降雨强度为 1.5mm/min，地下孔裂隙度为 1%）[（e）和（f）] 下的地表/地下产沙过程

喀斯特槽谷区存在典型的地表地下双层地质空间结构，坡面水流极易通过地下孔裂隙发生地下水土漏失。随着降水时间的延长，各孔裂隙条件下的地表和地下径流率均表现出先波动增大后逐渐趋于平稳的趋势（图 7-16）。顺层坡地表径流率在各个地下孔裂隙度之间的差别较大，在整个实验降雨时间内其稳定地表径流率均在 0.5~1.2L/(min·m²)；而地下径流量在各个地下孔裂隙度之间的差别不大，其稳定地下径流量均在 0.7~1.0L/(min·m²)。地表径流率在地下孔裂隙度 1% 和 4% 时达到稳定的时间在 10~20min，而在地下孔裂隙度 2%、3% 和 5% 时达到稳定的时间在 20~30min，地下径流率达到稳定径流量的时间均在 20~30min。当地下孔裂隙度在 1%~3% 时，地表径流系数高于 0.53，而地下径流系数低于 0.46，当地下孔裂隙度在 4%~5% 时，地表径流系数低于 0.46，而地下径流系数高于 0.54，这说明在微度和轻度发育的地下孔裂隙度（1%~3%）条件下，顺层坡以地表径流为主，在中度发育的地下孔裂隙度（4%~5%）条件下，顺层坡以地下径流为主。顺层坡地表产沙比例为 0.52~0.85，地下产沙比例为 0.15~0.48，说明顺层坡以地表产沙为主（图 7-17）。

顺层坡稳定地表径流率在各个岩层倾角下在 0.8~1.4L/(min·m²)，稳定地下径流率在 0.6~1.0L/(min·m²)。顺层坡的地表径流系数随着岩层倾角的增大而减小，而地下径流系数则相反，在岩层倾角为 60° 时，地下径流系数超过 0.5，说明顺层坡在中缓倾角条件下以地表径流为主。地表单宽流量、径流深和累积量先减小后增大再减小,其在岩层倾角40°为转折点,而地下径流渗漏率、径流深和累积量先增大后减小再增大,其在岩层倾角20°为转折点。当岩层倾角由10°依次增加到60°时,顺层坡地表产沙量分别在降雨时间的5min、30min、20min、5min和15min达到最大值,逆层坡地表产沙量分别在15min、5min、10min、5min和40min达到最大值,而顺/逆层坡的地下产沙量均在降雨时间5~20min内达到最大值(图7-17)。岩层倾角对土壤地表流失的影响较大,对地下土壤漏失的影响较小。顺层坡而言,地表产沙最大值、平均值和累积量先增大后减小,其在岩层倾角30°为转折点,而地下产沙最大值、平均值和累积量先增大后减小再逐渐增大,其在岩层倾角20°为转折点。顺层坡的地表产沙比例随着岩层倾角的增大而减小,而地下产沙比例则相反,地表产沙比例均超过0.5,说明顺层坡以地表产沙为主。

通过对地表地下径流量与降雨强度、地下孔裂隙度和岩层倾角的关系进行偏相关分析可知,降雨强度是地表地下径流量大小的主要影响因子(表7-6)。顺层坡各因子对地表径流量的影响程度为降雨强度>岩层倾角>地下孔裂隙度,对地下径流量的影响程度为地下孔裂隙度>降雨强度>岩层倾角。各因子对顺层坡地表径流系数的影响程度为地下孔裂隙度<岩层倾角<降雨强度,对地下径流系数的影响程度为地下孔裂隙度<岩层倾角<降雨强度。

表 7-6 喀斯特槽谷区地表/地下产流影响因子之间的相关性

类型	顺层坡			逆层坡		
	降雨强度	地下孔裂隙度	岩层倾角	降雨强度	地下孔裂隙度	岩层倾角
地表径流量	0.958*	−0.742	−0.860	0.941*	−0.874	0.195
地表径流系数	0.977**	−0.862	−0.946*	0.980**	−0.921*	−0.138
地下径流量	0.952*	0.985**	0.942*	0.939*	0.967**	0.502
地下径流系数	−0.977**	0.858	0.954*	0.980**	0.917*	0.123

注:**、*分别表示 $P<0.01$、$P<0.05$。

2. 喀斯特槽谷区顺坡面侵蚀泥沙输移过程

随着雨强的增大,地表悬移质分配比例减小,地表推移质是地表悬移质的47%~97%;地下悬移质分配比例也随之减小,其值为14.56%~100%。在中小雨强条件下,地表悬移质含量高于地表推移质并远大于地下悬移质,在大雨强(1.5mm/min)条件下,地表推移质和地表悬移质相差不大,地表悬移质略大于地表推移质。

顺层坡的地表侵蚀模数在微度发育的地下孔裂隙度1%到轻度发育的地下孔裂隙度2%时,侵蚀模数变化较大,而在轻度和中度发育的地下孔裂隙度,侵蚀模数变化较小,这说明轻度发育的地下孔裂隙度对顺层坡的径流侵蚀泥沙的影响较大。在降雨强度为1.5mm/min,岩层倾角为30°的顺层坡(图7-18),随着地下孔裂隙度的增大,地表推移质逐渐减小,地表悬移质则呈现先增加后减小的趋势,在地下孔裂隙为3%时达到最大值,地表悬移质大小排序为3%>2%>4%>1%>5%,地表推移质是悬移质的0.38~2.30倍,在微度发育的地下孔裂隙度(1%)条件下,顺层坡地表推移质高于地表悬移质,当地下孔裂隙度增大时，地表推移质均小于地表悬移质。地下悬移质随着地下孔裂隙度及其分配比例随着地下孔裂隙呈先增大再减小后增大的趋势，其值在 14.56%~47.98%。地表悬移质是地下悬移质的 0.75~2.28 倍。在地下孔裂隙度为 5%时，顺层坡以地下悬移质为主；在孔裂隙度为 1%时，顺层坡以地表推移质为主；在 2%~4%时，顺层坡以地表悬移质为主（图 7-19）。

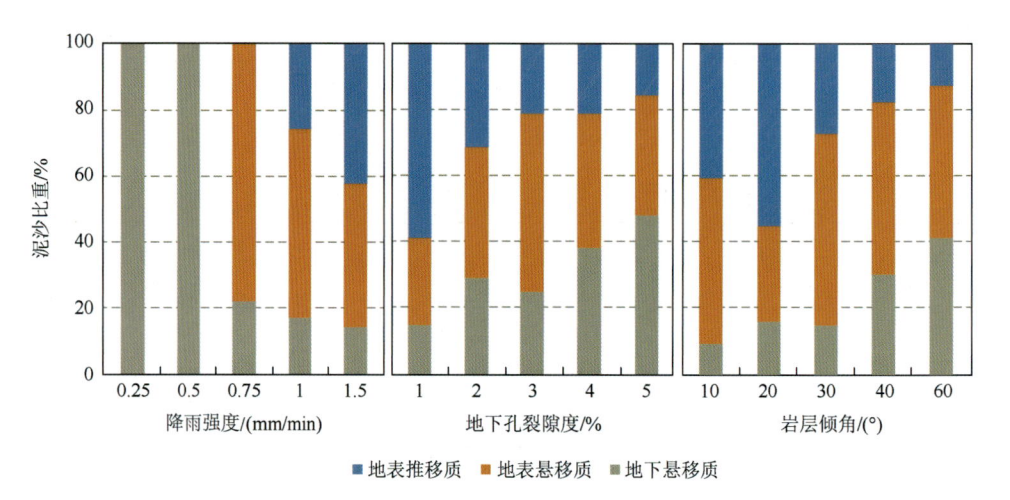

图 7-18 顺层坡在不同降雨强度（降雨历时 60min，地下孔裂隙度为 1%，岩层倾角为 30°）、地下孔裂隙度（降雨历时 60min，降雨强度为 1.5mm/min，岩层倾角为 30°）及岩层倾角（降雨历时 60min，降雨强度为 1.5mm/min，地下孔裂隙度为 1%）下的地表/地下泥沙颗粒空间分布特征

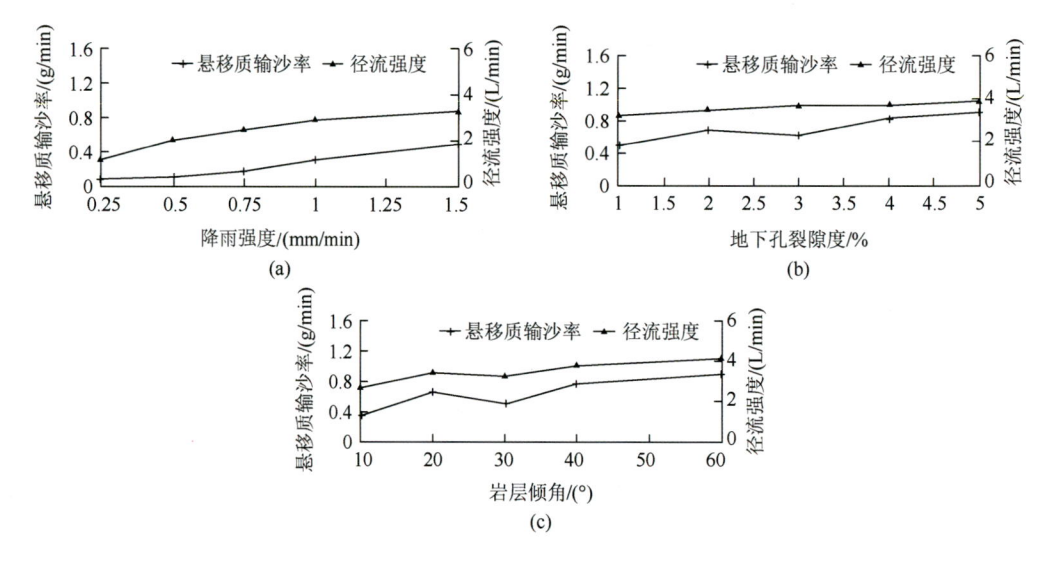

图 7-19 顺层坡地表水沙关系

土壤地表侵蚀模数随着岩层倾角的增大呈现先增大后逐渐减小的趋势，其在中等倾角（20°）达到最大值，地下侵蚀模数随着岩层倾角的增大呈现先增大再减小后逐渐增大的趋势，其变化为 60°>40°>20°>30°>10°，地表侵蚀模数是地下侵蚀模数的 1.37~9.79 倍，

由此说明中倾角对顺层坡的径流侵蚀泥沙影响较大,且顺层坡以地表径流侵蚀泥沙为主。随着岩层倾角的增大,地表推移质呈现先增大后减小的趋势,其变化为20°>10°>30°>40°>60°,地表悬移质则呈现先减小后增大再减小的趋势,其在岩层倾角30°达到最大值,大小排序为30°>10°>40°>20°>60°(表7-7),地表推移质是地表悬移质的0.28~2.01倍,即在岩层倾角为20°时,地表推移质高于地表悬移质,在其他岩层倾角条件下,地表悬移质均大于地表推移质;地下悬移质随着地下孔裂隙度及其分配比例随着岩层倾角的增大呈现先增大再减小后增大的趋势,其值在0.36~0.90g/min(图7-19),地表悬移质是地下悬移质的1.10~5.14倍,由此可知,顺层坡以地表悬移质为主。

表7-7 顺/逆层坡不同岩层倾角下径流侵蚀泥沙特征

类型		岩层倾角/(°)	径流强度/(L/min)	累积产沙量/g	推移质输沙率/(g/min)	悬移质输沙率/(g/min)	含沙量/(g/L)	侵蚀模数/[g/(m²·h)]
顺层坡	地表流失	10	5.60	199.70	1.49	1.84	0.59	40.42
		20	4.91	215.13	2.40	1.19	0.73	43.34
		30	4.66	176.70	0.93	2.02	0.63	37.28
		40	5.03	105.75	0.47	1.29	0.35	22.86
		60	4.10	77.13	0.28	1.00	0.31	16.30
	地下漏失	10	2.74	21.45	—	0.36	0.13	4.60
		20	3.46	39.90	—	0.67	0.19	8.78
		30	3.32	30.12	—	0.50	0.15	6.54
		40	3.83	46.52	—	0.78	0.20	10.17
		60	4.21	54.27	—	0.90	0.21	11.85
逆层坡	地表流失	10	3.16	68.61	0.18	0.96	0.36	14.58
		20	3.46	95.33	0.25	1.34	0.46	19.84
		30	4.16	140.83	1.06	1.28	0.56	28.58
		40	4.04	109.89	0.61	1.22	0.45	23.05
		60	3.34	72.39	0.11	1.10	0.36	14.38
	地下漏失	10	4.28	80.43	—	1.34	0.31	17.41
		20	4.08	67.11	—	1.12	0.27	14.42
		30	3.61	51.65	—	0.86	0.24	11.44
		40	3.86	54.11	—	0.90	0.23	11.56
		60	5.01	89.16	—	1.49	0.30	18.62

除了在地下孔裂隙为1%和降雨强度为1.5mm/min条件下,地表推移质大于地表径流强度和地表悬移质,同时,在岩层倾角为20°条件下,地表推移质大于地表悬移质,其他情况下,均为地表径流强度>地表悬移质>地表推移质,由此可知,顺层坡只有在暴雨和微度发育的地下孔裂隙度条件下,地表推移质流失量较多,而通常情况下,以地表悬移质流失量较多。

径流强度的最大值和最小值与地下悬移质的最大值和最小值的分布基本一致,顺层坡最大值集中分布在降雨强度1.5mm/min、地下孔裂隙度为5%和岩层倾角为60°相组合的坡面,顺层坡的最小值集中在降雨强度0.25mm/min、地下孔裂隙度为1%和岩层倾角为10°相组合的坡面(图7-19)(Gan et al.,2020a)。

3. 顺层坡面水动力学特征

顺层坡平均水流流速和径流深均随着降雨强度的增大而增大。当地下孔裂隙度增大时，顺层坡的流速呈现先增大后减小再增大的趋势，其在地下孔裂隙度3%时达到最大值，在4%达到最小值，顺层坡的径流深则为先减小后增大再减小的趋势，其在地下孔裂隙度4%时达到最大值；当岩层倾角增大时，流速呈现先减小后增大再迅速减小的趋势，而径流深的变化趋势与流速相反。顺层坡的岩层方向与水流方向一致，大部分雨水沿岩层方向顺流而下，加快了水流流速，顺层坡边坡水流平均流速和径流深均大于逆层坡。

当地下孔裂隙度为1%，岩层倾角为30°时，顺层坡的弗劳德数 Fr 呈波动变化，其在地下孔裂隙度4%时达到最小值且小于1，即在地下孔裂隙度4%时，顺层坡水流流态处于急层流区，其他情况下，顺层坡均处于缓层流区；当降雨强度为1.5mm/min，地下孔裂隙度为1%。随着岩层倾角的增大，其雷诺数 Re 呈逐渐减小的趋势，弗劳德数 Fr 则呈现先减小后增大再减小的趋势，其在岩层倾角60°时达到最小值并小于1，则此时顺层坡处于急层流区，其坡面水流挟沙能力较强（图7-20）。

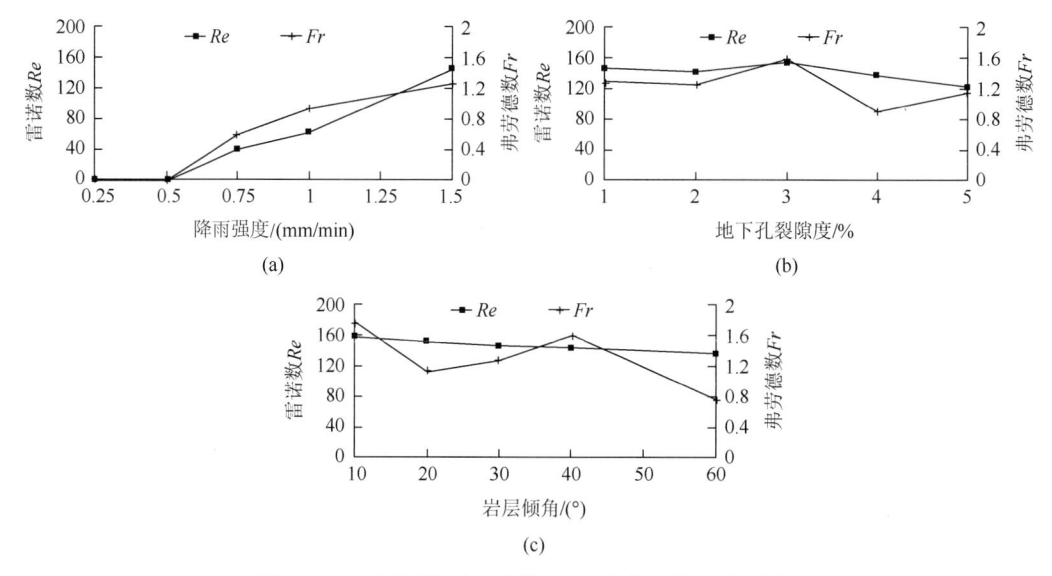

图7-20 顺层坡坡面雷诺数 Re 和弗劳德数 Fr 的变化

当地下孔裂隙度增大时，顺层坡阻力系数和曼宁系数呈波动式变化，其在地下孔裂隙度4%时达到最大值；当岩层倾角增大时，顺层坡的阻力系数和曼宁系数呈先增大后减小再增大的趋势，阻力系数平均值的变化范围为1.13～6.04，曼宁系数平均值变化范围为0.038～0.094，则在岩层倾角60°时阻滞作用最大（图7-21）（Gan et al.，2020a）。

当地下孔裂隙度增大时，顺层坡的径流剪切力和水流功率均为先减小后增大再减小的趋势，径流剪切力在地下孔裂隙度4%时为最大值，即0.0055Pa，水流功率在地下孔裂隙度3%为最大值，即0.00063N/(m·s)；当岩层倾角增大时，顺层坡的径流剪切力呈先增大后减小再增大的趋势，其在岩层倾角60°为最大值，即0.0062Pa，水流功率则呈现逐渐减小的趋势，其变化范围在0.00056～0.00065N/(m·s)（图7-22）。

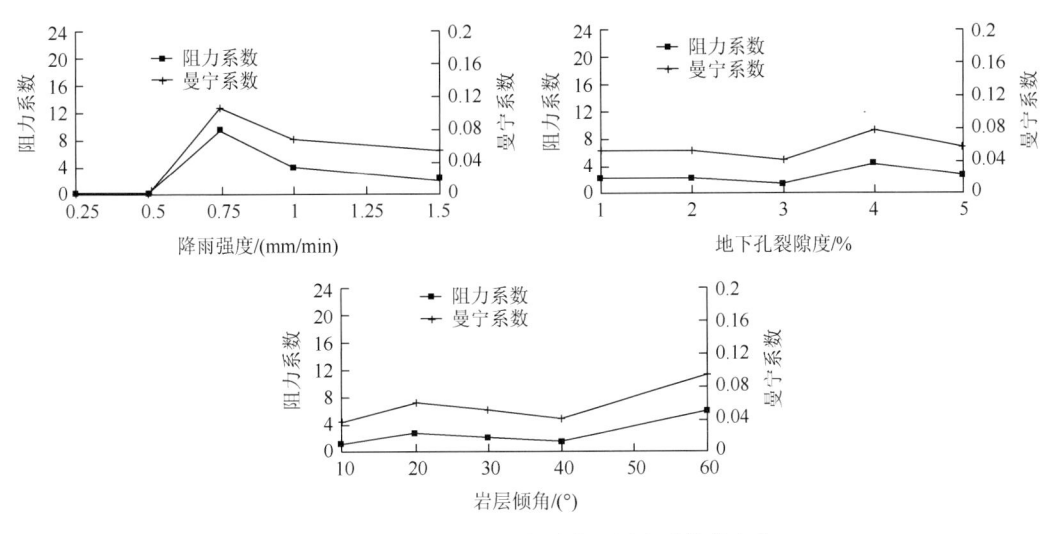

图 7-21 顺层坡坡面阻力系数和曼宁系数的变化

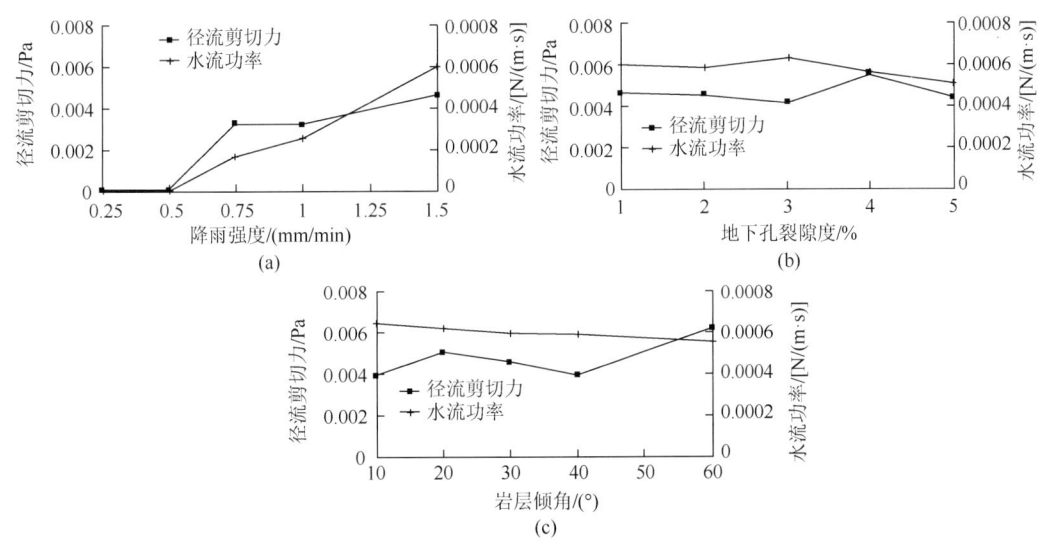

图 7-22 顺层坡坡面径流剪切力和水流功率的变化

同一降雨强度和岩层倾角条件下，随着地下孔裂隙度的增大，顺层坡的流速和水流功率在地下孔裂隙度 3%时达到最大值，在 4%达到最小值，径流深、阻力系数、曼宁系数和径流剪切力在地下孔裂隙度 4%时达到最大值。同一降雨强度和地下孔裂隙度条件下，随着岩层倾角的增大，顺层坡的弗劳德数 Fr 在岩层倾角 60°时达到最小值并小于 1，径流剪切力和阻滞作用力在岩层倾角 60°时为最大值（Gan et al.，2020a）。

7.2.2 逆层坡水土漏失的过程与机理

1. 三种环境因子对逆层坡面地表/地下产流/产沙过程的影响

当降雨强度由 0.75mm/min 依次增大到 1mm/min 和 1.5mm/min 时，逆层坡地表产沙达到最大的时间为 20min、15min 和 10min。当降雨强度由 0.25mm/min 依次增大到 1.5mm/min 时,逆层坡的地下产沙量达到最大的时间在 10~20min,且雨强越大,其达到最大地下产沙量的时间越短。降雨强度对逆层坡地下产沙的影响较大。降雨强度越大,对逆层坡的地下土壤漏失量影响越大(图 7-23)。

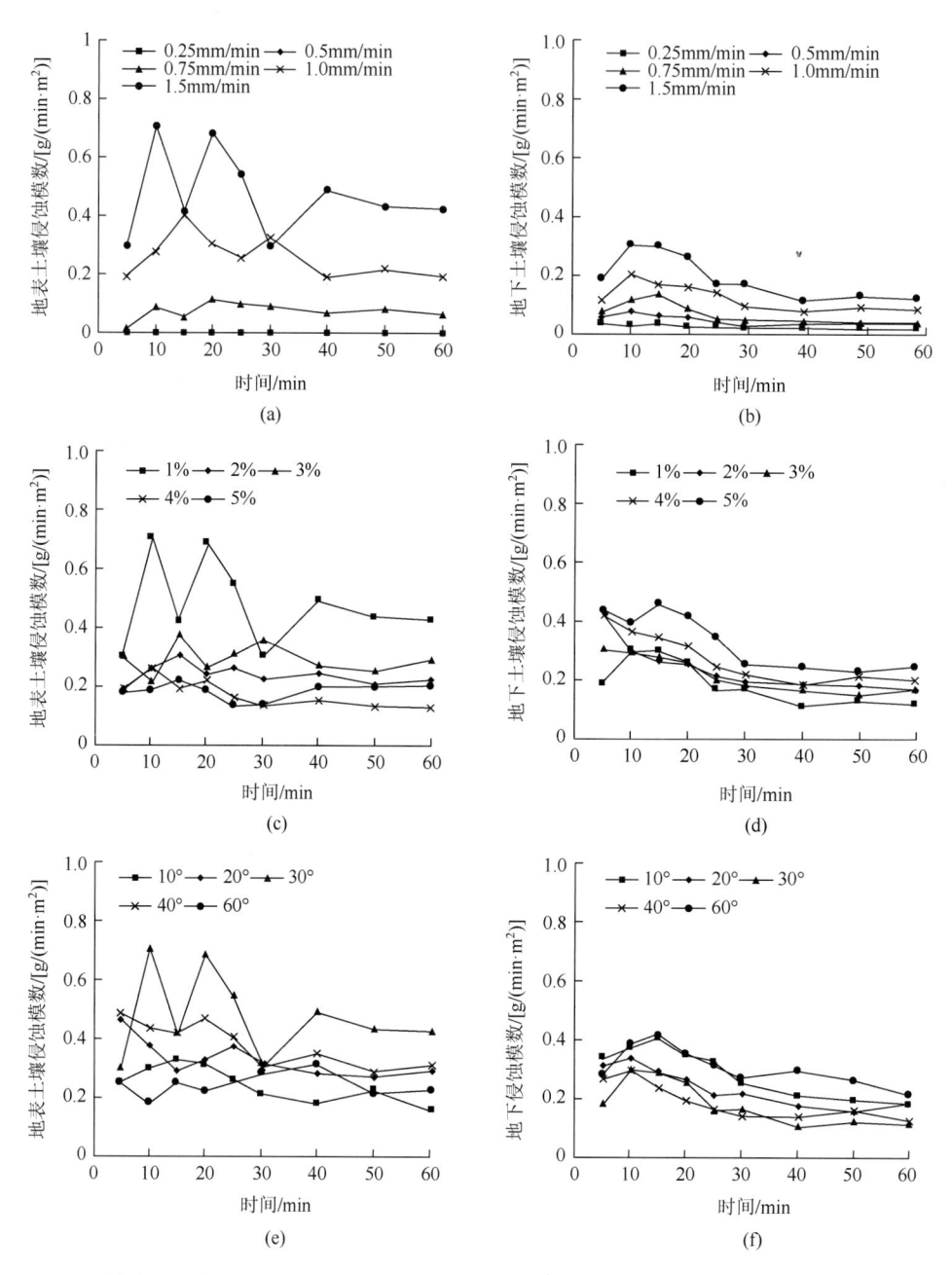

图 7-23 逆层坡在不同降雨强度(降雨历时 60min,地下孔裂隙度为 1%,岩层倾角为 30°)、不同地下孔裂隙度(降雨历时 60min,降雨强度为 1.5mm/min,岩层倾角为 30°)及不同岩层倾角(降雨历时 60min,降雨强度为 1.5mm/min,地下孔裂隙度为 1%)下的地表/地下产沙过程

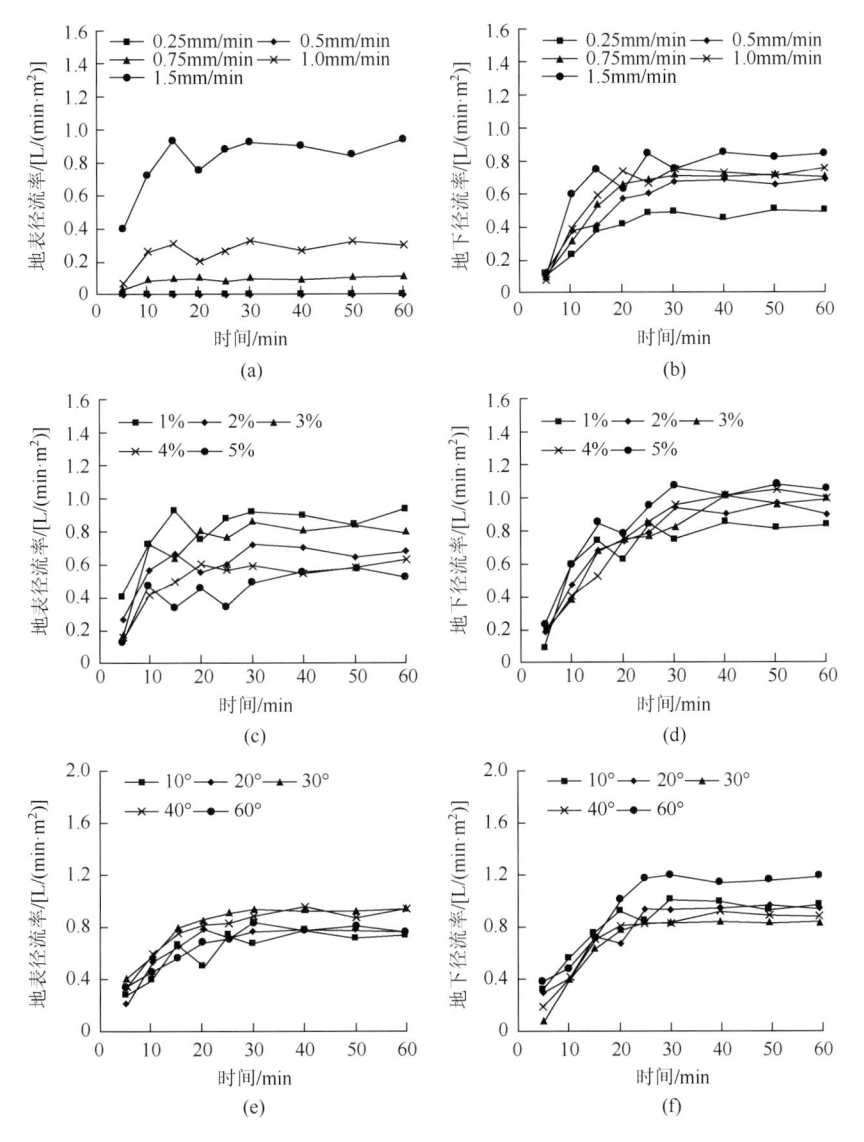

图 7-24 逆层坡在不同降雨强度（降雨历时 60min，地下孔裂隙度为 1%，岩层倾角为 30°）、不同地下孔裂隙度（降雨历时 60min，降雨强度为 1.5mm/min，岩层倾角为 30°）及不同岩层倾角（降雨历时 60min，降雨强度为 1.5mm/min，地下孔裂隙度 1%）下的地表/地下产流过程

不同孔隙度下，逆层坡地下径流量差别较大，稳定地下径流量均在 0.8~1.2L/(min·m²)，而地表径流量差别较小，其稳定地表径流量均在 0.6~1.0L/(min·m²)。这说明地下孔裂隙度对逆层坡的地下径流率的影响较大。同时，不同地下孔裂隙度下的地表地下径流率达到稳定的时间差异较大，逆层坡地表径流量在 1%和 3%达到稳定径流率的时间在 10~20min，在其他地下孔裂隙度下的稳定径流量时间在 20~30min（图 7-24），而地下径流率达到稳定的时间均在 20~30min，这说明地下径流率波动变化时间较长。除了在 1%的地下孔裂隙度条件下，其地表径流系数高于 0.50 以外，在其他地下孔裂隙度条件下，地表径流系数均低于 0.48，这说明逆层坡以地下径流为主。地下孔裂隙度不仅是地下径

流漏失的关键因素，还是地表/地下径流流/漏失空间分配的重要因素。随着地下孔裂隙度从 1%增大到 5%，逆层坡的地表产沙量最大值均出现在 10～15min，地下孔裂隙对地表产沙的影响较大，而对地下产沙的影响较小。在地下孔裂隙度在 1%～3%时，逆层坡地表产沙比例在 0.58～0.73，而地下产沙比例在 0.27～0.49，当地下孔裂隙度在 4%～5%时，地表产沙逐渐向地下产沙迁移，地表产沙比例低于 0.40，而地下产沙比例高于 0.61，这说明在微度和轻度发育的地下孔裂隙度（1%～3%）条件下，逆层坡以地表土壤流失为主，在中度发育的地下孔裂隙度（4%～5%）条件下，逆层坡以地下土壤漏失为主。

逆层坡稳定地表径流率在 0.6～1.0L/(min·m^2)，稳定地下径流率在 0.8～1.2L/(min·m^2)，岩层倾角对逆层坡地下径流影响较大。逆层坡地表产沙最大值、平均值和累积量呈现先增大后减小的趋势，其以岩层倾角 30°为转折点，而地下产沙最大值、平均值和累积量呈现先减小后增大的趋势，其以岩层倾角 40°为转折点。逆层坡的地表产沙比例随着岩层倾角的增大呈现先增大后减小的趋势，地下产沙比例则相反，其在缓倾角（10°）和陡倾角（60°）条件下，地下产沙比例超过 0.5，说明此时逆层坡以地下产沙为主，其他岩层倾角下以地表产沙为主（图 7-23）。

通过对地表地下径流量与降雨强度、地下孔裂隙度和岩层倾角的关系进行偏相关分析可知，降雨强度是地表地下径流量大小的主要影响因子。地表产流量与地下产流量呈极显著负相关关系，偏相关系数 $r = -0.903$。降雨强度是地表地下产沙量大小的主要影响因子（表 7-8）。逆层坡对地表产沙量的影响程度为岩层倾角<地下孔裂隙度<降雨强度，对地下产沙量的影响程度为岩层倾角<地下孔裂隙度<降雨强度。地表产沙量与地下产沙量呈极显著负相关关系，偏相关系数 $r = -0.786$。

表 7-8 喀斯特槽谷区地表/地下产沙影响因子之间的相关性

类型	顺层坡			逆层坡		
	降雨强度	地下孔裂隙度	岩层倾角	降雨强度	地下孔裂隙度	岩层倾角
地表产沙量	0.973**	−0.910*	−0.931*	0.967**	−0.831	−0.013
地表产沙比例	0.836	−0.937*	−0.961**	0.883*	−0.901*	−0.070
地下产沙量	0.983*	0.939*	0.881*	0.989**	0.931*	0.200
地下产沙比例	−0.836	0.933*	0.959*	−0.883*	0.900*	0.073

2. 逆层坡坡面侵蚀泥沙输移过程

喀斯特槽谷区地表地下径流强度和侵蚀模数随雨强的增大而增大，不同的降雨强度下，逆层坡地表地下土壤流失空间差异较大，且地表径流侵蚀泥沙具有临界降雨强度。随着降雨强度的增大，地表/地下的推移质和悬移质逐渐增大。同时，随着降雨强度的增大，土壤推移质和悬移质流失增大，在中小雨强条件下时，径流侵蚀泥沙变化较小，在中大雨强条件下，径流侵蚀泥沙变化较大，这是因为在小雨强条件下，雨滴对土壤地表的击溅能力较小，且地表径流较小，土壤的抗冲能力远大于径流的冲击力，此时土壤依

第 7 章 喀斯特槽谷水土过程机理与石漠化综合治理

旧保持团聚体形态，不易被分散，只有一些细小颗粒随径流流/漏失；在大雨强条件下，雨滴的击溅能力增大，超过土壤的抗冲能力，土壤无法保持其原团聚体形态，径流侵蚀泥沙的变化较大。随着雨强的增大，地表悬移质和推移质逐渐增大，地表推移质是悬移质的 0～0.39 倍；地下悬移质也随之增大。同时，地表悬移质始终大于地下悬移质，地表悬移质是地下悬移质的 0～1.95 倍。在小雨强条件下（0.25mm/min 和 0.5mm/min），逆层坡以地下悬移质为主，在中雨强（0.75mm/min 和 1.0mm/min）和大雨强（1.5mm/min）条件下，逆层坡以地表悬移质为主（图 7-25）。

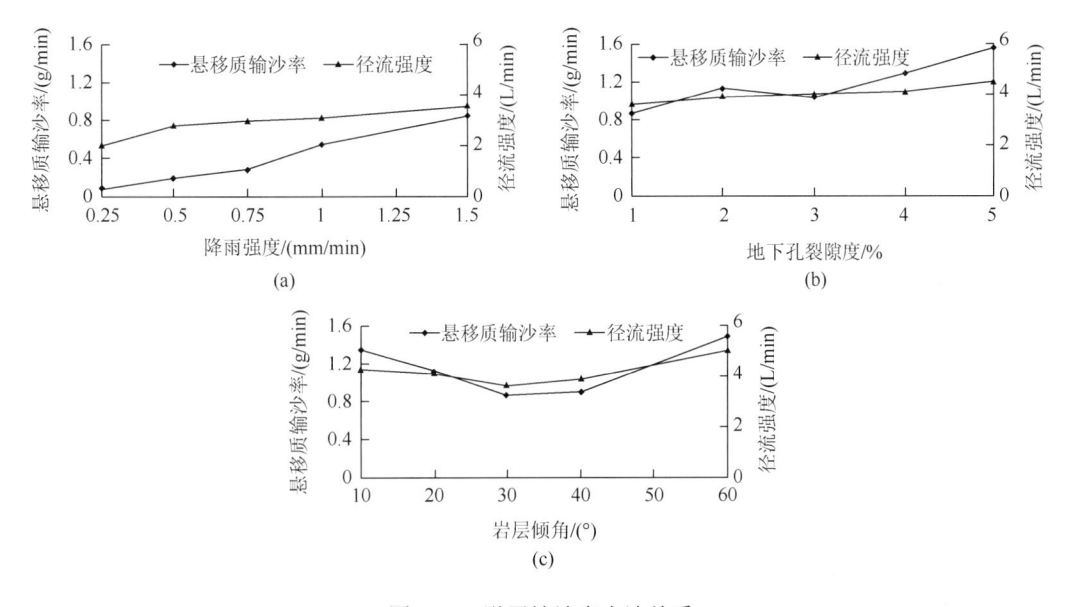

图 7-25 逆层坡地表水沙关系

地表推移质和地表悬移质随着地下孔裂隙度的增大呈波动变化，地表推移质的变化大小为 1%＞3%＞2%＞5%＞4%，地表悬移质的变化大小为 1%＞3%＞2%＞5%＞4%，地表推移质是地表悬移质的 0.36～0.53 倍；地下悬移质及分配比例随着地下孔裂隙度的增大而呈现先增大再减小后逐渐增大，其值在 26.83%～62.86% 变化。地表悬移质是地下悬移质的 0.43～1.79 倍。在地下孔裂隙为 1%和 3%时，逆层坡以地表悬移质为主，在地下孔裂隙度 2%、4%和 5%时，逆层坡以地下悬移质为主。在中度地下孔裂隙度 5%时其地下侵蚀模数达到了最大值，由此说明中度发育的地下孔裂隙度对逆层坡的地下径流侵蚀泥沙影响较大（表 7-9）。在相同雨强条件下，喀斯特槽谷区大部分地表径流强度和产沙量随地下孔裂隙度的增大而减小，地下径流强度和产沙量则相反。这是因为随着地下孔裂隙度的增大，土壤渗漏率逐渐增大，则地表径流量逐渐减小，地表径流搬运泥沙颗粒的能力逐渐减小，相反地下径流量随之增大，挟带了大量的土壤悬移质渗漏进入地下孔裂隙度，即为喀斯特槽谷区特有的地下土壤漏失形式。逆层坡地表地下土壤侵蚀模数呈现波动变化的趋势，地表侵蚀模数变化为 30°＞40°＞20°＞10°＞60°，地下侵蚀模数变化为 60°＞10°＞20°＞40°＞30°，地表侵蚀模数是地下侵蚀模数的 0.83～2.50 倍，其只在岩层倾角 10°和 60°情况下地下侵蚀模数高于地表侵蚀模数，说明在极缓倾角和极陡倾角条件下，逆层坡以地下径流侵蚀泥沙为主（图 7-26）。

表 7-9　逆层坡不同地下孔裂隙度下径流侵蚀泥沙特征

类型	地下孔裂隙度/%	径流强度/(L/min)	累积产沙量/g	推移质输沙率/(g/min)	悬移质输沙率/(g/min)	含沙量/(g/L)	侵蚀模数/[g/(m²·h)]
地表流失	1	4.16	140.83	0.81	1.54	0.56	28.58
	2	3.11	70.64	0.31	0.86	0.38	14.36
	3	3.70	86.01	0.39	1.05	0.39	17.52
	4	2.64	48.78	0.25	0.56	0.31	10.30
	5	2.30	54.96	0.26	0.66	0.40	10.75
地下漏失	1	3.61	51.65	—	0.86	0.24	11.44
	2	3.92	67.59	—	1.13	0.29	14.48
	3	4.01	62.23	—	1.04	0.26	13.36
	4	4.11	77.30	—	1.29	0.31	16.65
	5	4.50	93.03	—	1.55	0.34	20.06

注：降雨历时 60min，降雨强度为 1.5mm/min，岩层倾角为 30°。

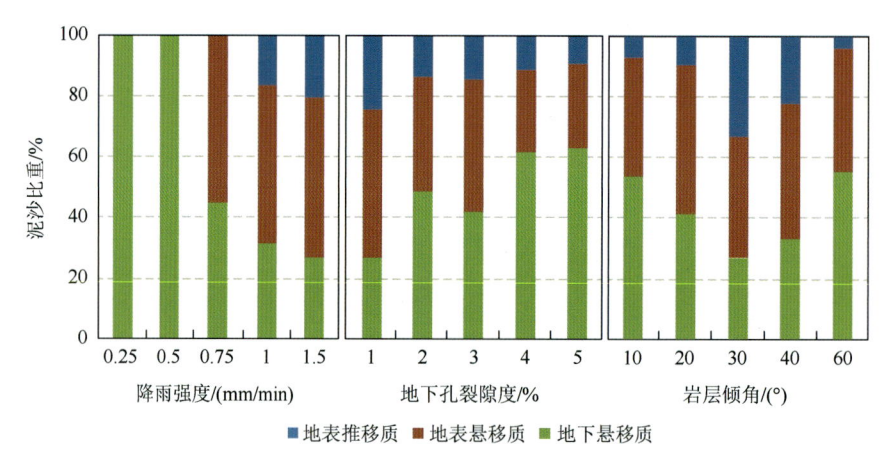

图 7-26　逆层坡在不同降雨强度（降雨历时 60min，地下孔裂隙度为 1%，岩层倾角为 30°）、地下孔裂隙度（降雨历时 60min，降雨强度为 1.5mm/min，岩层倾角为 30°）及岩层倾角（降雨历时 60min，降雨强度为 1.5mm/min，地下孔裂隙度为 1%）下的地表地下泥沙颗粒空间分布特征

逆层坡地表推移质和地表悬移质随着岩层倾角的增大呈先增大后逐渐减小的趋势，地表推移质的变化大小为 30°＞40°＞20°＞10°＞60°，地表悬移质的变化大小为 20°＞30°＞40°＞60°＞10°，地表推移质是地表悬移质的 0.10～0.83 倍；地下悬移质及分配比例随着岩层倾角的增大而呈现先减小后增大的趋势，其值在 0.86～1.55g/min 变化，地表悬移质是地下悬移质的 0.72～1.49 倍，说明除岩层倾角 10°和 60°情况外，逆层坡的地下悬移质高于地表悬移质，其余岩层倾角条件下，地表悬移质高于地下悬移质（图 7-26）。

逆层坡径流强度和地下悬移质最大值集中分布在降雨强度 0.25mm/min、地下孔裂隙度为5%和岩层倾角为60°相组合的坡面，最小值集中在降雨强度1.5mm/min、地下孔裂隙度为1%和岩层倾角为30°相组合的坡面（Gan et al., 2020a）。

3. 逆层坡面水动力学特征

逆层坡流速整体随着地下孔裂隙度的增大呈逐渐减小的趋势，径流深呈现先减小后增大的趋势，其在地下孔裂隙度3%时为最小值。对逆层坡而言，其流速呈现先增大后减小的趋势，其在岩层倾角30°达到最大，径流深则为波动变化趋势，同样在岩层倾角30°达到最大值。逆层坡的岩层方向与水流方向相反，大部分雨水受到岩层的拦截，沿着岩-土界面向下流失，进而坡面径流减少，则流速减缓。逆层坡边坡水流平均流速和径流深略小于顺层坡边坡。

当降雨强度逐渐增大时，逆层坡的雷诺数Re和弗劳德数Fr均随之增大，且大部分水流流态处于缓层流区；当地下孔裂隙度逐渐增大时，逆层坡的雷诺数Re先减小后增大再减小，逆层坡的雷诺数Re均在地下孔裂隙度5%达到最小值。逆层坡弗劳德数Fr则先增大后逐渐减小，其在地下孔裂隙度3%时达到最大值。当岩层倾角逐渐增大时，雷诺数Re呈先增大后减小的趋势，其在岩层倾角30°时达到最大值，弗劳德数Fr呈波动变化趋势，其在岩层倾角40°时达到最大值。总体而言，逆层坡属于缓层流区，其坡面水流剥蚀能力较弱（图7-27）。

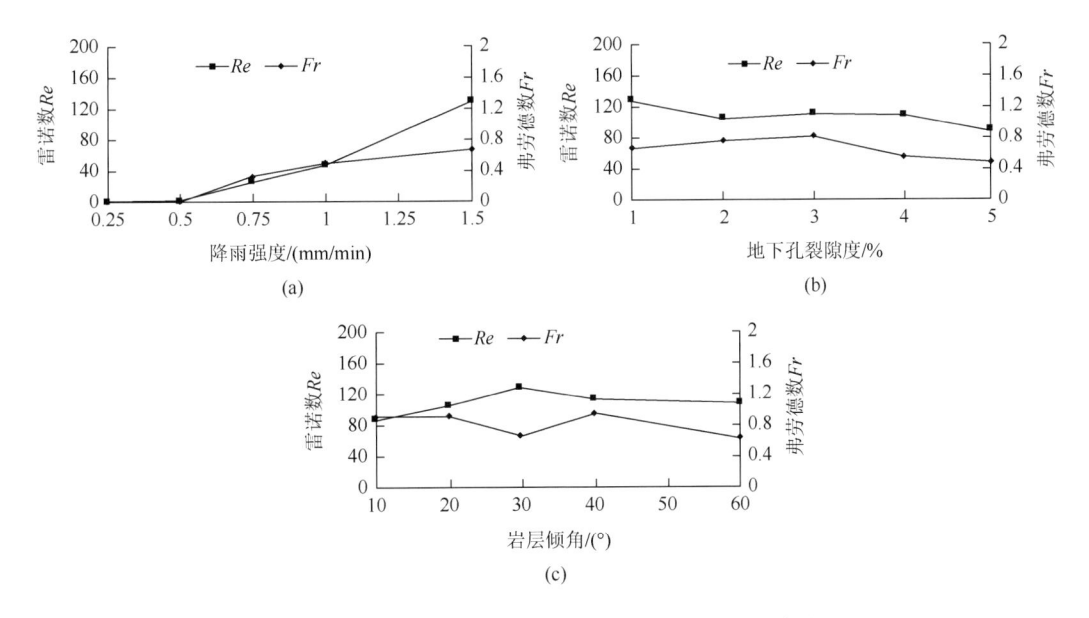

图7-27 逆层坡坡面雷诺数Re和弗劳德数Fr的变化

逆层坡的阻力系数和曼宁系数呈先减小后增大的趋势，其与顺层坡相似，均在地下孔裂隙度3%时为最小值。同样，逆层坡阻力系数和曼宁系数呈波动性变化，在岩层倾角60°时水流阻滞作用达到最大，此时阻力系数和曼宁系数的平均值分别为8.18和0.11（图7-28）。

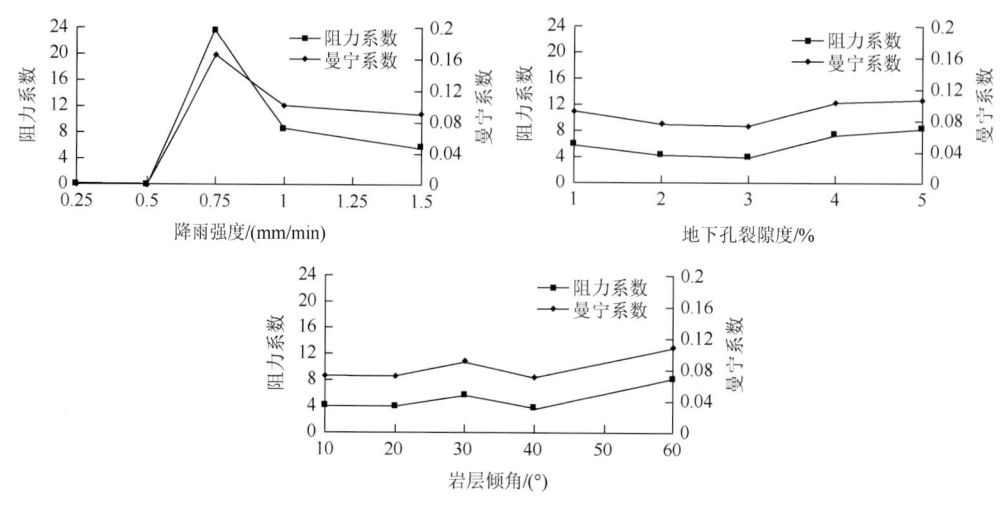

图 7-28　逆层坡坡面阻力系数和曼宁系数的变化

逆层坡径流剪切力和水流功率呈波动变化趋势，径流剪切力在地下孔裂隙度 1%为最大，即 0.0059Pa，水流功率在地下孔裂隙度 5%为最小值，即 0.00037N/(m·s)。逆层坡的径流剪切力和水流功率变化趋势基本一致，其均在岩层倾角 30°达到最大值，分别为 0.0059Pa 和 0.00054N/(m·s)（图 7-29）。

同一降雨强度和岩层倾角条件下，随着地下孔裂隙度的增大，逆层坡弗劳德数 Fr 在地下孔裂隙度 3%时达到最大值，径流剪切力在地下孔裂隙度 1%为最大值，水流功率在地下孔裂隙度 5%为最小值。同一降雨强度和地下孔裂隙度条件下，随着岩层倾角的增大，逆层坡的径流深、雷诺数 Re、径流剪切力和水流功率在岩层倾角 30°达到最大，弗劳德数 Fr 在岩层倾角 40°时达到最大值（Gan et al.，2020b）。

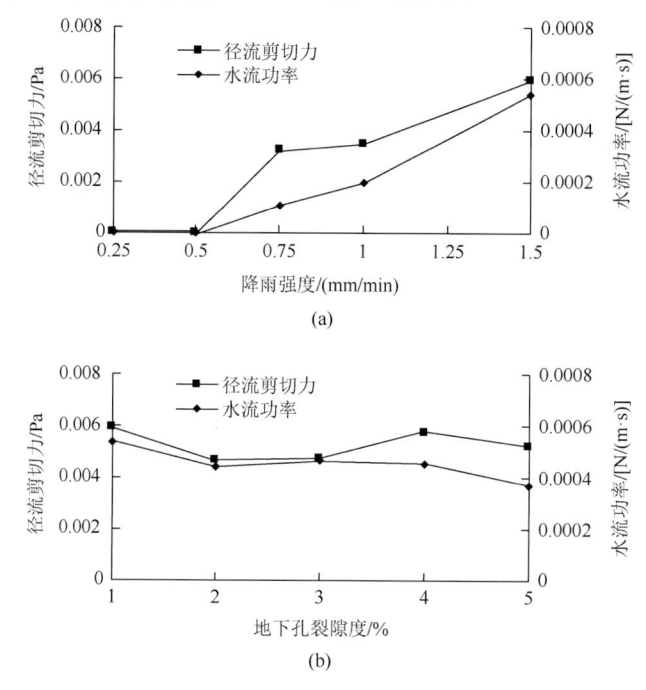

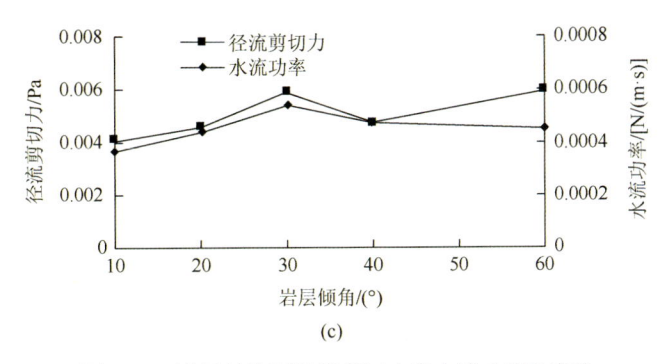

图 7-29 逆层坡坡面径流剪切力和水流功率的变化

7.3 喀斯特槽谷石漠化综合治理技术与模式

7.3.1 水资源高效利用技术

在酉阳和印江示范区，根据地层岩性、地层产状、地形坡向及岩石出露的海拔等因素的组合关系，分析总结示范区地下水出露的水文地质条件及空间分布特征，开发了"路-沟-池-窖"地表水和坡面流高效开发利用技术（图 7-30），制定了酉阳和信公司花椒园和印江土家族苗族自治县（简称印江县）郎溪镇三村水资源综合开发利用规划，研究开发利用技术方法，实施示范工程，并初步进行推广。

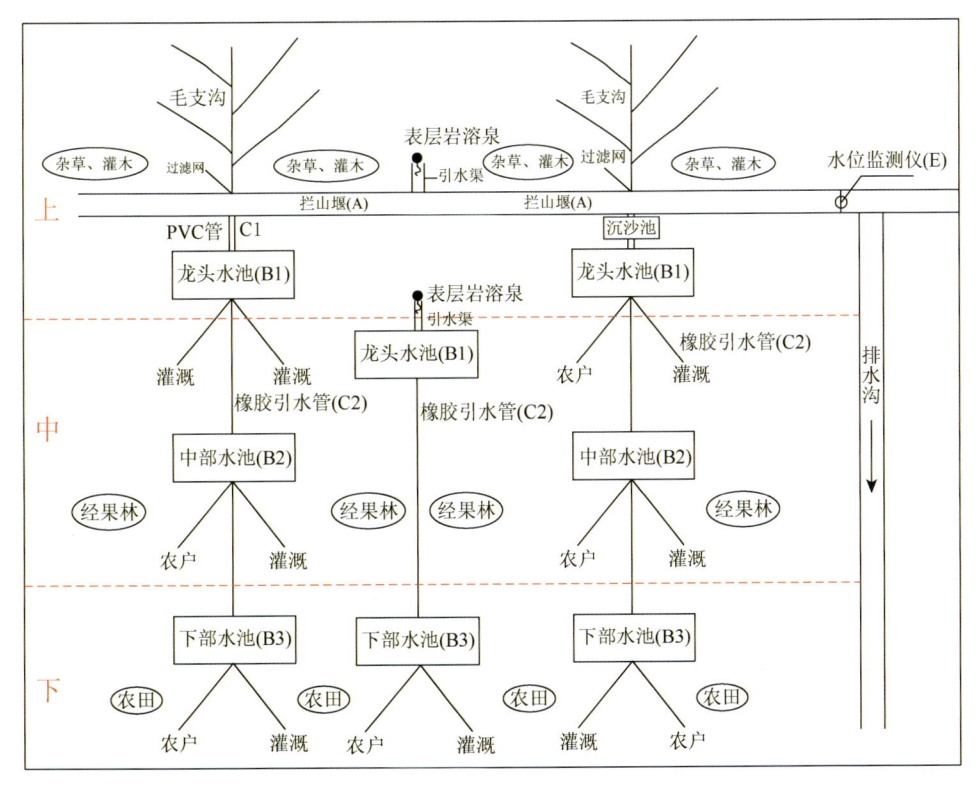

图 7-30 "路-沟-池-窖"地表水和坡面流高效开发利用技术原理示意图

1. 酉阳示范工程技术研发

示范工程采用了坡面流"拦-蓄-引"、高位岩溶泉"蓄-引"、园区节水利用等技术，总称为"'路-沟-池-窖'地表水和坡面流高效开发利用技术"，申请并获授权实用新型专利（图7-30）。示范工程主要内容包括：坡面流拦截工程600m，集水沟渠修复600m，改进拦山堰工程上沿集水坡面长度200m；修建沿途蓄水池多个，"蓄-引"高位泉水1处，修复高位龙头蓄水池两处；铺设引水PVC管道6000m，采用节水灌溉技术；缮引水渠渗漏点4处，提高了蓄水工程效率，增加了可利用水资源量；开展水质水量等相关监测6处，实现集水工程（水池和径流场）水量的自动化监测3处；示范工程修缮后，增加了槽谷东北部花椒种植区灌溉面积约300亩，提高了新增种植面积的水资源需求保证度。昔蒲村，完善了"路-沟-池-窖"水资源综合利用示范工程设施，修复路面集水工程约2000m，蓄水池和沉沙池各6处（图7-31）。

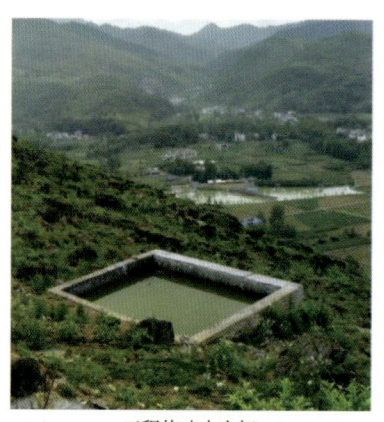

工程修建大水柜　　　　　　利用地形修建小水柜

酉阳花椒园拦山堰　　　　　岩溶槽谷（酉阳花椒园区）岩溶大泉

图7-31　重庆酉阳龙潭槽谷花椒园地表水和坡面流高效利用

示范工程效益评估：示范工程有效解决了园区干旱应急灌溉、施肥和喷药用水问题，提高了水资源利用率和保证率。扩大园区灌溉面积，共约4500亩，降低了劳务成本，青花椒种植年增收约30万元，就地解决农户务工约1200人·天/a。按3倍增值初步估算，因青花椒增产带来深加工附加值增收，每年增加收入约100万元。

2. 贵州印江郎溪槽谷区示范工程技术研发

地表水、坡面流和高位泉"水肥"一体化水资源高效利用示范工程：坡面流"拦-蓄-引"、高位岩溶泉"蓄-引"、"支沟拦-蓄-引-用防洪排涝"及园区"水-肥一体化"高效节水利用等技术体系。总称为"'路-沟-池-窖'地表水和坡面流高效开发利用技术"，获授权国家专利。工程主体内容包括：印江示范区三村村高位岩溶泉开发利用为龙头的示范工程，修建三村村龙洞湾泉泉口蓄水池、引水池及监测站各 1 处，新开发高位岩溶泉 1 处；修建引水渠道 1200m 至大水池蓄水用于灌溉，铺设引水 PVC 管道 1800m 至农户解决饮用水源，修建道路集水工程和拦山堰约 300m；修建蓄水池 14 个，蓄水能力 308m^3。印江示范区昔蒲村，完善了"路-沟-池-窖"水资源综合利用示范工程设施，修复路面集水工程约 2000m，蓄水池和沉沙池各 6 处。印江示范区河西村，查明高位泉老万坡泉泉域面积为 0.72km^2，工程封堵了泉口，铺设引水管道将泉水引至南侧河西村供约 400 人饮用，沿途建有 9 个水柜，收集路面集水和坡面流，用于桃园施肥和打药等农业活动。

工程示范效益评估：三村村示范工程增加坡地灌溉面积约 500 亩，惠及农户增加到 163 户、860 人，吸纳了全村 310 户 1143 人入股合作社，常年解决 34 个低收入人员务工。桃园面积约为 1000 亩。昔蒲村提高了约 100 亩经果林的灌溉用水保证率，发挥了示范工程的作用。河西村解决了 1000 亩桃园施肥、灌溉等用水问题。

7.3.2 坡面水土流失与漏失防治技术

1. 喀斯特槽谷区顺层坡"篱-埂-路-沟-池（窖）"水土流失控制关键技术

喀斯特地区坡地"跑土""缺水"等问题极大制约了当地农业生产和社会发展，是农民脱贫致富和乡村振兴的主要障碍。通过喀斯特槽谷区顺层坡原状土土壤分离能力实验，精准定位了坡面土壤侵蚀关键点位，进而在关键点位附近开展"篱-埂-路-沟-池（窖）"技术体系示范（图 7-32），将原有的大坡面自由水系调整为上、中、下三个坡面水系单元，大幅减小坡面的径流侵蚀力，同时在侵蚀关键点种植植物篱带，拦挡泥沙。结果表明，该技术体系能有效控制水土流失、保护自然生态环境。本书结合全坡面径流场径流泥沙监测，对该技术体系的防治效果进行了评估。

"篱-埂"根土复合体构建：根据喀斯特坡地地表水土流失严重、成土速率低、土层薄、土体与母岩之间存在明显软硬界面的特点和草本植物生长周期短、见效快及须根发达对薄土的固持效果显著等特点，以及当地农牧业发展的需求，采用光叶苕子、拉巴豆、沿阶草、紫花苜蓿、二月兰作为植物篱植物种，深入研究了地埂篱根及根-土复合体力学特性、复合体固土抗蚀效应及影响因素。光叶苕子（一年生）长势特别好，其可种植于花椒林下，是良好的绿肥；拉巴豆固土抗蚀性能良好，是良好的牧草，特别受当地牛羊喜爱，适合推广应用；沿阶草（多年生）是乡土草类，根系发达，地表覆盖效果较好；紫花苜蓿（多年生）在喀斯特坡地长势较弱，具体原因有待分析。拉巴豆为一年生豆科草本植物，在春季播种，长势旺盛，主根发达，侧根多，枝叶繁茂；叶柔软，深受牛羊喜

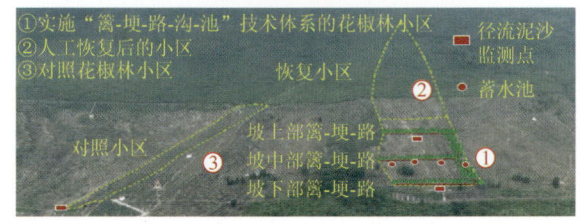

图 7-32　重庆酉阳槽谷区顺层坡"篱-埂-路-沟-池(窖)"布置图

爱,是很好的畜牧业饲料。拉巴豆作为豆科植物,其根系与根瘤菌共生,具有很好的固氮功能,既可以保持水土又可以提高土壤肥力,同时地上茎叶可以一年收割多次作为青饲料。冬季植株干枯,降解速率快,可以很好地将有机物归还到土壤中(图 7-33)。

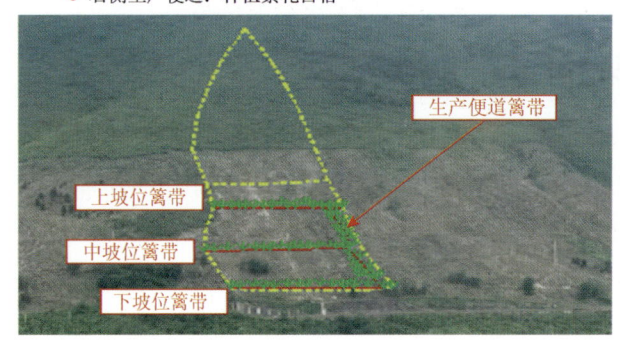

图 7-33　重庆酉阳槽谷区顺层坡侵蚀关键点植物篱布设图

在酉阳喀斯特顺层坡的水土保持措施中成功引入了"瓜藤路"的模式,其中,"瓜藤路"路的两侧栽种了拉巴豆,形成植物篱,很好地减少了地面径流,保持了水土。鉴于酉阳试验地的积极效果,在印江试验地的主要径流节点栽植了拉巴豆。印江栽植地点为坡改梯果园,经果林下种植拉巴豆,很好地提高了土地肥力,减少了地面径流。同时拉巴豆茎蔓延伸面积广，减少了林下杂草的生长，减少了人工除草的费用支出。拉巴豆铺满林下空地，满眼碧绿，使果园景观更加丰富。

"路-沟-池（窖）"节水工程构建：通过合理硬化田间作业便道，修建网状分布的微型蓄水池，构建坡面集汇水体系，降水时作业便道路面收集雨水进入蓄水池，以备缺水时使用（图7-34），每年为示范区增加农业用水近2000m^3，极大改善了水资源短缺的问题。治理前给花椒地浇水需要四个劳动力，一个人负责浇水，三个人负责挑水；治理后只需要一个人就可以完成之前四个人的工作，节省人工成本75%。

图7-34　重庆酉阳槽谷区顺层坡坡面集汇水体系

"篱-埂-路-沟-池（窖）"技术体系示范效果：技术体系核心示范区共约5000亩，示范区土壤侵蚀量减少85%以上，林草覆盖率提高了30%以上，水资源利用率提高了85%以上，水土流失治理度达到了85%以上，为渝东南地区喀斯特治理作出重要贡献。

2. 喀斯特槽谷区逆层坡"根-土复合体"土壤地下漏失防控技术

利用生物炭自身的吸附力、多孔性和pH偏碱性对酸性黄壤进行土壤质地改良，获得了生物炭改良喀斯特黄壤研究的第一手数据，为生产应用提供了理论和技术依据。由于特殊的地质构造，喀斯特槽谷区土层浅薄、土质黏重、持水保肥能力差。喀斯特槽谷区除降水造成地表流失外，岩溶裂隙也会造成土壤的地下漏失。生物炭添加到土壤中后可以增强土壤团粒结构，增强土壤保肥持水能力，增加土壤微生物的多样性和丰富度，提高土壤的肥力，促进根系的生长，从而增加土壤与根系的紧致性，形成根-土复合体，增强土壤抗剪切能力，达到减缓土壤地下漏失的目的。研发生物炭增加土壤团粒阻控土壤地下漏失技术并示范，将农林生产废弃物炭化再利用，解决了农林业固废资源化处理的难题，符合绿色农业发展的指导思想。

将经济林整枝剩余的枝条炭化，粉碎后添加到喀斯特土壤中，添加比例按质量比分为0%、1%、3%、5%、7%和9%共6个水平，通过盆栽黑麦草、雀稗及黄花菜进行试验。培育120天后，对植物的有效肥力及植物根系进行检测。研究结果发现：生物炭添加后1~0.25mm粒径级的土壤颗粒增加，加强了土壤团粒作用，有利于促进土壤形成良好的结构，提高土壤的稳定性；土壤 pH 随着生物炭添加比例的升高而增大，其可有效改善黄壤土质偏酸的问题；有机质含量随着生物炭添加比例的升高而升高，其为植物的生长提供了更多的有机养分；土壤氮、磷、钾含量随着生物炭的添加含量有所增加，尤其是氮、磷含量增加明显；添加比例 5%生物炭的抗剪切能力最强，生物炭对喀斯特黄壤的抗剪切能力有一定的促进作用。

7.3.3 经果林早衰防控技术

1. 花椒"开黄花"防治措施

花椒是喀斯特地区良好的水土保持经济作物，但近年来花椒"开黄花"（图 7-35）导致产量急跌，植株快速衰退甚至死亡（Kim et al., 2017；何腾兵等，2000；唐海龙等，2017；刘志等，2019）。通过形态分析和植物不同部位内源激素分析，发现花椒"开黄花"主要原因是植物内源激素脱落酸（ABA）分泌异常。ABA 显著减少，内源激素水平失衡导致雄花大量异常发育，花叶的质量比显著提升 10 倍左右，异常发育的雄花大量消耗了花椒枝干中冬季储藏的营养，叶芽少且嫩叶小，开花期光合效率降低，合成物质减少，无法满足那么多花形成果实所需光合产物，导致无法坐果而大量落果。

图 7-35 自然条件下"黄花"植株（a）和正常植株（b）坐果情况

根据前人研究植物花性别调控的药剂配方（郭成圆等，2010；庞钰洁等，2018），结合花椒的实际情况，初步复配了 9 个配方，编号为 1~9 号，以筛选有效防治花椒"开黄花"的配方。每个配方设置高、低两个浓度，选取酉阳、丰都、璧山三个药剂施用试验点，于花椒盛花期 10d、15d、20d、25d 前叶面喷施于"开黄花"植株，每种药剂处理 3 株、共 108 株。

自然条件下，"黄花"植株盛花期后花序凋落，无法坐果，正常植株子房膨大坐果（图 7-35）。复配多个配方对"开黄花"的花椒植株进行叶面喷施后发现，盛花期 20~25d 前作用效果显著，盛花期 10~15d 前作用效果微弱；观察发现配方 2、3、5、8、9 均能有效缓解花椒开黄花情况，多簇花序均发现雌、雄蕊共存的现象（图 7-36）。其中，配方

2、3、8 有效缓解病症，部分枝条挂果；配方 5、9 作用效果显著，全株成功坐果（图 7-37）；配方 9 在盛花期 10～15d 前对植株进行喷施还能使部分枝条挂果，效果显著。

图 7-36 "黄花"和正常花共存　　　　　　图 7-37 处理植株成功坐果

本研究成果复配出一种能调控花椒内源激素的药剂，并获得了国家发明专利，应用该药剂可抑制花椒雄蕊发育，促进雌蕊发育，产量可以恢复到正常株的 80%以上，"开黄花"花椒每亩增加鲜花椒产量 150～400kg，每亩增加收入 1000～2000 元，在喀斯特槽谷区推广应用了 20000 多亩，直接经济效益达到了 2000 万～4000 万元，促进了喀斯特地区花椒支柱产业的发展，保障了广大椒农的经济效益。

2. 专用肥和叶面补铁技术——针对土壤限制因子

碳酸盐岩类喀斯特风化成土物质少，积累速率慢，土壤浅薄且多为碱性石灰土（田静等，2019；吴求生等，2019）。土壤中有效铁受高 pH 和碳酸盐的影响大大降低，因此容易出现植物缺铁黄化症（Song et al.，2016）。针对喀斯特地区土壤开展肥力诊断，找出土壤肥力的关键性限制因子，研发出作物养分需求的专用肥，对提高岩溶槽谷区经济作物的质量和产量具有十分重要的意义。以小白菜为研究对象，土壤选取重庆市北碚区鸡公山石灰岩发育形成的矿子黄泥土，利用盆栽实验的方式，通过间隔喷施两次叶面铁肥，研究其对小白菜生长发育及土壤微生物的影响。喷施叶面铁肥能显著提高小白菜产量以及叶绿素含量，以质量浓度为 0.02%铁肥效果最为明显（表 7-10）。叶面铁肥对植物叶片多种抗氧化酶活性及丙二醛（MDA）含量产生不同程度的影响（图 7-38 和图 7-39），与对照相比，不同浓度叶面铁肥均增加了植物叶片超氧化物歧化酶、过氧化物酶以及过氧化氢酶活性，降低了丙二醛含量，提高了植物对环境的抗逆性，这也是促进小白菜产量增加的原因之一。另外，喷施叶面铁肥后，土壤理化性质及微生物群落也发生改变（表 7-11）。与对照比较，土壤中碱解氮、有效磷以及速效钾含量均显著下降，可以推断，叶面铁肥促进了植物对土壤有效养分的吸收，有机质作为土壤肥力的重要指标，叶面铁肥施用显著增加了土壤有机质含量，表明土壤肥力的提高，因此对植物生长起到了积极作用。叶面铁肥可以显著增加土壤不同类型微生物（细菌、真菌、放线菌）数量，提高微生物群落多样性，微生物的生命活动能够改善土壤生态环境，提高土壤肥力，这为喀斯特地区植物生长提供了有利条件。

表 7-10　不同处理对小白菜叶绿素含量及地上部生物量的影响

处理	叶绿素含量 SPAD	地上部生物量/g
CK	35.73±3.56b	23.59±6.55bc
Y0	41.28±2.24a	20.24±6.77c
Y1	40.34±2.95a	29.68±4.06ab
Y2	42.03±2.63a	30.90±2.48ab
Y3	42.45±2.60a	36.39±2.17a
Y4	42.90±2.88a	37.24±5.43a

注：CK，对照，喷施清水；Y0，喷施 0.05%硫酸亚铁；Y1，0.05%有机铁肥；Y2，0.03%有机铁肥；Y3，0.025%有机铁肥；Y4，0.02%有机铁肥。下同。

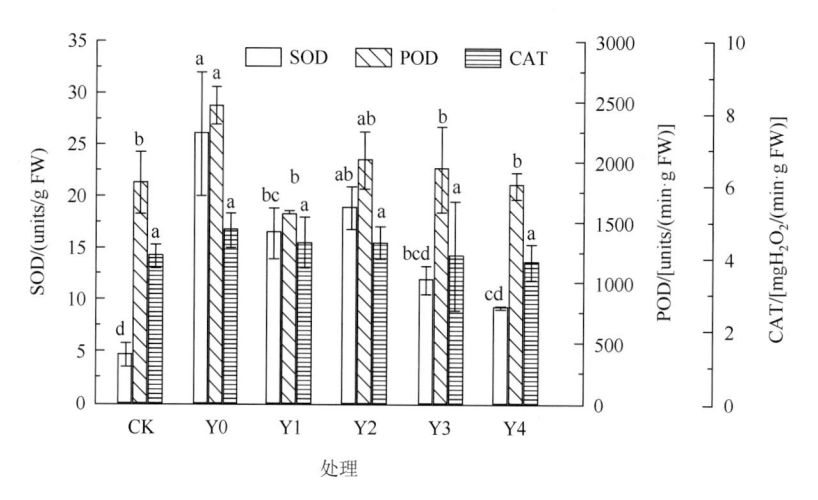

图 7-38　不同处理下小白菜叶片 SOD、POD、CAT 的活性

SOD 表示超氧化物歧化酶；POD 表示过氧化物酶；CAT 表示过氧化氢酶。

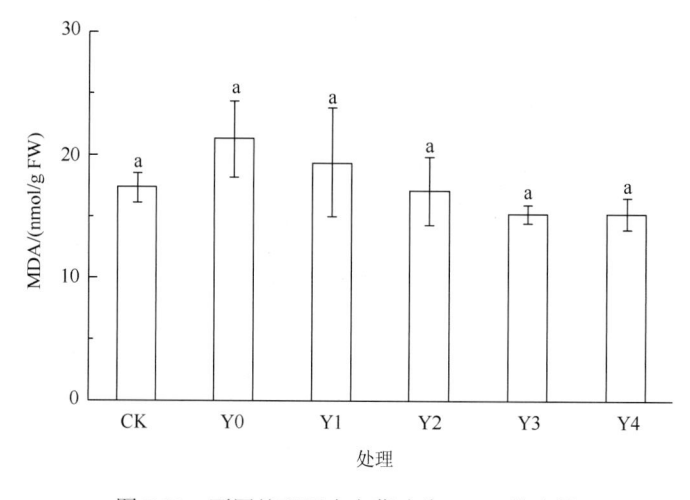

图 7-39　不同处理下小白菜叶片 MDA 的含量

表 7-11 不同处理对土壤养分的影响

处理	碱解氮/(mg/kg)	有效磷/(mg/kg)	速效钾/(mg/kg)	有机质/(g/kg)
CK	99.44±0.81ab	24.95±1.28ab	182.79±15.81a	29.21±2.79b
Y0	111.24±12.23a	26.87±2.45a	181.67±9.97ab	28.93±1.84b
Y1	105.57±5.81ab	26.32±2.58ab	168.06±6.80bc	29.17±2.11b
Y2	102.09±5.41ab	25.12±0.79ab	167.84±4.34bc	30.94±1.40b
Y3	97.54±3.94b	24.01±1.14bc	165.88±5.29c	32.00±3.65ab
Y4	95.84±7.52b	21.60±1.50c	157.89±7.45c	35.08±0.90a

针对土壤的养分状况和作物对养分的需求状况，研制出专用的叶面喷施肥和配制方法，以解决作物对养分的需求问题。叶面补铁后，小白菜叶绿素含量增加，光合作用增强，合成更多有机物，植物抗氧化酶增加，丙二醛含量减少，植物所受环境胁迫更小，从土壤中吸收更多养分，最终使得产量增加。

3. 柑橘专用缓释复合肥配合叶面喷施专用铁肥对柑橘品质的影响

叶面喷施专用铁肥的推广示范：岩溶区土壤中广泛存在有机质缺乏、营养元素不足的问题，这种土壤限制性营养因子的存在严重影响了岩溶槽谷区经济作物的生长，导致经济作物产量降低，果品质量降低，果树退化严重（郭秀珠等，2017；Song et al.，2016）。叶面喷施专用铁肥的开发和使用可以有效改善岩溶槽谷区经济作物，如柑橘、花椒等的产量和质量。

柑橘叶面喷施专用肥推广：柑橘谢花后，每棵柑橘施用柑橘专用复混肥料[氮磷钾含量为 14∶8∶14（Zn），含腐殖酸（10%）1~1.5kg]，并喷施叶面铁肥。结果表明，喷施不同浓度岭石叶面铁肥的植株叶片叶绿素含量均显著高于 0.2%硫酸亚铁处理，喷施岭石叶面铁肥 200 倍稀释处理的叶片叶绿素相对较高（图 7-40 和图 7-41）。多次喷施铁肥

图 7-40 柑橘传统施肥与"专用肥+叶面补铁"对比图

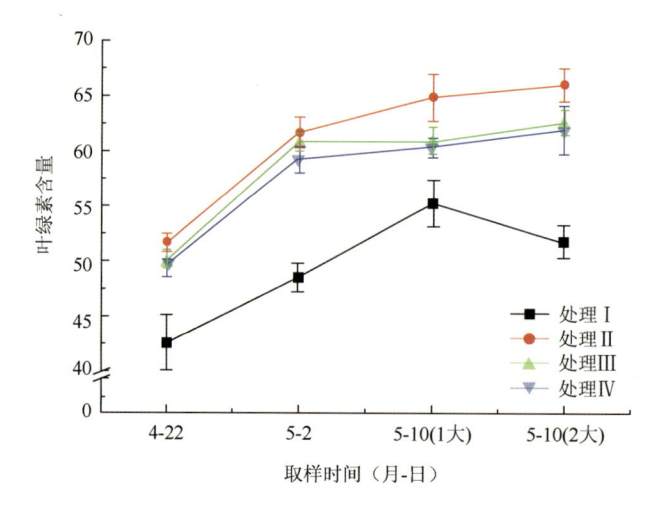

图 7-41　不同浓度铁肥处理下柑橘叶片的叶绿素含量

处理Ⅰ是 0.2%的硫酸亚铁，处理Ⅱ～Ⅳ分别是 200 倍、300 倍和 400 倍专用叶面铁肥；下同

后，叶片叶绿素的含量都有显著增加的效果。此外，喷施岭石叶面铁肥还能显著提高铁锰锌含量（表 7-12）和果品风味质量（表 7-13），喷施岭石叶面铁肥 200 倍稀释液时铁和锌含量达到最大值，喷施岭石叶面铁肥 300 倍稀释液时锰含量最高。

表 7-12　不同浓度铁肥处理下柑橘叶片的铁锰锌含量　　（单位：mg/kg）

处理	铁	锰	锌
Ⅰ	88.7a	44.32a	17.19a
Ⅱ	195.7c	53.77b	45.25c
Ⅲ	185.3c	75.50c	44.33c
Ⅳ	152.1b	57.45b	28.77b

注：同列不同小写字母间表示差异显著（$P \leqslant 0.05$）。

表 7-13　不同浓度铁肥处理下的柑橘果实品质

处理	可溶性糖/%	果酸/%	维生素 C/(mg/kg)	糖酸比	可溶性固形物/%
Ⅰ	4.12a	0.681a	660a	6.05a	10.88a
Ⅱ	5.46c	0.608a	738b	8.98c	11.98b
Ⅲ	4.76b	0.693a	751b	6.88b	11.37ab
Ⅳ	4.53b	0.672a	732b	6.74b	11.02a

注：同列不同小写字母间表示差异显著（$P \leqslant 0.05$）。

青花椒专用复混肥配合叶面喷施专用铁肥推广：基于喀斯特地区土壤营养限制因子，设计了青花椒专用肥料，并配合施用专用叶面铁肥和花椒螨虫防控的专用助剂，测定花椒的叶和根的 SOD、CAT、POD 和 MDA，结果如图 7-42 和图 7-43 所示。相对于传统肥料，专用肥和增施铁营养均可显著提高青花椒根叶的 SOD 酶活性，尤其可以降低花椒的根和叶的丙二醛含量，显著提升了花椒的抗逆性，但杀螨农用助剂的使用量控制在 2000 倍以下为宜。

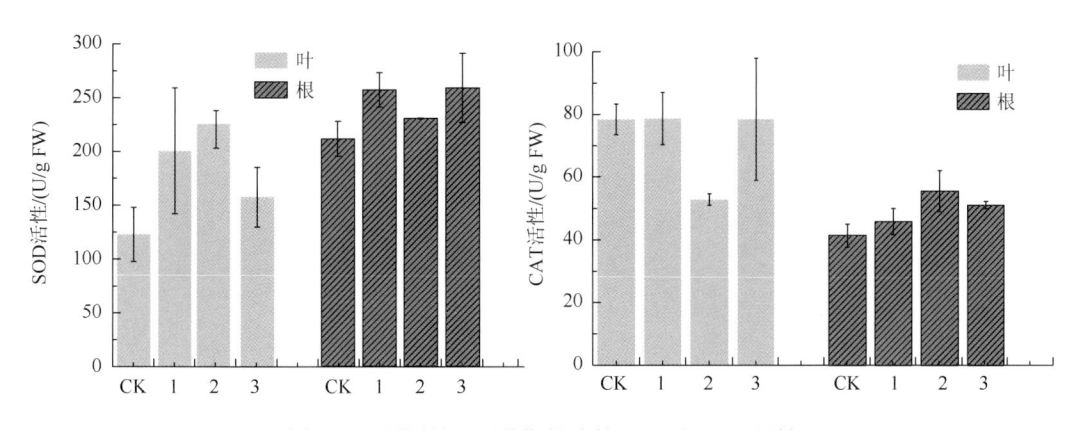

图 7-42　不同处理下花椒根叶的 SOD 和 CAT 活性

CK 传统施肥；1 号只用专用肥；2 号专用肥料和铁肥加 7.5mL 农用助剂"一满除"；3 号专用肥料加铁肥加 15mL 农用助剂"一满除"

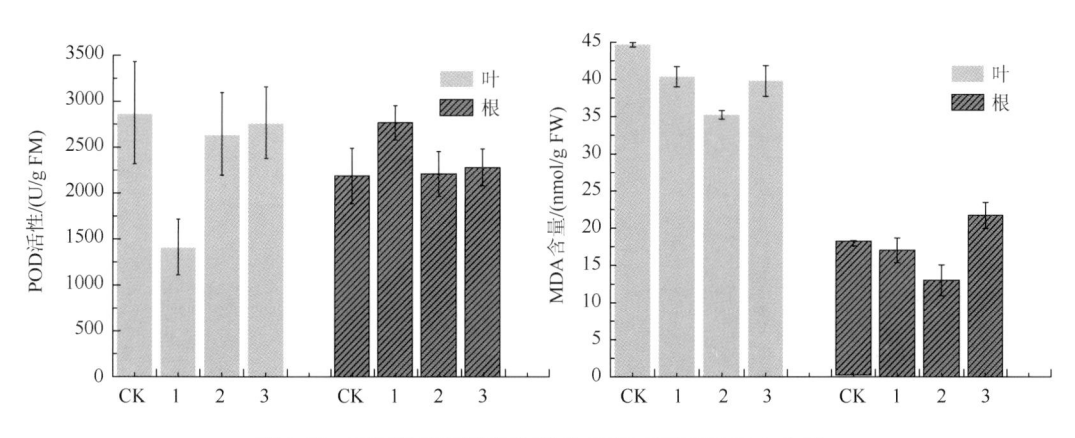

图 7-43　不同处理下花椒根叶的 POD 活性和 MDA 含量

CK 传统施肥；1 号只用专用肥；2 号专用肥料和铁肥加 7.5mL 农用助剂"一满除"；3 号专用肥料加铁肥加 15mL 农用助剂"一满除"

7.3.4　综合治理模式示范

1. 以茶为主-茶禽共生的特色经济作物生态产业技术示范体系

喀斯特槽谷区生态环境脆弱，重点生态廊道和生态节点建设可以有效提升生态系统的连通性和稳定性。根据岩溶槽谷区土地资源与生态安全格局特征从顶层设计槽谷生态产业整体布局，可以合理高效使用土地资源发展高效特色经济作物，减小土地压力，实现人与自然的和谐。利用槽谷区碎屑岩和碳酸盐交错分布与岩层倾角大排水顺畅的特点，建立了以茶为主-茶禽共生的特色经济作物高效栽培、增值增效生态产业技术示范体系。

在贵州省印江县构建了茶-松-果-蔬产业体系，开展茶叶种植及土壤改良技术与示范以及开展茶鸡共生模式的推广与产业示范，在喀斯特槽谷区实现特色经济作物高效栽培、产品精加工技术与生态农林产业体系构建及示范。产业体系构建包括：

（1）培育了当地龙头企业，解决了没有龙头和示范企业牵引导致的农民积极性弱、参与性不强的问题，该公司获 2016 年铜仁市农业产业化经营重点龙头企业称号。

（2）建立了贵州印江宏源农业综合开发有限公司试验示范基地，并与相关农户签订建立试验示范基地协议。2011 年在朗溪镇甘龙村建高标准茶园基地 600 亩；2012 年成立茶叶专业合作社；2013 年 11 月成立贵州印江宏源农业综合开发有限公司，现有无公害茶园认证面积 1200 亩，茶叶种植示范基地面积 600 亩。主要产品为梵净山翠峰茶，该茶为贵州省印江县所产茶叶品种之一，2005 年获中华人民共和国地理标志保护产品称号。

（3）针对茶叶抗病虫害能力弱和农民收入单一的问题，建立了茶禽共生的生态农畜模式，并使参与企业获得了国家有机认证。针对茶园土壤肥力低且易板结的问题，研发了"农十八"氨基酸多元有机菌肥和蚯蚓粪-沼液的土壤培肥高效栽培技术，使春茶产量明显提高、品质显著提升，有效增加了参与农民与企业的收入。

2. 中药材高效丰产技术体系构建及示范

利用槽谷垂直立体气候差异明显与高位蓄水构造频繁出露灌溉水资源丰沛的特点，建立了中药材高效丰产技术体系及示范。产业体系构建包括：

（1）开展适应槽谷区的优质中药材品种筛选。针对槽谷区中药材种植产量产值低、抗病虫性弱、抗逆性差、药材品质差等问题，结合槽谷区气候、土壤等和贵州种植的主要中药材品种，提出了适宜在朗溪槽谷区种植的中药材品种：天麻、玉竹、黄精、半夏、盐肤木（五倍）、缬草、前胡、续断等（图 7-44 和图 7-45）。

图 7-44 槽谷区中药材品种的筛选

图 7-45 太子参、桔梗在槽谷区种植

（2）开展中药材土地培肥实验示范。针对槽谷区土壤肥力不足的情况，开展土壤培肥改良技术，通过施用不同有机肥（农家肥、杂草堆腐的有机肥），分析不同施肥条件下各中药材的长势和品质，促进中药材的生长，如研发中药材高效栽培技术，突破优质种质资源培育技术、药材活性成分提高的抚育调控技术等（图 7-46 和表 7-14）。

图 7-46 优质肥料"农十八"的使用

表 7-14 优质肥料"农十八"施用后对产量的影响

处理分类	小区实收面积/m²	收获鲜重/kg	折亩产鲜重/kg	与常规比亩增产/kg	增产率/%
喷 500 倍液	6	0.7	77.8	33.3	74.83
喷 250 倍液	6	0.8	88.9	44.4	99.78
常规	6	0.4	44.5	0	0

（3）开展了中药材仿野生栽培抚育和套种示范。参与企业"印江土家族苗族自治县民康药业有限公司"获得了国家有机认证，显著提高了中药材产量产值。选取槽谷区道地中药材：五倍子林下仿野生种植续断、缬草、重楼等喜阴品种。不施肥，不打农药，不除草，药草共生。同时实现提供优质安全的有机中药材，保护中药资源及生态环境，降低成本，增加种植户的经济效益。开展黄柏林下套种黄精、桔梗和缬草，多年生的木本药材与短期生长的草本药材相混种，发挥种间互补和种间促进作用，从而达到充分利用土地和立体空间获取较高生物产量的目的（图 7-47）。

现已与北京同仁堂股份有限公司、贵州苗药药业有限公司等国内多家药企达成战略合作，下一步将开展中药材精深加工，延长产业链，进一步大力发展药蜜产业，发展药材花茶，如续断花茶、五倍子花茶等，生产保健酒，如续断酒、天麻酒等，生产中药饮片，进一步提升效益（图7-48）。

图 7-47　槽谷区中药材套种

图 7-48　与多家药企达成战略合作

（4）开展槽谷区道地中药材高效丰产关键技术研发与试验示范，形成"高产、优质、高效、生态、安全"的槽谷区优势中药材种植模式。中药材根系发达可有效固持土壤，减少水土流失；中药材枯枝落叶能够改善土壤结构，增加土壤孔隙度和土壤渗透速率，减少地表径流和水土流失，防治土壤侵蚀，改善示范区生态环境。示范区中药材种植对荒山荒坡的利用可以在一定程度上实现生态绿化。

（5）利用蜜源、粉源植物和中蜂、野生中蜂资源丰富的优势，推广农户蜂蜜养殖产业，能为当地农作物的丰收起到促进作用，同时可以提高当地村民的经济收入，初步计算发现，平均每年每箱中蜂蜂群可以扩展到2～3箱蜂群，每箱蜜蜂可以取10kg优质蜂蜜，起到了蜂蜜养殖产业技术的示范作用（图7-49）。

图 7-49 蜜蜂养殖产业技术示范

（6）针对附加产值少和产业链短的问题，开展了槽谷药蜜产业和缬草精油的深加工，不仅提升了中药材的产量，还使得中药材产业得到衍生。槽谷区药蜜产业附加值低，武陵山区特色药用蜜源丰富，在示范区发展药蜜产业，管护成本低，效益高。利用武陵山区特色药用蜜源药材发展高附加值"药蜜"产业，基地引入 100 箱蜂种（成本 14 万元），每箱蜂均产 20 斤（1 斤＝0.5kg），出厂价 150 元/斤，年收益 30 万元，成本当年可收回。开展中药材精深加工，将缬草制成缬草精油，100kg 缬草提取 1kg 缬草精油，单价由 13 元/kg（缬草）变为单价 2600 元/kg（缬草精油），100kg 缬草效益由 1300 元升为 2600 元，效益翻倍（图 7-50）。

图 7-50 中药材精深加工

3. 槽谷区特色经果产业与生态游憩资源开发利用技术体系构建及示范

利用槽谷连续的褶皱构造形成的岩性地貌多样、立体气候典型和生物多样性丰富等特点，建立了特色经果产业与生态游憩资源开发利用技术体系并进行了示范。示范体系构建包括：

(1) 提出了"一带、两翼、三板块和五组团"的科学布局和设计思路,为后续槽谷区产业科学布局和生态治理提供了决策依据。

一带:以印江河漂流项目为依托,打造一条精品观光体验带——印江河风光观光体验带。两翼:东翼山体高陡规划成体验式生态人文示范片区,西翼相对低缓,打造成参与式自然景观示范片区。三大板块:依据海拔、生态建设情况、石漠化严重程度以及土地利用现状将规划区划分为生态建设保护板块、石漠化综合治理板块、综合服务板块三大特色板块。生态建设保护板块,为规划区海拔 700m 以上轻度、潜在石漠化地区,包括泡木、铁家和甘龙三个村;石漠化综合治理板块,涵盖海拔 500～700m 范围中强度石漠化地区,古石坎梯田发展经果林的综合治理板块,包括三村、昔蒲、河西和孟关;综合服务板块,包括海拔 500m 以下民居集中地区,建设旅游综合服务设施,主要包括朗溪集镇地区。五组团:整个公园共分为石坎梯土文化创意组团、山地运动休闲组团、长寿养生度假组团、石漠化治理科普示范组团、土司文化体验组团五个重点地区。通过发展茶文化游、经园景游、民族风情游,推动建成"印江槽谷型石漠化生态农业公园"。

(2) 带动多渠道资金投入生态公园建设。带动了贵州省发展和改革委员会 1000 万元以工代赈资产收益扶贫试点项目落地到朗溪槽谷,同时联合了印江县人民政府,采取整合资金和项目的方式,将交通、住建、水利等行业资金一并纳入示范区的配套建设。朗溪槽谷基本完成新建果园产业路 1.5km;生产便道 6.8km;观光步道 1.5km;观光台 4 个;观光亭 4 座;生态停车场 3400m²;蓄水池 20 个;保鲜库 2500m³;公厕 60m²;土地复垦 700 亩;精品水果种植 1300 亩;果园肥水药一体化 80000m²。2020 年基本形成国家石漠化公园功能定位的发展格局,经济林种植规模达到 6 万亩左右,低收入人口人均年收入达到 6000 元,规划区全部人口提前脱贫。

(3) 调整种植结构,以发展经果林产业为主要特色的高效发展结构。引导群众在荒山上大面积种植大红桃、柑橘(药柑)、红心柚、李子、蜜橘等经果林,建立了示范基地(800 亩)(图 7-51)。

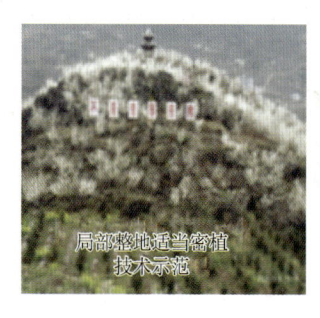

图 7-51 槽谷坡地技术示范

(4) 引进优质品种,建立"四季精品果园"。栽植果苗 25500 株(其中,红心柚 350 株,西桃 750 株,樱桃 1300 株,柑橘 8400 株,李子 14000 株),除此之外,又购置果苗 2400 株(其中,黔橙 3 号脐橙 1000 株,沃柑 1000 株,麦熟李 400 株)。果树成活率在 95%以上,2021 年陆续挂果。进入丰产后,年产水果 50 万斤,年产值达 250 万元(图 7-52)。

图 7-52 四季果园品种的精品搭配

（5）建立了槽谷区路-沟-池三位一体的水资源高效综合利用模式，形成了长藤结瓜、路池经果的经典范式。以盘延的"山路"为"藤"，布列于路两侧的"水池"为"瓜"，利用地表水资源，使得经果产量显著增加，为四季果园起到了保驾护航的作用，充分实现了在石漠化山区"长藤结瓜""路池经果""林下种养""亩超万元"的宏伟蓝图和设想（图 7-53）。

图 7-53 槽谷区"长藤结瓜"的路池工程

（6）建立了观光与参与式采摘二元复合的新模式，弥补了传统采摘的缺陷，降低了采摘成本，而且促进了就地销售。根据槽谷研究区贵州省印江县朗溪镇槽谷的自然条件以及现有的果树种植基础，结合印江槽谷型石漠化生态农业公园规划的逐步实施，打造示范性四季精品果园，从花开到采摘形成全年的旅游亮点，尝试开发喀斯特山地采摘生态旅游模式，高效融合发展农村第一产业与第三产业。

4. 槽谷区现代农业循环经济技术研发与产业链延伸构建及示范

结合南方喀斯特槽谷流域石漠化地区的地质条件、植被特征及土壤特点，针对槽谷区岩层倾角大、碳酸盐岩与非碳酸盐岩互层、土壤肥力水平较低、季节性干旱较频发、特色经济作物栽培技术粗放、农户种植及养殖经济效益不高等问题，重点突破林（果、茶）草间作、经济作物轮间作效应与土壤培肥及改良技术，集成研发喀斯特槽谷区林（果、茶）草间作技术、石旮旯地微生境造林与更新技术、土壤有机培肥技术，重点研发作物秸秆堆肥及炭化技术、畜禽粪便堆肥及沼气发酵技术、养殖场废水生物净化技术及人工湿地处理技术等；开展有机种植业、养殖业、农产品加工业、生物质能产业、农林废弃物循环利用产业等产业循环链接关键技术研发与试验示范；形成集"有机种植环"—"生态养殖环"—"林下经济环"—"有机食品加工环"—"清洁能源环"于一体的产业链的槽谷区现代农业循环经济示范工程格局；构建"种植-养殖-能源"循环经济的生态农业发展模式，建立以农业环境污染治理为核心的（生活）节能减排-（生产）低碳高效农业和有机高附加值特色农业-垃圾无害化处理的新型高效模式。

产业模式构建包括：

（1）土壤有机培肥技术研发与效果。绿肥施用、生物质炭施用和猪粪施用明显地提高了土壤有效氮、有效磷和有效钾的含量；利用玉米秸秆、绿肥覆盖春植茶表土以及施用生物质炭和猪粪后，增加了茶树春梢的总叶面积，提高了春茶产量，解决和缓解了茶园土壤退化的问题（图7-54）。根据桃园土壤的养分供应情况和桃树的养分需求特性，采取降低氮、磷、钾素的投入，增加微量元素的补充，实现了桃产业的可持续发展。

图 7-54　茶-绿肥（牧草）-猪（鸡）复合发展模式

（2）研发了作物秸秆（食用菌菌渣）炭化技术。研究物料优化配比、炭化最佳温度、炭化最佳时间及炭化方式等食用菌废菌棒快速发酵技术和微氧炭化技术，提高物料的炭化率及炭化物品质，优化食用菌废菌棒炭化物的吸附性能，开发适合在循环农业生产中应用的多样化的炭基肥产品。

（3）研发有机物及氮磷浓度高的废水生物净化技术。包括高效吸附氮磷的生物质炭改性技术、养殖废水生物净化技术及村落污水人工湿地处理技术，结合作物秸秆堆肥及炭化技术、畜禽粪便堆肥及沼气发酵技术，实现了废物再循环利用，有效减少和降低了养殖废水污染环境的问题。

第 7 章 喀斯特槽谷水土过程机理与石漠化综合治理 ·277·

（4）槽谷区现代农业循环经济技术研发与产业链延伸体系。通过建立绿色优良饲草料生产及加工基地，开展畜群就地育肥耦合配套的生态经济型恢复技术体系示范，在项目研发区形成了集"有机种植环"—"有机食品加工环"—"清洁能源环"于一体的产业链接循环化、资源利用节约化、生产过程清洁化、废物处理资源化的槽谷区现代农业循环经济示范工程格局；通过建立"种植—养殖—能源"清洁循环利用模式，形成了以村寨环境污染治理为核心的（生活）节能减排-（生产）低碳高效农业和有机高附加值特色农业-垃圾无害化处理的新型高效模式；通过发展高产、高效、低耗、无污染绿色的茶-果（林）-蔬（粮、草、药）-畜（禽）复合经营，实现了农业产业链条延伸，拓展发展了农业产业空间，挖掘农业废弃物资源的增值潜力，促进了农民增收和美丽乡村的建设（图7-55）。

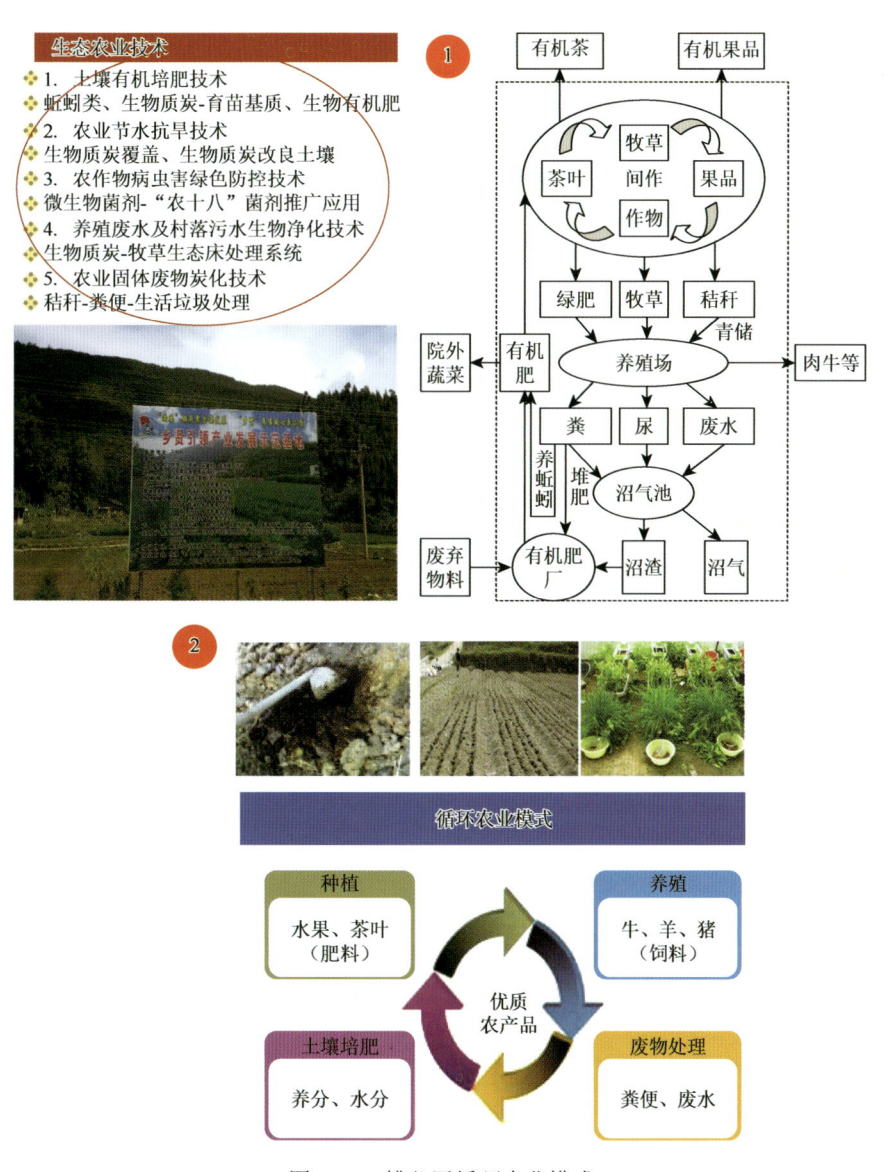

图 7-55 槽谷区循环农业模式

参 考 文 献

郭成圆, 魏安智, 吕平会, 等. 2010. 板栗雏梢分化期内源激素的动态变化特征. 西北植物学报, 30 (10): 2061-2066.
郭秀珠, 刘冬峰, 陈巍, 等. 2017. 叶面铁肥对浙江海涂地缺铁'瓯柑'叶片及果实的影响. 果树学报, 34 (6): 692-697.
何腾兵, 刘元生, 李天智, 等. 2000. 贵州喀斯特峡谷水保经济植物花椒土壤特性研究. 水土保持学报, 14 (2): 55-59.
刘志, 杨瑞, 裴仪岱. 2019. 喀斯特高原峡谷区顶坛花椒与金银花林地土壤抗侵蚀特征. 土壤学报, 56 (2): 466-474.
庞钰洁, 陶宁颖, 竺啸恒, 等. 2018. 根域限制栽培对桃花芽分化进程中碳氮比及 ABA 含量的影响. 果树学报, 35 (11): 1363-1373.
唐海龙, 龚伟, 王景燕, 等. 2017. 川东丘陵区青花椒种植对土壤肥力的影响. 长江流域资源与环境, 26 (10): 1597-1606.
田静, 盛茂银, 汪攀, 等. 2019. 西南喀斯特土地利用变化对植物凋落物-土壤 C、N、P 化学计量特征和土壤酶活性的影响. 环境科学, 140 (9): 4278-4286.
吴求生, 龙健, 李娟, 等. 2019. 茂兰喀斯特森林小生境类型对土壤微生物群落组成的影响. 生态学报, 39 (3): 1009-1018.
原野. 2018. 陕西花椒产业发展现状及对策. 陕西林业科技, 46 (1): 74-76.
周立, 汤艳娟. 2019-07-05. 今年花椒为何遭遇价格"滑铁卢". 重庆日报, 10 版.
Gan F, He B, Qin Z, et al. 2020a. Role of rock dip angle in runoff and soil erosion processes on dip/anti-dip slopes in a karst trough valley. Journal of Hydrology, 588: 125093.
Gan F, He B, Qin Z. 2020b. Hydrological response and soil detachment rate from dip/anti-dip slopes as a function of rock strata dip in karst valley revealed by rainfall simulations. Journal of Hydrology, 581: 124416.
Kim Y M, Jo A, Jeong J H, et al. 2017. Development and characterization of microsatellite primers for *Zanthoxylum schinifolium* (Rutaceae). Applications in Plant Sciences, 5 (7): 1600145.
Song Z Z, Ma R J, Zhang B B, et al. 2016. Differential expression of iron-sulfur cluster biosynthesis genes during peach fruit development and ripening, and their response to iron compound spraying. Scientia Horticulturae, 207: 73-81.

第 8 章　西南喀斯特石漠化治理成效综合评估

8.1　喀斯特地区总体恢复概况

8.1.1　数据源与分析方法

1）GLOBMAP 全球叶面积指数

GLOBMAP 叶面积指数（leaf area index，LAI）数据（Version 3）提供了全球 1981 年以来的高一致性长时间序列叶面积指数数据。数据覆盖全球植被区域，栅格数据的空间分辨率为 8km，地理坐标采用经纬度坐标。LAI 数据集是基于先进甚高分辨率辐射仪（advanced very high resolution radiometer，AVHRR）和中分辨率成像光谱仪（moderate-resolution imaging spectroradio-meter，MODIS）数据通过定量融合反演得到的，其中 2000 年前后的数据分别为 AVHRR 和 MODIS 数据反演结果。算法首先基于 MODIS 地表反射率产品 MOD09A1 利用 GLOBCARBON LAI 算法反演得到 MODIS LAI 序列，然后基于两个传感器的重叠观测构建 AVHRR GIMMS NDVI 与 MODIS LAI 像元级的关系，并基于此关系回溯反演了 AVHRR LAI。

2）归一化植被指数

归一化植被指数（normalized difference vegetation index，NDVI）可以准确反映地表植被覆盖状况。目前，基于 SPOT/VEGETATION 以及 MODIS 等卫星遥感影像得到的 NDVI 时序数据已经在各尺度区域的植被动态变化监测、土地利用/覆被变化监测、宏观植被覆盖分类和净初级生产力估算等研究中得到了广泛的应用。SPOT/VEGETATION 空间分辨率达到了 1km。因此结合实际情况，综合考虑使用 2000～2015 年 SPOT/VEGETATION 产品（传感器稳定产品），尽可能地解决数据空间分辨率和监测能力的问题。

SPOT/VEGETATION 源于由欧洲联盟委员会赞助的 VEGETATION 传感器，该传感器于 1998 年 3 月由 SPOT-4 搭载升空，从 1998 年 4 月开始接收用于全球植被覆盖观测的 SPOTVGT 数据（Pinzon and Tucker，2014），该数据由瑞典的 Kiruna 地面站负责接收，由位于法国 Toulouse 的图像质量监控中心负责图像质量并提供相关参数（如定标系数），最终由比利时弗莱芒技术研究所（Flemish Institute for Technological Research，VITO）VEGETATION 影像处理中心（VEGETATION Processing Centre，CTIV）负责预处理成逐日 1km 全球数据（Vermote et al.，2002）。预处理包括大气校正、辐射校正、几何校正，生产 10 天最大化合成的 NDVI 数据，并将−1～−0.1 的值设置为−0.1，再通过公式 DN =（NDVI + 0.1）/0.004 转换到 0～250 的 DN 值。该数据集为 1998～2013 年数据，空间分辨率为 1km，2014～2015 年空间分辨率为 300m，时间分辨率为逐旬，包含每 10 天合成的四个波段的光谱反射率及最大化的 NDVI（Holben，1986）。中国年度 1km 植被指数空间分布数据集是基于 SPOT/VEGETATION PROBA-V 1 KM PRODUCTS 卫星遥感数据，采用最大值合成法生成的 1998 年以来的年度植被指数数据集。该数据集可以有效反映全国各地区在空间和时间尺度上的植被覆盖分布和变化状况，对植被变化状况监测、植被资源合理利用和其他生态环境相关领域的研究有十分重要的参考意义（Chen et al., 2021; Fensholt and Proud, 2012）。

3) 植被光学厚度

植被光学厚度（vegetation optical depth, VOD）是一种利用被动微波遥感提取的植被信息参数，它对地表植被绿色（如草本植物、叶子）和非绿色（如树干、树枝）部分的含水量敏感。对具有相同植被盖度的区域而言，草本植物及木本植物的绿叶部分可能显示出相似的绿度水平，但两者植被结构差异而导致的含水量水平则可以通过 VOD 来反映。因此，可用 VOD 的变化趋势来反映植被生物量的变化。本章使用的 VOD 数据来源于被动微波观测卫星，时间跨度为 1992~2012 年，其空间分辨率为 0.25°×0.25°。利用双线性内插方式，将 VOD 数据重采样到与 GIMMS-3g NDVI 数据一致的空间分辨率，并提取其生长季（4~11 月）VOD 平均值获得每年生长季 VOD（Tian et al., 2018）。

4) Theil-Sen 趋势分析法

Theil-Sen（泰尔森）趋势分析是非参数统计中一种拟合直线的稳健模型，是通过选择成对点的所有线的斜率的中值来稳健地将线拟合到平面中的采样点（简单线性回归）的方法。它也被称为 Sen 的斜率估计、斜率选择、单中值方法、Kendall 鲁棒线拟合方法和 Kendall-Theil 鲁棒线。该方法具有处理删失回归模型的能力，Theil-Sen 估计已应用于天文学。在生物物理学中，Fernandes 和 Leblanc（2005）建议将其用于遥感，如从反射数据估计叶面积，因为它计算简单，可以有效地计算趋势，并且对异常值不敏感。就统计功效而言，即使对于正态分布的数据也能很好地和最小二乘法竞争，它被称为"用于估计线性趋势的最流行的非参数技术"。Theil-Sen 估算不易受离群值影响。对于偏态分布或异方差的数据，Theil-Sen 估算的准确度远高于非稳健的简单线性回归，而对于正态分布数据而言其与非稳健模型相比也有着相当的统计功效。

Theil-Sen 趋势度经过计算序列的中值，可以很好地减少噪声的干扰，但其本身不能实现序列趋势显著性判断，而 Mann-Kendall 方法本身对序列分布无要求且对异常值不敏感，因此引入该方法可完成对序列趋势显著性检验（王佃来等，2013）。2000~2019 年的时间序列数据受大气和云层等因素的影响，很可能存在部分异常值，并且该序列的分布特征没有定论，所以采用上述两种方法结合可以增强方法的抗噪性，并在一定程度上提高检验结果的准确性。

Theil-Sen 趋势度计算公式为

$$\beta = \text{Median}\left(\frac{x_j - x_i}{j - i}\right), \quad \forall j > i \tag{8-1}$$

使用趋势度 β 来判断时间序列趋势的升降，当 $\beta>0$ 时，时间序列呈上升的趋势，反之呈下降的趋势。

5) Mann-Kendall 检验法

Mann-Kendall（曼-肯德尔）是一种非参数统计检验方法，最初由 Mann 在 1945 年提出，后由 Kendall 进一步完善，其优点是不需要测量值服从正态分布，也不要求趋势是线性的，并且不受缺失数值和异常值的影响，该方法在长时间序列数据的趋势显著检验中得到了十分广泛的应用（Burn and Elnur，2002）。其统计检验方法如下。

对于时间序列 $X_i(i=1, 2, \cdots, i, j, \cdots, n)$，先确定所有对偶值（$x_i$, x_j, $j>i$）中 x_i 与 x_j 的大小关系（设为 S）。做如下假设：H_0 为序列中的数据随机排列，即无显著趋势；H_1 为序列存在上升或下降单调趋势。检验统计量 S 由以下公式计算：

$$S = \sum_{i=1}^{n-1} \sum_{j=i+1}^{n} \mathrm{sgn}(x_j - x_i) \tag{8-2}$$

$$\mathrm{sgn}(x_j - x_i) = \begin{cases} 1, & x_j - x_i > 0 \\ 0, & x_j - x_i = 0 \\ -1, & x_j - x_i < 0 \end{cases} \tag{8-3}$$

根据时间序列长度 n 值大小的不同，显著性检验统计量的选取有所不同：当 $n<10$ 时，直接使用统计量 S 进行双边趋势检验。在给定显著性水平 α 下，如果 $|S| \geqslant S_{\alpha/2}$，则拒绝 H_0，认为原序列存在显著趋势，否则接受 H_0，认为序列趋势不显著。如果 $S>0$，则认为序列存在上升趋势；$S=0$，无趋势；$S<0$，认为序列存在下降趋势。当 $n \geqslant 10$ 时，统计量 S 近似服从标准正态分布，使用检验统计量 Z 进行趋势检验，Z 值由下式计算：

$$Z = \begin{cases} \dfrac{S-1}{\sqrt{\mathrm{VAR}(S)}}, & S > 0 \\ 0, & S = 0 \\ \dfrac{S+1}{\sqrt{\mathrm{VAR}(S)}}, & S < 0 \end{cases} \tag{8-4}$$

式中，$\mathrm{VAR}(S) = \left[n(n-1)(2n+5) - \sum_{i=1}^{m} t_i(t_i-1)(2t_i+5) \right] / 18$，$n$ 为序列中数据个数，m 为序列中结（重复出现的数据组）的个数，t_i 为结的宽度（第 i 组重复数据组中的重复数据个数）。同样采用双边趋势检验，在给定显著性水平 α 下，在正态分布表中查得临界值 $Z_{1-\alpha/2}$，当 $|Z| \leqslant Z_{1-\alpha/2}$ 时，接受原假设，即趋势不显著；$|Z| > Z_{1-\alpha/2}$ 时，则拒绝原假设，即认为趋势显著。

本章中时间序列长度为 2000~2019 年，所以采用检验统计量 Z 来进行趋势检验，检验中取显著水平 $\alpha=0.05$，$Z_{1-\alpha/2} = Z_{0.975} = 1.96$。当 $\beta>0$ 且 $|Z|>1.96$ 时，序列呈显著上升趋势；当 $\beta>0$ 且 $|Z| \leqslant Z_{1-\alpha/2}$ 时，序列呈上升但不显著趋势。同理，当 $\beta<0$ 且 $|Z|>1.96$ 时，序列呈显著下降趋势；当 $\beta<0$ 且 $|Z| \leqslant Z_{1-\alpha/2}$ 时，序列呈下降但不显著趋势。

8.1.2 植被恢复总体趋势

基于长时间序列遥感数据，研究发现 2000~2019 年西南八省区市植被指数 LAI（叶面积指数，也称叶面积系数，是指单位地表面积上植物叶片总面积与地表面积之比。它与植被的生物学特性和环境条件有关，是表示植被利用光能状况和冠层结构的一个综合指标，表征植被生长和生产力状况）的年度均值不断增加（图 8-1），其中，石漠化治理区的叶面积指数 LAI 年均值由 2000 年的 2.73 增加到 2019 年的 3.80，20 年间增长了 1.07（增长速率为 39.2%），年均增长 0.054（年均增长速率为 1.67%），增长速度快于整个西南八省区市（LAI 年均值由 2.75 到 3.70，增长了 34.5%）和非石漠化治理区（LAI 年均值由 2.76 到 3.56，增长了 29.0%）。西南石漠化治理区叶面积指数 LAI 年均值均由早期低于区域均值转变为后期高于区域均值。其中，整个石漠化治理区在 2011~2015 年和 2016~2019 年的 LAI 年均值相较于初始基准期（2000 年）的年均增长速率分别为 2.07%和 1.78%，快于整个西南八省区市的 1.44%和 1.58%。

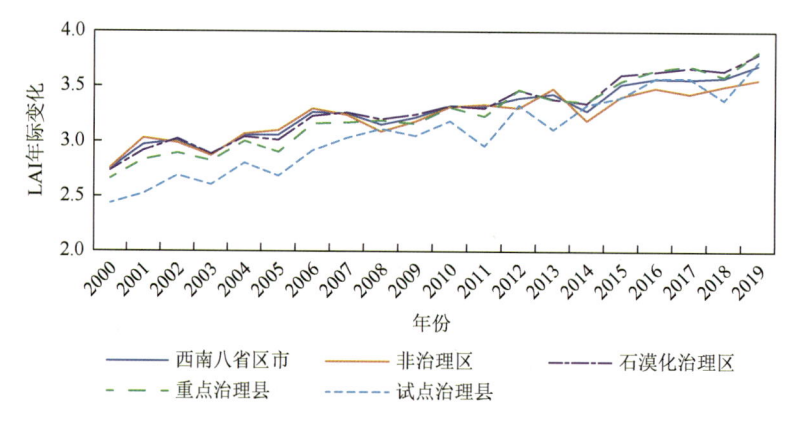

图 8-1 西南石漠化地区 2000~2019 年植被指数 LAI 变化差异

"十三五"期间（2016~2019 年）石漠化治理重点县的 LAI 年均值由 2000 年的 2.66 增加到 2019 年的 3.82，20 年间增长了 1.16（增长速率为 43.6%），年均增长 0.058（年均增长速率为 1.83%），增长速度快于西南石漠化治理区。特别是"十三五"石漠化治理建设期（2016~2019 年段），其 LAI 年均值的年均增长速率为 2.54%，高于 2000~2019 年的年均增长速率，表明石漠化治理重点县的植被恢复状况在"十三五"期间快于整个石漠化治理区的平均水平。

2008~2011 年实施的 100 个石漠化治理试点县，其 LAI 年均值由 2000 年的 2.44 增加到 2019 年的 3.73，20 年间增长了 1.29（增长速率为 52.9%），年均增长 0.065（年均增长速率为 2.14%），增长速度最快。特别是实施试点后，在 2011~2019 年内（图 8-2），其 LAI 年均值由 2.96 增长到 3.73，年均增长 0.086（年均增长速率为 2.60%），增长速度最为显著。表明实施石漠化试点治理的区域其植被恢复成效更好。

"十三五"期间，石漠化治理重点县域的 LAI 年均增长速率为 2.54%，高于该区域近 20 年的 LAI 年均增长速率（2.18%），也高于石漠化综合治理区域近 20 年的 LAI 年均增长速率（1.98%）。从区域植被恢复空间差异变化看，基于长时间序列植被 LAI 遥感数据，发现 2000~2019 年整个西南八省区市植被总体呈现恢复的趋势（图 8-3），其中 67.4%的区域植被显著增加，且主要分布于石漠化治理县（占 78.3%）。但仍有 1.4%的区域存在植被退化现象，主要集中在云南断陷盆地、湖南衡邵干旱走廊的部分区域，应作为未来石漠化治理的重点。

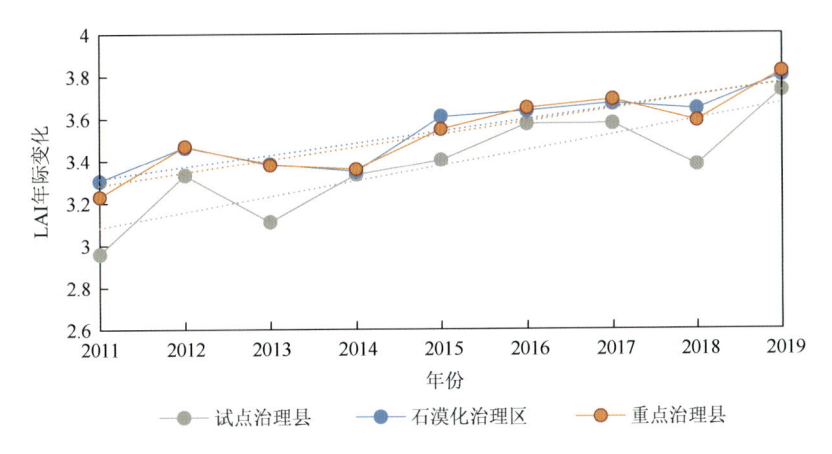

图 8-2 西南地区石漠化治理重点县和试点县 LAI 年度变化

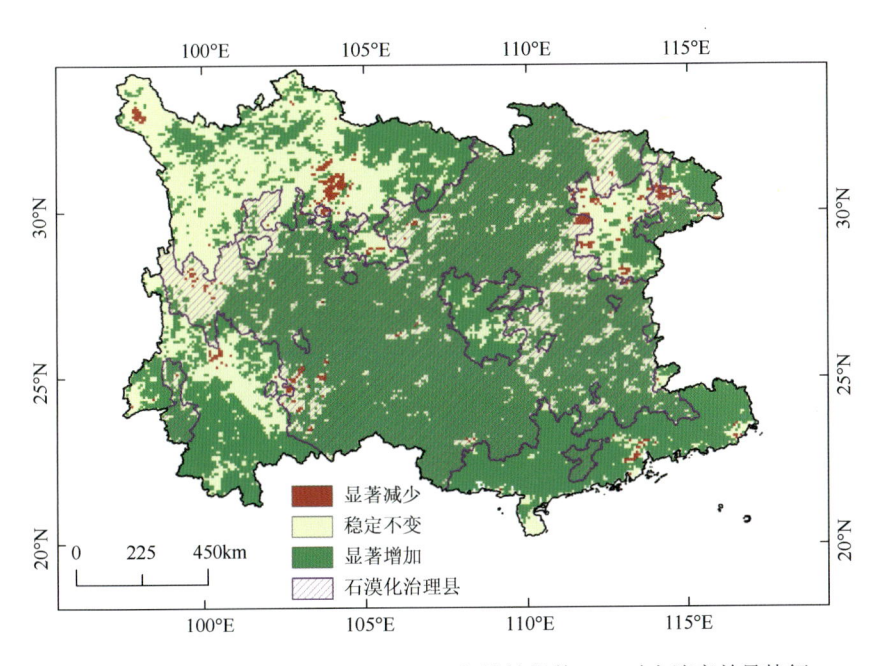

图 8-3 西南石漠化地区 2000~2019 年植被指数 LAI 时空演变差异特征

2000~2019 年西南八省区市最大值 NDVI 年均值不断增加（图 8-4），其中，整个西南石漠化治理区的最大值 NDVI 年均值由 2000 年的 0.720 增加到 2019 年的 0.821，20 年间增长了 0.101（增长速率为 14%），年均增长 0.0051（年均增长速率为 0.66%），增长速度快于整个西南八省区市（0.714 到 0.809，最大值 NDVI 年均增长速率为 0.63%）和非石漠化治理区（0.707 到 0.796，最大值 NDVI 年均增长速率为 0.59%）。

"十三五"石漠化治理重点县的年内最大值 NDVI 年均值由 2000 年的 0.715 增加到 2019 年的 0.830，20 年间增长了 0.115（增长速率为 16.1%），年均增长 0.0058（年均增长速率为 0.75%），增长速度快于西南石漠化治理区。石漠化治理重点县的 NDVI 年均值在早期低于整个石漠化治理区域的年均值，但在"十三五"石漠化治理建设期（2016~

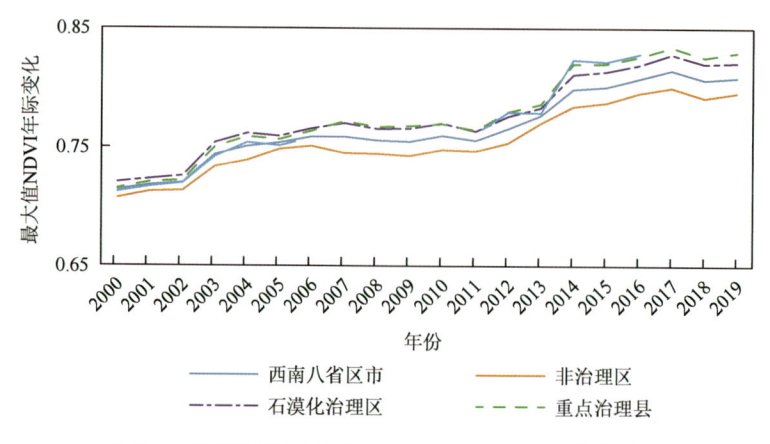

图 8-4　西南石漠化地区 2000~2019 年 NDVI 变化差异

2019 年），其 NDVI 年均值高于西南石漠化治理区域（图 8-5）。在"十三五"石漠化治理建设期，NDVI 的年均增长速率为 0.26%，低于近 20 年石漠化治理重点县域的增长速率。

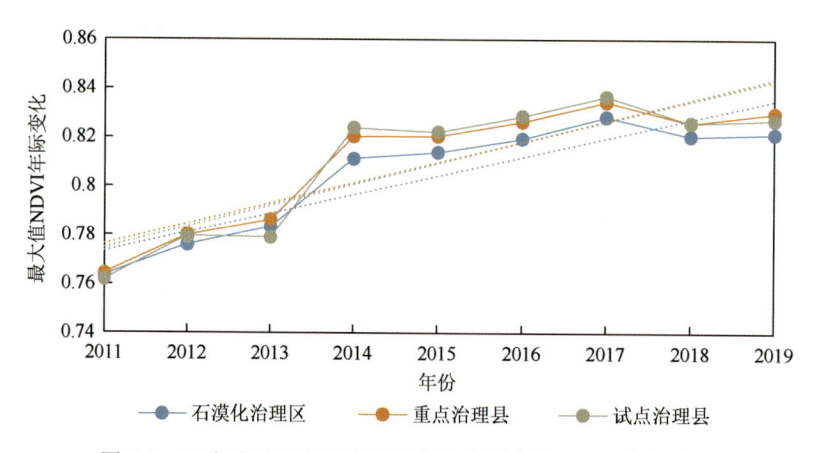

图 8-5　西南地区石漠化治理重点县和试点县 NDVI 年际变化

2008~2011 年实施的 100 个石漠化治理试点县，其年内最大值 NDVI 年均值由 2000 年的 0.712 增加到 2019 年的 0.827，20 年间增长了 0.115（增长速率为 16.2%），年均增长 0.0058（年均增长速率为 0.75%），增长速度与石漠化治理重点县的区域相当。但在实施试点后，2011~2019 年，其 NDVI 年均值由 0.762 增长到 0.827，年均增长 0.0072（年均增长速率为 0.91%），增长速度最为显著。表明实施石漠化试点治理的区域其植被恢复成效更好。

2011~2015 年"十三五"石漠化治理重点县的区域和整个石漠化治理区域的年内最大值 NDVI 年均值分别为 0.794 和 0.790，2016~2019 年，"十三五"石漠化治理重点县的区域和整个石漠化治理区域的年内最大值 NDVI 年均值分别增长了 0.035（4.41%）和 0.033（4.18%），石漠化治理重点县的最大值 NDVI 增长更快，表明在"十三五"石漠化建设工程实施下，重点治理县的植被恢复取得一定成效。

2000~2019 年，西南地区的 NDVI 在大范围区域呈现显著增加趋势，总体变化趋势与 LAI 的变化保持一致，同时也存在小范围的退化现象，退化区域主要集中在非石漠化治理地区（图 8-6）。其中，石漠化治理地区植被显著增加区域的面积显著高于西南地区面积占比。石漠化面积分布最为集中的滇桂黔三省区中，广西植被恢复最快，其次为贵州，云南相对较慢。

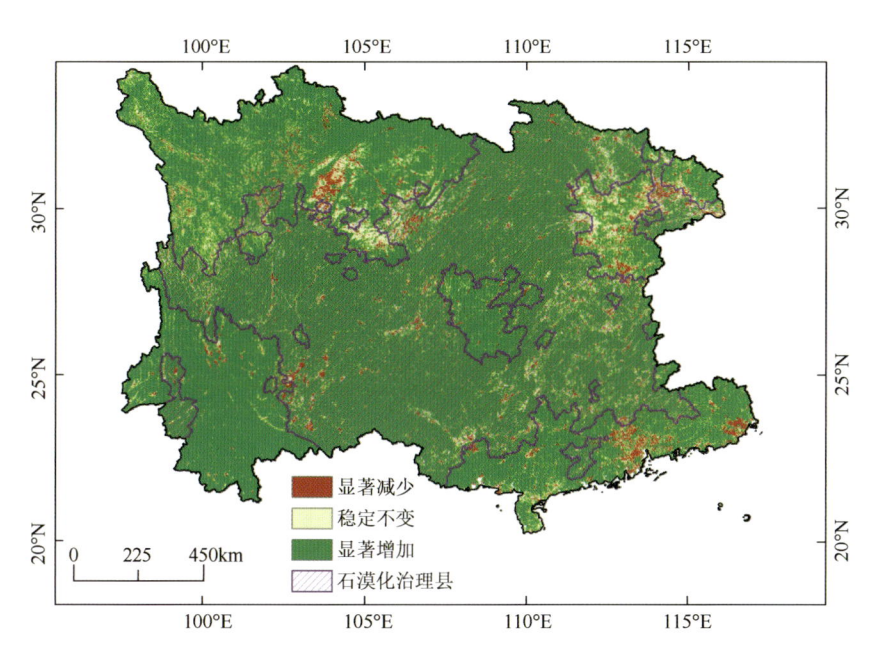

图 8-6　西南石漠化地区 2000~2019 年 NDVI 时空演变差异特征

西南地区的 VOD 年均变化趋势表明，2000 年起区域内 VOD 整体维持在一个相对稳定的水平，未出现大幅度的波动。西南喀斯特地区实测的 VOD 在 2008 年石漠化治理实施后表现出高于平均值的增加趋势，表明在大规模生态工程的作用下西南石漠化治理地区植被发生了显著改变（图 8-7）。

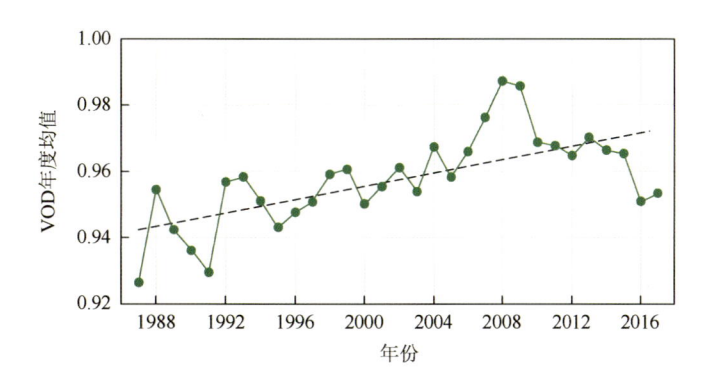

图 8-7　西南石漠化地区逐年 VOD 变化差异图

8.1.3 植被覆盖度与恢复速率变化趋势

1）植被覆盖度变化趋势

植被覆盖度是指植被在地面的垂直投影面积占统计区总面积的百分比。植被覆盖度及其变化是区域生态系统环境变化的重要指示，获取地表植被覆盖及其变化信息，对于揭示地表空间变化规律，探讨变化的驱动因子，分析评价区域生态环境具有重要现实意义。

西南地区按年植被覆盖度均值统计数据显示（图 8-8），2006～2015 年（石漠化治理工程重点实施期间），西南地区植被覆盖度一直维持在较高水平，年均植被覆盖度都在 60%以上，多年达到了最高 68%以上。整体上，广东、重庆、湖北、湖南、云南、广西植被覆盖度高于西南地区平均水平；贵州与西南地区平均水平接近，在平均水平上下波动；四川低于西南地区平均水平，该省西北部高原（山）区，缺乏植被覆盖，导致全省植被覆盖平均水平相对低于西南地区平均水平。西南地区植被覆盖度（均值）大小依次排列，分别为广东、云南、湖北、湖南、重庆、广西、贵州、四川。

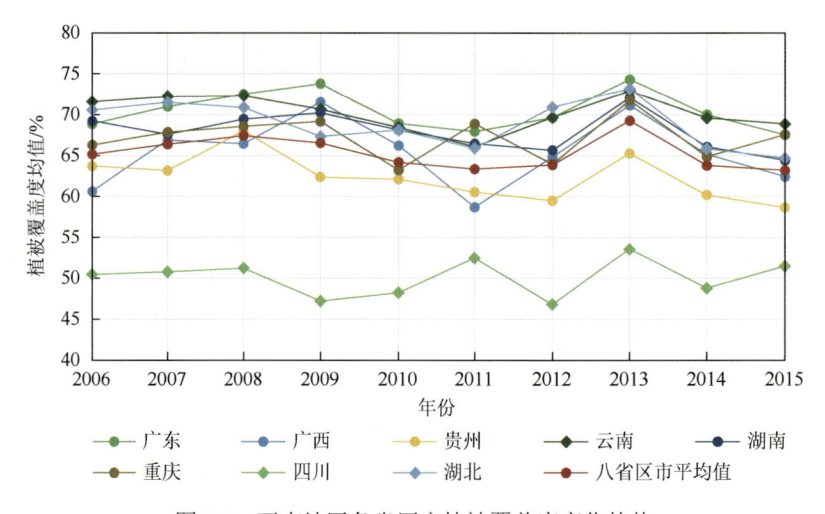

图 8-8 西南地区各省区市植被覆盖度变化趋势

2006 年起区域内植被覆盖度整体维持在一个相对稳定的水平，未出现大幅度的波动（表 8-1）。从各省区市植被覆盖度年均值上看，2006～2015 年，最大波动幅度出现在广西，但也仅有 4.1%，最小为云南，为 2.1%，各省区市波动幅度相当。植被覆盖度波动幅度由大到小，依次为：广西 4.1%、湖北 2.9%、贵州 2.8%、重庆 2.6%、广东 2.4%、湖南 2.3%、四川 2.3%、云南 2.1%。

表 8-1 西南地区各省区市 2006～2015 年年均植被覆盖度统计（%）

省区市	最小值	最大值	均值	标准差
湖北	64.7	73.2	68.9	2.9
重庆	63.2	71.7	67.2	2.6

续表

省区市	最小值	最大值	均值	标准差
湖南	64.4	72.1	67.9	2.3
云南	66.1	72.9	70.2	2.1
贵州	58.7	68.0	62.4	2.8
广西	58.7	71.5	65.4	4.1
广东	67.5	74.3	70.4	2.4
四川	46.8	53.6	50.1	2.3

由于西南地区地形环境复杂、地质构造不同，气温气候降水条件也各不相同，使用西南地区平均植被覆盖度难以完整地反映出该区域内的细节变化。因此，本章分省区市统计了2006～2015年各省区市植被覆盖度年均变化情况。统计数据显示，在大的趋势上，除贵州、广西外，其他各省区市情况与西南地区均值趋势一致，各省区市植被覆盖度值差距小。除四川省外，其他各省区市均与西南地区年均值趋势保持一致，各省区市植被覆盖度处于相对稳定的动态变化趋势。

2010～2012年是西南地区年均植被覆盖度变化的重要转折年份，重庆于2010年后植被覆盖度出现回升，湖北、云南、广西、广东于2011年后，植被覆盖度逐渐开始出现回升，湖南、贵州、四川则于2012年后植被覆盖度逐渐开始出现回升。但是总体而言，各省区市植被覆盖度均保持相对的稳定状态，下降与上升幅度有限。

2006～2015年，湖北省半数年份植被覆盖度年均值都在70%以上（除2009年、2010年、2011年、2014年、2015年外），最大植被覆盖度达到73%以上（2013年），最小值在2011年，年均植被覆盖度64.7%，植被覆盖度平均达到68.9%，植被覆盖度各年均值均高于西南地区年均值，年均植被覆盖度整体处于稳定或上升状态，尤其在2011年之后，上升幅度较为明显。在2014年、2015年两年度值有所下降，主要是遥感数据本身性质导致，自2014年起，所使用的遥感数据空间分辨率由1000m提高到300m，该变化对植被覆盖度计算结果影响较大，会造成10%～20%的负面影响，使得计算值偏小。因此综合考虑该影响，可以认为2006～2015年，湖北省植被覆盖度水平较高（植被覆盖度均值达68%以上），且保持较为稳定或小幅上升状态。统计数据显示，湖北省10年来各年度年均植被覆盖度保持相对稳定，变化幅度不大，统计数据标准差只有2.9%。

重庆市年均植被覆盖度年均最小值为63.2%（2010年），最大值为71.7%（2013年），2006～2015年植被覆盖度平均达到67.2%。2006～2009年保持相对稳定的小幅增长态势，2010年起出现周期性的波动状态，考虑2014年和2015年两年度数据影响，该区域总体呈小幅波动性上升或平稳趋势。重庆市除2010年外，其他年份植被覆盖度年均值都高于西南地区年度均值。统计数据显示，重庆市2006～2015年来各年度年均植被覆盖度统计数据标准差为2.6%，植被覆盖度变化波动小，较为平稳。

湖南省年均最大植被覆盖度为72.1%（2013年），最小值为64.4%（2015年），2006～2015年植被覆盖度平均达到67.9%。该省植被覆盖度年均值表现出更为显著的稳定状态，除在2007年、2011年与2012年出现小幅的下降或上升外，其他年份都保持稳定水平。

湖南省在 2006~2015 年植被覆盖度年均值都高于西南地区年度均值，其高出幅度也相对稳定（除个别年份外，如 2007 年），整体曲线形态也相似。统计数据显示，湖南省 2006~2015 年来各年度年均植被覆盖度统计数据标准差为 2.3%，植被覆盖度情况稳定。

云南省年均植被覆盖度表现出明显的阶段性特点。2006~2011 年植被覆盖度水平小幅下降，自 2012 年起，该省植被覆盖度连续升高。该省年均最大植被覆盖度为 72.9%（2013 年），最小值为 66.1%（2011 年），10 年植被覆盖度平均达到 70.2%。2011 年出现小幅下降，但稍后覆盖度水平又出现回升趋势。该省 2006~2015 年植被覆盖度年均值都高于西南地区年度均值，高出幅度也相对稳定，曲线形态相似。统计数据显示，云南省 2006~2015 年来各年度年均植被覆盖度保持相对稳定，各年度年均植被覆盖度统计数据标准差为 2.1%，变化幅度不大。

贵州省年均最大植被覆盖度为 68.0%（2008 年），最小值为 58.7%（2015 年），10 年植被覆盖度平均达到 62.4%。整体年均植被覆盖度在 60%~70%。该省植被覆盖度变化也呈现出阶段化，整体上看以 2012 年为界，前一阶段植被覆盖度呈微弱下降趋势，之后开始回升。贵州省 2006~2015 年，绝大多数年份植被覆盖度年均值略低于西南地区年度均值，偶有年份高于西南地区均值，并且这种趋势保持相对稳定。统计数据显示，贵州省 2006~2015 年来各年度年均植被覆盖度保持相对稳定，各年度年均植被覆盖度统计数据标准差为 2.8%，变化幅度不大。

广西壮族自治区年均植被覆盖度水平也相对较高，且表现出一定的周期性变化特点，年均最大植被覆盖度为 71.5%（2009 年），最小值为 58.7%（2011 年），10 年植被覆盖度平均达到 65.4%。整体年均植被覆盖度在 60%~70%，呈一定周期性变化，变化周期为 3~4 年，变化相对较为剧烈，绝对值超过 10%。广西壮族自治区 2006~2015 年植被覆盖度年均值在多数年份略高于西南地区年度均值，但在 2006 年、2011 年低于西南地区平均水平，并以 2011 年为拐点，之前植被覆盖度以下降趋势为主，之后植被覆盖度开始回升。统计数据显示，广西壮族自治区 2006~2015 年来各年度年均植被覆盖度保持相对稳定，各年度年均植被覆盖度统计数据标准差为 4.1%。

广东省年均植被覆盖度表现最为稳定，年均最大植被覆盖度为 74.3%（2013 年），最小值为 67.5%（2015 年），植被覆盖度平均达到 70.4%。广东省年均植被覆盖度也呈现出一定的周期性变化特点，周期为 4~5 年，并且在 2011 年后进入新一阶段的植被覆盖度上升阶段，与广西相似，较其他省区市，变化幅度仍然较小，保持在相对稳定状态。广东省 2006~2015 年植被覆盖度年均值都高于西南地区年度均值，高出幅度也相对稳定。统计数据显示，广东省 2006~2015 年来各年度年均植被覆盖度保持相对稳定，各年度年均植被覆盖度统计数据标准差为 2.4%，变化幅度很小。

四川省年均植被覆盖度变化幅度较小，年均植被覆盖度值为八省区市中最低，年均最大植被覆盖度为 53.6%（2013 年），最小值为 46.8%（2012 年），植被覆盖度平均达到 50.1%，处于西南地区末位。四川省的年均植被覆盖度变化周期性较广东等省区市弱，在某些时段有一定的表现。四川省 2006~2015 年植被覆盖度年均值都低于八省区市年度均值，幅度也相对稳定。整体上看，虽然四川省植被覆盖度水平低于其他各省区市，但自 2006 年起，整体上表现出稳定或微弱上升趋势。统计数据显示，四川省 2006~2015 年来各年度年均植被覆盖度保持相对稳定，各年度年均植被覆盖度统计数据标准差 2.3%，变化幅度很小。

2）植被恢复速率变化趋势

从变化速率上来看，NDVI 和 LAI 在石漠化治理区均呈现显著增加趋势。根据植被恢复演变总体趋势特征并结合退耕还林、石漠化综合治理等重大工程的实施背景，2000～2019 年石漠化治理地区的 NDVI 在 2010 年前后分别以 0.00544/a 和 0.00743/a 的速率呈显著增加的趋势（$P<0.05$），且石漠化治理区的变化速率增长极其显著。同一时期，石漠化治理地区的 LAI 在 2010 年前后分别以 5.31666/a 和 5.48614/a 的速率呈显著增加的趋势（$P<0.05$），且后期 LAI 的增速较前期有较大的提高（图 8-9）。

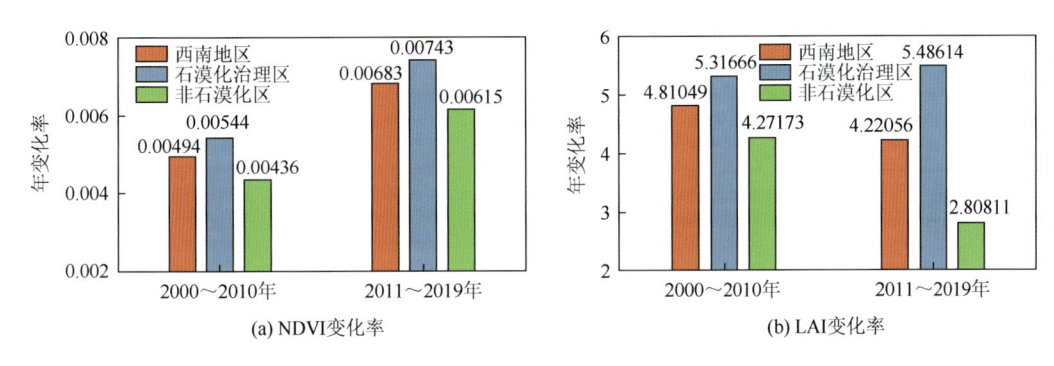

图 8-9 不同时期植被指数变化速率示意图

2010 年实施"十二五"石漠化综合治理后，西南地区 NDVI 变化速率明显提升，其中，石漠化治理区增加速率提高了 36.58%。西南八省区市石漠化治理区的 LAI 平均变化速率稳定增加，高于西南八省区市和非石漠化区的平均变化速率。从植被数据集逐年变化来看，2000～2019 年时段内，西南八省区市植被均以石漠化治理区为主，其次为植被增加（17%和 11%），且主要集中在广西壮族自治区和贵州省，四川和云南两省是小范围植被减少的主要区域（2%和 1%），植被增加趋势主要集中分布于石漠化治理区。

2000～2019 年，西南八省区市、455 个石漠化治理区及非石漠化区的植被 LAI 分别提高了 34.5%、39.2%及 29.0%，石漠化治理区恢复成效最为显著。"十三五"200 个石漠化治理重点县 2000～2019 年的 LAI 年均增长率为 2.54%，恢复速率显著高于 455 个石漠化县的植被年均恢复速率（1.98%）。2016～2019 年植被 LAI 在石漠化治理地区与非石漠化区均保持稳定增长，且增长速率差值保持在 30%。西南地区 NDVI 的增长速率，在西南八省区市、455 个石漠化治理区及非石漠化区分别为 0.00496/a、0.00531/a 及 0.00457/a，结果表明，西南地区的石漠化治理区相比于非石漠化区的植被增长态势良好，且高于整个西南地区的植被增长变化速率（图 8-10）。

不同时段内，西南八省区市石漠化治理区与非石漠化区之间的植被变化趋势存在较大差异。2000～2019 年，455 个石漠化治理区植被呈增加趋势的比例为 78%，下降趋势的比例为 2%，而在非石漠化区中，其比例依次为 62%和 5%，表明石漠化治理区植被恢

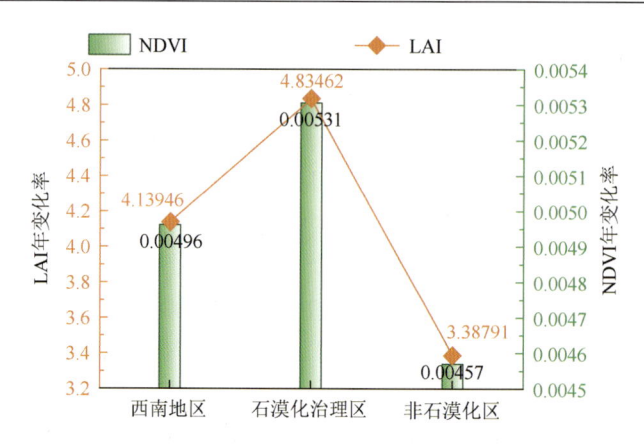

图 8-10 不同区域 2000~2019 年植被指数变化率示意图

复情况优于非石漠化区。就不同省区市而言，在过去 34 年里，重庆、湖南和湖北植被增加比例较大（>90%），其次为广西（89%）、广东（79%）、贵州（75%），云南（57%）和四川（40%）植被增加比例较小。石漠化面积分布最为集中的滇桂黔三省区中，广西植被恢复最快，其次为贵州，云南相对较慢。

8.1.4 工程区和非工程区恢复差异

1）植被恢复差异

西南地区、455 个石漠化治理县地区和 200 个石漠化重点治理县地区的 LAI 呈现显著增加趋势的有 67.4%、78.3% 和 84.7%（图 8-11）；植被状态稳定不变区域分别有 31.3%、20.7% 和 14.7%；植被呈现显著减少趋势的面积占比分别有 1.4%、1% 和 0.6%。其中，植被显著增加区域主要集中于石漠化重点治理地区，说明石漠化治理成效显著。西南地区

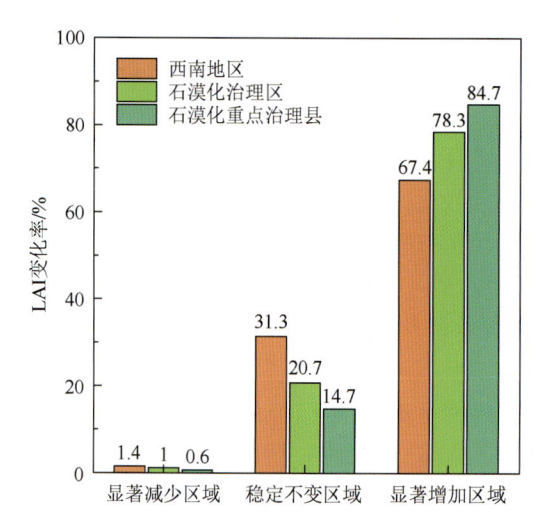

图 8-11 2000~2019 年不同区域 LAI 变化率面积占比示意图

植被减少区域主要集中在云南省和四川省局部地区，其中石漠化治理县中 LAI 显著减少的区域集中在云南的断陷盆地和中高山地区。

从植被逐年变化来看，2011~2019 年西南八省区市植被均以显著增加为主（67.4%），其次为植被稳定不变区域（31.3%），且主要集中在广西壮族自治区和贵州省，四川和云南两省是小范围植被减少的主要区域。2011~2019 年，西南地区植被 LAI 保持较高增长趋势，但在不同区域存在差异，西南八省区市地区 LAI 显著增加区域面积占比为 67.4%，石漠化治理区（455 个县）的植被显著增加面积占比为 78.3%，200 个石漠化重点治理县植被显著增加区域的面积占比为 84.7%。说明石漠化治理范围内植被状况恢复良好，石漠化重点治理县恢复尤为突出。

2011~2019 年植被增加趋势主要集中分布于石漠化重点治理县区域。以 2001~2010 年植被变化作为参照基准，对比 2011~2019 年植被变化情况，发现 2011~2019 年整个西南八省区市植被总体依旧保持稳定不变的趋势（约占 69.7%），新增植被呈恢复趋势的比例为 27.3%，主要分布在重庆、贵州、广西、湖南；新增植被呈退化趋势的地区主要分布在四川、云南和湖北。对比石漠化治理县和非石漠化治理县，石漠化治理县和非石漠化治理县的区域内新增加的植被恢复相对比例差异较大，石漠化治理县是非石漠化治理县的 2 倍（图 8-12 和图 8-13）。

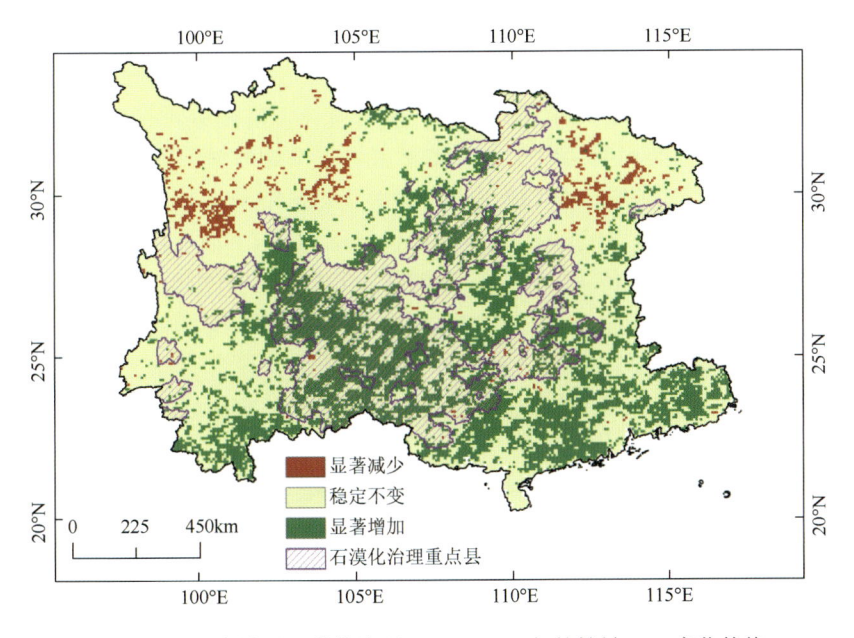

图 8-12 西南地区石漠化治理 2011~2019 年的植被 LAI 变化趋势

石漠化治理通过实施封山育林、人工造林、草地建设等林草植被恢复措施，工程区森林覆盖率、林草植被综合覆盖度逐渐提高，植被结构改善，野生动物种群数量明显增多，生物多样性得到有效恢复。据全国第二次石漠化监测，岩溶地区生态状况改善的面积为 408.0 万 hm^2，保持稳定的面积为 3901.5 万 hm^2，两类面积占监测区岩溶土地面积的 95.8%，表明监测区生态状况整体上呈现"稳步向好"的态势；乔木型、灌木型植被面积

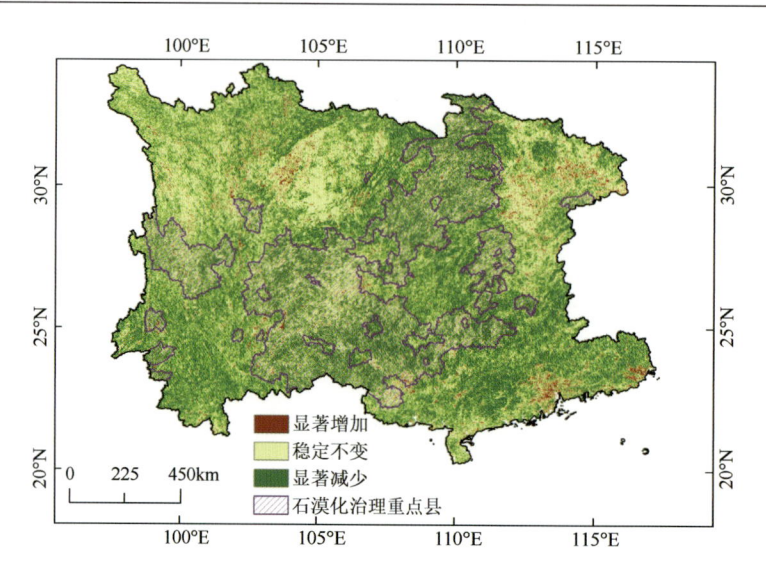

图 8-13 西南地区石漠化治理 2011~2019 年的 NDVI 变化趋势

增加 157.2 万 hm^2，植被覆盖度增加 4.4%，植被状况逐步好转；乔木和灌木植被比例增加 2.2 个百分点，无植被类型的面积减少 0.8 个百分点，植被群落结构呈现良性改善。

2）基于生态本底分异的植被恢复成效差异

由于不同喀斯特地貌类型区自然条件区域分异特征显著，在评价区域植被恢复成效差异时，必须考虑恢复之前不同区域的生态本底差异，以增强不同区域植被恢复成效的可比性。在生态工程实施前后，西南八省区市生长季植被呈现显著的时间变化差异。与 1982~2000 年相比，生态工程实施以来，西南八省区市平均年生长季归一化植被指数（growing season normalized difference vegetation index，GSN）增加 0.018，喀斯特 GSN 增加量（0.025/a）高于非喀斯特（0.017/a）。喀斯特新林 GSN 增长量最高（图 8-14），其次是潜在林地，老林的增长量最低，仅为 0.021/a。结果表明，喀斯特植被覆盖增加与植树造林等生态工程密切相关。从空间上来看，植被指数变化量具有显著的空间差异：植被增加的区域主要集中在以贵州为中心的喀斯特区和成都平原区。湖北、广东的城市群和

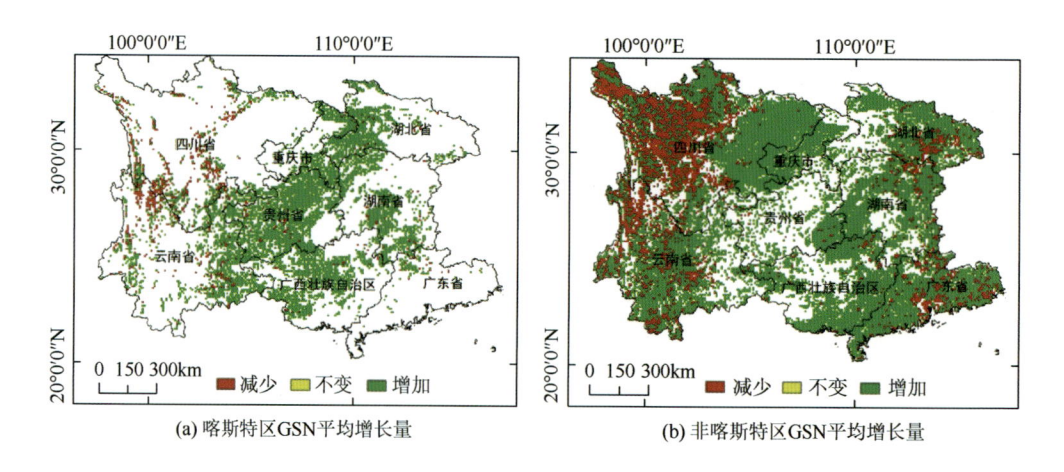

(a) 喀斯特区GSN平均增长量

(b) 非喀斯特区GSN平均增长量

(c) 喀斯特区和非喀斯特区GSN平均增长量

(d) 全区GSN平均增长量

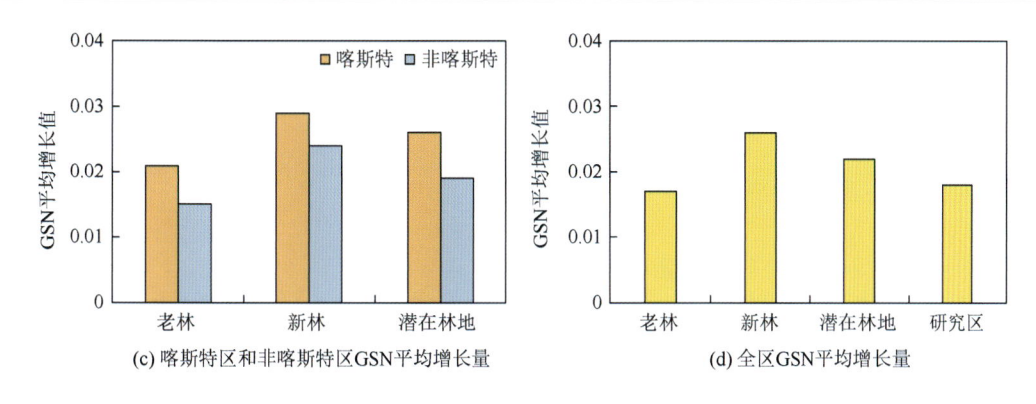

图 8-14 生态工程实施后 GSN 平均增长量

四川西部山区与滇西北的青藏高原东南缘的横断山脉区域的植被呈显著减少状态，这与快速的城镇化进程以及干热化的气候条件有关。

将 1982~2000 年的生长季 GSN 平均值作为生态工程实施前的生态本底，2001~2016 年的生长季 GSN 平均值作为生态工程以来的恢复情况，通过计算两期的增长率，比较不同地理位置和不同石漠化治理工程区内植被变化情况。西南八省区市平均 GSN 从 1982~2000 年的 0.65 增加到 2001~2016 年的 0.67，增长率为 3.08%。从空间分布来看，GSN 增长率具有明显的空间差异性，相对本底明显增加的区域主要分布在中部喀斯特地区，而减少的区域主要分布在周边非喀斯特区。其中，相对增长最多的是岩溶槽谷区（Ⅴ）、岩溶高原区（Ⅳ）和峰丛洼地区（Ⅵ），分别平均增长 5.1%、4.7%和 4.3%；其次为岩溶峡谷（Ⅱ，3.4%）、溶丘洼地（Ⅷ，3.4%）、峰林平原（Ⅶ，3.3%）和断陷盆地（Ⅲ，3.0%）。而 GSN 平均增长率小于 0 的区域主要分布在城镇化扩张剧烈的广州、武汉、长沙、昆明等城市群地带，以及受高原气候控制的中高山（Ⅰ，-0.1%）和西南季风控制的川西高原等非石漠化治理工程区域（图 8-15）。

(a) GSN多年平均增长率空间分布

(b) 不同生态工程区GSN多年平均增长量

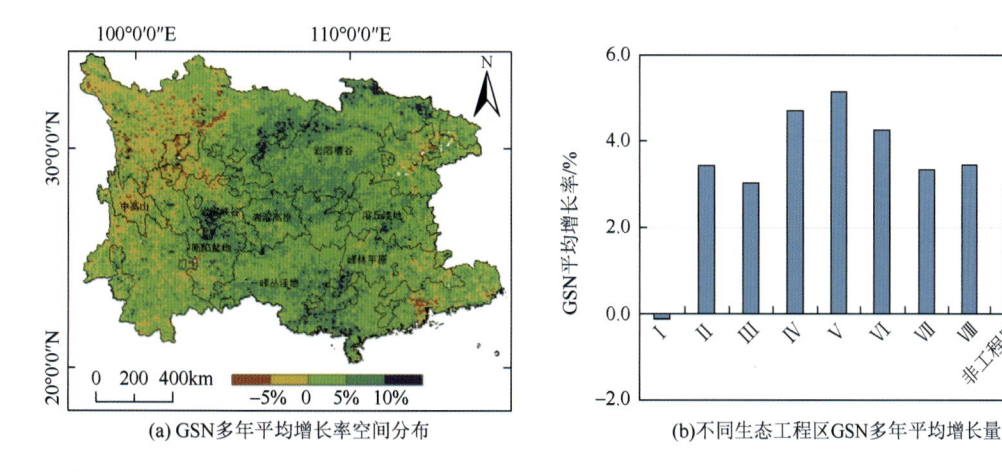

图 8-15 生态工程实施前后 GSN 多年平均增长率

8.2 工程生态效益评估

8.2.1 区域生态格局变化

1) 不同生态系统类型面积提取方法

利用 30m 全球地表覆盖数据 GlobeLand30 作为研究区的土地利用类型变化数据。该数据是中国研制的 30m 空间分辨率全球地表覆盖数据，采用 WGS-84 坐标系，投影方式采用 UTM 投影，6°分带，坐标单位为 m，坐标不加带号。GlobeLand30 数据共包括 10 个一级类型，分别是耕地、林地、草地、灌木地、湿地、水体、苔原、人造地表、裸地、冰川和永久积雪。作者通过野外实地调查验证数据对分类结果进行修正和验证，最终得到的土地利用类型分类结果的总体解译精度达到 85%以上。

同时，依据石漠化生态系统的特点，考虑喀斯特地区气候、地形、地貌等因素，将土地类型合并整合为六大生态系统类型，包括森林生态系统、灌丛生态系统、草地生态系统、农田生态系统、城镇生态系统及湿地生态系统，形成喀斯特地区生态系统分类体系，从而使土地利用分类体系具有良好的生态学依据，便于深入分析喀斯特生态系统结构与功能变化。

2) 生态系统类型时空变化

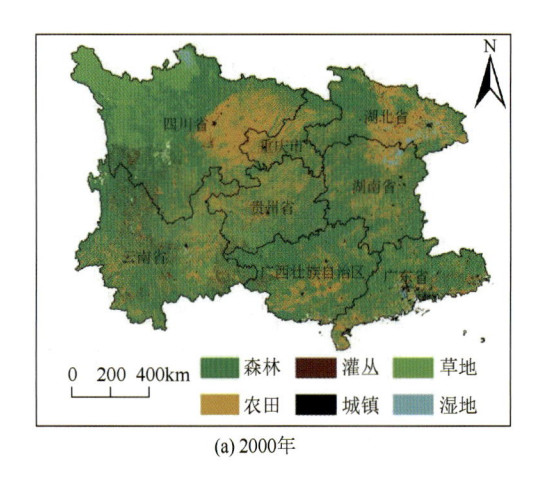

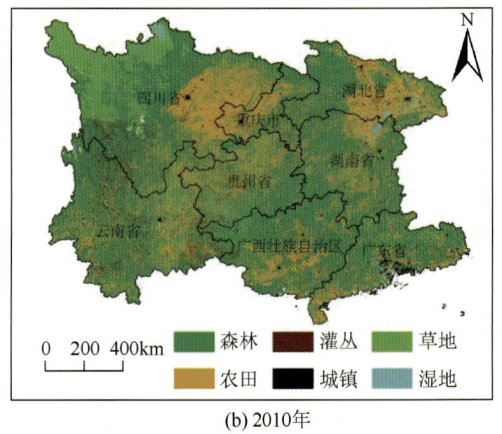

根据得到的 2000 年、2010 年和 2020 年的西南八省区市生态系统类型空间分布图（图 8-16）以及从该图中获取的各类型土地面积情况（图 8-17），各生态系统类型按照面积大小排列依次为：森林＞农田＞草地＞湿地＞灌丛＞城镇。森林、草地、灌丛生态系统具有保持水土、维持生态系统稳定的功能，因此它们在区域中所占的比例变化有助于评价生态系统的发展趋势。2000 年森林、草地、灌丛所占的比例为 66.89%，2020 年所占比例为 66.86%，其比例均在 60%以上，能维持良好的生态功能。从 20 年间的变化来看，森林生态系统面积增加了 36996km^2，而草地减少 32967km^2，灌丛减少了 30091km^2。说明近年来实施的石漠化综合治理工程、退耕还林工程等取得了明显的成效。城镇化面积增加了 31748km^2，主要原因是该区域城镇化发展较为迅速，以及易地扶贫搬迁、大石山迁出居民集中安置等措施的落实。

(a) 2000年　　　　　　　　　　　　　　(b) 2010年

(c) 2020年

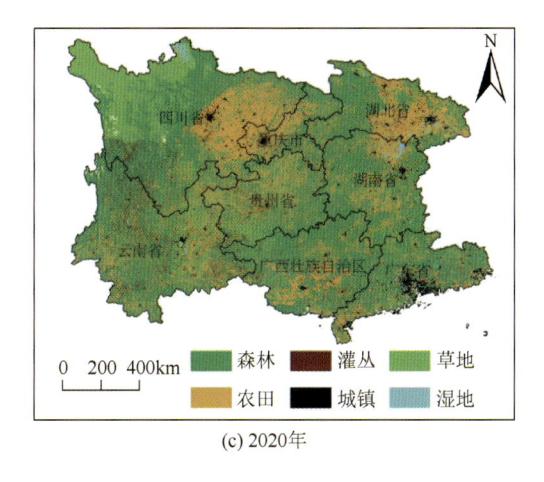

图 8-16　2000 年、2010 年和 2020 年西南八省区市土地利用类型空间分布

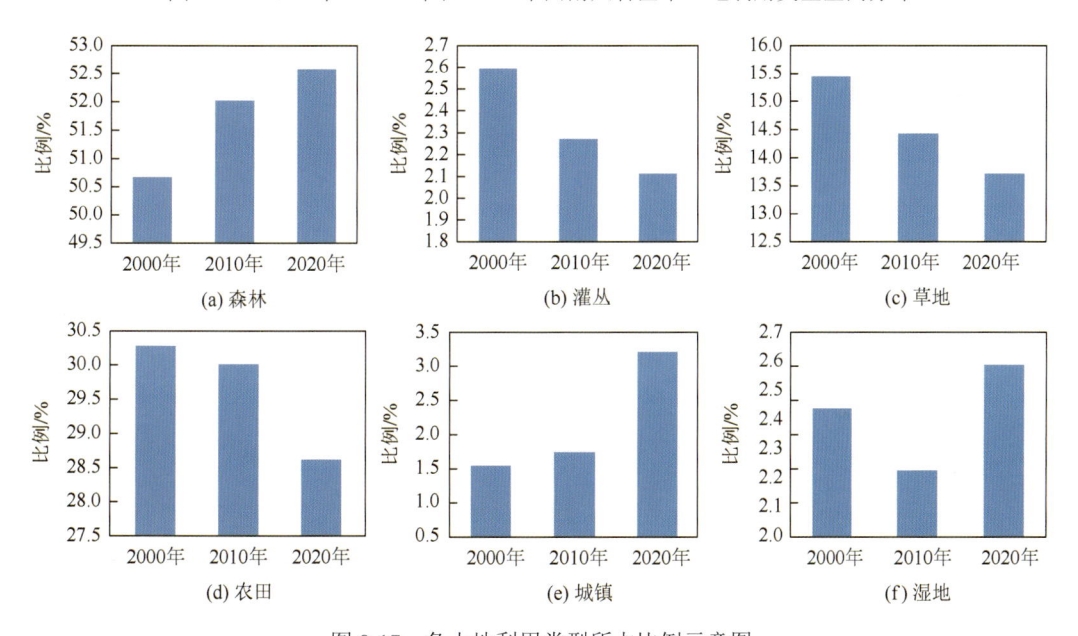

(a) 森林　　(b) 灌丛　　(c) 草地
(d) 农田　　(e) 城镇　　(f) 湿地

图 8-17　各土地利用类型所占比例示意图

土地利用类型转移矩阵可以比较全面地反映土地利用类型的结构和变化方向。2000～2020 年，有 6.30%的农田生态系统转为了森林生态系统（表 8-2），有 4.33%的农田生态系统转化为了城镇生态系统。且对比非喀斯特区域，喀斯特区域有更多的农田生态系统（7.49%）、草地生态系统（19.08%）转化为了森林生态系统（表 8-3 和表 8-4），说明该区域实施的石漠化综合治理、退耕还林等生态工程建设收到了显著的成效，该区域生态系统结构总体趋于改善。但是仍有部分森林生态系统、灌丛生态系统和草地生态系统转变成了农田生态系统，说明在进行生态建设、保护生态环境的同时，仍存在着毁林开垦、陡坡耕种等破坏生态环境的现象。但总体上仍然小于农田生态系统转换为森林生态系统、灌丛生态系统、草地生态系统的面积，农田面积持续减少，说明土地利用类型变化受人为因素影响较大，相比而言生态保护与建设工程成效要大于人为逆向干扰活动所产生的影响。

表 8-2 西南八省区市生态系统类型转移矩阵（%）

2000 年	2020 年					
	农田	森林	草地	灌丛	城镇	湿地
农田	—	6.30	2.32	0.30	4.33	1.11
森林	2.13	—	2.40	0.58	0.52	0.18
草地	6.13	15.73	—	1.65	1.16	2.12
灌丛	7.69	28.01	11.60	—	0.84	0.67
城镇	10.98	1.93	1.21	0.14	—	0.97
湿地	15.84	4.21	7.87	0.46	3.10	—

表 8-3 西南八省喀斯特区生态系统类型转移矩阵（%）

2000 年	2020 年					
	农田	森林	草地	灌丛	城镇	湿地
农田	—	7.49	3.82	0.46	2.88	0.60
森林	2.46	—	2.75	0.66	0.42	0.11
草地	9.56	19.08	—	2.09	1.16	1.01
灌丛	10.99	26.84	13.24	—	0.87	0.30
城镇	13.04	3.07	1.87	0.17	—	0.75
湿地	10.45	8.38	14.03	1.06	1.05	—

表 8-4 西南八省非喀斯特区生态系统类型转移矩阵（%）

2000 年	2020 年					
	农田	森林	草地	灌丛	城镇	湿地
农田	—	5.85	1.75	0.24	4.88	1.30
森林	2.00	—	2.26	0.55	0.55	0.21
草地	4.94	14.72	—	1.51	1.18	1.26
灌丛	5.93	28.64	10.73	—	0.82	0.86
城镇	10.65	1.73	1.10	0.14	—	1.01
湿地	15.84	3.62	6.95	0.38	3.17	—

3）石漠化程度与结构

2005~2016 年西南八省区市石漠化土地面积减少了 2.9 万 km^2，减少 22.73%；石漠化程度呈现逐步减轻的趋势，但轻度石漠化的占比逐渐增加，由 2005 年的 27.5% 上升到 2011 年的 36.0%、2016 年的 38.8%，极重度和重度石漠化面积稳步下降，占比由 2005 年的 26.8% 降到 2011 年的 20.9% 和 2016 年的 18.2%。

4）石漠化敏感性

在定量估算区域尺度喀斯特土壤侵蚀速率基础上，进一步分析了西南八省区市整个喀斯特地区 2005~2020 年石漠化敏感性变化，以揭示石漠化治理工程背景下西南喀斯特地区石漠化可能性的总体变化状况。

根据国家环境保护总局颁布的《生态功能区划暂行规程》，降水、地形、土壤、植被是影响水土流失敏感性的主要因子，这一情况已被国内众多非喀斯特区水土流失敏感性研究所验证。但喀斯特地区石漠化的发生除了与以上因子相关外，还与成土速率有很大关系，而成土速率又与碳酸盐岩中的酸不溶物含量密切相关。我国西南喀斯特区受地质背景制约，碳酸盐岩中的酸不溶物含量很低，一般小于 5%，所以成土速率很慢，导致土壤允许流失量偏低，远低于水利部颁布的《土壤侵蚀分类分级标准》（SL190—2007）。所以，在评价喀斯特石漠化敏感性时，地质背景差异必须作为一个重要的评价指标。因此，本章选取降雨侵蚀力因子、地表起伏度、地表覆盖类型、土壤可蚀性因子及地质背景五个与石漠化发生密切关联的评价因子，揭示喀斯特区域石漠化敏感性的空间变化特征（图 8-18）。

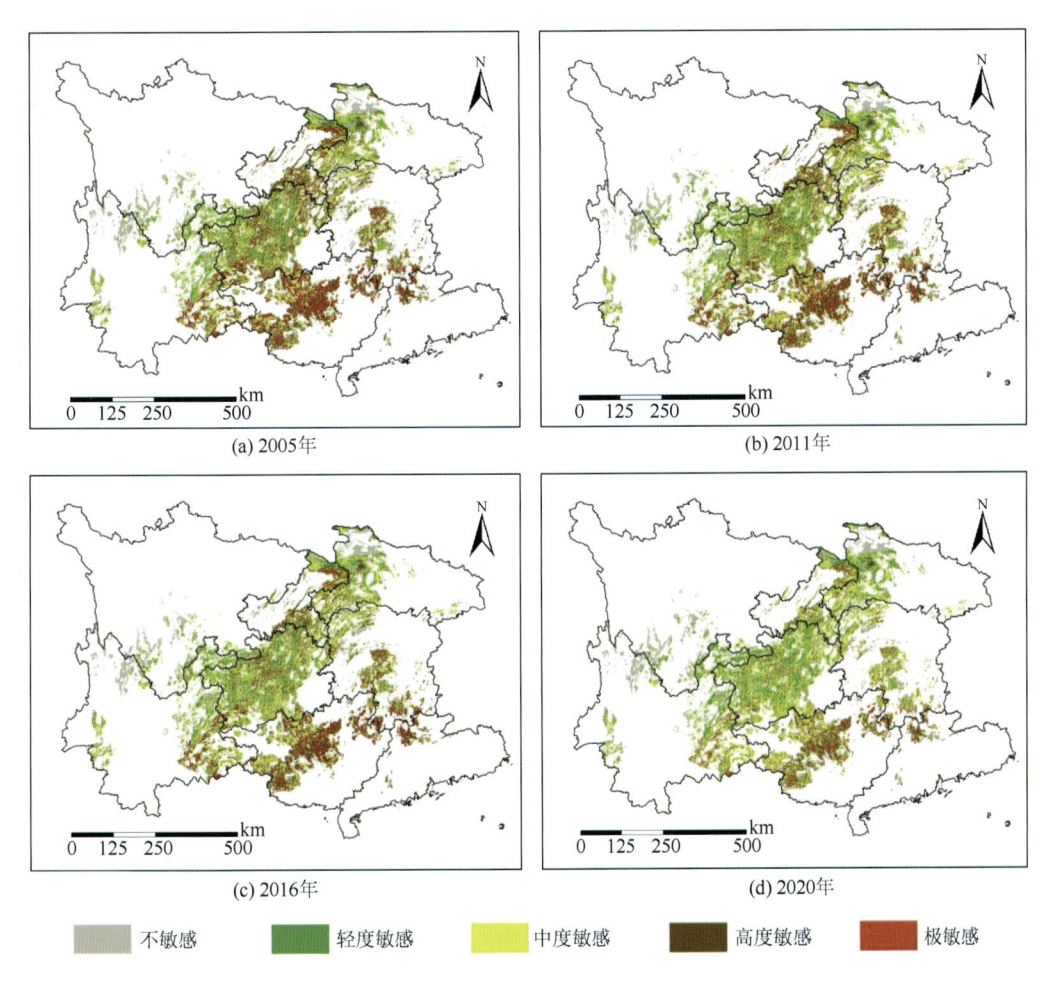

图 8-18　2005 年、2011 年、2016 年、2020 年西南喀斯特区石漠化敏感性空间分布

结果显示，西南喀斯特区石漠化敏感性普遍较高，截至 2020 年，仍有 74% 的喀斯特区为石漠化敏感区，但与 2016 年、2011 年、2005 年相比，石漠化敏感性明显下降，极敏感区面积分别减少了 2.7 万 km²、3.7 万 km²、5.1 万 km²，下降率分别为 74.7%、80.1%、

84.7%；高敏感区面积分别减少了 3.45 万 km^2、3.53 万 km^2、3.87 万 km^2，下降率为 30.6%、31.1%、33.0%，石漠化发生的可能性和危险度在逐步减小。

8.2.2 主要生态服务功能变化

1）数据源与分析方法

遥感数据：MODIS NDVI 数据来源于美国国家航空航天局（NASA）数据信息服务中心（DISC）（MOD13Q1）（http：//modis.gsfc.nasa.gov/），其时间分辨率为 16d，空间分辨率为 250m×250m。高分辨率遥感影像使用 2015 年的 GF-1 影像，通过像素工厂对遥感影像进行融合、镶嵌拼接得到覆盖整个西南喀斯特地区（八省区市）的 GF-1 高分辨率遥感影像数据。在遥感影像预处理中，针对西南喀斯特地区多云的特征尽量选择无云的 GF 影像作为原始数据来控制影像质量。

气象数据：从中国气象数据网获得气象站点数据（http://data.cma.cn/）。气象站点数据包括广西、贵州、云南三省区 64 个气象站点 2000~2015 年逐年降水、温度、湿度、风速、气压、辐射等数据，气候要素的插值采用的是澳大利亚的 ANUSPLIN 插值软件，ANUSPLIN 是一种采用平滑样条函数对多变量数据进行分析和插值的工具，即使用函数逼近曲面的一种方法，它能够对数据进行合理的统计分析和数据诊断，并可以对数据的空间分布进行分析进而实现空间插值的功能。

专题数据：DEM 数据来自资源环境科学数据平台（http://www.resdc.cn），分辨率为 90m×90m；西南三省区 2000 年、2005 年、2010 年和 2015 年土地利用数据，分辨率为 30m×30m；1∶50 万地质图来源于中国地质科学院岩溶地质研究所；土壤属性数据（1km×1km）来自国家冰川冻土沙漠科学数据中心（http://www.ncdc.ac.cn）中国土壤特征数据集；径流量数据来自中国河流泥沙公报；1∶100 万地貌图来自国家地球系统科学数据中心（http://www.geodata.cn）；1∶100 万植被类型图来源于国家冰川冻土沙漠科学数据中心（http:// www.ncdc.ac.cn）。

调查数据：土壤碳数据主要利用中国科学研究院碳专项地面调查数据（包括研究团队 2011 年布设在广西的 345 个定位观测样地和 2018 年布设在贵州—广西的 162 个样地）；林地类型样点参考国家多次森林资源清查资料的树种信息。

总初级生产力（gross primary productivity，GPP）：GPP 数据源自国家科技资源共享服务平台-国家生态科学数据中心（http://www.nesdc.org.cn），陆地生态系统碳通量显著影响大气 CO_2 浓度，生态系统 GPP 是陆地生态系统碳循环的最大分量，准确模拟陆地生态系统 GPP 有助于研究陆地生态系统碳源、碳汇的时空变化及其成因。利用植被参数（叶面积指数、聚集度指数、地表覆盖）遥感数据、气象数据和大气 CO_2 浓度等，驱动日步长的机理性模型 BEPS，模拟生成 GPP 数据。

碳库：碳储量的评估将碳库分为植被碳和土壤碳。植被碳主要基于遥感+模型，基于微波遥感数据获取 VOD，VOD 对植被水分含量敏感，可有效表征植被地上生物量，利用微波遥感数据 SMOS 生成时间序列 X-VOD（1999~2012 年）及 L-VOD（2011~2018 年）数据；在此基础上，以植被地上生物量碳密度基准图为标准，建立 VOD 与碳密度基准图的提升回归树模型，获取植被地上生物量。土壤碳基于统计模型法（Liu et al., 1997），利用探地雷达、无人机等技术获取不同喀斯特类型区、不同植被类型覆盖、岩性、地形、水热条件下的土壤非连续分布及土层厚度特征，基于上述实测数据，辨识土壤 C 储量主要环境控制因子，探索构建基于地质背景和上覆植被类型的土壤 C 收支空间预测经验模型，估算喀斯特区域尺度土壤有机碳动态（单位：Mg C/hm^2）。

$$C = C_{above} + C_{below} + C_{dead} + C_{soil} \tag{8-5}$$

式中，C 为总碳储量；C_{above} 为植被地上碳；C_{below} 为植被地下碳；C_{dead} 为凋落物有机碳；C_{soil} 为土壤有机碳。

水源涵养：水源涵养的评估使用 InVEST 模型的产水量模块计算，基于 Budyko 水热耦合平衡假设和年平均降水量数据计算流域产水量（Zhang et al., 2004; Hamel and Guswa, 2015），确定研究区每个栅格单元 x 的年产水量 $Y(x)$，见式（8-6）。在水量平衡公式中，不同土地利用类型的植被蒸散发采用 Budyko 水热耦合平衡假设公式，采用 Penman Monteith 公式计算潜在蒸散量 E_0，见式（8-7），自然气候-土壤性质的非物理参数 ω 经验值采用现有喀斯特区域的研究，见式（8-8）（单位：mm）。

$$Y(x) = \left(1 - \frac{E(x)}{P(x)}\right) \cdot P(x) \tag{8-6}$$

$$E(x) = \frac{\Delta}{\Delta + \gamma} \frac{R_n - G}{\lambda} + \frac{\gamma}{\Delta + \gamma} \frac{6.43(1 + 0.536U_2)(1 - RH)e_s}{\lambda} \tag{8-7}$$

$$\omega(x) = 0.69387 - 0.01042 lat + 2.81063 NDVI + 0.146186 CTI \tag{8-8}$$

式中，$Y(x)$ 为栅格 x 的年产水量（mm）；$P(x)$ 为栅格 x 的年均降水量（mm）；$E(x)$ 为栅格 x 的潜在蒸散量（mm）；Δ 为饱和蒸气压与温度曲线斜率（kPa/℃）；γ 为干湿表常数（kPa/℃）；R_n 为净辐射（MJ/m^2）；G 为土壤热通量（MJ/m^2）；λ 为汽化潜热（MJ/kg）；U_2 为风速（m/s）；RH 为相对湿度（kg/m^3）；e_s 为饱和蒸气压（Pa）；$\omega(x)$ 为自然气候-土壤性质的非物理参数；lat 为纬度（°）；CTI 为地形指数。

土壤保持：基于修正后通用土壤流失（revised universal soil loss equation, RUSLE）模型进行计算（Wischmeier and Smith, 1978），用潜在土壤侵蚀量（即假设为裸地时土壤侵蚀量，植被覆盖因子 C 和水土保持措施因子 P 均为 1）减去实际土壤侵蚀量（即当前植被覆盖下土壤流失量），两者差值为土壤保持量（单位：t/hm^2）。

$$A = R \cdot K \cdot LS \cdot C \cdot P \tag{8-9}$$

$$EI_{60} = \left(\sum e_r \Delta V_r\right) I_{60} \tag{8-10}$$

$$e_r = 0.29[1 - 0.72\exp(-0.05i_r)] \tag{8-11}$$

$$K = \{0.2 + 0.3\exp[-0.0256SAN(1-0.01SIL)]\} \times \left(\frac{SIL}{CLA+SIL}\right)^{0.3} \times \\ \left(1 - \frac{0.25SOC}{SOC + \exp(3.72 - 2.95SOC)}\right) \times \left(1 - \frac{0.7SN1}{SN1 + \exp(-5.51 + 22.9SN1)}\right) \tag{8-12}$$

$$L = \left(\frac{\lambda}{22.13}\right)^m \tag{8-13}$$

$$S = \begin{cases} 10.8\sin\theta + 0.03 & (\theta < 9\%) \\ 16.8\sin\theta - 0.05 & (\theta \geq 9\%) \end{cases} \tag{8-14}$$

式中，A 为年均土壤流失量（t/hm²）；R 为年降雨侵蚀力因子[(MJ·mm)/(hm²·h·a)]，其计算采用 EI_{60} 临界雨强法，E 为降雨动能[MJ/(hm²·a)]，I_{60} 为最大 60min 雨强（mm/h）；ΔV_r 为 r 时段内的降雨总量（mm）；e_r 为 r 时段内降雨动能（MJ·hm²/mm）；i_r 为 r 时段内平均雨强（mm/h）；r 为一年内每场次降雨持续时间；K 为土壤可蚀性因子[t/(hm²·a)]（Borselli et al.，2012）；SAN 为砂粒含量（%）；SIL 为粉粒含量（%）；CLA 为黏粒含量（%）；SOC 为土壤有机碳含量（%）；SN1 = 1–SAN/100；L、S 为坡长、坡度无量纲因子（McCool et al.，1987）；θ 为坡度；λ 为坡长。C 为覆盖与管理无量纲因子；P 为水保措施无量纲因子，按照前人经验赋值。

2）生态系统生产力

西南八省区市 2000 年、2010 年和 2020 年的 GPP 平均值分别是 11504.64g C/(m²·d)、13245.25g C/(m²·d)和 15027.81g C/(m²·d)，2000~2020 年总体呈现增加的趋势，空间分布如图 8-19 所示。统计西南八省区市不同工程区 GPP 均值与变化（图 8-20），结果表明，

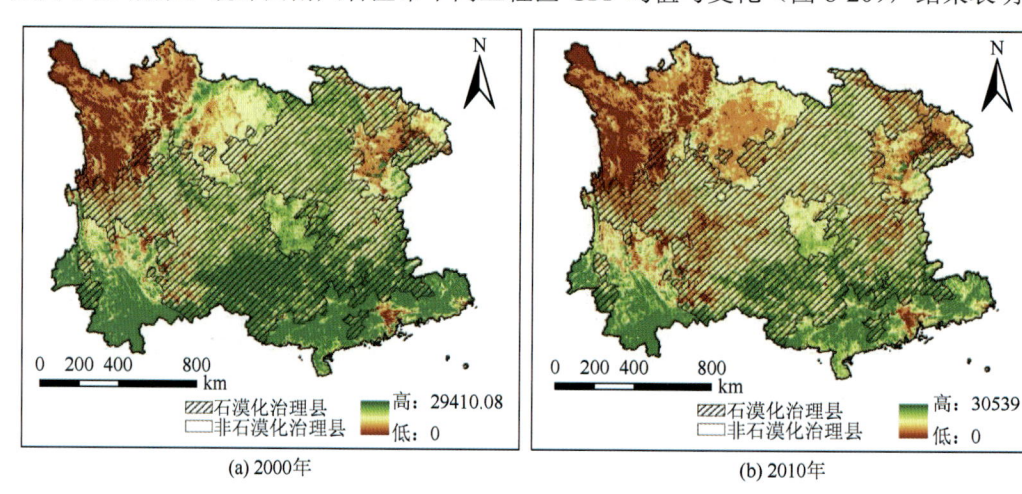

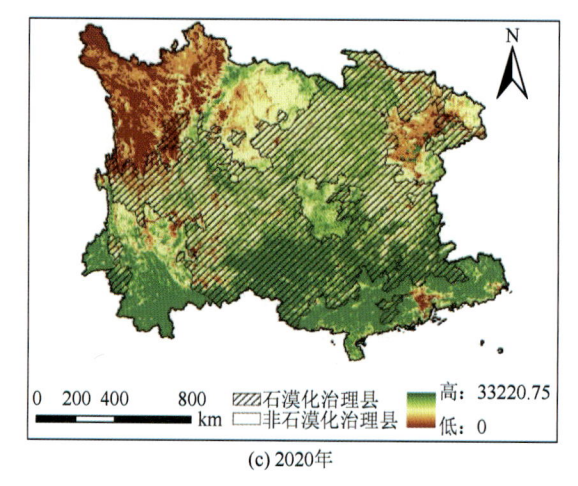

(a) 2000年

(b) 2010年

(c) 2020年

图 8-19　西南八省区市植被 GPP 空间分布［单位：g C/(m²·d)］

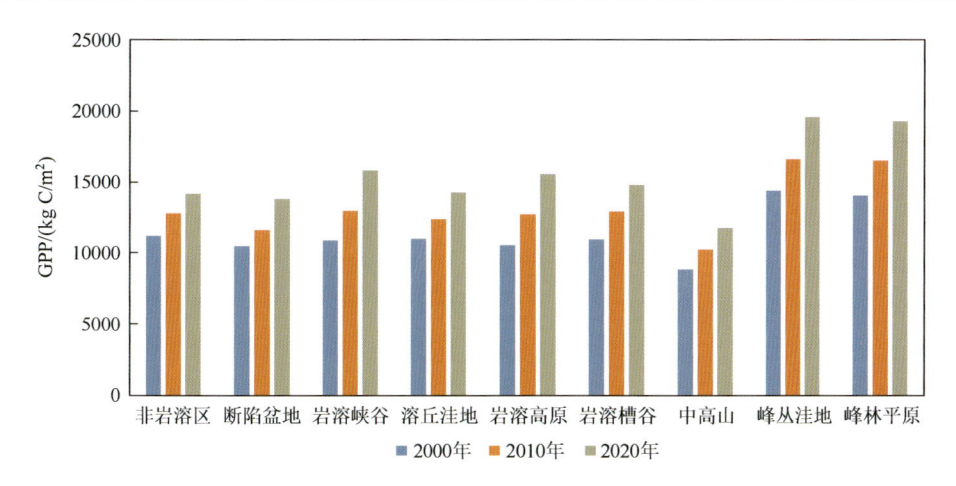

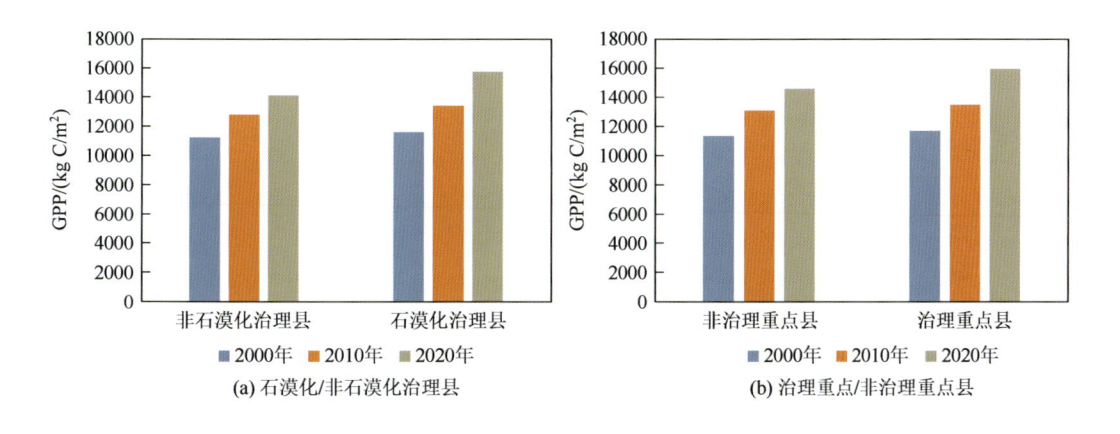

图 8-20 西南八省区市八大工程区植被 GPP 统计

2000～2020 年所有的工程区和非岩溶区的 GPP 均呈现增加的趋势。GPP 值较高的区域主要集中在峰丛洼地区、峰林平原区、断陷盆地、岩溶峡谷区和非岩溶区。

2000～2020 年总体的 GPP 均在增加，相比较于非石漠化治理重点县和非喀斯特地区，石漠化治理重点县和喀斯特地区的 GPP 增加更多。石漠化治理重点县的 GPP 增加了 4313.90kg C/m^2，非石漠化治理重点县的 GPP 增加了 3287.81kg C/m^2，且对应的喀斯特地区 GPP 增加了 4144.04kg C/m^2，非喀斯特地区增加了 3376.45kg C/m^2。同时，通过分析西南八省区市石漠化治理重点县与非重点县 GPP 变化空间分布，发现 GPP 增加的区域主要集中在石漠化治理重点县（图 8-21 和图 8-22）。

2000～2020 年西南八省区市、石漠化县、"十三五"石漠化治理重点县、100 个石漠化治理试点县的 GPP 分别增长了 31.3%、35.7%、40.7%、41.5%，石漠化县 GPP 增加是非石漠化县的 1.4 倍。2010～2020 年，"十三五"石漠化治理重点县 GPP 增加是 2000～2010 年的 1.32 倍，石漠化重点治理区域 GPP 增加显著。

3）固碳

碳密度变化：西南八省区市 2000 年、2010 年和 2020 年的碳密度平均值分别是 23.53t/hm^2、24.34t/hm^2 和 26.47t/hm^2，2000～2020 年总体呈现增加的趋势，空间分布如

(a) 石漠化/非石漠化治理县

(b) 治理重点/非治理重点县

(c) 示范/非示范治理县

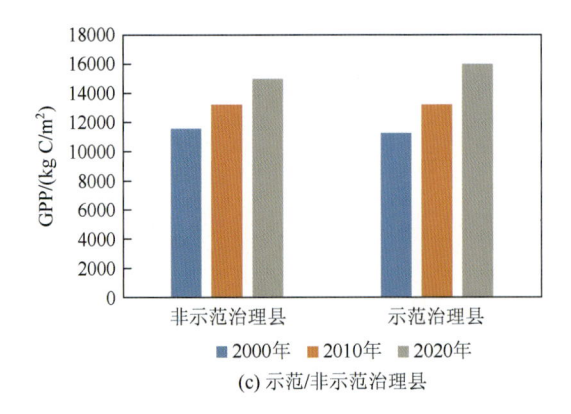

图 8-21 西南八省区市植被 GPP 统计

(a) 2000~2020年

(b) 2010~2020年

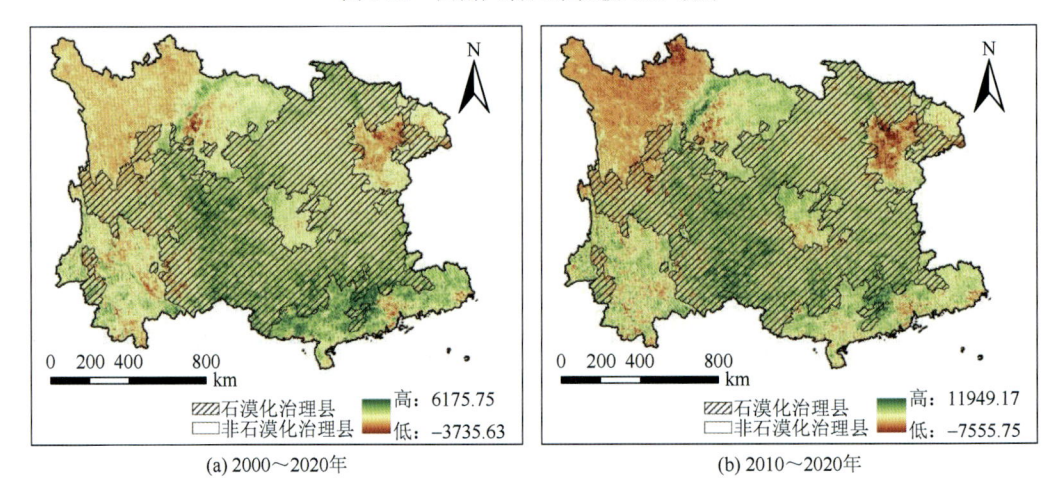

图 8-22 西南八省区市植被 GPP 2000~2020 年及 2010~2020 年变化空间分布［单位：kg C/m²］

图 8-23 所示，通过统计西南八省区市内不同工程区碳密度均值与变化，结果表明 2000~2020 年所有的工程区和非岩溶区的碳密度均呈现增加的趋势，碳密度降低的区域主要集中在非岩溶区（图 8-24）。

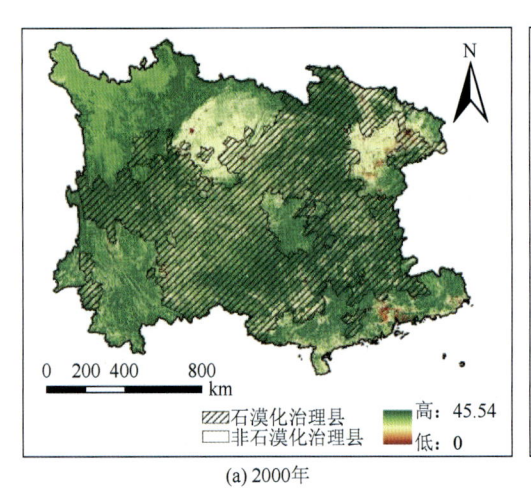

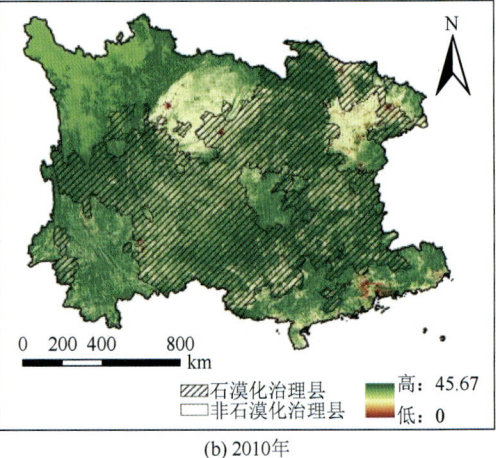

(a) 2000年

(b) 2010年

(c) 2020年

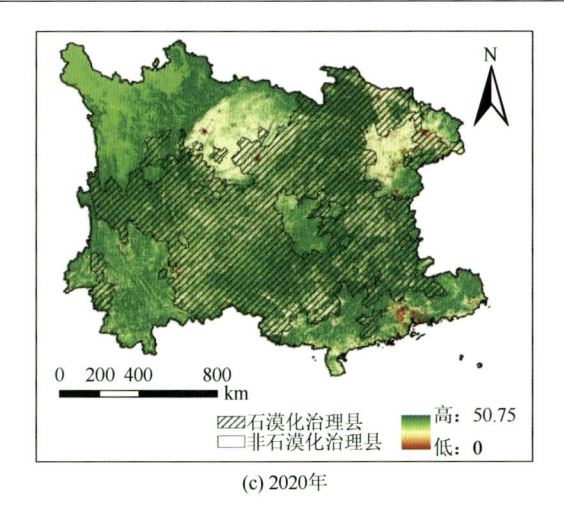

图 8-23　西南八省区市碳密度空间分布（单位：t/hm²）

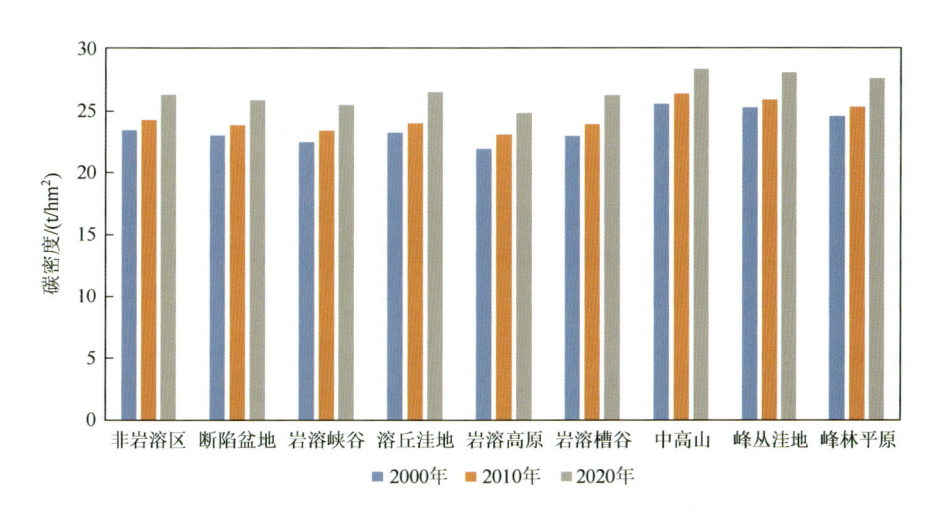

图 8-24　西南八省区市八大工程区碳密度统计

植被恢复固碳功能提升 12.5%。2000～2020 年，451 个石漠化县、"十三五" 200 个石漠化治理重点县碳密度分别增加了 12.88%（3.03t/hm²）、13.09%（3.08t/hm²），均高于非石漠化县的碳密度增加量（2.94t/hm²）（图 8-25）。

"十三五"石漠化治理重点县 2010～2020 年的碳密度增加是 2000～2010 年的 2.74 倍，表明加大石漠化治理，碳固定功能提升更为显著。西南八省区市中、幼林面积比例达 73.2%，未来仍具有较大的固碳潜力（图 8-26）。

固碳潜力评价：基于不同类型工程区生态本底差异的地上植被碳储量变化差异。2002 年，除去耕地、建设用地、水体和高寒地区等土地利用类型，区域植被地上植被碳储量为 12.88Pg C（1Pg = 10¹⁵g），2017 年增加到 15.41Pg C，平均增长 19.64%。其中，喀斯特区平均增长率为 21.32%，而非喀斯特区平均增长率为 18.79%。各石漠化治理工程区

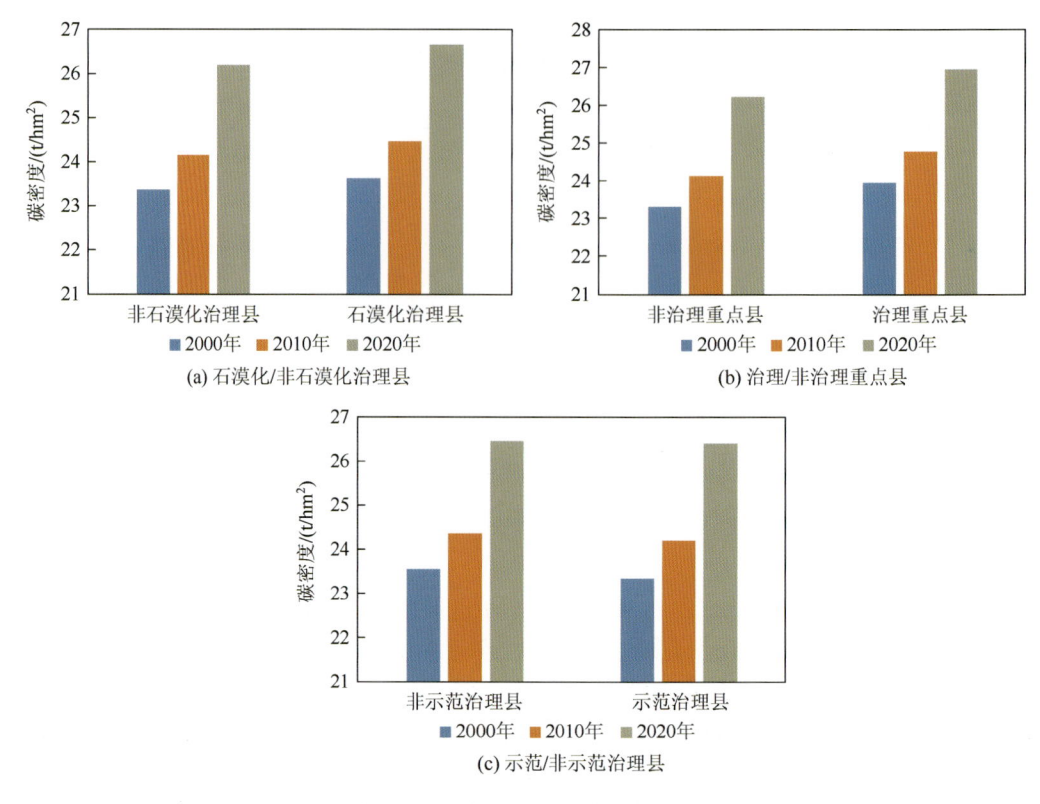

图 8-25 西南八省区市碳密度统计

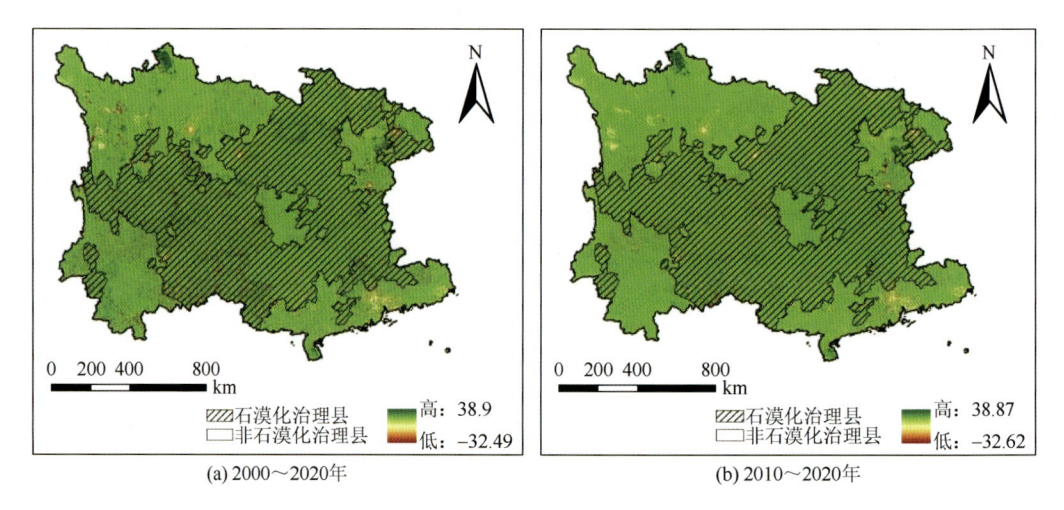

图 8-26 西南八省区市碳密度 2000~2020 年及 2010~2020 年变化空间分布（单位：t/hm²）

的碳储量增加量和增长率具有空间差异（表 8-5），其中岩溶槽谷碳储量增长量最大，为 0.5701Pg C，中高山碳储量增长量最少，为 0.0856Pg C。从平均增长率来看，岩溶高原区平均增长率最大（56.58%），其次是岩溶槽谷区，为 44.89%；中高山平均增长率最小（17.52%）。

表 8-5　各工程区内碳储量增加量和平均增长率

石漠化治理工程区	增加量/Pg C	平均增长率/%
Ⅰ中高山	0.0856	17.52
Ⅱ断陷盆地	0.1359	26.95
Ⅲ岩溶高原	0.0885	56.58
Ⅳ岩溶峡谷	0.1461	37.98
Ⅴ峰丛洼地	0.2809	29.30
Ⅵ岩溶槽谷	0.5701	44.89
Ⅶ峰林平原	0.1459	21.33
Ⅷ溶丘洼地	0.1555	32.97
非岩熔区	0.92245	33.61

未来植被恢复固碳潜力：区域的潜在碳储量是预测固碳承载力与观测碳储量之间的差值，它反映了该区域的剩余固碳潜力。对 2002～2017 年的潜在碳储量进行分析，结果表明，造林引起的碳固持使潜在碳密度从 2002 年的（65.97±2.60）Mg C/hm²（1Mg = 10^6g）下降为 2017 年的（45.79±2.60）Mg C/hm²，下降率为 30.59%。但整个南方地区只有 10.19% 的面积在此期间地上生物量达到碳饱和，49.21% 的面积仍具有固碳潜力。2002 年的固碳量为 12.88Pg C，2002～2017 年固碳量为 2.34Pg C，仍有（5.32±0.30）Pg C 的潜在固碳量。换言之，2002 年的固碳量已达到其固碳承载力的（61.14±1.46）%，而 2017 年已达到其固碳承载力的（73.45±1.46）%。空间上，更多的碳固持分布在成都平原周边山区以及湖北西部、湖南、贵州和广西的喀斯特区域。云贵高原中部（云南东部、贵州和广西西北部）剩余固碳潜力最大，是未来生态工程实施的目标区域。同时，湖南、湖北东部也呈现出相当大的固碳潜力。通过二项式拟合曲线可以看出，2002～2017 年该区域潜在固碳量以（0.15±0.03）Pg C/a 的速率持续下降，若森林以此趋势生长，那么在自然条件下该区域可能将在 2030 年左右达到其固碳承载力（Zhang et al.，2022）（图 8-27）。

4) 水源涵养

西南八省区市 2000 年、2010 年和 2020 年的水源涵养平均值分别是 329.13mm、298.42mm 和 322.99mm，2000～2010 年呈现下降趋势，2010～2020 年有上升的趋势，2000～2020 年总体上呈现下降的趋势，空间分布如图 8-28 所示。统计西南八省区市内不同工程区水源涵养均值如图 8-29 所示，结果表明，2000～2020 年水源涵养量降低的区域主要集中在断陷盆地区、岩溶峡谷区、岩溶高原区、中高山区和非岩溶区；溶丘洼地区、岩溶槽谷区的水源涵养量增加；峰丛洼地区、峰林平原区的水源涵养量基本不变。

其中，451 个石漠化治理县的水源涵养量增加 2.98%，非石漠化治理县的水源涵养量降低 7.49%，且石漠化治理县水源涵养量由 2010 年的 303.08mm 增加到 2020 年的 340.11mm，提升了 12.22%，是非石漠化治理县的 3.6 倍。"十三五"石漠化治理重点县

2000~2020 年水源涵养功能提升 5.28%，高于整个石漠化治理县（提升 2.98%）（图 8-30 和图 8-31）。

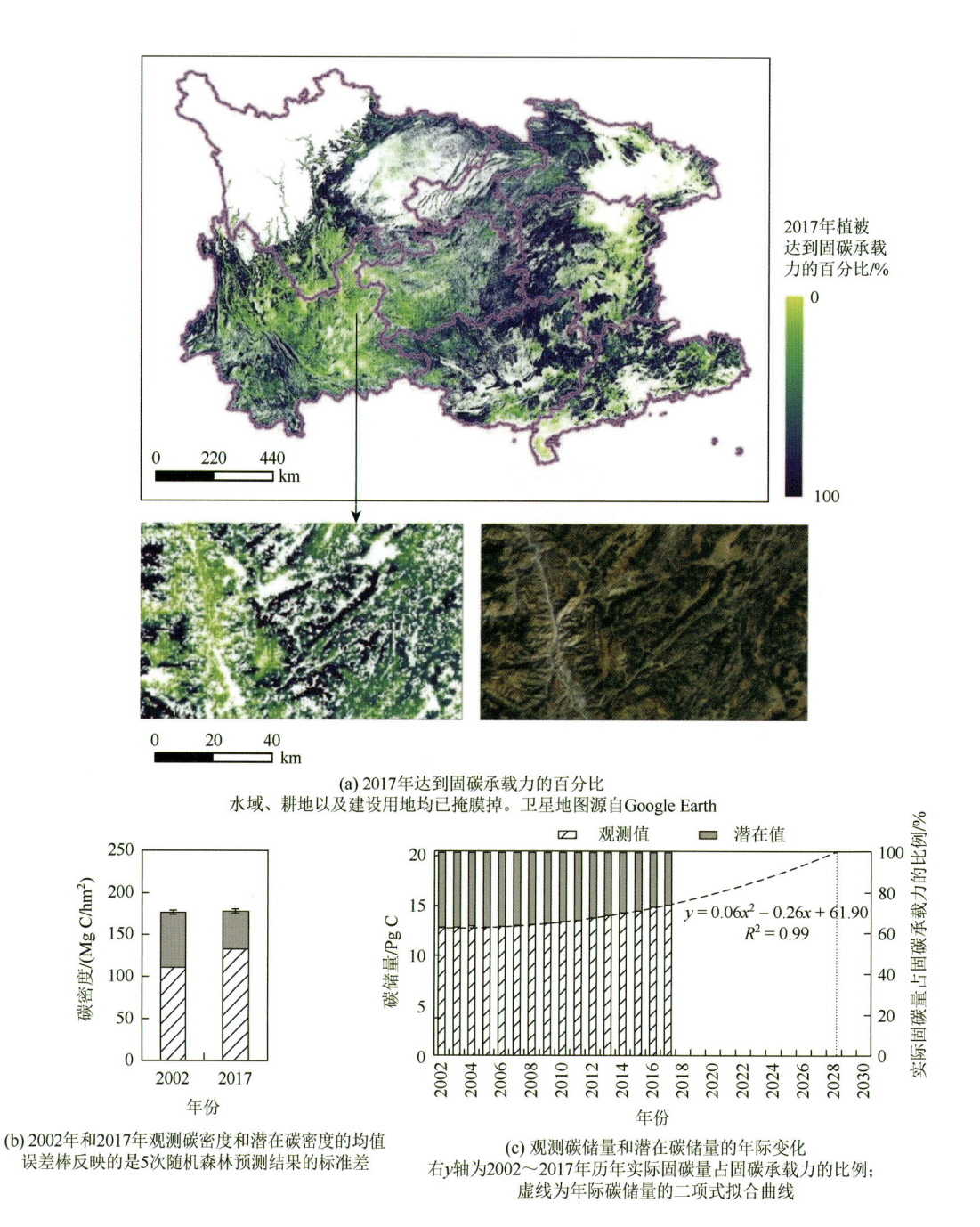

(a) 2017年达到固碳承载力的百分比
水域、耕地以及建设用地均已掩膜掉。卫星地图源自Google Earth

(b) 2002年和2017年观测碳密度和潜在碳密度的均值
误差棒反映的是5次随机森林预测结果的标准差

(c) 观测碳储量和潜在碳储量的年际变化
右y轴为2002~2017年历年实际固碳量占固碳承载力的比例；虚线为年际碳储量的二项式拟合曲线

$y = 0.06x^2 - 0.26x + 61.90$
$R^2 = 0.99$

图 8-27　研究区潜在植被固碳

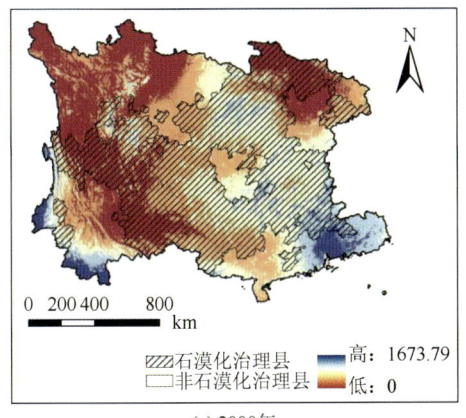

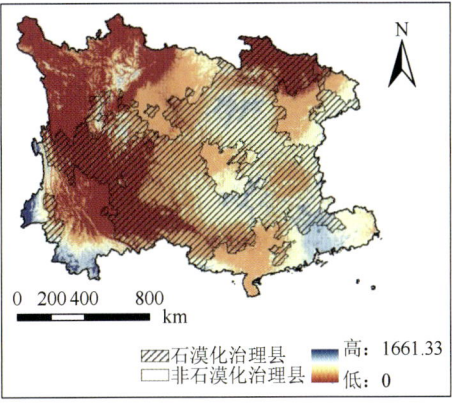

第 8 章　西南喀斯特石漠化治理成效综合评估

(a) 2000年

(b) 2010年

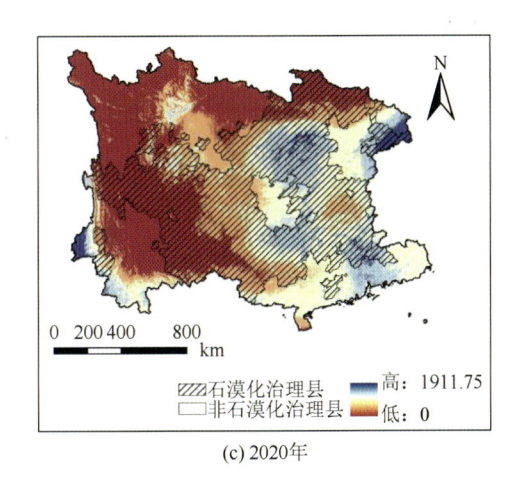

(c) 2020年

图 8-28　西南八省区市水源涵养空间分布（单位：mm）

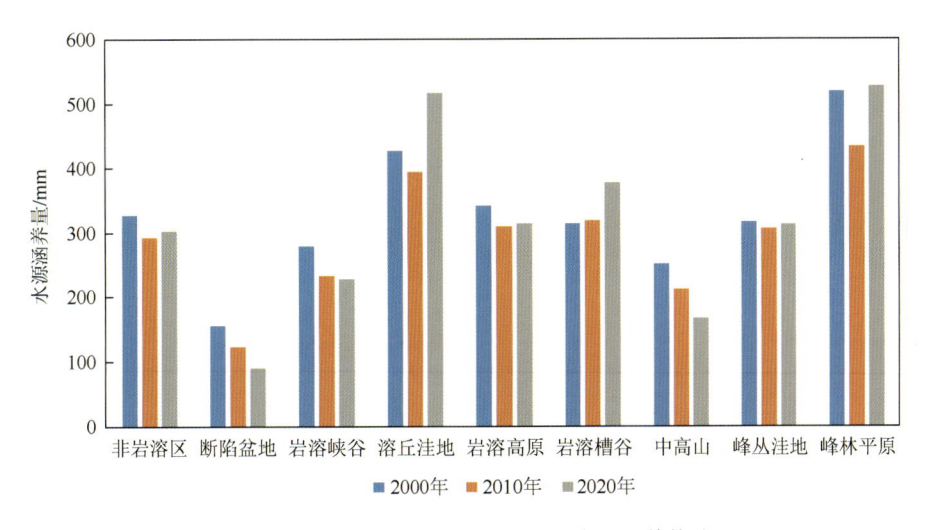

图 8-29　西南八省区市八大工程区水源涵养统计

(a) 石漠化/非石漠化治理县

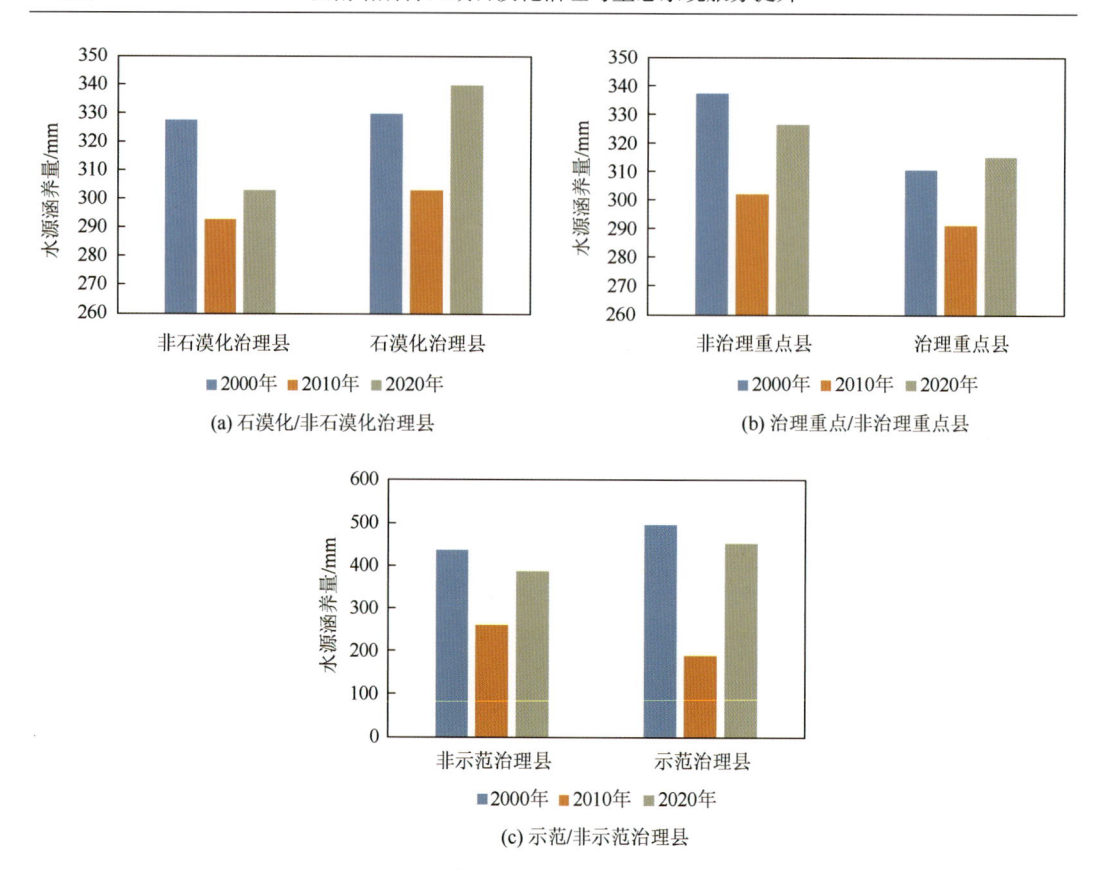

(b) 治理重点/非治理重点县

(c) 示范/非示范治理县

图 8-30　西南八省区市水源涵养统计

(a) 2000~2020年

(b) 2010~2020年

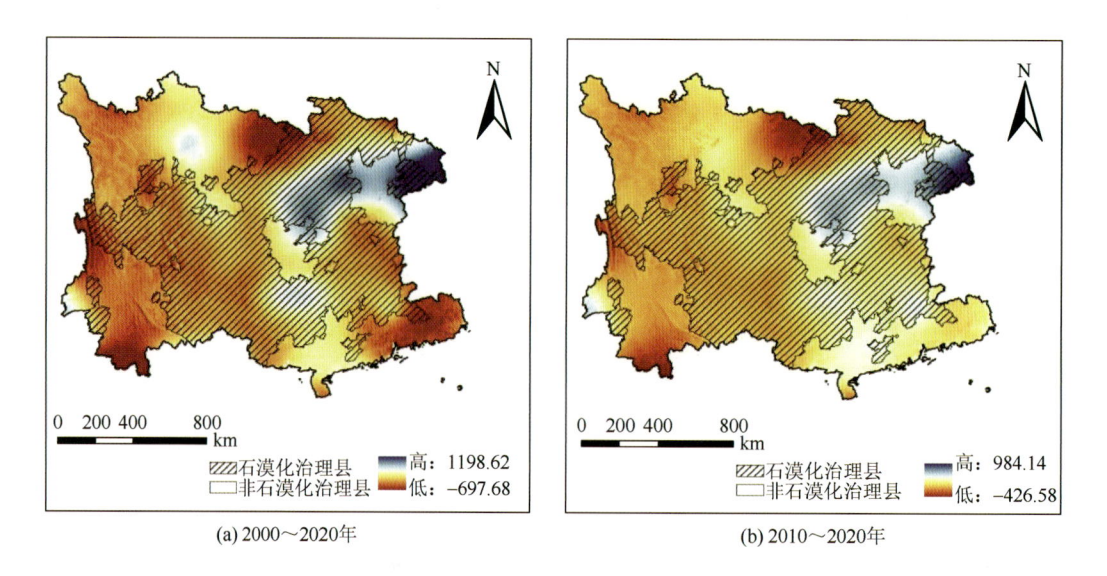

图 8-31　西南八省区市水源涵养 2000~2020 年及 2010~2020 年变化空间分布（单位：mm）

水源涵养降低的区域主要集中在人工造林区域，其主要原因是生态工程实施的初期幼龄林面积变多，幼龄林的保水功能弱，使得水源涵养量降低。但随着林龄的增加，水源涵养功能逐步改善，说明水源涵养的恢复具有滞后性。

5）土壤侵蚀

利用 RUSLE 模型计算三期土壤侵蚀速率，2000~2020 年西南八省区市土壤侵蚀速率年均值先增加后减少，总体呈现降低趋势。

空间上，石漠化治理区土壤侵蚀速率平均值由 2000 年的 19.74t/hm² 下降到 2020 年的 17.99t/hm²，降低了 1.75t/hm²（8.87%），减少速度是整个西南八省区市［土壤侵蚀速率年均值由 19.70t/hm² 到 18.44t/hm²，减少了 1.26t/hm²（6.40%）］的 1.39 倍和非石漠化治理区［土壤侵蚀速率年均值由 19.59t/hm² 到 18.89t/hm²，减少了 0.70t/hm²（3.57%）］的 2.48 倍（图 8-32 和图 8-33）。这表明生态工程实施降低了喀斯特区地表土壤侵蚀速率，有效遏制了喀斯特区水土流失。

(a) 2000年

(b) 2010年

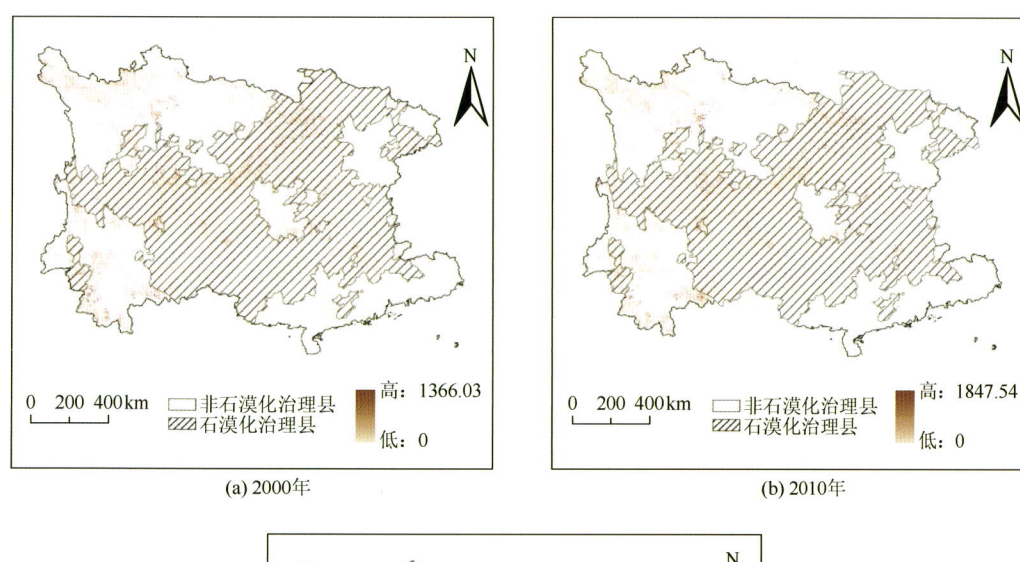

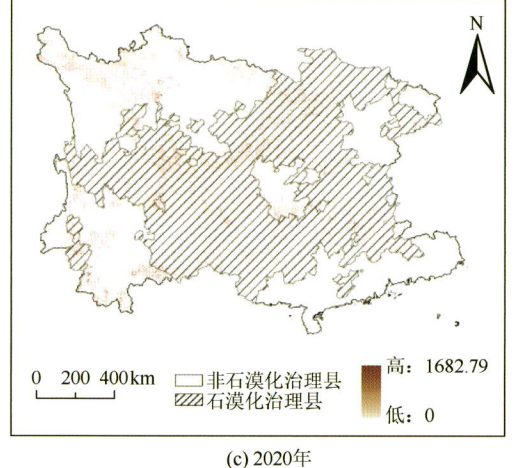

(c) 2020年

图 8-32　西南八省区市土壤侵蚀空间分布（单位：t/hm²）

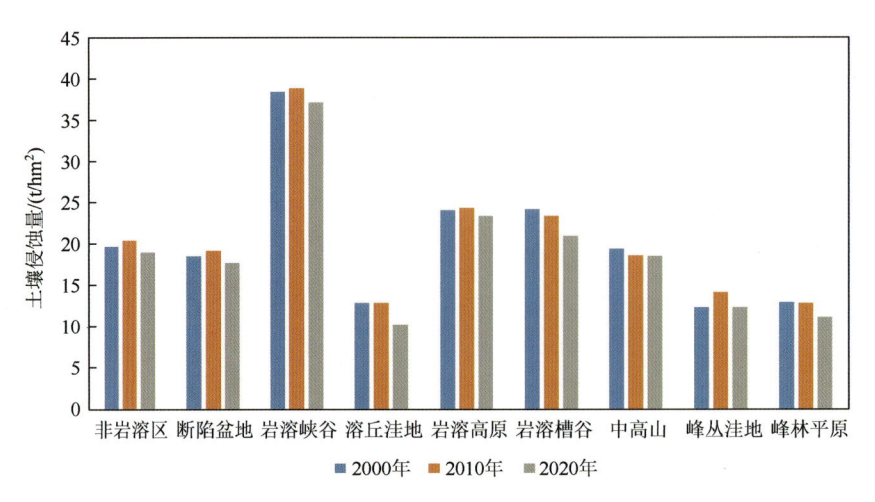

图 8-33 西南八省区市八大工程区土壤侵蚀统计

时间上（图 8-34），石漠化治理区土壤侵蚀速率平均值相比于 2000 年，2000～2010 年增加了 0.06t/hm²（0.30%），2010～2020 年减少了 1.75t/hm²（8.87%）。岩溶区在地质背景制约下受到人为扰动后土壤侵蚀速度波动大，在 2000～2010 年，除岩溶槽谷、中高山和峰丛洼地石漠化综合区土壤侵蚀速率降低外，其余五个工程区和非岩溶区均有不同程度的增加，导致 2000～2010 年土壤侵蚀速率小幅增加，但随着"十二五""十三五"石漠化综合治理的展开，2010～2020 年石漠化治理区土壤侵蚀速率平均值大幅降低。其中，岩溶槽谷区土壤侵蚀速率平均值由 2000 年的 24.37t/hm² 降低为 2020 年的 18.39t/hm²，减少了 5.98t/hm²（24.54%）。

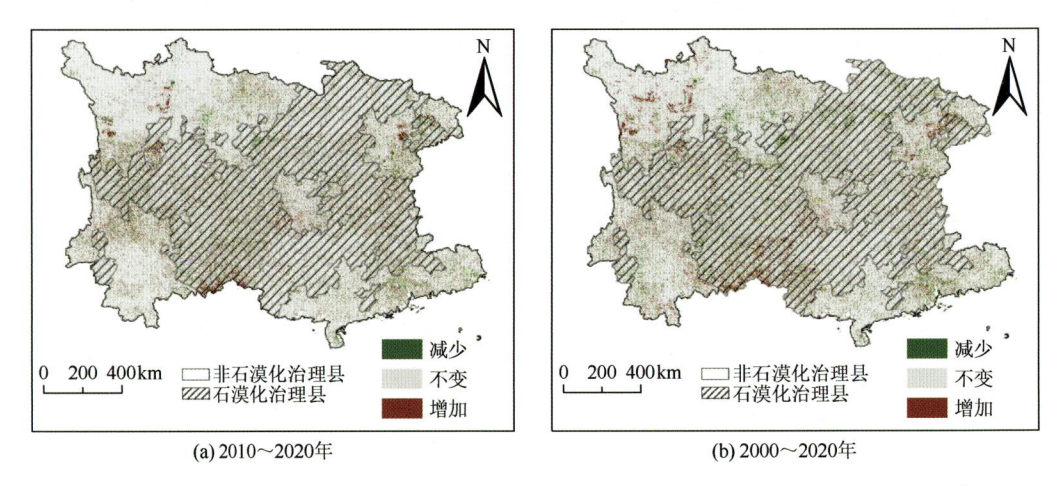

图 8-34 西南八省区市土壤侵蚀 2010～2020 年及 2000～2020 年变化特征（单位：t/hm²）

(a) 2010～2020 年
(b) 2000～2020 年

"十三五"石漠化治理重点县的土壤侵蚀速率年均值由 2000 年的 22.82t/hm² 降低到 2020 年的 21.05t/hm²，降低了 1.77t/hm²（7.76%）。相比于 2000 年，"十三五"石漠化治理重点县的土壤侵蚀速率年均值 2000～2010 年增加了 0.25t/hm²（1.10%），2010～2020 年减少了 2.02t/hm²（8.85%）（图 8-35）。

(a) 石漠化/非石漠化治理县

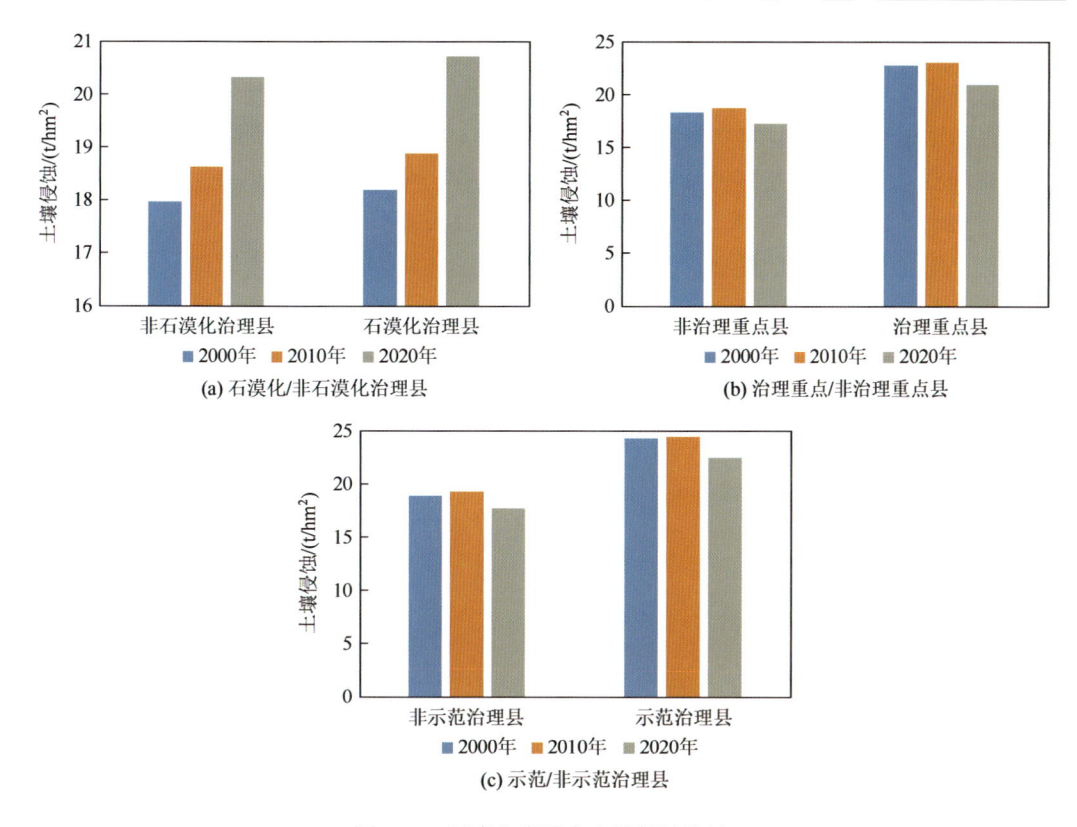

(b) 治理重点/非治理重点县

(c) 示范/非示范治理县

图 8-35　西南八省区市土壤侵蚀统计

2008～2011 年石漠化治理 100 个试点县的土壤侵蚀速率年均值由 2000 年的 24.29t/hm² 下降到 2020 年的 22.55t/hm²，减少了 1.74t/hm²（7.16%）。相比于 2000 年，石漠化治理 100 个试点县的土壤侵蚀速率年均值 2000～2010 年增加了 0.20t/hm²（0.82%），2010～2020 年减少了 1.74t/hm²（7.16%）。

8.2.3　基于利益相关者感知的工程效益评估

众多通过遥感数据和统计数据的研究均表明喀斯特区植被变绿、固碳增加，生态工程成效显著，但生态工程的直接参与者和利益相关者对生态工程成效的主观感受还无从得知。因此，作者通过走访环江-平果-都安三个实施退耕还林工程的典型石漠化县的 808 户村民，从他们的生活水平和收入来源的变化及其对环境的感知、造林意愿和对政府决策的支持等方面获取他们对退耕还林等生态工程的直观感受的一手信息。

村民是生态工程的直接参与者和利益相关者，他们对生态工程成效的感知和参与生态工程的意愿影响生态工程实施的可持续性，进而影响森林生态效益和经济效益的稳定性。作者对 808 份调查问卷进行了整理和统计，本次受访村民以少数民族为主，年龄组成大部分在 40～60 岁，69% 的村民受教育程度在初中及以下，务农为主要收入来源（图 8-36）。经统计，87% 的受访村民近 20 年来生活水平得到明显提升，一半以上的村民认为生活水平的提高与种树有关。46%的农户参与退耕还林工程，其中10%的农户全部退耕，66.6%的农户少部分土地参与退耕。另外，43%的村民未来有种树的打算，但多数人表示现在已无边际土地可种，表明退耕还林等生态工程已成功将主要的坡耕地转变为林地，未来生态工程应注重对边际土地造林的提质改造。对于轻度石漠化区域，可种植经济林果等品种，短期内即可获取经济效益，提高村民收益；对于石漠化严重地区，可通过种植名贵树种，配合生态移民工程，做到兼顾长期的造林生态效益和村民经济效益。

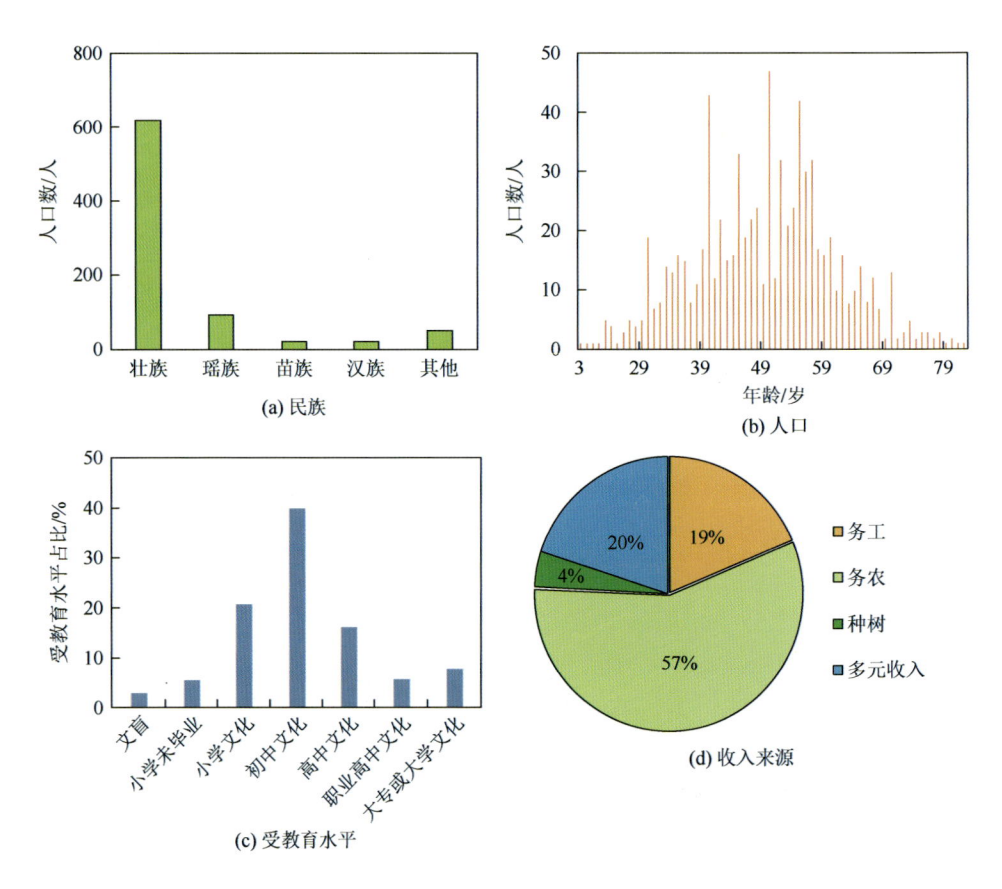

图 8-36 受访村民基本信息

调查统计发现（图 8-37）：受访村民中 74%的村民感觉村庄周边明显变绿；81%的村民认为生态林可明显改善生态环境，提高欣赏价值；22%的村民感觉近 20 年以来生态林的面积增加了，44%的村民感觉生态林面积没有增加但是密度增加了，这与基于遥感的数据统计结果相符。村民表示周围的山头由裸秃状态向林地类型转变，空气净化、水源涵养、欣赏价值等生态系统服务功能得到提升。以上结果表明封山育林和退耕还林等生态工程取得良好的生态效益，生态环境改善，提升了民生福祉和村民幸福感。

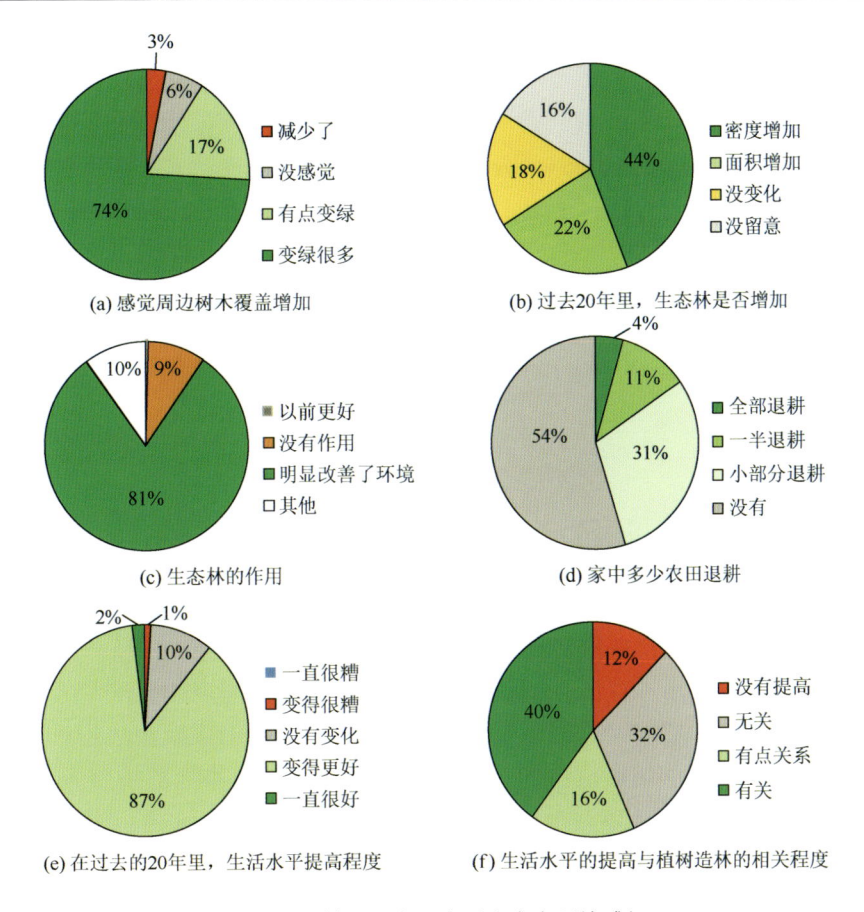

图 8-37 村民对生活水平和生态环境感知

8.3 工程社会经济效益评估

8.3.1 石漠化治理促进农村剩余劳动力转移

基于人口普查数据，2000~2020 年，中国城市化面积增加了约 1 倍，约 60%地区的人口密度降低，主要集中于农村地区，2011 年中国城镇人口首次超过乡村人口；而西南八省区市喀斯特地区 2015 年后总人口数量增长趋缓，城镇人口数量首次超过乡村人口（图 8-38）。2002~2019 年中国农村地区人口每年减少约 1400 万人，植被地上生物量碳每年增加(0.28 ± 0.05)Pg C，且植被恢复固碳随农村人口压力的减弱而增加，而同期城镇化导致耕地减少 4%，表明农村人口压力缓解促进了区域植被恢复固碳。石漠化综合治理工程驱动喀斯特区农村剩余劳动力人口转移，2010~2020 年喀斯特八省区市农村人口减少 5160 万，人为干扰显著缓解，促进了区域生态恢复，使人为开发利用与破坏对喀斯特脆弱生态系统的干扰强度显著减弱。

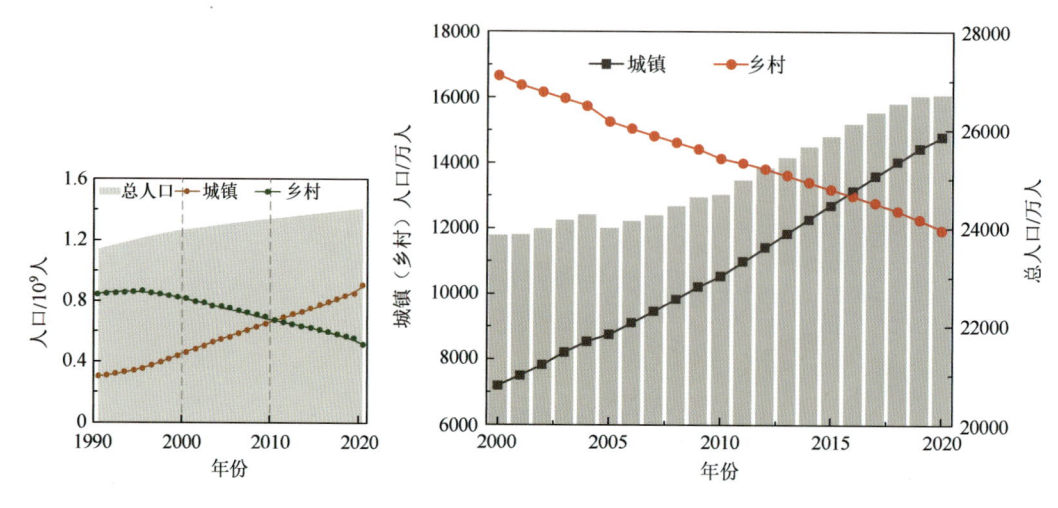

图 8-38 石漠化治理背景下城乡人口变化

由于城乡二元户籍制度，传统人口普查数据不能充分反映农村实际常住人口，加上大规模农民外出务工，人口普查数据可能会高估农村地区的实际人口压力。基于人口普查，手机定位大数据揭示了喀斯特地区大规模城乡人口迁移与流动的发生，发现随着农村外出流动人口比例的增加，植被地上生物量碳密度的增加趋势显著，进一步验证了农村人口压力减少越明显的地区植被恢复固碳越显著（图 8-39 和图 8-40）。研究表明，中国快速城市化与碳中和的目标并不相互排斥，大规模城-乡人口迁移与流动可以释放农村地区人类活动对自然生态系统的扰动压力，促进植被覆盖与生物量的增加，提升生态系统的固碳增汇能力，有助于国家碳中和目标的实现。然而，大规模人工林生态服务功

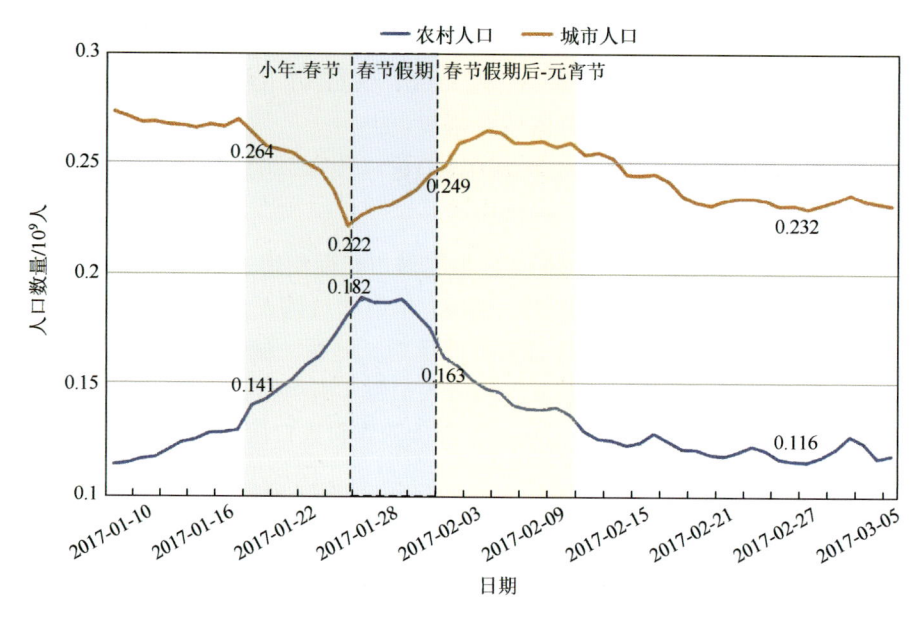

图 8-39 西南喀斯特八省区市喀斯特区城-乡人口迁移与流动

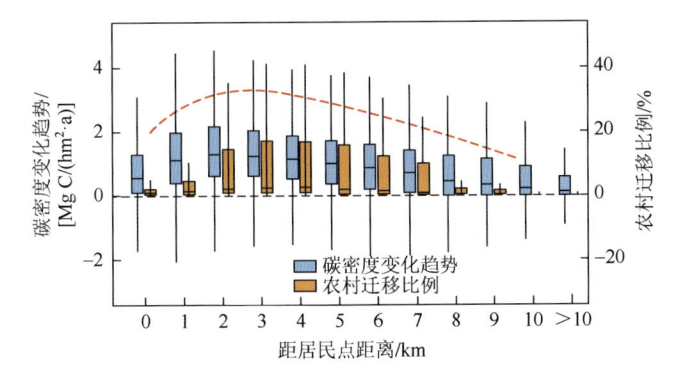

图 8-40　农村地区人口减少促进了喀斯特地区植被恢复、固碳增加

能单一,未来生态保护与修复应重点关注生态固碳的稳定性与可持续性。面向碳中和,西南喀斯特地区生态修复及石漠化综合治理工程的实施需要强化社会-生态系统的整体性,应重点关注人地矛盾的区域分异,优化石漠化治理工程空间布局及适应性修复方案。

8.3.2　石漠化治理助推生态衍生产业发展

在石漠化"变绿"基础上,发展特色生态衍生产业,促进生态系统服务提升与民生改善。在大规模生态保护与修复背景下,石漠化综合治理已实现面积持续减少与程度改善的阶段性成果,坚持"绿色生态扶贫"和"特色产业扶贫"新理念,在阐明区域生态恢复的过程机理基础上,研发了退化植被近自然改造、人工植被复合利用、生态衍生产业培育等技术,培育了经济林果、中药材种植加工和种草养牛等科技扶贫体系,帮助农民年人均增收 1600 元以上,形成了生态治理-科技扶贫-生态衍生产业培育的长效扶贫机制。在大规模人工造林基础上,提出了替代型草食畜牧业、中草药及特色水果等产业发展模式,形成了植被复合经营与特色生态衍生产业培育的科技扶贫产业技术体系,建立了首个广西壮族自治区农业科技示范园区和自治区农业特色示范园。到 2019 年底,环江毛南族自治县已有 6.59 万贫困人口实现脱贫,贫困发生率降至 1.48%。2020 年 5 月 20 日,习近平总书记对毛南族实现整族脱贫作出重要指示,充分肯定了环江县的脱贫成效。

"治石"与"治贫"、生态治理与扶贫开发有机结合,减少了人类对脆弱生态系统的过度开发利用,也促进了区域生态环境总体状况及生态系统结构与服务功能的显著改善和生态衍生产业发展,特别是滇黔桂石漠化治理相关产业效益显著。广西石漠化区重点发展核桃、油茶、坚果、林下中草药、替代型草食畜牧业等特色生态衍生产业,成为石漠化治理与脱贫攻坚的主要措施。截至 2020 年,在石漠化综合治理工程带动下,广西石漠化区在生态修复过程中营造乡土树种、珍贵树种、混交林比例从过去的 10%左右提高到 80%;全区 54 个贫困县林业产业产值超过 2400 亿元,年均增长 10%以上。

贵州省将石漠化治理与发展山地特色高效农业相统一，以竹、油茶、花椒、皂角等特色林业为抓手，在全省各地重点布局。截至2020年，贵州全省森林覆盖率达到61.51%，以竹、油茶、花椒、皂角为主的特色林业产业基地面积达944.39万亩，产值达118.35亿元。特别是重度石漠化区花椒产业蓬勃发展，2020年贵州全省花椒种植面积达169.47万亩，年销售额4.35亿元。

云南省在石漠化治理过程中大力发展核桃、油茶、澳洲坚果、八角、花椒等特色经济林。截至2019年底，全省核桃种植面积达4300万亩，产量120万t，分别占全国的35.8%和28.7%，产值达295亿元。澳洲坚果种植面积330万亩，产量4.68万t，产值达14.36亿元。林下经济经营面积超过6000万亩，产值达650亿元，惠及1300余万人。全省石漠化治理相关产业总产值从2016年的1702亿元增长到2019年的2522.56亿元，年均增速达14%。

8.3.3 石漠化治理拓展中国南方喀斯特世界自然遗产地保护

由于高强度人类活动的影响，在石漠化综合治理背景下保存较为完好的喀斯特景观资源更为重要。丰富的生物多样性、奇异的地貌景观和洞穴等资源，使喀斯特景观具有较高的美学、科学及保护价值，联合国教育、科学及文化组织公布的世界自然遗产地名录中，有50个左右主要分布于喀斯特地区。由于易受人类活动影响的脆弱性，我国喀斯特景观保护一直是国内喀斯特研究的重点，特别是国家和世界地质公园、石漠化公园规划与建设成为近年来我国喀斯特景观保护的热点。

目前我国以喀斯特景观为主或为辅的国家地质公园有32家，占国家地质公园的23.2%，入选世界地质公园11处。中国南方喀斯特代表了世界上湿润热带到亚热带喀斯特景观最壮观的范例，岩溶极其发育，地貌类型多样，它包含了最重要的岩溶地貌类型，塔状岩溶、尖顶岩溶和锥形岩溶地层，以及天然桥梁、峡谷和大型洞穴系统等，展示了喀斯特特征和地貌景观的最好范例，完全满足世界遗产的美学和地质地貌标准，有潜力满足生态过程和生物多样性标准，以及完整性和保护管理要求。2007年6月27日在第31届世界遗产大会上，云南石林喀斯特、贵州荔波喀斯特、重庆武隆喀斯特"捆绑"申报的"中国南方喀斯特"被列为世界自然遗产；2014年6月23日在第38届世界遗产大会上，广西桂林喀斯特、贵州施秉喀斯特、重庆金佛山喀斯特、广西环江喀斯特，通过了审议入选世界自然遗产，作为对"中国南方喀斯特"的拓展（图8-41）。中国南方喀斯特世界自然遗产地显著提升了我国喀斯特景观"山清水秀生态美"的全球价值和重要性，成为喀斯特生态脆弱区生态文明建设的国际品牌，具体喀斯特遗产地特征及其代表性如下。

云南石林喀斯特：包含石林雕刻的尖塔柱，其石芽、峰丛、溶丘、溶洞、溶蚀湖、瀑布、地下河错落有致，是典型的高原喀斯特生态系统和最丰富的立体全景图，被认为是世界尖塔喀斯特参考基地。

第 8 章　西南喀斯特石漠化治理成效综合评估

云南石林喀斯特

广西桂林喀斯特

贵州荔波喀斯特

重庆武隆喀斯特

贵州施秉喀斯特

重庆金佛山喀斯特

广西环江喀斯特

图 8-41　中国南方喀斯特世界自然遗产地

贵州荔波喀斯特：是贵州高原和广西盆地过渡地带锥状喀斯特的典型代表，最醒目的景观是锥状喀斯特，最典型的类型是峰丛喀斯特和峰林喀斯特，至今保存着世界上面积最大的喀斯特原始森林。

重庆武隆喀斯特：深切型峡谷的杰出代表，其孕育出的芙蓉洞洞穴系统、天生三桥喀斯特系统和后坪冲蚀型天坑喀斯特系统，均是在长江三峡地区新近纪以来地壳大幅抬升的机制下发育形成的喀斯特系统，具有喀斯特特征的世界性意义。

广西桂林喀斯特：大陆型塔状喀斯特的世界典范，展现了世界上最独特优美的塔状喀斯特景观，代表了南方喀斯特地貌演化史的完美结局；漓江片区反映了沿漓江两岸发育的代表性的峰丛峰林景观；葡萄片区展示了典型的峰林喀斯特地貌。

贵州施秉喀斯特：在古老的、相对不可溶的白云岩上发育了典型而完整的白云岩喀斯特地貌，以峰丛峡谷喀斯特最为典型，是全球热带、亚热带白云岩喀斯特最为典型的范例。

重庆金佛山喀斯特：以特有的喀斯特桌山（台原）地貌为代表，记录了高海拔的喀斯特高原切割过程，并且它包含了新生代以来该地区间歇性抬升和岩溶作用的证据，是台原喀斯特最典型的区域。金佛山采硝遗迹为中国四大发明之一的火药制造提供了重要证据，也具有重要的文化价值。

广西环江喀斯特：是贵州荔波喀斯特的扩展区域，处在我国地势第二级阶梯和第三级阶梯的过渡地区，完整地保存了从高原到低地逐渐过渡的锥状喀斯特体系，反映了锥状喀斯特发育和气候环境变化的全部过程，是大陆湿润热带-亚热带锥状喀斯特的杰出代表。国外学者常以"鸡蛋盒"来形容环江喀斯特独特的整齐、雄伟之美。

8.4 中国石漠化综合治理工程的全球效应评估

8.4.1 中国石漠化治理对缓解全球气候变化的贡献

生态工程的投入与建设在很大程度上改善了区域生态系统服务，是政府生态工程成效评估的重要依据。大区域尺度上生态工程成效的识别与量化一直是国内外研究的难点和关注的核心问题。集成长时间序列光学遥感影像、微波遥感影像、生态系统模型、气候变化及生态工程投入与治理地面核查等数据，发展了大区域尺度生态工程成效识别与厘定方法；阐明了西南喀斯特地区植被恢复演变特征与生态工程的实施具有较好的一致性，发现西南喀斯特地区植被恢复突变年份集中分布在2002~2004年及2008~2010年，植被恢复突变与退耕还林、石漠化治理工程的实施具有较好的一致性（图8-42）。

大规模生态保护与建设工程的投入显著改善了区域尺度喀斯特生态系统属性，与土地过度利用地区及非工程区的越南、老挝和缅甸等邻国相比，工程实施前（2000年）与实施后（2015年）相比，喀斯特地区植被生长季 LAI 变化速率由 $0.01m^2/(m^2 \cdot a)$ 增加到 $0.02m^2/(m^2 \cdot a)$（$P<0.05$），地上生物量固碳速率由 $0.14Mg\ C/(hm^2 \cdot a)$ 增加到 $0.3Mg\ C/(hm^2 \cdot a)$（$P<0.01$）（Tong et al., 2018）（图8-43和图8-44）。

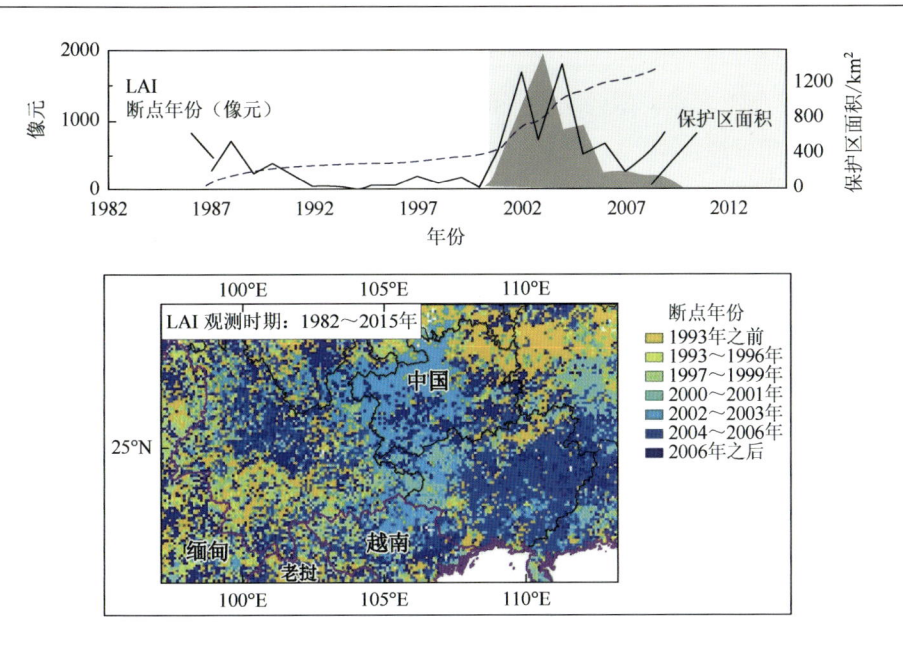

图 8-42　植被恢复突变与退耕还林、石漠化治理工程实施的一致性

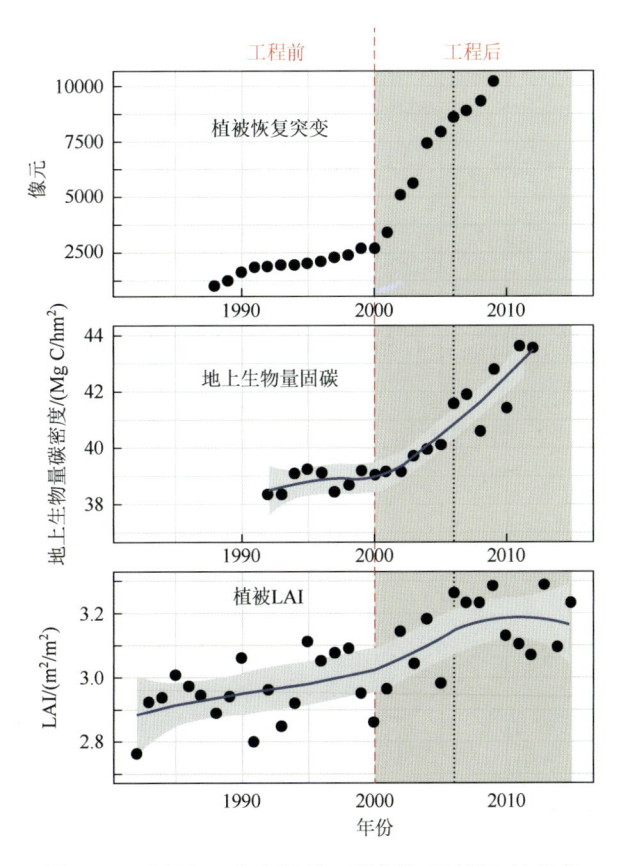

图 8-43　时间上，生态治理工程实施后植被加速恢复

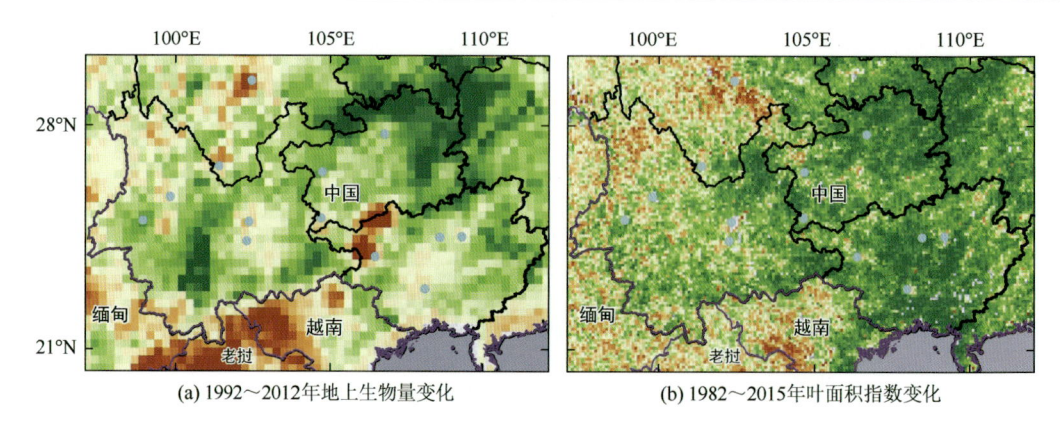

(a) 1992~2012年地上生物量变化　　(b) 1982~2015年叶面积指数变化

图 8-44　空间上，与东南亚邻家相比我国西南喀斯特地区植被恢复显著

全球尺度上，在大规模石漠化综合治理工程实施下，西南喀斯特地区成为近年来全球"变绿"的热点区（图 8-45），中国西南八省区市植被覆盖度从 1999 年的 69%增加到 2017 年的 81%，以不到全球陆地面积的 0.5%（0.36%）贡献了全球植被地上生物量增加最快地区的 5%（Brandt et al.，2018）。

中国西南喀斯特地区水分条件分析表明，同期降水量和土壤水分含量分别减少了 8%和 5%，植被覆盖度和地上生物量的增加与西南喀斯特地区实施的人工造林和保护措施密切相关。自 2002 年西南喀斯特地区平均累积造林面积达 2 万 km^2/a，不利水文条件下，

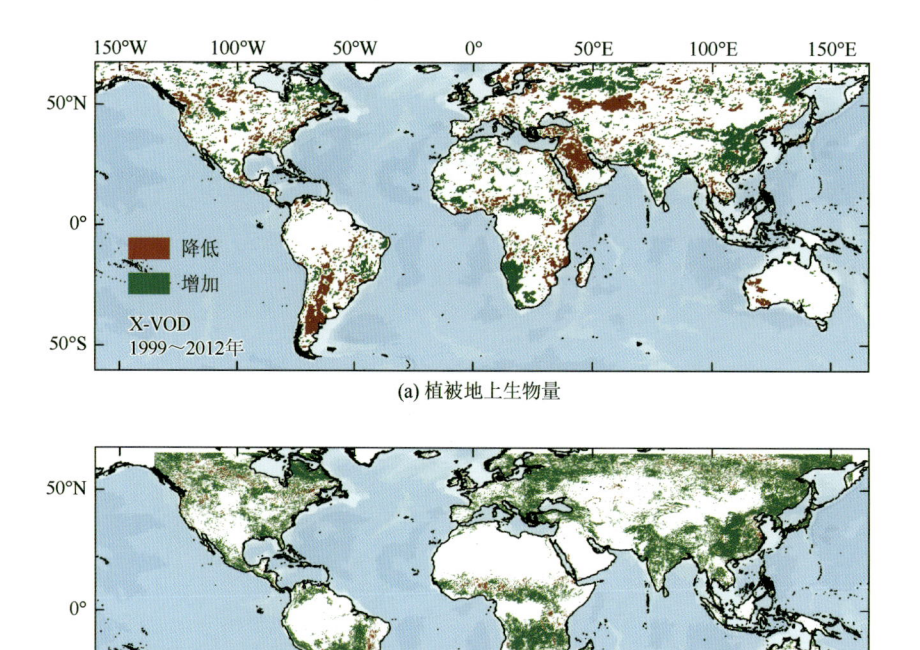

(a) 植被地上生物量

(b) 植被覆盖度（GEOV2 FCover）

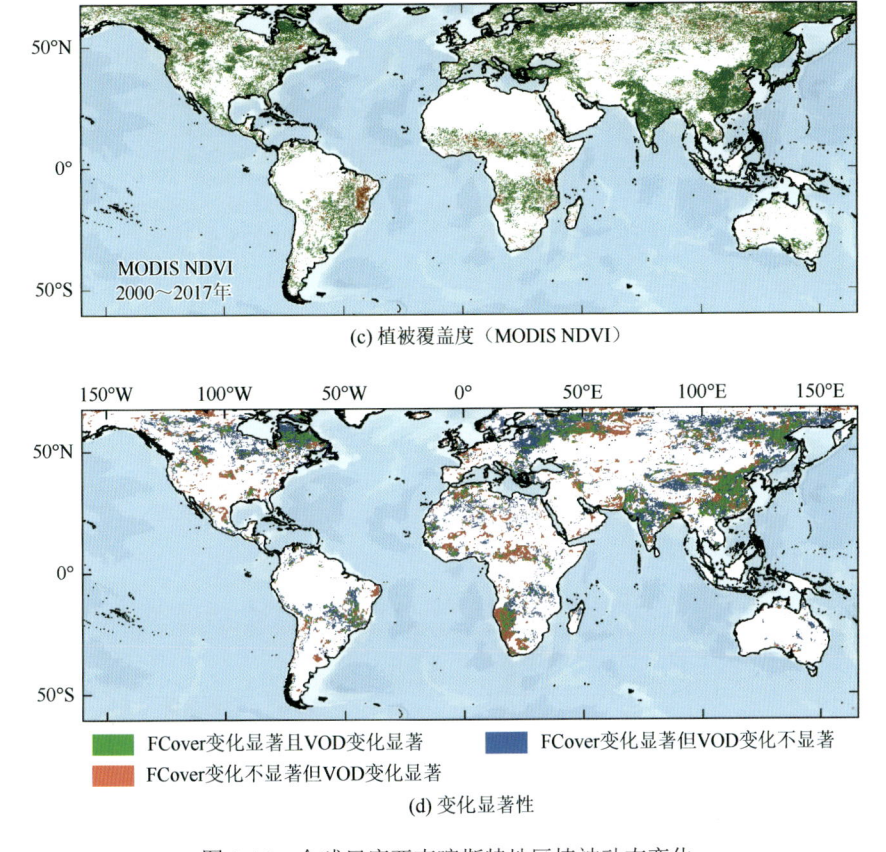

(c) 植被覆盖度（MODIS NDVI）

(d) 变化显著性

图 8-45　全球尺度西南喀斯特地区植被动态变化

大规模生态保护与建设工程的实施导致了中国西南喀斯特地区植被覆盖和地上植被生物量的显著增加。研究表明，在全球尺度上，生态工程实施使中国西南喀斯特地区成为重要的碳汇，中国西南喀斯特地区通过生态工程来增加植被地上生物量固碳，在全球碳循环中具有重要的意义（图 8-46）。

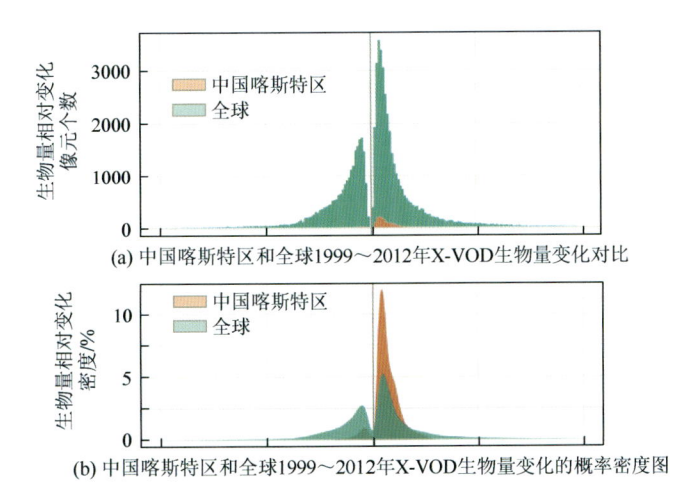

(a) 中国喀斯特区和全球1999～2012年X-VOD生物量变化对比

(b) 中国喀斯特区和全球1999～2012年X-VOD生物量变化的概率密度图

(c) 中国喀斯特区和全球1999~2017年植被覆盖变化的概率密度图

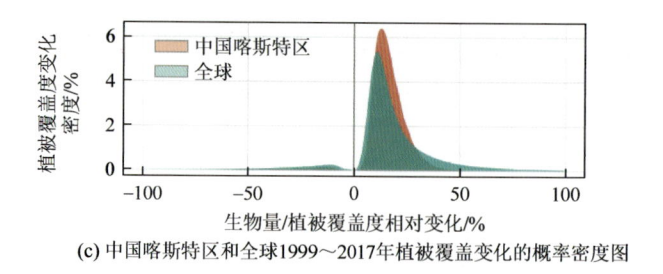

图 8-46　中国西南喀斯特地区对全球植被地上生物量和植被覆盖变化趋势显著（$P<0.05$）的贡献

不同石漠化治理工程强度下，随着工程强度的增加，区域石漠化程度、发生风险及植被抵抗力与恢复力随工程强度的增加显著改善（图 8-47），进一步证实了工程强度的提高将进一步加快区域植被对全球变化的敏感性及抵抗力，在气候变化背景下，应重视石漠化治理工程实施与投入的可持续性。

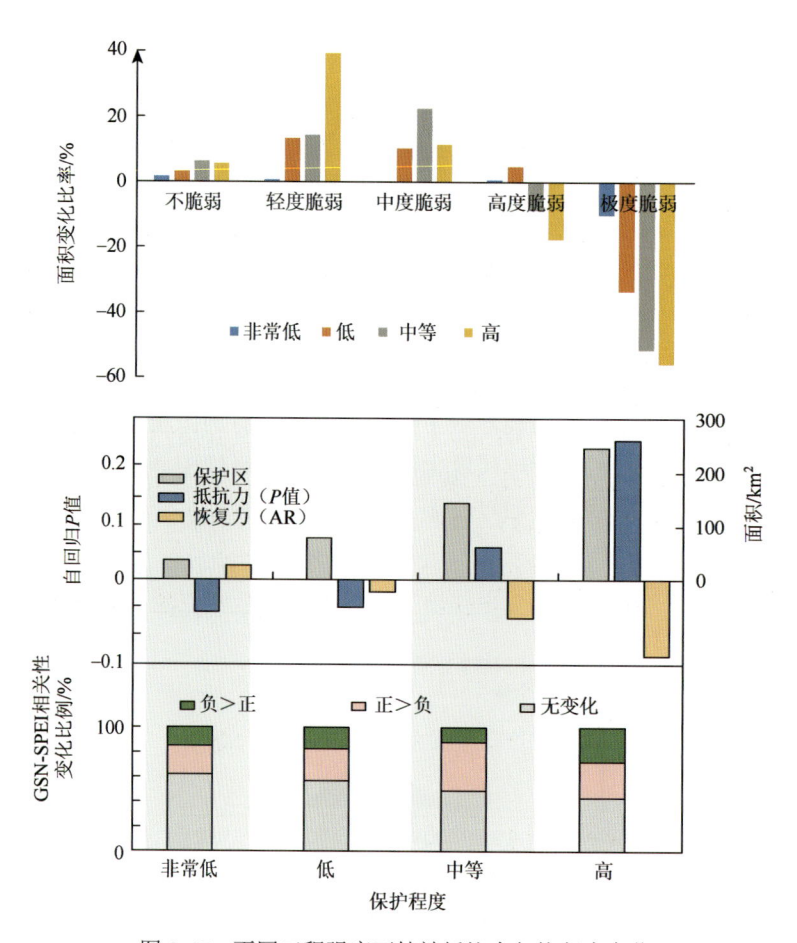

图 8-47　不同工程强度下植被抵抗力与恢复力变化

在不同生态恢复与治理措施下，2002~2017 年西南八省区市喀斯特区植被地上生物量固碳速率为（0.11 ± 0.05）Pg C/a，抵消了该区域过去 6 年人为 CO_2 排放的 33%

（图 8-48）。其中，自然恢复和人工造林的固碳速率分别为 1600×10^4 t C/a 和 2100×10^4 t C/a，对整个区域碳吸收的贡献率分别达 14%和 18%，石漠化治理工程显著增强了喀斯特脆弱生态系统应对全球气候变化的能力。

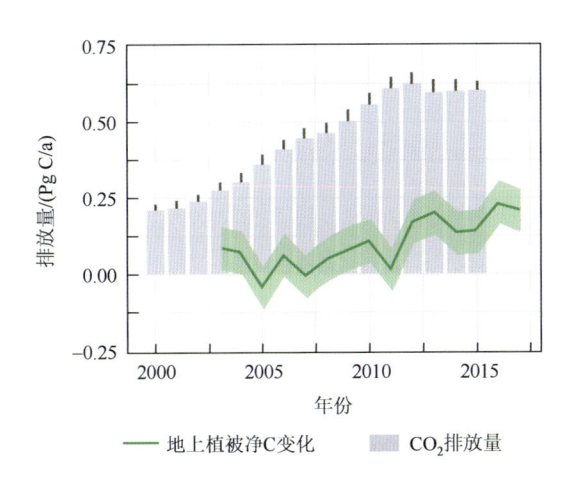

图 8-48 不同治理措施下喀斯特区植被恢复固碳

Nature 杂志证实 2010~2016 年我国陆地生态系统吸收了约 11.1×10^8 t C/a，吸收了同时期人为碳排放的 45%。其中，西南地区占吸收总量的 32%。因此，西南喀斯特区具有短期生态恢复快速固碳能力，在国家"双碳"目标背景下，对率先实现区域碳中和具有重要意义（Wang et al.，2020）。

我国西南喀斯特地区石漠化治理与生态修复成效也受到国际科学界的高度肯定，2018 年 1 月，国际顶级学术期刊 *Nature Sustainability* 封面文章发表我国西南喀斯特地区生态恢复成效研究成果（Tong et al.，2018）；1 月 25 日，*Nature* 针对该研究发表长篇评述，进一步肯定我国通过石漠化治理加快西南喀斯特地区植被恢复的成效，刊发英国牛津大学 Marc Macias-Fauria 教授的 3 个版面的全文长篇评述"卫星影像显示中国正在变绿"（Macias-Fauria，2018），高度肯定中国政府大规模生态保护与修复的大区域尺度积极效应（图 8-49）。

8.4.2 石漠化治理对中国履行荒漠化防治公约的贡献

1) 突破治理技术形成喀斯特生态治理全球典范

我国实施了全球喀斯特区最大的生态工程，成为发生在热带、亚热带湿润半湿润气候区的石漠化治理的全球典范。突破了喀斯特水资源高效利用（地下水探测与开发、表层岩溶水生态调蓄与调配利用、道路集雨综合利用等）、水土流失阻控与肥力提升（土壤流失/漏失阻控、土壤改良、耕地肥力提升等）、适应性植被修复（喀斯特适生植被物种筛选与培育、耐旱植被群落优化配置、植被复合经营等）及生态衍生产业培育等以保土集

图 8-49　国际科学界高度肯定我国西南喀斯特地区石漠化治理与生态修复成效

水为核心的石漠化治理技术体系；发展了喀斯特山区替代型草食畜牧业发展、石漠化垂直分带治理、喀斯特复合型立体生态农业发展等石漠化治理模式；提出了生态系统服务提升与生态衍生产业培育协同的石漠化治理系统性解决方案（图 8-50），有效遏制了石漠化扩展趋势，形成了全球喀斯特生态治理"政府主导-科技支撑-全民参与"的"中国治理范式"，成为我国履行《联合国防治荒漠化公约》的重要依据。

图 8-50　石漠化治理与生态产业扶贫的协同模式

2020 年 11 月全球减贫伙伴研讨会上，石漠化治理与脱贫攻坚协同的广西环江"肯福模式"等作为中国科技扶贫的重要案例入选《中国扶贫案例故事选编 2020》，经过世界银行、联合国粮食及农业组织、联合国国际农业发展基金、世界粮食计划署、亚洲开发银行、中国国际减贫中心、中国互联网新闻中心等组织的论证评选，荣获全球减贫最佳案例。2022 年 10 月，中央电视台科教频道 CCTV-10《科幻地带》栏目，以"挑战石漠化"为主题专题报道了我国西南喀斯特石漠化治理成效。

2) 喀斯特生态治理的"中国范式"

国外喀斯特区人口压力舒缓,以保育(生态旅游、洞穴探险等)为主,人地矛盾不突出。我国西南喀斯特区实施了全球喀斯特区最大的石漠化综合治理工程,为国家石漠化治理工程的实施及全球喀斯特生态治理提供了有力技术保障(王克林等,2019)。

综合考虑喀斯特生态资源优势与产业发展特色,以区域生态服务功能提升兼顾居民收入水平提高为目标,以生态环境问题和社会问题为共同导向,权衡生态与经济在区域内的重要性,因地制宜采取兼顾生态效益与经济效益、短期效益与长期效益的石漠化区域治理措施,集成形成了可复制、可推广、区域针对性较强的石漠化治理模式。

(1)喀斯特石山坡麓灌木林及人工林地提质与改造模式。该模式适用于水热资源丰富但利用率低,石多土少,难以发展速生林、经果林,人地关系相对宽松的南亚热带喀斯特地区。主要目标是改造灌木林和人工林的林相,提高林地效益,改善石山坡麓区经济效益低下的状况。改造灌木林和人工林,间种适宜石生环境的珍贵高值树种,如红豆杉、柚木和降香黄檀等,改变林地经济效益低下、水热资源得不到充分利用的现状,改善灌木林和人工林结构及稳定性,解决石漠化治理和退耕还林过程长期效益与短期效益之间的矛盾,提高长期经济效益。

(2)喀斯特土地集约化利用的立体生态农业发展模式。该模式适用于人口密度大,土地资源匮乏,人均坝地面积小、山地面积比例较大的喀斯特石山区。目标是充分利用坡顶(石质坡地)-坡腰(土石混合坡地)-坡麓(土质坡地)-洼地(土层较厚)的有限土地资源。该方法基于垂直分带治理的石漠化治理思路,山顶采用封山育林的方式恢复,山腰间种石山适生的生态高效林木和高经济附加值林,低洼地区和坡麓发展喀斯特特色林果药等产业。通过垂直空间的合理布局,形成山体之中农、牧、林紧密结合,相互支持的立体生态农业格局,能兼顾石漠化治理的长中短效益,获得较大的经济效益和生态效益。

(3)喀斯特石生环境适应性特色高效经济林果产业模式。该模式适用于具有较好的水热资源,土层相对较厚,但利用效率低下,以传统农耕模式种植大豆、玉米为主的石山区。目标是充分利用区域土地资源优势,解决用水问题。在土多的坡麓坡脚,筛选适宜当地种植且需水量不高的特色经济林果品种,如无患子、苏木、火龙果、澳洲坚果等,有针对性地发展农产品深加工和生态旅游,培育喀斯特生态衍生产业。同时发展坡面路池工程,拦蓄坡面雨水,配合屋顶集雨水池,开发利用表层岩溶水和基岩裂隙水等,有效解决经济林灌溉用水和人畜饮水问题,避免和减轻林果产业发展带来的水土流失。

(4)侧重生态效益提升的喀斯特自然封育与传统林木种植模式。该模式适用于人为干扰程度大、生态功能低下、石漠化严重等不适合继续发展农林经济的石山区,主要目标为迅速恢复植被覆盖,提高生态效益。选用耐干旱瘠薄、喜钙、岩生、速生、适用范围广、经济价值高的乔灌木、藤和草进行生态修复,如任豆、香椿、女贞等喀斯特石生环境适生植物,并进行封育,禁止砍伐,同时辅之以适当的固土保水工程措施,形成人工造林和自然封育相结合的综合治理模式,促进石漠化严重地区植被覆盖的快速增加,提高石漠化土地治理效果,取得了较好的生态效益。

8.5 石漠化综合治理工程可行性评估

8.5.1 石漠化治理取得的突出成就

(1) 石漠化面积由 2005 年的 12.96 万 km^2 减少到 2016 年的 10.07 万 km^2，实现了面积持续减少与程度显著改善的阶段性成果，喀斯特区域生态系统结构与服务功能显著改善。

(2) 石漠化治理使西南喀斯特地区成为全球"变绿"的热点区之一，以不到全球 0.5%的面积贡献了植被地上生物量增加最快地区的 5%，国际顶级学术期刊 *Nature* 高度评价西南喀斯特地区石漠化治理与生态修复的积极成效，认为"中国在变绿"。

(3) 发展了可复制、可推广的石漠化治理模式，形成了全球喀斯特生态治理政府主导-科技支撑-全民参与的"中国治理范式"，成为我国履行《联合国防治荒漠化公约》的重要依据。

(4) 2010~2020 年西南八省区市喀斯特区消除绝对贫困人口约 2900 万，滇桂黔石漠化片区贫困缓解最为显著，对实现联合国可持续发展目标 SDG1（消除贫困）做出了重要贡献。

(5) 西南喀斯特地区具有短期生态恢复快速固碳能力，对区域率先实现碳中和具有重要潜力：2002~2017 年西南地区植被恢复固碳抵消了过去 6 年人类化石燃料碳排放的 33%；2010~2016 年我国陆地生态系统吸收了约 11.1 亿 t C/a，吸收了同时期人为碳排放的 45%，其中，西南地区占吸收总量的 32%。

8.5.2 石漠化治理存在的主要问题

(1) 面向美丽中国建设等国家政策，石漠化治理任务依然艰巨。石漠化治理实现了面积持续减少与程度显著改善的阶段性成果，大部分区域石漠化状况改善，但仍有石漠化 1007 万 hm^2，其中重度石漠化 183 万 hm^2，占 18%，也存在石漠化进一步退化的区域。同时，在乡村振兴实施过程中为了发展特色产业，部分区域出现了新的局地石漠化；而部分无土及土石质坡地，植被恢复极为缓慢，石漠化治理任务依然艰巨。

(2) 我国目前最成功的生态系统吸收碳是森林，但喀斯特地质背景制约大规模人工造林的可持续性。喀斯特地区虽然是湿润、半湿润区，近年来成为全球"变绿"的热点区，具有短期快速恢复固碳能力，但岩溶发育形成地上-地下二元水文地质结构，水文过程响应迅速；土壤总量少、土层薄、酸不溶物含量低、土壤矿质养分供应不足；保水持水能力差，植被易干旱缺水。2020 年 1 月，*Nature Communications* 证实大规模造林下西南喀斯特区近 50%的区域土壤含水量降低（图 8-51），特别是大规模集中人工造林区土壤水分显著减少，影响造林的可持续性（Tong et al.，2020）。

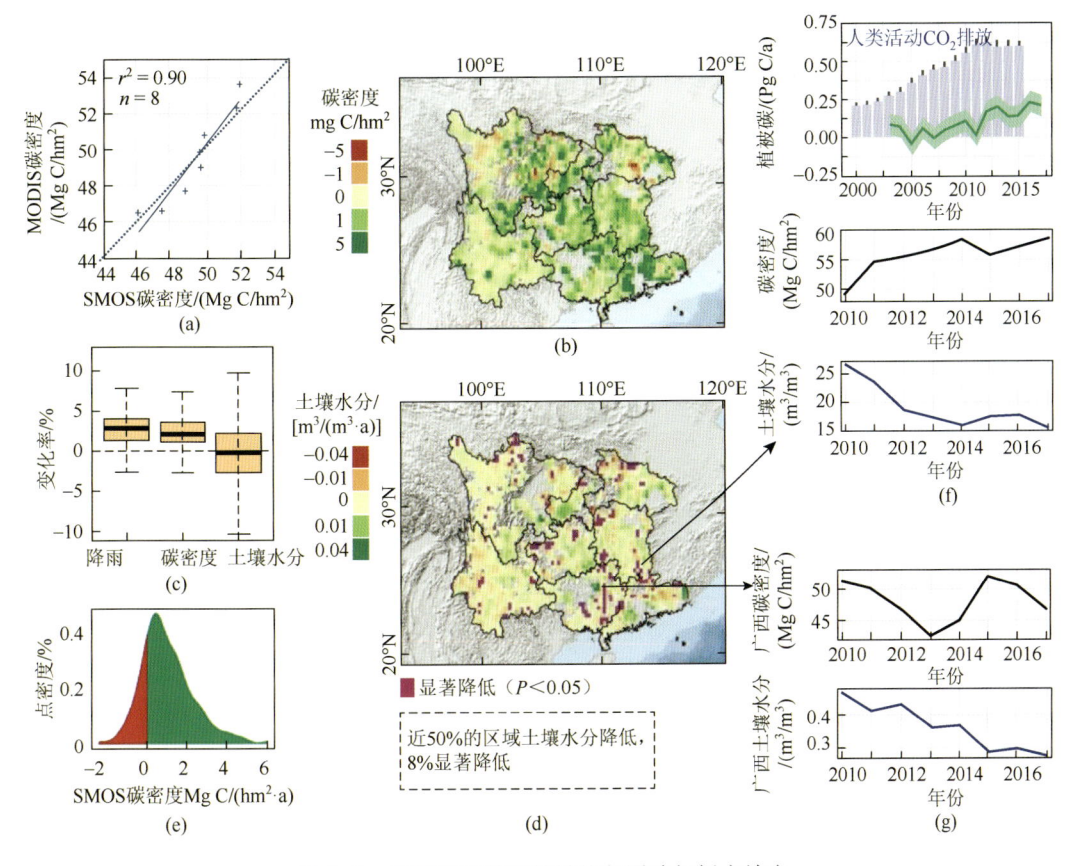

图 8-51　西南喀斯特区植被恢复固碳与耗水效应

（3）喀斯特地区生态恢复效果空间异质性大，部分区域短期内难恢复成森林景观。喀斯特地区虽然成为全球变绿的"热点区"，生长季植被覆盖度从 1999 年的 69%增加到 2017 年的 81%，但 21%的植被仍呈连续性减少的退化趋势。造林条件下，岩土组构的差异影响植被恢复的类型与质量，导致部分区域造林不成林，特别是白云岩区岩性致密、裂隙不发育，种树成活率低；而自然恢复条件下，白云岩或石灰岩区的植被近 20 年一直是相对稳定的低矮灌丛或草丛。加上近 60 年来西南地区年降水量以 11.4mm/10a 的速率下降，旱涝极端气候事件发生频率增加，进一步制约喀斯特森林景观恢复。

（4）喀斯特地区成熟林面积比例低，人工纯林面积比例高、功能单一。西南喀斯特八省区市森林面积 9236 万 hm^2，占全国森林面积的 41.9%，森林覆盖率从 1975 年的 23.3%提高到目前的 47.9%。但森林资源结构不合理，中幼林面积占 73.2%，成熟林仅占 9.3%，而人工林占比达近 40%，以单一人工纯林为主（图 8-52）。人工纯林生长快、固碳及经济效益好，但生物多样性低，食物链结构发育不健全，连栽地力和生产力退化，水源涵养与土壤保持调节作用相对较弱。

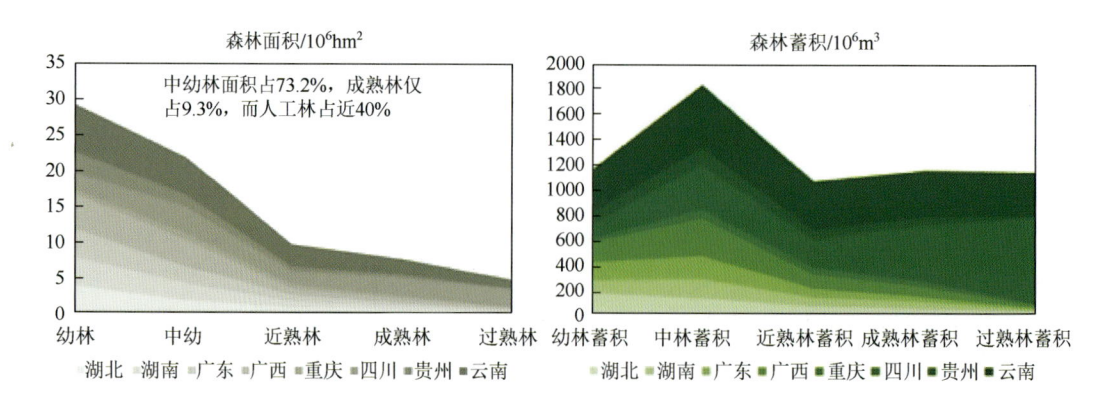

图 8-52　西南八省区市喀斯特区不同林分比例

（5）石漠化区"变绿"与"变富"的矛盾突出，忽视社会系统与生态系统的协同。产业兴旺、生态宜居是实现乡村振兴的核心要求。喀斯特地区扶贫过程中为了发展特色经济林果产业，连片开垦石山坡麓地带的灌木林，部分地区出现了新的局部石漠化，轻度石漠化占比已由 2005 年的 27.5%上升到 2016 年的 38.8%。另外，石漠化治理促进农村劳动力转移，城镇化、外出务工等农村人口迁移缓解了高强度人口压力，促进了自然恢复，但也导致农村社区空心化、劳动力老弱化，生态治理与社区发展的矛盾突出。

8.5.3　面向 2035 年石漠化治理工程规划建议

1）石漠化治理思路转变

结合《全国重要生态系统保护和修复重大工程总体规划（2021—2035 年）》目标，在石漠化综合治理一期工程（2006~2015 年）"基础分区、综合治理""十三五"（2016~2020 年）建设规划"集中治理、突出重点"的基础上，新时期石漠化治理应"分区分类、精准施策"。在石漠化治理取得阶段性成果基础上，新时期石漠化治理应进一步明确：符合自然规律并满足经济社会发展要求下，石漠化治理应当达到的程度。

石漠化是脆弱地质背景和人类活动叠加的结果，核心是调整人地矛盾，在前期侧重喀斯特自然生态系统本身的基础上，要更加重视不同石漠化区域的人地矛盾变化。首先摸清石漠化治理现状、演变特征、存在问题及人地矛盾区域差异，依据"气候岩性-石漠化现状-演变特征-人地关系"的空间分异，确定石漠化近期和远期治理率（阈值），区分不同石漠化治理类型，制定不同区域的治理对策和不同立地条件的治理措施（张信宝等，2021）。

2）厘清未来治理目标（增效、减量、降级）

在石漠化治理一期工程及"十三五"建设规划实施基础上，石漠化已实现了面积持续减少与程度显著改善的阶段性成果，应根据石漠化现状及其不同演变特征，明确不同区域不同的治理目标，对石漠化持续改善区域，应以增效为目标，在石漠化地区初步"变绿"的基础上，提升生态服务功能，提高治理的综合效益，重点开展单一人工林与石山坡麓灌木林的提质改造，长短效益结合发展特色生态衍生产业，推进乡村振兴的实施；而对石漠化依然严重及难治理的区域，应以降级和减量为目标，减少石漠化面积数量、降低石漠化强度。

3）科学开展石漠化治理分类

喀斯特石漠化是脆弱地质背景和人类活动叠加的结果，石漠化治理的核心是调整人地矛盾。一些无土的岩溶山丘、坡地是自然形成的，没有必要也难以人工辅助恢复植被，有的还是美丽的喀斯特地貌景观，如桂林山水和云南石林等；有些是历史时期以来不合理的人类活动造成的，但土壤已经流失殆尽，也难以恢复植被。同时，外出务工、城镇化发展下石漠化地区农村人口显著减少，特别是受易地扶贫搬迁的影响，部分石漠化严重区域人地矛盾已大大缓解，已无人或仅有少数人居住，应自然恢复。部分土石质坡地，受自然、经济、技术水平等限制，植被恢复难度大，治理后也很难将石漠化程度控制在轻度以下。

因此，面向美丽中国建设的战略时间表，在石漠化治理取得面积持续减少与程度显著改善的阶段性成果基础上，新时期石漠化治理应进一步明确：符合自然规律并满足经济社会发展要求下，石漠化治理应当达到的程度。根据石漠化演变特征、治理的必要性、可行性及预期成效，将未来石漠化治理划分为不需治理和应当治理，其中，应当治理石漠化可进一步划分为不可完全治理和可完全治理。具体类型内涵如下。

不需治理的石漠化：对区域生产、生活、生态无影响或影响较小，无须进行专门治理或难以人工辅助恢复植被的石漠化，包括有土的陡坡地，无土的岩溶山丘、坡地等。

应当治理的石漠化：对区域生产、生活、生态存在不利影响，需要针对性治理的石漠化。

不可完全治理的石漠化：部分土石质坡地，受自然、经济、技术水平等限制，植被恢复难度大，治理后也很难将石漠化程度控制在轻度以下，主要是仍退化或相对稳定的难治理的石漠化，未来治理目标应是减量、降级。

可完全治理的石漠化：通过因地制宜、分类施策的治理后，能控制到轻度以下或可完全消除的石漠化，主要是指持续改善的石漠化，未来治理目标应是增效。

结合2050年建成美丽中国时间表，提出南方石漠化8个治理区和相关省区市的近期（2035年）和远期（2050年）石漠化治理目标，准确评价石漠化治理成效，结合《全国重要生态系统保护和修复重大工程总体规划（2021—2035年）》，明确未来喀斯特石漠化治理的自然恢复区、人工造林或种草区、封禁保护区等区域，科学推进石漠化综合防治。

4）制定精准施策方案

在喀斯特区不同岩性背景下，由于岩石裂隙发育及基岩化学特征的差异，白云岩和石灰岩地区植被恢复存在显著差异。石灰岩坡地土壤多呈鸡窝状分布于溶穴、溶槽内，风化壳剖面中，垂直裂隙发育，宽度数厘米至数十厘米不等，深度数十厘米至数米不等；坡地表层土壤为黑色或黄色石灰土，部分裂隙的中下部土壤为黄壤，甚至有铁锰结核分布；深根系的植被可以将根深插在裂隙中，适宜乔灌的恢复。而白云岩岩性致密，坡地土壤多呈连续或不连续的薄片状分布，厚度数厘米至十余厘米，风化壳剖面中，裂隙不发育，适合浅根系的草本植物恢复。因此，未来石漠化治理应根据气候-岩性及人地关系的区域分异特征，精准还林还草，因地制宜人工造林或草地建设，并辅以必要的保土集水工程措施；而对于难以人工辅助恢复植被的无土的岩溶山丘与坡地、治理后也很难将退化程度控制在轻度以下的石漠化，以及无人居住的石漠化区，应自然恢复或封禁保护。

参 考 文 献

曹建华，袁道先，童立强. 2008. 中国西南岩溶生态系统特征与石漠化综合治理对策. 草业科学，25（9）：40-50.

王佃来，刘文萍，黄心渊. 2013. 基于 Sen + Mann-Kendall 的北京植被变化趋势分析. 计算机工程与应用，49（5）：13-17.

王克林，岳跃民，陈洪松，等. 2019. 喀斯特石漠化综合治理及其区域恢复效应. 生态学报，39（20）：1-9.

张信宝，彭韬，岳跃民. 2021. 建议用"石漠化治理率"作为石漠化治理评价指标. 山地学报，39（3）：313-315.

Borselli L，Torri D，Poesen J，et al. 2012. A robust algorithm for estimating soil erodibility in different climates. CATENA，97：85-94.

Brandt M，Yue Y M，Wigneron J P，et al. 2018. Satellite-observed major greening and biomass increase in South China karst during recent decade. Earth's Future，6（7）：1017-1028.

Burn D H，Elnur M A H. 2002. Detection of hydrologic trends and variability. Journal of Hydrology，255（1-4）：107-122.

Chen W，Bai S，Zhao H M，et al. 2021. Spatiotemporal analysis and potential impact factors of vegetation variation in the karst region of Southwest China. Environmental Science and Pollution Research，28（43）：61258-61273.

Fensholt R，Proud S R. 2012. Evaluation of earth observation based global long term vegetation trends—comparing GIMMS and MODIS global NDVI time series. Remote Sensing of Environment，119：131-147.

Fernandes R，Leblanc S G. 2005. Parametric（modified least squares）and non-parametric（Theil-Sen）linear regressions for predicting biophysical parameters in the presence of measurement errors. Remote Sensing of Environment，95（3）：303-316.

Hamel P，Guswa A J. 2015. Uncertainty analysis of a spatially explicit annual water-balance model：case study of the Cape Fear basin，North Carolina. Hydrology and Earth System Sciences，19（2）：839-853.

Holben B N. 1986. Characteristics of maximum-value composite images from temporal AVHRR data. International Journal of Remote Sensing，7（11）：1417-1434.

Liu J，Chen J，Cihlar J，et al. 1997. A process-based boreal ecosystem productivity simulator using remote sensing inputs. Remote Sensing of Environment，62（2）：158-175.

Macias-Fauria M. 2018. Satellite images show China going green. Nature，553（7689）：411-413.

McCool D K，Brown L C，Foster G R，et al. 1987. Revised slope steepness factor for the universal soil loss equation. Transactions of the Asae，30（5）：1387-1396.

Pinzon J E，Tucker C J. 2014. A non-stationary 1981—2012 AVHRR NDVI$_3$g time series. Remote Sensing，6（8）：6929-6960.

Tian F，Wigneron J P，Ciais P，et al. 2018. Coupling of ecosystem-scale plant water storage and leaf phenology observed by satellite. Nature Ecology & Evolution，2（9）：1428-1435.

Tong X W，Brandt M，Yue Y M，et al. 2018. Increased vegetation growth and carbon stock in China karst via ecological engineering. Nature Sustainability，1（1）：44-50.

Tong X W，Brandt M，Yue Y M，et al. 2020. Forest management in Southern China generates short term extensive carbon sequestration. Nature Communications，11（1）：129.

Vermote E F，El Saleous N Z，Justice C O. 2002. Atmospheric correction of MODIS data in the visible to middle infrared：first results. Remote Sensing of Environment，83（1-2）：97-111.

Wang J, Feng L, Palmer P I, et al. 2020. Large Chinese land carbon sink estimated from atmospheric carbon dioxide data. Nature, 586 (7831): 720-723.

Wischmeier W H, Smith D. 1978. Predicting rainfall erosion losses: a guide to conservation planning. Washington, DC: U.S. Department of Agriculture, Agriculture Handbook No.537.

Zhang L, Hickel K, Dawes W. 2004. A rational function approach for estimating mean annual evapotranspiration. Water Resources Research, 40 (2): e2003wr002710.

Zhang X M, Brandt M, Yue Y M, et al. 2022. The carbon sink potential of Southern China after two decades of afforestation. Earth's Future, 10: e2022EF002674.

第 9 章 西南喀斯特水土流失特点及有关石漠化问题的新见解

9.1 喀斯特坡地岩土组构与土壤特点

9.1.1 岩土组构

喀斯特坡地的土壤和下伏碳酸盐岩之间的土-石界面清晰，为直接突变接触。完整的风化壳剖面，土层和基岩之间有时发育有厚数厘米至十余厘米的"杂色黏土层"（石灰岩）或"碳酸盐岩腐蚀带"，俗称"糖砂层"（白云岩）（图 9-1）。碳酸盐岩化学溶蚀-土壤蠕滑机制可以解释风化壳土-石界面的突变接触现象。化学溶蚀，坡地碳酸盐岩岩层孔隙和孔洞发育，风化壳土层下伏的碳酸盐岩基岩表面溶蚀后产生的孔隙，被上覆土体充填，导致土-石界面直接接触。土体充填主要通过蠕滑的方式，因此，岩-土界面及邻近上覆土体内擦痕密布（图 9-2）。土壤蠕滑机制还可较好地解释碳酸盐岩土下基岩表面多较光滑的现象（图 9-3），土体充填土下基岩表面溶蚀后产生孔隙的过程中，不可避免地要和岩石表面发生摩擦，土下光滑的基岩表面是长期物理磨蚀和化学溶蚀综合作用的结果。长期暴露于大气的碳酸盐岩，由于没有物理磨蚀的参与，在溶蚀和溅蚀的作用下，岩石表面粗糙，溶蚀纹沟发育；暴露于大气时间较短的土下基岩表面，往往依然光滑如镜（图 9-3）。

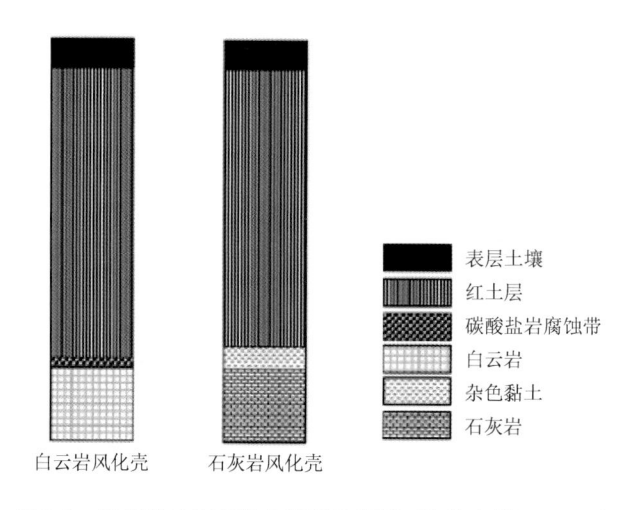

图 9-1 喀斯特风化壳组成剖面示意图（张信宝等，2007a）

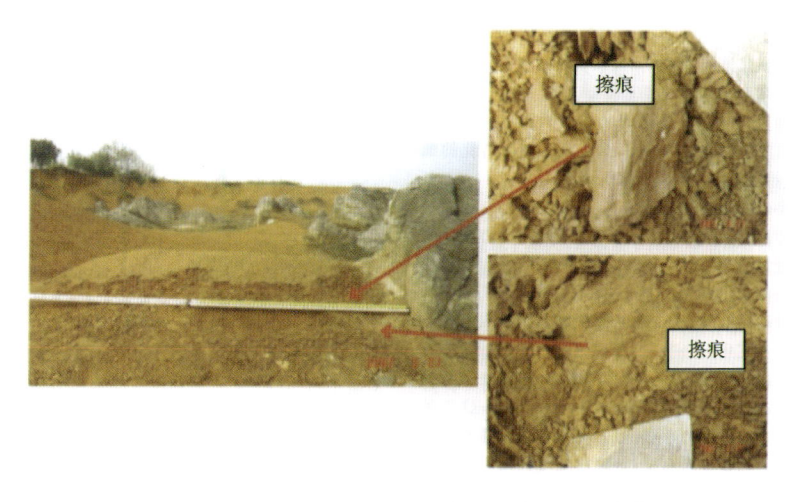

图 9-2　黔中平坝农场白云岩风化壳剖面中的擦痕（张信宝等，2007a）

图 9-3　土下基岩表面光滑

9.1.2　土壤特点

典型的锥峰、塔峰热带喀斯特丘陵坡地，上部为溶沟、溶槽和溶穴发育的石质坡地，中部为不连续分布土壤覆盖的土石质坡地，下部为土壤连续分布的土质坡地。坡地土壤多为石灰土，顺坡向下常渐变为坡麓的黄壤，坡地上部土壤多含角砾，顺坡向下角砾含量逐渐减少，坡麓土壤多不含角砾。石灰岩坡地的地表土壤和下伏基岩直接接触，土下岩层垂直和层状裂缝与裂隙发育，土体充填垂直裂缝成为土楔，部分土楔宽数十厘米，深数米，土石质坡地的地表土壤常呈鸡窝状分布［图 9-4（a）］。白云岩坡地的地表土壤和下伏基岩之间常存在厚度数厘米至十多厘米的"糖砂层"，土下岩层弥漫状的裂隙发育，极少土状物质充填，土体充填的垂直裂缝不发育［图 9-4（b）］。

(a) 石灰岩　　　　　　　　　　　　　(b) 白云岩

图 9-4　坡地的岩土组构（张信宝等，2017）

石灰岩与白云岩风化壳岩土组构不同，与这两种岩石矿物颗粒间孔隙的差异有关。石灰岩的主要矿物成分为方解石（$CaCO_3$），岩石结构有碎屑结构和晶粒结构两种，粒径多小于 0.05mm。白云岩主要矿物成分为白云石[$CaMg(CO_3)_2$]，岩石结构多为晶粒结构，晶粒直径多大于 0.1mm，中-粗粒白云岩晶粒直径为 0.3～0.6mm。石灰岩颗粒间的孔隙小，为毛细孔隙，水分不能通过孔隙向下入渗，不得不沿垂直节理集中向下入渗。入渗过程中，水分溶解节理两侧的碳酸钙矿物，形成较宽的垂直裂隙，地表的土壤通过蠕滑或径流带入充填垂直裂隙，形成土楔。白云岩颗粒间的孔隙大，非毛细孔隙发育，水分能通过非毛细孔隙弥漫状地向下入渗，不必沿垂直节理集中向下入渗，因此垂直裂隙和土壤不如石灰岩发育。

喀斯特丘陵坡地土层浅薄，土壤总量少。中国科学院环江喀斯特生态系统观测研究站长 122m、平均坡度 22.5°的白云岩地的平均土壤质量厚度为 21.95kg/m²。以土壤容重 1.30g/cm³ 计，相应的土壤厚度仅为 1.69cm。

9.2　水土流失特点

9.2.1　地表流失与地下漏失叠加

岩溶坡地的土壤流失是化学溶蚀、重力侵蚀和流水侵蚀叠加的结果，流失方式不仅有地表流失，还有地下漏失。溶沟、溶槽、洼地发育的石质化严重的纯碳酸盐岩坡地，地下漏失往往是最主要的土壤流失方式。这种坡地可以看作一个布满"筛孔"的石头"筛子"，溶沟、溶槽和洼地为被土壤塞住的形状不一、大小不等的"筛孔"。"筛孔"内土体的地下漏失过程如下：溶沟、溶槽、溶穴内的土壤通过土壤蠕滑等重力侵蚀方式或被入渗径流挟带进入表层岩溶带，充填表层岩溶带内的孔、隙、洞（图 9-5）。在石灰岩裂隙土剖面中，深度 2.00cm 土体仍有 ^{137}Cs 检出（图 9-6），这很好地说明了富含 ^{137}Cs 的坡地表层土壤细颗粒随入渗径流向下迁移，充填了表层岩溶带中的岩石裂隙。部分向下迁移的表层土壤细颗粒随入渗径流进入地下水文管道系统，后随泉水或地下河出露，流入地表河。泥沙在地下暗河的输移过程中，和地表河一样，也存在沉积和沉积泥沙再侵蚀输移的现象。

(a) 示意图　　　　　　　　　　　　　　(b) 实地照片

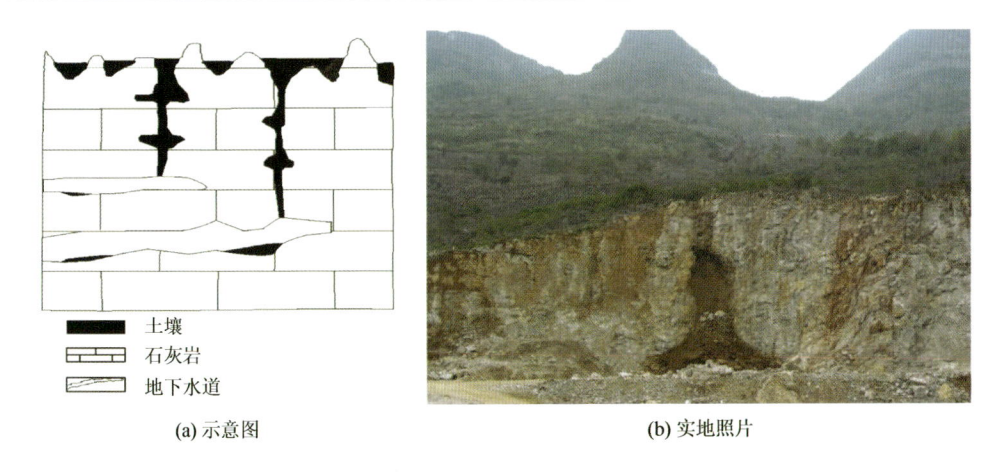

图 9-5　喀斯特坡地的土壤地下漏失（张信宝等，2010）

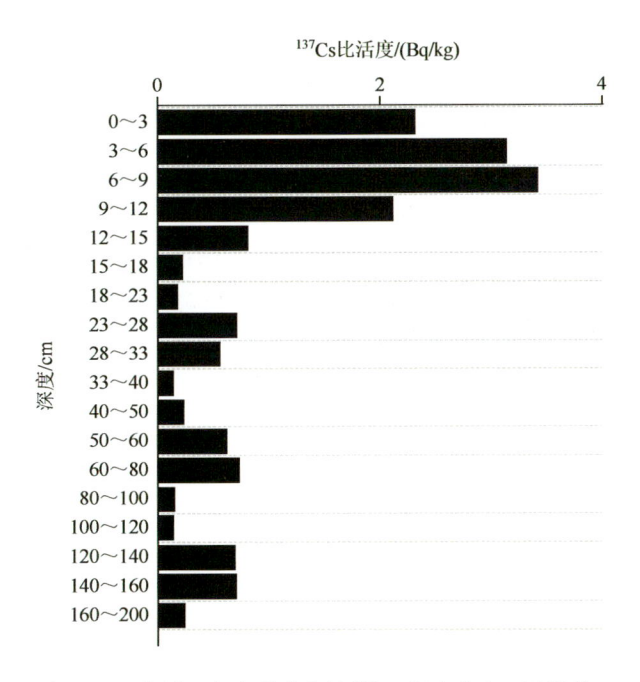

图 9-6　广西环江古周石灰岩裂隙土的 ^{137}Cs 深度分布（冯腾等，2011）

蒋忠诚等（2014）在《岩溶峰丛洼地水土漏失及防治研究》一文中，将地下漏失的概念扩大为"水土漏失是地表、地下双层空间结构发育的岩溶地区，在水流机械侵蚀及化学溶蚀作用下，地表泥土经过落水洞和岩溶裂隙等岩溶通道向下渗漏到地下河的过程"，认为"水土漏失是岩溶作用强烈地区特有的水土流失过程，地表、地下双层空间结构的存在是其发生的前提，其叠加有特殊的化学溶蚀动力学过程。水土漏失不仅产生水土资源的流失，还因其经常导致地下河管道堵塞而频繁引发洼地内涝灾害"。鉴于地下漏失的界定对喀斯特流域侵蚀-泥沙输移深入研究的重要性，笔者提出了"地下漏失的界定"，认为"从流域侵蚀-泥沙输移的角度，应将喀斯特山地的土壤漏失或水土漏失，界定为坡地的土壤或水土地下流失。进入沟道、洼地后的泥沙的运移,尽管时而进入地表河,时而进入地下河,均是泥沙的输移,不应界定为地下漏失。"

由于没有认识到地下漏失的特殊性,一些地区喀斯特坡地的水土保持和植树造林工程沿用非喀斯特地区的方法,效果不佳。例如石漠化坡地上修建梯田,为了增厚梯田土层厚度,将石缝里的土"抠"出来,促进了地下漏失。石漠化坡地上,挖掘机修梯田,开大穴造林,松动了岩石,扩大了裂隙,促进了地下漏失。云南开远的熊学亮先生在石漠化坡地上没有修梯田、开大穴,而是采用石缝土中挖小穴、种小苗的方法造林,该法成本低,效果好,2010年种的树,2019年已郁闭成林(图9-7)。熊先生的石漠化坡地造林方法已得到当地林业部门的认可。

图9-7 云南开远2010年石漠化坡地上种植的椿树(2019年9月拍摄)

9.2.2 坡地径流系数低

中国科学院普定喀斯特生态站陈旗小流域的6个大型全坡径流场揭示了黔中喀斯特坡地的产流特点(表9-1)。径流场的坡度为30°~37°,面积为684.3~2890.0m²,裸岩率为30%~50%,土壤为黑色石灰土,土地利用类型分别为幼林、稀疏灌丛、坡耕地、灌草地、火烧迹地、复合植被。2007~2010年,6个径流场的径流系数为0.10%~4.53%,远低于流域径流系数45%。降水量<60mm,基本不产流;超过60mm,径流量逐渐加大;超过70mm,径流量随降水量增加迅速增加。张喜等在黔中喀斯特地区鱼梁河流域开阳试验区也得到类似的研究结论。试验区多年平均年降水量962.5~1419.5mm,2001~2005年不同林分型的年均地表径流总量为11.108mm,林分类型间变幅为1.765~22.934mm。中国科学院环江喀斯特生态系统观测研究站(简称环江喀斯特生态站)13个径流小区(宽20m、投影面积>1000m²),5年的定位观测资料(2006~2010年)结果表明:2006~2010年年降水量为1300~2000mm,无论平水年还是丰水年,不同利用方式坡面次降雨径流系数<5%。2007年平水年和2008年丰水年的年降水量分别为1386.2mm和1979.8mm,13个径流试验场的径流系数见表9-2。

表 9-1　普定陈旗小流域 6 个大型全坡径流场 2007~2010 年的产流产沙（张信宝，2017）

土地利用	草灌植被已恢复的火烧迹地		草灌植被未恢复的火烧迹地		次生林		坡耕地		放牧灌草地		乔灌混交林 + 草地	
小区面积/m²	684.3		1255.1		1146.4		2440.4		2890.0		2439.6	
坡度/(°)	32		37		35		30		31		36	
裸岩率/%	37		35		30		30		50		35	

年份	降水量/mm	径流系数/%	土壤流失量/[t/(km²·a)]	径流系数/%	土壤流失量/[t/(km²·a)]	径流系数/%	土壤流失量/[t/(km²·a)]	径流系数/%	土壤流失量/[t/(km²·a)]	径流系数/%	土壤流失量/[t/(km²·a)]	径流系数/%	土壤流失量/[t/(km²·a)]
2007	553*	0.19	0.38	0.42	12.19	0.17	0.73	0.85	0.76	1.25	13.12	2.16	0.92
2008	1401	0.27	0.00	0.58	3.48	0.20	0.05	0.68	7.84	4.53	59.51	3.08	2.22
2009	861	0.23	0.00	0.60	9.47	0.21	0.00	0.13	0.01	2.81	53.92	1.92	1.50
2010	702	0.15	0.00	0.34	0.10	0.16	0.00	0.10	0.01	0.11	0.40	0.11	0.00
平均值		0.21	0.10	0.49	8.38	0.19	0.26	0.44	2.16	2.18	31.74	1.82	1.16

*2007 年 7~12 月。

表 9-2 环江喀斯特生态站 13 个径流场丰水年和平水年的径流系数（陈洪松等，2018）

区号	利用方式/植被类型	平水年（2007 年）			丰水年（2008 年）		
		平均值	最大值	最小值	平均值	最大值	最小值
1	火烧迹地	0.66bc	1.74	0.03	0.98a	3.58	0.08
2	轻度退化区	0.32f	0.98	0.02	0.08d	0.33	0.01
3	中度退化区	0.77ab	2.10	0.10	0.57abc	2.63	0.03
4	重度退化区	0.54cde	1.45	0.08	0.62abc	3.46	0.03
5	植被封育区	0.85a	4.57	0.15	0.94ab	3.63	0.24
6	经济林	0.64bcd	1.76	0.13	0.70abc	3.00	0.06
7	落叶果树	0.74ab	4.13	0.12	0.77abc	3.04	0.13
8	木本饲料区	0.48cdef	2.88	0.05	0.49cde	2.66	0.03
9	坡耕地	0.54cde	1.50	0.06	0.61abc	2.47	0.11
10	草本饲料区	0.53cde	1.77	0.10	0.57abc	3.40	0.07
11	落叶乔木林	0.46def	1.45	0.15	0.61abc	2.85	0.24
12	常绿乔木林	0.45def	1.69	0.01	0.36dc	2.43	0.06
13	落叶常绿混交林	0.41def	1.18	0.03	0.51bc	2.21	0.01

注：同一列不同字母表示处理间在 0.05 的水平上差异显著。

喀斯特坡地径流系数低的主要原因是土-石界面入渗系数高和表层岩溶带孔、隙、洞发育。喀斯特坡地土层浅薄、异质性强，难以覆盖全部坡面，降水产生的地表径流遇到石土界面，迅速入渗，进入表层岩溶带，因此地表径流系数极低，多小于 5%。只有大暴雨或特大暴雨时，才形成蓄满产流。例如普定陈旗小流域，次暴雨降水量<60mm 基本不产流，超过 70mm 才发生洪水。

9.2.3 坡地侵蚀模数低

中国科学院地球化学研究所普定陈旗小流域 2007～2010 年 6 个径流场年均侵蚀模数为 0.10～31.74t/(km²·a)，最低的是草灌植被已恢复的火烧迹地，最高的是放牧灌草地，侵蚀模数最高的是放牧严重的稀疏灌丛，最低的是封禁的幼林地（表 9-1）。中国科学院环江喀斯特生态系统观测研究站 2006～2010 年 13 个径流场的年均侵蚀模数介于 0.6～27.2t/(km²·a)，坡耕地最高，轻度退化区最低（表 9-3）。喀斯特洼地沉积 ^{137}Cs 断代法，测定的普定、荔波、环江 6 个喀斯特小流域的侵蚀模数，除普定石人寨小流域 1979 年森林破坏后 1979～2007 年的年均侵蚀模数为 2754t/(km²·a)外，其余的小流域 1963 年以来平均侵蚀速率为 1.0～48.7t/(km²·a)，其中，荔波原始森林小流域最低（表 9-4）。陈洪松等（2018）汇总分析了径流小区、侵蚀划线法及核素示踪法等技术手段测定的西南喀斯特不同地区的侵蚀模型，认为"受地表覆盖情况、土壤厚度空间分布、表层岩溶带结构、地表-地下网络通道水文连通性等因素的综合影响，不同地貌类型区土壤地表侵蚀产沙存在一定的差异。但是，通过径流小区、侵蚀划线或核素示踪手段获得的以自然植被类型为主的碳酸盐岩喀斯特坡面年均地表土壤侵蚀模数大部分比较微弱[<100t/(km²·a)]，耕作、放牧、砍伐等人为干扰在石漠化初期可加剧地表土壤侵蚀（表9-5）"。

表9-3 环江喀斯特生态站2006～2010年不同利用方式地表侵蚀模数变化特征（陈洪松等，2018）

区号	利用方式/植被类型	侵蚀模数/[t/(km²·a)]					
		2006年	2007年	2008年	2009年	2010年	平均
1	火烧迹地	—	15.6	22.0	6.4	6.5	12.6ab
2	轻度退化区	0.5	1.4	0.3	0.6	0.0	0.6b
3	中度退化区	5.3	10.8	24.0	25.0	8.7	14.8ab
4	重度退化区	1.9	2.7	1.1	0.63	0.1	1.3b
5	植被封育区	3.3	3.1	2.3	2.1	1.5	2.5b
6	经济林	54.7	38.3	15.8	4.1	1.5	22.9a
7	落叶果树	21.9	16.2	8.8	6.6	3.6	11.4ab
8	木本饲料区	3.8	4.7	3.8	0.5	0.1	2.6b
9	坡耕地	6.3	12.5	18.2	21.1	77.8	27.2a
10	草本饲料区	4.9	6.3	8.4	1.1	2.3	4.6b
11	落叶乔木林	—	8.6	3.5	1.1	1.0	3.6b
12	常绿乔木林	—	7.9	4.6	1.1	0.5	3.5b
13	落叶常绿混交林	—	5.6	8.3	1.5	0.8	4.0b

注：同一列不同字母表示在0.05的水平上差异显著；"—"表示新建小区没有观测结果。

表9-4 西南喀斯特地区6个小流域的侵蚀速率（洼地沉积物^{137}Cs断代法）（张信宝等，2017）

洼地名称	取样年份	年降水量/mm	洼地/流域面积/hm²	坡地的土地利用方式	1963年以来泥沙沉积厚度和体积/(cm/m³)	1963年以来流域土壤平均流失速率/[t/(km²·a)]
工程碑/荔波/贵州	2007	1753	0.06/15.4	较茂密的次生林和草地	18/108	20.7
坡格/荔波/贵州	2007	1853	0.07/42.6	茂密的原始森林	2/14	1.0
古周/环江/广西	2008	1638	0.44/41.8	下部陡坡（25°～30°）的1/3为坡耕地，余者和上部极陡坡（≥45°）为茂密的森林	16/704	48.7
中坝/普定/贵州	2008	1397	0.40/36	较茂密的次生林	6/240	19.3
马官/普定/贵州	2008	1397	0.44/45	较茂密的次生林，少量耕地	8/352	22.6
石人寨/普定/贵州	2008	1397	0.22/5.4	次生林和草地占75%，其余为耕地；1979～1981年毁林开荒严重	121/2662	2754*

*1979年以来的值。

表 9-5　西南喀斯特地区土壤地表侵蚀产沙研究汇总（陈洪松等，2018）

地理位置	地貌类型	研究地区	研究面积	岩性	估算方法	研究年份	年降水量/mm	土壤侵蚀模数/[t/(km²·a)]
贵州花江峡谷	中低山峡谷	牛场坡	0.263km²	纯碳酸盐岩	沉沙池	1999~2000 年	844	1.654~24.558
贵州关岭布依族苗族自治县	中低山峡谷	板贵坡	—	部分碳酸盐岩	谷坝	1999~2003 年	—	174.5~813.6
		查尔岩小区	10m×20m	碳酸盐岩为主	侵蚀划线法为主	2003~2005 年	—	17.54~23.57
贵州清镇市	高原	坡面	5m×20m	碳酸盐岩	径流小区	2002 年	1091	78.4~185.7
贵州遵义市	沟谷盆地	龙坝坡面	5m×20m	碳酸盐岩及砂页岩	径流小区	2006 年	1036	47.4
贵州沿河土家族自治县	低山沟谷	沿河梨子坡面	10m×20m	碳酸盐岩及碎屑岩	侵蚀划线	2006 年	1136	318.6
贵州毕节市	中低山地	石桥坡面	5m×20m	碳酸盐岩及砂页岩	径流小区	2006 年	836	604.5
广西龙何屯	峰丛洼地	坡面各部位	—	纯石灰岩	侵蚀划线法	2007~2009 年	—	4.02~1441.29
广西环江县	峰丛洼地	坡面中下部	约20m×100m	白云岩	径流小区	2006~2010 年	1507	<77.8
贵州普定县	峰丛洼地	坡面中上部	700~2900m²	纯石灰岩	径流小区	2007~2008 年	988	0.05~62.25
贵州龙里县	中低山丘陵	坡面	5m×20m	—	径流小区	2000~2010 年	1158	—
贵州荔波县	峰丛洼地	工程碑小流域	0.154km²	石灰岩及少量白云岩	^{137}Cs 洼地推算	1963~2007 年	—	45.95
贵州普定县	峰丛洼地	冲头小流域	0.47km²	石灰岩	^{137}Cs 洼地推算	1963~2008 年	—	20.27
广西环江县	峰丛洼地	成义小流域	0.418km²	石灰岩、白云岩	^{137}Cs 洼地推算	1963~2008 年	—	57.1
贵州普定县	峰丛洼地	石人寨小流域	0.054km²	石灰岩	^{137}Cs 洼地推算	1963~2007 年	1397	1570
贵州普定县	峰丛洼地	马官小流域	0.44km²	石灰岩、白云岩	^{137}Cs 洼地推算	1963~2007 年	—	20
广西环江县	峰丛洼地	古周小流域	0.31~0.804km²	石灰岩	^{137}Cs 洼地推算	1963~2011 年	1499	12.3~20.6

注："—"表示文献中没有统计。

喀斯特坡地侵蚀模数低的主要原因是：①坡地径流系数低，地表径流量小。如前所述，由于土-石界面入渗系数高和表层岩溶带孔、隙、洞发育，喀斯特坡地径流系数低，多小于 5%。例如普定陈旗小流域径流小区，降水量<60mm，基本不产流；超过 70mm 才普遍产流，径流量随降水量增加迅速增加。径流的侵蚀、输沙能力与径流量呈幂次方关系，喀斯特坡地径流量小，侵蚀、输沙能力低。②喀斯特坡地土层浅薄，异质性强。土被面积比例低，可侵蚀物质量少；溶沟、溶槽、洼地发育，坡地糙率高，径流流速慢。

9.2.4 森林破坏前后喀斯特小流域水土流失强度的变化

洼地沉积物 ^{137}Cs 断代法测定的 6 个喀斯特小流域的侵蚀产沙模数，原始森林植被的贵州荔波坡格小流域最低，侵蚀产沙模数为 1.0t/(km^2·a)；1979～1981 年期间流域森林植被严重破坏的贵州普定石人寨小流域，侵蚀产沙模数为 2754t/(km^2·a)；其余的次生林或次生林+坡耕地的 4 个小流域，侵蚀产沙模数为 19.3～48.7t/(km^2·a)。根据以上数据，可得出以下认识：原始森林植被未遭受破坏的小流域，坡地基本无水土流失，侵蚀产沙模数低于 10t/(km^2·a)；森林植被遭受破坏的短期内，坡地土壤失去植被保护，翻耕扰动破坏土壤结构，易于侵蚀，坡地水土流失极为强烈，侵蚀产沙模数可高达数千至上万 t/(km^2·a)；耕作一段时间后，除溶沟、溶槽、洼地内的土壤外，其余坡地土壤大量流失，"无土可流"，侵蚀产沙模型又降至 10～100t/(km^2·a)。典型喀斯特小流域森林植被破坏后的水土流失强度变化的趋势见图 9-8。

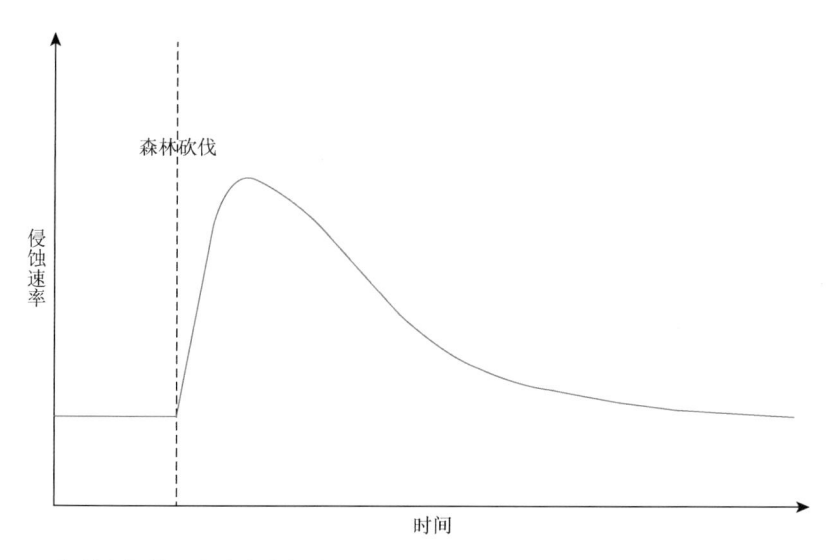

图 9-8　典型喀斯特小流域森林植被被破坏后的水土流失强度变化趋势（张信宝等，2017）

9.2.5 地下漏失土壤的去向

地下漏失的坡地表层土壤有两个去向：一部分充填碳酸盐岩化学溶蚀形成的孔、隙、洞；其余的随下渗径流进入地下水文管道系统，最终流入地表河。

碳酸盐岩岩溶形成的孔、隙、洞的体积，是十分可观的。不考虑酸不溶物和碳酸盐矿物的比例差异，酸不溶物含量 5% 的 1m^3 的纯碳酸盐岩，溶蚀后将形成 0.95m^3 体积的孔、隙、洞。以土体容重 1.6g/cm^3 计，体积 1m^3 的孔、隙、洞，需要溶蚀 12m^3 碳酸盐岩形成的土体充填。纯碳酸盐喀斯特坡地岩溶蚀形成的土体远不足以充填自身溶蚀形成的孔、隙、洞。我们认为，喀斯特坡地地下漏失的土壤主要去向是充填表层岩溶带的孔、隙、洞；随下渗径流进入地下水文管道系统（狭义的地下漏失），流入地表河的地下漏失量有限。

9.2.6 地下漏失贡献率与河流泥沙来源

大气层核试验产生的 ^{137}Cs 放射性尘埃仅赋存于深度小于 10~20cm 的表层土壤，一些研究者尝试用地下河（泉）或地表河泥沙与喀斯特流域表层土壤的 ^{137}Cs 含量的对比，利用混合模型，计算地下漏失的贡献率。小流域的研究表明，地下河或地表河泥沙的 ^{137}Cs 核素多远低于流域表层土壤，得出河流泥沙主要来源于地下漏失的结论。例如贵州茂兰国家级自然保护区（简称茂兰保护区）的坡格洼地森林小流域，出露岩层为二叠纪石灰岩，坡地表层土壤和附近出水洞泥沙的 ^{137}Cs 平均比活度分别为 7.12Bq/kg 和 1.43Bq/kg，利用混合模型求得的地下漏失贡献率为 80%。中国科学院环江喀斯特生态系统观测研究站次生灌丛林小流域，出露岩层为泥盆-石炭纪白云岩，坡地表层土壤和水库底泥的 ^{137}Cs 平均比活度分别为 15.17Bq/kg 和 1.82Bq/kg，地下漏失贡献率为 88%。

进一步的深入研究表明，碳酸盐岩层中往往夹有一些不含 ^{137}Cs 的泥岩或泥灰岩夹层，^{137}Cs 单一示踪法不能区分出此类岩层的产沙贡献。程倩云等（2019）利用表层土壤 ^{137}Cs 含量高、磁化率高，深层土壤不含 ^{137}Cs、磁化率中等，泥岩不含 ^{137}Cs、磁化率低的特点，采用 ^{137}Cs 和磁化率的复合示踪法，研究了普定陈旗小流域地下河和地表河的泥沙来源（图 9-9）。该流域面积 1.3km^2，地层为中三叠统关岭组第二段中薄层灰岩、白云质灰岩夹薄层泥岩，穿丘谷地地貌，沟口地下河出露，谷地为农田，有落水洞分布。研究表明，该流域地下河和地表河的泥沙均主要来源于泥灰岩碎屑，表层土壤对地下河泥沙无贡献，对地表河泥沙的贡献率为 4.3%。此项研究不但证实了喀斯特坡地表层土壤不是该小流域的地表河和地下河泥沙的主要来源，还指出碳酸盐岩中的少量泥灰岩夹层可能是喀斯特小流域泥沙的主要来源。

图 9-9 普定陈旗小流域地表河和地下河的不同泥沙来源的贡献率（程倩云等，2019）

贵州乌江上游的三岔河流域面积 6713km^2，碳酸盐岩、碎屑岩和玄武岩面积分别占流域面积的 73.46%、17.79% 和 8.75%，是典型的碳酸盐岩流域（图 9-10）。刘爽（2020）采用磁化率和地球元素复合指纹法，测定分析了三岔河四条支流的这三种岩性土壤对河流悬移质泥沙贡献率（表 9-6）。由表可见，四条支流碎屑岩泥沙贡献率与面积比例的比值（1.77~4.57）远大于碳酸盐岩（0.02~0.63），玄武岩居中（0.76~1.76），显然碎屑岩坡地的产沙强度远大于碳酸盐岩坡地,是三岔河流域侵蚀最强烈的坡地。连山河流域碎屑岩面积比例 9.0%,泥沙贡献率 41.1%;阿勒河流域碎屑岩面积比例 34.5%,泥沙贡献率 91.9%。碳酸盐岩流域的碎屑岩面积可能不大,但往往是河流泥沙的主要来源,应高度重视碎屑岩坡地水土保持。

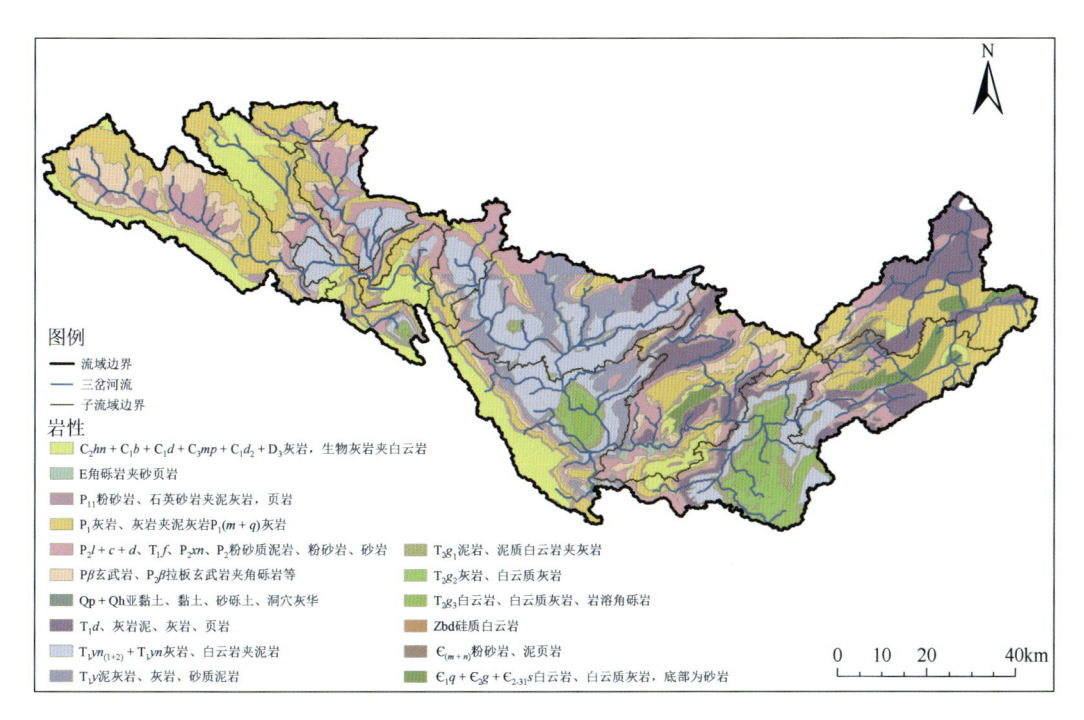

图 9-10 三岔河流域地层岩性分布图(刘爽,2020)

表 9-6 三岔河流域 4 条支流的碳酸盐岩、碎屑岩和玄武岩面积占流域面积比例和泥沙贡献率(刘爽,2020)

流域名称	流域面积/km²	碳酸盐岩 面积比例/泥沙贡献率/%	碳酸盐岩 泥沙贡献率与面积比例的比值	碎屑岩 面积比例/泥沙贡献率/%	碎屑岩 泥沙贡献率与面积比例的比值	玄武岩 面积比例/泥沙贡献率/%	玄武岩 泥沙贡献率与面积比例的比值
大河流域	792	55.2/34.6	0.63	15.7/34.3	2.18	29.1/31.1	1.07
连山河流域	387	84.1/52.0	0.62	9.0/41.1	4.57	7.9/6.9	0.87
阿勒河流域	350	56.0/0.9	0.02	34.5/91.9	2.66	9.5/7.2	0.76
阳长水文站流域	216	56.2/22.6	0.40	38.0/67.1	1.77	5.8/10.3	1.76

9.2.7 成土速率与容许流失量

曹建华等(2008)汇总了西南岩溶区各地碳酸盐岩的溶蚀速率,提出了西南岩溶区的土壤容许流失量（微度）和不同侵蚀强度的分级标准，并与以往岩溶研究工作者的成果进行了对比（表9-7）。张信宝认为，西南岩溶山地的土壤容许流失量的确定，应考虑碳酸盐岩层中的碎屑岩含量。建议的土壤容许流失量（不同碎屑岩含量）分别为20~100t/(km²·a)（5%~15%）；100~250t/(km²·a)（15%~30%）；250~500t/(km²·a)（>30%）。

表9-7　西南岩溶区土壤侵蚀强度分级标准初步厘定［单位：t/(km²·a)］（柴宗新，1989；韦启璠，1996；曹建华等，2008）

标准	微度	轻度	中度	强度	极强度	剧烈
1997年水利部标准	<200, 500, 1000	200, 500, 1000~2500	2500~5000	5000~8000	8000~15000	>15000
柴宗新	<68	68~100	100~200	200~500	≥500	
韦启璠	<50	50~100	100~200	200~500	500~1000	≥1000
万军等	<46	46~230	230~460	460~700	700~1300	≥1300
本书	<30	30~100	100~200	200~500	500~1000	≥1000

9.3　有关石漠化问题的一些认识

9.3.1　地面物质组成与裸岩率叠加的石漠化分类

20世纪80年代，受用"荒漠化"表述干旱半干旱地区的生态环境退化或土地退化的启发，地质矿产部岩溶地质研究所的袁道先院士和贵州省山地资源研究所的杨汉奎教授提出了"karst desertification"和"石漠化"的术语，用以表述西南喀斯特地区的生态环境退化。之后，"石漠化"迅即得到学术界的认同并为社会大众接受，之前的"石山治理"也改称为"石漠化治理"。为了表征喀斯特地区石漠化（土地退化）的程度，石漠化分类方案也应运而生。其中，影响最大的是贵州师范大学熊康宁教授提出的"喀斯特石漠化分级标准"，他将石漠化分为极强度、强度、中度、轻度、潜在和无明显石漠化6个强度等级。由于裸岩（没有植被覆盖的岩石地面）是岩溶山地石漠化最醒目的景观标志，也是遥感调查易于识别的土地类型，因此通常用裸岩面积占土地面积的比例作为石漠化程度分级的标准。

我们认为该标准存在一些缺陷：①不能反映坡地土被状况，不利于用以指导石漠化治理。同为轻度石漠化坡地，土被面积比例差别可以很大，但土多和土少的坡地，石漠化治理的措施配置是不同的。②"潜在石漠化"作为石漠化程度的一个等级，存在科学逻辑问题。"潜在"的释义是"存在于事物内部尚未显露出来的"，所有下伏碳酸盐岩的土地都有发生石漠化的可能，都是"潜在石漠化"土地。据了解，提出这一等级的原意是用以表征"一部分没有发生明显石漠化，但易于发生石漠化的土地"。这是发生石漠化的可能性问题，和石漠化的程度分属不同的科学序列，不能混为一谈。

考虑现行石漠化分类没有考虑地面物质组成（土被），不利于指导石漠化治理规划编制和措施选择，以及"潜在石漠化"存在的科学逻辑问题，笔者撰写了《西南岩溶山地坡地石漠化分类刍议》一文，提出了"地面物质组成+石漠化程度"的石漠化分类方案（表9-8）。

表9-8 地面物质组成+石漠化程度的石漠化分类（张信宝等，2007b）

石漠化程度（裸岩率）/%	坡地类型及石质土地面积率/%				
	土质（Ⅰ类地，<20）	土质为主（Ⅱ类地，20~40）	土石质（Ⅲ类地，40~60）	石为主（Ⅳ类地，60~80）	石质（Ⅴ类地，80~100）
无 0~30	无石漠化土质坡地	无石漠化土质为主坡地	无石漠化土石质坡地	无石漠化石质为主坡地	无石漠化石质坡地
轻度 30~50		轻度石漠化土质为主坡地	轻度石漠化土石质为主坡地	轻度石漠化石质为主坡地	轻度石漠化石质坡地
中度 50~70			中度石漠化土石质为主坡地	中度石漠化石质为主坡地	中度石漠化石质坡地
强度 >70				强度石漠化石质为主坡地	强度石漠化石质坡地

9.3.2 USLE 和 RUSLE 用于计算喀斯特坡地的土壤流失量

20世纪50年代开始，美国以在落基山脉以东地区8250个径流试验小区收集的资料为依据，在威斯迈尔（Wischmeier）的指导下得到通用土壤流失方程 USLE，用于计算在一定耕作方式和经营管理制度下，因面蚀产生的年平均土壤流失量。1992年美国农业部农业研究局提出了 USLE 的新一代模型 RUSLE。RUSLE 模型与 USLE 模型的结构基本相同，其表达式为

$$A = R \times K \times L \times S \times C \times P \tag{9-1}$$

式中，A 为任一坡耕地在特定的降水、作物管理制度及所采用的水土保持措施下，单位面积年平均土壤流失量，t/hm²；R 为降雨侵蚀力因子，是单位降雨侵蚀指标，如果融雪径流显著，需要增加融雪因子，MJ·mm/(hm²·h)；K 为土壤可蚀性因子，等于标准小区上单位降雨侵蚀指标的土壤流失率；L 为坡长因子；S 为坡度因子，等于其他条件相同时实际坡度与9%坡度相比土壤流失比值，由于 L 和 S 因子经常影响土壤流失，因此，称 LS 为地形因子，以示其综合效应；C 为植被覆盖和经营管理因子，等于其他条件相同时，特定植被和经营管理地块上的土壤流失与标准小区土壤流失之比；P 为水土保持措施因子，等于其他条件相同时实行等高耕作，等高带状种植或修地埂、梯田等水土保持措施后的土壤流失与标准小区上土壤流失之比。

这两种模型是根据农田径流试验小区观测资料建立的模型，虽对其适用性和计算结果可信度存在争议，但现已广泛应用于计算世界许多地区不同尺度流域和区域的土壤流失量。部分研究者也用 USLE 或 RUSLE 计算了一些西南喀斯特地区的土壤流失量，但得

出的土壤流失量远高于径流小区、洼地沉积物 ^{137}Cs 断代法测定的土壤流失量,如赵海兵等求算出的贵阳麦西河流域年均土壤侵蚀速率为 1230.81t/(hm^2·a);曾成等算出的贵州峰丛洼地区 60%以上面积的侵蚀强度大于 1212.66t/(km^2·a);李佳蕾等在"基于 RUSLE 模型的中国土壤水蚀时空规律研究"一文中提到,西南喀斯特地区的侵蚀强度和以东的非喀斯特地区无甚差别,大部分为轻度以上[>1000t/(km^2·a)]。

西南喀斯特 RUSLE 模型的土壤流失量计算值远大于实测值的原因何在?笔者认为主要原因是没有认识到喀斯特坡地和非喀斯特坡地侵蚀性降雨标准的差异。王万忠和焦菊英在《中国的土壤侵蚀因子定量评价研究》一文中汇总了中国不同地区侵蚀性降雨标准(表9-9),认为"我国普遍采用的侵蚀性降雨指标为 10mm。符合这一标准的侵蚀量可占总流失量的 95%以上。次侵蚀量普遍≥5.0t/hm^2,这一标准较美国的 12.7mm 和日本的 13.0mm 偏低一些"。降雨侵蚀力是根据高于侵蚀性降雨标准的降雨计算求得的,表 9-9 中列出了 4 种土壤(黄土、红土、黑土、紫色土),这些土壤的坡地均不存在地下漏失。这些土壤的侵蚀性降雨标准显然不同于喀斯特坡地。由于土层浅薄,异质性强和表层岩溶带孔、隙、洞发育,地下漏失强烈,西南喀斯特坡地的侵蚀性降雨指标应远大于 10mm。普定陈旗小流域,径流系数低(<5%),次暴雨降雨量<60mm,基本不产流;>70mm,才发生洪水;流域内布设的坡面径流小区观测结果表明,雨量大于 40mm 或雨强大于 30mm/h 的强降雨才发生产流产沙。中国科学院环江喀斯特生态站喀斯特坡地径流小区(5m×20m)的人工降雨试验表明,稳定超渗产流雨强为 40mm/h。由于没有考虑喀斯特坡地存在地下漏失的特殊性,此文的"全国年降雨侵蚀力等值线图"(图 9-11)没有显示出西南喀斯特地区和相邻地区降雨侵蚀力的差异。此外,喀斯特地区的侵蚀性降雨指标还可能与坡地裸岩面积比例、坡地糙度和土壤粒度组成等因素有关。建议踏实开展西南预测喀斯特坡地和小流域侵蚀产沙的基础研究,加强径流小区和小流域水文站观测,利用新技术提取洼地沉积物赋存的侵蚀产沙信息,在确定西南喀斯特坡地侵蚀性降雨指标的基础上,提出降雨侵蚀力计算方法,根据水土运移物理过程特点,建立坡地和小流域侵蚀产沙统计模型或物理模型。

表 9-9 中国不同地区的侵蚀性降雨标准(王万忠和焦菊英,1996)

地区	代表性土壤	地点	标准/mm P	I_{10}	I_{30}	研究者
西北	黄土	陕西子洲	9.9	5.2	7.2	王万忠
	黄土	甘肃西峰	10.0		7.5	江忠善
	黄土	陕西子洲	9.6		7.1	刘元宝
东北	黑土	黑龙江宾县	8.9	5.0	8.0	高峰
东南	红土	广东电白	9.4			陈法扬
西南	紫色土	四川资阳	8.9		10.7	张奇
	紫色土	贵州毕节		7.0		林昌虎

图 9-11 全国年降雨侵蚀力等值线图（王万忠和焦菊英，1996）

9.3.3 ^{137}Cs 土壤剖面法不适用于喀斯特坡地土壤流失量的测定

^{137}Cs 是 20 世纪 50~70 年代大气层核试验产生的放射性尘埃，半衰期 30.17 年，主要随降水沉降到地面，1963 年沉降量最大。^{137}Cs 沉降到地面后，随即被表层土壤强烈吸附，基本不被淋溶和植物摄取，其后的运移主要伴随土壤或泥沙颗粒的运动。20 世纪 60 年代以来，^{137}Cs 法逐渐广泛用于土壤侵蚀量的测定，国内黄土、红土、黑土和紫色土等土壤均有应用报道，效果较好。^{137}Cs 法测定土壤侵蚀量的原理，是根据侵蚀土壤剖面的 ^{137}Cs 流失量，利用相关模型计算侵蚀量。剖面土壤样品的采集多采用取样筒法，根据取样筒的面积和土样的 ^{137}Cs 活度求算土壤的 ^{137}Cs 面积活度。

为了验证这一方法测定喀斯特坡地土壤流失量的适用性，2007 年李豪等在中国科学院环江喀斯特生态站开展了相关研究。考虑喀斯特坡地土壤异质性强、土被分布不连续、土层厚薄不一，取样筒法可能不适用于喀斯特坡地土壤样品的采集，采用了宽幅样带的取样方法，以图解决取样筒取样代表性不好的问题。在紧邻径流小区的坡地，砍出了一条长 337m、宽 3m 的顺坡取样带，清除地面灌丛植被，采用大面积开挖法采集土壤全样。取样样方顺坡长 1m（1m×3m），样方间隔 10m 左右。研究坡地 ^{137}Cs 平均面积活度仅

261.1Bq/m² （表 9-10），为本底值的 26.2%，用非农耕地土壤剖面深度分布模型和扩散模型计算出的侵蚀模数分别为 2190.5t/(km²·a) 和 567.34t/(km²·a)。紧邻取样带的大型径流小区 2005 年以来的侵蚀模数不到 10t/(km²·a)，显然，侵蚀模数的 ¹³⁷Cs 法测定值不能表征实际侵蚀模数，解释如下：①喀斯特坡地土壤粒度粗，土层薄，¹³⁷Cs 吸附总量有限。样地土壤<2mm 的细粒土平均含量仅 24.8%，细粒土的平均质量厚度 1.82g/cm²，以土壤干容重 1.3g/cm³ 计，相应的土层厚度仅 1.4cm。黄土和紫色土等均值土，¹³⁷Cs 吸附于 10 余厘米厚的土层内，显然喀斯特坡地土壤吸附 ¹³⁷Cs 的能力远低于黄土和紫色土。②岩溶坡地裸岩面积比例大，¹³⁷Cs 降尘核爆期间流失比例高。岩石基本不吸附 ¹³⁷Cs 尘埃，核爆期间随降水沉降到裸石上的部分 ¹³⁷Cs 尘埃随径流直接流失，未被土壤吸附。岩溶坡地土壤的 ¹³⁷Cs 流失未必是坡地地表流水侵蚀的结果，因此即使采用大面积开挖法，¹³⁷Cs 法也不适用于岩溶坡地土壤流失量的测定。2008 年，张信宝在国际原子能机构协调研究计划（CRP）项目会议上，作了"现行的 ¹³⁷Cs 示踪方法不适用于测定岩溶坡地的土壤流失量"的报告，得到了与会专家的认可和高度评价。项目学术秘书 Gerd 说："喀斯特土壤异质性强，研究难度大，土壤学家多回避此类土壤，你敢于挑战喀斯特土壤，有勇气；研究结果也令人信服，现行的 ¹³⁷Cs 示踪方法不适用于测定喀斯特坡地土壤流失量的结论是可信的"。

表 9-10 ¹³⁷Cs 取样坡地土层平均质量厚度、¹³⁷Cs 比活度和面积活度（李豪等，2009）

样方坡位	编号	坡度/(°)	距坡顶距离/m	土层平均质量厚度（粒径<2mm）/(g·cm²)	¹³⁷Cs 比活度/（Bq/kg）	¹³⁷Cs 面积活度/（Bq/m²）
坡顶裸地	1	2	0	2.66	15.68	417.24
	2	61	66.7	5.10	14.47	992.54
上部裸岩及陡坡	3	63	85.7	—	24.72	—
	4	50	109.0	1.36	19.24	299.72
上部裸岩及陡坡	5	38	122.1	2.07	20.91	529.38
	6	28	132.5	2.12	9.49	228.37
	7	28	141.2	2.36	11.02	294.93
	8	19	157.2	1.89	7.25	144.89
	9	28	168.2	1.85	9.52	174.43
中下部倒石堆坡地	10	28	185.7	1.69	8.44	161.16
	11	30	196.5	0.96	11.09	122.55
	12	23	210.2	2.20	9.92	237.31
	13	16	229.1	1.81	9.44	203.26
	14	10	244.8	2.24	8.49	192.92
	15	15	263.2	2.12	5.48	120.27
	16	17	286.6	0.89	16.21	154.98
坡脚（基岩+黄壤）	17	20	296.6	1.36	9.99	142.45
	18	18	323.3	1.25	10.88	143.4
	19	12	337.3	2.35	5.92	140.2

9.3.4 矿质养分、土壤丰量与植被生产力

2007年初，张信宝和王世杰等一起考察茂兰保护区，发现保护区内的原始森林没有高大的树木。询问后得知，喀斯特石质山地树木胸径小、生长慢是普遍现象，树龄一般不超过几十年。茂兰保护区为南亚热带湿润气候区，年降水量高达1754mm，植被群落多喜湿植物，干旱缺水显然不是石质山地树木生长慢、树龄短的主要原因，应该是矿质养分问题。土壤-植被系统处于稳定态的自然状况下，来自大气的养分输入＋来自风化的养分输入＝土壤流失和淋溶造成的养分输出，死亡的植物体和枯枝落叶腐烂后每年回返到土壤中的矿质养分＝植被群落从土壤中每年吸取的矿质养分（图9-12）。

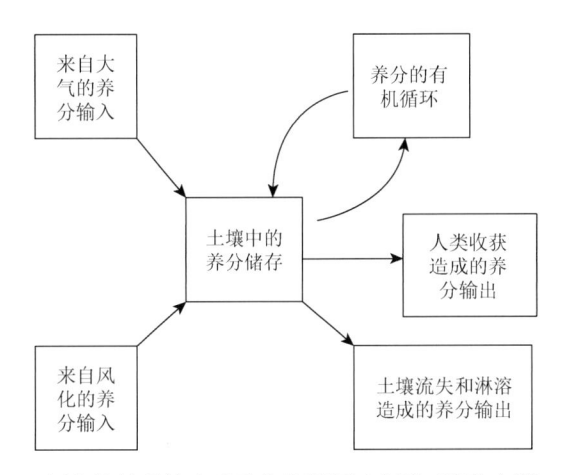

图9-12 土壤-植被系统中矿质养分循环示意图（张信宝等，2009）

杨汉奎和程仕泽在《贵州茂兰喀斯特森林群落生物量研究》一文中，给出了茂兰保护区石质坡地森林群落生物量调查结果。群落的乔木层生物量89.2t/hm^2，不仅低于南方哀牢山木果石栎林的348.7t/hm^{2}和湖南会同66年生杉木林的274.9t/hm^2，也低于北方长白山阔叶红松林的275.7t/hm^{2}和长白山云、冷杉林的242.6t/hm^2。"与世界现存各类森林相比，茂兰喀斯特森林为低生物量森林。"

中国科学院环江喀斯特生态系统观测研究站的^{137}Cs法测定土壤流失量采样坡地的土壤质量厚度为21.95kg/m^2，以土壤干容重1.0g/cm^{3}计，相应的土层厚度仅为2.1cm。这意味着，每年森林从土壤中吸取的矿质养分重量约相当于土壤总重量的千分之二。喀斯特坡地土壤总量少，难以满足高大树木对矿质养分的需求，碳酸盐岩石的矿物成分主要为石灰岩和白云岩，除Ca和Mg外，基本不能提供其他矿质养分。喀斯特石质坡地土壤总量少，提供矿质养分能力有限，可能是植物生长受限的重要原因。

一些石漠化坡地土壤有机质、N、P、K含量往往并不低，"喀斯特坡地土壤是肥沃的，但土壤总量太少，土地是贫瘠的"。有机质、N、P、K等养分含量指标基本可以表征均质土土地的肥力。但喀斯特坡地土壤是非均质土，异质性强，养分含量指标难以表征土地的肥力。土壤的多寡关乎对植被的养分和水分的提供能力，是评判喀斯特坡地土

地质量的重要指标。由于异质性强，石漠化强烈的石灰岩坡地土壤往往残存于垂向的缝隙中，土壤的多寡难以用土壤厚度来表征。文献中常常用"土层浅薄""厚度不足 30cm"描述喀斯特坡地土壤少的特点，科学上不严谨。喀斯特坡地植被的生物量和生产力与土壤的多寡密切相关，后者可以用"土壤丰量"表征，其定义为：植物根系主要分布深度（1m）内的单位面积土壤总量（t/m^2）。喀斯特坡地土壤营养物质含量不低，土壤是肥沃的；但土壤总量太少，土地是贫瘠的。

9.3.5 石漠化治理垂直分带模式和石漠化治理率远期目标（阈值）

西南喀斯特地区典型锥峰丘陵坡地地面物质组成的垂直分布规律：坡上石质坡地，坡度 35°～37°，几乎全为裸岩，土壤极少（石灰土），赋存于岩石裂隙中；坡腰土石质坡地，坡度 20°～35°，土壤少-较少（石灰土），土层薄，不连续，溶沟、溶槽、溶穴发育；坡麓土质坡地，坡度<20°，土层较厚或厚（黄、红壤）（图 9-13）。这三类坡地的土地利用方式，以贵州岩溶高原区普定—安顺一带为例，坡上石质坡地，多为次生林灌或裸地；坡腰土石质坡地，20 世纪 90 年代退耕还林前，旱作农田或次生林灌，农田现多已退耕，部分种植经济林果；坡麓土质坡地，多为旱作农田。此类喀斯特丘陵坡地的石漠化治理应采取"因土制宜，垂直分带治理"的模式。坡上石质坡地，退耕还林、还灌，自然修复为主，恢复植被。坡腰土石质坡地，尽可能退耕还林、还草，营造用材林，种草养畜；未退耕的坡耕地，构建比较完善的路沟池配套的道路灌溉系统，尽可能种植经济林果和多年生作物，减少土壤扰动。坡麓土质坡地，同非喀斯特地区的坡耕地治理，采用以坡改梯为核心措施的水土流失防治模式坡改梯，建设基本农田。

图 9-13　西南喀斯特丘陵坡地地面物质组成的垂直分带（张信宝等，2017）

水利部新近提出了水土保持率、水土保持率阈值等水土保持评价指标的概念内涵、确定方法，用以科学指导全国的水土流失治理。水土保持率是指区域内水土保持状况良好的面积（非水土流失面积）占土地面积的比例；是反映水土保持总体状况的宏观管理指标,是水土流失预防治理效果和自然禀赋水土保持功能在空间尺度的综合体现。水土保持率阈值(远期目标)是指通过水土流失预防和治理,区域内水土保持状况良好的面积(非水土流失面积)占土地面积比例的上限;其反映的是符合自然规律并满足经济社会发展要求下,水土流失预防和治理应当达到的程度。结合生态文明和美丽中国建设要求,阈值年确定为2050年。水土保持率阈值剔除了不需治理的水土流失面积,如高寒、高海拔人口稀疏地区,集中连片沙漠、戈壁及部分沙地和一些地区集中连片裸露基岩为主体的现存水土流失面积,需要实施针对性预防、治理措施,但受自然、经济、技术水平等限制,难以治理的水土流失面积。

适应时代的进步和认知水平的提高,水土保持的评价指标有所变动,石漠化治理的评价指标也应有所变动。类似的石漠化治理率和阈值等指标,也将用于指导石漠化治理和成效评价。许多锥峰裸露的坡上石质坡地可能原来就没有自然植被;即使原来有自然植被,破坏后土壤流失殆尽,植被也难以恢复。将来确定石漠化治理率远期目标(阈值),应剔除这部分面积。一些土壤流失殆尽的坡中土石质坡地,治理难度太大,这部分面积也应剔除。

9.3.6 石漠化治理历程

1949年以来,西南喀斯特石漠化地区的各级政府领导广大群众不断地开展石漠化的治理(20世纪80年代中期前称为石山治理)。随着社会经济的发展、管理体制的变化和科学技术的进步,石漠化治理的目标和措施也有所变化。进入21世纪,治理成效显著,石漠化加剧的势头不但得到抑制,而且出现了逆转的趋势。依据石漠化概念变化,农村管理体制改革和石漠化治理、天然林保护等国家重大生态治理工程提出的时间节点,1949年以来西南喀斯特地区的石漠化治理划分为以下4个阶段(以贵州省为例,表9-11):石山治理阶段(20世纪50~80年代中期)、石漠化治理初始阶段(20世纪80年代中期~1998年)、石漠化治理生态建设阶段(1999~2008年)和石漠化治理设置专项阶段(2009年以后)。

表9-11 不同阶段石漠化治理措施的变化(张信宝,2016)

治理阶段 (时间)	主要 治理目标	治理措施的 重要程度	科学技术的 研究进展和应用	社会经济发展	国家级 治理项目	石漠化 发展 趋势
石山治理阶段(20世纪50~80年代中期)	改善生产生活条件,解决温饱问题,减少水土流失	坡改梯(☆☆☆) 小型水利工程(☆☆) 水保林(☆) 经果林(☆) 自然修复(X) 乡村、田间道路(X)	喀斯特地貌和水文地质研究相当深入。石山治理基本沿用水土保持理论和措施	农村管理体制:20世纪80年代前,农业合作社,人民公社;之后,家庭联产承包责任制。群众生活贫困,社会经济发展水平低	水土保持小流域试点治理、"三小"水利工程	加剧
石漠化治理初始阶段(20世纪80年代中期~1998年)	改善生产生活条件,增加群众收入。逆转植被退化,遏制石漠化加剧趋势	坡改梯(☆☆☆) 水保林(☆☆) 经果林(☆☆) 小型水利工程(☆☆) 自然修复(☆) 乡村、田间道路(X)	提出了石漠化的概念,制定了石漠化分级标准。从降低裸岩率、减少石漠化面积的角度出发,石漠化治理重视了植被恢复	农村管理体制:家庭联产承包责任制。农民开始外出务工,温饱问题逐渐解决	"长治""长防""珠治""珠防";"中低产田改造""农业综合开发"等项目	有所抑制

续表

治理阶段（时间）	主要治理目标	治理措施的重要程度	科学技术的研究进展和应用	社会经济发展	国家级治理项目	石漠化发展趋势
石漠化治理生态建设阶段（1999～2008年）	增加植被覆盖，逆转石漠化趋势。改善生产生活条件，增加群众收入	自然修复（☆☆☆）坡改梯（☆☆）水保林（☆☆）经果林（☆☆）小型水利工程（☆☆）乡村、田间道路（X）	编制了石漠化分区图，为分区治理提供了科学依据。植被恢复特别重视自然修复措施。石漠化治理逐渐使用机械	农村管理体制：家庭联产承包责任制。农民大量外出务工，温饱问题基本解决	1998年长江洪水灾害后，国家新增了"天然林资源保护""退耕还林"等项目，力度很大	开始逆转
石漠化治理设置专项阶段（2009年以后）	增加植被覆盖，加速逆转石漠化趋势。改善生产生活条件，增加群众收入。建设新农村	自然修复（☆☆☆）水保林（☆☆）经果林（☆☆）小型水利工程（☆☆）乡村、田间道路（☆☆）坡改梯（☆）	石漠化分区用于指导石漠化治理规划的编制。石漠化列入国家973项目（2006～2010年）。通过项目研究，提出并验证了喀斯特坡地土壤地下漏失、水分入渗强烈、地表径流系数极低的观点。根据研究取得的新认识，提出了利用路面作为集水面的路池工程措施，得到了推广应用。大规模使用机械	农村管理体制：家庭联产承包责任制。1/2～1/3农村劳力外出务工，大部分农民经济状况明显改善	2008年国家启动"石漠化综合治理工程"项目。这一阶段，新启动项目有"坡耕地水土流失防治""国土整治"等	逆转

注：X，未采用措施；☆，一般措施；☆☆，重要措施；☆☆☆，非常重要措施。

（1）治理目标的变化。石漠化治理的总体目标是，改善生产生活条件和生态环境，增加群众收入，发展区域经济。但不同阶段有所侧重，石山治理阶段侧重解决群众温饱；石漠化治理初始阶段，改善群众生产生活条件，遏制石漠化加剧趋势；石漠化治理生态建设阶段，逆转石漠化趋势，增加群众收入；石漠化设置专项阶段，加速逆转石漠化趋势，建设社会主义新农村。

（2）治理措施的变化。石漠化治理措施基本同水土保持措施，主要有坡改梯、水保林、经果林、自然修复（封禁治理）、小型水利（水保）工程等。由于治理目标的侧重差异和社会经济发展，项目投入加大，石漠化科学认知水平提升，机械化程度提高等，不同治理阶段采取的各种措施的重要性不尽相同。石山治理阶段，为了解决温饱问题，坡改梯为非常重要措施，无自然修复和乡村、田间道路措施；石漠化治理初始阶段，坡改梯仍为非常重要措施，植被恢复开始采用自然修复措施；石漠化治理生态建设阶段，自然修复成为非常重要措施，坡改梯的重要性有所降低；石漠化治理设置专项阶段，配合新农村建设和提高劳动生产率的需要，增加了乡村、田间道路；由于温饱问题基本解决和产投比不高等，坡改梯降为一般措施。

（3）治理成效的变化。尽管部分地区开展了石山治理，20世纪50～80年代森林砍伐和毁林开荒严重，贵州喀斯特地区的石漠化仍呈发展的趋势。白晓永等利用TM遥感图像和相关资料，编制了贵州省1986年、1995年和2000年3期的1∶10万石漠化空间分布图，生成了GIS数据库。研究表明，3期的石漠化面积（轻度以上）占岩溶区面积的比例分别为35.48%、35.23%和35.55%，基本无变化，不同等级的面积变幅也均小于3.2%。这表明，1986~2000年，贵州石漠化加剧的趋势已有所抑制，扭转了明清以来石漠化一直呈加剧的趋势。2005年以来，国家林业局（现国家林业和草原局）开展了我国南方石漠化的监测工作，根据国家林业局每五年发布的《中国石漠化状况公报》，截至2011年底，贵州省石漠化面积302.38万 hm^2，比2005年减少29.23万 hm^2，减幅达8.81%，年均减少1.47%。2014年贵州省森林面积1934.9hm^2，森林覆盖率49.01%，近年来年均增长1%以上。从社会经济发展态势和生态环境项目投入分析，2000~2005年，石漠化面积可能开始有所减少；2011年以来，应该延续或加速2005~2011年的减少趋势。2015年院士咨询团考察所到之处，除晴隆放牧山地外，基本未见大面积裸坡，喀斯特山丘多为林草覆盖，仅石质坡顶，灌草稀疏。由于缺少相关数据，本书不讨论石漠化治理的其他生态效益和社会、经济效益。

2000年以来石漠化发生逆转的主要驱动力：①大量农民外出务工。据贵州省第二次农业普查，2006年末贵州省农村劳动力资源总量为1619.79万人，外出务工人员已达441.74万人，占27.27%，是1996年的3.66倍。据统计，2011年，贵州外出务工人员达750万，2012年接近800万，其中仅温州地区就有80余万贵州人。按年人均6000元计，每年劳务收入达340亿元。以每年500万人长期在外打工计算，每年可减少1/7的省内粮食和其他农产品消费，大大减轻了土地的承载压力。农民外出务工的劳务收入带回家乡，除置房盖屋，用于日常生活消费外，部分还用于发展生产和石漠化治理。外出务工农民回乡，不仅带回了资金，还带回了发达地区先进的技术和管理经验，反哺了家乡的经济发展。②生态环境治理力度加大。1998年长江洪水灾害后，国家实施了"天然林资源保护""退耕还林"等项目，力度很大。贵州的天然林资源保护工程，截至2014年，累计投资31.47亿元，其中中央投资29.59亿元；退耕还林工程，截至2012年，累计投资180.8亿元，其中中央投资175.1亿元。2008年启动的石漠化综合治理工程，2008~2010年，累计投资13.5亿元，其中中央投入12.1亿元。

9.3.7　路池工程解决旱坡地农田干旱缺水

大部分西南喀斯特山地区，虽然降水颇丰，但二元三维的水文地质结构，导致径流入渗强烈，高地区干旱缺水严重。水窖、水柜等微型蓄水工程是解决高地区人畜饮水困难的传统措施，石漠化治理、水土保持、中低产田改造和扶贫等项目，也多安排有相关措施的工程。西南喀斯特地区基础科学研究薄弱，缺少喀斯特坡地坡面径流的可靠观测资料。由于无可靠的坡地径流系数资料，对坡地产流特点认识不足，设计时多用流域径流系数（0.3~0.5）作为参考，蓄水工程的设计来水量偏大，许多水窖、水柜蓄水不多，效果不佳。

2007年普定陈旗小流域径流小区的观测资料，揭示了喀斯特坡地径流系数极低（<0.05）的特点，理论上解释了一些蓄水工程设计来水量偏大的原因。硬化路面不存在径流漏失问题，径流系数高（>80%），可以利用道路作为集水面，解决水窖等微型蓄水工程的来水问题。以普定地区为例，年降水量1300mm，1m^{2}的路面年产流约1m^3，100m^{2}的路面来水，可以满足30m^{3}蓄水池的来水（一年三次的蓄水量）。

2008 年，中国科学院地球化学研究所的科研人员根据以上思路，在普定陈家寨修建了解决旱坡地灌溉的"道路集水面＋蓄水池"的路池试验工程，效果很好。受陈家寨路池试验工程的启发，普定梭筛村在道路两旁修建蓄水池，集蓄路面降水径流，解决了桃园灌溉的难题，使果园大幅度增产，桃果品质明显改善，群众收入大幅度增加（图 9-14）。梭筛村是普定水库移民村，该村有 117 户 427 人，现有桃园 700 余亩，2011 年后均实现了路池灌溉。桃园平均亩产 3000 斤，产值 1 万元左右。该村农民人均年收入近 2 万元，是 1990 年的 80 倍。截至 2015 年，梭筛片区的桃园已发展到 8000 亩。水土保持、石漠化治理等国家项目大力配套建设桃园的路池工程，仅移民区水土保持项目就建成 30m³ 水池 173 口，容积 8650m³。

图 9-14　普定梭筛村的路池工程和桃园

2009 年以来，中国科学院地球化学研究所依托 973 计划、中国科学院战略先导、科技攻关和科技惠民、科技专项等项目，在贵州普定、印江和晴隆等地，开展了"道路集水面＋水窖"的坡地集蓄水工程试验，效果很好，有效解决了试验区旱坡农田和经果林的灌溉问题。提出的关于解决我国喀斯特石漠化地区农田干旱缺水问题的建议，得到了回良玉副总理的批示。

9.3.8　喀斯特洼地、谷地修建小型蓄水工程要重视地下渗漏问题

喀斯特洼地通过一条或多条地下暗河向外排泄积水。堵塞地下暗河，建设洼地水库，具有投资少、工期短、见效快等优点，曾经被认为是喀斯特地区巧妙运用喀斯特地形地貌费省效宏的水利工程，如一些文章介绍的普定马官冲头洼地水库。该洼地仅有一条近水平的单管地下河，全封闭圆筒拱坝大坝阻塞地下河，形成洼地水库。该水库建于 1990 年，投资 19.3 万元，库容 119 万 m³。由于渗漏逐渐严重，水库运行 10 年后失效，雨季库底有少量积水，旱季已成干库。

据陈波等调查，6 个主要渗漏点分布于洼地西侧单薄山体坡麓的原地下河出口南侧。2017 年 2 月，我们在冲头洼地干涸水库库底踏勘，确定 ^{137}Cs 法测定洼地沉积物沉积速率钻孔孔位时，发现了洼地底部岩石爆裂形成的 3 个近落水洞（图 9-15）。当地老乡告知，

这是阻塞地下河出口修建水库水爆形成的新落水洞。显然，洼地形成水库，水头压力增大，不仅促进渗漏，甚至有可能形成新的地下管道系统。阻塞地下暗河修建的洼地水库和地下河水库，运行一段时间大多出现渗漏问题，采用帷幕灌浆等措施阻漏往往是阻了这边，水又从那边冒出来，"阻不胜阻"。

图 9-15 普定马官冲头洼地水库修建后水爆形成的落水洞（张信宝等，2017）

由于易于发生渗漏，不同于塘库星罗棋布的紫色土丘陵区等非喀斯特山丘区，西南喀斯特山丘区塘库不多，谷地内修建的一些小型水库往往存在渗漏问题。西南大中型水库的水文工程地质勘探工作扎实，坝址选择余地大，多利用夜郎组（T_1y）砂泥岩等不透水岩层，工程措施也充分考虑了渗漏问题，因此很少出现渗漏。但小型蓄水工程，坝址选择旋回余地不大，水文工程地质勘探工作程度往往不高等，病害工程较多。西南喀斯特山地区今后不宜大规模修建小型蓄水工程，如要修建一定要做好水文工程地质勘探工作和防渗措施。

9.3.9 瞄准市场需求，利用当地的气候资源优势，发展特色林牧业

西南喀斯特地区地域跨度大，气候多样，一些地区拥有我国稀缺的气候资源，如广西南部峰丛洼地区和峰林平原区的湿热南亚热带气候和贵州岩溶高原区的冬无严寒、夏无酷暑的亚热带湿润气候等。峰丛洼地区和峰林平原区的塔峰和锥峰丘陵坡地，石多土少，现多为生物量和生产力低的生态保护林，经济效益低。红木是生长于热带、南亚热带地区的豆科紫檀属植物，为高端、名贵家具用材。我国南部的红木早在明、清时期就被砍伐，所剩无几。如今的红木多依赖进口，随着人民生活水平的提高，对红木高档家具的需求越来越大。紫檀、黄檀和黄花梨等珍贵树木生长缓慢，生长周期长，30 年后才能成材利用。塔峰和锥峰与其他石质坡地，石多土少，适合生长缓慢的珍贵树木生长。2009 年，我们参观凭祥市附近国有林场的一片树龄 30 年左右的紫檀林，胸径 30cm 左右，

已经成材，每棵树的价值都在1万元以上，一亩林地的价值约为100万元。云南开远熊学亮先生2010年在石漠化坡地上种植的100余亩黄檀木，生长茂盛，2019年，已经郁闭成林。石漠化治理多选择短平快、立竿见影的项目，一般不考虑收效慢的长周期项目。红木等珍贵树木是我国的紧缺物资，随着人民生活水平的提高，需求量越来越大，喀斯特石质坡地水分、养分提供能力有限，适合生长缓慢的珍贵树木的生长。建议在今后生态保护林提质增效项目中，考虑间种一些生长慢的珍贵树种。

贵州岩溶高原区冬无严寒、夏无酷暑的湿润气候，非常适合畜牧业的发展。随着人民生活水平的提高，牛羊肉和奶制品等畜产品的市场需求增大，建议今后当地石漠化治理要重视种草养畜，推动牛羊等畜牧业发展。考虑当地饲料资源有限，可重点发展幼畜繁殖；大规模发展肉牛和奶牛，要考虑利用外地饲料。

9.3.10 利用洼地沉积物赋存信息，反演流域环境变化

湖泊沉积物常用于反演地质时期和历史时期以来流域环境变化。大部分西南喀斯特地区，特别是岩溶高原和峰丛洼地区，由于地下河系统发育，无湖泊分布。但这些地区喀斯特洼地广泛分布，可以利用示踪技术，剖析洼地沉积物赋存的信息，反演流域环境变化，重建历史时期以来气候变化和人类活动叠加驱动下的水土流失和石漠化发展过程。一些学者相关研究取得的初步成果，证实了利用洼地沉积物反演历史时期以来流域水土流失和石漠化过程的可行性。除前述的 ^{137}Cs 洼地沉积物断代，确定洼地小流域1963年以来的侵蚀速率外，还可利用 ^{14}C 反演环境变化，下文主要介绍 ^{14}C 洼地沉积物的研究进展。

随着加速器质谱（accelerator mass spectrometry，AMS）技术应用， ^{14}C 测年效率大幅提升，可用于近几百年来的沉积物定年。

Zhang等（2020）在重庆巫山常家洼喀斯特洼地中央打钻取芯（图9-16）。深度0～1m，通过 ^{137}Cs 和 ^{210}Pb$_{ex}$ 分别确定1963年和1917年时标。1m深度以下钻芯，漂浮法挑取碳屑，用于 AMS ^{14}C 测年。

图9-16 洼地沉积物打钻与碳屑挑取（Zhang et al., 2020）

测年结果如图 9-17 所示，舍去 100cm、208cm 和 227cm 深度处分别对应的 AD669、AD1347 和 7665 BCE 不合理的年代数据，得到洼地沉积物钻芯可靠的年代序列，即 27cm、73cm、142cm、171cm、247cm 和 283cm 深度处分别对应的 AD1963、AD1917、AD1810、AD1702、AD1463 和 AD1351。据此计算得到近 600 多年以来不同时期的洼地沉积速率和流域产沙模数（表 9-12）。

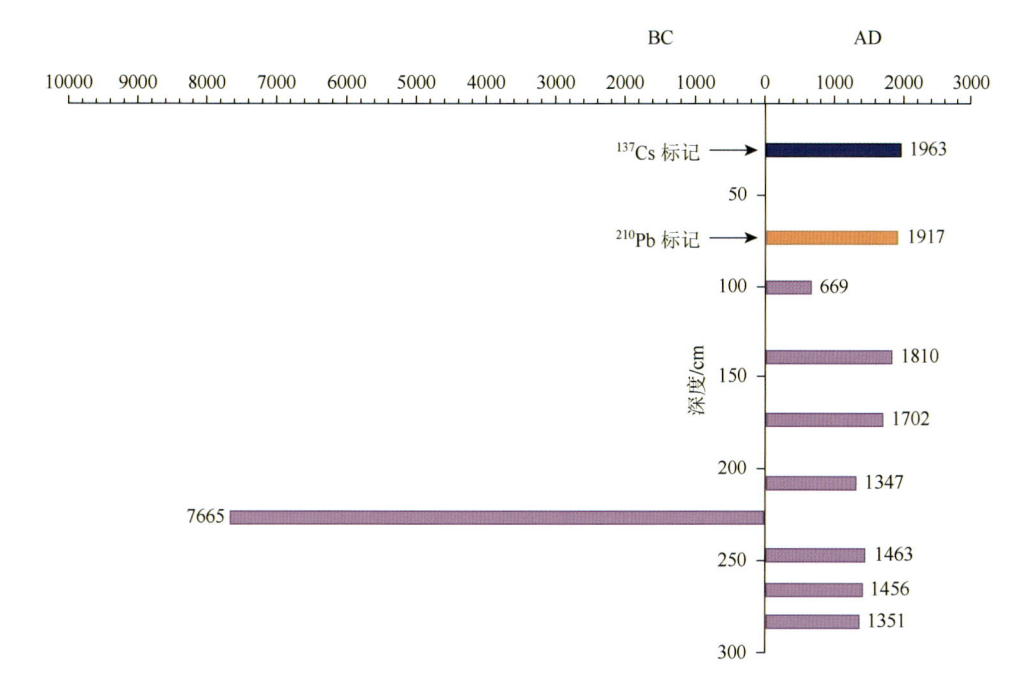

图 9-17　洼地沉积物钻芯年代序列（Zhang et al.，2020）

表 9-12　洼地沉积速率和流域产沙模数（Zhang et al.，2020）

历史时期（AD）	1351～1462 年	1463～1916 年	1917～1962 年	1963～2017 年
沉积速率/(cm/a)	0.32±0.10	0.36±0.11	1.30±0.39	0.19±0.06
产沙模数/[t/(hm²·a)]	1.97±0.79	2.28±0.91	8.49±3.40	1.13±0.45

结果表明，近 600 多年以来流域产沙强度呈先增加再降低的趋势，1963 年以来产沙强度低于 1963 年以前的任何时期，这反映了人类活动影响下喀斯特洼地小流域侵蚀产沙的规律和特征。①1351～1462 年高产沙：对应第一次"湖广填四川"，即明朝初年，洪武（1368 年）至成化（1465 年），史称"洪武移民"，约 150 万人，伐木烤盐、垦荒种地等，导致侵蚀强度较大。②1463～1916 年高产沙：系第二次"湖广填四川"，即清朝初年，康熙三十三年（1694 年）至乾隆四十一年（1776 年），约 100 万人，人类活动与第一次移民类似。此外，玉米随本次移民引种，强化了土壤侵蚀。③1917～1962 年最高产沙：与 1958 年大规模伐木和人口增加有关。④1963～2017 年最低产沙：系前期侵蚀导致可侵蚀的土壤大幅减少，岩石出露增加，坡地趋于石质化。此外石芽出露，剩余土壤

赋存于喀斯特溶槽，使剩余土壤得到一定程度的保护，限制了土壤流失。加之 20 世纪 60 年代后的植被恢复，80 年代飞播造林，90 年代外出务工增加，以及此后的退耕还林和水土保持措施，均使侵蚀强度降低。近 600 多年产沙强度变化主要受人类活动控制，降水变化影响不大。

因此可以认为，喀斯特石漠化不只是近几十年现代人类活动的结果，也与明清大规模移民和玉米引种等历史时期人类活动有关。

9.3.11 河流泥沙输移过程中岩溶碳汇效应

1. 河流泥沙输移过程中岩溶碳汇效应机理和碳汇量计算方法

硅酸盐和碳酸盐等矿物组成的岩石，风化消耗大气 CO_2 是全球碳循环的重要碳汇。钙镁硅酸盐和钙镁碳酸盐中的 Ca-Mg 离子在风化-沉积过程中吸收、固定和释放 CO_2 的化学方程式如下：

$$(Ca\text{-}Mg)_2SiO_4 + 4CO_2 + 4H_2O \longrightarrow (Ca\text{-}Mg)_2(HCO_3)_4 + H_4SiO_4 \tag{9-2}$$

$$(Ca\text{-}Mg)_2(HCO_3)_4 \longrightarrow 2(Ca\text{-}Mg)CO_3 + 2CO_2\uparrow + 2H_2O \tag{9-3}$$

$$(Ca\text{-}Mg)CO_3 + CO_2 + H_2O \longrightarrow (Ca\text{-}Mg)(HCO_3)_2 \longrightarrow (Ca\text{-}Mg)CO_3\downarrow + CO_2\uparrow + H_2O \tag{9-4}$$

法国学者 Gaillardet 等（2011）收集了全球范围内 60 条大河的水化学数据，通过反演模型计算，全球硅酸盐风化碳汇 1.4 亿 t C/a，碳酸盐风化碳汇（岩溶碳汇）1.48 亿 t C/a。蒋忠诚等（2011）根据区域地下水径流模数和地下水碳酸氢根离子浓度，计算求得的中国岩溶碳汇总量为 3699.1 万 $t CO_2$/a。

岩石风化消耗大气 CO_2 不仅发生于风化壳就地风化过程（就地风化）中，也发生于侵蚀产生的泥沙颗粒进入河流系统后的输移过程（异地风化）中。通过泥沙的 CaO、MgO 含量和碳酸盐矿物（方解石、白云石）含量的沿程变化和河流输沙量，可算出泥沙输移过程中的总碳汇量和碳酸盐矿物溶蚀碳汇量（岩溶碳汇量）。

没有支流来沙汇入或该河段支流来沙量与泥沙淤积量平衡的理想河段（入口与出口悬移质输沙量相近，支流与干流悬移质泥沙矿物组成相近），其输沙过程中泥沙的钙镁矿物溶蚀消耗 CO_2 的碳汇量表达如下：

$$Wt_{h_1 \sim h_2} = Ws_{h_1 \sim h_2} \times (C_{1\text{-}h_1} - C_{1\text{-}h_2}) \tag{9-5}$$

式中，$Wt_{h_1 \sim h_2}$ 为河段（$h_1 \sim h_2$）输沙过程中泥沙的钙镁矿物溶蚀消耗 CO_2 的总碳汇量（万 t/a）；$Ws_{h_1 \sim h_2}$ 为河段（$h_1 \sim h_2$）的年输沙量（万 t/a）；$C_{1\text{-}h_1}$ 为河段入口处悬移质的总碳汇能力（t/t）；$C_{1\text{-}h_2}$ 为河段出口处悬移质的总碳汇能力（t/t）。

输沙过程中泥沙中碳酸盐矿物（方解石、白云石）溶蚀消耗 CO_2 的碳汇量（岩溶碳汇量）表达如下：

$$Wyt_{h_1 \sim h_2} = Ws_{h_1 \sim h_2} \times (C_{2\text{-}h_1} - C_{2\text{-}h_2}) \tag{9-6}$$

式中，$Wyt_{h_1 \sim h_2}$ 为河段（$h_1 \sim h_2$）输沙过程中泥沙的碳酸盐矿物（方解石、白云石）溶蚀消耗 CO_2 的碳汇量（万 t/a）；$Ws_{h_1 \sim h_2}$ 为河段（$h_1 \sim h_2$）年输沙量（万 t/a）；$C_{2\text{-}h_1}$ 为入口处悬移质的岩溶碳汇能力（t/t）；$C_{2\text{-}h_2}$ 为出口处悬移质的岩溶碳汇能力（t/t）。

2. 长江和主要支流悬移质泥沙的方解石、白云石含量沿程变化

丁悌平等的《长江水中悬浮物含量与矿物和化学组成及其地质环境意义》一文，给出了长江悬移质泥沙的化学元素组成与方解石和白云石含量的宝贵资料。2003～2007 年长江干流 25 个及支流 15 个悬移质采样点见图 9-18。长江悬移质泥沙 CaO 和 MgO 含量[①]、方解石和白云石含量与碳汇能力沿程变化见图 9-19。

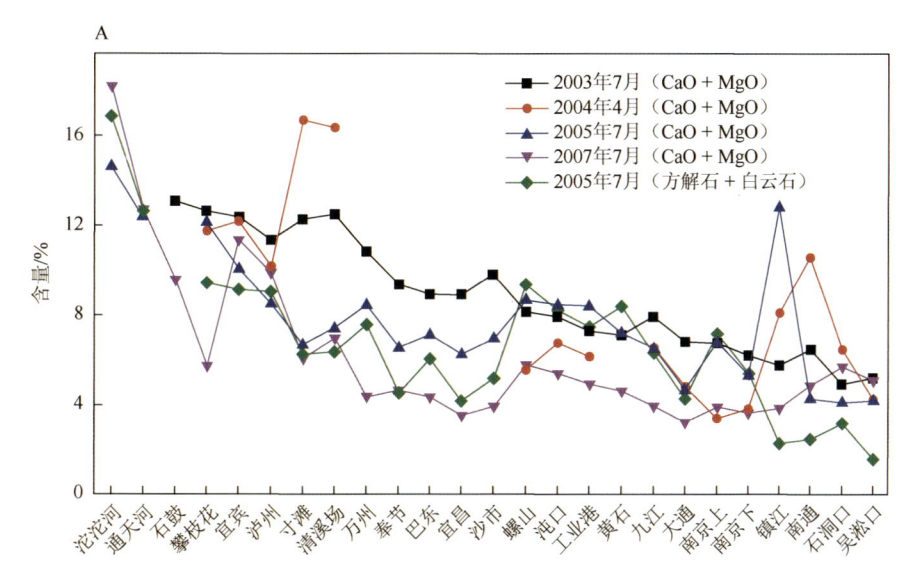

图 9-18　长江流域简图及取样点位置（Zhang et al.，2022）

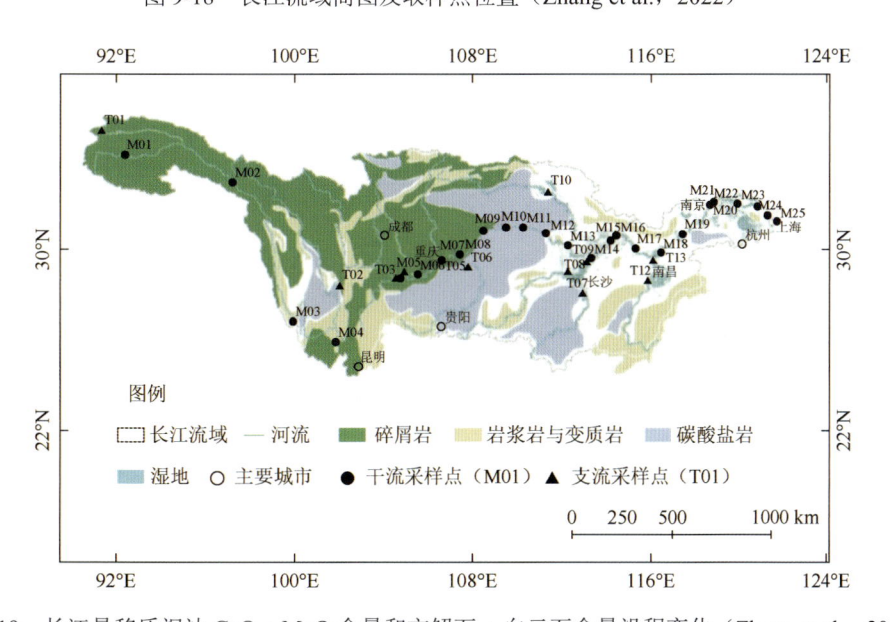

图 9-19　长江悬移质泥沙 CaO + MgO 含量和方解石 + 白云石含量沿程变化（Zhang et al.，2022）

---

① 书中涉及 CaO 和 MgO 含量均指质量分数。

长江干流从源头到河口 25 个点 4 次悬移质泥沙样品（2003 年 7 月、2004 年 4 月、2005 年 7 月和 2007 年 7 月）的 CaO+MgO 含量和 2005 年 7 月的方解石+白云石含量沿程变化见图 9-19。由图 9-19 可知，长江干流悬移质泥沙的 CaO、MgO 含量和方解石、白云石含量，从上游到下游均呈减少的趋势。4 次悬移质泥沙样品平均 CaO+MgO 含量：源头沱沱河，16.33%；宜宾，11.43%；三峡库首寸滩，10.35%；三峡大坝以下宜昌，6.17%；武汉工业港，6.61%；大通，4.80%；吴淞口，4.60%。4 次悬移质泥沙样品平均方解石+白云石含量：沱沱河，16.8%；宜宾，9.1%；寸滩，6.2%；宜昌，4.1%；武汉工业港，7.4%；大通，4.2%；吴淞口，1.5%（长江最下游 3 个站全为白云石，无方解石）。

宜宾以上的金沙江河段 CaO+MgO 含量和方解石+白云石含量均高，与流域上游地形高差大，重力侵蚀和物理风化强烈有关。长江干流 CaO+MgO 含量和方解石+白云石含量从源头到河口沿程逐渐降低，这很好地说明了泥沙输移过程中的钙镁硅酸盐和碳酸盐矿物的溶蚀现象。宜昌以上的长江上游干流河段 CaO+MgO 含量和方解石+白云石含量下降速率分别为 0.23%/100km 和 0.29%/100km，宜昌以下的中下游河段为 0.09%/100km 和 0.15%/100km。方解石+白云石含量下降速率高于 CaO+MgO 含量，说明了泥沙输移过程中，碳酸盐矿物较钙镁硅酸盐矿物更易于溶蚀。上游河段的 CaO+MgO 含量和方解石+白云石含量下降速率高于中下游河段，是上游河流比降大、流速快、矿物溶蚀速率较高的缘故。

3. 长江干流悬移质泥沙输移过程中的矿物风化碳汇能力和效应

总碳汇能力（C_1）从源头到河口，向下逐渐降低（图 9-20）：沱沱河，0.271t/t；寸滩，0.151t/t；宜昌，0.117t/t；武汉工业港，0.127t/t；大通，0.092t/t；吴淞口，0.091t/t（表 9-13）。随着 CaO+MgO 含量的逐渐减少，悬移质泥沙的总碳汇能力从源头到河口逐渐降低，这很好地说明了泥沙在向下游的输移过程中，消耗了 CO_2。1t 悬移质泥沙从寸滩输送入海要消耗 0.06t CO_2。岩溶碳汇能力（C_2）从源头到河口，也向下逐渐降低（图 9-20）：沱沱

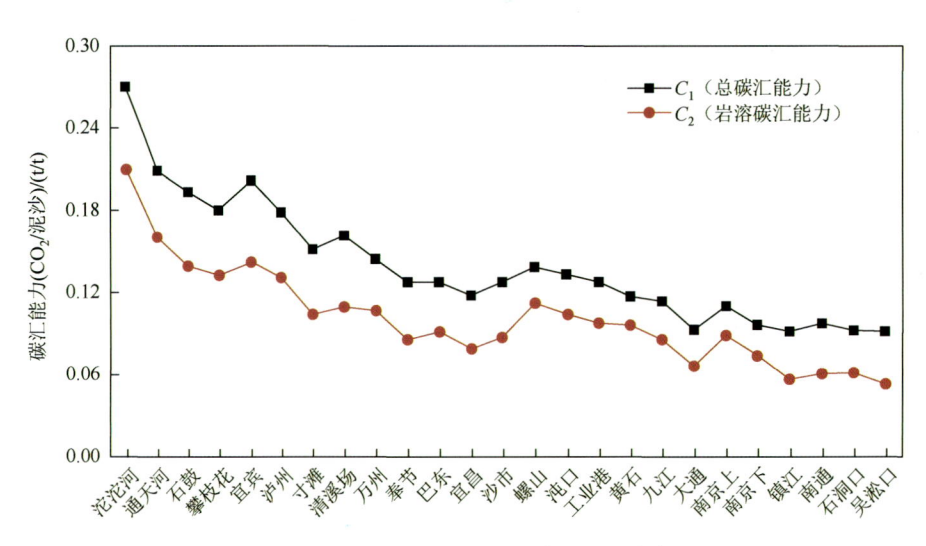

图 9-20　长江悬移质泥沙总碳汇能力和岩溶碳汇能力的沿程变化（Zhang et al.，2022）

河，0.210t/t；寸滩，0.104t/t；宜昌，0.078t/t；武汉工业港，0.097t/t；大通，0.065t/t；吴淞口，0.051t/t。1t 悬移质泥沙从寸滩输送入海要消耗 0.053t CO_2。长江寸滩—吴淞口河段泥沙输移过程中的岩溶碳汇能力占总碳汇能力的 88.3%（表9-13）。

表 9-13 长江干流悬移质泥沙碳汇能力和潜量的沿程变化（Zhang et al., 2022）

样品编号	取样点	流域面积/km²	年输沙量/亿t（1956~2000年）	3次样品平均CaO含量%	3次样品平均MgO含量%	泥沙碳汇总能力[C_1, CO_2(t)/泥沙(t)]/总碳汇潜量（万 t CO_2/a）	2005年7月样品的方解石含量%	2005年7月样品的白云石含量%	岩溶碳汇能力[C_2, CO_2(t)/泥沙(t)]/岩溶碳汇潜量（万 t CO_2/a）
M01	沱沱河	—	—	14.09	2.24	0.271	15.6	1.2	0.210
M07	寸滩	86.7	4.39	4.92	3.35	0.151/6629	3.8	2.4	0.104/4566
M12	宜昌	100.5	5.03	2.94	3.23	0.117/5885	0	4.1	0.078/3923
M16	武汉工业港	148.8	4.04	3.59	3.19	0.127/5131	4	3.4	0.097/3919
M19	大通	170.5	4.33	2.26	2.56	0.092/3984	1.8	2.4	0.065/2815
M25	吴淞口	—	—	2.18	2.56	0.091	0	1.5	0.051

寸滩站和大通站 1956~2000 年的年输沙量分别为 4.39 亿 t 和 4.33 亿 t，差别不大，利用式（9-5）和式（9-6）计算出该河段总碳汇量和岩溶碳汇量分别为 2645 万 t CO_2/a 和 1751 万 t CO_2/a，岩溶碳汇占总碳汇的 66.2%。长江全河段的岩溶碳汇量肯定大于寸滩—大通河段，应不低于 3000 万 t CO_2/a，全国河流泥沙输移过程中的岩溶碳汇量应不低于 10000 万 t CO_2/a，远大于蒋忠诚根据区域地下水径流模数和地下水碳酸氢根离子浓度，计算求得的中国岩溶碳汇总量 3699.1 万 t CO_2/a。

参 考 文 献

白晓永, 王世杰, 陈起伟, 等. 2009. 贵州土地石漠化类型时空演变过程及其评价. 地理学报, 64（5）: 609-618.
曹建华, 蒋忠诚, 杨德生, 等. 2008. 我国西南岩溶区土壤侵蚀强度分级标准研究. 中国水土保持科学, 6（6）: 1-7, 20.
柴宗新. 1989. 试论广西岩溶区的土壤侵蚀. 山地研究, 7（4）: 255-260.
陈波, 苏维词. 2005. 马官喀斯特地下水库的渗漏分析. 地球与环境（S1）: 237-241.
陈洪松, 冯腾, 李成志, 等. 2018. 西南喀斯特地区土壤侵蚀特征研究现状与展望. 水土保持学报, 32（1）: 1-7.
陈静生, 王飞越, 夏星辉. 2006. 长江水质地球化学. 地学前缘, 13（1）: 74-85.
陈美淇, 魏欣, 张科利, 等. 2017. 基于CSLE模型的贵州省水土流失规律分析. 水土保持学报, 31（3）: 16-21, 26.
程倩云, 彭韬, 张信宝, 等. 2019. 西南喀斯特小流域地表、地下河流细粒泥沙来源的 ^{137}Cs 和磁化率双指纹示踪研究. 水土保持学报, 33（2）: 140-145, 154.
戴全厚, 严友进. 2018. 西南喀斯特石漠化与水土流失研究进展. 水土保持学报, 32（2）: 1-10.
丁悌平, 高建飞, 石国钰, 等. 2013. 长江水中悬浮物含量与矿物和化学组成及其地质环境意义. 地质学报, 87（5）: 634-660.
冯腾, 陈洪松, 张伟, 等. 2011. 桂西北喀斯特坡地土壤 ^{137}Cs 的剖面分布特征及其指示意义. 应用生态学报, 22（3）: 593-599.
蒋忠诚, 覃小群, 曹建华, 等. 2011. 中国岩溶作用产生的大气 CO_2 碳汇的分区计算. 中国岩溶, 30（4）: 363-367.
蒋忠诚, 罗为群, 邓艳, 等. 2014. 岩溶峰丛洼地水土漏失及防治研究. 地球学报, 35（5）: 535-542.
李豪, 张信宝, 王克林, 等. 2009. 桂西北倒石堆型岩溶坡地土壤的 ^{137}Cs 分布特点. 水土保持学报, 23（3）: 42-47.
刘爽. 2020. 基于指纹示踪技术的贵州三岔河悬移质泥沙来源解析研究. 湘潭: 湖南科技大学.
刘再华. 2012. 岩石风化碳汇研究的最新进展和展望. 科学通报, 57（Z1）: 95-102.

刘再华，Dreybrodt W，王海静. 2007. 一种由全球水循环产生的可能重要的CO_2汇. 科学通报，52（20）：2418-2422.

彭韬，王世杰，张信宝，等. 2008. 喀斯特坡地地表径流系数监测初报. 地球与环境，36（2）：125-129.

蒲俊兵，蒋忠诚，袁道先，等. 2015. 岩石风化碳汇研究进展：基于IPCC第五次气候变化评估报告的分析. 地球科学进展，30（10）：1081-1090.

邱冬生，庄大方，胡云锋，等. 2004. 中国岩石风化作用所致的碳汇能力估算. 地球科学，29（2）：177-182，190.

王万忠，焦菊英. 1996. 中国的土壤侵蚀因子定量评价研究. 水土保持通报，16（5）：1-20.

韦启潘. 1996. 我国南方喀斯特区土壤侵蚀特点及防治途径. 水土保持研究，3（4）：72-76.

魏兴萍，谢德体，倪九派，等. 2015. 重庆岩溶槽谷区山坡土壤的漏失研究. 应用基础与工程科学学报，23（3）：462-473.

熊康宁. 2001. 喀斯特石漠化的遥感-GIS典型研究：以贵州省为例. 贵州省水土保持监测站.

杨汉奎，程仕泽. 1991. 贵州茂兰喀斯特森林群落生物量研究. 生态学报，11（4）：307-312.

曾成，白晓永，李阳兵. 2018. 基于RUSLE模型的喀斯特峰丛洼地土壤侵蚀及其养分流失评估. 科学技术与工程，18（10）：197-202.

张信宝. 2016. 贵州石漠化治理的历程、成效、存在问题与对策建议. 中国岩溶，35（5）：497-502.

张信宝. 2017. 环境地学科研故事：发现问题 认识问题 解决问题. 成都：四川科学技术出版社.

张信宝. 2019. 关于中国水土流失研究中若干理论问题的新见解. 水土保持通报，39（6）：302-306.

张信宝，王克林. 2009. 西南碳酸盐岩石质山地土壤-植被系统中矿质养分不足问题的思考地球与环境. 37（4）：337-341.

张信宝，王世杰. 2016. 浅议喀斯特流域土壤地下漏失的界定. 中国岩溶，35（5）：602-603.

张信宝，王世杰，贺秀斌，等. 2007a. 碳酸盐岩风化壳中的土壤蠕滑与岩溶坡地的土壤地下漏失. 地球与环境，35（3）：202-206.

张信宝，王世杰，贺秀斌，等. 2007b. 西南岩溶山地坡地石漠化分类刍议. 地球与环境，35（2）：188-192.

张信宝，王世杰，曹建华. 2009. 西南喀斯特山地的土壤硅酸盐矿物质平衡与土壤流失. 地球与环境，37（2）：97-102.

张信宝，王世杰，曹建华，等. 2010. 西南喀斯特山地水土流失特点及有关石漠化的几个科学问题. 中国岩溶，29（3）：274-279.

张信宝，白晓永，李豪，等. 2017. 西南喀斯特流域泥沙来源、输移、平衡的思考：基于坡地土壤与洼地、塘库沉积物^{137}Cs含量的对比. 地球与环境，45（3）：247-258.

张信宝，彭韬，岳跃民. 2021. 建议用"石漠化治理率"作为石漠化治理评价指标. 山地学报，39（3）：313-315.

Gaillardet J，Louvat P，Lajeunesse E. 2011. Rivers from Volcanic Island Arcs: the subduction weathering factory. Applied Geochemistry，26：2350-2353.

Peng T，Wang S J. 2012. Effects of land use，land cover and rainfall regimes on the surface runoff and soil loss on karst slopes in southwest China. CATENA，90：53-62.

Suchet P A，Robst J L. 1993. CO_2 flux consumed by chemical weathering of continents: influences of drainage and lithology. Comptes Rendus De L Academie Des Sciences Serie II，317（5）：615-622.

Wang S，Fu Z Y，Chen H S，et al. 2020. Mechanisms of surface and subsurface runoff generation in subtropical soil-epikarst systems: implications of rainfall simulation experiments on karst slope. Journal of Hydrology，580：124370.

Wei X P，Yan Y E，Xie D T，et al. 2016. The soil leakage ratio in the Mudu watershed，China. Environmental Earth Sciences，75（8）：721.

Zhang X B，Bai X Y，et al. 2011a. Soil creeping in the weathering crust of carbonate rocks and underground soil losses in the karst mountain areas of southwest China. Carbonates and Evaporites，26（2）：149-153.

Zhang X B，Bai X Y，Liu X M. 2011b. Application of a ^{137}Cs fingerprinting technique for interpreting responses of sediment deposition of a karst depression to deforestation in the Guizhou Plateau，China. Science China，Earth Sciences，54（3）：7.

Zhang X B，Luo J C，Wang X G，et al. 2022. A preliminary study on the inorganic carbon sink function of mineral weathering during sediment transport in the Yangtze River mainstream. Scientific Reports，doi. 10.1038/s41598-022-07780-6.

Zhang Y Q，Long Y，Zhang X B，et al. 2020. Using depression deposits to reconstruct human impact on sediment yields from a small karst catchment over the past 600 years. Geoderma，363：114168.

第10章 基于社会-生态视角的喀斯特生态修复与石漠化治理

10.1 植被动态社会-生态驱动

10.1.1 植被动态社会-生态驱动因素

在全球环境变化研究中，通常认为自然环境变化是植被生长活动增强的主要驱动因素，主要包括气候变化、二氧化碳的施肥作用、氮沉降等（Zhu et al.，2016）。然而，对于快速推进城市化进程的发展中国家，社会-经济要素的变化对森林活动的增强也具有驱动作用，主要是社会发展与经济结构能够影响乡村居民决策行为，同时社会发展阶段的政策倾向会影响森林保护力度，这些因素与自然环境要素的变化共同影响了森林的生长活动（Qiu and Peng，2022；Zhang et al.，2022）。联合国政府间气候变化专门委员会（Intergovernmental Panel on Climate Change，IPCC）分别在1990年、1995年、2001年、2007年、2013年发布全球气候变化的评估报告，气候变暖成为威胁生态系统与人类生存的现象，已引起政府及学者的高度关注。植被作为联结大气与土壤的纽带，气候变化下植被势必在其数量、质量与类型上有所响应（Geoffrey and Desmond，2018）。自20世纪90年代至今，植被对气候变化等自然环境变化的响应一直作为全球气候变化与陆地生态系统研究的重要内容。进入21世纪，植被受人类活动影响逐渐增强。人类活动作用下植被发生明显变化，使其偏离了气候影响下常态，导致区域生态系统结构与功能发生改变（Luo et al.，2018）。因此，植被对气候变化与人类活动的响应成为当今社会、经济、自然复合生态系统与可持续发展关注的重点。

1. 社会驱动因素对植被变化影响

20世纪中期，人口进入快速增长阶段。人口激增使对粮食和生存空间的需求增加，大面积耕地、建设用地占用自然植被用地。作为自然生态系统的重要载体，植被破坏后将导致生态失衡，产生生物多样性减少、水土流失、气候失调、城市内涝、城市热岛等生态环境问题，社会和生态组成的复合系统逐渐为广大学者关注。

植被动态变化反映区域生态环境质量变化，对维持区域生态安全及人类可持续发展具有重要意义。闫俊杰等（2018）分析了由持续过度放牧及气候变化导致的伊犁河谷草地退化的时空特征，发现2001~2015年草地退化比例达46%，且草地退化的空间范围逐步向高海拔地区扩张。郭宏伟等（2018）探讨了塔里木河下游耕地扩张与天然植被退化的定量关系，结果表明天然植被转变为耕地后将导致生态系统的服务性功能降低、生态经济价值损失。城市尺度上，城市快速扩张过程中将林地、草地、农田等自然植被用地转变为建设用地，局部小气候的调节能力减弱，导致城市热岛效应加剧。例如，张佳华等（2005）发现 2001 年北京市郊区植被覆盖度高于市区，温度明显低于市区。北京市区与郊区之间的夏季地表温度差异为 4~6℃，市区与西北郊区的地表温度相差 8~10℃。通过分析城市热岛与土地覆盖类型、地形因子、植被覆盖度和地表蒸散的关系，发现植被覆盖度是影响城市热岛的关键因素。Xu 等（2010）研究了 1986 年和 2004 年苏州快速城市化过程中热岛空间和时间变化，结果表明城市化变暖效应导致建成区的地表温度高于自然土地覆盖。吕国旭等（2017）分析 2000~2010 年京津冀植被退化的空间格局，发现城市无序蔓延、交通网密度增加是导致植被退化的主要因素。此外，城市化过程中不透水表面增加对流域水文特性产生强烈影响，地表植被减少降低了雨水调蓄功能，增加了洪涝发生的风险。例如，White 和 Greer（2006）研究了流域内城市化对加利福尼亚州南部沿海河流径流的影响，发现当城市建成区从流域面积的 9%增加到 37%时，同一时期河流的最小日流量、旱季径流和洪水量均显著增加。

为应对植被退化对生态系统产生的负影响，自 21 世纪起，人类加强了生态系统的恢复与治理。通过实施退耕还林还草、封山育林、生态移民等措施，原先被破坏的植被逐渐恢复，植被覆盖度增加使生态系统的结构与功能逐渐改善。Chen 等（2019）研究表明近年来全球正在变绿，中国和印度在全球变绿中发挥了主导作用。在变绿原因上，发现气候变化、二氧化碳施肥效应、氮沉降、植被自然恢复并不是植被变绿主导因素，人为土地利用管理才是植被变绿的主导因素。人类活动对植被恢复的影响受到广大学者关注，如 Wang 等（2015）分析了中国南方丘陵区植被覆盖改善区气候因素和人类活动的影响，结果表明研究区总面积的 58.7%为 NDVI 增加区，其中 7.3%的 NDVI 增加区位于生态恢复区内。Li 等（2013）研究了陕甘宁地区气候变化和人类活动导致的植被改善和退化，结果表明在 1960~2010 年气候变暖干化的条件下，人为因素"退耕还林"是导致该区域 NDVI 增加的主要原因。李登科等（2010）从气候变化和人类活动的角度分析了植被覆盖变化的原因，结果表明 1957~2007 年红碱淖地区温度上升趋势显著，降水经历了先少许增加再减少过程，退耕还林工程使该地区植被覆盖度在波动中逐渐增加。王子玉等（2017）对内蒙古各县区（旗）NDVI 变化的自然和人为影响因素进行了分析，研究发现降水量增加、禁牧政策实施和种植面积增加是植被增加的主导因素。人类活动通过改变地表植被覆盖类型使植被在短期内迅速恢复。人类正向作用强度大，区别于气候影响下植被的缓慢恢复，是驱动植被变化的主导因素之一。

2. 生态驱动因素对植被变化影响

植被作为土地覆盖的主要类型，对全球的物质循环、能量流动及生态环境演变等具有重要影响，植被变化已成为全球气候变化与环境变化研究的重点（Nima et al., 2018）。早期由于技术限制，主要以纪年为单位在长时间尺度上研究气候变化与植被类型演替的关系。例如，Sluiter 和 Kershaw（1982）研究了澳大利亚主要植被常绿雨林在古近纪-新近纪后期对气候变化的响应，来自许多地点的证据表明古近纪-新近纪后期气候变干旱，干旱雨林分布广泛。贾翠华等（1989）研究了吉林乾安新近纪以来植被与气候变化的关系，发现新近纪气候经历"温干—温凉—海洋性温暖潮湿—干凉"阶段性变化，相应的植被类型也经历"针叶林—森林草原—常绿阔叶林—温带草原"的演替过程。Higuera-Gundy 等（1999）探究了海地南部地区植被对全新世气候变化的响应，发现全新世早期凉爽干燥气候使灌木等干旱地区植被普遍存在，气候变暖变湿润后森林类型增多。纪年时间尺度上气候变化差异大，研究气候变化对植被的影响有利于从宏观上认知生态环境的变迁，然而短时间尺度上气候变化如何对植被产生影响则无法细致了解。

自然环境变化加剧背景下，植物正通过改变自身的生长规律来适应变化，且不同区域、不同类型的植被对环境变化的响应形式有所差异（Kruhlov et al.，2018）。Cannone 等（2007）发现 1953～2003 年，欧洲阿尔卑斯山高山地区的植被对气候变化的反应迅速而灵活。研究时段内平均气温上升 1～2℃，海拔 2400～2500m 的灌木每 10 年的扩张率为 5.6%。Michael 等（2012）利用欧洲主要山系的 867 个植被样本来证明气候变化逐渐改变山区的植物群落。发现在大陆尺度上，2008 年高温物种的丰度明显高于 2001 年，并且在气温升高地区更为明显。刘军会等（2013）分析了青藏高原 1981～2005 年植被覆盖度变化趋势及其与气候变化的关系。结果表明，25 年间青藏高原温度与降水量均有增加，植被覆盖度整体呈现增加趋势，植被覆盖度变化与温度、降水呈正相关关系。余振等（2011）选取中国东部南北样带，分析了南北样带上气候变化对不同类型的植被活动的影响，重点阐述了具有代表性的 12 种植被类型对气候因子的响应方式。高海拔、高纬度地区植被对气温变化比较敏感。表现为气温增加，植被生长期延长，高温物种的植被类型增加。干旱区、半干旱区植被对降水变化比较敏感，表现为随着降水增加植被生物量增加（Robinson et al.，2018）。不同植被类型对气候变化的响应在时间上存在差异性。一般来说对水热条件变化响应敏感程度由高到低的植被类型依次为：草甸、草原、灌丛、高寒垫状植被、荒漠、森林（丁明军等，2010）。其中，草甸对降水量存在一定程度的时滞效应，荒漠对气温存在时滞效应（陈强等，2014）。

3. 植被变化的社会-生态驱动识别方法

影响植被分布的生态因子主要有自然灾害，如冰雪、山火、台风及病虫害等。除此之外还有社会因素，如城市化、采矿、退耕还林还草等人类活动。由于气候之外的干扰事件作用方向各异，植被将不完全伴随气候波动呈线性变化（刘鸿雁和印轶，2013）。识别社会-生态因素作用下的植被分布规律，能够准确评估社会-生态因素对植被的变化影响。本节主要梳理社会生态因素驱动背景下气候与人类活动主导影响的植被变化区识别方法，包括遥感影像法、指数分析法、残差分析法。通过权衡各自的优缺点，探索适用于本研究植被变化的气候与人类活动主导影响区识别方法。

1）遥感影像法

早期植被变化评估主要通过实地采样来实现，存在着成本高、周期长、工作量大、效率低和时效性差等问题。此外，采样点有限不能覆盖全区域，难以满足当今生态环境变化监测需求。遥感技术实现了由点到面植被变化的监测，尤其在区域、全球尺度上，遥感影像成为实现植被动态变化连续监测的唯一途径。常见的遥感影像监测法有分类比较法、影像差异法。

分类比较法基于遥感影像的光谱信息与地物的对应关系提取单期遥感影像的植被信

息，通过对多期分类结果进行逐像元比较来监测植被变化。例如，张莉（2016）将长汀县 2000~2014 年 Landsat 时序影像进行目视解译，开展了植被干扰监测及干扰区植被恢复研究。Allum 和 Dreisinger（1987）基于 Landsat 影像获得安大略湖流域采矿区 1973 年、1983 年两期植被信息，通过间隔 10 年的两期影像对比获得该矿区植被变化信息。Miller 等（1998）基于多时相的多波段扫描仪（multispectral scanner，MSS）影像对英国北部森林的土地利用变化进行监测，结果表明 1973~1991 年四个流域的森林转变为开放空间的面积均占各流域 10%左右。Cohen 和 Spies（1992）基于非监督分类方法提取 Landsat 影像的林分结构属性，实现俄勒冈州和华盛顿州地区植被变化的评价。尽管遥感影像实现了大区域内植被变化的监测，但受影像分辨率、大气辐射、遥感解译主观性等因素影响，每期遥感影像单独分类过程中都会产生一定误差。在多期遥感影像进行比较时则产生误差累积，导致植被变化监测的精度降低。

影像差异法通过分析植被的敏感性波段变化或植被指数变化来获得植被变化信息。例如，赵泰安和彭道黎（2013）根据 Landsat 影像的第 4、5 波段对密云县的 NDVI 及植被盖度进行提取，通过三期植被覆盖度的比较将植被状况划分为植被稳定区、高植被覆盖区、植被不稳定区三种类别。Collins 和 Woodcock（1994）基于穗帽变换提取多期影像的森林信息，对森林多年受灾状况进行分析。Schroeder 等（2011）基于非监督分类方法对 Landsat 5 进行分类，获得卡帕系数为 0.9 的分离度，实现了火灾导致的植被扰动区识别。影像差异法基于波段或波段运算的植被指数作减法在一定程度上避免了分类误差。然而，遥感影像受大气干扰，用来分析植被变化的波段不一定能反映地物的真实光谱特征，而且目前大气校正方法仍不成熟。因此，采用影像差异法提取植被变化信息时尽可能选择来自同一传感器的波段。

2）指数分析法

指数分析法是将两种或者两种以上数据基于特定的数学公式构建一个新指数。通过深入挖掘指数潜在规律，获取更加丰富的地物信息。植被扰动指数是基于植被与对植被有显著影响的某种要素之间的关系来判断植被是否受到干扰。植被扰动被学者定义为导致植被变化的事件，具体指持续一年以上并造成生态系统叶面积指数明显降低的事件（Waring and Running，1998）。

植被扰动指数一般用来识别植被受到较大强度的干扰导致的植被退化区，如识别森林火灾形成的火烧迹地、采矿区等，同时也可用来识别植被恢复区，如农业灌溉区、生态工程恢复区等。Mildrexler 等（2007）发现森林遭受火灾后，地表缺少植被覆盖导致地表温度大幅上升，基于增强型植被指数与地表温度之间存在负相关的特点构建植被扰动指数，识别了加利福尼亚州南部地区森林火灾导致的植被扰动区。Mildrexler 等（2009）选取了长时间序列的植被指数和地表温度构建了全球植被扰动指数，并将干扰划分为瞬时干扰和非瞬时干扰，识别了森林火灾和飓风导致的植被扰动区。Coops 等（2009）对 Mildrexler 等提出的植被扰动指数进行验证，结果表明基于扰动指数监测的植被扰动区与从其他卫星数据源监测的林火燃烧区存在显著相关性，并且指出扰动指数还可应用于飓风、庄稼收获区、病虫害等监测。全球植被扰动指数识别森林火灾空间范围的精确程度被 Mildrexler 得以证明，其在识别植被干扰区的研究中广泛应用。例如，王乾坤等（2017）

基于 MODIS EVI 数据、地表温度数据以及植被物候期指标构建了全球植被扰动指数，对大兴安岭的火烧迹地进行了识别。Ma 等（2018）依据内蒙古干旱半干旱地区植被变化主要受降水影响的规律，基于 MODIS EVI 与生长季累积降水的比值构建植被扰动指数，识别了 2015 年采矿导致的植被干扰区。

以上研究指出植被扰动指数不仅能够识别自然灾害、人类活动影响的植被变化区，还能识别气候影响下的植被波动区。然而，从植被扰动公式构成来看，分子是当年植被指数与温度比值，分母是当年的前几年植被指数与气温平均值的比值，识别的植被扰动区实际是相对前几年平均状态而言当年植被受干扰较大区域，难以识别绝对的植被干扰区。此外，植被扰动指数阈值如何确定也是研究难点，当植被所受干扰发生变化时，其阈值也相应地发生改变。例如，Mildrexler 等学者将研究区植被扰动指数均值加减一倍标准差作为阈值识别森林火灾导致的植被退化区，识别结果与 MODIS 的火灾探测数据具有良好的一致性。然而，Ma 等（2018）在均值的一倍标准差基础上结合谷歌影像对阈值进行调整，识别了采矿导致的植被退化区，确定了矿区植被扰动指数的合理阈值。因此，基于植被扰动指数识别植被变化的主导影响区时，扰动指数阈值确定是关键。

3）残差分析法

残差分析法是一种用来分离气候与人类活动对植被影响的常用方法，通常以残差来表示人类活动对植被的影响，当植被受人类活动影响增加时，残差将相应增加。因此，残差变化能很好地反映出植被受人类活动影响的程度，残差趋势则用来表示人类活动对植被造成的影响是否具有显著性及可持续性。

目前，有多数研究使用残差趋势法来识别人类活动对植被产生显著影响区。残差趋势为正表示人类对植被产生持续正影响，残差趋势为负表示人类对植被产生持续负影响。例如，Evans 和 Geerken（2004）基于线性回归计算累积降水量和年内 NDVI 最大值之间的关系，将实际 NDVI 与基于线性回归获得 NDVI 最大值的正偏差或负偏差解释为人类活动导致的植被变化，从而分离出气候变化和人类活动导致的旱地退化区。Li 等（2012）使用残差趋势法分离内蒙古地区气候变化和人类活动对草原植被变化的影响，发现 1981~2006 年放牧是驱使该区植被退化的主要因素。Lin 等（2016）通过分析 2000~2013 年实际植被净初级生产力（net primary productivity，NPP）与预测 NPP 残差的趋势，发现了人为影响区与石漠化分布的空间范围一致，定量分析了人类活动对中国南方喀斯特地区生态系统退化的影响。He 等（2015）使用残差趋势法区分辽河平原 1999~2009 年气候变化和人类活动驱动的草地退化，发现低海拔草地退化主要受人类活动驱动，而高海拔草地退化主要由气候变化引起。

残差趋势法不仅被用于人类负影响区识别，随着生态恢复工程成效显现，残差趋势也越来越多地被用来识别人类正影响。人类活动与气候可能同向作用于植被，也可能反向作用于植被，区分植被恢复的气候与人类活动各自发挥的作用尤为重要。例如，Herrmann 等（2005）发现 1982~2003 年非洲撒哈拉地区植被逐渐从旱灾中恢复，认为人类活动和降水增加共同促进了该地区植被覆盖增加，并利用残差趋势法分离了人类活动对植被恢复的贡献。李辉霞等（2011）基于残差分析法定量评估了三江源生态建设成效，结果表明 2001~2010 年，三江源地区气候要素和人类活动对植被生长的贡献分别为 79.32%和

20.68%，人类活动对生态环境恢复具有正向影响。Tong 等（2017）基于残差趋势法识别生态工程主导的西南喀斯特地区的植被恢复区，发现广西壮族自治区植被恢复效果最为显著，其次为贵州省，云南省恢复效果最不明显。张照男等（2018）基于长时间序列 NDVImax 的残差趋势分析了赤峰草场植被变化的人类活动影响，其将人类活动对草场的影响按时间划分为正向影响、负向影响、正向影响三阶段，为草场资源合理利用和草原生态文明绩效考核提供了理论依据。

4. 植被变化社会-生态驱动因素主导影响区识别[①]

从历年的气候影响区与人类活动影响区的空间范围变化来看，云南、贵州、广西三省区交界区域处于历年来人类活动的正影响区，四川盆地、云南横断山系、广东省大部分区域历年来处于人类活动负影响区（Peng et al., 2021）。将自然保护区及森林公园范围叠加在气候影响区，发现自然保护区或森林公园与气候影响区重合度极高，主要分布在四川贡嘎山国家级自然保护区、四川海子山国家级自然保护区、云南西双版纳国家级自然保护区、湖南小溪国家级自然保护区、湖北后河国家级自然保护区。1999 年，研究区内受人类活动负影响比较明显，四川尤为明显。四川自 1999 年实施退耕还林后，到 2000 年人类负影响范围明显减少。同一年，其他省区市开始布设退耕还林试点，使得人类负影响区较 1999 年明显减少，人类正影响区明显增加（Peng et al., 2021）。第一期退耕还林工程截至 2007 年，在这期间部分区域由人类正影响区转为负影响区。尤其在 2005 年，四川、贵州、广西、广东地区出现集中连片的人类负影响区。到 2006 年，这部分区域的人类负影响范围减少，转为人类正影响区。这可能是由于这部分区域在实施退耕还林的同时还在继续破坏植被，当一个栅格（5.28km×5.28km）内植被退化比例大于植被恢复比例时表现为植被退化，被识别为人类负影响区。2007～2011 年人类活动与气候变化影响区处于相对稳定状态。2012 年与 2005 年类似，四川、贵州、广西、广东又从人类正影响区转为人类负影响区。2013 年开始人类负影响区减少，2015 年贵州、四川、广东、广西的人类负影响区较 2012 年明显减少（Peng et al., 2021）。

纵观历年气候与人类活动影响区的变化，四川、贵州、广西、广东呈现阶段性的人类正影响区与人类负影响区交替变化。例如，2005 年之前这些区域为人类正影响区，2005 年转为人类负影响区，2006 年开始逐渐由人类负影响区转为正影响区。之后连续 5 年均处于人类正影响区，2012 年突变为人类负影响区，2012 年之后又逐渐转为人类正影响区。表明经过一段时间的积累，四川、贵州、广西、广东等地人类对植被的破坏作用大于植树造林的作用，在混合像元内表现为人类负影响（Peng et al., 2021）。在后期的生态恢复工程实施中要重点关注人类正负影响交替的地区，通过减少人类负影响来促进植被持续恢复。

分别统计 1999～2015 年逐年的气候影响区、人类正影响区、人类负影响区的面积，如图 10-1 和图 10-2 所示。1999～2015 年气候影响区呈逐年波动下降趋势，而人类活动

[①] Peng J, Jiang H, Liu Q, et al. 2021. Human activity vs. climate change: distinguishing dominant drivers on LAI dynamics in karst region of southwest China. Science of the Total Environment, 769: 144297. 本节中的插图和表格是根据上述文献中对应的图表修改、重绘而成的。

影响区呈逐年波动上升趋势，生态工程的实施与城市化、毁林开荒等人类活动对自然植被干扰的范围越来越广泛，导致气候影响区逐年减少（Peng et al., 2021）。从人类影响区来看，人类正、负影响区呈现此消彼长的特征，这与识别的人类正负影响区交替出现有关。1999~2015年人类正影响区呈现波动变化特征，出现微弱上升，但上升趋势不明显。而人类负影响区在波动中逐渐增加，增加趋势明显。

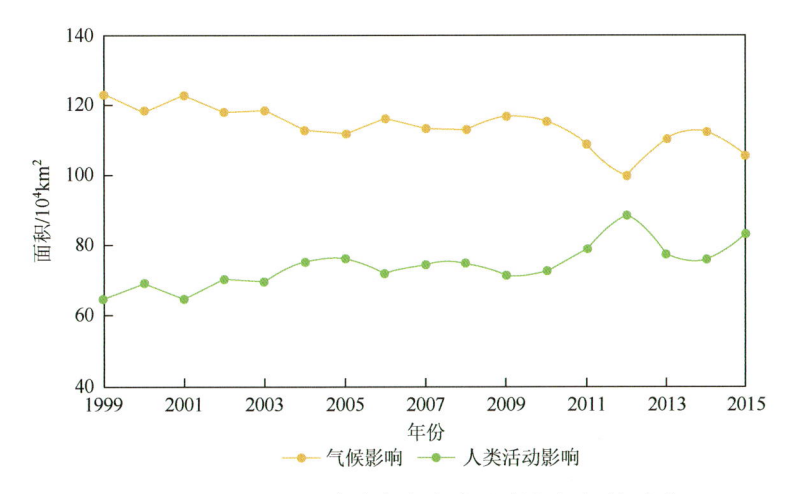

图 10-1 1999~2015 年气候与人类活动影响区面积变化

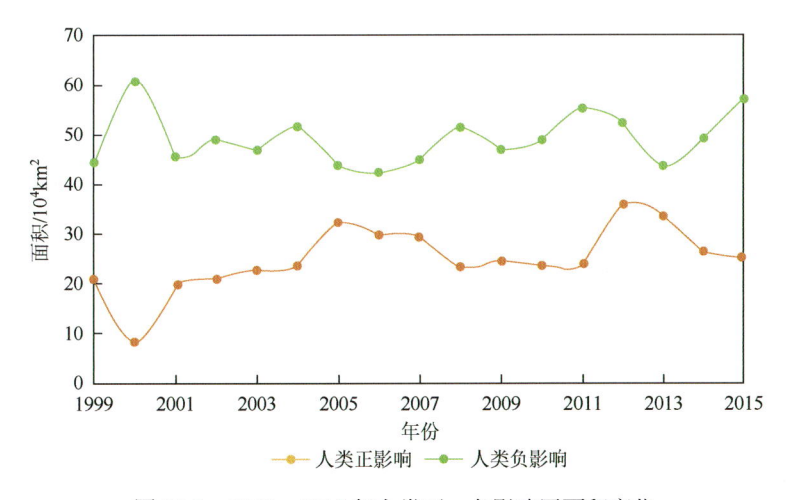

图 10-2 1999~2015 年人类正、负影响区面积变化

分阶段来看，1999~2006年人类正影响区的空间范围极不稳定，到2006年下降至生态工程实施以来最低。这段时期是生态工程刚开始实施的前几年，植被生长状态不稳定，同时还伴随着人类毁林开荒、伐木樵采等植被破坏行为，导致人类正影响区呈现波动变化特征。自2006年人类正影响范围突然变小之后，人类正影响区的范围在年际仍呈现波动特征，但整体上趋于稳定。1999~2010年，人类正、负影响区此消彼长的特征明显。

10.1.2 植被动态社会-生态驱动路径[①]

1. 植被动态社会-生态驱动路径必要性

目前的造林计划不仅仅是简单和快速植树，它们涉及多种社会和生物物理成分，对生态和社会系统有不同的影响（Zeng et al.，2020）。在全球社会着手实施 2021 年联合国生态系统恢复十年的倡议之际，揭示在实施造林过程中不同组成部分如何相互作用将增进我们对其成本和收益的了解，从而为决策者提供支持（Strassburg et al.，2019）。森林过渡理论为社会和生物物理变化与森林动态的联系提供了深刻见解，并可用于探索造林计划的复杂过程。森林过渡是指某一地区的净森林面积由减少变为增加的现象（Mather，1998）。森林转变可由多种因素和过程混合造成（Rudel et al.，2005；Meyfroidt and Lambin，2009）。除了由政府领导的造林计划以补充木材短缺或防止环境退化外，社会经济发展和农业集约化也可能引发森林转型（Lambin and Meyfroidt，2010）。例如在一些热带地区，越来越多的农民从事种植业以外的其他工作，在土地被遗弃后，植被可以自然再生（Rudel et al.，2005；Zhang Z M et al.，2017）。一般来说，最初对森林过渡只关注森林面积的动态，而没有捕捉到某一区域的详细特征，如生物量密度。最近的研究表明，森林生物量密度从稀疏到密集的转变也应被视为森林转型（Kauppi et al.，2020）。因此，建立社会变化、森林动态和生态系统功能之间的联系，可以用来确认造林项目在减缓气候变化和对抗土地退化方面的作用。然而，已有研究缺乏对这种联系的探讨。自 20 世纪 90 年代以来，中国一直在进行大规模的植树造林计划，这对制定适当的政策产生了多重影响（Bryan et al.，2018）。尽管许多研究评估了这些项目对结果的影响，但造林项目所涉及的重要组成部分之间的复杂联系尚未得到很好的量化（Liu et al.，2008；Yang et al.，2018；Tong et al.，2020）。因此，需要建立一个概念框架，应用森林转型理论来揭示造林计划对生态系统效果影响的直接和间接途径（Qiu et al.，2022）。

2. 植被动态社会-生态驱动路径解析

基于森林过渡理论（Lambin and Meyfroidt，2010；Rudel et al.，2020），植树造林计划、社会变迁、土地制度变化和生态效果之间的联系可以被概念化，如图 10-3 所示。具体来说，最直接的影响是土地系统的变化。随后，社会活动将受到直接或间接的影响，特别是对农村居民。一方面，依赖农田的农民可能需要被动地改变生计，因为部分农田将被转为林地。另一方面，通过该计划提供的补贴可能会鼓励农民自愿离开他们的农场工作。这两种情况都可能导致耕地减少和农村人口外迁。然而，目前还不清楚农田能否成功地转变为生产性林地。在造林计划中区分不同的影响途径可以提高我们对人类干预每一部分的失败或成功的理解，从而提高生态效果（Liu et al.，2007；Yang et al.，2018）。本节展示了以下几种路径。

[①] Qiu S，Peng J. 2022. Distinguishing ecological outcomes of pathways in the Grain for Green Program in the subtropical areas of China. Environmental Research Letters，17：024021. 本节中的插图和表格是根据上述文献中对应的图表修改、重绘而成的。

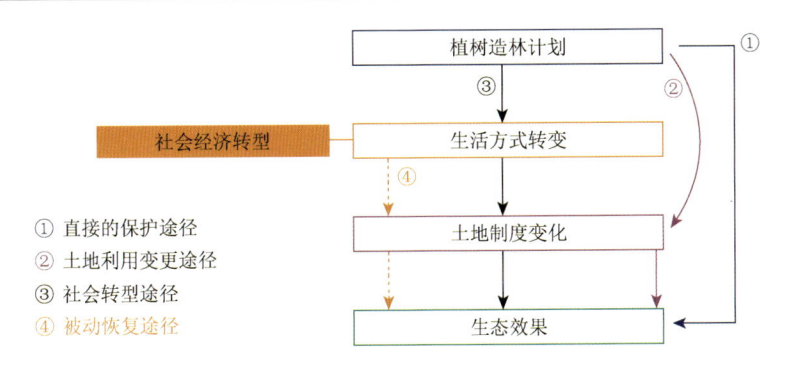

图 10-3 植被动态社会-生态驱动路径解析

一是生态工程直接提高植被绿度的途径，表现出显著的正向效应。该途径不受其他社会-生态过程的调节，可以认为是一种直接的保护途径。二是，生态工程还可以基于土地系统或社会系统两种间接途径对植被绿度产生影响（Qiu et al.，2022）。第一种间接途径为土地利用变更。此时生态工程通过减少耕地增加初级生产力。生态工程的实施对耕地面积比例产生负向影响，而区域呈现显著的绿化趋势。这个结果证明了生态工程第一步的成功，即减少坡耕地或生产力低下的耕地。但耕地减少与林地增加之间不存在显著相关性，以及涉及耕地向林地转化过程的两种间接途径与植被变绿均表现出不显著影响的结果也可以证明，生态工程的效果有待进一步提升。第二种间接途径为社会转型途径。政府出台的一系列的政策鼓励农民放弃产量较低的耕地，寻找其他谋生方式，促进了农村居民外迁和耕地减少（Cai et al.，2014；Wu et al.，2019）。但是，许多地区目前仍未完成将作物地转化为林地或草地，导致区域的植被绿度和初级生产力呈下降趋势或不显著的变化。此外，研究区自然条件恶劣，造林困难也可能导致该现象的发生（Wang et al.，2019；Zhao et al.，2021）。

生态工程不是农民外迁和耕地减少的主要解释。森林转型理论认为，社会经济发展的被动路径可以促进农民离开村庄（Lambin and Meyfroidt，2010；Zhang Z M et al.，2017）。这种机制可以称为被动恢复途径，它不受环境政策的影响，而是由社会经济因素引起的。在中国，20 世纪 80 年代以来的改革开放政策缓解了家庭流动性的限制，带来了经济发展的繁荣。因此，大量农村劳动力迁移到城市地区寻找工作机会（Chen X D et al.，2012；Cai et al.，2014）。这种社会变化被动地促进了土地利用的转变和生态的恢复。被动恢复途径主要发生在发展中地区，大量撂荒和大规模植树造林同时在这些地区发生（Uchida et al.，2009；Lambin and Meyfroidt，2010；Redo et al.，2012）。这一途径关系生态工程效果的可持续性，如果农民不能在城市获得有竞争力的收入，回到农村开垦农田将对植被恢复带来巨大挑战。

10.2 生态系统服务社会-生态驱动

10.2.1 生态系统服务社会-生态驱动因素

生态系统服务的影响因素包括自然要素和社会经济要素两方面。其中，自然要素，如土壤、地形、地貌、植被、气候等，构成了生态系统服务时空分异的基础；社会经济要素，如人口、经济、城市化、政策、土地利用等，会对区域尺度上生态系统服务的变化存在选择偏好（赵文武等，2018）。已有研究表明，人类活动和气候变化是生态系统服务最主要的影响因素（Wang et al., 2016），而人类活动对生态系统的影响会直接体现在土地利用上（Turner et al., 2007），因此，也有研究指出土地利用和气候变化是生态系统服务变化最主要的两大驱动因素（Nelson et al., 2009）。在此背景下，本节以土地利用/覆被变化和气候变化为主对生态系统服务影响因素的相关研究进行总结。

1. 社会驱动因素

土地利用变化影响了生态系统的能量交换、生物地球化学循环、水分循环等主要生态过程，进而改变了生态系统服务的供给。总体而言，土地利用对生态系统服务的影响主要体现在土地利用类型、土地利用格局以及土地利用强度三方面（傅伯杰和张立伟，2014）。

土地作为生态系统的载体，不同的土地利用类型提供生态系统产品和服务的能力不同（Burkhard et al., 2009）。全域土地利用类型转变带来的生态系统服务（刘桂林等，2014），以及特定的土地利用类型转变，如退耕还林（草）、城市扩张、农田开垦等均为目前研究关注的重点（薛振山等，2012）。

在退耕还林（草）与生态系统服务的关联关系方面，已有研究主要关注退耕还林（草）引起的生态系统服务时空变化以及权衡与协同关系变化。例如，Ouyang 等（2016）发现退耕还林（草）工程显著提升了我国生态环境质量，包括粮食生产、碳固定、土壤保持、防风固沙、水源涵养、防洪减灾在内的六项生态系统服务明显上升；Xu 等（2018）对黄土高原小流域进行研究，建立了耕地、林地、草地的能量流动模型，发现退耕还林在该流域的服务价值增加很小，供给服务出现下降趋势，调节、支持和文化服务有所上升，供给服务与其他服务存在权衡关系，若未来 30 年持续砍伐森林和开垦农田，生态系统服务价值将会降低 83%；Song 等（2015）评估了山东省退耕还林对生态系统服务的影响，发现退耕还林提高了氮循环、有机物供给、气体调节服务，但降低了水源保护服务；Jia 等（2014）在陕西省北部的研究发现，退耕还林可以提升气候调节、水循环、土壤保持等生态惠益，造林工程增强了调节服务与供给服务的权衡关系。总的来说，退耕还林（草）使区域地表植被状况得到改善，由此带来多项生态系统服务的提升，如土壤保持、气候调节、碳固定等（Zhang et al., 2015），但在脆弱的干旱-半干旱地区，大规模植树造林可能减少产水，加剧当地水资源的短缺程度（Cao et al., 2009）。

城市扩张最直观的表现是建设用地的空间拓展以及对耕地、林地、草地等生态用地的挤占（Peng et al., 2016），学者们普遍认为城市扩张对区域生态系统服务构成巨大威胁（Mach et al., 2015）。例如，Yu 等（2009）基于 Landsat TM 影像，探讨了城市用地扩张对深圳市净初级生产力的影响，结果表明耕地和林地衰减引起的净初级生产力降低最为显著；Hu 等（2015）认为建设用地扩张导致生态系统服务价值下降；Li 和 Zhou（2016）指出居民用地面积对净初级生产力、固碳释氧、土壤保持、水源涵养四种生态系统服务均有抑制作用；Peng 等（2017）发现生态系统服务随建设用地比例的增加呈直线衰减趋势，线性斜率达 −1.494；虎帅等（2018）在重庆市的研究表明建设用地扩张会导致碳储量的大幅度降低。

耕地既是食物供给的主要载体，也是诸如气候调节和水源涵养等调节服务、土壤形成和生境维持等支持服务，以及休闲游憩和美学价值等文化服务的重要提供者（唐秀美等，2015）。因此，大规模的农田开垦势必会对区域生态系统服务造成影响。杜国明等（2014）以三江平原北部地区为例，基于生态系统服务价值量评估，探讨了 1954~2009 年大规模农田开垦带来的生态损益（垦殖率由 8.31%增至 67.26%），结果表明湿地和林地的衰减导致区域生态系统服务价值损失率达 65.13%；薛振山等（2012）认为沼泽地向耕地的转变是导致浓江—别拉洪河中下游生态系统服务价值减少的主要原因，并指出由此带来的农业生产收益不足以平衡生态系统服务的损失。

土地利用格局的改变不仅体现在土地利用空间结构的改变上，还体现在物质循环和能量流动等生态过程的时空分异上，进而影响生态系统服务的供给（Fu et al.，2013）。有学者基于景观格局指数探讨土地利用格局与生态系统服务之间的关联关系，如 Su 等（2012）指出在生态区尺度上，由城市化导致的景观破碎化和多样化损害了区域生态系统提供服务的能力；刘焱序等（2013）以商洛市为例探讨生态系统服务价值对景观格局演变的响应，并指出诸如人工林建设等人类活动带来的土地利用斑块集中，可能会增加生态系统服务价值。也有学者在小尺度上进行了野外试验，如 Fu 等（2000）在羊圈沟流域选取三组具有不同土地利用格局的区域进行对比试验（林地-草地-坡耕地、林地-坡耕地-草地、草地-林地-坡耕地），结果表明在不同土地利用格局下，土壤侵蚀和养分流失情况不同。

土地利用强度表征人类活动对自然生态系统的干扰程度（刘芳等，2016），土地利用强度与生态系统服务之间的关联关系探讨，也因此成为认知人类活动对于生态系统服务影响的突破口。例如，石龙宇等（2010）识别了厦门市生态系统服务价值总量与土地利用强度的正相关关系，同时发现土地利用强度的变化与供给和文化服务正相关，而与调节和支持服务负相关；王佳丽等（2010）聚焦环太湖地区碳储量服务，分析了其对土地利用强度指数变化的响应，结果表明土地利用强度指数的增加会加剧碳储量服务的脆弱性；王雅和蒙吉军（2017）在黑河中游的研究发现，土地利用强度与生境质量、水源涵养和气体调节三项服务存在正相关关系，而与土壤保持服务不存在相关关系，同时土地利用强度的总体提高可能会提升区域生态系统服务价值。Braat and de Groot（2012）也对相关研究进行了总结，发现在自然生态系统下，生态系统的供给服务弱但调节和支持服务强；在轻微的人类活动干扰下，生态系统的供给服务强但调节和支持服务弱；当人类活动干扰加剧时，所有生态系统服务都会发生退化。

2. 生态驱动因素

气候条件对生态系统的结构和组成、生产力、物候、物种和生态系统分布等方面都具有一定的影响，气候变化深刻影响着生态系统服务的变化，并且影响力逐步增大，成为主要驱动力之一。IPCC 第五次评估报告中，列举了在气候变化影响下，不同生态系统服务的主要脆弱性及对人类福祉的影响。

近年来，学者们开展了以气温、降水为代表的气候因素与生态系统服务关联的研究，如黄晓云等（2013）研究发现我国喀斯特地区的南方 8 省区市 NPP 与气温、降水显著相关，NPP 与水热变化格局比较一致，气温对 NPP 的胁迫作用大于降水；高志强等（2004）对中国农牧过渡区进行的生态系统评估，发现气候变暖和降水减少导致生态系统碳吸收能力和碳储量的增长速率下降；Richardson 和 Schoeman（2004）研究发现在大西洋东北地区，随着全球变暖的发生，海洋生物多样性的结构和功能发生改变，影响生态系统净初级生产力、产品供给、调节能力等生态系统服务；Wang 等（2016）对内蒙古草原的研究表明，1989~2011 年气候变化降低了内蒙古草原 33%的生态系统服务价值。

另外，学者们借助大气环流模型、碳排放情景气象数据等，进行了生态系统服务的评估与情景分析研究，如徐雨晴等（2018）发现在基准期（1971~2000 年）及未来（2021~2050 年）RCP4.5、RCP8.5 情景下，中国森林生态系统服务总价值均呈逐年增加趋势；Mina 等（2017）以欧洲山区森林生态系统为例，分析了未来气候情景下木材供给、固碳、生物多样性维持以及休闲娱憩四种生态系统服务的权衡与协同关系；Hao 和 Yu（2018）对中国干旱半干旱地区 2050 年时，在 RCP4.5 和 RCP8.5 的排放情景及不同的发展目标和放牧情景下 NPP、土壤保持、产水和牧草供给等生态系统服务进行了评估。该类研究旨在通过不同气候变化情景与发展目标相结合，为生态系统服务管理的适应对策提供科学支撑。

10.2.2　生态系统服务变化社会-生态主导因素[①]

土地利用和气候变化是生态系统服务变化最主要的影响因素（Nelson et al.，2009），其中，土地利用变化主要体现在土地利用类型的转变，气候变化则主要体现在降水、气温、太阳辐射等气候要素的变化（Peng et al.，2020）。本节对土地利用和气候变化对生态系统服务的单独影响进行分离，并识别主导因素，厘清生态系统服务的变化原因。

1. 影响因素分离

通常来讲，生态系统服务是区域气候和土地利用共同作用的结果，已有学者综合分析了气候变化和土地利用对生态系统服务的影响。例如，Su 和 Fu（2013）发现降水减少导致土壤侵蚀量下降，而退耕还林还草显著提升了黄土高原地区土壤保持和固碳功能；Hao 等（2017）探讨了太阳辐射、降水、气温、风速等气候因子及土地利用变化引起的景观格局变化与生态系统服务之间的关联关系。此外，在未来土地利用和气候变化情景下的生态系统服务模拟方面，Langerwisch 等（2017）分析了在 2030 年土地利用情景（包括高速发展、低速发展和自然发展）和气候情景下生态系统服务间权衡协同关系。然而，在土地利用和气候变化对生态系统服务的影响进行定量分离方面研究较少（Fu et al.，2017；Hao et al.，2017；Tang et al.，2018）。

定量分离土地利用和气候变化对生态系统服务的影响有助于人类适应气候、规避人类活动对生态系统的负向作用。目前，国内外研究人员对影响因素分离技术进行了初步探索，主要有以下四种方法：第一，基于残差趋势分析方法剥离人类活动和气候变化对

---

① Peng J, Tian L, Zhang Z, et al. 2020. Distinguishing the impacts of land use and climate change on ecosystem services in a karst landscape in China. Ecosystem Services, 46: 101199. 本节中的插图和表格是根据上述文献中对应的图表修改、重绘而成的。

植被动态的影响（Tong et al., 2017）。第二，基于模型的净初级生产力的人类占用（human appropriation of net primary productivity，HANPP）模拟方法（Ma et al., 2012）。上述两种方法适用范围有限，且无法剥离城市化、生态工程、农田开垦等各项人类活动的单一影响。第三，数理统计方法，如偏相关分析、偏最小二乘回归、多元逐步回归等（Peng et al., 2015；Qiao et al., 2018）。第四，基于控制变量的情景模拟法，如王原等（2010）通过设定不同的土地利用和气候组合情景，分离二者对于农田生态系统NPP的影响；Fu等（2017）通过设定仅改变土地利用类型、仅改变气候因素、土地利用类型和气候因素均改变三种情景，定量分析土地利用和气候因素对阿勒泰地区产水、土壤保持、粮食供给、防风固沙四种生态系统服务的影响；Tang等（2018）以青藏高原东部为例，设定仅改变气候因素（情景Ⅰ）、仅改变土地利用类型（情景Ⅱ）和气候要素与土地利用类型均改变（情景Ⅲ）三种情景，模拟土壤保持、产水和粮食供给三种生态系统服务在各情景下的空间格局，结果表明各种情景下生态系统服务均呈下降趋势，且生态系统服务的变化呈现出情景Ⅱ＜情景Ⅲ＜情景Ⅰ的规律。

总体而言，关于土地利用和气候变化是驱动生态系统服务最主要的因素这一认知，已经得到了学界普遍认同，相关研究大量展开。然而，现有研究多关注土地利用和气候变化综合作用下生态系统服务的变化，对于二者与生态系统服务之间的单一关联关系尚未厘清。已有关注单一关联关系的研究中，一方面，基于相关性分析、回归分析等方法来比较二者影响程度，对土地利用和气候变化作用于生态系统服务过程考虑不足，且难以定量评估二者对生态系统服务独立影响的贡献率；另一方面，少量学者借助情景设置法探讨区域内土地利用和气候变化对生态系统服务的独立影响量，相关研究多关注区域总体情况，对于土地利用变化区二者影响的分离、贡献率计算及主导影响因素识别尚存不足，且对土地利用和气候变化对生态系统服务影响的空间差异规律探讨较为缺乏。不同的自然本底情况和社会经济发展水平，会影响土地利用和气候变化对生态系统服务的作用结构，因此，有必要基于地理学空间分异视角，探讨不同自然和社会经济分区之间和分区内部，土地利用和气候变化对生态系统服务作用的差异，以便于研究结果从理论走向实践，针对性地提供生态系统服务优化建议。

2. 主导因素空间分异

1）净初级生产力

气候变化对NPP影响的贡献率如图10-4所示。可以看出，贵州省气候变化的贡献率普遍较低，主要在20%以下，面积占比达66.1%，由气候变化引起的NPP变化量范围在 $-137.72 \sim 142.78 \text{g C/(m}^2 \cdot \text{a)}$，其中负值部分主要集中于贵阳市和黔南布依族苗族自治州的北部，该区域降水增量小，但气温增加大，对植被生长有抑制作用；气候变化贡献率的高值区主要集中于黔东南苗族侗族自治州内，州内平均贡献率达30.9%，以正向影响为主，主要原因是2000~2015年该区域降水量大幅增加，增量明显高于其余区域，而该区域本身生态本底良好，充沛的降水很大程度上有利于植被长势，因而气候变化的贡献更大（Peng et al., 2020）。

土地利用变化对NPP影响的贡献率如图10-5所示。可以看出，贵州省土地利用变化的贡献率大多高于 60%，面积占比达 60.5%，由土地利用变化引起的 NPP 变化量范围在 −1077.93～710.62 g C/(m²·a)，负值部分在高度城市化地区较为集中，如贵阳市中部，主要表现为建设用地扩张的影响，植被覆盖大幅减少，因而 NPP 大幅下降，影响程度远超过气候变化，而在贵阳市和安顺市交界处成片草地变为林地的区域，由于植被郁闭度的提高，NPP 大幅上升；土地利用变化贡献率在 20% 以下部分较少，集中于黔东南苗族侗族自治州，该区域生态本底良好，林地草地之间互相转换对 NPP 影响弱于降水的增加。

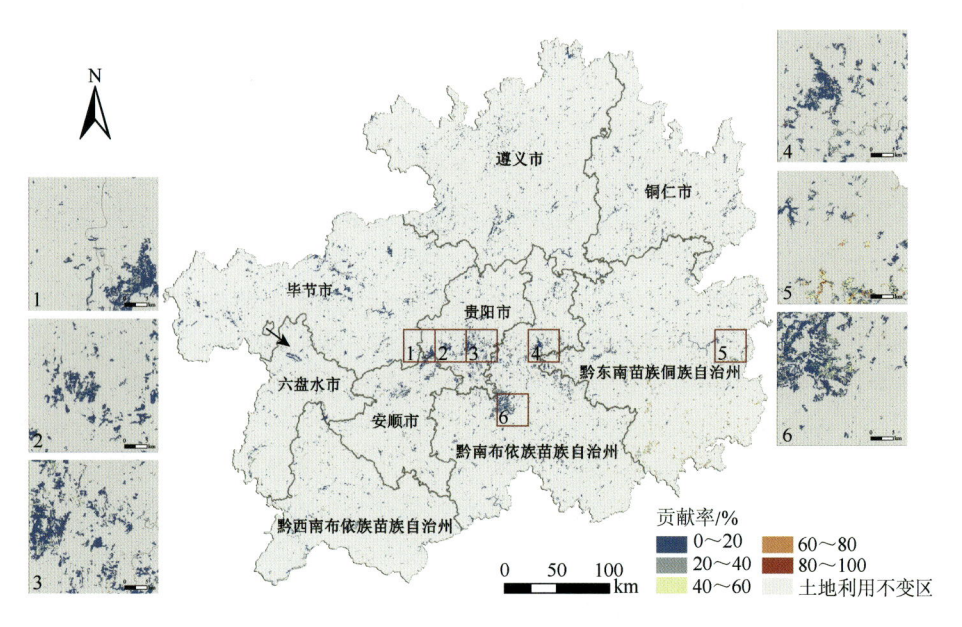

图 10-4　气候变化对 NPP 影响的贡献率

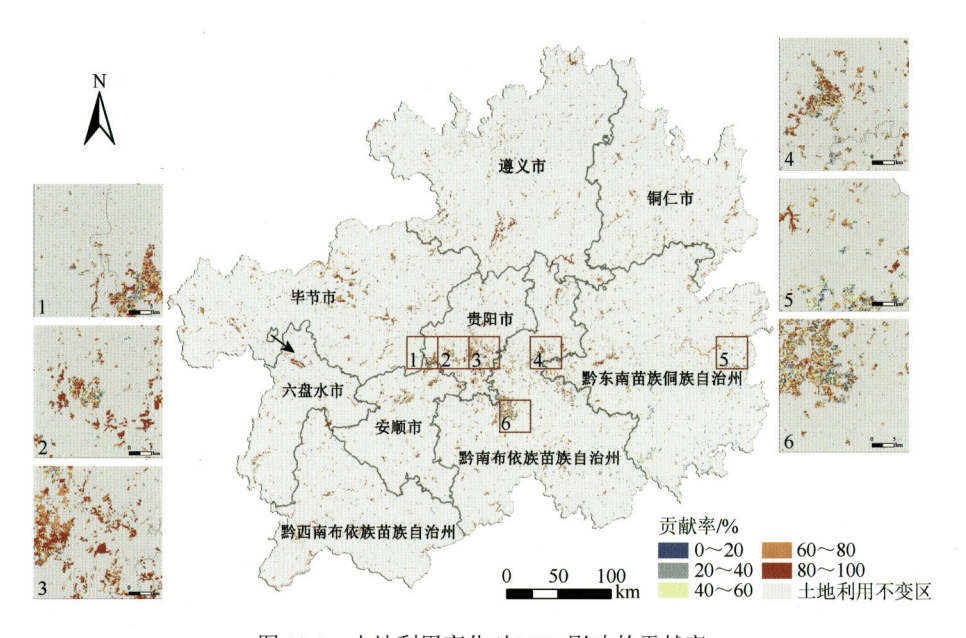

图 10-5　土地利用变化对 NPP 影响的贡献率

通过对土地利用和气候变化贡献率的比较，得到 NPP 变化主导影响因素空间格局（图 10-6）。其中，土地利用变化主导区域面积较大，占比达 85.2%，这表明对于贵州省，在土地利用和气候变化同时作用于生态系统时，多数区域 NPP 主要受土地利用变化控制，显示出 NPP 对于人类活动的高度敏感性；气候变化主导区仅占 14.8%，分布在东南部地区，以黔东南苗族侗族自治州最为明显，州内土地利用变化以草地转为林地和退耕还林为主，而由于本身生态本底良好，土地利用变化带来的植被覆盖变化较为微弱，但该区域 2000~2015 年降水量平均增加 167mm，同时气温也有所增加，约 1.14℃，为植被生长创造了更为良好的水热条件，因此 NPP 变化主要由气候变化主导。

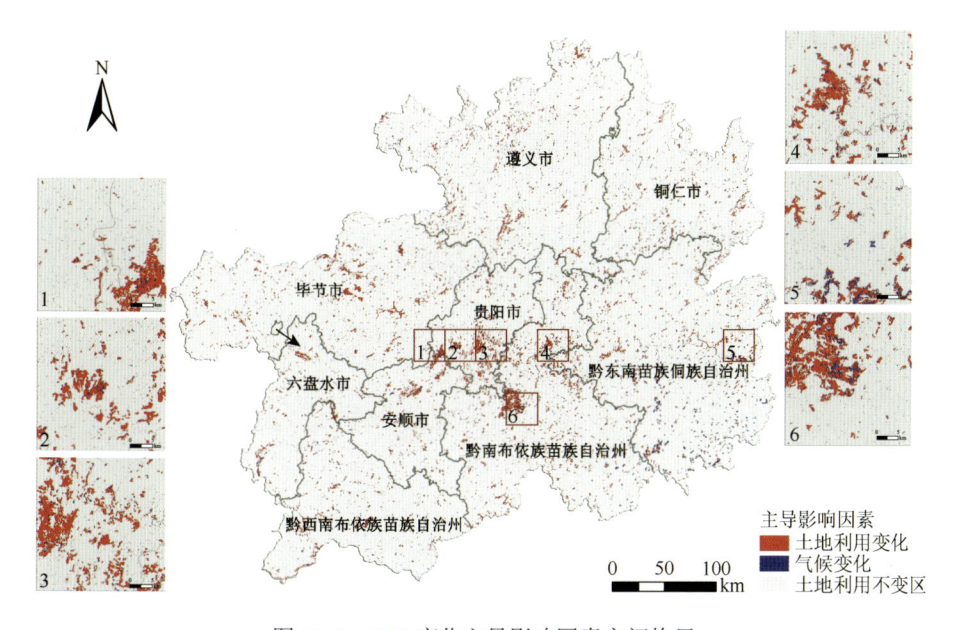

图 10-6 NPP 变化主导影响因素空间格局

分别对气候变化主导区和土地利用变化主导区内，气候变化和土地利用变化对 NPP 变化的贡献率进行分级统计，如图 10-7 所示。在气候变化主导区内，气候变化的贡献率主要分布在 50% 以下，面积占比达 51.3%；其次为 50%~60%，面积占比为 22.3%；贡献率在 90% 以上的栅格仅占 1.0%，这表明在气候主导区内，气候变化的贡献率与土地利用变化大多相差不大，主导优势较弱。在土地利用变化主导区内，土地利用变化的贡献率在 70%~80% 和 80%~90% 栅格数量最多，面积占比分别为 20.5% 和 20.4%；贡献率在 90% 以上和 50%~60% 的栅格数量最少，分别为 13.2% 和 13.4%，体现出土地利用变化主导区内，土地利用变化的贡献率大多远高于气候变化，处于压倒性的主导地位。

2）土壤保持

气候变化对土壤保持影响的贡献率如图 10-8 所示。可以看出，贵州省气候变化的贡献率在各个等级分布较为均匀，其中贡献率在 60%~80% 的栅格数量最多，面积占比为 24.3%，由气候变化引起的土壤保持变化量范围在 0.05~1997t/(hm²·a)，主要分布在贵阳市西南部和黔南布依族苗族自治州，黔东南苗族侗族自治州有零星分布，且由气候变化

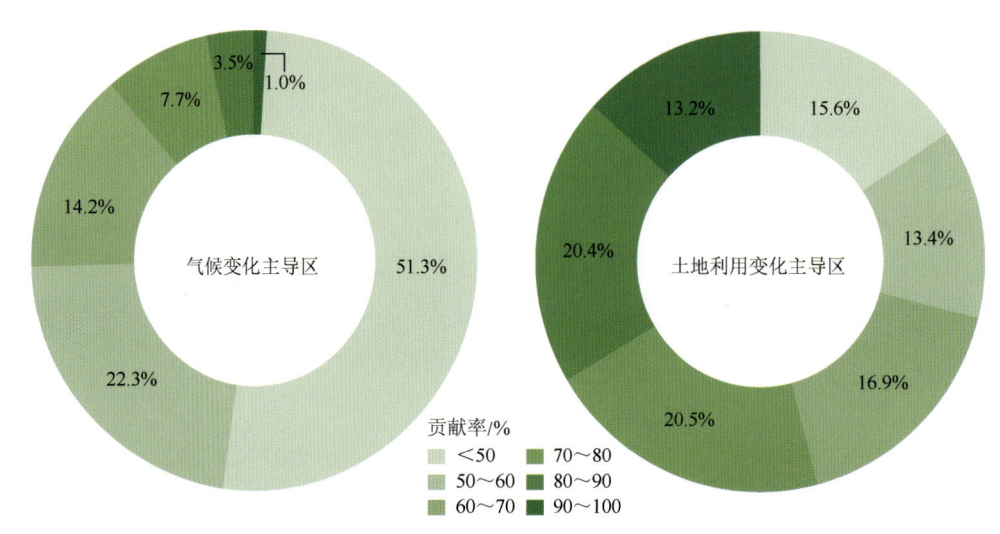

图 10-7 NPP 变化主导因素不同等级贡献率面积占比

引起的土壤保持变化量值较高；其次为 20%以下，主要分布在贵阳市城区等城市化水平较高的区域，由气候变化引起的土壤保持变化量范围在−3.26~967.56t/(hm²·a)，该区域降水增幅较小，为 8~87mm，而城市扩张剧烈，气候变化影响相对较弱；气候变化贡献率高于 80%的区域主要分布在南部降水增量明显区域；贡献率在 20%~40%的栅格数量最少，占比仅为 3.6%。

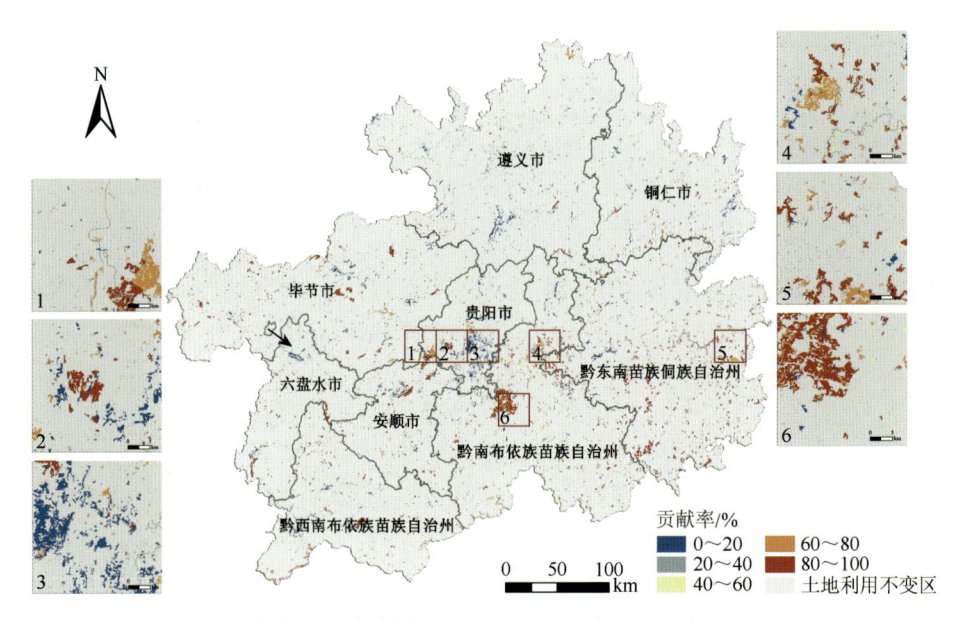

图 10-8 气候变化对土壤保持影响的贡献率

土地利用变化对土壤保持影响的贡献率如图 10-9 所示。可以看出，贵州省土地利用变化的贡献率相对较低，主要集中在 20%以下，栅格数量占比达 42.3%，由土地利用变化引起的土壤保持变化量范围在−323.02~318.23t/(hm²·a)，其中负值部分集中分布于黔南布依族苗族自治州北部的林地转为草地区域，正值部分主要集中于贵阳市和安顺市交界处草地转为林地区域，主要是由于林地植被覆盖度相对较高，土壤保持能力强于草地，但二者之间差距较为微弱，远小于降水增加带来的影响；其次为20%~40%和60%~80%，面积占比分别为23.7%和17.5%，前者分布较为零散，后者主要分布在城市化水平较高的区域，如贵阳市中部，由于不透水表面的扩张极大地改变了土壤结构，土壤渗透性变差，有机质含量降低，相同降水条件下更容易发生土壤侵蚀，因而对土壤保持服务有极大抑制作用，甚至超过降水影响；贡献率在80%以上的最少，面积占比仅为7.6%。

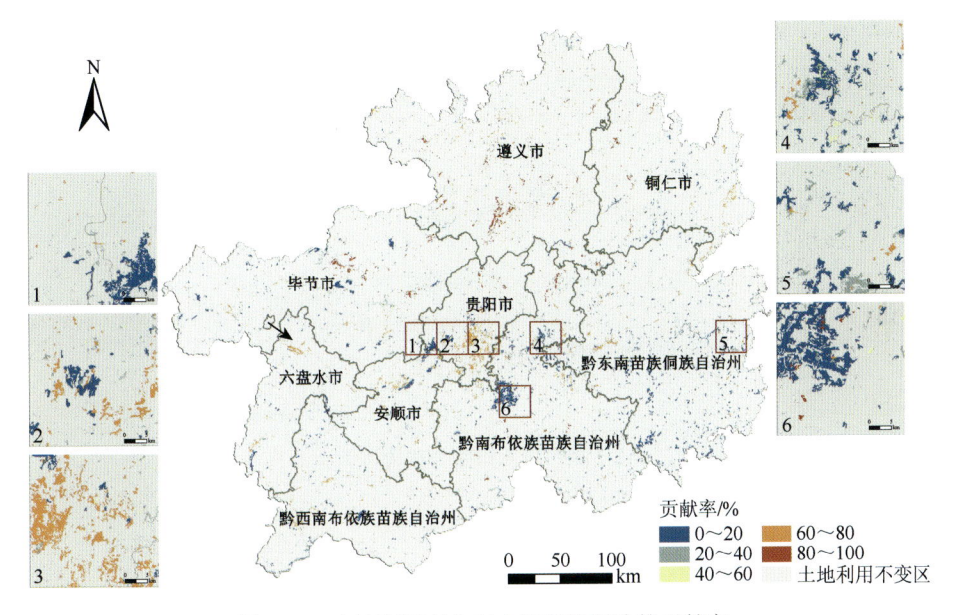

图10-9 土地利用变化对土壤保持影响的贡献率

通过对土地利用和气候变化贡献率的比较，得到土壤保持变化主导影响因素空间格局（图10-10）。其中，气候变化主导区域面积较大，占比达71.0%，这表明对于贵州省，在土地利用和气候变化同时作用于生态系统时，多数区域土壤保持受气候变化控制更为强烈，由于2000~2015年贵州省降水增加明显，全省降水增量平均值达85.99mm，土壤保持服务对于降水量极为敏感，在水土保持措施相对较为完善时，降水的影响程度要高于土地利用类型之间的转变；土地利用变化主导区仅占29.0%，主要分布在贵阳市和遵义市，贵阳市主要由于建设用地扩张明显，其面积约占全省建设用地扩张面积的20%，极大阻碍了生态系统提供土壤保持服务的能力，遵义市则是由于降水变化小，全市降水量平均下降约32mm，影响程度弱于土地利用变化。

分别对气候变化主导区和土地利用变化主导区内，气候变化和土地利用变化对土壤保持变化的贡献率进行分级统计，如图10-11所示。在气候变化主导区内，气候变化对生态系统服务变化的贡献率主要分布在90%以上，栅格面积占比达33.8%；贡献率在50%以下的栅格面积占比最少（1.7%）；其他级别中，气候变化对生态系统服务变化的贡献率分布较为均匀，面积占比大致在10%~20%。在土地利用变化主导区内，土地利用对生态系统服务变化的贡献率主要分布在70%~80%，栅格面积占比达42.4%；其次在80%~90%

和 60%～70%，面积占比分别为 18.8%和 17.9%；贡献率在 50%以下的栅格数量最少。在两种主导区内，主导因素贡献率在 50%以下的栅格数量均最少，表明两种影响因素的影响差距较大，各主导因素均处于压倒性的主导地位。

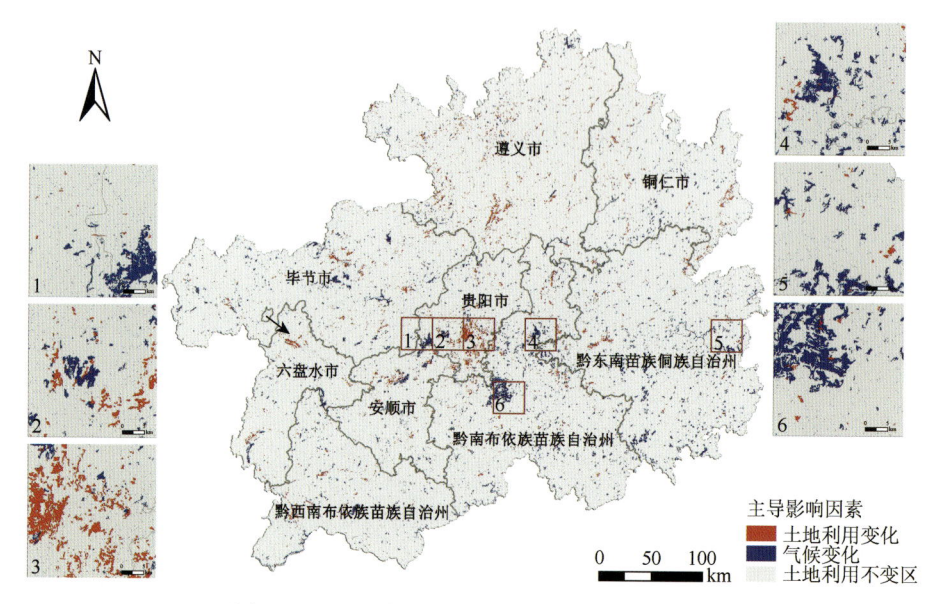

图 10-10　土壤保持变化主导影响因素空间格局

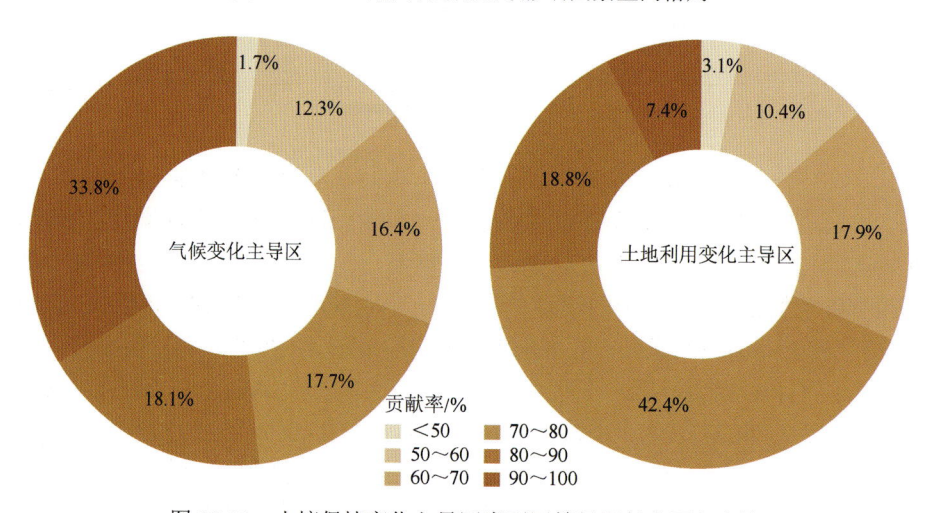

图 10-11　土壤保持变化主导因素不同等级贡献率面积占比

3）产水

气候变化对产水服务影响的贡献率如图 10-12 所示。可以看出，贵阳市气候变化的贡献率主要集中在 40%以下，面积占比达 64.3%，由气候变化引起的产水量变化量范围在 −125.14～348.79mm，其中负值部分主要集中于贵州省北部，以遵义市为主，该区域 2000～2015 年降水量减少，因而对产水服务有负向作用，正值部分则主要集中于贵阳市和黔南布依族苗族自治州；贡献率在 60%以上的栅格数量仅占 16.1%，由气候变化引起的产水量变化量范围在–122.92~386.19mm,以正值为主,大多分布在黔东南苗族侗族自治州,该区域降水增量显著,土地利用变化多以耕地、草地和林地之间的转换为主,降水的影响略大于地表蒸散的变化,故气候变化贡献率相对较大,全州平均气候变化贡献率达46.9%。

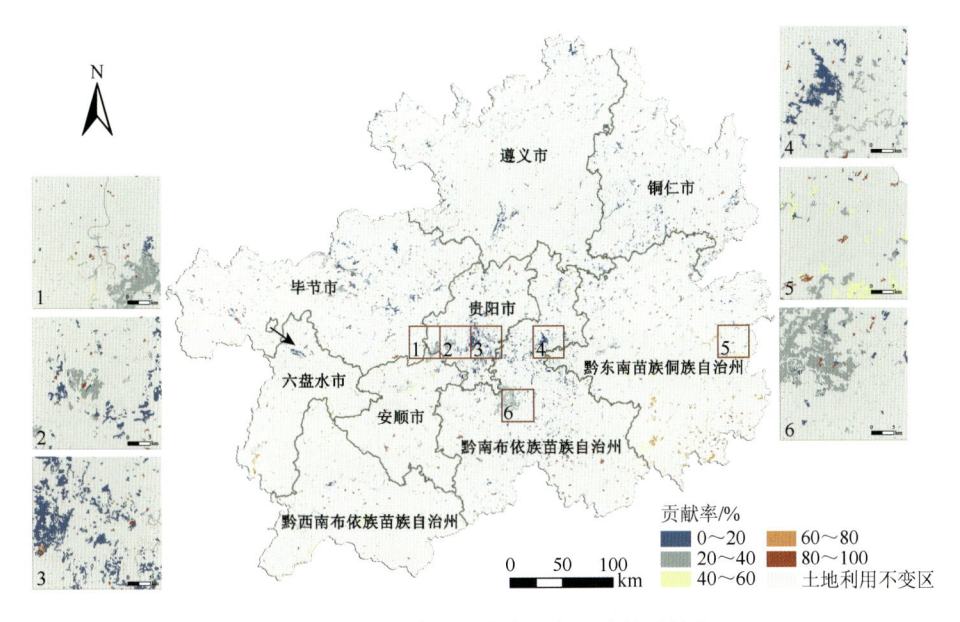

图 10-12　气候变化对产水服务影响的贡献率

土地利用变化对产水服务影响的贡献率如图10-13所示。可以看出,贵阳市土地利用变化的贡献率主要在60%~80%,面积占比达35.7%,由土地利用变化引起的产水量变化量范围在–786.78~784.07mm,其中负值部分主要分布在草地转向林地区域,该区域土地利用类型的转变带来植被覆盖率增加,植被蒸散大、产水低,同时区域降水增加量较小,在8~87mm,故土地利用变化的贡献率远大于气候变化;正值部分主要分布在林地转向草地部分,由于植被覆盖率的降低,蒸散降低,产水量增加;其次在80%以上,由土地利用变化引起的产水量变化范围在–737.27~738.22mm,该区域土地利用变化对产水有正向作用,主要分布在贵阳市中心等城市化水平较高的区域,不透水表面扩张,地表蒸散小、产水高,与此同时区域降水增量小,故土地利用变化的贡献率更大。

通过对土地利用和气候变化贡献率的比较,得到产水变化主导影响因素空间格局(图10-14)。其中,74.9%的区域影响产水变化的主导因素是土地利用变化,这表明对于贵州省,在土地利用和气候变化同时作用于生态系统时,多数区域产水服务主要受土地利用变化控制,显示出产水服务对于人类活动的高度敏感性;25.1%的区域产水变化的主导影响因素为气候变化,集中分布在黔东南苗族侗族自治州的南部,该区域降水量增加较其他区域更为显著,增加量在158~422mm,产水服务主要受降水以及地表蒸散的影响,而该区域耕地、草地和林地的植被覆盖度普遍较高,三种土地利用类型之间的转换带来的产水量变化,与16年间降水变化相比,略逊一筹,因此区域产水服务变化主要由气候变化主导(Peng et al.,2020)。

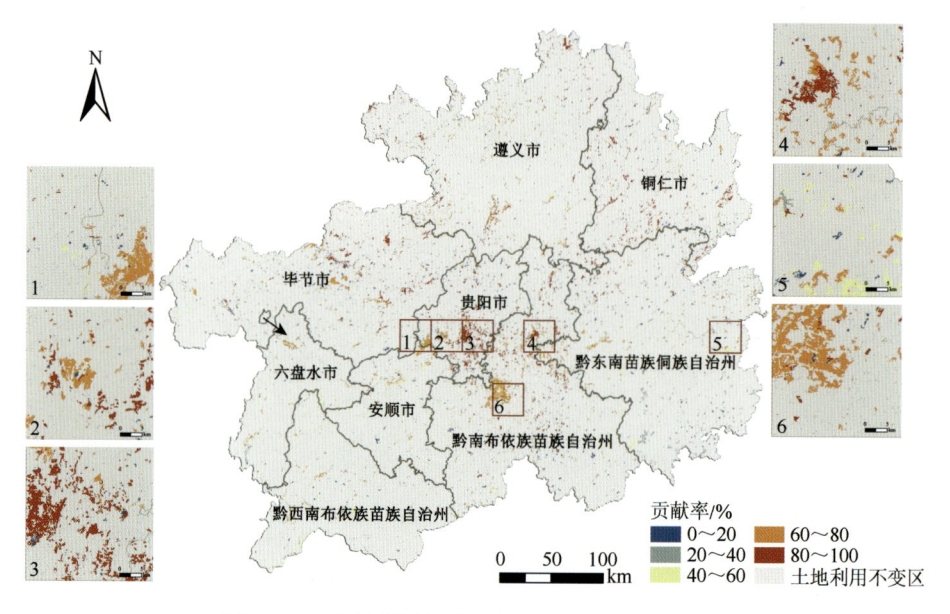

图 10-13　土地利用变化对产水服务影响的贡献率

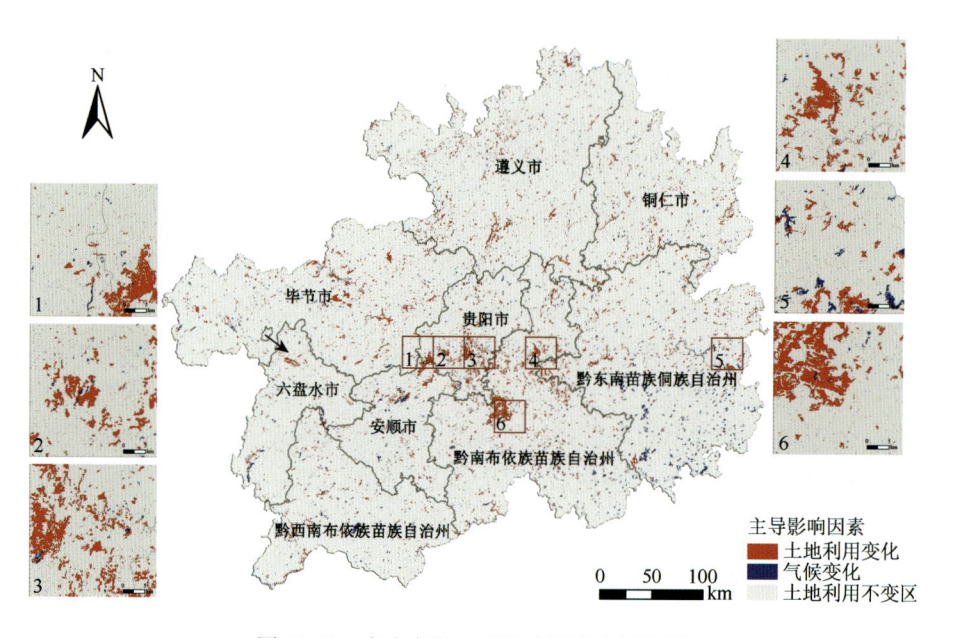

图 10-14　产水变化主导影响因素空间格局

分别对气候变化主导区和土地利用变化主导区内,气候变化和土地利用变化对产水变化的贡献率进行分级统计,如图 10-15 所示。在气候变化主导区内,气候变化对生态系统服务变化的贡献率主要分布在 90% 以上,栅格面积占比达 33.0%,表现出极强的主导地位;其次为 50%~60%,面积占比达 27.0%;气候变化对生态系统服务变化的贡献率在 70%~80% 级别的栅格数量最少,不足 5%。在土地利用变化主导区内,土地利用变化对生态系统服务变化的贡献率在 70%~80% 的栅格数量最多,面积占比达 28.4%;其次为 80%~

90%，面积占比为 25.0%；土地利用变化对生态系统服务变化的贡献率在 50%以下的栅格数量最少，仅有 3.2%。由于两个主导区内，主导因素贡献率低于 50%的区域均较少（不足 10%），可以看出两种因素贡献率差距较大，各主导因素均处于压倒性的主导地位。

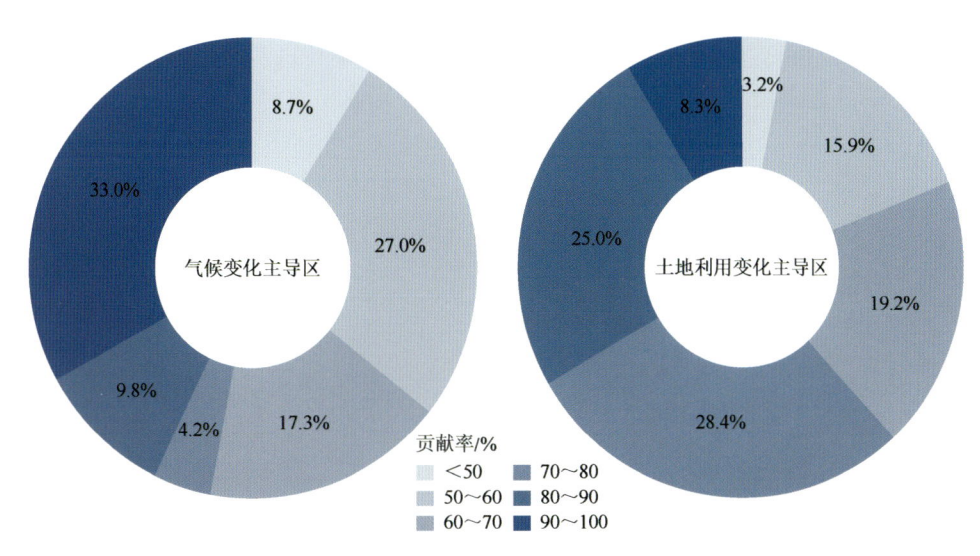

图 10-15　产水变化主导因素不同等级贡献率面积占比

10.3　生态修复的社会-生态途径与挑战

10.3.1　生态修复的社会-生态途径

植被变化的驱动因素主要分为植被生长活动变化与土地利用变化两方面。对于植被生长活动变化来说，主要是环境因素变化导致的，如二氧化碳浓度增加、氮沉降、气候变暖（Chen et al.，2019；Zhu et al.，2016）；从遥感反演监测来说，表现为光合作用增强、植被叶面积增加、NDVI、EVI 等植被指数增长等。从土地利用变化角度来说，以人类施加影响为主。一方面是人类对土地利用方式进行的管理，以植树造林、毁林开荒等方式为主；另一方面是社会-经济的间接影响（Rudel et al.，2020）。植被面积增长是以土地利用与土地覆被发生变化为表征的，其中，土地利用变化的驱动因素中"森林转型"理论解释了随着社会-经济发展区域森林增长的机制。

国内学者从中国实际国情出发，结合乡村振兴战略、扶贫政策开展了相关路径研究（赵宇鸾等，2018）（图 10-16）。目前普遍认为，中国森林转型发生在 20 世纪 80 年代前后，与发达国家相比时间稍晚，但因森林面积的快速增长受到广泛关注。已有研究表明，中国森林转型主要遵循经济发展路径和国家森林政策路径（王宏等，2018）。在经济发展路径中，国内学者对中国耕地撂荒的因素进行了详细探究，一方面是农业劳动力成本的上升导致，研究发现从 2003 年开始，中国农民工工资每年以约 10%的增速上涨，引起农业生产中劳动力成本的快速上升，为应对劳动投入成本增加带来的利润减损，农民会采取规模化、集约化耕地经营方式，利用省工性机械替代日益昂贵的农业劳动力，或增加劳动生产率较高的作物种植，达到劳动生产率最大化目的，从而降低劳动力价格上升带来的成本增加（Zhang C H et al.，2017）。部分地区的耕地受制于地形等条件无法快速提高劳动生产率，减少劳动投入成本，随着劳动力成本的上升，这些地区的耕地便逐渐被边际化和撂荒（Qiu et al.，2022）。另一方面是本地经济条件改善、教育水平提升导致，对于落后地区，经济条件改善和人们传统观念的转变提高了农村家庭对儿童教育的关注，造成农业劳动力减少，从而增加了边际耕地撂荒，促进了森林恢复（Uchida et al.，2009）。

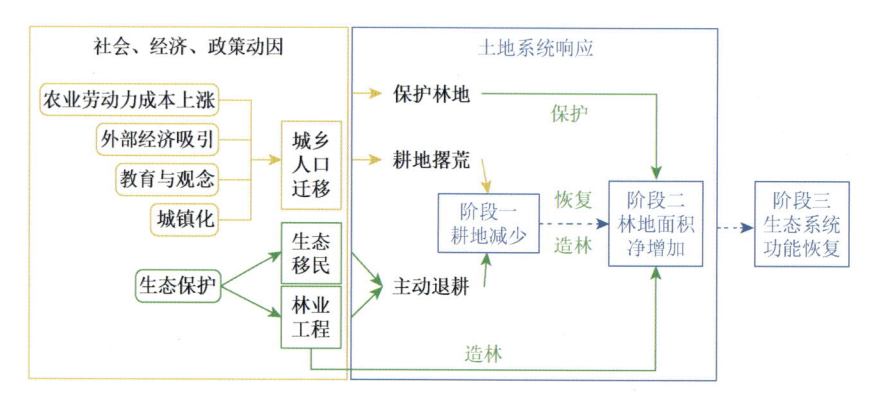

图 10-16　社会、经济、政策对生态修复的影响

10.3.2　生态修复的社会-生态响应[①]

1. 植被景观格局恢复

植被在生态保护与恢复过程中扮演着重要的角色，由于喀斯特地区生态系统退化是以植被减少为诱因、出现类似荒漠化景观为标志的过程，因此植被恢复是生态系统结构和功能恢复与重建的基础和核心（Tong et al.，2017）。随着对地观测技术的成熟，多种卫星植被遥感时间序列产品用于喀斯特地区植被景观恢复研究，采用的指标主要包括基于卫星光学遥感生产的植被指数、叶面积指数、植被覆盖度、净初级生产力等，以及通过卫星微波遥感生产的植被光学厚度产品和衍生的地上生物量，基于上述指标的长时序序列发现，进入 21 世纪以来，喀斯特地区植被覆盖与生长状况呈现上升趋势，植被覆盖度增加面积约占全球增加面积的 5%（Brandt et al.，2018），对于滇、桂、黔三省区来说，地上生物量 2000~2012 年增长了约 9%（Tong et al.，2018），植被恢复趋势与温度、降水相关性较小，2011 年前，在气候趋向干旱的条件下，植被覆盖与生长状况仍然呈现增加趋势，运用生态过程模型，控制二氧化碳、氮沉降、气候条件模拟叶面积指数与地上生物量，观察到与植被实际生长状况相反的趋势变化，说明气候与环境因子对喀斯特地区

[①] Qiu S J, Peng J, Zheng H N, et al. 2022. How can massive ecological restoration programs interplay with social-ecological systems? A review of research in the South China karst region. Science of the Total Environment，807：150723. 本节中的插图和表格是根据上述文献中对应的图表修改、重绘而成的。

大规模植被景观恢复影响有限。然而，退耕还林工程实施面积与实际植被变化具有较好的一致性，说明区域植树造林、封山育林等生态工程是植被景观恢复的主要原因，残差趋势法也证实了这一结论（Tong et al.，2017），同时，喀斯特地区的植被增加区域主要位于高海拔地区，说明了坡地工程的实施效果。除了植被保护与重建工程的直接影响，农村劳动力转移等社会经济转变对植被景观恢复具有一定贡献，Cai 等（2014）运用 MODIS-NDVI 分析 2000~2010 年贵州省植被增长趋势，结合土地利用变化与人口流动数据，认为生态工程与人口外流均是区域植被恢复的主要原因。

尽管工程对喀斯特地区植被景观恢复产生效果，但也有研究指出，目前所实施的工程对部分区域效果有限。Hua 等（2018）从森林结构与物种多样性角度出发，认为植被增加得益于单一树种纯林的增加，并没有得到理想恢复效果。在四川省中部区域的研究发现，2000~2015 年区域森林覆盖面积增加了 32%，但原始森林却减少了 6.6%，由此提出生态工程实施应以保护既有森林、恢复群落结构完整的森林为目标，对无干扰的原生性较强的植被应保持现状，顺其自然发展；已受干扰的生态系统，应补充演替后期的繁殖体，特别注意引进一些顶级种或次顶级种；次生林区要适当修建，保持合理密度，有利于有性繁殖更新链尽快恢复和林木的快速生长，促进物种组成分布渐趋均匀，多样性趋向合理化，实现植物群落的迅速恢复与形成。Zhang Z M 等（2017）对云南省 12 个村落的调查研究则指出农村劳动力的外流、薪柴使用的减少是云南省部分村落森林恢复的主要原因，而非植树造林工程的直接效应。

对植被景观恢复的主要影响因素及其空间异质性展开探索，有助于指导空间差异化工程实施，考虑喀斯特地区地形复杂、山地较多、水土分布空间异质性较高、社会经济发展不均衡等自然-社会系统独特性，采用气候因子、地形因子、土壤因子、地貌因子、社会经济发展条件等因素用于分析区域植被景观恢复状况。张雪梅等（2017）基于空间自相关分析与地理加权回归模型，研究了上述因子对滇桂黔喀斯特植被变化的控制因素，结果表明不同工程地貌分区内，主导因素具有显著空间差异性，而对于喀斯特地貌区与非喀斯特地貌区对植被恢复效果的研究则表明，喀斯特地貌区域的植被改善效果不及非喀斯特地貌区（Tong et al.，2016）。同时，高海拔、阴坡的植被恢复效果更好（童晓伟等，2014；Brandt et al.，2018）。

2. 生态过程与生态系统功能响应

植被景观格局的恢复并不能代表生态过程与生态系统功能的恢复（McDonald et al.，2016），学者们也从生态过程、生态系统功能与生态系统服务视角评估生态工程效果，并对不同生态工程恢复模式展开一系列探讨。由于喀斯特地区地形地貌复杂、小生境类型多样，生态过程受到岩石-土壤环境控制，目前的研究方法多以小流域、自然保护区为研究区域，基于野外调查、定位采样、控制性实验、同位素示踪等研究方法开展，以生态系统水文、土壤、植被为研究对象，对水文生态循环过程、碳储量与碳循环、氮储量与氮循环、生物量与生产力、有机物积累、营养元素储量与动态为代表的生态过程与生态系统功能展开研究。

植被恢复工程分为自然恢复与人工管理模式，喀斯特地区生态恢复前的土地利用方式大多是以玉米、薯类为代表的旱地作物为主的耕地。对于自然恢复模式来讲，在撂荒后群落发生草地、草灌混合、灌木林、灌乔混交林、顶级群落的自然演替，退化对照组为邻近区域的耕地，而参考对照组为区域内的原生林，这一研究方法由于跨越较长时间尺度，以时间代空间而成为常用研究方法。喀斯特地区的植被恢复时，生态过程逐步恢复，土壤有机碳、土壤全氮及土壤微生物丰度随演替进展而得到积累（田大伦等，2011；Li et al.，2018），地上与地下生态系统生产力提高。喀斯特区域的土壤表层氮储量高于全国及同纬度地区氮含量水平，氮素不是植被恢复限制性因素，土壤全氮大约需要 67 年恢复至原始森林水平（Wen et al.，2016），而土壤有机碳恢复快于其他地区，40 年恢复至原生林水平（Yang et al.，2016），这是由于喀斯特基岩漏水，水分垂直方向运动较强，随着植被恢复，地表径流减少，更加增加了垂直运动，使得上层土壤迁移至下层，下层土壤容积增加，有利于有机物的积累和土壤质量的提高（陈洪松等，2013）。在自然恢复初期，植被生长受到氮限制，随着演替发生，碳积累快于氮素积累，土壤 C∶N 发生解耦（Liu et al.，2019）。因此，恢复初期可以通过引入豆科植物优化植被群落，降低土壤 C∶N 改良土壤的方式实现植被群落快速恢复（刘欣等，2016）。对比喀斯特钙质土与非喀斯特地貌红土研究显示，钙质土的土壤有机碳与全氮含量更高，但也更易受扰动（Chen H S et al.，2012）。人工恢复模式主要有退耕还草、退耕还林、退耕还林还草三种方式，在还林模式下，学者们一方面探讨了不同树种的人工纯林生态系统功能恢复状况，另一方面探讨了人工纯林与自然演替次生林在生态系统功能恢复方面的差异，Pang 等（2018）基于土壤综合指数的研究表明，马尾松纯林对改善土壤质量有负向作用，其造成土壤营养元素流失，桉树纯林对土壤质量的改善不及自然恢复森林；Hu 等（2018）对人工管理的草地、人工林地与自然群落的草地、灌木林与次生林土壤有机碳进行实验研究发现，自然群落土壤有机碳高于人工植被，说明人工植被对生态过程与生态系统功能恢复效果有限。

喀斯特地区水文生态过程主要受到土壤-岩石环境影响，以地下水文过程（包括土壤-岩石界面壤中流、表层岩溶带蓄水、深层渗漏）为主。虽然区域降水充沛，但地表水大量渗漏、地下水深埋，加上土层浅薄且分布不连续、土壤储水能力低，岩溶干旱严重，水分亏缺仍然是植被恢复重建的关键限制因子。学者们对喀斯特山区坡面降水入渗产流规律、土壤水分的时空变异特征、不同生境植物的水分适应对策的研究表明，对于喀斯特小流域，在没有泉水出流的情况下，灌木林覆盖率的变化对河川径流的影响较小，坡地地表产流与基岩裸露率、土壤厚度及其空间分布、水文地质结构等密切相关（陈洪松等，2013）；土壤水分空间分布则受土地利用方式影响，岩溶峰丛洼地土壤含水量以自然植被最高，撂荒地和坡耕地次之，人工林最低，在植被类型相对一致的条件下，坡位影响相对较小（陈洪松等，2006；杜雪莲和王世杰，2008）。因此，早期人工林对水文生态过程调节能力有限，栽种早期应采取一定的蓄水措施。

3. 生态系统服务评估

生态系统服务是指生态系统直接或间接提供给人类生存和发展的产品与惠益（Daily，1997；Costanza et al.，1997）。由于生态恢复改变了生态系统格局与过程，因此，其对生态系统服务的产生和提供具有重要影响（张琨等，2016）。对于喀斯特区域整体来说，生产力与固碳服务显著提升（Tong et al.，2018），八省区市粮食产量增加，在石漠化治理区，土壤保持服务、水调节服务整体获得提升，产水由于工程实施而下降（Lang and Song，2018）。Zhang 等（2011）依据 Costanza 等划分的 17 类生态系统服务，计算了 1985～2005 年的生态系统服务价值，发现 1985～1990 年生态系统服务价值呈现减小趋势，随后至 2005 年又呈现上升趋势。其中，营养循环、有机物生产、气体调节占了约 70%的生态系统价值量，涵养水源、土壤保持、文化价值约占了 20%，植被覆盖度增加对生态系统服务价值提升起到正向作用。现阶段评估生态工程对改善区域生态系统服务以多期遥感影像解译的土地覆被类型为基础，运用特定的模型生态系统服务空间化估算，对比工程前后生态系统服务物质量或价值量的变化，定性表明工程贡献，定量化厘定工程对服务的改善研究还较少。另外，喀斯特山区地形破碎化，水土垂直方向运移过程复杂，而目前所应用于评估区域生态系统服务的过程模型难以模拟复杂过程，所应用的水调节服务模型、产生量估算模型未能将喀斯特地下渗漏等复杂水文过程纳入考虑，尽管喀斯特土壤侵蚀模型进行了修正，模型适用于喀斯特峰丛洼地小流域水土过程模拟（李成志等，2017），但目前还未有研究应用于区域生态系统服务估算。同时，工程对生态系统服务权衡与协同关系的影响研究也尚未展开。

4. 社会-经济效果

美国生态恢复学会指出在评估生态恢复工程时，应从生态效果、经济效率、利益相关者参与度等方面进行多维度评估（McDonald et al.，2016）。中国喀斯特地区所实施的重大生态保护和建设工程，通常以政府为主导，地方政府为实施主体，中央财政转移支付和财政补贴为主要投资渠道，农户得到现金、粮食或种子补贴，因此，这也是生态系统服务付费实践，或称之为生态补偿工程。从评估生态补偿工程的视角来说，还应对工程实施的社会公平维度进行评估（Yang and Lu，2018），而联合国生态系统恢复十年行动计划也指出，生态工程在生态系统结构与功能得到恢复的同时，还应对就业、贫困、粮食安全等产生正面影响。因此，开展社会-经济视角下的综合评估是喀斯特地区生态工程评估研究不可缺少的重要组成。总的来说，目前针对喀斯特山区社会人口构成、农户生计特点、能源偏好、政府决策过程等社会-经济特征，研究主要从宏观（政府可持续管理）、微观（农户可持续生计研究）尺度上展开。

在宏观尺度，研究主要以行政县域为基本研究单元，Tong 等（2017）以植被恢复格局作为项目收益，以退耕还林项目资金投入作为项目成本，评估了滇、桂、黔三省区的退耕还林工程效率，并将经济效益与降水量、地形因子进行对比分析；He（2014）从管理学角度出发，对比了云南省两个村社会-经济-生态效果，认为"自上而下"的生态工程应当提升地方参与度与自我治理能力。喀斯特地区不仅自然本底异质性较高，社会背景也存在较大差异，例如，经果林在喀斯特地区土地资源相对丰富、人口压力相对较小的区域，由于在短期内无法实现经济效益，农民不愿放弃粮食耕种，工程参与度较低。因此，在对喀斯特生态工程展开宏观评估分析时，应充分考虑区域高度自然-社会异质性。另外，云南北部一些地区，监督森林保护工程实施不到位，对于低收入人口众多、少数民族聚集的喀斯特地区，评估工程的公平性也十分必要。

在微观尺度，研究主要关注农民生计与工程在减贫扶贫方面的作用，尽管在贵州花江示范区、红枫湖示范区的水保林、经果林取得了保持水土、农户经济收益双赢的效果，生态畜牧业的草地建设也被认为具有良好的经济与生态效益，但仍有研究表明退耕还林工程对农户收入正面影响甚微（Weyerhaeuser et al.，2005），特别是在贫困人口众多的喀斯特地区，在土地权属变更的基础上，生态工程不一定可以保障当地农户可持续生计的各项资本（刘焱序等，2018）。社区尺度的研究主要对农户从工程实施前后的生计方式、收入、工程实施细则（土地选择、树种、补贴）满意度、权属转换展开调查与访谈，对影响农户决策因素展开探索，明晰植被恢复地区的关键驱动因素，基于现行补贴政策，评估工程的可持续性。Hua等（2018）研究表明农户决策主要受政府政策激励影响，也受到邻居决策影响，但缺少劳动力、经济来源，补贴不足等成为复垦的主要原因（Trac et al.，2007）。

10.3.3 生态修复的社会-生态挑战

中国喀斯特地区生态工程评估聚焦了全球环境变化与可持续发展的重要研究议题，其中包括扭转土地退化、实现土地退化零增长，研究植被恢复工程对全球碳收支的影响，探索生态工程实现多可持续发展目标的途径，改善目前生态工程存在的单一人工纯林、经济林的脆弱性问题，建立科学植被恢复项目，在更长时间尺度上实现减缓全球气候变化效应（Qiu et al.，2022）。定量化评估生态工程效果是科学实施项目的科学基础，同时为生态退化地区自然-社会系统重建提供经验借鉴。目前，生态工程的实施在喀斯特地区取得初步成效，学者们从植被格局恢复、生态过程与功能、生态系统服务以及社会-经济视角展开了评估与探讨，未来研究还需从数据、耦合评估方法与尺度集成方面深入，深化生态恢复工程的定量化研究。

1. 社会-生态系统耦合评估方法

社会-生态系统的研究逐渐由理论走向实践，许多研究将多样化的社会-生态系统理论框架运用到实践中，为社会-生态系统管理提供科学依据。例如，Delgado-Serrano 和 Ramos（2015）对社会-生态系统可持续性分析框架进行了调整，以提高框架在区域尺度的全面性和实际适用性，并对涵盖了拉丁美洲相关环境挑战的3个案例进行了评估，包括生物多样性、水资源管理和森林管理。尽管社会-生态系统相关研究的数量显著增加，但用于描绘、表征和分析社会-生态系统的空间显式方法仍然较少（Ellis and Ramankutty，2008）。特别是面对地理学中人地耦合关系与可持续发展的需求，如何在地理空间上定量化地评估一个区域的社会-生态系统状况仍是一个难题。

在地理空间上定量化地评估一个区域的社会-生态系统主要有三种途径。第一，有学者在生态系统服务框架的基础上根据生态系统服务簇来绘制社会-生态系统。生态系统服务建立了自然环境与人类福祉之间的联系纽带，被看作是沟通社会系统和生态系统的桥梁（彭建等，2017）。有学者提出在衡量生态系统服务时，需要考虑生态系统服务所涉及的社会和生态要素及其相互作用（Egerer and Anderson，2020）。生态系统服务簇则是通过聚类等方法识别的不同生态系统服务相互作用的组合（Spake et al., 2017）。例如，Hamann等（2015）以南非为研究区，通过聚类分析识别了三种生态系统服务簇，分别代表居民直接使用当地生态系统服务的低、中、高水平，以代表不同的社会和生态特征。

第二，许多研究综合考虑生态要素与社会要素来评估社会-生态系统，并采用空间叠置分析与归纳分析等方法识别社会-生态系统类型，并运用于城市景观规划。Wu等（2019）选择归一化植被指数和生态系统服务（土壤保持、碳固定和产水）作为生态要素，并选择粮食产量、农林牧渔业总产值、人口和城市化率作为社会要素，评估了退耕还林工程实施后黄土高原的社会-生态系统变化。Martín-López等（2017）以西班牙南部为研究区，通过生态区域化和社会经济区域化提出了一种定义与划定社会-生态系统边界的方法，以更好地理解生态子系统和社会子系统之间的相互作用。Pacheco-Romero等（2021）从社会系统、生态系统以及它们之间的相互作用三方面构建综合指标数据集，再整合归纳和演绎分析识别与描述典型的社会-生态系统及其变化。Jones等（2019）将美国西部地区概念化为具有嵌套社会-生态系统的社会-生态区域，定义了外生因素、慢变量和快变量（Chapin et al., 2009）三方面的参数来表征社会-生态系统在空间和时间上的动态变化，并将社会-生态系统动态与美国西部地区的区域背景联系起来，从而为区域社会-生态系统管理提供启示。

第三，许多学者通过网络分析的方法解析社会-生态系统。网络分析方法通过把社会-生态系统概化为社会-生态网络，从而解构和分析社会系统与生态系统的相互作用关系，是刻画复杂的社会-生态系统结构、探讨系统结构功能和相互作用的有效途径（Bodin et al., 2017）。网络分析被广泛运用于解析社会系统、生态系统以及社会-生态系统。对于社会系统，Bodin和Crona（2008，2009）以渔民、村民以及资源管理者等为社会节点，以社会节点之间的信息共享与协作等行为作为社会联系，构建社会网络运用于自然资源与生态系统的管理。Yletyinen等（2021）构建了社会网络，并评估了不同社会网络对环境决策及结果的影响。对于生态系统，Wu等（2022）构建了黄土高原混交林生态系统的生态网络，并通过网络拓扑分析量化了生态网络的结构特征，探索了结构与功能之间的关系。进一步，许多学者开始定量化解析社会-生态网络。Bodin等（2019）提出了研究复杂社会-生态系统的社会-生态网络构建方法。具体来说，每一个社会-生态网络由节点以及节点之间的连接构成，节点为社会节点和生态节点，社会节点为个体资源获取者、政府、非政府组织或机构等，生态节点为生物物理环境组件，连接则为节点之间的依赖关系，如生物物理联系、合作关系等。近年来许多学者将社会-生态网络运用于区域环境治理与生态系统可持续管理中（Bodin et al., 2017）。Ciobanu和Saysel（2021）基于社会生态清单和群体模型构建了社会-生态系统的网络治理框架，以应对全球气候变化风险。Wu等（2020）提出了一个根据系统要素相互作用变化识别社会-生态系统演变阶段的研究框架，并关注其驱动因素，选取人口、耕地面积和植被覆盖率三个要素构成社会-生态网络，识别其相互作用变化并根据其相互作用的变化确定黄土高原社会-生态系统的演变阶段。Wang等（2023）基于局部空间自相关指数构建湖南省生态-经济-社会复合系统的空间网络，并对当前规划情景、高速发展情景和自适应调节情景分别进行网络模拟与对比分析，以运用于未来区域发展的优化调控。

如何描绘和表征社会-生态系统及其内部的相互作用是社会-生态系统研究的关键内容。对于以上三种社会-生态系统评估的主要途径：生态系统服务关注单个生态系统服务以及生态系统服务之间的关系，即生态系统与社会系统之间的相互作用，而欠缺对生态系统与社会系统本身的关注；选取多种生态要素与社会要素进行评估与分析，忽视了社会-生态系统的系统性特征；社会-生态网络的构建对网络结构特征的关注较少，也忽略了对社会系统与生态系统之间相互作用的刻画。以上是目前社会-生态系统评估所存在的问题。

2. 社会-生态系统多尺度集成

生态恢复工程不仅要考虑土地利用方式的改变、植被自然演替等单系统问题，也要考虑土地、农业、林业、社会、文化、经济等多领域问题（图10-17），同时也要具有多目标、多尺度、多过程的评价体系。例如，评估林业措施有效性时，不仅要关注林地面积的扩大、生态系统产品的获取，也要关注影响短期工程效果可持续性的社会治理结构、治理措施与政策间接驱动，这关系短期效果的可持续性。另外，也要关注生态系统功能是否得到恢复，工程对生态系统与社会、经济系统的要素作用效果如何。当前针对人工林的争议，本质上认为这种生态恢复工程并没有取得最优的社会-生态效果，在获得森林产品的同时，人工造林牺牲了生态系统服务与生物多样性，使可持续发展举措的产品和服务两方面对立起来。未来在开展生态恢复工程时，应明确工程目标是以获取森林产品为主还是以获取生态系统的服务为主，受益者是局地、区域还是更大尺度的国家或全球。

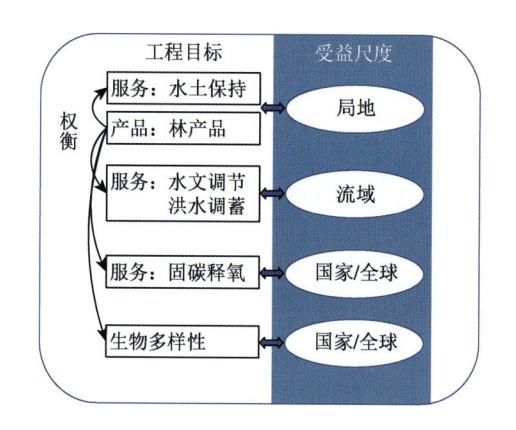

图10-17 基于多尺度社会-生态视角的生态修复

参 考 文 献

陈洪松, 傅伟, 王克林, 等. 2006. 桂西北岩溶山区峰丛洼地土壤水分动态变化初探. 水土保持学报, 20（4）: 136-139.

陈洪松, 聂云鹏, 王克林. 2013. 岩溶山区水分时空异质性及植物适应机理研究进展. 生态学报, 33（2）: 317-326.

陈强, 陈云浩, 王萌杰, 等. 2014. 2001—2010年黄河流域生态系统植被净第一性生产力变化及气候因素驱动分析. 应用生态学报, 25（10）: 2811-2818.

丁明军, 张镱锂, 刘林山, 等. 2010. 青藏高原植被覆盖对水热条件年内变化的响应及其空间特征. 地理科学进展, 29（4）: 507-512.

杜国明, 李全峰, 刘艳, 等. 2014. 农业开发对区域生态系统服务功能的影响研究：以三江平原北部地区为例. 水土保持研究,

21（3）：261-266.

杜雪莲，王世杰. 2008. 喀斯特高原区土壤水分的时空变异分析：以贵州清镇王家寨小流域为例. 地球与环境，36（3）：193-201.

傅伯杰，张立伟. 2014. 土地利用变化与生态系统服务：概念、方法与进展. 地理科学进展，33（4）：441-446.

高志强，刘纪远，曹明奎，等. 2004. 土地利用和气候变化对农牧过渡区生态系统生产力和碳循环的影响. 中国科学（D辑：地球科学），34（10）：946-957.

郭宏伟，徐海量，凌红波，等. 2018. 塔里木河下游耕地扩张与天然植被退化的定量关系初探. 干旱地区农业研究，36（2）：226-233.

虎帅，张学儒，官冬杰. 2018. 基于InVEST模型重庆市建设用地扩张的碳储量变化分析. 水土保持研究，25（3）：323-331.

黄晓云，林德根，王静爱，等. 2013. 气候变化背景下中国南方喀斯特地区NPP时空变化. 林业科学，49（5）：10-16.

贾翠华，于莉，杜乃秋，等. 1989. 吉林乾安晚第三纪以来的植被发展和气候变化. 地理科学，9（3）：274-282.

李成志，连晋姣，陈洪松，等. 2017. 喀斯特地区县域土壤侵蚀估算及其对土地利用变化的响应. 中国水土保持科学，15（5）：39-47.

李登科，何慧娟，刘安麟. 2010. 人类活动和气候变化对红碱淖植被覆盖变化的影响. 中国沙漠，30（4）：831-836.

李辉霞，刘国华，傅伯杰，等. 2011. 基于NDVI的三江源地区植被生长对气候变化和人类活动的响应研究. 生态学报，31（19）：5495-5504.

刘芳，闫慧敏，刘纪远，等. 2016. 21世纪初中国土地利用强度的空间分布格局. 地理学报，71（7）：1130-1143.

刘桂林，张落成，张倩. 2014. 长三角地区土地利用时空变化对生态系统服务价值的影响. 生态学报，34（12）：3311-3319.

刘鸿雁，印轶. 2013. 森林分布响应过去气候变化：对未来预测的启示. 科学通报，58（34）：3501-3512.

刘军会，高吉喜，王文杰. 2013. 青藏高原植被覆盖变化及其与气候变化的关系. 山地学报，31（2）：234-242.

刘欣，黄运湘，袁红，等. 2016. 植被类型与坡位对喀斯特土壤氮转化速率的影响. 生态学报，36（9）：2578-2587.

刘焱序，任志远，李春越. 2013. 秦岭山区景观格局演变的生态服务价值响应研究：以商洛市为例. 干旱区资源与环境，27（3）：109-114.

刘焱序，傅伯杰，赵文武，等. 2018. 生态资产核算与生态系统服务评估：概念交汇与重点方向. 生态学报，38（23）：8267-8276.

吕国旭，陈艳梅，邹长新，等. 2017. 京津冀植被退化的空间格局及人为驱动因素分析. 生态与农村环境学报，33（5）：417-425.

彭建，胡晓旭，赵明月，等. 2017. 生态系统服务权衡研究进展：从认知到决策. 地理学报，72（6）：960-973.

石龙宇，崔胜辉，尹锴，等. 2010. 厦门市土地利用/覆被变化对生态系统服务的影响. 地理学报，65（6）：708-714.

唐秀美，潘瑜春，程晋南，等. 2015. 高标准基本农田建设对耕地生态系统服务价值的影响. 生态学报，35（24）：8009-8015.

田大伦，王新凯，方晰，等. 2011. 喀斯特地区不同植被恢复模式幼林生态系统碳储量及其空间分布. 林业科学，47（9）：7-14.

童晓伟，王克林，岳跃民，等. 2014. 桂西北喀斯特区域植被变化趋势及其对气候和地形的响应. 生态学报，34（12）：3425-3434.

王宏，阎建忠，李惠莲. 2018. 中国14个连片特困地区的森林转型及其解释. 地理学报，73（7）：1253-1267.

王佳丽，黄贤金，陆汝成，等. 2010. 区域生态系统服务对土地利用变化的脆弱性评估：以江苏省环太湖地区碳储量为例. 自然资源学报，25（4）：556-563.

王乾坤，于信芳，舒清态. 2017. 基于时间序列遥感数据的森林火烧迹地提取. 自然灾害学报，26（1）：1-10.

王雅，蒙吉军. 2017. 黑河中游土地利用变化对生态系统服务的影响. 干旱区研究，34（1）：200-207.

王原，黄玫，王祥荣. 2010. 气候和土地利用变化对上海市农田生态系统净初级生产力的影响. 环境科学学报，30（3）：641-648.

王子玉，许端阳，杨华，等. 2017. 1981—2010年气候变化和人类活动对内蒙古地区植被动态影响的定量研究. 地理科学进展，36（8）：1025-1032.

徐雨晴，周波涛，於琍，等. 2018. 气候变化背景下中国未来森林生态系统服务价值的时空特征. 生态学报，38（6）：1952-1963.

薛振山，姜明，吕宪国，等. 2012. 农业开发对生态系统服务价值的影响：以三江平原浓江—别拉洪河中下游区域为例. 湿地科学，10（1）：40-45.

闫俊杰，刘海军，崔东，等. 2018. 近15年新疆伊犁河谷草地退化时空变化特征. 草业科学，35（3）：508-520.

余振，孙鹏森，刘世荣. 2011. 中国东部南北样带主要植被类型归一化植被指数对气候变化的响应及不同时间尺度的差异性. 植物生态学报，35（11）：1117-1126.

张佳华，侯英雨，李贵才，等. 2005. 北京城市及周边热岛日变化及季节特征的卫星遥感研究与影响因子分析. 中国科学（D辑：

地球科学），35：187-194.

张琨，吕一河，傅伯杰. 2016. 生态恢复中生态系统服务的演变：趋势、过程与评估. 生态学报，36（20）：6337-6344.

张莉. 2016. 基于Landsat时序数据的森林干扰监测和趋势分析. 福州：福州大学.

张雪梅，王克林，岳跃民，等. 2017. 生态工程背景下西南喀斯特植被变化主导因素及其空间非平稳性. 生态学报，37（12）：4008-4018.

赵泰安，彭道黎. 2013. 利用多时相遥感影像分析密云县植被动态变化. 东北林业大学学报，41（12）：30-34.

赵文武，刘月，冯强，等. 2018. 人地系统耦合框架下的生态系统服务. 地理科学进展，37（1）：139-151.

赵宇鸾，葛成娟，旷成华，等. 2018. 乡村振兴战略下贵州山区森林转型路径研究. 地理学报，36：1-7.

张照男，祁应军，张杨. 2018. 基于残差趋势法的赤峰市植被变化的人为影响研究. 生态经济，34（9）：1-9.

Allum J A E, Dreisinger B R. 1987. Remote sensing of vegetation change near Inco's Sudbury mining complexes. International Journal of Remote Sensing, 8（3）：399-416.

Bodin Ö, Crona B I. 2008. Management of natural resources at the community level: exploring the role of social capital and leadership in a rural fishing community. World Development, 36（12）：2763-2779.

Bodin Ö, Crona B I. 2009. The role of social networks in natural resource governance: what relational patterns make a difference? Global Environmental Change, 19（3）：366-374.

Bodin Ö, Sandström A, Crona B I. 2017. Collaborative networks for effective ecosystem-based management: a set of working hypotheses. Policy Studies Journal, 45（2）：289-314.

Bodin Ö, Alexander S M, Baggio J, et al. 2019. Improving network approaches to the study of complex social-ecological interdependencies. Nature Sustainability, 2（7）：551-559.

Braat L C, de Groot R. 2012. The ecosystem services agenda: bridging the worlds of natural science and economics, conservation and development, and public and private policy. Ecosystem Services, 1：4-15.

Brandt M, Yue Y M, Wigneron J P, et al. 2018. Satellite-observed major greening and biomass increase in South China karst during recent decade. Earth's Future, 6（7）：1017-1028.

Bryan B A, Gao L, Ye Y Q, et al. 2018. China's response to a national land-system sustainability emergency. Nature, 559：193-204.

Burkhard B, Kroll F, Müller F, et al. 2009. Landscapes' capacities to provide ecosystem services: a concept for land-cover based assessments. Landscape Online, 15：1-22.

Cai H Y, Yang X H, Wang K J, et al. 2014. Is forest restoration in the southwest China karst promoted mainly by climate change or human-induced factors?. Remote Sensing, 6（10）：9895-9910.

Cannone N, Sgorbati S, Guglielmin M. 2007. Unexpected impacts of climate change on alpine vegetation. Frontiers in Ecology and the Environment, 5（7）：360-364.

Cao S X, Chen L, Yu X X. 2009. Impact of China's Grain for green project on the landscape of vulnerable arid and semi-arid agricultural regions: a case study in northern Shaanxi Province. Journal of Applied Ecology, 46（3）：536-543.

Chapin F, Folke C, Kofina S G. 2009. A framework for understanding change//Principles of Ecosystem Stewardship. Berlin: Springer.

Chen C, Park T, Wang X H, et al. 2019. China and India lead in greening of the world through land-use management. Nature Sustainability, 2：122-129.

Chen H S, Zhang W, Wang K L, et al. 2012. Soil organic carbon and total nitrogen as affected by land use types in karst and non-karst areas of northwest Guangxi, China. Journal of the Science of Food and Agriculture, 92（5）：1086-1093.

Chen X D, Frank K A, Dietz T, et al. 2012. Weak ties, labor migration, and environmental impacts: toward a sociology of sustainability. Organization Environment, 25（1）：3-24.

Ciobanu N, Saysel A K. 2021. Using social-ecological inventory and group model building for resilience assessment to climate change in a network governance setting: a case study from Ikel watershed in Moldova. Environment, Development and Sustainability, 23（1）：1065-1085.

Cohen W B, Spies T A. 1992. Estimating structural attributes of Douglas-Fir/Western Hemlock forest stands from Landsat and SPOT imagery. Remote Sensing of Environment, 41（1）：1-17.

Collins J B, Woodcock C E. 1994. Change detection using the Gramm-Schmidt transformation applied to mapping forest mortality. Remote Sensing of Environment, 50 (3): 267-279.

Coops N C, Wulder M A, Iwanicka D. 2009. Large area monitoring with a MODIS-based Disturbance Index (DI) sensitive to annual and seasonal variations. Remote Sensing of Environment, 113 (6): 1250-1261.

Costanza R, d'Arge R, de Groot R, et al. 1997. The value of the world's ecosystem services and natural capital. Nature, 387: 253-260.

Daily G C. 1997. Nature's Services. Washington: Island Press.

Delgado-Serrano M D M, Ramos P. 2015. Making Ostrom's framework applicable to characterise social ecological systems at the local level. International Journal of the Commons, 9 (2): 808.

Egerer M, Anderson E. 2020. Social-ecological connectivity to understand ecosystem service provision across networks in urban landscapes. Land, 9 (12): 1-14.

Ellis E C, Ramankutty N. 2008. Putting people in the map: anthropogenic biomes of the world. Frontiers in Ecology and the Environment, 64: 39-47.

Evans J, Geerken R. 2004. Discrimination between climate and human-induced dryland degradation. Journal of Arid Environments, 57 (4): 535-554.

Fu B J, Chen L D, Ma K M, et al. 2000. The relationships between land use and soil conditions in the hilly area of the Loess Plateau in northern Shaanxi, China. CATENA, 39 (1): 69-78.

Fu B J, Wang S, Su C H, et al. 2013. Linking ecosystem processes and ecosystem services. Current Opinion in Environmental Sustainability, 5 (1): 4-10.

Fu Q, Li B, Hou Y, et al. 2017. Effects of land use and climate change on ecosystem services in Central Asia's arid regions: a case study in Altay prefecture, China. Science of the Total Environment, 607: 633-646.

Geoffrey M, Desmond M. 2018. Spatiotemporal analysis of the effect of climate change on vegetation health in the Drakensberg Mountain Region of South Africa. Environmental Monitoring and Assessment, 190 (6): 358-379.

Hamann M, Biggs R, Reyers B. 2015. Mapping social-ecological systems: identifying 'green-loop' and 'red-loop' dynamics based on characteristic bundles of ecosystem service use. Global Environmental Change, 34: 218-226.

Hao R F, Yu D Y. 2018. Optimization schemes for grassland ecosystem services under climate change. Ecological Indicators, 85: 1158-1169.

Hao R F, Yu D Y, Liu Y P, et al. 2017. Impacts of changes in climate and landscape pattern on ecosystem services. Science of the Total Environment, 579: 718-728.

He C Y, Tian J, Gao B, et al. 2015. Differentiating climate- and human-induced drivers of grassland degradation in the Liao River Basin, China. Environmental Monitoring and Assessment, 187 (1): 4199.

He J. 2014. Governing forest restoration: Local case studies of sloping land conversion program in Southwest China. Forest Policy and Economics, 46: 30-38.

Herrmann S M, Anyamba A, Tucker C J. 2005. Recent trends in vegetation dynamics in the African Sahel and their relationship to climate. Global Environmental Change, 15 (4): 394-404.

Higuera-Gundy A, Brenner M, Hodell D A, et al. 1999. A 10, 300 ^{14}C yr record of climate and vegetation change from Haiti. Quaternary Research, 52 (2): 159-170.

Hu P L, Liu S J, Ye Y Y, et al. 2018. Effects of environmental factors on soil organic carbon under natural or managed vegetation restoration. Land Degradation & Development, 29 (3): 387-397.

Hu X S, Hong W, Qiu R Z, et al. 2015. Geographic variations of ecosystem service intensity in Fuzhou City, China. Science of the Total Environment, 512: 215-226.

Hua F Y, Wang L, Fisher B, et al. 2018. Tree plantations displacing native forests: the nature and drivers of apparent forest recovery on former croplands in Southwestern China from 2000 to 2015. Biological Conservation, 222: 113-124.

Jia X Q, Fu B J, Feng X M, et al. 2014. The tradeoff and synergy between ecosystem services in the Grain-for-Green areas in Northern Shaanxi, China. Ecological Indicators, 43: 103-113.

Jones K, Abrams J, Belote R T, et al. 2019. The American West as a social-ecological region: drivers, dynamics and implications for nested social-ecological systems. Environmental Research Letters, 14 (11): 115008.

Kauppi P E, Ciais P, Högberg P, et al. 2020. Carbon benefits from forest transitions promoting biomass expansions and thickening. Global Change Biology, 26 (10): 5365-5370.

Kruhlov I, Thom D, Chaskovskyy O, et al. 2018. Future forest landscapes of the Carpathians: vegetation and carbon dynamics under climate change. Regional Environmental Change, 18 (5): 1555-1567.

Lambin E F, Meyfroidt P. 2010. Land use transitions: socio-ecological feedback versus socio-economic change. Land Use Policy, 27 (2): 108-118.

Lang Y Q, Song W. 2018. Trade-off analysis of ecosystem services in a mountainous karst area, China. Water, 10 (3): 300.

Langerwisch F, Václavík T, von Bloh W, et al. 2017. Combined effects of climate and land-use change on the provision of ecosystem services in rice agro-ecosystems. Environmental Research Letters, 13 (1): 015003.

Li A, Wu J G, Huang J H. 2012. Distinguishing between human-induced and climate-driven vegetation changes: a critical application of RESTREND in Inner Mongolia. Landscape Ecology, 27 (7): 969-982.

Li D D, Zhang X Y, Green S M, et al. 2018. Nitrogen functional gene activity in soil profiles under progressive vegetative recovery after abandonment of agriculture at the Puding Karst Critical Zone Observatory, SW China. Soil Biology and Biochemistry, 125: 93-102.

Li J, Zhou Z X. 2016. Natural and human impacts on ecosystem services in Guanzhong-Tianshui economic region of China. Environmental Science and Pollution Research International, 23 (7): 6803-6815.

Li S S, Yan J P, Liu X Y, et al. 2013. Response of vegetation restoration to climate change and human activities in Shaanxi-Gansu-Ningxia Region. Journal of Geographical Sciences, 23 (1): 98-112.

Lin D J, Yu H, Lian F, et al. 2016. Quantifying the hazardous impacts of human-induced land degradation on terrestrial ecosystems: a case study of karst areas of south China. Environmental Earth Sciences, 75 (15): 1127-1145.

Liu J G, Dietz T, Carpenter S R, et al. 2007. Coupled human and natural systems. Ambio: A Journal of the Human Environment, 36 (8): 639-649.

Liu J G, Li S X, Ouyang Z Y, et al. 2008. Ecological and socioeconomic effects of China's policies for ecosystem services. Proceedings of the National Academy of Sciences of the United States of America, 105 (28): 9477-9482.

Liu X, Zhang W, Wu M, et al. 2019. Changes in soil nitrogen stocks following vegetation restoration in a typical karst catchment. Land Degradation & Development, 30 (1): 60-72.

Luo L H, Ma W, Zhuang Y L, et al. 2018. The impacts of climate change and human activities on alpine vegetation and permafrost in the Qinghai-Tibet Engineering Corridor. Ecological Indicators, 93: 24-35.

Ma Q, He C, Fang X. 2018. A rapid method for quantifying landscape-scale vegetation disturbances by surface coal mining in arid and semiarid regions. Landscape Ecology, 33 (12): 2061-2070.

Ma T, Zhou C H, Pei T. 2012. Simulating and estimating tempo-spatial patterns in global human appropriation of net primary production (HANPP): a consumption-based approach. Ecological Indicators, 23: 660-667.

Ma Z F, Liu J, Zhang S Q, et al. 2013. Observed climate changes in Southwest China during 1961—2010. Advances in Climate Change Research, 4 (1): 30-40.

Mach M E, Martone R G, Chan K M A. 2015. Human impacts and ecosystem services: insufficienct research for trade-off evaluation. Ecosystem Services, 16: 112-120.

Martín-López B, Palomo I, García-Llorente M, et al. 2017. Delineating boundaries of social-ecological systems for landscape planning: a comprehensive spatial approach. Land Use Policy, 66: 90-104.

Mather A, Needle C. 1998. The forest transition: a theoretical basis. Area, 30: 117-124.

McDonald T, Gann G D, Jonson J, et al. 2016. International standards for the practice of ecological restoration—including principles and key concepts. Society for Ecological Restoration, Washington, D. C.

Meyfroidt P, Lambin E F. 2009. Forest transition in Vietnam and displacement of deforestation abroad. Proceedings of the National

Academy of Sciences of the United States of America, 106 (38): 16139-16144.

Michael G, Harald P, Andreas F, et al. 2012. Continent-wide response of mountain vegetation to climate change. Nature Climate Change, 2 (2): 111-115.

Mildrexler D J, Zhao M S, Heinsch F A, et al. 2007. A new satellite-based methodology for continental-scale disturbance detection. Ecological Applications, 17 (1): 235-250.

Mildrexler D J, Zhao M S, Running S W. 2009. Testing a MODIS global disturbance index across North America. Remote Sensing of Environment, 113 (10): 2103-2117.

Miller A B, Bryant E S, Birnie R W. 1998. An analysis of land cover changes in the Northern forest of New England using multitemporal Landsat MSS data. International Journal of Remote Sensing, 19 (2): 245-265.

Mina M, Bugmann H, Cordonnier T, et al. 2017. Future ecosystem services from European mountain forests under climate change. Journal of Applied Ecology, 54 (2): 389-401.

Nelson E, Mendoza G, Regetz J, et al. 2009. Modeling multiple ecosystem services, biodiversity conservation, commodity production, and tradeoffs at landscape scales. Frontiers in Ecology and the Environment, 7 (1): 4-11.

Nima R, Louis F, Marie D, et al. 2018. Contrasting climate risks predicted by dynamic vegetation and ecological niche-based models applied to tree species in the Brazilian Atlantic Forest. Regional Environmental Change, 19 (1): 219-232.

Ouyang Z Y, Zheng H, Xiao Y, et al. 2016. Improvements in ecosystem services from investments in natural capital. Science, 352 (6292): 1455-1459.

Pacheco-Romero M, Kuemmerle T, Levers C, et al. 2021. Integrating inductive and deductive analysis to identify and characterize archetypical social-ecological systems and their changes. Landscape and Urban Planning, 215: 104199.

Pang D B, Cao J H, Dan X Q, et al. 2018. Recovery approach affects soil quality in fragile karst ecosystems of southwest China: implications for vegetation restoration. Ecological Engineering, 123: 151-160.

Peng J, Li Y, Tian L, et al. 2015. Vegetation dynamics and associated driving forces in eastern China during 1999—2008. Remote Sensing, 7 (10): 13641-13663.

Peng J, Shen H, Wu W H, et al. 2016. Net primary productivity (NPP) dynamics and associated urbanization driving forces in metropolitan areas: A case study in Beijing City, China. Landscape Ecology, 31 (5): 1077-1092.

Peng J, Tian L, Liu Y X, et al. 2017. Ecosystem services response to urbanization in metropolitan areas: thresholds identification. Science of the Total Environment, 607: 706-714.

Peng J, Tian L, Zhang Z, et al. 2020. Distinguishing the impacts of land use and climate change on ecosystem services in a karst landscape in China. Ecosystem Services, 46: 101199.

Peng J, Jiang H, Liu Q, et al. 2021. Human activity vs. climate change: distinguishing dominant drivers on LAI dynamics in karst region of southwest China. Science of the Total Environment, 769: 144297.

Qiao J M, Yu D Y, Wu J G. 2018. How do climatic and management factors affect agricultural ecosystem services? A case study in the agro-pastoral transitional zone of northern China. Science of the Total Environment, 613-614: 314-323.

Qiu S J, Peng J. 2022. Distinguishing ecological outcomes of pathways in the Grain for Green Program in the subtropical areas of China. Environmental Research Letters, 17 (2): 024021.

Qiu S J, Peng J, Zheng H N, et al. 2022. How can massive ecological restoration programs interplay with social-ecological systems? A review of research in the South China karst region. Science of the Total Environment, 807: 150723.

Redo D J, Grau H R, Aide T M, et al. 2012. Asymmetric forest transition driven by the interaction of socioeconomic development and environmental heterogeneity in Central America. Proceedings of the National Academy of Sciences of the United States of America, 109 (23): 8839-8844.

Richardson A J, Schoeman D S. 2004. Climate impact on plankton ecosystems in the northeast Atlantic. Science, 305 (5690): 1609-1612.

Robinson M, De Souza J G, Maezumi S Y, et al. 2018. Uncoupling human and climate drivers of late Holocene vegetation change in southern Brazil. Scientific Reports, 8 (1): 7800.

Rudel T K. 2009. Tree farms: driving forces and regional patterns in the global expansion of forest plantations. Land Use Policy, 26 (3): 545-550.

Rudel T K, Coomes O T, Moran E, et al. 2005. Forest transitions: towards a global understanding of land use change. Global Environmental Change, 15 (1): 23-31.

Rudel T K, Meyfroidt P, Chazdon R, et al. 2020. Whither the forest transition? Climate change, policy responses, and redistributed forests in the twenty-first century. Ambio, 49 (1): 74-84.

Schroeder T A, Wulder M A, Healey S P, et al. 2011. Mapping wildfire and clearcut harvest disturbances in boreal forests with Landsat time series data. Remote Sensing of Environment, 115 (6): 1421-1433.

Sluiter I R, Kershaw A P. 1982. The nature of Late Tertiary vegetation in Australia. Alcheringa: An Australasian Journal of Palaeontology, 6 (3): 211-222.

Song W, Deng X Z, Liu B, et al. 2015. Impacts of Grain-for-Green and Grain-for-Blue policies on valued ecosystem services in Shandong Province, China. Advances in Meteorology, 2015: 213534.

Spake R, Lasseur R, Crouzat E, et al. 2017. Unpacking ecosystem service bundles: towards predictive mapping of synergies and trade-offs between ecosystem services. Global Environmental Change, 47: 37-50.

Strassburg B B N, Beyer H L, Crouzeilles R, et al. 2019. Strategic approaches to restoring ecosystems can triple conservation gains and halve costs. Nature Ecology Evolution, 3 (1): 62-70.

Su C H, Fu B J. 2013. Evolution of ecosystem services in the Chinese Loess Plateau under climatic and land use changes. Global and Planetary Change, 101: 119-128.

Su S L, Xiao R, Jiang Z L, et al. 2012. Characterizing landscape pattern and ecosystem service value changes for urbanization impacts at an eco-regional scale. Applied Geography, 34: 295-305.

Tang Z L, Sun G, Zhang N N, et al. 2018. Impacts of land-use and climate change on ecosystem service in Eastern Tibetan Plateau, China. Sustainability, 10 (2): 467.

Tong X W, Wang K L, Brandt M, et al. 2016. Assessing future vegetation trends and restoration prospects in the karst regions of southwest China. Remote Sensing, 8 (5): 357.

Tong X W, Wang K L, Yue Y M, et al. 2017. Quantifying the effectiveness of ecological restoration projects on long-term vegetation dynamics in the karst regions of Southwest China. International Journal of Applied Earth Observation and Geoinformation, 54: 105-113.

Tong X W, Brandt M, Yue Y M, et al. 2018. Increased vegetation growth and carbon stock in China karst via ecological engineering. Nature Sustainability, 1: 44-50.

Tong X W, Brandt M, Yue Y M, et al. 2020. Forest management in southern China generates short term extensive carbon sequestration. Nature Communications, 11 (1): 129.

Trac C J, Harrell S, Hinckley T M, et al. 2007. Reforestation programs in Southwest China: reported success, observed failure, and the reasons why. Journal of Mountain Science, 4 (4): 275-292.

Turner B L, Lambin E F, Reenberg A. 2007. The emergence of land change science for global environmental change and sustainability. Proceedings of the National Academy of Sciences of the United States of America, 104 (52): 20666-20671.

Uchida E, Rozelle S, Xu J. 2009. Conservation payments, liquidity constraints, and off-farm labor: impact of the Grain-for-Green Program on rural households in China. American Journal of Agricultural Economics, 91 (1): 70-86.

Wang H, Zhou S L, Li X B, et al. 2016. The influence of climate change and human activities on ecosystem service value. Ecological Engineering, 87: 224-239.

Wang J, Wang K L, Zhang M Y, et al. 2015. Impacts of climate change and human activities on vegetation cover in hilly southern China. Ecological Engineering, 81: 451-461.

Wang J L, Yang L, Deng M, et al. 2023. Selection of optimal regulation scheme by simulating spatial network of ecological-economic-social compound system: a case study of Hunan province, China. Environment, Development and Sustainability, 25 (3): 2831-2856.

Wang K L, Zhang C H, Chen H, et al. 2019. Karst landscapes of China: patterns, ecosystem processes and services. Landscape

Ecology, 34 (12): 2743-2763.

Waring R H, Running S W. 1998. Forest Ecosystems: analysis at multiple scales. Array San Diego: Academic Press.

Wen L, Li D J, Yang L Q, et al. 2016. Rapid recuperation of soil nitrogen following agricultural abandonment in a karst area, southwest China. Biogeochemistry, 129 (3): 341-354.

Weyerhaeuser H, Wilkes A, Kahrl F. 2005. Local impacts and responses to regional forest conservation and rehabilitation programs in China's northwest Yunnan province. Agricultural Systems, 85 (3): 234-253.

White M D, Greer K A. 2006. The effects of watershed urbanization on the stream hydrology and riparian vegetation of Los Peñasquitos Creek, California. Landscape and Urban Planning, 74 (2): 125-138.

Wu H F, Hu B A, Han H R, et al. 2022. Network analysis reveals the regulatory effect of mixed stands on ecosystem structure and functions in the Loess Plateau, China. Science of the Total Environment, 824: 153588.

Wu X T, Wang S, Fu B J, et al. 2019. Pathways from payments for ecosystem services program to socioeconomic outcomes. Ecosystem Services, 39: 101005.

Wu X T, Wei Y D, Fu B J, et al. 2020. Evolution and effects of the social-ecological system over a millennium in China's Loess Plateau. Science Advances, 6 (41): eabc0276.

Xu Y M, Qin Z H, Wan H X. 2010. Spatial and temporal dynamics of urban heat island and their relationship with land cover changes in urbanization process: a case study in Suzhou, China. Journal of the Indian Society of Remote Sensing, 38 (4): 654-663.

Xu Z H, Wei H J, Fan W G, et al. 2018. Energy modeling simulation of changes in ecosystem services before and after the implementation of a Grain-for-Green program on the Loess Plateau: a case study of the Zhifanggou valley in Ansai County, Shaanxi Province, China. Ecosystem Services, 31: 32-43.

Yang H B, Yang W, Zhang J D, et al. 2018. Revealing pathways from payments for ecosystem services to socioeconomic outcomes. Science Advances, 4 (3): eaao6652.

Yang L Q, Luo P, Wen L, et al. 2016. Soil organic carbon accumulation during post-agricultural succession in a karst area, southwest China. Scientific Reports, 6: 37118.

Yang W, Lu Q L. 2018. Integrated evaluation of payments for ecosystem services programs in China: a systematic review. Ecosystem Health and Sustainability, 4 (3): 73-84.

Yletyinen J, Perry G L W, Stahlmann-Brown P, et al. 2021. Multiple social network influences can generate unexpected environmental outcomes. Scientific Reports, 11 (1): 9768.

Yu D Y, Shao H B, Shi P J, et al. 2009. How does the conversion of land cover to urban use affect net primary productivity? A case study in Shenzhen city, China. Agricultural and Forest Meteorology, 149 (11): 2054-2060.

Zhang C H, Qi X K, Wang K L, et al. 2017. The application of geospatial techniques in monitoring karst vegetation recovery in Southwest China. Progress in Physical Geography, 41 (4): 450-477.

Zhang M Y, Zhang C H, Wang K L, et al. 2011. Spatiotemporal variation of karst ecosystem service values and its correlation with environmental factors in northwest Guangxi, China. Environmental Management, 48 (5): 933-944.

Zhang M Y, Wang K L, Liu H Y, et al. 2015. How ecological restoration alters ecosystem services: an analysis of vegetation carbon sequestration in the karst area of northwest Guangxi, China. Environmental Earth Sciences, 74 (6): 5307-5317.

Zhang X X, Brandt M, Tong X W, et al. 2022. A large but transient carbon sink from urbanization and rural depopulation in China. Nature Sustainability, 5: 321-328.

Zhang Z M, Zinda J A, Li W Q. 2017. Forest transitions in Chinese villages: explaining community-level variation under the returning forest to farmland program. Land Use Policy, 64: 245-257.

Zhao S, Wu X Q, Zhou J X, et al. 2021. Spatiotemporal tradeoffs and synergies in vegetation vitality and poverty transition in rocky desertification area. Science of the Total Environment, 752: 141770.

Zeng Y W, Sarira T V, Carrasco L R, et al. 2020. Economic and social constraints on reforestation for climate mitigation in Southeast Asia. Nature Climate Change, 10: 842-844.

Zhu Z C, Piao S L, Myneni R B, et al. 2016. Greening of the earth and its drivers. Nature Climate Change, 6: 791-795.

第11章　石漠化治理与生态系统服务提升的实现途径与机制

2020年5月，作为中国科学院4个定点帮扶的国家级贫困县之一，西南喀斯特区域的广西环江县实现脱贫摘帽，习近平总书记对毛南族实现整族脱贫作出重要指示："把脱贫作为奔向更加美好新生活的新起点，再接再厉，继续奋斗，让日子越过越红火"。广西环江县是典型的喀斯特石漠化生态脆弱区，近年来，中国科学院将石漠化治理与扶贫开发有机结合，形成了环境移民—易地扶贫—生态衍生产业培育—生态系统服务提升的科技扶贫体系，探索了生态系统服务提升与特色产业发展的长效扶贫机制，为西南喀斯特生态脆弱区的精准扶贫提供了技术支撑和模式样板（曾馥平等，2016；何霄嘉等，2019；王克林等，2019）。

在消除绝对贫困、解决区域性整体贫困基础上要接续推进全面脱贫与生态文明建设、乡村振兴战略的有效衔接。相较于脱贫攻坚工作，生态文明建设、乡村振兴对科技支撑的需求更为迫切、更为广泛、更为长远。根据《乡村振兴战略规划（2018—2022年）》，乡村振兴的总体要求是产业兴旺、生态宜居、乡风文明、治理有效、生活富裕，首要任务是发展产业。产业兴旺是乡村振兴重点，是实现农民增收、农业发展和农村繁荣的基础。因此，在消除绝对贫困、解决区域性贫困后，巩固脱贫攻坚成效，做好与乡村振兴战略的有效衔接，既要基于第一产业又不能囿于第一产业，而应着眼于优化第一产业，在此基础上大力发展第二、三产业，推动第一、二、三产业融合发展，形成可持续产业。

党的十九大报告及十九届二中、三中、四中全会明确提出健全生态保护和修复制度，加快水土流失和荒漠化、石漠化综合治理，保护生物多样性，筑牢生态安全屏障；党的二十大报告进一步强调"推动绿色发展，促进人与自然和谐共生"，以提升生态系统多样性、稳定性、持续性以及生态系统碳汇能力为目标，确定了以包括桂黔滇喀斯特石漠化防治生态功能区在内的国家重点生态功能区为重点、加快实施重要生态系统保护和修复重大工程的战略思想。根据《全国重要生态系统保护和修复重大工程总体规划（2021—2035年）》，未来我国生态保护与修复的重要目标是要坚持新发展理念，统筹山水林田湖草沙一体化保护和修复，促进自然生态系统质量的整体改善和生态产品供给能力的全面增强。生态产品主要内涵是指在不损害生态系统稳定性和完整性的前提下，生态系统为人类提供的物质和服务产品，水源涵养、水土保持、污染物降解、固碳、气候调节等调节服务，以及源于生态系统结构和过程的游憩、知识、教育和景观美学等文化服务，核心是生态系统服务。

因此，面向国家生态文明建设及乡村振兴战略，服务巩固脱贫攻坚成效及《全国重要生态系统保护和修复重大工程总体规划（2021—2035 年）》重大需求，亟须做好乡村振兴和生态保护与修复的有机结合。实现可持续特色产业发展与生态系统服务提升的融合，成为当前巩固脱贫攻坚成果与实施乡村振兴战略的重大科技需求（韩永滨等，2019）。亟须梳理总结我国西南喀斯特地区生态治理与科技帮扶的重要探索与实践，剖析当前生态治理与乡村振兴面临的主要问题，提出科技帮扶与生态系统服务提升融合的机制与实现途径，服务于脱贫地区进一步巩固脱贫成效和全力推进乡村振兴战略。

11.1 石漠化治理与扶贫开发有机结合的实践

喀斯特石漠化演变的总体趋势已由 2011 年以前的持续增加转变为持续净减少，石漠化程度减轻、结构改善，特别是重度石漠化减少明显（国家林业和草原局，2018）。与东南亚邻国相比，我国西南喀斯特地区植被恢复显著。喀斯特地区石漠化治理与生态修复对我国碳汇能力的提升具有重大贡献，2002~2017 年植被地上生物量固碳抵消了该区域过去 6 年人类活动 CO_2 排放的 33%，其中，自然恢复和人工造林对整个区域碳吸收的贡献率分别达 14%和 18%，有效缓解了全球气候变化的影响（Tong et al.，2018，2020）。全球尺度上，1999~2017 年中国西南喀斯特地区是全球植被覆盖显著增加的热点区域之一，55%的中国西南八省区市植被生物量显著增加，其中约 30 万 km^2 主要分布在喀斯特地区，占西南喀斯特地区总面积的 64%，约占全球植被生物量显著增加区域的 5%（Brandt et al.，2018）。

另外，滇桂黔石漠化集中分布区脱贫成效显著，贫困县减少量位居全国 14 个集中连片特困区之首，贫困人口从 2010 年的 2898 万减少到 2018 年底的 476 万，极大地推动了中国减贫进程，到 2020 年实现全部消除绝对贫困人口，对稳步推进实现联合国可持续发展目标（消除贫困）作出了重要贡献（王克林等，2019）。

11.1.1 喀斯特地区环境移民易地扶贫示范

（1）以石漠化治理为核心，开展喀斯特山区环境移民-易地扶贫示范。针对喀斯特集中连片特困地区生态环境脆弱、石漠化严重、人地矛盾极为突出、"一方水土养不活一方人"等问题，将生态治理与扶贫开发有机结合，在研究揭示石漠化区域环境容量及其限制因素基础上，对石漠化严重的地区实施生态移民。迁出区在人口密度降低的前提下，实施种养结合、生态修复相结合的替代型草食畜牧业培育；迁入区利用水土资源配套优势，开展土壤改良与肥力提升，发展喀斯特特色经济林果。1994~2016 年，迁出区植被覆盖率提升 40%，土壤侵蚀下降 30%，雨水利用率提高 30%，人均纯收入由 290 元提高到 8200 元；安置区植被覆盖率提升 20%，雨水利用率提高 40%，人均纯收入由 350 元提高到 18000 元，实现了石漠化迁出区生态恢复和异地安置区移民增收，形成了喀斯特山区环境移民-易地扶贫的科技扶贫体系，为国家精准扶贫中的易地搬迁提供了科学依据（曾馥平等，2016；韩永滨等，2019）。

（2）在石漠化"变绿"基础上，发展特色生态衍生产业，促进生态系统服务提升与民生改善。在大规模生态保护与修复背景下，石漠化综合治理已实现了面积净减少与程度改善的阶段性成果。坚持"绿色生态扶贫"和"特色产业扶贫"新理念，在阐明区域生态恢复的过程机理基础上，研发了退化植被近自然改造、人工植被复合利用、生态衍生产业培育等技术，培育了经济林果、中药材种植加工和种草养牛等科技扶贫体系，帮助农民年人均增收 1600 元以上，形成了生态治理-科技扶贫-生态衍生产业培育的长效扶贫机制（图 11-1）（曾馥平等，2016）。在大规模人工造林基础上，提出了替代型草食畜牧业、中草药及特色水果等产业发展模式，形成了植被复合经营与特色生态衍生产业培育的科技扶贫产业技术体系，建立了首个广西壮族自治区农业科技示范园区和自治区农业特色示范园。到 2019 年底，全县已有 6.59 万贫困人口实现脱贫，贫困发生率降至 1.48%。2020 年 5 月 20 日，习近平总书记对毛南族实现整族脱贫作出重要指示，充分肯定了环江县脱贫成效。

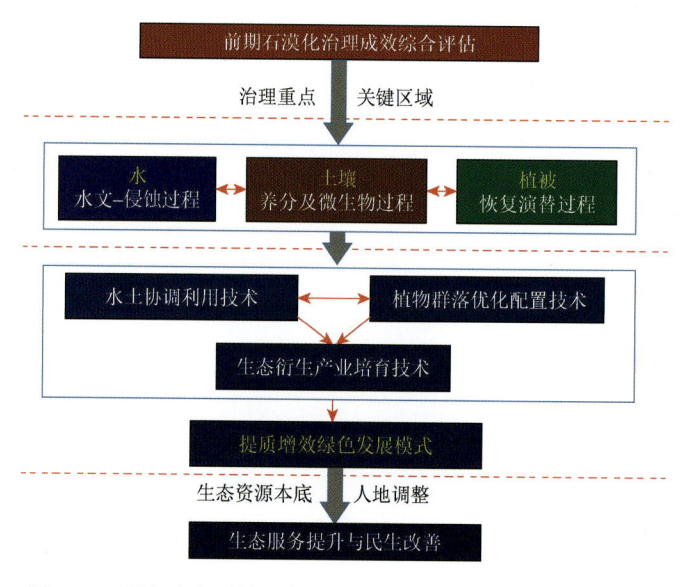

图 11-1 面向生态系统服务提升与民生改善的石漠化综合治理

生态衍生产业的培育，减少了人类对脆弱生态系统的过度开发利用，也促进了区域生态环境总体状况及生态系统结构与服务功能的显著改善，环江县石漠化面积 2005~2016 年减少了 38.5%，重度以上石漠化面积减少明显；县域生态系统净生产力（NPP）整体呈显著增加趋势，增长速率为 0.87g C/(m²·a)（$P<0.05$），NPP 发生显著变化的区域面积为 1193.63km²，占县域总面积的 27.58%；县域总体上持续表现为碳汇功能，35 年来碳固定总量为 21.45Tg C（$1Tg = 10^{12}g$）；土壤侵蚀模数由 1990 年的 76.36t/(m²·a) 降为 2010 年的 49.60t/(m²·a)，土壤侵蚀总量由 3.476×10^5t 降为 2.258×10^5t。同时，调查发现 72% 的农户认为过去森林覆盖显著增加，农户也认为林地的增加对其生活有积极作用，显著改善了生态环境状况；65% 的调查农户认为这与政府石漠化治理、人工造林、封山育林等密切关联，说明农户也感知到了政府石漠化综合工程对促进生态环境改善的积极作用。

在系列喀斯特生态修复与石漠化治理工程实施背景下，石漠化治理已取得阶段性成效，石漠化已呈现面积持续减少与程度显著改善的态势。面向美丽中国建设 2035 目标和 2050 愿景发展目标，围绕石漠化治理提质增效的需求，在原有石漠化综合治理及替代型草食畜牧业发展示范基础上，集成坡地地表（超渗-蓄满）产流和壤中流（充填-溢出）特征、景观结构垂直分异、人工林提质改造及不同植被复合配置模式，初步提出石漠化治理与生态产业扶贫协同的提质增效模式（图 11-2）。该石漠化治理提质增效技术使土壤肥力显著提升，土壤碳氮养分固持提升 56%和 21%，雨水资源利用效率提升 30%~35%，土壤侵蚀模数减少 30%，年人均收入增加 30%以上，显著提升了石漠化治理与扶贫开发的可持续性。

11.1.2 生态衍生产业发展与生态系统服务提升

（1）喀斯特土壤养分固持功能提升机理。对西南喀斯特生态恢复过程的研究发现，耕作干扰是导致土壤大团聚体崩解-微生物群落改变-代谢效率降低-碳氮养分快速损失的土壤退化主要驱动力（Feng et al.，2016；Xiao et al.，2019；Ye et al.，2020）。耕作扰动导致土壤养分快速损失，开垦两年后土壤有机碳（SOC）和总氮（TN）分别损失 41.8%和 18.2%左右，其中第一次翻耕 SOC 损失量占观测期损失总量的 70.3%~84%。翻耕对土壤总氮损失量（ΔTN）有显著影响，主要由 5~8mm 团聚体破碎造成。研究发现自然恢复土壤碳氮固持功能优于人工恢复，林草复合配置优于单一人工林种植（图 11-2），自然恢复后土壤有机碳和总氮能较快累积，表层土壤（0~20cm）总氮累积速率约为 12.4g N/(m²·a)，经过 70~106 年可达到原生林水平，底层土壤（20~50cm）总氮恢复到原生林水平所需时间较表层短，约 89 年；有机碳的累积速率约为 138g C/(m²·a)，表层和底层 SOC 分别需要 72 年和 76 年左右达到原生林水平（Li et al.，2018a）。生态恢复过程中，先锋植物通过草酸分泌激发微生物和 N-乙酰-β-D-葡萄糖苷酶（N-acetyl-β-D-glucosidase，NAG）酶活性，进而推动土壤 N 循环，促进植被演替（Li et al.，2018b）。研究发现，裸岩出

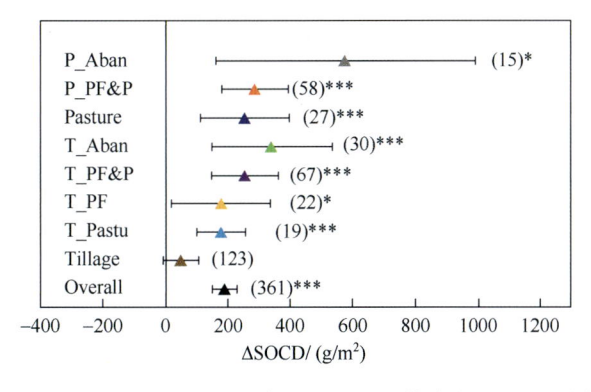

图 11-2 典型石漠化小流域恢复 10 年后不同恢复模式表层 SOC 固定量的差异

ΔSOCD，土壤碳固定量；P_Aban，牧草地撂荒自然恢复；P_PF&P，牧草地转变为林草复合种植；Pasture，连续种植牧草；T_Aban，耕地撂荒自然恢复；T_PF&P，耕地退耕为林草复合种植；T_PF，耕地退耕为人工林；T_Pastu，耕地退耕为牧草；Tillage，耕地持续耕作对照；Overall，小流域

露通过影响养分元素[有机质(organic matter，OM)、沉降 N、钙离子等]的再分布间接影响喀斯特生态系统土壤 C、N 固定，同时岩石氮释放、钙镁离子与矿物表面生成有机复合体、高分子有机物解聚过程受限是退耕恢复中后期土壤碳氮较快积累的重要机制(Huang et al.，2019)。

（2）喀斯特坡面"超渗-蓄满"产流机制。喀斯特坡地降水快速下渗，地表径流占比少于 10%，超过 70%的水分进入地下，一部分在土岩界面横向运移（20%~45%），一部分则透过基岩垂直补给地下水（25%~50%）(Fu et al.，2016；Yang et al.，2016)。土岩界面（土壤与下伏岩石的接触面）横向壤中流普遍存在，其产流过程受控于基岩起伏度且符合"充填-溢出"理论：由于上覆土层浅薄且岩溶裂隙出露，入渗水快速到达土岩界面并汇聚于土岩界面凹陷区，"充满"凹陷区后继续向下"溢出"充填其他凹陷区，直至坡面凹陷区相互连通产生土岩界面横向壤中流。喀斯特坡面地表径流仅在雨强高时出现且产流量少，其表现为受控于土-岩界面稳定入渗率的"超渗-蓄满"产流机制：当雨强大于土壤-表层岩溶带界面入渗率时，在土壤-表层岩溶带界面产生积水；当积水的瞬时水位到达地表时，土层饱和，开始产生地表径流。基于以上喀斯特坡地产流理论的新认识，中国科学院亚热带农业生态研究所环江喀斯特生态系统观测研究站团队研发出一种"喀斯特坡地土岩界面产流水集蓄利用技术"，并入选水利部 2020 年度成熟适用水利科技成果推广运用清单。

（3）喀斯特土壤保持功能提升的主导因素。利用 ^{137}Cs 和 ^{210}Pb 示踪技术对西南喀斯特洼地小流域沉积物进行定年，发现 1949~2015 年土壤侵蚀速率呈现相关学者所猜测的"倒抛物线"形状，其中，土壤侵蚀速率由 1965~1971 年的 682t/(km^2·a)骤减至退耕还林后 1999~2015 年的 80t/(km^2·a)，减沙效率达 88%[图 11-3（a）]（Li et al.，2019a）。但是该区土壤成土速率极低，仅为紫色土的 1%，纯碳酸盐岩地区形成 1cm 厚的土壤往往需要 2000~8000 年，允许土壤流失量仅为 30~68t/(km^2·a)。同时，针对西南喀斯特区收集的 40 个大中流域（420~339000km^2）年输沙量（2009~2012 年）资料分析表明，输沙量大于 30t/(km^2·a)和 68t/(km^2·a)的流域占比分别为 63%和 34%[图 11-3（b）]，因而大流域

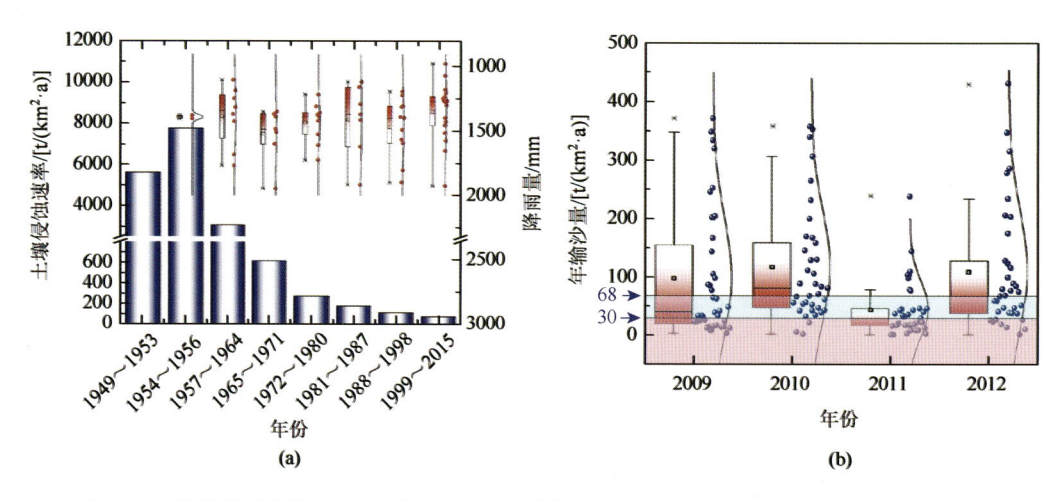

图 11-3 西南喀斯特峰丛洼地小流域土壤侵蚀速率动态变化（a）及大流域年输沙量（b）

产沙量也仍高于土壤容许流失量（Li et al.，2019b）。虽然自 1999~2000 年退耕还林还草措施实施以来，土壤侵蚀得到一定程度的控制，但侵蚀量仍然高于土壤允许流失量，进一步发现岩性可显著影响喀斯特流域土壤侵蚀量，随着流域喀斯特面积比例的增大，侵蚀量在变小；景观格局通过改变流域水文连通性，影响产汇流过程，进而影响侵蚀、搬运和沉积过程，最终改变流域侵蚀产沙强度。随着流域景观异质性的增加，土壤侵蚀速率在变小，因而恢复过程中提高植被格局的多样性可提高土壤保持功能（Li et al.，2019c）。

11.1.3 精准扶贫促进喀斯特生态科技创新

根据区域石漠化综合治理目标与综合效益定位，集成了我国石漠化土地综合治理模式体系，创建了治理效果良好、易被群众接受、可复制、可推广的四类石漠化治理模式与应用示范，为石漠化土地"精准施策、讲求实效"提供了依据。

根据石漠化综合治理体系建设目标与综合效益定位、建设内容与治理措施差异，提出了石漠化土地综合治理模式集成体系（表 11-1）。

表 11-1 石漠化综合治理模式集成

	定位	模式
模式集成	以生态目标为主的生态型治理	森林植被生态恢复模式
		草地植被生态恢复模式
		保护管理为主的自然修复模式
	以增加经济收益减轻资源压力为主的生态经济型治理	主要经济利用类植被栽培模式
		草畜平衡畜牧发展模式
		林下经济发展模式
	以提升土地质量与改善生产条件为主的农业生产类型	坡改坡农业经济型发展模式
		小型水利水保措施提升增效模式
	以景观资源为依托的生态旅游产业培育	自然景观为主的乡村生态旅游模式
		以科研监测与科普宣教为依托的生态文化旅游模式
		以地域民俗文化为依托的乡村文化旅游模式
		多种景观资源综合利用的生态旅游模式
	以管理社会行为为主要目标的社会治理	保护生态环境乡规民约管理模式
		生态移民与城镇化建设人口压力减轻模式
		农村能源结构优化修复模式
	以系统和谐多目标调节为主的综合治理	小流域山水田林路岩系统重建模式
		农林水多措并举综合治理模式

基于以上模式总结特点，根据喀斯特地区自然生态环境和人文要素特点，总结出以下适合不同类型区和不同边界条件的九小类石漠化治理模式。

1. 以封山育林育草为依托的生态修复模式

模式背景：在海拔高、地势陡峭或干热河谷地区，基岩裸露度高、土层瘠薄、自然条件极为恶劣的重度及以上石漠化土地，林草植被盖度较低，又不具备实施大面积的人工造林更新条件。通过封山育林育草，以补植、补造、培蔸等人工促进方式恢复石漠化土地林草植被，实现石漠化土地生态系统的顺向演替。多年生产实践表明该模式具有投资少、效果好、易掌握、可操作性强等特点，是石漠化治理中行之有效的一种技术措施。

技术思路：根据岩溶生态系统的生态位原理与自然演替理论，遵循"因地制宜，适者生存"的原则，充分利用岩溶生境中各类有利小生境，如石缝、石沟、洼地等，采取合理措施发挥原生性自然植被的生长潜能，并在局部进行人工促进恢复，进一步丰富石漠化土地上的生物多样性。选用地带性适生的耐干旱瘠薄、喜钙、岩生、速生的乔木、灌木、藤本及草种进行生态系统修复，重建已损害或退化生态系统。

建设内容：通过划定封山育林实施范围与界线，设立规范化的封山育林标志、标牌；落实封山育林管护机构和管护人员，明确管护职责；制定封山育林的人工促进措施和管护措施，促进石漠化土地生态修复。

适宜区域：该模式适用于云南北部、四川西北部海拔2500m以上的高寒区域，云南、贵州和广西干热河谷区域，广西北部、贵州西南部与云南东南部孤峰残丘平原及岩溶洼地等坡度陡峭、自然条件恶劣地区，这些区域土壤一般以石灰土为主，植被覆盖率较低，具备封山育林种质资源条件，为重度与极重度石漠化区域。

2. 以人工造林为手段的生态防护林模式

模式背景：长江与珠江中上游地区岩溶土地广布，岩溶生态系统极为脆弱，基岩裸露率高，林草植被盖度低，是我国石漠化的主要发生区，也是我国重要的水源涵养与水土保持区域，生态区位极为重要。现阶段石漠化治理的首要任务是恢复岩溶土地林草植被，提高石漠化土地生态功能，遏制石漠化土地扩展。石漠化土地中存在大量的立地条件较差的宜林荒山荒地与未利用地等，现阶段具备实施人工造林生态修复的经济与技术条件，是我国石漠化综合治理与生态建设的重点。

技术思路：该模式强调石漠化土地林草植被恢复，以提高生态系统功能为出发点，针对生态区位敏感、立地条件较差的石漠化土地，按照岩溶生态系统的自然演替规律、生态恢复学与水土保持学原理，遵循"生态优先、因地制宜"原则，选耐干旱瘠薄、喜钙、喜光、岩生、速生、适应范围广的乔木、灌木、藤本和草种先锋物种通过人工造林种草进行岩溶生态系统修复，使新种植植被与原生植被构成复层混交、结构完整的林草植被体系，重建已损害或退化的岩溶生态系统，提高生态系统生态功能，遏制石漠化土地的扩展。

建设内容：该模式原则上不进行炼山与全面林地清理，针对种植穴实施1m见方的块状林地清理，尽量保护好原有乔灌木树种；整地采取"见缝插针"方式，根据基岩裸露与土层厚度灵活确定；种植密度较正常地块造林密度稍高，加快地表林草植被的恢复进程；造林物种主要有松类、柏木类、栎类、枫香、刺槐等先锋树种；种植后至少开展一次或两次抚育，纳入封山管护范畴，防治人畜破坏，促进树木生长与成林。

适宜区域：该模式是一种广谱型模式，主要是针对人为活动相对较小、生态环境脆弱、立地条件较差的岩溶山地、岩溶洼地、岩溶谷地中上部的中度及中度以上石漠化土地。各个区域可根据当地的气候条件、地貌条件、土壤条件与人力资源等，科学选择适生树种及合理配置造林技术，实现石漠化土地林草植被的生态修复。

3. 以人工造林为手段的生态经济林模式

模式背景：石漠化土地集中分布在我国少数民族、偏远山区，区域人均可利用土地少，单位面积土地生产力低，对土地依存度较高，经济发展相对滞后。在石漠化土地中存在一定石旮旯地（耕地）及立地条件较好的宜林地，是区域经济发展的重要土地资源。

技术思路：针对海拔相对较低，地势平缓，土层较深厚，交通便利，具备灌溉条件的轻、中度石漠化土地，特别是人均耕地面积相对较大的区域，以生态经济学为理论，以科技为先导，以经济效益为中心，以市场需求为导向，按照集约化经营、规模化生产的思路，选择品质优良、市场前景好、土地适宜性强、群众易接受的名、特、优经济林品种或速生用材林树种，实施"一村一品"的生态经济型产业发展，培育石漠化地区的林果、林药、林饲等特色生态经济品牌，加快石漠化地区经济发展。

建设内容：该模式遵循商品林基地建设思路，在合理保护好现有乔灌木树种基础上，对其他区域进行林地清理，整地尽量规整化或梯土化，提高土地利用率；种植密度以林木正常生长与开花结果为基础，加强后期抚育与管护，防止人畜破坏，促进树木生长与成林；特别强调基肥与后期施肥，合理配置小型水利水保措施，实现林木生长的水肥平衡；对林木进行合理修整枝，提高单位面积产量与合理利用光照和水肥条件，提高单位面积经济效益。主要经果林树种有花椒、李子类、桃、梨、苹果、油茶、核桃、杜仲、岩生厚壳桂等；用材树种有竹类、松类、任豆、木豆、喜树、苏木等。

适宜区域：该模式适宜于岩溶槽谷、岩溶高原、峰丛洼地、孤峰残丘、岩溶丘陵的山体下部，地势平缓、立地条件较好的轻、中度石漠化土地。

4. 以人工造林为手段的薪炭林发展模式

模式背景：石漠化区域因缺少化石能源、电力资源，薪材仍是农村重要生活能源，石漠化区域林草植被单位面积生物量低，破坏后生态修复难度大。而薪材过度采伐是导致石漠化土地扩展的重要因素。

技术思路：针对现阶段仍依靠薪材生活的石漠化区域，建设高效薪炭林是防治石漠化土地扩展的有效途径。利用村寨周边坡度平缓、中等立地条件以上的宜林荒山荒地及石旮旯地，在保护好现有薪材树种的基础上，选择适应性强、材质坚硬、耐烧且萌芽能力强的薪炭林树种，满足区域农村薪材需求，减轻对石漠化土地天然林草植被的破坏，遏制石漠化土地的扩展。

建设内容：该模式遵循商品林经营理念，开展林地清理，强化整地，整地规格以30cm见方为宜，种植密度依采伐强度及林木生长状况而定，通常种植密度为3000株/亩以上，树种选择栎类、车桑子、任豆等萌芽能力强、热量高的优质高效乔、灌木树种，每采伐一轮后及时施肥与抚育，促进林木生长。采伐实行块状定期轮伐作业，每1~2年采伐一次。

适宜区域：该模式适宜在农村能源紧缺、村寨周边1000m范围内的地势平缓、土层较为深厚的轻、中度石漠化区域推广。

5. 以小型水利水保设施为基础的农林复合型发展模式

模式背景：岩溶地区虽降水量充沛，但雨季分配不均，且岩溶作用形成的双层水文结构使地下水资源丰富，导致"地表水贵如油，地下水哗哗流"。此外，岩溶区域水利设施建设滞后，水资源可利用率低，季节性缺水突出，旱涝灾害频繁，农业生产缺乏保障，土地生产力低。群众通过广种薄收保证粮食供给，土地石漠化扩展与程度易加剧。

技术思路：遵循岩溶地质学、可持续发展理论，合理开发利用岩溶地区的水资源，保障农村生活与生产用水，提高农业综合生产能力，减少石漠化土地（石旮旯地）的耕作面积，降低扰动强度，防止土地石漠化与程度加剧。岩溶地区水资源合理开发利用主要有三个途径：一是通过屋顶集雨和拦蓄坡面水、地表径流等方式，收集雨水，修建水窖、水池等储水设施，在储水设施中安装水管或渠道形成简易自来水。二是开发利用岩溶地下水和基岩裂隙水，通过泉水（地下水）→提水工程、引水管（渠）→水池（水窖）→管网输出→人畜饮用及部分农田灌溉，实现水资源的合理利用。三是采取工程节水和生物节水措施，发展节水灌溉农（林）业，降低单位面积水资源消耗，建立节水型社会。根据石漠化区域农地或经果林地的水资源实际与经营实际需要，进行科学灌溉，提高农（林）业生产经营水平，保障农（林）业的可持续发展。

建设内容：根据石漠化地区现有水利水保基础设施，以保障农村农业生产生活用水为发展目标，对现有小型水利水保设施进行修整与完善，充分发挥现有水利工程效能，实现其设计目标；针对缺乏水利设施区域，主要采取低成本表层岩溶水资源开发与调蓄技术，建设集雨、集流、提水和水井工程，包括水窖、蓄水池、提灌站、渠道、拦水坝、引水管网等蓄引水设施，配以保水剂、喷灌、地膜覆盖等节水保水措施，改善当地群众的基本生存发展条件，为农业、林业、畜牧业的发展提供水资源支撑，提高土地生产率。

适宜区域：该模式可根据石漠化区域岩溶水资源特点与农业生产经营实际在石漠化区域进行推广应用，特别是石漠化耕地（石旮旯地）集中分布、人多地少、水资源匮乏、人畜饮水困难的岩溶洼地、岩溶谷地等村寨区域。

6. 以草地建设为中心的草食畜牧业发展模式

模式背景：石漠化区域气候温暖湿润，雨量充沛，雨热同季，草地资源较为丰富，生产力较高，区域群众具有饲养牲畜的传统习俗，但以放养为主，易导致地表草地板结、基岩裸露增大，加速土地石漠化。草地极少开展人工培育，增产潜力巨大。目前，石漠化区域广西马山黑山羊、贵州关岭黄牛等人工种草、圈养模式已大获成功，实现了石漠化土地生态修复与农村草食畜牧业的协调发展。

技术思路：在严格执行"草畜平衡"制度下，尊重农村群众意愿，综合考虑石漠化地区自然资源、石漠化程度等因素，结合区域内农业生产发展方向和土地利用规划，按照草畜平衡与生态优先的原则，以人工种草与牲畜圈养为突破口，采取"政府引导、业主运作、以场带户、利益共享"的运作机制，通过人工种草、改良现有草地，提高草地产草量，确保牧草资源的供给；通过棚圈建设，改变当地农民放养牲畜习惯，改野外放养为圈养，减轻牲畜对地表植被的破坏，确保石漠化地区的林草植被修复，遏制石漠化土地扩展。充分利用草地以及农作物秸秆资源，调整畜种结构，改良品种，完善棚圈等基础设施，配置青贮窖与切草机等，加快草食畜牧业发展，促进农村经济结构调整，推动生态经济的有序发展，实现治理石漠化土地与农村经济协调发展。

建设内容：包括草地（场）建设与畜牧业发展两部分。草地建设主要包括人工种草和改良草地。保护好地势平缓、基岩出露率较低的中度、轻度石漠化地区的原有天然草地植被，通过草地除杂、补播、施肥、围栏等措施，使退化了的天然低产劣质草地更新为优质高产的草地。依托石旮旯地、宜地荒地等土地资源，选择优良牧草种，按照高效牧草培育技术，建设人工草场，为草食畜牧业发展提供优良牧草。草种选择抗旱、适生能力强、根系发达、分蘖力强、生长迅速、耐割耐牧、再生能力强、保水保土性能好的优良牧草，如黑麦草、三叶草等。

适宜区域：该模式适合在海拔较高、气候温和、地势平坦、天然岩溶草地资源丰富的岩溶高原区域或在人口密度较大、人地矛盾突出、耕地质量差的轻、中度的岩溶山地石漠化区进行推广。

7. 以沼气发展为纽带的立体生态农业循环经济发展模式

模式背景：薪材采伐导致林草植被大面积破坏，是石漠化扩展的重要因素。解决农村生活能源短缺问题，是保护林草植被与加速岩溶生态环境建设的重要课题。自20世纪80年代开始，在石漠化区域推广农村沼气解决农村生活能源短缺问题，对岩溶生态环境建设起到积极作用，形成了"恭城模式""忻城模式"等，深受广大群众的喜爱。

技术思路：该模式是一种典型的生物链综合开发模式，建设沼气池，利用秸秆和人畜粪便，获得清洁而便利的沼气能源，沼液可作肥料，用于种菜、种粮、种果，实现能源、畜牧、林果、粮食等生态农业综合发展，既解决了农村能源问题，发展了农村经济，又减少了对森林资源的破坏，达到了防治土地石漠化的目的，实现了林草植被修复与社会经济的可持续发展。主要有"粮-养猪（鱼）-沼气""经济植物-养猪（鱼）-沼气""猪-沼-鱼""草-牛-沼"等生态农业模式。

建设内容：根据《户用沼气池标准图集》（GB/T 4750—2002），沼气池主池容积以8~10m^{3}为主，目前推广应用较多的主要有曲流布料水压式、底层出料水压式等沼气池型。同时，实施畜舍改建，根据沼液的利用方式，开展稻谷种植、经济林木种植与牲畜养殖等，形成完整的生态产业链。

适宜区域：具备建设沼气池的所有石漠化地区均可推广，根据地区自然地理条件与产业发展实际，选择合适的林草与禽畜品种，构建相对完整的生物链发展模式。

8. 以岩溶景观资源为依托的生态旅游产业发展模式

模式背景：石漠化地区有千姿百态的峰林、溶洞、峡谷、瀑布等自然风景资源，保存有丰富多彩的原生态民族文化与少数民族风情，景观资源多样，组合度高，具备发展生态旅游业的基础资源条件。例如，广西桂林、贵州黄果树、云南石林等景区均依托岩溶景观资源而成为世界级旅游景区，生态旅游发展潜力巨大。

技术思路：依托石漠化地区优美的自然风景及原生态的民族文化，以生态经济学为原理，以"生态旅游"发展为宗旨，遵循旅游发展要素，强化旅游基础设施与服务设施建设，开展观光、体验、休闲式旅游项目，挖掘景区发展潜力。对生态敏感区域开展以植树造林、绿化美化为主的生态修复治理，营造景观资源；以旅游开发带动区域社会经济发展，以经济发展促进区域生态环境保护与建设，以良好的生态环境为旅游发展提供支撑，最终实现区域的可持续发展目标，减少对石漠化土地的直接依存度。

建设内容：根据生态旅游发展需要，对旅游资源禀赋高或生态文化积淀深厚的景观资源进行保育挖掘，展示景观资源价值，完善景区道路、宣传标牌、旅游接待等基础设施；设置生态厕所、垃圾箱等环保设施，提高群众与游客环保意识；种植具有水土保持功能与景观效果的乔、灌、草、藤、花等植物，对石漠化土地实施生态修复，绿化美化景区环境，在平缓地带、土层深厚的轻度石漠化区域种植以桃、李、梨等为主的经济林果木，开展农业观光体验游；在村寨、道路周边及主要景观周边营造桂花、杜鹃、金银花、月季、枫香、楷木等观花、观叶物种，丰富景区景观资源；在村寨与旅游接待区按照园林化配置要求，合理配置假山、水景与景观树木等，提高景区的可通达性与亲和力。

适宜区域：该模式适合在自然旅游资源禀赋高、岩溶景观资源突出或原生态民族文化浓厚的各类石漠化区域推广，特别是城镇、重要风景名胜区、森林公园、自然保护区等周边岩溶峰林（丛）、岩溶峡谷、溶洞等自然景观资源突出的区域。

9. 以立体生态经济发展为核心的综合治理模式

模式背景：石漠化土地以岩溶山地为主，石漠化土地的立地条件（坡面坡度、土层厚度、养分、光照、水分等）、植被状况、土地利用结构、石漠化程度等差异明显，形成了石漠化土地在不同海拔的自然环境、植被生境的多样性与分带性规律。目前，贵州省毕节地区"五子登科"、广西弄岗石漠化综合治理等模式就充分体现了立体综合开发与治理理念。

技术思路：在石漠化治理上遵循自然环境的分带性差异规律，以生态系统生态位理论、生态修复学为原理，遵循因地制宜、分类施策的原则，以石漠化土地林草植被恢复为目标，对石漠化山体实施以封山育林、保护植被为主的措施，实现水源涵养与保持水土功能；在石漠化土地平缓地带通过土地平整、栽竹种果、移植中草药、修建沼气池与小型水利水保措施等，以"以粮为纲，以果为主、林果结合、套种药材、综合经营、增收保粮"的治理思路，逐渐形成"山顶林、山腰竹、山脚药、平地粮、低洼桑"或"山顶戴帽子，山腰拴带子，坡地铺毯子，大田种谷子，多种经营抓票子"的立体生态发展模式，实现生态、经济、社会效益统一协调发展。

建设内容：石漠化地区凡符合《封山（沙）育林技术规程》（GB/T 15163—2018）条件的，纳入封山育林工程，其余纳入森林资源管护范畴，主要设立管护标牌，落实管护人员，适度进行补植补造。对于坡度较陡、立地条件较差的宜林荒山荒地及未利用地，根据"宜乔则乔、宜灌则灌、宜草则草"原则，以生态效益优先，营造以生态树种，如柏木、栎类、车桑子、紫穗槐等为主的生态林（草），确保石漠化土地生态修复；对于坡度平缓、土层较深厚的石旮旯地等，则配套以蓄水池、水窖等小型水利水保设施，发展以经果林、林药等为主的高效林业。对于低洼地的农业耕作区，在坡面配套排洪沟、拦砂生物隔离带、灌溉渠道等，在沟谷配套谷坊、沉沙池、护堤等，合理利用水资源。

适宜区域：根据各地石漠化土地特征与自然环境的差异性，合理调整与完善建设内容，形成农林、林果、林药等立体生态发展模式并进行推广。该模式特别适合海拔 2000m以下，年平均气温 14℃以上，雨量充沛，气候温和，以轻度、中度石漠化为主的区域。

根据喀斯特区域差异，通过梳理石漠化区土壤、植被和侵蚀等生态系统要素及过程研究，综合考虑生态环境优势与产业发展特色，结合多种治理技术，因地制宜集成治理效果良好、易被群众接受、可复制、推广范围大的四类石漠化治理模式。

（1）喀斯特石山坡麓灌木林及人工林地提质与改造模式。该模式适用于水热资源丰富但利用率低，石多土少，难以发展速生林、经果林，人地关系相对宽松的南亚热带喀斯特地区。主要目标是改造灌木林和人工林的林相，提高林地效益，改善石山坡麓区经济效益低下的状况。改造灌木林和人工林，间种适宜石生环境的珍贵高值树种，如红豆杉、柚木和降香黄檀等，改变林地经济效益低下、水热资源得不到充分利用的现状，改善灌木林和人工林的结构及稳定性，缓解石漠化治理和退耕还林过程长期效益与短期效益之间的矛盾，提高长期经济效益。

（2）喀斯特土地集约化利用的立体生态农业发展模式。该模式适用于人口密度大、土地资源匮乏、人均坝地面积小、山地面积比例较大的喀斯特石山区。目标是充分利用坡顶（石质坡地）-坡腰（土石混合坡地）-坡麓（土质坡地）-洼地（土层较厚）的有限土地资源。基于垂直分带治理的石漠化治理思路，山顶采用封山育林的方式恢复，山腰间种石山适生的生态高效林木和高经济附加值林，低洼地区和坡麓发展喀斯特特色林果药等产业。通过垂直空间的合理布局，形成农、牧、林紧密结合、相互支持的立体生态农业格局，兼顾石漠化治理的长中短效益，获得较大的经济效益和生态效益。

（3）喀斯特石生环境适应性特色高效经济林果产业模式。该模式适用于具有较好的水热资源，土层相对较厚，但利用效率低下，以传统农耕模式种植大豆、玉米为主的石山区。目标是充分利用区域土地资源优势，解决用水问题。在土多的坡麓坡脚，筛选适宜当地种植且需水量不高的特色经济林果品种，如无患子、苏木、火龙果、澳洲坚果等，有针对性地发展农产品深加工和生态旅游，培育喀斯特生态衍生产业。同时发展坡面路池工程，拦蓄坡面雨水，配合屋顶集雨水池，开发利用表层岩溶水和基岩裂隙水等，有效解决经济林灌溉用水和人畜饮水问题，避免和减轻林果产业发展带来的水土流失。

（4）侧重生态效益提升的喀斯特自然封育与传统林木种植模式。该模式适用于人为干扰程度大、生态功能低下、石漠化严重等不适合继续发展农林经济的石山区，主要目标为迅速恢复植被覆盖，提高生态效益。选用耐干旱瘠薄、喜钙、岩生、速生、适用范围广、经济价值高的乔灌木、藤和草进行生态修复，如任豆、香椿、女贞等喀斯特石生环境适生植物，并进行封育，禁止砍伐，同时辅之以适当的固土保水工程措施，形成人工造林和自然封育相结合的综合治理模式，促进石漠化严重地区植被覆盖的快速增加，提高石漠化土地治理效果，其具有较好的生态效益。

在中国科学院、科学技术部、广西壮族自治区科学技术厅等大力支持下，中国科学院亚热带农业生态研究所面向国家石漠化治理与脱贫攻坚重大需求，服务广西社会经济可持续发展，针对石漠化治理技术与模式区域针对性低、生态系统服务功能恢复滞后、生态产业可持续性差等问题，开展区域生态格局-水土过程-服务功能提升-适应性调控的关键技术研发与示范，建成了中国科学院环江喀斯特生态系统观测研究站（简称环江站），建设了喀斯特关键带重大科技基础设施平台，创新了石漠化治理与生态衍生产业融合的可持续发展模式，形成了科技扶贫的长效机制，并为环江喀斯特成功入选世界自然遗产地提供了重要科技支撑（王克林等，2019）。2010~2020 年中国科学院亚热带农业生态研究所喀斯特研究团队关于喀斯特生态国际论文占全球的 20%，环江站 2015~2020 年科学技术部 53 个国家野外生态站评估"优秀"，研究成果相继发表在《自然-可持续性》(*Nature Sustainability*)、《自然-通讯》(*Nature Communications*) 等国际高水平学术期刊上（Brandt et al.，2018；Tong et al.，2018，2020），并受到《自然》(*Nature*) 的高度评价与肯定（Macias-Fauria，2018），成为国际喀斯特生态研究领域的优势团队。

11.2 科技帮扶与生态系统服务提升融合的实现途径

我国政府实施了人类历史上最为宏伟的系列重大生态保护与修复工程，已取得阶段性的显著成果，2018 年 *Nature* 发表长篇评述《卫星影像显示中国正在变绿》高度肯定了中国的生态恢复成就（Macias-Fauria，2018）。中国仅占全球植被面积的 6.6%，但过去 20 年中国占全球植被叶面积净增加的 25%，其中造林对植被增加的贡献达 42%（Chen et al.，2019）。

面向国家生态文明建设与乡村振兴战略，服务巩固脱贫攻坚成效及《全国重要生态系统保护和修复重大工程总体规划（2021—2035 年）》重大需求，我国生态保护与修复亟须从主要追求植被覆盖的"绿化"转向提升生态系统服务与区域发展质量，进入生态系统服务功能的全面提升和特色产业融合发展的新阶段，促进生态系统质量的整体改善和生态产品供给能力的全面增强。因此，未来生态保护与修复应重点探索科技帮扶与生态系统服务提升融合的实现途径，揭示区域可持续生态恢复的人地协同机制，提出生态修复、封禁保育与适度发展有机结合的重点生态空间管控方案（图 11-4），为面向 2035 年国家生态保护与修复重大工程的实施及稳步实现联合国 2030 年可持续发展目标提供重要科技支撑。

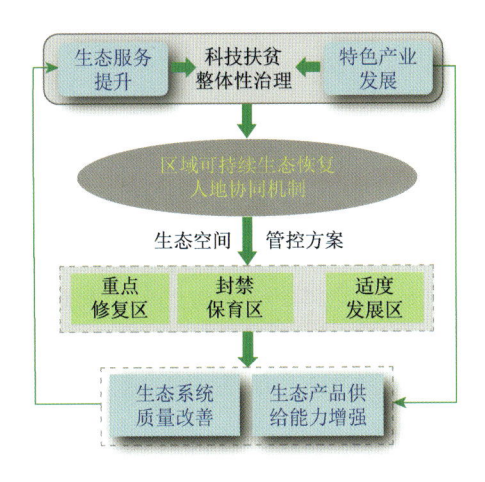

图 11-4　生态系统服务提升与特色产业发展融合的实现途径

1. 考虑长期人类干扰和森林演变历史提升造林可持续性

结合历史及近期的森林动态与毁林过程将增强我们对人类活动或气候变化引起的森林结构和功能变化的深入理解，提供一个强有力的证据基础来评估西南地区森林可恢复的程度及是否真正需要造林措施。Yue等（2024）提出了提升喀斯特地区造林可持续性的社会-生态研究框架（图 11-5），该框架整合长期的人类干扰和森林演变定义了连续时间尺度的社会-生态系统互馈过程，明确了我国西南喀斯特地区长时间尺度人为扰动与森林演变的关键时期，包括人为干扰开始期（明清时期，1400~1920 年）、人类干扰强烈期（过去 100 年，1920~2000 年）、生态保护和恢复期（过去 20 年，2000 年以来）、生态建设空间优化期（未来 100 年，至 2100 年），利用沉积物分析、历史文献记载、长时序与高分辨率遥感、深度学习等多种研究方法和手段，重建自明清以来西南喀斯特地区人为扰动下"天然林-毁林-再造林"的森林格局演变过程。依据该框架为西南喀斯特地区生态建设空间优化及生态修复精准施策提供重要科学依据。

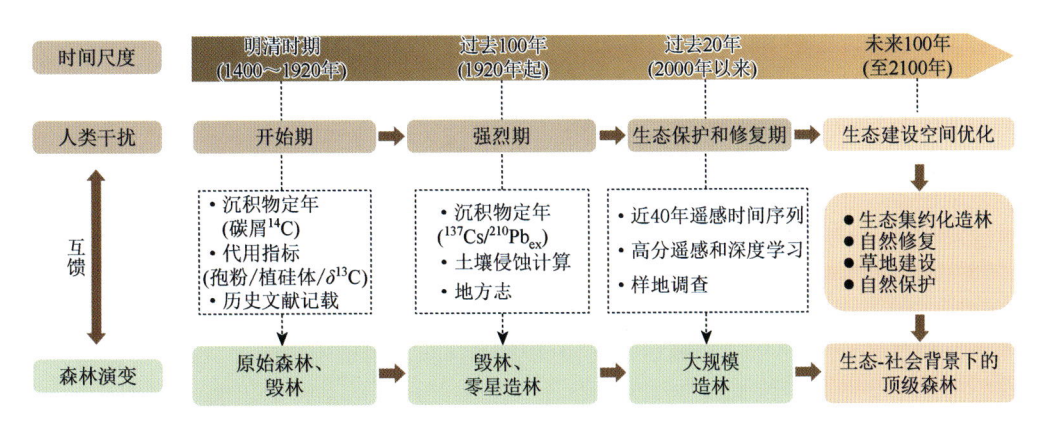

图 11-5　融合长时间尺度人类扰动与森林演变的社会-生态研究框架

2. 统筹区域整体性治理与系统修复

坚持生态优先，推进绿色发展，要牢固树立绿水青山就是金山银山的理念，从生态系统要素修复、单一生态系统修复为主转向贫困区域整体治理与高质量发展。在统筹考虑生态系统完整性、自然地理单元的连续性、物种栖息地的连通性及社会经济发展的可持续性基础上，系统布局山上山下、地上地下以及流域上中下游的生态系统保护与修复工作，解决治山、治水、护田等各自为战与生态保护和修复工作中条块分割、碎片化等问题，提高生态修复的效率，全面增强生态系统的质量、稳定性和优质生态产品的供给能力。

3. 推进区域植被景观恢复

在区域初步"变绿"、植被覆盖增加的基础上，按照适地适树（立地条件与树种特性相互适应）的原则，宜乔则乔、宜灌则灌、宜草则草，加快推进植被景观恢复。在砍伐或退化的森林景观中重新恢复森林生态系统的完整性，就是增强人类福祉的过程。植被景观恢复的目标不仅是人工造林、森林覆盖的增加，更在于植被质量、结构和功能的恢复，在较大的景观空间内提高植被的物质产品、服务功能，重新恢复生态系统的完整性，包括天然林封禁与管护、天然次生林结构调整与定向抚育、严重退化天然林生境修复、人工林近自然化改造与产业培育、河道岸线植被带重建等，恢复并提升森林景观的多功能性。

4. 发展可持续生态衍生产业

在消除深度贫困基础上，要巩固脱贫攻坚成果，防止返贫和产生新的贫困，要接续推进全面脱贫与乡村振兴有效衔接，推动减贫战略和工作体系平稳转型，统筹纳入乡村振兴战略。根据《乡村振兴战略规划（2018—2022年）》，乡村振兴的重点和基础是发展产业，要充分挖掘生态脆弱区生态资源优势，着眼于优化特色第一产业，在此基础上发展二三产业，推动一二三产业融合发展，实现农民生计的可持续改善。将生态资源优势转化为社会经济发展优势，提出绿水青山转变为金山银山的产业发展模式与转换机制，提升区域整体生态系统服务能力。

5. 提升生态治理与社区绿色发展的协同性

现有生态保护与修复研究主要侧重于自然生态系统结构与功能的变化，实际中社会经济及城镇化的快速发展导致农村人口向城镇迁徙与流动（城镇化、外出务工等），而农村常住人口显著减少，一方面缓解了生态脆弱区高强度的人口压力，促进了区域生态恢复；另一方面，也导致了农村社区的空心化、农村劳动力的老弱化，生态治理与社区绿色发展的矛盾突出。亟须从侧重自然生态系统转向自然-社会经济系统的耦合与反馈，阐明人地系统的演变机理与协同机制，提出变化环境下人地系统协同提升路径，明确不同发展路径和情景条件下区域可持续发展水平，提出区域人地系统优化调控方案。

以生态保护红线和自然保护地为重点，依据自然地域分异、社会经济发展水平及贫困区域发展功能定位，开展贫困区域生态空间优化分区，实现重要生态空间的差别化精准管控。建立健全生态补偿长效机制和多渠道生态建设资金投入机制，积极推进政府主导、社会参与的投入模式，鼓励各地统筹多层级、多领域资金，吸引社会资本积极参与重大生态保护与修复工程建设和管理，探索重大工程市场化建设、运营与管理的有效模式。同时，加快构建不同类型生态环境空间监管与绩效考核评价体系，健全自然资源产权管理、用途控制和空间规划等制度，减少生态空间保护与利用的制度障碍。

契合党的二十大"必须牢固树立和践行绿水青山就是金山银山的理念，站在人与自然和谐共生的高度谋划发展"的精神指示，人地耦合系统思想认为国土空间（自然要素和人类社会要素的集成）治理中生态空间与生产空间、生活空间的关系呈现协调布局、系统治理、人地和谐三个阶段的演进状态（傅伯杰，2021）。目前喀斯特地区生态修复仍处于第一阶段，通过植树造林、生态移民、异地帮扶等政策实现单要素治理，但这种治理方式可能忽略了生态系统的完整性，通常旧问题尚未解决却引发了其他生态问题（彭建等，2019）。到达第二阶段，需要兼顾喀斯特地区山、水、林、田、湖、草在内的生态系统的整体性和完整性，实现系统治理的目的。在此基础上，继续发展可持续产业、提供优质生态产品、提升区域民生福祉，实现人地和谐的最终目标（傅伯杰，2021）。

参 考 文 献

傅伯杰. 2021. 国土空间生态修复亟待把握的几个要点. 中国科学院院刊, 36（1）: 64-69.

国家林业和草原局. 2018-12-14. 中国·岩溶地区石漠化状况公报. http://www.forestry.gov.cn/main/138/20181214/161609114737455.html.

国务院扶贫办政策法规司, 国务院扶贫办全国扶贫宣传教育中心. 2019. 脱贫攻坚前沿问题研究. 北京: 研究出版社.

韩永滨, 王竑晟, 段瑞, 等. 2019. 中国科学院科技扶贫创新举措及成效. 中国科学院院刊, 34（10）: 1176-1185.

何霄嘉, 王磊, 柯兵, 等. 2019. 中国喀斯特生态保护与修复研究进展. 生态学报, 39（18）: 6577-6585.

彭建, 吕丹娜, 张甜, 等. 2019. 山水林田湖草生态保护修复的系统性认知. 生态学报, 39（23）: 8755-8762.

王克林, 岳跃民, 陈洪松, 等. 2019. 喀斯特石漠化综合治理及其区域恢复效应. 生态学报, 39（20）: 7432-7440.

曾馥平, 张浩, 段瑞. 2016. 重大需求促创新协同发展解贫困: 广西壮族自治区环江县扶贫工作的实践与思考. 中国科学院院刊, 31（3）: 351-356.

Brandt M, Yue Y M, Wigneron J P, et al. 2018. Satellite-observed major greening and biomass increase in South China karst during recent decade. Earth's Future, 6（7）: 1017-1028.

Chen C, Park T, Wang X H, et al. 2019. China and India lead in greening of the world through land-use management. Nature Sustainability, 2: 122-129.

Feng T, Chen H S, Polyakov V O, et al. 2016. Soil erosion rates in two karst peak-cluster depression basins of northwest Guangxi, China: comparison of the RUSLE model with ^{137}Cs measurements. Geomorphology, 253: 217-224.

Fu Z Y, Chen H S, Xu Q X, et al. 2016. Role of epikarst in near-surface hydrological processes in a soil mantled subtropical dolomite karst slope: implications of field rainfall simulation experiments. Hydrological Processes, 30（5）: 795-811.

Huang Y, Liang C, Duan X W, et al. 2019. Variation of microbial residue contribution to soil organic carbon sequestration following land use change in a subtropical karst region. Geoderma, 353: 340-346.

Li D J, Liu J, Chen H, et al. 2018a. Forage grass cultivation increases soil organic carbon and nitrogen pools in a karst region, southwest China. Land Degradation & Development, 29（12）: 4397-4404.

Li D J, Wen L, Jiang S, et al. 2018b. Responses of soil nutrients and microbial communities to three restoration strategies in a karst area, southwest China. Journal of Environmental Management, 207: 456-464.

Li Z W, Xu X L, Zhang Y H, et al. 2019a. Reconstructing recent changes in sediment yields from a typical karst watershed in southwest China. Agriculture, Ecosystems & Environment, 269: 62-70.

Li Z W, Xu X L, Zhu J X, et al. 2019b. Effects of lithology and geomorphology on sediment yield in karst mountainous catchments.

Geomorphology, 343: 119-128.

Li Z W, Xu X L, Zhu J X, et al. 2019c. Sediment yield is closely related to lithology and landscape properties in heterogeneous karst watersheds. Journal of Hydrology, 568: 437-446.

Macias-Fauria M. 2018. Satellite images show China going green. Nature, 553 (7689): 411-413.

Tong X W, Brandt M, Yue Y M, et al. 2018. Increased vegetation growth and carbon stock in China karst via ecological engineering. Nature Sustainability, 1: 44-50.

Tong X W, Brandt M, Yue Y M, et al. 2020. Forest management in southern China generates short term extensive carbon sequestration. Nature Communications, 11 (1): 129.

Xiao D, Xiao S S, Ye Y Y, et al. 2019. Microbial biomass, metabolic functional diversity, and activity are affected differently by tillage disturbance and maize planting in a typical karst calcareous soil. Journal of Soils and Sediments, 19 (2): 809-821.

Yang J, Nie Y P, Chen H S, et al. 2016. Hydraulic properties of karst fractures filled with soils and regolith materials: implication for their ecohydrological functions. Geoderma, 276: 93-101.

Ye Y Y, Xiao S S, Liu S J, et al. 2020. Tillage induces rapid loss of organic carbon in large macroaggregates of calcareous soils. Soil & Tillage Research, 199: 104549.

Yue Y M, Wang L, Brandt M, et al. 2024. A social-ecological framework to enhance sustainable reforestation under geological constraints. Earth's Future, 12 (5): e2023EF004335.